涪陵页岩气田采气工艺技术

胡德高◎编著

中国石化出版社
·北京·

图书在版编目(CIP)数据

涪陵页岩气田采气工艺技术 / 胡德高编著. —北京:
中国石化出版社, 2023.12
ISBN 978-7-5114-7371-4

Ⅰ. ①涪… Ⅱ. ①胡… Ⅲ. ①油页岩-气田开发-涪陵区 Ⅳ. ①TE37

中国国家版本馆 CIP 数据核字(2023)第 231516 号

中国石化出版社出版发行
地址:北京市东城区安定门外大街 58 号
邮编:100011　电话:(010)57512446
发行部电话:(010)57512575
http://www.sinopec-press.com
E-mail:press@sinopec.com
北京科信印刷有限公司印刷
全国各地新华书店经销
*
787 毫米×1092 毫米 16 开本 27 印张 531 千字
2024 年 2 月第 1 版　2024 年 2 月第 1 次印刷
定价:216.00 元

编 委 会

前言 PREFACE

为加快页岩气开发利用进程，国家发展改革委和国家能源局于2009年研究制定了鼓励页岩气勘探与开发利用政策。2012年，中国石化在焦页1HF井进行了水平井压裂测试，获得$20.3\times10^4m^3/d$高产气流，率先开展了国家级页岩气示范区建设。2018年4月，中国石化举行了涪陵页岩气田百亿立方米产能基地揭牌仪式，树立了我国能源开发史上一个新的里程碑，标志着我国首个大型页岩气田如期建成$100\times10^8m^3/a$产能，中国页岩气从此加速迈进大规模商业化发展阶段，这对促进我国能源结构调整、缓解中东部地区天然气市场供应压力，以及落实节能减排和防治大气污染具有重要意义。

在国内没有成功经验的前提下，江汉油田坚持基础研究与现场试验并重，在全力推动规模建产的同时，注重气田生产规律及返排特征研究。近年来，逐步揭示了大规模压裂液在页岩中的侵入和返排机理，明确了焦石坝区块返排差异的主控因素，实现了对不同类型气井返排规律的准确预测；综合考虑多级压裂水平井筒的复杂流动机制，创新性建立了适用于页岩气井的“统一临界携液模型”和“页岩气井多相管流模型”等基础模型；发明了页岩气井智能柱塞排水采气技术和中心管完井技术，形成了排水采气工艺实施条件和有限期预测方法，有力支撑了百亿立方米页岩气田的顺利建设。

本书旨在通过总结涪陵页岩气田开发过程中形成的实践经验，为国内其他页岩气田科学、合理、安全、高效开发提供借鉴与参考。全书由胡德高负责编写，王辉、荣莽、周忠亚、王大江负责统稿。第一章由陈建达、王大江负责编写，第二章由王大江、孙志扬、沈金才负责编写，第三章由谭晓华、费成俊、王小军负责编写，第四章由王大江、陈建达、孙志扬、费成俊负责编写，第五章由刘乔平、李牧负责编写，第六章由董长新、陈旭、米瑛负责编写，第七章由葛兰、陈晓宇负责编写。在编写过程中，付永明、赵杰、岳泉、罗君、吴圣发提供了调研资料，为书中的文字、图表做了大量的编修工作。中国石化江汉油田张炜、陈晓源、廖如刚等多位专家对本书的完善和提升给予了宝贵意见和建议，西南石油大学李晓平教授、中国石油大学葛洪魁教授、长江大学廖锐全教授和刘捷教授等行业知名学者也给予了极大的帮助与支持，中国石化出版社为本书提供了出版支持，在此一并致以诚挚的谢意。

同时，在编写过程中，编委会全体成员通力配合，最终凝结成本书，因此本书是全体管理和技术人员集体智慧的结晶。因知识水平有限，尤其对页岩气后期的发展规律认识有限，书中不妥之处在所难免，敬请广大读者批评指正。

胡德高

目录 CONTENTS

第一章 概述

21世纪以来，随着社会对清洁能源需求的不断扩大，天然气价格不断上涨，人们对页岩气的认识水平迅速提高。特别是水平井与压裂技术水平的不断进步，在全球范围内掀起了页岩气开发热潮。得益于页岩气开发技术的突破，2009年美国以$6240\times10^8m^3$的产量首次超过俄罗斯成为世界第一大天然气生产国，使美国天然气消费长期依赖进口的局面发生逆转。我国蕴藏着丰富的页岩气资源，预估页岩气地质资源总量超过百万亿立方米。

第一节　全球页岩气资源分布

页岩气资源越来越重要，页岩气藏开发改变了美国天然气市场的“游戏”规则。根据 EIA(美国能源信息署)发布的《2013 年度能源展望》(以下简称 AEO2013)估计，美国页岩气技术可采资源量为 1161Tcf❶。鉴于 AEO2013 参考案例中的总天然气资源基础为 15583Tcf，页岩气资源占 AEO2013 预测的国内天然气资源基础的 34%，占本土 48 个州陆上资源的 50%。因此，页岩气是天然气预测产量增长的最大贡献者，到 2035 年，页岩气产量将占美国天然气产量的 46%。

从全球来看，32%的总天然气资源存在于页岩地层中，10%的原油资源存在于页岩或致密地层中，在 EIA—2013 报告中所覆盖的 41 个具有页岩地层国家中，页岩气可采储量排名前十的国家总储量达到 7795Tcf，中国排名仅次于美国(表 1-1-1)。

表 1-1-1　全球页岩气可采储量排名前十国家(来源：EIA—2013)

排　名	国　家	可采储量/Tcf	可采储量/10^8m^3
1	美国	1161	325080
2	中国	1115	312200
3	阿根廷	802	224560
4	阿尔及利亚	707	197960
5	加拿大	573	160440
6	墨西哥	545	152600
7	澳大利亚	437	122360
8	南非	390	109200
9	俄罗斯	285	79800
10	巴西	245	68600
	总储量(可采储量)	7795(6260)	2182600(1752800)

注：为方便使用，本表按 1Tcf＝$280\times10^8m^3$ 换算。

一、美国页岩气开发概况

(一) 早期页岩开发历程

页岩气开发技术始于 20 世纪 70 年代的北美泥盆纪(Huron)页岩，早期技术包括水

❶ 1Tcf(万亿立方英尺)＝$283.17\times10^8m^3$。

平井、多级压裂和减阻水压裂等，当时并未得到页岩气开发商的认可，直到这些技术在巴内特页岩区被完善、压裂规模被扩大，才引起关注，之后这些技术一直在不断改进。

1980—1990 年，米歇尔能源和开发公司在较深层的得克萨斯州中北部巴内特页岩中实现了页岩气的大规模商业开发。随着米歇尔能源和开发公司的成功，其他公司也积极进入巴内特参与开发，到 2005 年，巴内特页岩的天然气年产量几乎达到 $140\times10^8m^3$。随着天然气生产商对巴内特页岩气生产能力的信心增长，他们开始将目光投向其他页岩地层，包括海恩斯威尔、马塞勒斯和伊格福特等。

2008—2014 年，即所谓的“页岩革命”时期，这一时期，国际油价位于 65 美元/桶之上，加上美国国内宽松有利的土地政策，使得页岩投资商迅速增多，大量新技术快速得到试验和推广，以单井为目标的产能不断创下新纪录，同时钻完井作业效率也得到大幅提升(部分区块钻井效率提高了一半以上)，最终的结果是，页岩地层中这种原来“不可采”的资源成为全球油气产量的重要组成部分。

人们在数十年的页岩开发过程中，得到的最根本认识是：

(1) 水平井钻井和多级压裂技术是打开页岩储藏的关键。

(2) 每一块页岩都是独一无二的，没有两块页岩是相似的。页岩在平面和纵向上都存在差异，甚至在同一井筒内也存在差异，世上没有一种普适且最优的页岩井措施设计。

(3) 采用极少添加剂的清水(超低黏度)替代传统凝胶和泡沫压裂液。它能降低压裂成本，穿透和扩大天然裂缝，极大提高了页岩层的储藏接触面积，不伤害地层，但却牺牲了裂缝的支撑性能。

(4) 新型水平井通常与裂缝方向横切，多数采用端部上翘的井身，水平段长度在 1000~1600m 之间，采用套管固井或裸眼封隔器进行多级压裂。

页岩气开发初期，可能需要许多年的探索、尝试，甚至走弯路、做错事，但只有这样才能发现和锁定那些影响和控制页岩气开发的关键特征和参数。Valko 曾于 2009 年对巴内特的 7000 口页岩气井进行了生产调查。其最高产量出现在早期，即返排结束时。在两年的生产期内，有许多事件可能影响井的生产寿命，也会影响井的日产量和总产量。例如，在到达峰值产量后关井，使井恢复能量(类似充电)。试井、作业、集输管网的波动、机械原因造成的限流等都会导致日产量发生变化。

页岩区的典型递减曲线可能需要经过多年生产才能得到，或者通过研究一个区块全部井的实际产量得到。这两种方法各有优缺点。从北美各页岩区的产量变化可知，页岩气井初期产量很高，但递减很快，1 年递减量就达到了 75%。

Rees(2009)对递减曲线进行了更深入的研究，他不仅绘出了数十口页岩气井的单井递减曲线，还针对 107 口井的平均产量绘出了递减曲线。研究结果表明，预计总采收量

(EUR)在 0.3~3.6Bcf[1][(0.084~1.008)$\times 10^8 m^3$]之间，递减曲线显示产量差异很大，没有一个统一的趋势，因此可能不存在“典型井”或“典型递减曲线”。

（二）近期页岩开发历程

2014 年，石油价格下跌近 50%，在页岩开发方面开始聚焦投资回收率，充分利用各种新技术，包括新材料、大数据和智能技术，以降低作业成本，提高作业效率。同时，开发目标也从原有的单井转向整个储层，为此形成了立体开发技术。

在采气方面，开始时，气井有足够的压力，天然气的流速在临界速度之上，气井可以自然地生产。接着，油气生产商利用压缩机来降低井口压力，使得天然气的流速高于临界速度，这样气井继续保持自然地生产。到了生产中期，随着气井压力的降低以及气井产水的增加，就需要使用一种或者多种排水采气的方法来保证气井的生产，例如速度管、加注泡排液、柱塞气举等。这些方法仍然依靠气井本身的压力进行排水采气。到了生产后期，随着气井压力的枯竭，气井自身的压力已经无法提供足够的能量来排水采气了。为了延长气井的生产周期，外界辅助生产方法需要添加新的能量到气井的生产系统中。这些辅助方法包括抽油机、液压抽油机、电潜泵等。最后，当气井的产量低于经济价值产量时，气井就会被放弃并堵塞上。

值得注意的是，为了降低气井采气成本，相关学者重点研究了单井排水技术与气藏工程相结合的多学科气藏整体治水技术。同时，进行了排水采气工艺技术以及智能人工举升配套装备研究，使排水采气工艺技术逐步向遥控、集中、高度自动化、智能化举升方向发展。

（三）当前美国重点页岩区块

美国十大页岩区块分别为二叠纪(Permian)、伊格福特(Eagle Ford)、马塞勒斯(Marcellus)、尼尔布拉勒(Niobrara)、巴内特(Barnett)、海恩斯威尔(Haynesville)、巴肯(Bakken)、伍德福德(Woodford)、Granite Wash 和尤提卡(Utica)。

1. 二叠纪

位于得克萨斯州西部，主要包含三个区块：米德兰(Midland)、特拉华(Delaware)和沃夫坎(Wolfcamp)。天然气产量为 5Bcf/d，原油产量为 130×10^4bbl/d。

2. 伊格福特

地跨伊格福特西南部到东部，长度达到 640km，它具有石油、液烃和干气三个“窗口”，每天可开采原油 120×10^4bbl，每天开采天然气 6Bcf。

3. 马塞勒斯

位于阿巴拉契亚盆地，地跨纽约州、宾夕法尼亚州、俄亥俄州、马里兰州和西弗吉

[1] 1Bcf(10 亿立方英尺)= $0.28\times 10^8 m^3$。

尼亚州。大多数页岩气井位于宾夕法尼亚州。与上述两个区块不同，马塞勒斯的产油量很少，日产量仅为 5×10^4bbl，但产气量最高，日产气量高达 13Bcf。

4. 尼尔布拉勒

横跨南达科他州、内布拉斯加州、怀俄明州和科罗拉多州。天然气产量约为 4.6Bcf/d，原油产量为 28.7×10^4bbl/d。尽管尼尔布拉勒地跨多州，但大部分钻井活动发生在科罗拉多州东北部。

5. 巴内特

位于得克萨斯州，巴内特一直号称美国陆上最大的天然气田，因为它跨越了得克萨斯州 5000 多平方英里的土地。尽管巴内特地理面积最大，但产量在美国只处于中等位置，其日产气量为 4.5Bcf，日产油量则只有 15500bbl。

6. 海恩斯威尔

位于路易斯安那州、阿肯色州和堪萨斯州，其天然气日产量约占全美日产气量的 10%，日产天然气 6.7Bcf，日产原油 5.7×10^4bbl。

7. 巴肯

位于蒙大拿州和北达科他州，其区块面积比伊格福特小，每天生产原油约 100×10^4bbl。天然气产量明显低于其他页岩区，每天只能生产天然气约 1Bcf。它曾被认为是近代最好和最大的石油发现。早在威利斯顿盆地钻井早期，人们就注意到了巴肯页岩，但直到“页岩革命”后，它才得到经济开发，并随后取得巨大成功。

8. 伍德福德

位于俄克拉荷马州中—西部，是一个相对较新的区块，2005 年首次钻井。尽管该区块产量仍然很低，每天产出 1300bbl 石油和 47Mcf❶ 天然气，但它是一个重要的开发前景区。

9. Granite Wash

位于得克萨斯州和俄克拉荷马州的 Granite Wash 页岩区，也是一个新的前景区。目前，每天生产 2.7×10^4Mcf 天然气和 3200bbl 原油。Granite Wash 是由古代溪流沉积下来的矿物颗粒和沉积物形成的冲积砂矿，埋深 11000～15000ft，包含许多石油和天然气叠层。

10. 尤提卡

地跨纽约州、宾夕法尼亚州、俄亥俄州和西弗吉尼亚州，它是美国最新发现的页岩区，2011 年才开始生产，每天生产 9500Mcf 天然气和 1400bbl 原油。随着技术进步和钻井数增加，这一产量峰值可能还会更高。

---

❶ 1Mcf（千立方英尺）= 28.236m^3。

二、中国页岩气开发概况

与北美相比，中国页岩气勘探起步较晚，但与全球其他地区相比仍处于领先地位。特别是近年来，通过“十二五”攻关和探索，南方海相页岩气资源基本被落实，并实现规模开发；在页岩气矿权管理、对外合作和政策扶持等方面取得重要经验。

（一）国内页岩气开发历程

1. 评层选区阶段(2007—2009 年)

2007 年，开展了威远地区寒武系筇竹寺组页岩气资源潜力评价与开发可行性研究。2008 年，在川南长宁构造志留系龙马溪组露头区钻探了中国第一口页岩气地质评价浅井——长芯 1 井。2009 年，原国土资源部启动了“全国页岩气资源潜力调查评价与有利区优选”项目，对中国陆上页岩气资源潜力进行了系统评价。

2. 先导试验阶段(2010—2013 年)

自 2010 年开始，中国页岩气勘探开发陆续获得单井突破。2010 年 4 月，中国石油在威远地区完钻中国第 1 口页岩气评价井——威 201 井，压裂获得了工业性页岩气流。2011 年，原国土资源部正式将页岩气列为中国第 172 种矿产，按独立矿种进行管理。2012 年 4 月，中国石油在长宁地区钻获第一口具有商业价值的页岩气井——宁 201-H1 井，该井测试获得日产气 $15\times10^4m^3$，实现了中国页岩气商业性开发的突破。2012 年 11 月 28 日，中国石化在川东南焦石坝地区完钻的焦页 1HF 井在五峰组—龙马溪组获得页岩气测试产量 $20.3\times10^4m^3/d$，正式宣告了涪陵页岩气田的发现。

3. 示范区建设阶段(2014—2016 年)

自 2014 年开始，中国页岩气产量呈现阶梯式快速增长的态势，2014 年中国页岩气产量跃升至 $13.1\times10^8m^3$，2015 年产量为 $45.4\times10^8m^3$，2016 年产量为 $78.9\times10^8m^3$。2014 年，中国石化焦石坝区块提交了中国首个页岩气探明地质储量 $1067.5\times10^8m^3$，实现了中国页岩气探明储量零的突破。2015 年，在威远 W202 井区、长宁 N201—黄金坝 YS108 井区及涪陵页岩气田累计提交探明页岩气地质储量 $5441.3\times10^8m^3$，在四川盆地及其周缘逐渐形成了涪陵、长宁、威远和昭通 4 个国家级海相页岩气开发示范区，页岩气探明储量及产量逐年迅速增长。

4. 工业化开采阶段(2017 年至今)

2017 年，涪陵页岩气田如期建成百亿立方米/年产能，相当于建成千万吨级大油田，全年产量超过 $60\times10^8m^3$。同年，中国石油全年页岩气产量超过 $30\times10^8m^3$。2017 年，中国全年页岩气产量超过加拿大($52.1\times10^8m^3$)，成为世界第二大页岩气生产国。

（二）重点建产区

1. 涪陵勘探开发区

位于重庆市东部，目的层为志留系龙马溪组富有机质页岩，已在焦石坝建成一期

$50\times10^8m^3/a$ 产能，并初步落实二期 5 个有利目标区，埋深小于 4000m，有利区面积 $600km^2$，地质资源量约 $4767\times10^8m^3$。

2. 长宁勘探开发区

位于四川盆地与云贵高原结合部，包括水富—叙永和沐川—宜宾两个区块，目的层为志留系龙马溪组富有机质页岩，埋深小于 4000m，有利区面积 $4450km^2$，地质资源量约 $1.9\times10^{12}m^3$。

3. 威远勘探开发区

位于四川省和重庆市境内，包括内江—犍为、安岳—潼南、大足—自贡、璧山—合江和泸县—长宁 5 个区块，目的层为志留系龙马溪组富有机质页岩，埋深小于 4000m，有利区面积 $8500km^2$，地质资源量约 $3.9\times10^{12}m^3$。

4. 昭通勘探开发区

位于四川省和云南省交界地区，目的层为志留系龙马溪组富有机质页岩，目前已落实 4 个有利区，有利区面积 $1430km^2$，地质资源量约 $4965\times10^8m^3$。

5. 富顺—永川勘探开发区

位于四川省境内，目的层为志留系龙马溪组富有机质页岩，已初步落实有利区面积 $1000km^2$，地质资源量约 $5000\times10^8m^3$。

（三）涪陵页岩气田开发概况

川渝黔(四川省、重庆市、贵州省)地区是我国页岩气资源量较大的地区，涪陵页岩气田位于重庆市涪陵区，处于中国石化“重庆市四川盆地涪陵地区油气页岩气勘查”矿权区，区块勘查面积为 $7307.77km^2$。涪陵地区的地质调查工作始于 20 世纪 50 年代，涪陵页岩气勘探开发大体可以分为四个主要阶段：

1. 常规天然气勘探(1950—2009 年)

20 世纪 50—80 年代初，开展了石油普查，发现了焦石坝、大耳山、轿子山三个背斜构造圈闭。1998 年，中国石化江汉油田完成了“渝东焦石坝地区下古生界油气成藏条件综合评价及井位论证”研究。2006 年，中国石化勘探南方分公司完成了“四川盆地东南缘下组合勘探目标评价”研究，并完成了大量油气基础研究及编图工作，为焦石坝的古生界海相页岩气勘探突破奠定了坚实基础。

2. 页岩气勘探阶段(2009—2012 年)

受美国页岩气快速发展和成功经验的影响，中国石化正式启动了页岩气勘探评价工作，将发展非常规资源列为重大发展战略，加快了页岩油气勘探步伐。2012 年，中国石化勘探南方分公司在最有利的焦石坝目标区部署了第一口海相页岩气探井——焦页 1 井。焦页 1 井完钻后，选择志留系龙马溪组 2395～2415m 段优质页岩气层作为侧钻水平井段靶窗，迅速实施了侧钻水平井——焦页 1HF 井；2012 年 11 月 28 日，对焦页 1HF

井完钻测试获得日产 $20.3 \times 10^4 m^3$ 的高产工业气流，标志着涪陵页岩气田的发现。

3. 先导性试验阶段(2013 年)

2013 年，在焦页 1HF 井获得上述发现的基础上，优选 $46.8km^2$ 页岩气有利区开展了试验评价，主要评价内容：开展水平井长度和方位的开发试验；开展压裂改造工程技术试验，评价不同压裂段数、规模对单井产能的影响；确定合理单井产能。

4. 规模开发阶段(2014 年至今)

截至本书完稿时，涪陵页岩气田已投产井数 540 口，日产气量 $1930 \times 10^4 m^3$，累计产气量 $328 \times 10^8 m^3$，成为北美之外第一个成功实现商业开发的页岩气田。

第二节　涪陵页岩气田地质特征

页岩是由固结的黏土颗粒组成的片状岩石，为不同颗粒大小和不同岩性的混合体，是地球上最普遍的沉积岩石。在矿物组成上，主要包括一定数量的碳酸盐、黄铁矿、黏土质、石英和有机碳。页岩气以游离相存在于天然裂缝与粒间孔隙中，或吸附在干酪根或黏土颗粒表面，溶解于干酪根和沥青中。与常规天然气相比，页岩既是源岩，又是储层的盖层。

一、构造特征

涪陵页岩气田在区域构造上位于湘鄂西断褶带—川东高陡褶皱带，平面上呈现向北西方向凸出的弧形，是江南—雪峰陆内造山作用向北西方向递进扩展变形的结果。从东南部的江南—雪峰隆起向西北方向，至四川盆地内川中隆起低缓构造带，具有构造变形样式和变形强度有序性、递进性和分带性明显的特征，构造样式方面表现为挤出式冲断褶皱带、隔槽式褶皱带和隔挡式褶皱带，由一系列被断层切割的复背斜和复向斜相间构成。

涪陵页岩气田构造单元界线划分主要依据构造变形特征和三级断裂发育分布特征，可划分为 9 个构造单元(图 1-2-1)。

1. 焦石坝背斜带

构造主体平缓，奥陶系、志留系及上覆地层产状一致，向西南、东北方向倾覆，背斜形态清楚，边缘被大耳山西、石门等断层夹持。构造走向总体为北东向，五峰组底构造面积 $340km^2$，高点海拔-1640m，构造幅度 960m。

2. 乌江背斜带

位于焦石坝地区西部，焦石坝背斜带西南部，受乌江断层控制，平面上呈北西向条

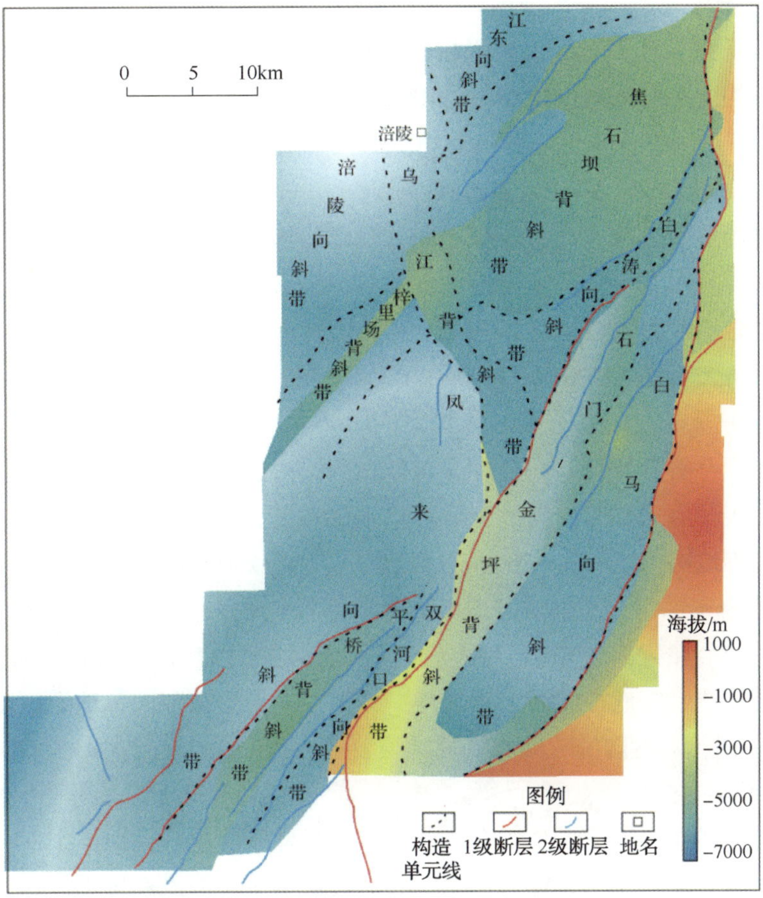

图 1-2-1 涪陵页岩气田构造单元划分

带状展布，构造走向为北西向，从南到北发育 3 个局部鼻状构造，构造形态清楚，矿权内构造单元面积 97.8km²，上奥陶统五峰组底界地层高点海拔-2200m，埋深-4200～-2500m。

3. 梓里场背斜带

位于乌江背斜带的西南部和梓里场向斜带西北部，西部以梓里场断层为界，总体构造走向为北东向，从垂直于构造走向地震剖面看，背斜形态清晰，西翼受梓里场断层控制，背斜两翼地层较陡，矿权内构造面积 55.1km²，上奥陶统五峰组底界地层高点海拔-2550m，埋深-5000～-3200m。

4. 石门—金坪背斜带

位于白马向斜带西侧，构造走向为北东向，背斜形态较清晰，背斜东翼地层较陡，矿权内构造面积 186.9km²，上奥陶统五峰组底界地层高点海拔-1300m，埋深-4000～-2250m。

5. 平桥背斜带

位于焦石坝背斜带西南部，为平桥东、西断层所夹持的断背斜，构造走向为北东向，从垂直于构造走向地震剖面看，背斜形态清晰，背斜两翼地层较陡，矿权内构造面积 63.1km^2，上奥陶统五峰组底界地层高点海拔-2000m，埋深-3500～-2500m。

6. 涪陵向斜带

位于梓里场背斜带与乌江背斜带之间，东部边界为乌江断层和石门2号断层，构造走向为北东向，从垂直于构造走向地震剖面看，其表现为完整的向斜形态，两翼地层较陡，向斜中部地层较为平缓，矿权内构造面积 198.5km^2，上奥陶统五峰组底界地层最低点海拔-4300m，埋深-6250～-3000m。

7. 白涛向斜带

位于焦石坝背斜带与石门—金坪背斜带之间，构造走向为北东向，在垂直于构造走向地震剖面上表现为完整的向斜形态，两翼地层较陡，矿权内构造面积 53.6km^2，上奥陶统五峰组底界地层低点海拔-2600m，埋深-3700～-2900m。

8. 白马向斜带

位于石门—金坪背斜带东侧，为受白马西断层控制的向斜构造，构造走向为北东向，在垂直于构造走向地震剖面上表现为一完整的向斜形态，两翼地层较陡，矿权内构造面积 223.3km^2，上奥陶统五峰组底界地层低点海拔-3800m，埋深-5000～-2250m。

9. 双河口向斜带

位于平桥背斜带东侧，受平桥东断层和石门2号断层控制，构造走向为北东向，在垂直于构造走向地震剖面上表现为一完整的向斜形态，构造形态较为清晰，两翼地层较陡，矿权内构造面积 54.7km^2，上奥陶统五峰组底界地层低点海拔-3500m，埋深-4250～-2500m。

涪陵页岩气田不同构造单元构造样式各异，其中焦石坝背斜带构造样式为宽缓背斜，地层产状平缓，构造变形弱；平桥背斜带较为紧闭，核部构造较稳定，断裂不发育，两翼地层产状陡，断层断距大于100m；白涛向斜带处于构造汇聚区，构造变形强，埋深变化大，总体表现为北部狭窄而南部相对宽缓；白马向斜带构造变形强烈，断裂发育，地层产状变化大，构造较破碎；梓里场背斜带断裂较发育，受两期不同走向断裂影响，构造复杂，构造变形强，断裂发育，沟通至地表的上下叠置的断裂模式影响页岩气的保存。

二、区域地层特征

川东南地区出露地层主要为侏罗系—三叠系，出露最新地层为中侏罗统沙溪庙组。地层自上而下依次为：中生界下三叠统嘉陵江组、飞仙关组；上古生界上二叠统长兴组、龙潭组，中二叠统茅口组，下二叠统栖霞组、梁山组；中石炭统黄龙组；下古生界中志留统韩家店组，下志留统小河坝组、龙马溪组；上奥陶统五峰组、临湘组，中奥陶统宝塔组、十字铺组。上二叠统龙潭组与中二叠统茅口组、中石炭统黄龙组与上覆二叠系梁山组及下伏志留系韩家店组均为不整合接触，其余各系、统、组之间都为连续沉积。

焦页1井钻井揭示，涪陵地区古生界奥陶系—中生界三叠系自下而上主要发育：十字铺组、宝塔组、涧草沟组、五峰组、龙马溪组、小河坝组、韩家店组、黄龙组、梁山组、栖霞组、茅口组、龙潭组、长兴组、飞仙关组、嘉陵江组。其中，志留系由下统龙马溪组、小河坝组和中统韩家店组组成，与下伏奥陶系整合接触，与上覆石炭系黄龙组平行不整合接触。

上奥陶统五峰组—下志留统龙马溪组在涪陵地区分布稳定，厚度200~300m。焦页1井揭示，五峰组和龙马溪组下部厚度约89m为页岩气主要勘探开发目的层段。

三、岩石类型

焦页1井揭示，焦石坝地区主要有三种岩石类型：泥岩，泥质粉砂岩、粉砂质泥岩及碳质泥岩、碳质页岩，其特征如下：

1. 泥岩

灰、深灰色，色均，泥质含量90%~95%，粉砂含量小于10%，粉砂分布不均，局部含量较高，碳酸盐胶结物多呈泥晶和粉晶结构充填于粒间，见泥质粉砂岩斑块或条带；硬度较高，岩屑呈块状。

2. 泥质粉砂岩、粉砂质泥岩

主要为灰黑色含碳质粉砂质泥岩与泥质粉砂岩呈条带状或条纹状频繁韵律互层，岩石中常见顺层分布的笔石化石，为深水陆棚环境条件下底流—等深流作用所致，水平纹层发育，由富碳质纹层与富粉砂纹层间互成层，有时纹层表现为明暗相间纹层，有时见粉粒级石英，粒径0.03~0.08mm，偶见细粒级石英颗粒，分选好，呈颗粒点接触。从成像测井来看，FMI静态图像为亮黄色—白色，动态图像可见大多发育块状、中层状层理。

3. 碳质泥岩、碳质页岩

灰黑色，主要成分为泥质（含量50%~60%）、碳质（含量30%~40%）及少量硅质（含量<10%）。碳质分布均匀，镜下呈半透明—不透明状，泥质与碳质均匀交生，岩屑呈块—片状。薄片中颗粒直径小于0.01mm，碳质含量大于30%，分布均匀，可见构造裂缝发育。FMI静态图像为棕黄色—棕黑色，动态图像显示厚层状特征或薄纹层特征，见较多暗色高导矿物——黄铁矿。

四、储集特征

1. 储集空间类型

通过岩心、薄片、扫描电镜及氩离子抛光—扫描电镜观察发现，焦石坝地区五峰组—龙马溪组页岩储层段发育的孔隙类型包括无机孔隙、有机孔隙、微裂缝、构造缝4种。其中：无机孔隙主要包括黏土矿物晶间孔、粒间孔以及粒内孔；有机孔隙属于有机质在后期热演化过程中形成的孔隙，页理缝则主要出现在纹层发育段，在刚性矿物与塑性矿物间易于形成页理缝，焦页1井岩心观察结果表明，构造缝多为直劈缝和高角度构造剪切缝，整体欠发育。

2. 孔隙度特征

焦页1井180块岩心物性分析化验结果表明，89m页岩储层段孔隙度主要介于3%~6%之间，最小值为1.17%，最大值为7.98%，平均值为4.61%。从实测孔隙度分段统计情况来看，第3段储集性能最为优越，平均孔隙度为5.3%，其次为第1段，平均孔隙度为4.81%，第2段最差，平均孔隙度为3.77%。①~③小层和④小层、⑤小层储集性能大体相当，⑨小层平均孔隙度略高于⑧小层，其中⑨小层平均孔隙度为5.61%，⑧小层平均孔隙度为4.67%。

五、含气性特征

1. 岩心含气量实测

岩心含气量实测包括现场损失气量、解析气量及残余气量的实测与计算，结果为三者之和。焦页1井岩心含气量实测结果表明，总含气量介于0.44~5.19m^3/t之间，平均值为1.97m^3/t，以现场损失气量与解吸气量为主，残余气量低。现场损失气量介于0.11~3.9m^3/t之间，平均值为1.14m^3/t；解吸气量介于0.31~1.40m^3/t之间，平均值为0.79m^3/t；残余气量介于0.01~0.07m^3/t之间，平均值为0.04m^3/t。

2. 测井解释

斯伦贝谢(中国)公司对焦页1井含气量进行了测井解释，表明总含气量随着压力系数的增大而增大，焦页1HF井与焦页1-3HF井压裂测试数据表明，地层压力系数为1.55，因此主要参考压力系数为1.5以下的解释结果，从解释的含气量数据看，压力系数1.5相比1.0，其吸附气量、游离气量及总含气量均呈现增大的趋势。压力系数为1.5时，吸附气量介于0.74~2.83m^3/t之间，游离气量介于0.53~3.40m^3/t之间，总含气量介于1.27~6.19m^3/t之间。焦页2井、焦页3井、焦页4井的含气量测井解释结果表明，总含气量、吸附气量及游离气量随着压力系数的增大都呈现较为明显的增大趋势，纵向上均呈现自下而上含气量逐渐减小的趋势。

六、有机质丰度特征

涪陵页岩气田焦石坝区块焦页-A井五峰组—龙马溪组下部取心段实测TOC(总有机碳)含量最小值为0.55%，最大值为5.89%，平均值为2.54%，且具有自上而下TOC含量逐渐增大的趋势，江东区块、平桥区块TOC含量自上而下增大的趋势不变，但上、下差异性明显小于焦石坝区块；尤其是④小层、⑤小层与①~③小层的差异较一期明显减小。从平面上看，对于目的层①~⑤小层TOC含量，江东区块、白涛区块和平桥区块北部较高，平桥区块南部和白马区块较低。

平桥区块、江东区块评价井岩心实测和测井解释TOC含量结果表明，孔隙度纵向变化特征与一期产建区相似，整个含气页岩段自上而下呈现逐渐增大的趋势。在焦石坝区块及其周缘，主力含气页岩段上部的⑥~⑨小层，TOC含量纵向变化特征表现为：⑧小层TOC含量普遍略高于⑥小层、⑦小层，⑨小层最低(TOC含量普遍低于1%)，但是这个特征在白马区块和平桥区块表现得并不明显，⑧小层TOC含量与⑥小层、⑦小层大体相当，⑨小层TOC含量在⑥~⑨小层中仍为最低，但⑨小层TOC含量普遍大于1%。这在资源量计算时对页岩储层的有效厚度产生了较大影响。

焦石坝区块五峰组—龙马溪组龙一段的①~⑤小层主体为深水硅质陆棚沉积微相，平面展布稳定，沉积微相的稳定展布决定了页岩的地球化学品质也具有平面展布稳定性。目前，已钻取的几口评价井岩心揭示，TOC含量平面分布较为稳定，TOC含量小层厚度加权平均值集中在3.32%~3.60%之间。按照中国石化目前评价标准，就地球化学条件而言，焦石坝区块五峰组—龙马溪组龙一段①~⑤小层整体为Ⅱ类储层，平面展布稳定。

上部的⑥~⑨小层变化较大的是⑨小层。整体而言，⑨小层自北向南TOC含量呈现略微增大的趋势，从焦石坝区块的1%左右到普遍大于1%，其中⑥~⑧小层TOC含量平面展布稳定，且TOC含量普遍介于1.5%~2.5%之间。

七、纹层发育特征

含气页岩纹层及其组合控制着页岩的物质组成、孔隙特征和微裂缝展布，进而控制着页岩的孔隙度和渗透率。可从组成、结构和构造3个方面对纹层展开描述。根据纹层组成，黑色页岩可划分出富有机质纹层、含有机质纹层和黏土质纹层。根据纹层结构，黑色页岩可划分出泥纹层和粉砂纹层。纹层构造可按连续性(连续、非连续)、形态(板状、波状、弯曲状)及相互之间几何关系(平行、非平行)进一步细分为12类。页岩纹层按其泥质和粉砂含量可细分为泥纹层和粉砂纹层，泥纹层的泥质含量大于50%，粉砂纹层的粉砂含量大于50%。泥纹层和粉砂纹层相互叠置，构成多种纹层组合。黑色页岩泥纹层和粉砂纹层的孔隙组成、孔隙结构及微裂缝分布也存在巨大差异。泥纹层富含黏土级矿物颗粒，在低—中热成熟演化阶段，粉砂纹层常具有更好的储集空间及渗透性。在成岩演化过程中，由于存在成分差异，泥纹层和粉砂纹层表现出不同的成岩路径及储集性能。

四川盆地下志留统龙马溪组龙一段含气页岩纹层发育，其因高 TOC 含量、高含气量、高脆性矿物含量及高孔隙度而成为目前页岩气勘探开发的最佳目的层。根据纹层矿物组分分类和沉积结构分类，结合页岩纹层发育密度和最大纹层厚度，将涪陵页岩气田五峰组—龙马溪组海相页岩划分为 3 个纹层发育段，将每个发育段又细分为弱发育段和强发育段，将纹层发育密度大于 5 条/厘米或最大纹层厚度大于 0.1mm 段定为纹层强发育段。

涪陵地区五峰组—龙马溪组龙一段海相页岩主要发育硅质纹层、钙质纹层和黏土质纹层三类。

（1）硅质纹层：镜下薄片观察可见以石英和长石成分为主，呈次棱—次圆状，边缘多被黏土、碳质浸染。矿物成分以石英、伊利石和伊/蒙混层为主，其中石英矿物的面积占比达 65.1%，含量占比达 64.5%。硅质纹层单层厚度为 0.02~0.20mm。

（2）钙质纹层：镜下薄片观察明显可见浅色纹层和暗色纹层构成层偶，就薄片整体而言，以石英及长石成分为主，白云石含量可达 7%。钙质纹层横向连续性好，厚度为 0.1~0.3mm，纹层边界清晰。

（3）黏土质纹层：镜下薄片观察可见黏土和极少量细粉砂形成泥内碎屑（约占 20%），呈断续—透镜状顺层分布，组成黏土质纹层，其中黏土矿物含量最高可达 88%。黏土质纹层横向连续性差，单层厚度为 0.02~0.16mm，纹层边界较清晰。

八、气藏特征

1. 地层温度

针对多口气井开展了关井状态下地层温度和地层压力测试，统计得出焦石坝区块气层中部深度—气层中部温度关系图，目的层深度 2400m，地层温度 85℃左右，属正常地温梯度。

2. 气藏压力

利用产能测试和变流量试井理论，计算焦页 1-3HF 井地层压力为 37.69MPa，地层压力系数为 1.55；实际测量多口气井的地层压力表明，地层压力在 36~40MPa 之间，属高压气藏。

3. 气藏流体性质

（1）天然气组分：焦页 1HF 井、焦页 1-3HF 井五峰组—龙马溪组天然气组分分析表明：天然气中以甲烷为主，甲烷摩尔百分含量为 97.22%～98.90%（平均含量为 98.27%）；乙烷摩尔百分含量为 0.55%～0.84%，丙烷及以上重烃组分摩尔百分含量为 0.02%～0.266%，CO_2摩尔百分含量为 0～0.22%；天然气相对密度为 0.5656（临界温度 191.4K，临界压力 4.598MPa），被定义为干气。

（2）地层产水情况：焦页 1HF 井产出水分析表明，酸碱度为 6.66～7.63，氯根含量为 1925.95～21508.98mg/L，总矿化度为 4188.68～37971.37mg/L，水型主要为碳酸氢钠（$NaHCO_3$）型。焦页 1-3HF 井产出水分析表明，酸碱度为 6.52～7.04，氯根含量为 1384.79～8666.13mg/L，总矿化度为 5480.73～16414.16mg/L，水型为碳酸氢钠型。

4. 气藏类型

根据前述地质评价成果，结合试气试采特征分析资料，认为属正常地温梯度、高压气藏。天然气组分中甲烷平均含量为 98.27%，天然气相对密度为 0.5656。气藏不产水，表现出封闭气藏的弹性驱动方式的特征，为连续性气藏，没有明显边界。

综上，确定焦石坝区块五峰组—龙马溪组气藏为中深层、弹性气驱、高压、干气、页岩气藏。

第二章　气田生产特征

涪陵页岩气田的生产特征有明显的区域性差异，开展不同区块页岩气井在不同阶段的生产特征研究，是掌握气田生产规律的关键。在气田开发初期，主要通过产能试井进行了页岩气井产能变化规律研究，并在此基础上，进一步研究了涪陵一点法，对页岩气田的生产特征进行了分类研究。

第一节　产气特征

一、气田生产阶段

涪陵页岩气田开采方式属于衰竭式开采，不同生产阶段气井产能递减特征有差异，因此，有必要建立气井在不同生产阶段的生产指标来评价页岩气井产能。与常规砂岩和碳酸盐岩储层相比，页岩储层的特殊性体现在以下三个方面：

（1）页岩储层未压裂改造时无自然产能，须经过压裂才有自然产能。

（2）页岩气井压裂改造的复杂度和体积大小决定了产能和可采储量的高低。

（3）页岩储层经压裂改造形成的缝网边界即流动边界、生产波及范围。

为获得最大的技术可采储量，涪陵页岩气田用页岩气井动态合理配产方法指导生产，采用定产控压生产方式、与气井产能相匹配的合理生产制度来实现气井的稳定生产。

根据产量和压力递减特征，将生产过程划分为 2 大 4 小生产阶段，包括定产降压阶段和定压递减阶段，其中定压递减阶段又细分为自然递减生产阶段、间歇生产阶段、排水采气工艺或增压开采辅助生产阶段，如图 2-1-1 和图 2-1-2 所示。

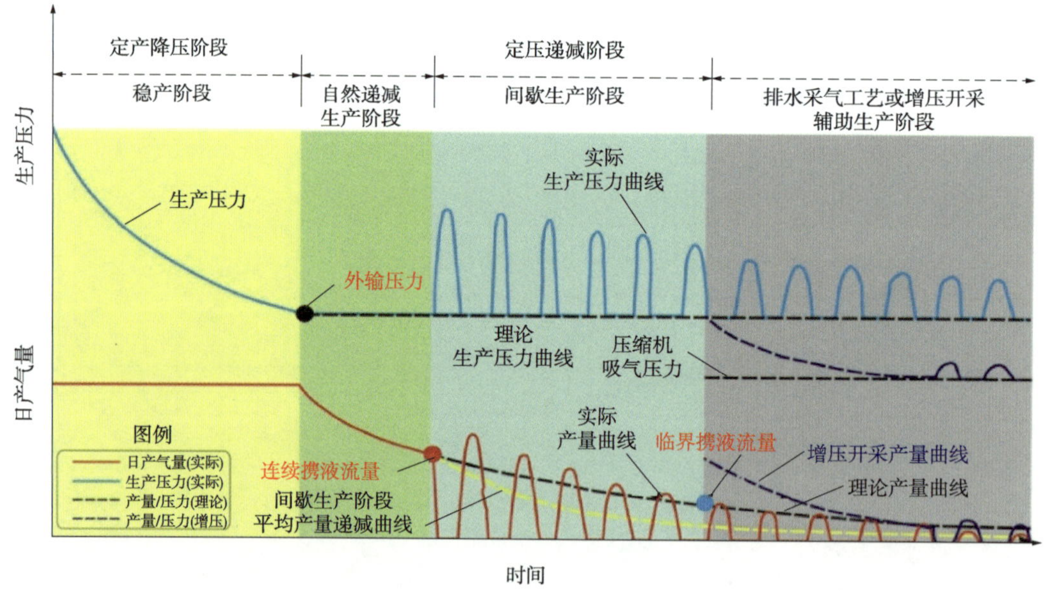

图 2-1-1　涪陵页岩气井生产模型示意图

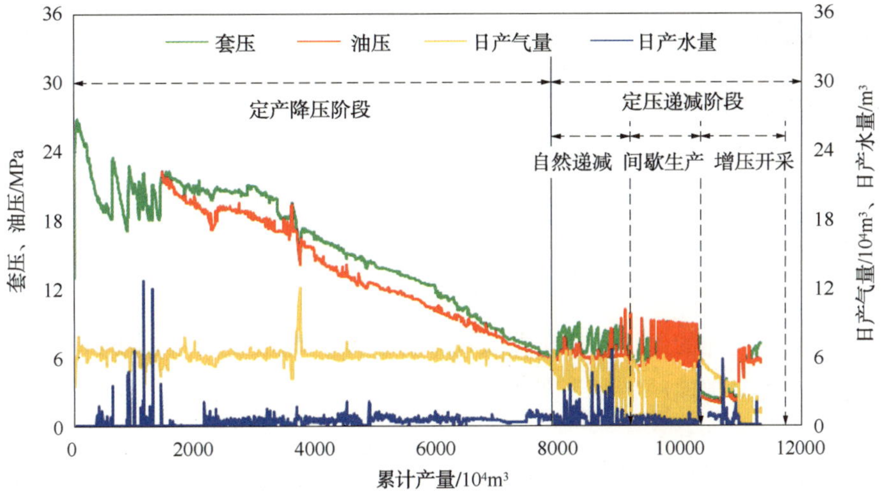

图 2-1-2 焦页 1HF 井生产曲线

定产降压阶段：按页岩气合理配产方法确定气井合理配产，按照此合理配产稳定生产，生产压力自然递减至输压后转入定压递减阶段，定产降压阶段也被定义为稳产期，此阶段为牺牲压力值以换取产量的稳定。

定压递减阶段：稳产期结束后，生产压力已递减至接近输压，无进一步下降空间，随着生产压力的降低即地层压力和井底流压差值降低，须以牺牲产量来实现正常生产；气井进入产量递减阶段，产量高于连续携液流量前为产量连续递减阶段，产量低于连续携液流量但高于临界携液流量期间气井不能连续生产，需要间歇关井恢复压力以实现周期性排液生产，间歇开采生产效率低于 50%或产量进一步降低至临界携液流量后则被迫水淹关井，只能借助排水采气工艺或增压开采工艺维持生产。

自然递减生产阶段：气井进入产量递减阶段，产量高于连续携液流量前为产量连续递减阶段，此阶段生产时间的长短决定于气井稳产期结束时产量、产量递减率、连续携液流量的高低。稳产期结束时产量越高、产量递减率越低、连续携液流量越低，则气井产量递减期连续生产时间越长。

间歇生产阶段：产量低于连续携液流量但高于临界携液流量期间气井不能连续生产，需要间歇关井恢复压力以实现周期性排液生产，即气井间歇生产阶段。此阶段生产时间的长短决定于气井产量递减率、水气比、地层压力恢复速度的大小。气井产量递减率越小、水气比越小、地层压力恢复速度越大时，气井间歇生产时间越长，通常当间歇生产归一化产量低于连续生产阶段气量的 50%后，间歇开采生产效率较低，需要借助采气措施工艺以维持生产。

排水采气工艺或增压开采辅助生产阶段：当间歇开采生产效率低于 50%或产量进一步降低至临界携液流量后则被迫水淹关井，只能借助排水采气工艺或增压开采工艺维持生产。

二、生产动态特征

（一）定产降压阶段

在定产降压阶段，主要描述分区压力随累计产量增大而表现出的递减规律，确定各累计产量阶段中产能保持水平、压力保持水平、稳产时间和稳产期累计产量。

1. 产能保持水平

从气井在不同累计产量阶段的 IPR 曲线（流入动态曲线）可以看出，在页岩气解吸附压力以前，随着气井的生产，IPR 曲线向下方移动，地层压力不断下降，地层能量不断趋于衰竭，产能呈现递减特征，如图 2-1-3 所示。

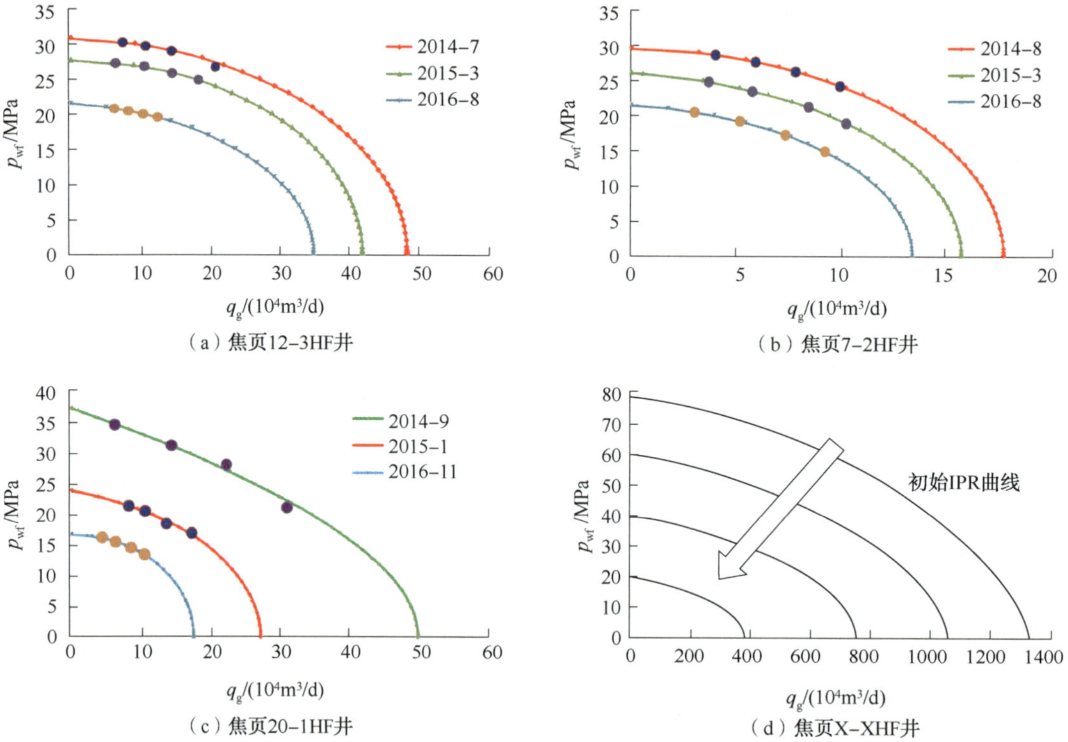

图 2-1-3 页岩气井不同时期 IPR 曲线对比

涪陵页岩气田结合页岩气产量递减规律，开展了页岩气井在不同累计产量阶段的产能试井。目前，已开展 4 次产能试井的气井有 1 口，已开展 3 次产能试井的气井有 7 口，已开展 2 次产能试井的气井有 8 口，通过对气井开展产能试井，求得气井相应的产能，从而摸索出页岩气井产能变化规律。从产能试井对比分析中可以看出：投产初期，页岩气井的无阻流量随着累计产量的增大呈现对数递减趋势，递减速度为先快后慢。初期无阻流量低的气井，产能递减慢，如图 2-1-4、图 2-1-5 所示。

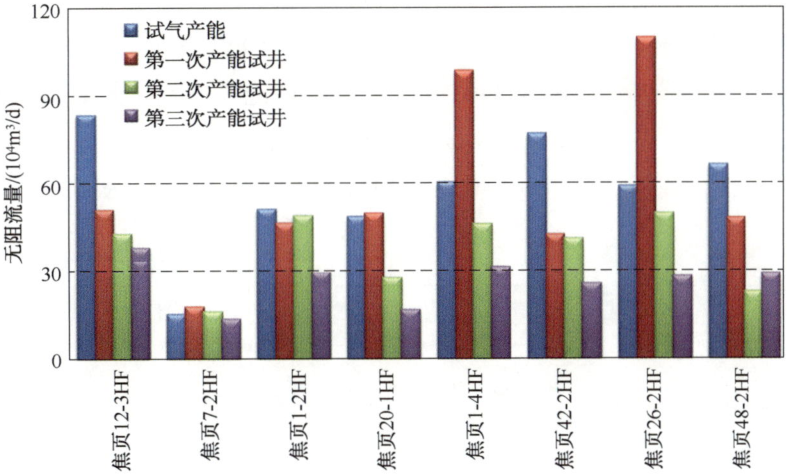

图 2-1-4　气井多次产能试井结果对比

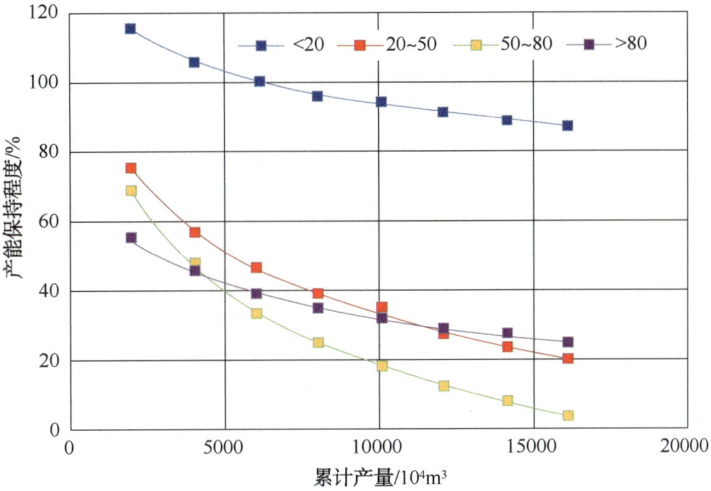

图 2-1-5　不同无阻流量区间气井产能保持程度随累计产量的变化趋势

将焦石坝区块主体区气井按照试气无阻流量分为 4 个产能区间，分别是 $q_{AOF}<20\times10^4m^3/d$、$20\times10^4m^3/d<q_{AOF}<50\times10^4m^3/d$、$50\times10^4m^3/d<q_{AOF}<80\times10^4m^3/d$、$q_{AOF}>80\times10^4m^3/d$，在各产能区间选取典型井，以累计产量 $2000\times10^4m^3$ 为间隔连续开展产能试井，探索产能递减规律。将气井产能保持程度定义为气井当前产能与初期产能的比值，其中气井初期产能利用陈元千一点法确定，气井当前产能利用回压法产能试井方法确定。产能的递减呈现先快后慢的特征，不同产能区间气井递减存在差异。气井初期产能体现改造后主裂缝的产气能力，后期产能体现由裂缝复杂程度和 SRV（储层改造体积）大小决定的气井稳产能力，其中小于 $20\times10^4m^3/d$ 的低产能气井（初期主裂缝较差，裂缝复杂程度较低，SRV 较小）和大于 $80\times10^4m^3/d$ 的高产能气井（初期主裂缝较好，裂缝复杂程度较高，SRV 较大）递减较缓，$(20\sim80)\times10^4m^3/d$ 的中产能气井（初期主裂缝较好，裂缝复杂程度较低，SRV 较小；主裂缝和 SRV 之间层级差异大）递减较快。

（1）无阻流量小于 $20\times10^4m^3/d$ 的气井，其本身产能较低，完井测试时产能数据相对准确，多阶段产能试井资料证实，随累计产量增大，气井产能变化小，在累计产量 $4000\times10^4m^3$ 以内产能没有递减，在 $(4000\sim8000)\times10^4m^3$ 区间递减为初期的 80%，如图 2-1-6 所示。

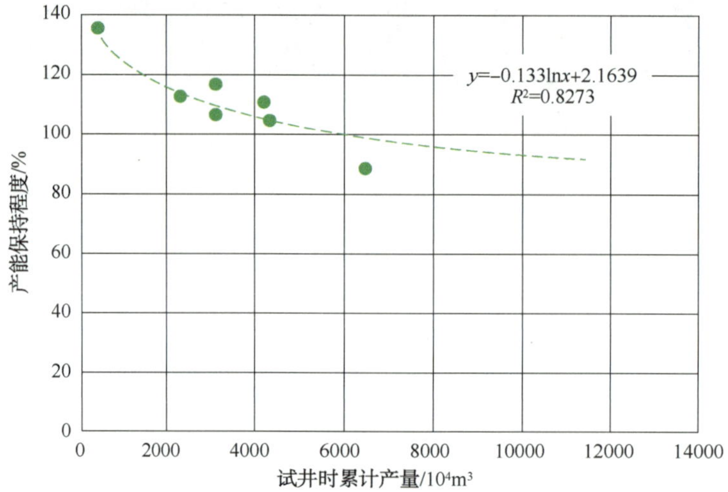

图 2-1-6　初期无阻流量小于 $20\times10^4m^3/d$ 气井产能与累计产量关系

（2）无阻流量 $(20\sim50)\times10^4m^3/d$ 的气井，在累计产量 $2000\times10^4m^3$ 后产能递减为初期的 80%，在累计产量 $4000\times10^4m^3$ 时产能递减为初期的 60%，在累计产量大于 $7000\times10^4m^3$ 之后产能递减为初期的 40%，如图 2-1-7 所示。

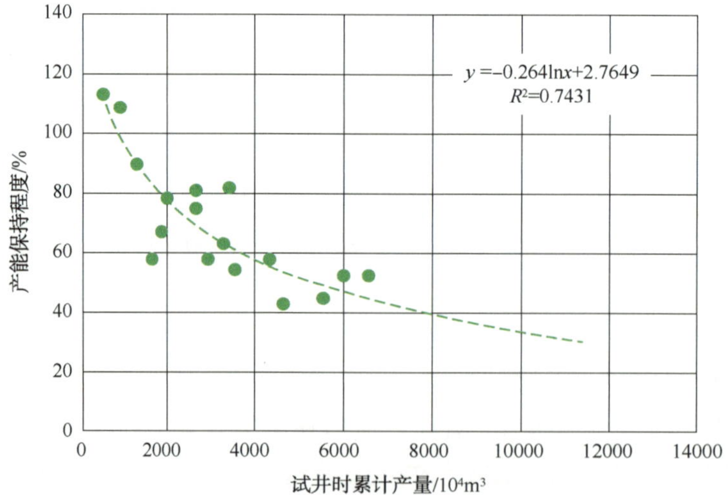

图 2-1-7　初期无阻流量 $(20\sim50)\times10^4m^3/d$ 气井产能与累计产量关系

（3）无阻流量$(50\sim80)\times10^4m^3/d$的气井，在累计产量$3000\times10^4m^3$时产能递减为初期的60%，在累计产量$6000\times10^4m^3$时产能递减为初期的40%，在累计产量大于$9000\times10^4m^3$之后产能递减为初期的30%，高产能气井虽然产能递减幅度大，因其具有较高的初期产能，因而产能保持程度的绝对值仍较高，如图2-1-8所示。

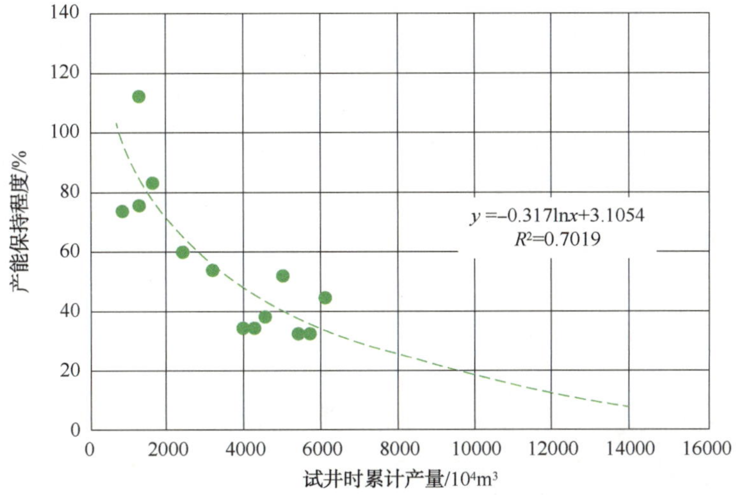

图2-1-8　初期无阻流量$(50\sim80)\times10^4m^3/d$气井产能与累计产量关系

（4）无阻流量大于$80\times10^4m^3/d$的气井，在累计产量$3000\times10^4m^3$时产能递减为初期的60%，在累计产量$5000\times10^4m^3$时产能递减为初期的50%，在累计产量$1.0\times10^8m^3$时产能递减为初期的40%，在累计产量大于$2.0\times10^8m^3$之后产能递减为初期的30%，此类高产能气井产能递减幅度更大，因其具有较高的初期产能，因而产能保持程度的绝对值仍较高，如图2-1-9所示。

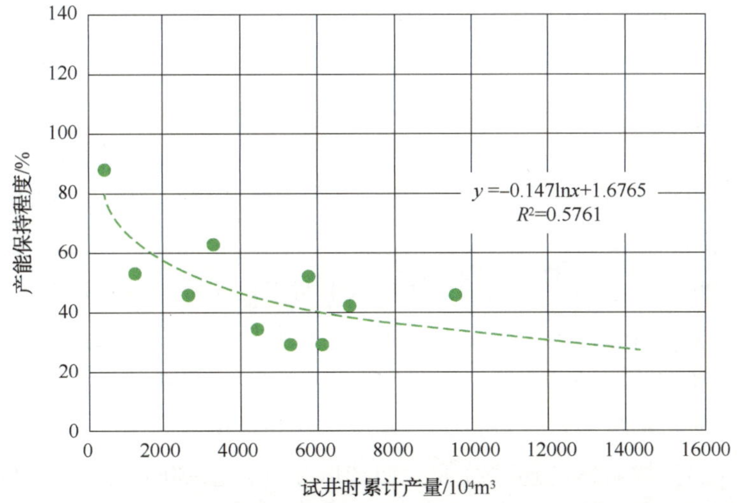

图2-1-9　初期无阻流量大于$80\times10^4m^3/d$气井产能与累计产量关系

2. 压力保持水平

稳产期压力保持水平分为气井静压、井底流压、井口压力，三个压力参数具有相互依存的关系，在相同的累计产量阶段，气井静压、井底流压、井口压力变化规律一致，只表现出大小的差异。因此，笔者选取分区产气、产水平稳，且井筒携液较好的气井，研究其井口压力变化规律和递减特征，进而扩展至井底流压和气井静压的应用。

以焦石坝区块为例，页岩气井稳产期压力递减呈现分区和分阶段先快后慢的趋势。在累计产量 $2000\times10^4m^3$ 时，主体区压力保持水平为 17.01MPa，压力下降 45%；西区压力保持水平为 18.41MPa，压力下降 44%；东区压力保持水平为 11.89MPa，压力下降 57%；西南区气井投产晚，在累计产量 $1000\times10^4m^3$ 时，压力保持水平为 7.31MPa，压力下降 70%，如图 2-1-10 所示。

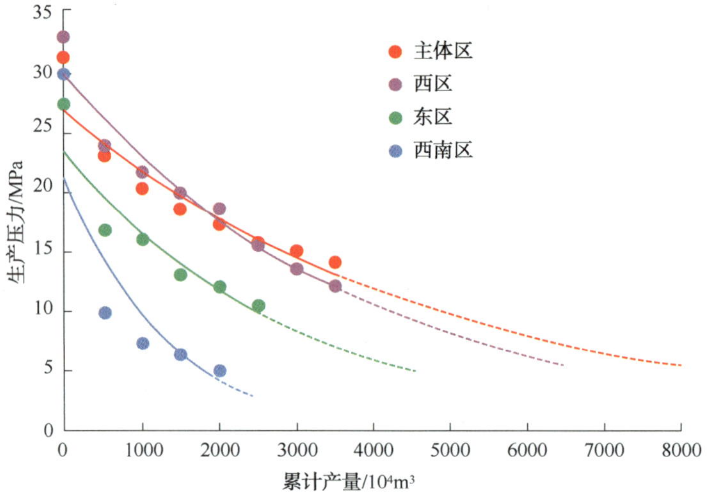

图 2-1-10 涪陵页岩气田焦石坝区块分区稳产期压力保持水平(井底流压)

上述气井单位压降产量随累计产量增大呈现分区和分阶段先快后慢的增大趋势。在累计产量 $5000\times10^4m^3$ 时，主体区单位压降产量为 $339\times10^4m^3/MPa$；东区单位压降产量为 $280\times10^4m^3/MPa$；西区单位压降产量为 $230\times10^4m^3/MPa$；西南区稳产期累计产量较小，在累计产量 $2000\times10^4m^3$ 时，单位压降产量为 $100\times10^4m^3/MPa$，如图 2-1-11 所示。

地质分区强调的是较大尺度地质特征差异，不能充分代表研究区内气井压力保持水平的差异性，因此，在本书中结合压力保持水平与单位压降产量形成综合分区，同区内气井压力保持水平具有相似性，对于分区研究、预测更符合客观真实性。由于受气井投产时间、配产、动态监测等因素影响，研究区内气井累计产量值大小不一，因此在做数据分析时必须有充足的样本数量进行数学处理，并获得拟合曲线。各分区生产压力保持水平总体上表现出先快后慢的递减特征，如选取累计产量 $3000\times10^4m^3$ 时：Ⅰ区压力保持水平为 18.28MPa，递减为初期的 57%；Ⅱ区压力保持水平为 15.64MPa，递减为初期的49%；Ⅲ区压力保持水平为13.01MPa，递减为初期的39%；Ⅴ区压力保持水平为9.73MPa，递减为初期的32%；Ⅳ区压力保持水平为11.62MPa，递减为初期的39%；Ⅵ区压力保持水平为3.67MPa，递减为初期的17%。据此预测各分区单井稳产期产气量为：Ⅰ区($14751\times10^4m^3$)>Ⅱ区($10456\times10^4m^3$)>Ⅲ区($8354\times10^4m^3$)>Ⅴ区($6643\times10^4m^3$)>Ⅳ区($4892\times10^4m^3$)>Ⅵ区，如图2-1-12、图2-1-13所示。

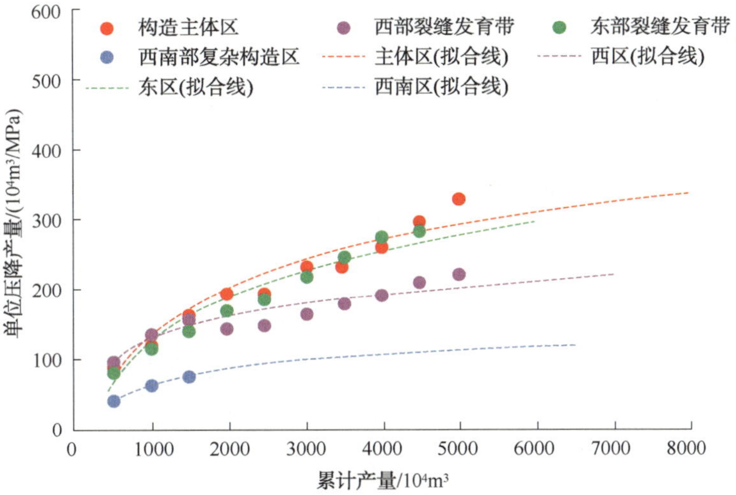

图2-1-11　涪陵页岩气田焦石坝区块分区稳产期单位压降产量(井底流压)

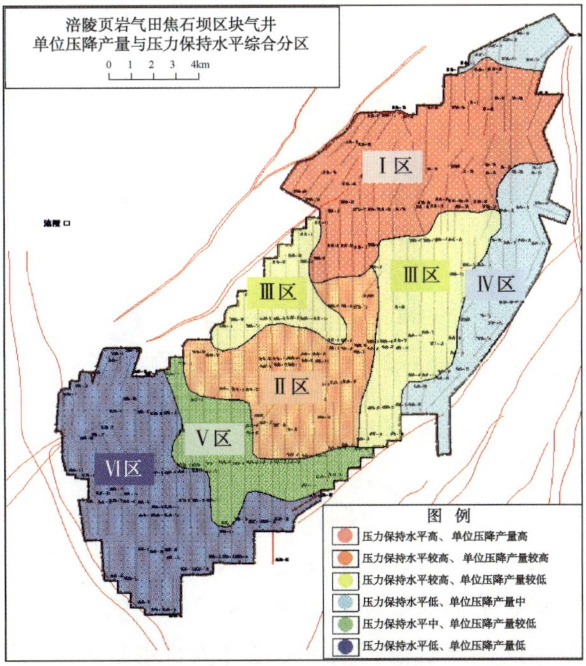

图2-1-12　涪陵页岩气田焦石坝区块气井单位压降产量与压力保持水平综合分区

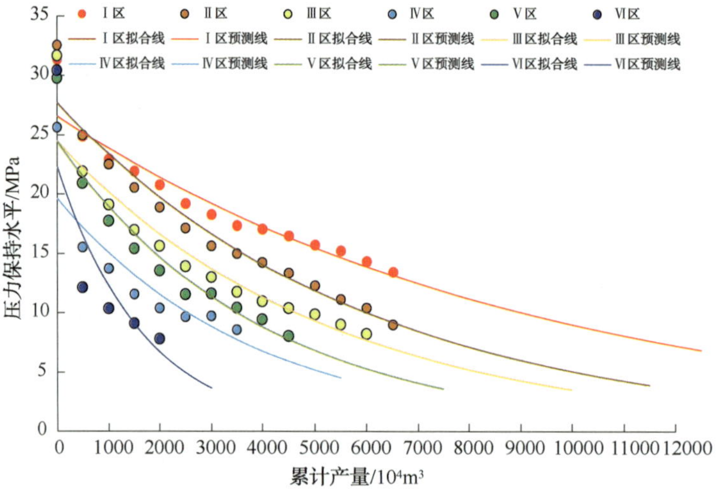

图2-1-13　各分区压力保持水平递减图版

3. 稳产时间和稳产期累计产量

在相同的稳产期结束条件下，通过对比稳产时间、稳产期累计产量可以较好地描述气井开发效果的差异。以涪陵页岩气田焦石坝区块为例，给定稳产期结束条件为产量 $6\times10^4m^3/d$，井口压力 6MPa（接近输压），焦石坝区块分区稳产时间在 0.7~3.2a 之间，平均稳产时间为 2a，稳产期累计产量在（1584~11107）$\times10^4m^3$ 之间，平均为 $6834\times10^4m^3$，如图2-1-14、图2-1-15所示。

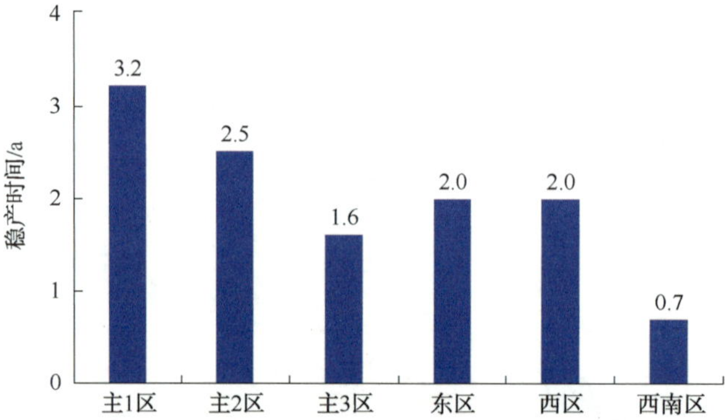

图2-1-14　涪陵页岩气田焦石坝区块分区稳产期时间柱状图

（二）定压递减阶段

定压递减阶段包括自然递减生产阶段、间歇生产阶段、排水采气工艺或增压开采辅助生产阶段。在自然递减生产阶段，主要描述递减类型、递减率、递减期时间。在间歇生产阶段，主要描述间歇开采周期平均产量递减率、生产效率、间歇开采有效期。在排水采气工艺或增压开采辅助生产阶段，主要描述介入排水采气或增压工艺的时机、措施增气量、措施后产量递减率。

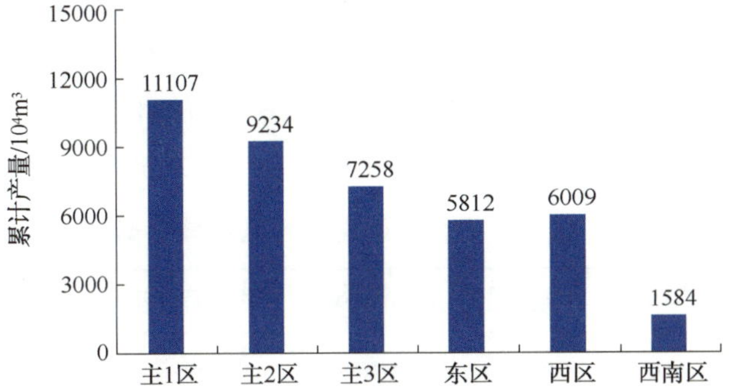

图 2-1-15　涪陵页岩气田焦石坝区块分区稳产期累计产量柱状图

1. 自然递减生产阶段

进入产量递减阶段后，采用 Arps 递减分析方法，用指数递减、双曲递减、调和递减三种模型进行拟合，确定最大相关系数的初始递减率、递减指数及随时间的递减率，判断产量递减至连续携液流量的时间。

涪陵页岩气田焦石坝区块产量递减特征明显的 93 口井，其递减类型均符合广义双曲递减或调和递减模型。第一年年递减率(年产气量对上一年年产气量)为 38.4%~47.4%，平均值为 42.1%。第一年年递减率(年末日产气量对年初日产气量)为 58.5%~66.8%，平均值为 61.8%，见表 2-1-1、图 2-1-16。

表 2-1-1　涪陵页岩气田焦石坝区块产量递减率统计

分　区	井数/口	递减阶段初始产量/($10^4m^3/d$)	第一年年递减率(年末日产气量对年初日产气量)/%	第一年年递减率(年产气量对上一年年产气量)/%
主体区	63	10.8	58.5	38.4
西区	7	9.5	62.0	41.8
东区	12	8.1	60.0	40.8
西南区	11	4.5	66.8	47.4

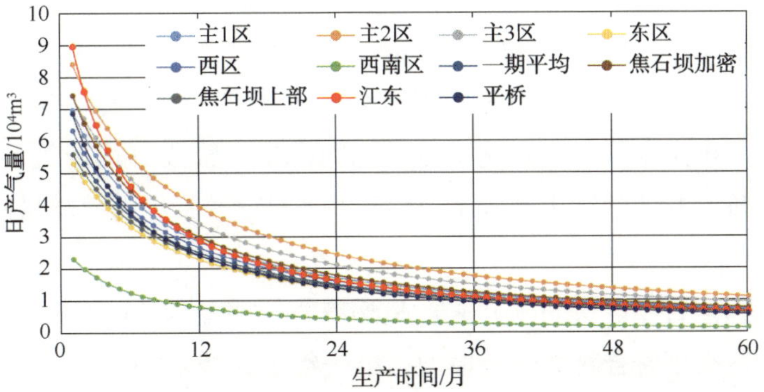

图 2-1-16　自然递减生产阶段分区对比曲线

通过文献调研可知，北美各页岩气区块以放大压差或高配生产方式为主，产量递减类型也为双曲递减或调和递减，递减指数为0.97~1.54，初始递减率为58%~79%，平均值为70%，递减末期转换为指数递减，最小递减率为3%~10%，与涪陵页岩气田进入产量递减阶段的递减特征基本一致，见表2-1-2、图2-1-17。

表2-1-2　北美七大页岩气产区递减参数对比

参　数	巴内特	伊格福特	费耶特维尔	海恩斯威尔	马塞勒斯	尤提卡	伍德福德
投产时间	2000—2002年	2009—2011年	2010—2012年	2009—2010年	2007—2009年	2012—2015年	2004—2006年
初期产量/($10^4m^3/d$)	3.35	13.52	6.58	19.3	12.23	27.3	3.89
递减指数	1.54	1.19	1.37	1.19	1.17	0.97	1.27
初始递减率/%	61	74	58	77	71	79	67

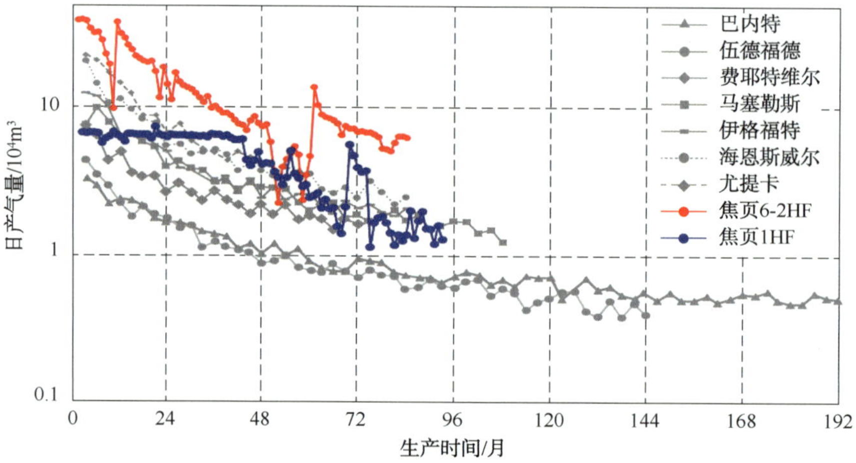

图2-1-17　焦石坝分区递减曲线与北美七大页岩生产区典型井递减曲线对比

2. 间歇生产阶段

进入间歇生产阶段后，采用不稳定产量分析方法(RTA方法)，拟合气井阶段日均产气量递减规律，确定平均产气量递减率，用间歇生产阶段日均产气量与RTA方法理论预测值比值评价气井的间歇生产效率，用气井产量低于临界携液流量确定分区气井的间歇开采有效期。

涪陵页岩气田焦石坝区块间歇开采产量递减特征明显的85口井，其间歇生产阶段月均日产气量递减类型符合对数递减模型，第一年年递减率(年末日产气量对年初日产气量)为43%~50%，平均值为47%，见表2-1-3。利用间歇生产阶段日均产气量与

RTA 方法预测理论日产气量比值评价间歇开采气井生产效率，焦石坝区块气井间歇开采初期生产效率为 64%~89%，平均值为 75%。随着间歇开采轮数增加，间歇开采气井生产效率逐渐降低，当气井生产效率低于 50%时，气井需要长时间关井(关井时间往往大于 15d)，压力恢复后才能达到临界携液流量，实现开井生产，此时气井通过间歇开采生产已基本失去效果，因此确定气井间歇开采生产效率等于 50%的节点为气井的间歇开采有效期，焦石坝区块气井间歇开采有效期为 1.0~3.6a，平均值为 2.2a，见表 2-1-3、图 2-1-18。

表 2-1-3 涪陵页岩气田焦石坝区块间开情况统计

分 区	井数/口	间歇开采初始产量/(10^4m^3/d)	第一年年递减率(年末日产气量对年初日产气量)/%	间歇开采初期生产效率/%	间歇开采有效期/a
主体区/东区	46	5.82	43	89	3.6
西区	8	5.64	50	72	2.1
西南区	31	3.97	48	64	1.0

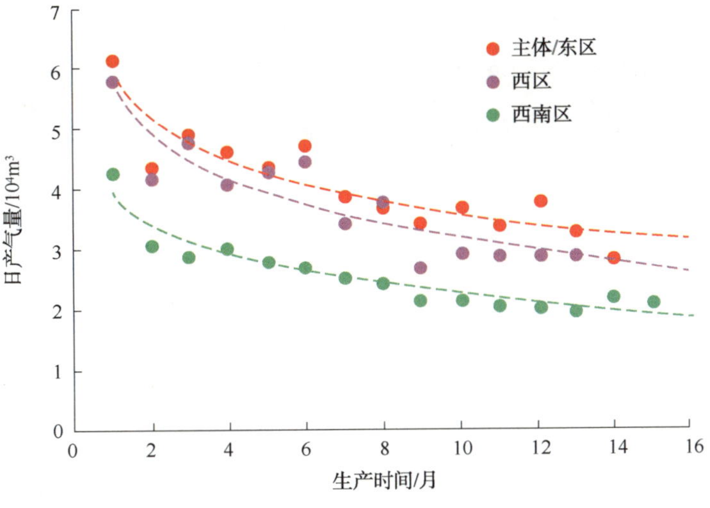

图 2-1-18 涪陵页岩气田焦石坝区块间歇开采井产量变化曲线

3. 排水采气工艺或增压开采辅助生产阶段

气井进入间歇生产阶段，产量低于连续携液流量并高于临界携液流量前为排水采气工艺或增压开采措施的最佳采用时机。

增压开采通过降低地面外输压力、增加气井生产压差提高了气井生产能力，气井产量上升，需要计算措施增量；在增压开采辅助生产阶段，需要描述气井井口压力变化、产气量变化、产水量变化、压缩机吸气压力等。增压开采气井增气量与目前气井采气指数呈正相关(图 2-1-19)，增压开采后，日产气量上升主要是因为气井井底生产压差增大。假设增压开采前、后采气指数不变，增压前地层压力为 p_e，日产气量为 Q_1，对应井底流压为 p_{wf1}；增压后地层压力为 p_e'，日产气量为 Q_2，对应井底流压为 p_{wf2}。则有：

$$PI=\frac{Q_1}{p_e^2-p_{wf1}^2}=\frac{Q_2}{p_e'^2-p_{wf2}^2} \longrightarrow PI=\frac{Q_2-Q_1}{p_{wf1}^2-p_{wf2}^2} \longrightarrow \Delta Q=PI\times(p_{wf1}^2-p_{wf2}^2)$$

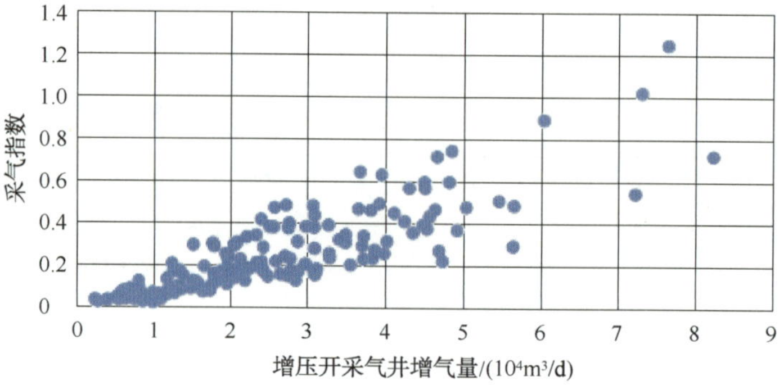

图 2-1-19　采气指数与增压开采气井增气量关系

焦石坝区块增压开采产量递减特征明显的 46 口井，其增压开采措施增气量为 $(1.2\sim2.7)\times10^4m^3/d$，平均值为 $1.98\times10^4m^3/d$，第一年年递减率(年末日产气量对年初日产气量)为 38%~62%，平均值为 50%，见表 2-1-4。

表 2-1-4　涪陵页岩气田焦石坝区块增压开采情况统计

分　区	井数/口	措施增气量/($10^4m^3/d$)	第一年年递减率(年末日产气量对年初日产气量)/%
主 1 区	15	2.7	62
主 2 区	12	2.0	54
主 3 区	6	1.2	47
东区	8	2.3	38
西区	5	1.7	49

排水采气工艺(包括邻井气举、车载式压缩机气举、柱塞、泡排、泵排等)通过解决井筒积液对气井生产的影响，实现气井连续生产。实施排水采气工艺措施后，气井实际产量曲线以靠近 RTA 方法预测的理论曲线的形式递减，然而排水采气工艺并未降低气井废弃压力，对气井长期生产而言，未增加气井可采储量，即未产生增量，因此在排水采气工艺辅助生产阶段，只描述气井措施产气量，研究措施适应性、措施阶段产量递减规律，而未计算气井措施增气量。

第二节 返排特征

一、产水特征

页岩气井在水力压裂过程中，上万立方米的压裂液被泵入页岩储层中，在页岩气井压裂完成后，进入油嘴控制放喷求产阶段，其间气井大量返排压裂液。

测试结束后，通常会进行关井压力恢复以获取气井压裂后地层静压，之后开井进入试采阶段，在试采阶段压裂液持续从井筒产出。

通过对比国内外页岩气井产水数据发现，页岩气井初期产水均存在明显的阶段性特征，即压裂结束后的高速返排阶段、返排量快速下降阶段，以及稳定生产后随页岩气返排至地面的返排量稳定阶段特征(图 2-2-1)。

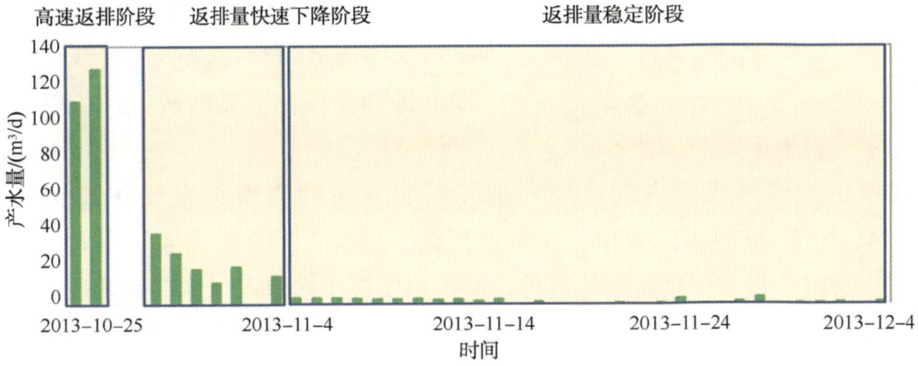

图 2-2-1 页岩气井返排模式

这种返排的阶段性差异，主要与页岩气井经大型水力压裂后，压裂液在裂缝体系中的赋存状态有关。存在于主裂缝中的自由水，会在开井初期迅速在井底压力的作用下快速返排出地面；赋存于人工裂缝表面的自由水，会随着裂缝中的游离气和解吸附气的流动形成气液两相流，不断被带至地面；在人工水力压裂裂缝完全闭合后，依靠支撑剂形成的人工裂缝渗流通道形成，此时压裂液会逐渐聚集到井筒附近，依靠气井的临界携液速度返出地面(图 2-2-2)。

从页岩气井放喷测试到试采，开井产水的整个过程即页岩气井返排过程。因此，按照时间顺序，可以将页岩气井返排分为：试气阶段返排和生产阶段返排。

（一）试气阶段返排特征

目前，国内外针对页岩气井返排阶段的动态分析技术研究尚不成熟。国外在进行返排动

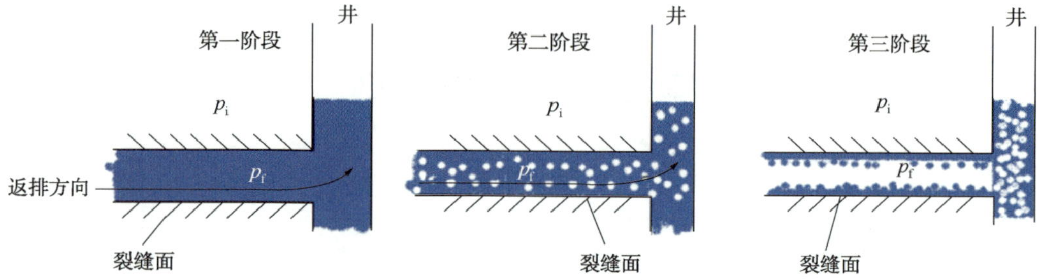

图 2-2-2　页岩气井不同阶段返排机理示意图

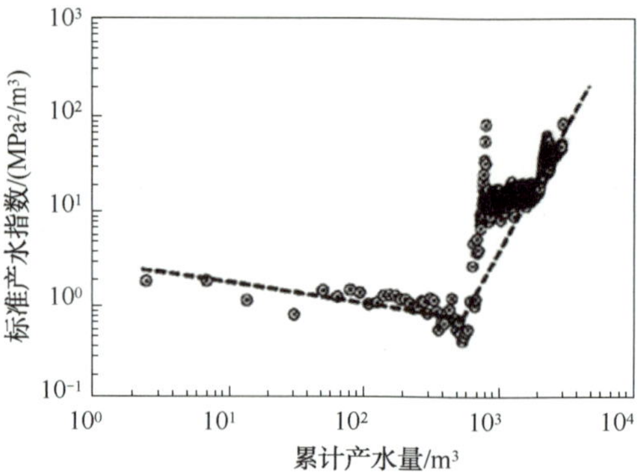

图 2-2-3　标准产水指数与累计产水量双对数曲线

态分析时，主要定义了标准产气指数(GNPI)与标准产水指数(WNPI)两个主要评价指标，来寻找页岩气井排液期间的压力、产气量、产水量的变化特征。通过绘制标准产气指数和标准产水指数与累计产气量、累计产水量的交会图，总结、分析返排特征，如图 2-2-3 所示。标准产水指数诊断图版上的“V”拐点显示气体突破特征，说明页岩气井在试气阶段返排特征存在明显的阶段性，以及明显的气体突破阶段。

通过对比美国鹰滩页岩气区块和涪陵页岩气田的典型页岩气井试气返排曲线(图 2-2-4、图 2-2-5)可以看出：在返排初期，经水力压裂后地层压力大于原始地层压力时，压裂液会携带少量游离气返排，返排难度最小；进入气体突破阶段，裂缝中以气液两相流动为主，裂缝内的气体驱动返排液返排，此过程返排难度较小；最后进入稳定阶段，此时裂缝中返排液已被大量返排，而残留在裂缝表面的水需要气体流速大于临界携液速度才能被带走。

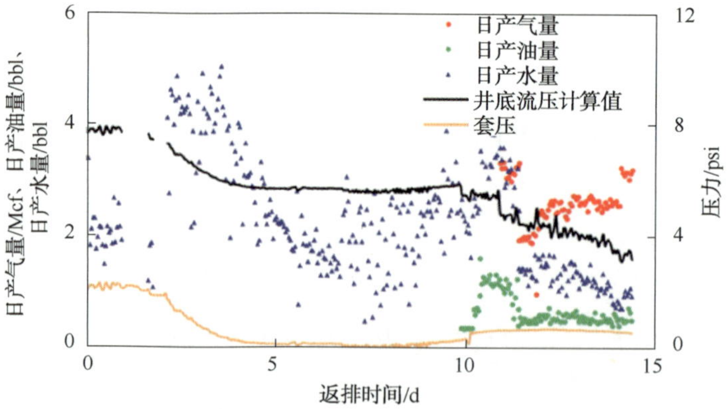

图 2-2-4　美国伊格福特一口页岩气井返排早期返排数据

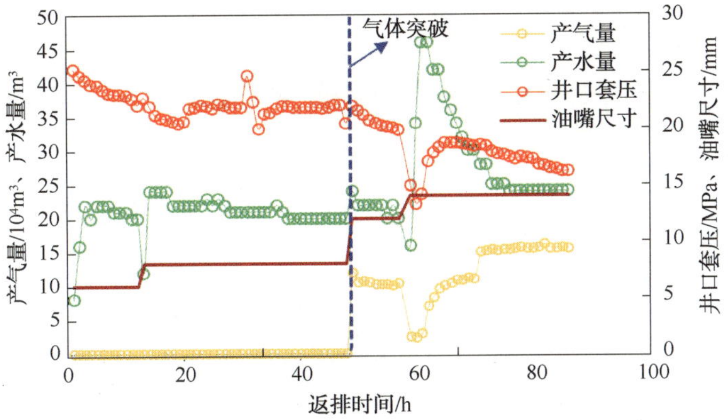

图 2-2-5 焦页 87-1HF 井试气阶段返排数据

1. 返排模式

通过统计分析涪陵页岩气田气井返排数据，发现涪陵页岩气田气井在试气阶段主要存在三种返排模式。

返排模式一：试气返排初期，套压上升之后基本保持稳定。水气比在试气返排初期快速下降，后期趋于稳定，如图 2-2-6 所示。在该返排模式下，气相流动优势明显（返排率<1%，水气比基本稳定），焦石坝区块北部气井主要以该类返排模式为主，产能普遍较高。

返排模式二：试气返排初期，套压上升之后呈缓慢下降趋势。水气比在试气返排初期快速下降，后期趋于稳定，如图 2-2-7 所示。在该返排模式下，试气返排初期水相流动优势明显，当返排率达到 10%左右时，气体突破后气相流动占优势，白马区块、江东区块中浅层和平桥区块的气井以此类返排模式为主，相比返排模式一的气井，该返排模式下的气井产能普遍较低。

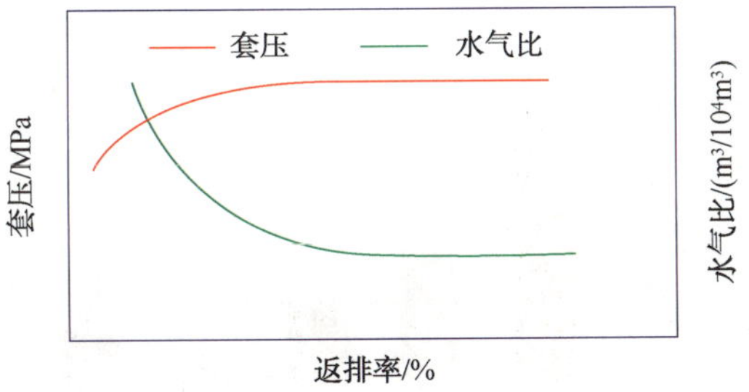

图 2-2-6 涪陵页岩气田气井试气阶段返排模式一示意图

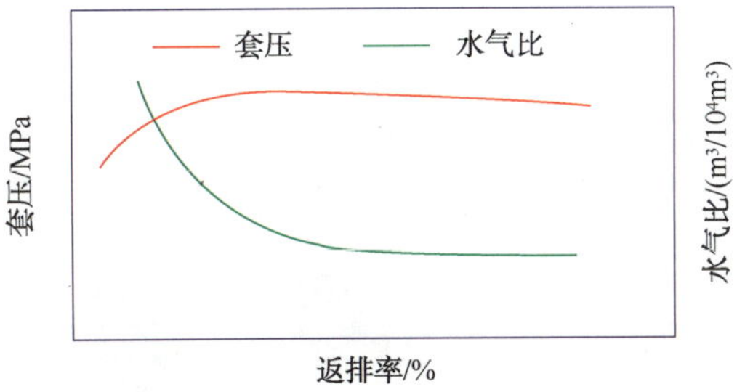

图 2-2-7 涪陵页岩气田气井试气阶段返排模式二示意图

返排模式三：试气返排初期，套压和水气比均呈下降趋势，后期趋于稳定，如图 2-2-8 所示。在该返排模式下，水相流动一直占主导地位，表现为开井后产水量

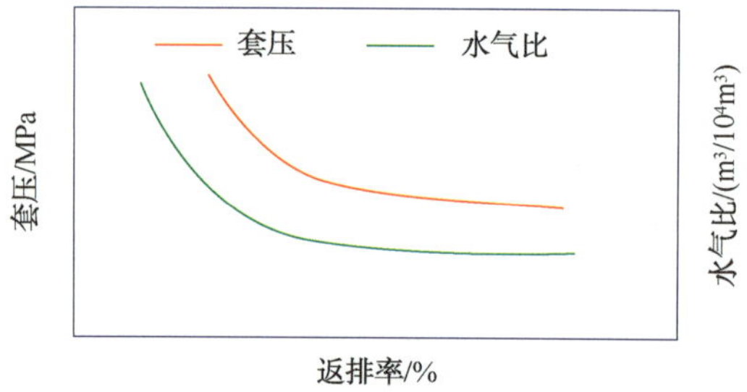

图 2-2-8　涪陵页岩气田气井试气阶段返排模式三示意图

较高、产气量较低，且井口压力快速下降，江东区块深层、凤来区块的气井以此类返排模式为主，气井产能在三种返排模式中最低。

2. 试气阶段返排特征

为了分析涪陵页岩气田气井试气阶段返排特征，笔者建立了以气体突破时间、返排液量、返排速率、返排率和返排相关性为关键指标的试气阶段返排评价体系。

1）气体突破时间

涪陵页岩气田气井试气阶段气体突破时间小于 2d 的气井占比为 12.6%，主要分布在焦石坝区块主体区；气体突破时间为 2~4d 的气井占比为 54.8%，主要分布在焦石坝区块西南区和平桥区块；气体突破时间大于 4d 的气井占比为 32.6%，主要分布在江东区块和白马区块，如图 2-2-9 所示。

2）返排液量

涪陵页岩气田气井试气阶段返排液量存在一定的差异，气井试气产能较好的气井试气阶段返排液量均较少，大多数气井试气阶段返排液量小于 500m³，占比为 51.6%，主要分布在焦石坝区块主体区；试气阶段返排液量在 1000~2000m³ 之间的气井较少，占比为 13.2%，主要分布在平桥区块，平均返排液量为 1148m³；返排液量在 2000~3000m³ 之间的气井最少，占比为 4.9%，主要分布在焦石坝区块西南区和江东区块；截至本书完稿时，仅白马区块气井试气阶段放喷平均返排液量为 3691m³，返排液量较大，如图 2-2-10、图 2-2-11 所示。

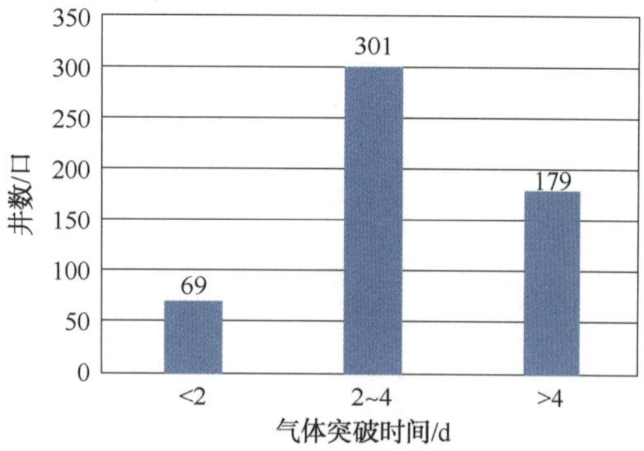

图 2-2-9　涪陵页岩气田气井试气阶段气体突破时间分布柱状图

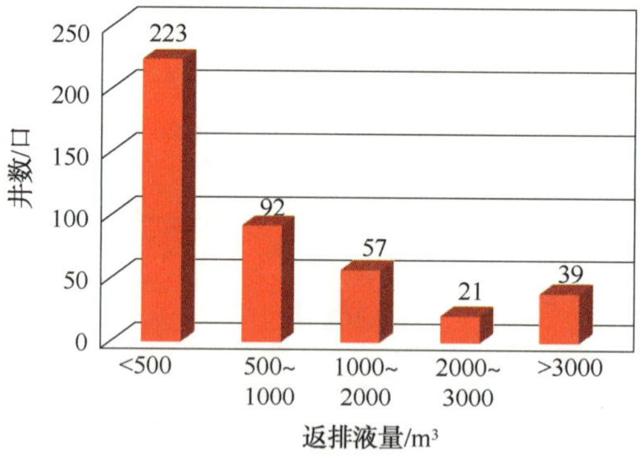

图 2-2-10　涪陵页岩气田气井试气阶段返排液量分布柱状图

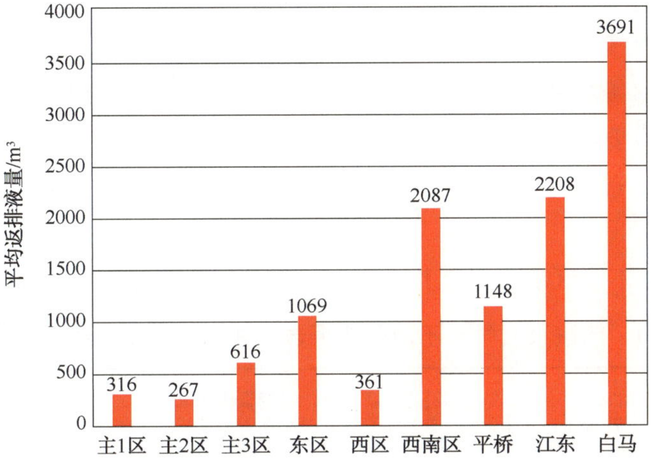

图 2-2-11 涪陵页岩气田不同区块气井试气阶段平均返排液量分布柱状图

3）返排速率

涪陵页岩气田气井试气阶段返排速率在 100～200m^3/d 之间的气井最多，占比为 33.6%；试气阶段返排速率小于 50m^3/d 的气井最少，占比为 9.0%。焦石坝区块除了西南区，气井试气阶段返排速率主要在 100～300m^3/d 之间，平桥区块气井试气阶段返排速率为 292m^3/d，焦石坝区块西南区、江东区块和白马区块试气阶段返排速率大于 300m^3/d，如图 2-2-12、图 2-2-13 所示。

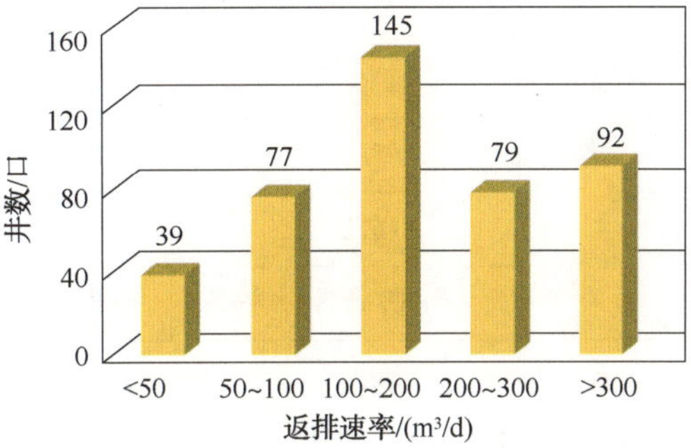

图 2-2-12 涪陵页岩气田气井试气阶段返排速率分布柱状图

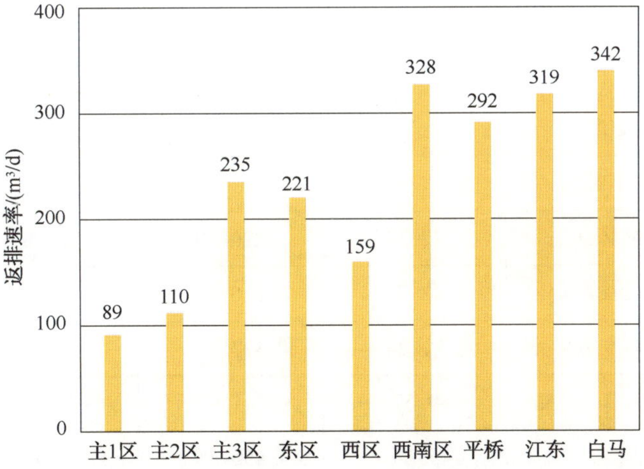

图 2-2-13 涪陵页岩气田不同区块气井试气阶段返排速率分布柱状图

4）返排率

涪陵页岩气田气井试气阶段返排率大于3%的气井最多，占比为32.2%；试气阶段返排率在2%~3%之间的气井最少，占比为12.5%。焦石坝区块除了西南区，气井试气阶段返排率主要在1%~3%之间，焦石坝区块西南区、平桥区块、江东区块和白马区块试气阶段气井返排率大于3%，其中白马区块试气阶段气井返排率高达11.11%。

涪陵页岩气田不同区块页岩气井无阻流量与试气阶段返排率见表2-2-1。

表2-2-1　涪陵页岩气田不同区块页岩气井无阻流量与试气阶段返排率

区　块	综合分区	无阻流量/($10^4m^3/d$)	返排速率/(m^3/d)	返排率/%	试气返排时间/d
焦石坝一期	主1区	65.80	89.15	1.36	2.91
	主2区	60.86	110.16	0.98	2.92
	主3区	31.06	235.00	2.24	3.29
	西区	47.83	158.63	1.43	2.56
	东区	21.25	237.30	3.46	5.43
	西南区	8.84	327.94	6.11	9.47
焦石坝开发调整	加密井	39.08	198.00	0.65	2.21
	上部气层				2.46
江东	北1区	38.69	221.95	3.90	4.41
	北2区	27.00	311.55	7.16	27.25
	北3区	12.25	445.88	15.46	12.83
	南1区	12.66	334.52	6.94	31.90
	南2区				4.60
	南3区				7.50
平桥	东翼	22.32	226.29	2.08	4.27
	构造核部	32.78	226.29	5.22	5.23
	构造核部应力集中	21.24	327.76	3.31	3.50
白马		9.57	341.93	11.11	11.75
白涛		5.63	450.38	7.97	8.80

5）返排相关性

对比分析试气阶段返排率与初期产能（无阻流量）的关系，呈现一定的线性关系，但因为试气阶段返排率受试气时间影响较大，故相关性不强，如图 2-2-14 所示。

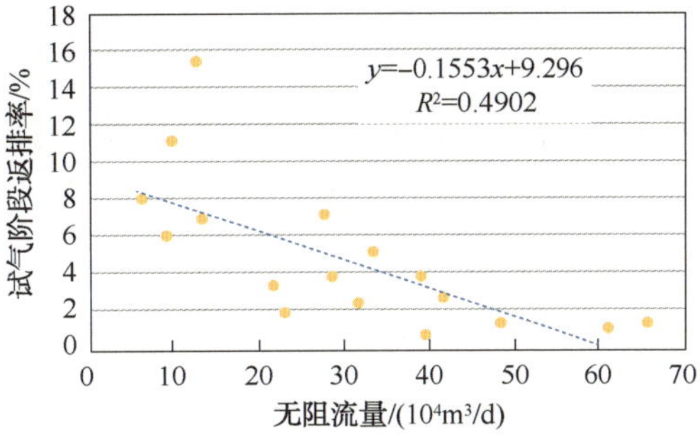

图 2-2-14　涪陵页岩气田不同分区无阻流量与试气阶段返排率关系

对比分析试气阶段返排速率与初期产能、可采储量的关系，均具有明显的负相关性，如图 2-2-15、图 2-2-16 所示。

如何确定试气阶段合理的返排制度一直是页岩气井产能评价研究的重点。从保护储层的角度看，连续排液有利于保护储层。因为页岩气井压裂后返排液中有再生沉淀，若不及时排除，将会污染产层，影响产层有效渗透率，降低最终可采储量。同时，压裂产生的储层矿物微颗粒发生沉淀也会堵塞气流通道。因此，在页岩气井试气阶段排液过程中，应采取连续排液模式，尽量减少关井次数及时间。

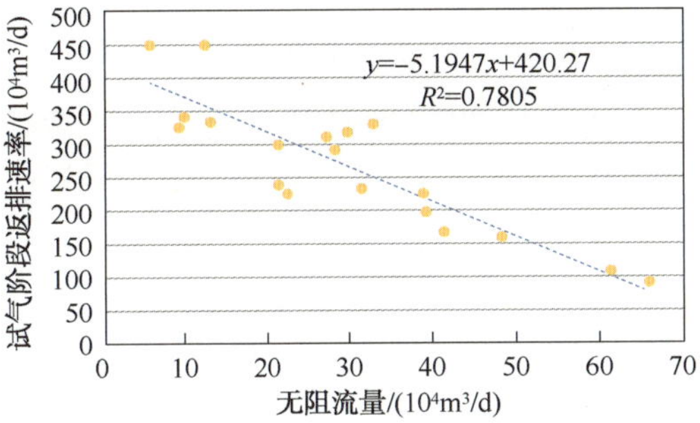

图 2-2-15　涪陵页岩气田不同分区无阻流量与试气阶段返排速率关系

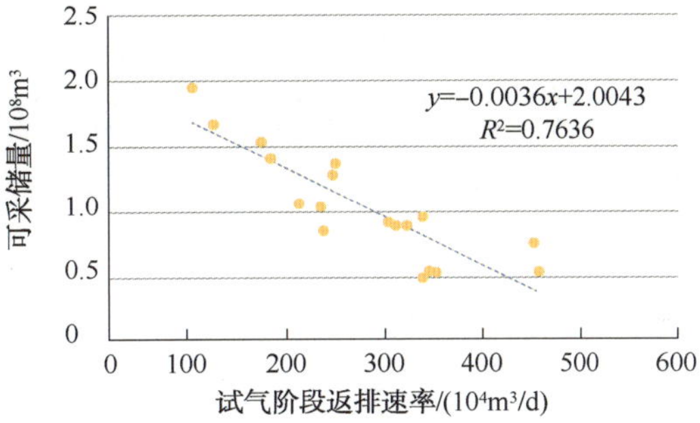

图 2-2-16　涪陵页岩气田不同分区试气阶段返排速率与可采储量关系

3. 试气阶段返排方式

由于页岩气井在试气放喷过程中，压力、产气量和产水量变化均较大，在不同返排阶段采取不同的排水采气工艺，将有利于气井产能的释放。根据涪陵页岩气田气井试气返排规律，可将页岩气井试气返排过程划分为两个阶段，包括控砂返排阶段和稳定返排阶段。

控砂返排阶段，是指放喷排液开始至地层裂缝闭合前的返排阶段。该阶段主要目的是选用合适的油嘴控制生产压差实现平稳排液，防止支撑剂回流。建议在该阶段采用较小油嘴放喷排液，待压力、产量稳定后再逐级调整油嘴尺寸。同时，不宜频繁更换油嘴，否则易发生地层激动、流态改变，破坏产层渗流通道。

控砂返排阶段结束后进入稳定返排阶段，该阶段通过调整油嘴来控制气、水、压力的波动，达到较稳定的返排状态。此阶段应尽量选取合适的油嘴，避免因频繁改变油嘴引起井筒流态变化、增大井筒压损、打破压力平衡，同时要防止井筒积液导致水淹气井，争取实现气井稳定、连续返排。

（二）生产阶段返排特征

目前，针对国内外页岩气井生产阶段的返排规律研究较少，无可参考的依据。因此，笔者在进行生产阶段返排特征分析时，主要用返排率和水气比两个关键指标来研究气井的产气量、产水量、压力变化特征。

处于生产阶段的返排过程，压裂裂缝中压裂液的压力(p_f)小于原始地层压力(p_i)，此时裂缝中的自由水已经被大量返排，而残留在裂缝表面的水需要气体流速大于临界携液速度才能被带走。由于页岩气井地层压力不断降低，故返排规律也随之变化，随着返排率的增大，返排特征具体表现在产水量、水气比两个指标上。

1. 产水量变化

随着生产时间的延长，不同产水分区页岩气井也表现出不同的产水特征。

1）低产水区页岩气井产水特征

试采初期产水量较高(小于 15m³/d)，生产一周内产水量迅速下降，生产平稳后产水量随气井生产制度改变仍保持平稳，且日均产水量小于 3m³，日均水气比小于 0.5m³/10⁴m³，如图 2-2-17 所示。

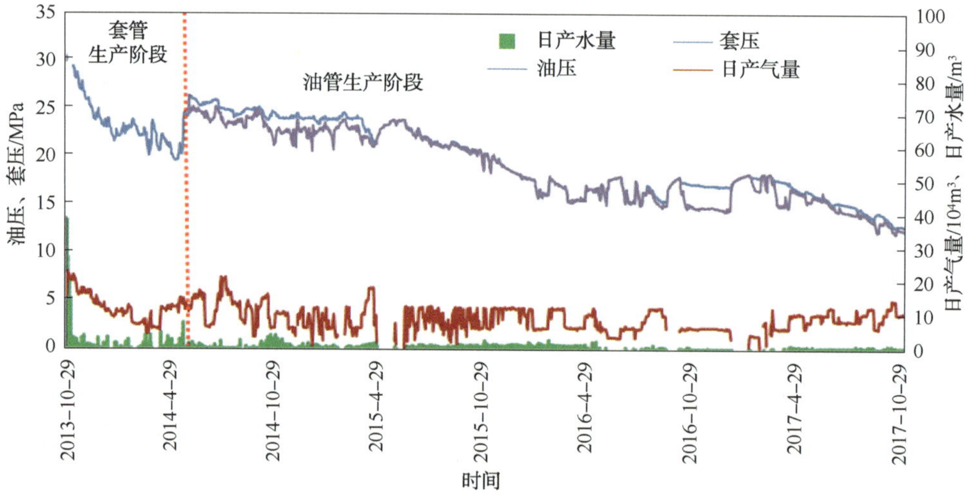

图 2-2-17 低产水区典型井焦页 12-3HF 井生产曲线

2）中产水区页岩气井产水特征

试采初期产水量较高，约 20m³/d，产水量下降趋势较缓，生产平稳后，气井日均产水量较高，约 7m³，产水量随配产变化波动明显，如图 2-2-18 所示。

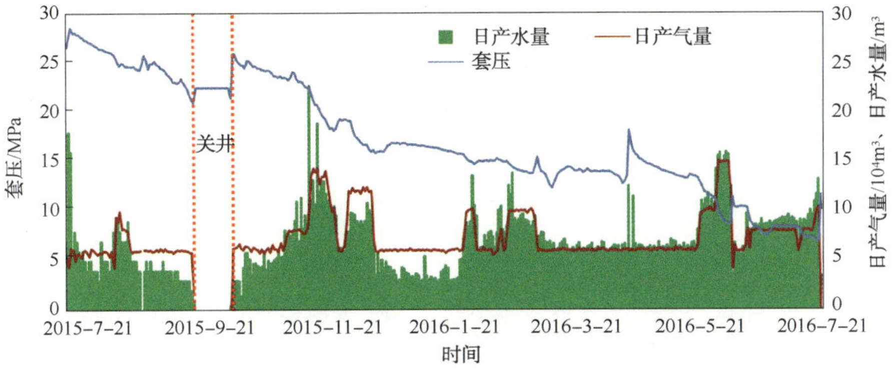

图 2-2-18 中产水区典型井焦页 24-1HF 井生产曲线

3）高产水区页岩气井产水特征

试采初期即大量产出压裂液，产水量下降速度慢，部分气井因产水量过大（日返排水量达 60 多立方米），污水处理困难，多次关井影响平稳生产，如图 2-2-19 所示。

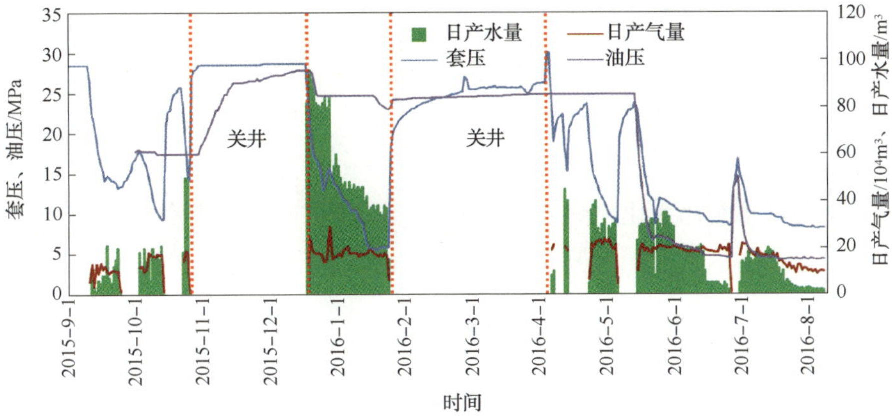

图 2-2-19 高产水区典型井焦页 47-5HF 井生产曲线

一般来说，气井投产初期产气量高、产水量大，在生产的 15 天至 2 个月内，产水量会快速从高位递减，产气量稳定；稳产阶段结束后，产水量又会随着产气量的递减而递减，此时递减速度缓慢，在较低水平下波动，为自然递减阶段；当气井产量低于临界携液流量后，产气量迅速下降，井筒内积液，井口不产水，此时气井进入间歇开采阶段；之后采用辅助排水采气措施，产水量及产气量可以恢复至递减期水平，尤其是采取增压措施后，产水量及产气量将恢复至稳产期水平。

2. 水气比变化

1）水气比总体变化趋势

页岩气井生产时的水气比变化可以分为两个阶段。

高产水阶段：一般对应稳产期，此时产气量稳定、产水量递减较快，水气比从高位递减至区块稳定水平。

低产水阶段：一般对应递减期及其以后时期，此时产水量会随着产气量的递减而递减，所以该阶段的水气比会以较低的水平向下波动，通常一个稳定区块最终会趋向一个稳定的水气比值。

以江东区块北4区为例，该区域里的气井在投产前一个月内(稳产期)水气比快速递减，平均值为$30m^3/10^4m^3$，之后水气比缓慢递减，最终在$15m^3/10^4m^3$左右波动，如图2-2-20所示。

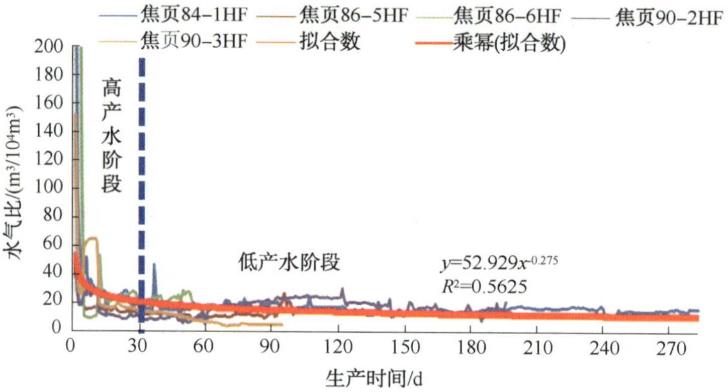

图2-2-20　江东区块北4区水气比变化趋势

2）各区块分区变化特征

不同产水分区水气比变化趋势也存在差异：低产水区气井投产后水气比快速下降，在累计产气量$100\times10^4m^3$时已经基本与气井平稳水气比值接近；中产水区气井水气比变化曲线则明显存在初期的一个递减过程，且生产中仍然有缓慢的递减趋势；高产水区气井水气比递减趋势则更为明显，随着气井的生产，水气比呈对数递减，且目前未达到平稳水气比，仍有递减的趋势。根据区块水气比和返排率的变化特征，可以将焦石坝一期气井分为5个产水分区，1区和2区是低返排区(低产水)，3区、4区是中返排区(中产水)，5区是高返排区(高产水)，划分标准是高、低产水两个阶段的水气比及返排率变化范围，见表2-2-2、图2-2-21。

表2-2-2　焦石坝一期气井返排分区划分基本信息

分区		水气比/($m^3/10^4m^3$)		返排率/%	
		$500\times10^4m^3$以内(高产水阶段)	连续生产	$500\times10^4m^3$以内(高产水阶段)	连续生产
低	1区	0.2~0.5	0.2(波动)	2	7
	2区	0.4~0.5	0.3(波动)	2	15
中	3区	1.4~1.8	1.4(波动)	3	20
	4区	3~5	1.5(波动)	6	38
高	5区	8~11	2(波动)	15	40

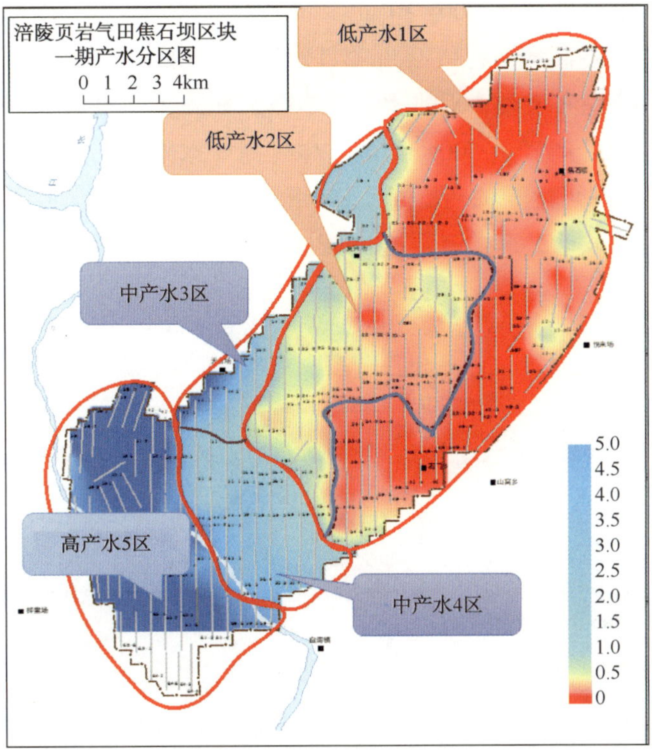

图 2-2-21　涪陵页岩气田焦石坝区块一期水气比分区

低产水 1 区在累计产气量 $500\times10^4m^3$ 以内(高产水阶段)，水气比从 $0.5m^3/10^4m^3$ 降到 $0.2m^3/10^4m^3$，返排率可达 2%，在累计产气量 $500\times10^4m^3$ 以后(低产水阶段)，水气比在 $0.2m^3/10^4m^3$ 左右波动，返排率可达 7%，如图 2-2-22(a)所示。

低产水 2 区在累计产气量 $500\times10^4m^3$ 以内(高产水阶段)，水气比从 $0.5m^3/10^4m^3$ 降到 $0.4m^3/10^4m^3$，返排率可达 2%，在累计产气量 $500\times10^4m^3$ 以后(低产水阶段)，水气比在 $0.3m^3/10^4m^3$ 左右波动，返排率可达 15%，如图 2-2-22(b)所示。

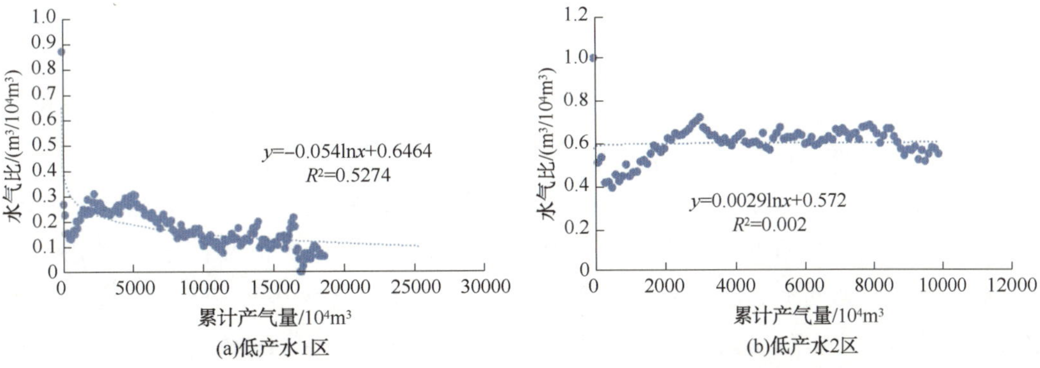

图 2-2-22　低产水 1 区和 2 区水气比与累计产气量关系曲线(平均值)

中产水 3 区在累计产气量 $500\times10^4m^3$ 以内(高产水阶段)，水气比从 $1.8m^3/10^4m^3$ 降到 $1.4m^3/10^4m^3$，返排率可达 3%，在累计产气量 $500\times10^4m^3$ 以后(低产水阶段)，水气比在 $1.4m^3/10^4m^3$ 左右波动，返排率可达 20%，如图 2-2-23(a)所示。

中产水 4 区在累计产气量 $500\times10^4m^3$ 以内(高产水阶段)，水气比从 $5m^3/10^4m^3$ 降到 $3m^3/10^4m^3$，返排率可达 6%，在累计产气量 $500\times10^4m^3$ 以后(低产水阶段)，水气比在 $1.5m^3/10^4m^3$ 左右波动，返排率可达 38%，如图 2-2-23(b)所示。

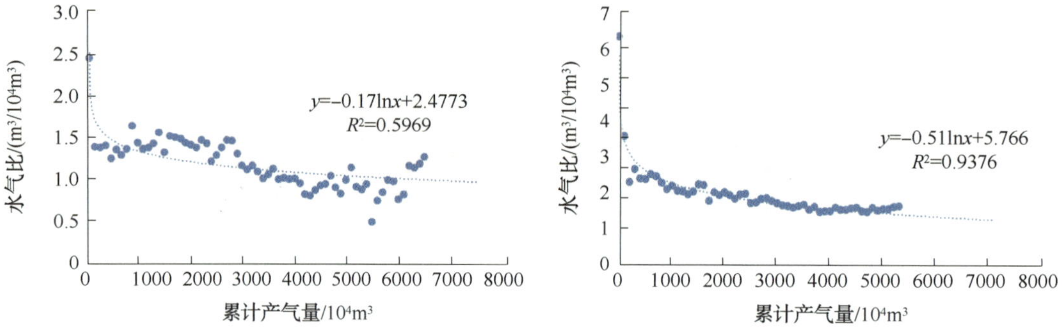

(a)中产水3区　(b)中产水4区

图 2-2-23　中产水 3 区和 4 区水气比与累计产气量关系曲线(平均值)

高产水 5 区在累计产气量 $500\times10^4m^3$ 以内(高产水阶段)，水气比从 $11m^3/10^4m^3$ 降到 $8m^3/10^4m^3$，返排率可达 15%，在累计产气量 $500\times10^4m^3$ 以后(低产水阶段)，水气比在 $2m^3/10^4m^3$ 左右波动，返排率可达 40%，如图 2-2-24 所示。

各产水分区页岩气井返排率随累计产气量变化曲线对比如图 2-2-25 所示。

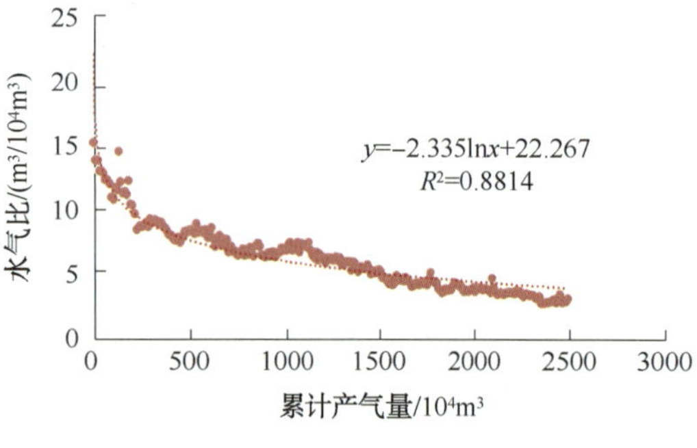

图 2-2-24　高产水 5 区水气比与累计产气量关系曲线(平均值)

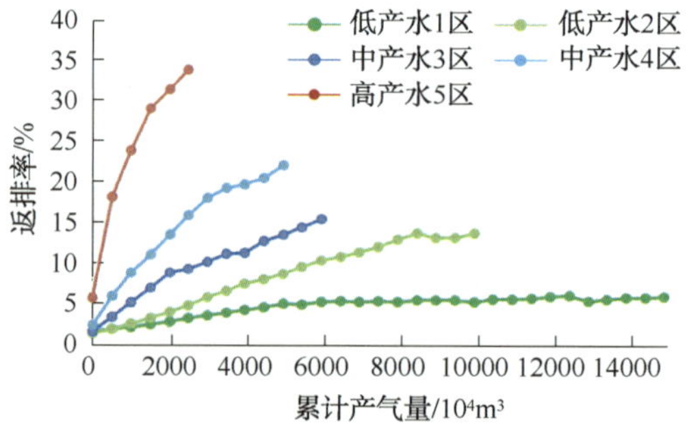

图 2-2-25　各产水分区页岩气井返排率随累计产气量变化曲线对比

对比试采阶段不同分区页岩气井水气比随累计产气量变化曲线可以看出，各产水分区内水气比变化趋势相近，主要差异表现在初期的最高水气比值及各分区稳定水气比值。高产水 5 区初期水气比远高于中、低产水区，且水气比仍然处于下降的趋势中。对比各产水分区稳定水气比，中产水区稳定水气比为 $0.8\sim1.5m^3/10^4m^3$，低产水区稳定水气比为 $0.1\sim0.5m^3/10^4m^3$，如图 2-2-26 所示。

（三）产水量预测

1. 气田日产水量预测

根据各产水分区内气井平均水气比数据拟合得到的变化趋势，对各产水分区内气井水气比随累计产气量的变化作出预测曲线(图 2-2-27)。对比不同分区的预测曲线，中、低产水区水气比均已平稳，高产水区水气比下降趋势明显，对比其他分区水气比递减趋势，该区水气比递减趋势减缓的过程因累计产气量曲线较短未能明显显现，因此预测水气比递减值可能较实际值更大。

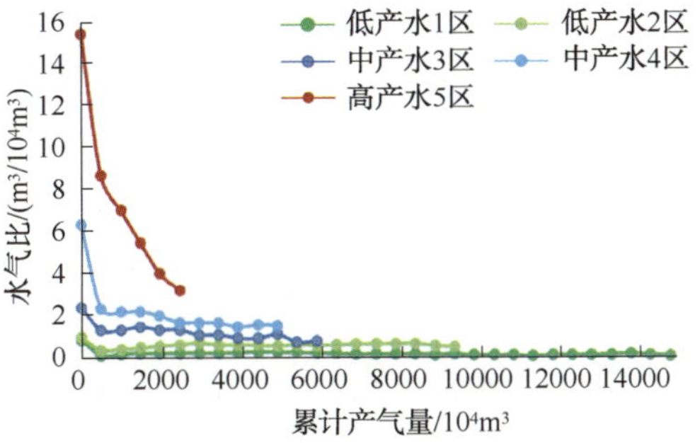

图 2-2-26 各产水分区页岩气井水气比随累计产气量变化曲线对比

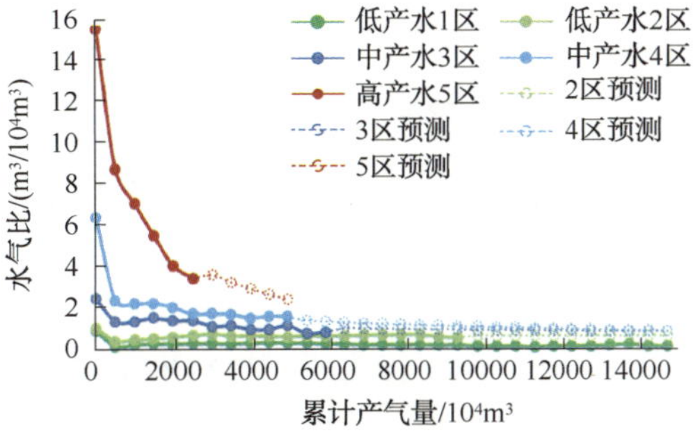

图 2-2-27 各产水分区水气比与累计产气量关系对比曲线(预测)

根据焦石坝区块不同分区内气井水气比变化趋势及各井的配产值，可预测全区日产水量值。以中产水 4 区为例，该区 35 口气井，平均累计产气量 $4375\times10^4m^3$，在该区水气比随累计产气量变化趋势曲线上对应水气比为 $1.55m^3/10^4m^3$，该区配产 $255.08\times10^4m^3/d$，计算可得产水量 $395m^3/d$，该区当日实际产水量 $400m^3$，与预测值吻合度较高，各产水分区预测产水量数据见表 2-2-3。从预测与实际产水量数据对比来看，低产水 2 区、中产水 4 区、高产水 5 区吻合度较高，低产水 1 区因气井产水量低、间歇产水现象较明显，产水预测值偏低，中产水 3 区因 18#、19#平台产水量偏高导致产水预测值与实际值偏差较大。

表 2-2-3 各产水分区预测产水量数据

分 区	平均累计产气量/10^4m^3	水气比/($m^3/10^4m^3$)	配产/($10^4m^3/d$)	预测产水量/(m^3/d)	实际产水量/(m^3/d)
1 区	7558	0.20	619.49	124	192
2 区	7503	0.64	395.24	253	278
3 区	4262	0.92	149.75	138	263
4 区	4375	1.55	255.08	395	400
5 区	1268	6.29	103.19	649	672

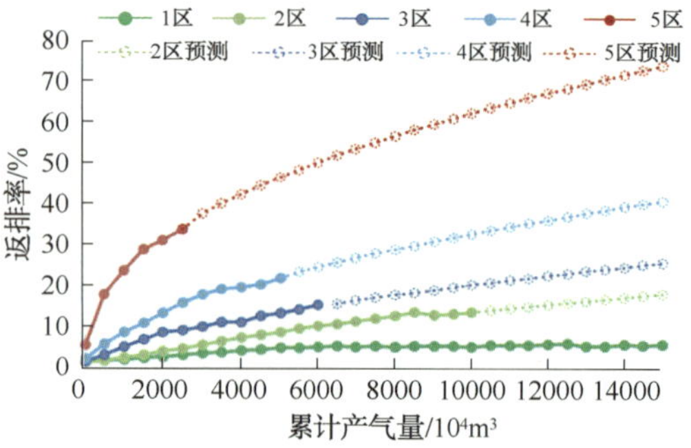

图 2-2-28 各产水分区返排率与累计产气量关系对比曲线(预测)

2. 气田可采储量条件下最终返排率预测

根据各产水分区内气井平均返排率数据拟合得到的变化趋势，对各产水分区内气井返排率随累计产气量的变化作出预测(图 2-2-28)。对比不同分区的预测曲线，低产水区气井返排率随累计产气量增大缓慢，高产水区气井返排率随累计产气量迅速增大；低产水区累计产气量 $1.5\times10^8m^3$ 返排率预计为 6%～18%，中产水区累计产气量 $1.5\times10^8m^3$ 返排率预计为 26%～41%，高产水区累计产气量 $1.5\times10^8m^3$ 返排率预计为 74%，因该分区生产时间短、累计产气量小，返排仍然存在下降趋势，由目前返排数据所得预测值较表 2-2-4 中数据偏高。

表 2-2-4 不同分区返排率预测结果表

分 区	井数/口	可采储量/10^8m^3	返排率/%	累计产水量/m^3
1 区	93	1.47	6.27	2072
2 区	57	1.32	16.43	6053
3 区	13	1.20	22.43	8789
4 区	34	0.92	30.72	12757
5 区	29	0.43	42.95	16748

根据焦石坝区块不同分区气井返排率变化趋势及各井的可采储量，可预测全区可采储量条件下最终返排率。以低产水 1 区焦页 1HF 井为例，采用 RTA 方法计算可采储量为 $1.49\times10^8m^3$，以低产水 1 区气井返排率随累计产气量变化趋势计算其对应返排率为 6.45%，累计产水量 $1280m^3$，该产水分区 93 口气井，采用 RTA 方法计算平均可采储量为 $1.47\times10^8m^3$，计算出各井可采储量条件下最终返排率平均值为 6.27%，累计产水量为 $2072m^3$。

二、返排机理实验

通过宏观分析，可以掌握不同分区页岩气井水气比随累计产气量变化规律，但是要分析其原理就必须开展微观研究，其主要方法就是基于页岩岩心驱替实验，结合岩心核磁共振扫描技术，研究不同岩心样品在不同孔缝内的压裂液侵入岩心和返排过程，分析压裂液侵入与返排过程中含水饱和度分布及其随时间的变化规律，研究侵入与返排过程中不同时刻的压裂液赋存位置，从而进一步了解气井存在返排差异的原因。

1. 实验原理

压裂液侵入及返排机理实验将模拟地层条件，在不同孔缝搭配情况(未造缝、一条裂缝、两条裂缝、三条裂缝)下驱替压裂液饱和页岩岩心，再使用气体反向驱替岩心，绘制不同时刻 T_2 谱图及岩心横截面和矢状面成像图，进而得到压裂液侵入岩心孔隙分布特征图。通过压裂液侵入与返排过程中含水饱和度分布及其随时间的变化规律，研究侵入与返排过程中压裂液赋存位置。

在页岩气压裂液侵入及返排机理实验中，岩心样品由涪陵页岩气田焦页 41-5HF 井全直径 2 号岩心与 10 号岩心加工获得，压裂液样品选自涪陵页岩气田实际压裂返排液，最大限度地模拟涪陵页岩气田储层压裂液侵入及返排真实过程。

2. 实验设备

脉冲法页岩岩心渗透率测试仪 1 套，用于测量页岩岩心渗透率及孔隙度；高温高压气水相渗测试仪 1 套，用于模拟地层高温高压条件下，真实岩心中气水相对渗透率测试；岩心气水两相驱替装置 1 套，用于液体渗透率测定、地层敏感性(地层伤害)评价和渗流特性研究；三维核磁过程成像分析及流动实验分析仪 1 套，用于快速准确地获得岩心孔隙度、含水饱和度等物性参数；岩心造缝设备等，如图 2-2-29 所示。

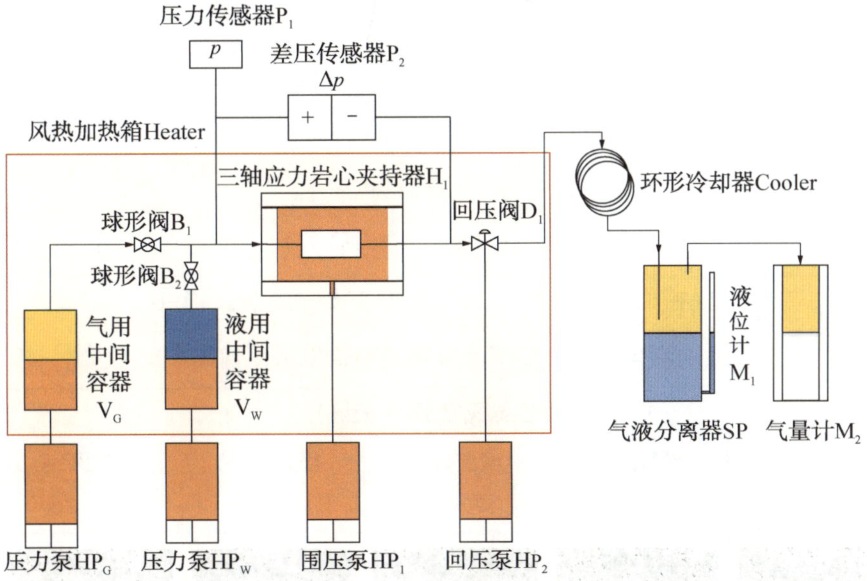

图 2-2-29　多功能岩心驱替装置

3. 实验过程

分析柱塞岩心在不同孔缝搭配情况(未造缝、一条裂缝、两条裂缝、三条裂缝)下的压裂液侵入基质岩心和返排过程，分析压裂液侵入与返排过程中含水饱和度分布及其随时间的变化规律，研究侵入与返排过程中不同时刻的压裂液赋存位置，绘制不同时刻 T_2 谱图及岩心横截面和矢状面成像图。

1）造缝前情况

柱塞岩心造缝前，测得其 T_2 谱，并将 T_2 谱转换为核磁孔隙分布图，如图 2-2-30 所示。该样品在原始条件下，其核磁孔隙分布图呈孤立三峰特征，左峰占据了岩样孔隙体积的主要部分。在压裂液饱和过程中，核磁孔隙分布图的左峰顶点向右上方移动，左峰右翼下端沿着横坐标轴向右移动。核磁孔隙分布图的中峰起初顶点向右上方移动，中峰右翼下端沿着横坐标轴向右移动，随后逐渐与左峰右翼重叠。核磁孔隙分布图的右峰起初顶点向右上方移动，右峰右翼下端沿着横坐标轴向右移动，随后右峰顶点向左上方移动，右峰右翼下端沿横坐标轴向左移动。随着驱替的进行，核磁孔隙分布图左峰和右峰顶点均向下移动，且右峰逐渐消失，气驱水完成后，右峰消失。

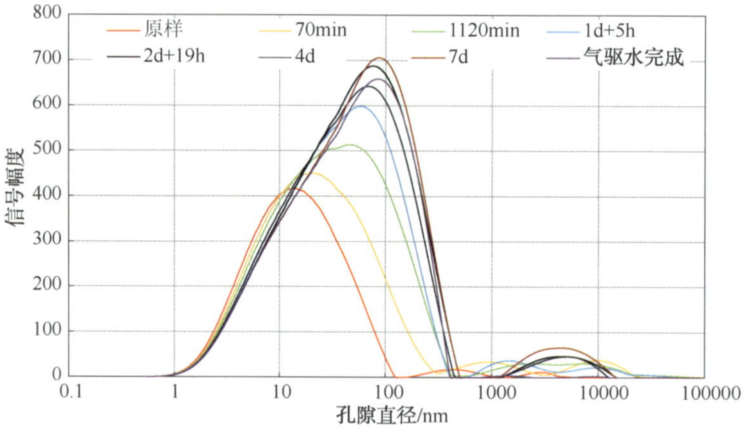

图 2-2-30 柱塞岩心造缝前孔隙分布特征

柱塞岩心造缝前横截面和矢状面成像图见表 2-2-5、表 2-2-6。

表 2-2-5 柱塞岩心造缝前横截面成像图

位置	1#样品渗吸成像灰度图(未造缝)					色柱
	横截面—侵入 1h	横截面—侵入 1d	横截面—侵入 5d	横截面—驱替 1d	横截面—驱替 2d	
灰度图						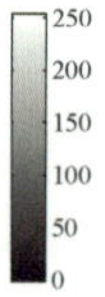

表 2-2-6　柱塞岩心造缝前矢状面成像图

1#样品渗吸成像灰度图(未造缝)						色柱
位置	矢状面—侵入 1h	矢状面—侵入 1d	矢状面—侵入 5d	矢状面—驱替 1d	矢状面—驱替 2d	
灰度图				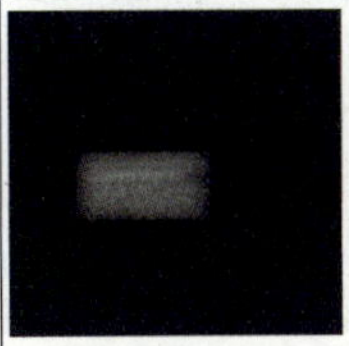		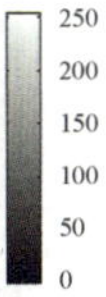

2）柱塞岩心一次造缝后情况

对柱塞岩心进行一次造缝后，测得其 T_2 谱，并将 T_2 谱转换为核磁孔隙分布图，如图 2-2-31 所示。该样品在进行一次造缝之后，其核磁孔隙分布图呈孤立双峰特征，左峰占据了岩样孔隙体积的主要部分。在压裂液饱和过程中，核磁孔隙分布图的左峰顶点向右上方移动，左峰右翼下端沿着横坐标轴向右移动。核磁孔隙分布图的右峰顶点向右上方移动，右峰右翼下端沿着横坐标轴向右移动。

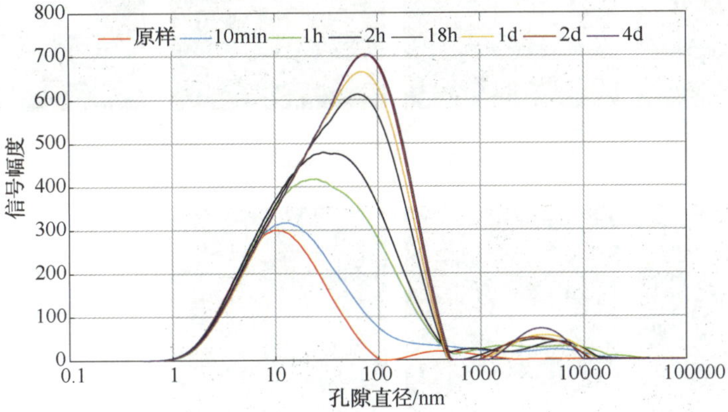

图 2-2-31　柱塞岩心一次造缝后孔隙分布特征

柱塞岩心一次造缝后横截面和矢状面成像图见表 2-2-7、表 2-2-8。

表 2-2-7　柱塞岩心一次造缝后横截面成像图

1#样品渗吸成像灰度图(一次造缝)					色柱
位置	横截面—10min	横截面—1h	横截面—2h	横截面—18h	
灰度图					

续表

1#样品渗吸成像灰度图（一次造缝）					色柱
位置	横截面—1d	横截面—2d	横截面—4d		
灰度图			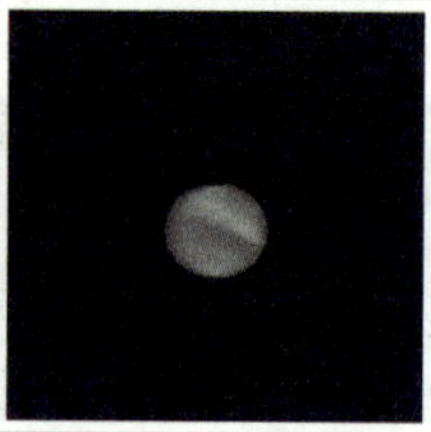		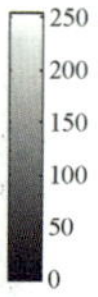

表 2-2-8　柱塞岩心一次造缝后矢状面成像图

柱塞岩心渗吸成像灰度图（一次造缝）					色柱
位置	矢状面—10min	矢状面—1h	矢状面—2h	矢状面—18h	
灰度图				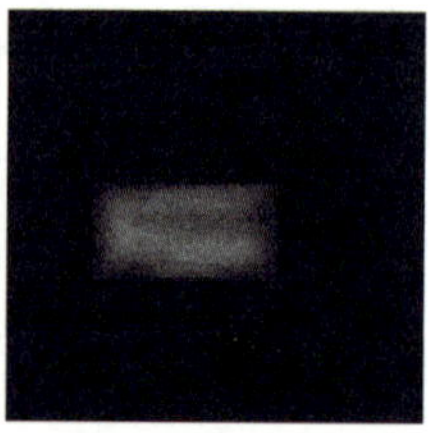	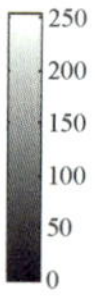
位置	矢状面—1d	矢状面—2d	矢状面—4d		色柱
灰度图			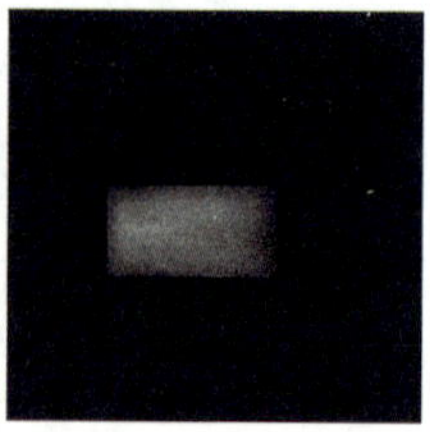		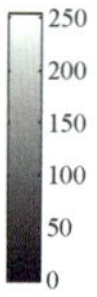

3）柱塞岩心二次造缝后情况

对柱塞岩心进行二次造缝后，测得其 T_2 谱，并将 T_2 谱转换为核磁孔隙分布图，如图 2-2-32 所示。该样品在经二次造缝之后，其核磁孔隙分布图呈孤立双峰或三峰特征，左峰占据了岩样孔隙体积的主要部分。在压裂液饱和过程中，核磁孔隙分布图的左峰顶点向右上方移动，左峰右翼下端沿着横坐标轴向右移动。同时，该样品在经二次造缝后，仅原样核磁孔隙分布图为三峰特征，中峰右翼下端沿着横坐标轴向右移动，随后逐渐与左峰右翼重叠，变为双峰特征，核磁孔隙分布图右峰顶点向上方移动，右峰右翼下端沿着横坐标轴左右微移。随着驱替的进行，核磁孔隙分布图左峰及右峰顶点均向下移动，且右峰逐渐消失，气驱 2d 后，右峰消失。

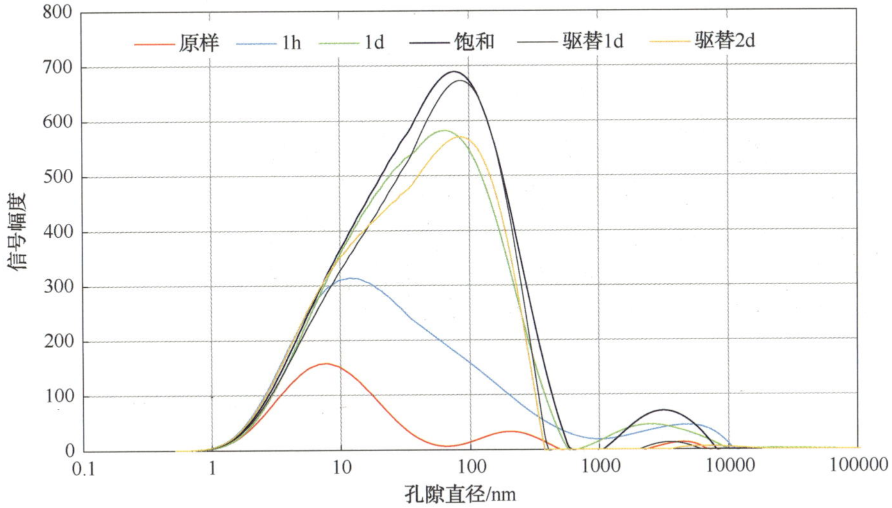

图 2-2-32 柱塞岩心二次造缝后孔隙分布特征

柱塞岩心二次造缝后横截面和矢状面成像图见表 2-2-9、表 2-2-10。

表 2-2-9 柱塞岩心二次造缝后横截面成像图

1#样品渗吸成像灰度图(二次造缝)						色柱
位置	横截面—1h	横截面—1d	横截面—饱和	横截面—驱替 1d	横截面—驱替 2d	
灰度图						

表 2-2-10 柱塞岩心二次造缝后矢状面成像图

1#样品渗吸成像灰度图(二次造缝)						色柱
位置	矢状面—1h	矢状面—1d	矢状面—饱和	矢状面—驱替 1d	矢状面—驱替 2d	
灰度图						

4）柱塞岩心三次造缝后情况

对柱塞岩心进行三次造缝后，测得其 T_2 谱，并将 T_2 谱转换为核磁孔隙分布图，如图 2-2-33 所示。该样品在经三次造缝之后，其核磁孔隙分布图呈孤立双峰或三峰特征，左峰占据了岩样孔隙体积的主要部分。在压裂液饱和过程中，核磁孔隙分布图的左峰顶点向右上方移动，左峰右翼下端沿着横坐标轴向右移动。同时，该样品在经三次造缝后，仅原样核磁孔隙分布图为三峰特征，中峰右翼下端沿着横坐标轴向右移动，随后逐渐与左峰右翼重叠，变为双峰特征，核磁孔隙分布图右峰顶点向右上方移动，右峰右翼下端沿着横坐标轴先向右移动，再向左回移。随着驱替的进行，核磁孔隙分布图左峰及右峰顶点均向下移动，且右峰逐渐消失，气驱 2d 后，右峰消失。

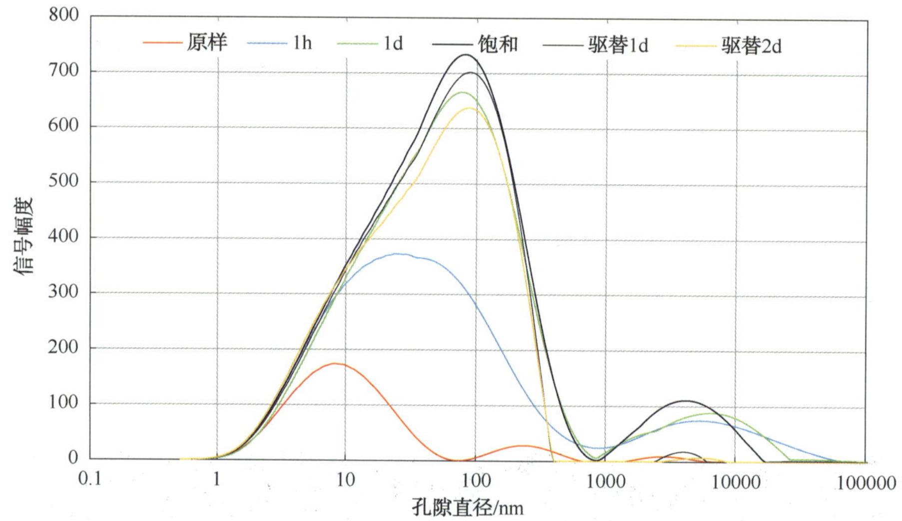

图 2-2-33　柱塞岩心三次造缝后孔隙分布特征

柱塞岩心三次造缝后横截面和矢状面成像图见表 2-2-11、表 2-2-12。

表 2-2-11　柱塞岩心三次造缝后横截面成像图

1#样品渗吸成像灰度图(三次造缝)						色柱
位置	横截面—1h	横截面—1d	横截面—饱和	横截面—驱替 1d	横截面—驱替 2d	
灰度图	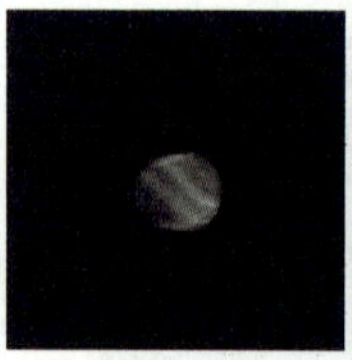	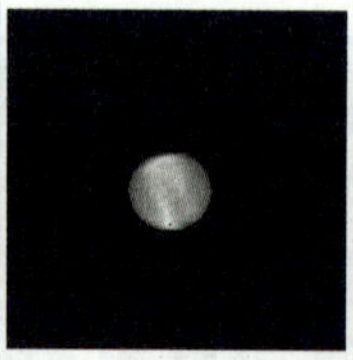				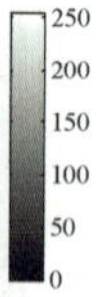

表 2-2-12　柱塞岩心三次造缝后矢状面成像图

1#样品渗吸成像灰度图（三次造缝）						色柱
位置	矢状面—1h	矢状面—1d	矢状面—饱和	矢状面—驱替 1d	矢状面—驱替 2d	
灰度图					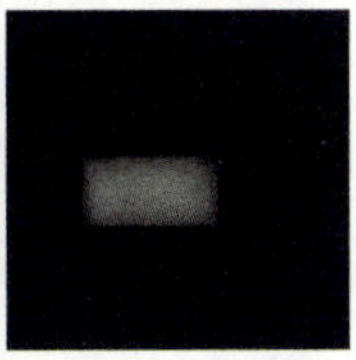	

4. 结果分析

以柱塞岩心造缝前核磁孔隙分布图为例，该岩心压裂液饱和前、压裂液饱和后、气驱水完成三个时刻的核磁孔隙分布如图 2-2-34 所示。由该图可知，样品在原始条件下的核磁孔隙分布图呈孤立三峰特征，左峰占据了岩样孔隙体积的主要部分，小孔隙、大孔隙、微裂缝直径区间分别为 1~100nm、100~1500nm、1500~5000nm；压裂液饱和后的核磁孔隙分布图变为孤立双峰特征，大、小孔隙直径区间重叠为 1~300nm，微裂缝直径区间为 1500~15000nm；气驱水完成后的核磁孔隙分布图变为孤立单峰特征，孔隙直径区间为 1~250nm。

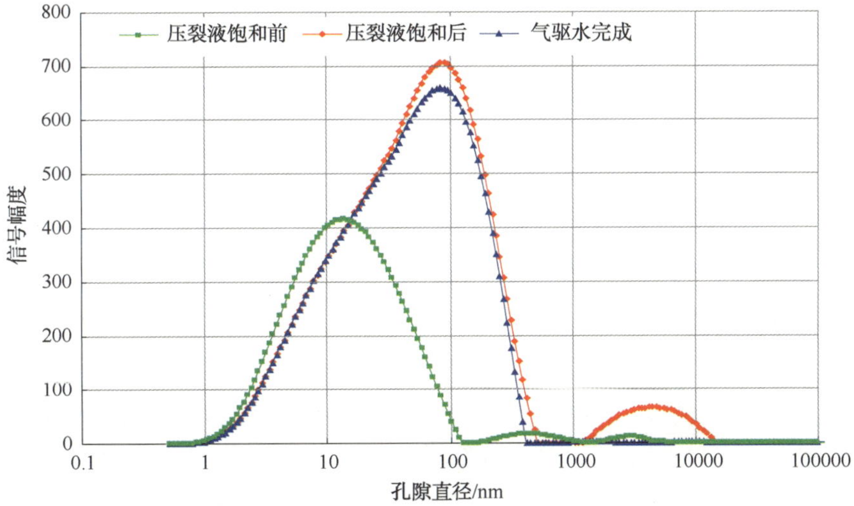

图 2-2-34　未造缝岩心孔隙分布特征对比分析

对比压裂液饱和前与压裂液饱和后的核磁孔隙分布图，发现孔隙直径在 10nm 以下区间几乎不受压裂液饱和过程的影响，压裂液侵入岩心后主要赋存的孔隙直径区间为 10~300nm、微裂缝直径区间为 1500~15000nm。对比压裂液饱和后与气驱水完成后的核磁孔隙分布图，发现气驱水完成后微裂缝直径单峰特征消失，表明赋存于微裂缝直径区间 1500~15000nm 的压裂液几乎全部被气体驱替；孔隙直径区间为 10~300nm 时，受气体驱替影响很小，直径在 20nm 以下的孔隙不受影响，表明赋存于孔隙直径区间 10~300nm 的压裂液很难被气体驱替。

以柱塞岩心一次造缝、二次造缝、三次造缝后的核磁孔隙分布图为例，该岩心一次造缝、二次造缝、三次造缝后的压裂液饱和前、压裂液饱和后、气驱水完成三个时刻的核磁孔隙分布如图 2-2-35 所示。由该图可知，一次造缝、二次造缝、三次造缝后岩心在原始条件下核磁孔隙分布图均呈孤立三峰特征，左峰占据了岩样孔隙体积的主要部分。与未造缝岩心核磁孔隙分布图一致，其原始条件下的造缝岩心核磁孔隙分布图呈孤立三峰特征，压裂液饱和后变为孤立双峰特征，大、小孔隙直径区间重叠，气驱水完成后变为孤立单峰特征。

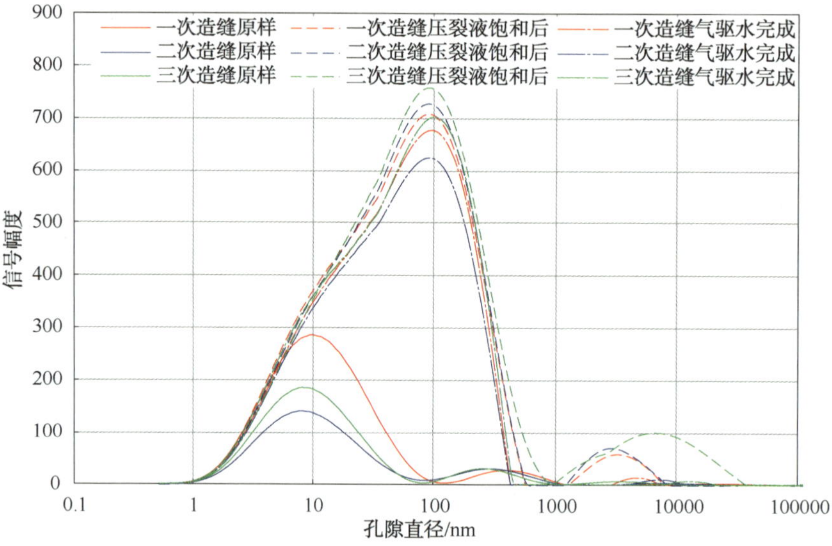

图 2-2-35　造缝岩心孔隙分布特征对比分析

对比压裂液饱和前与压裂液饱和后的核磁孔隙分布图，发现孔隙直径在 10nm 以下区间几乎不受压裂液饱和过程的影响，压裂液侵入岩心后主要赋存的孔隙直径区间为 10~300nm、微裂缝直径区间为 1000~30000nm。对比压裂液饱和后与气驱水完成后的核磁孔隙分布图，发现气驱水完成后微裂缝直径单峰特征消失，表明赋存于微裂缝直径区间 1000~30000nm 的压裂液几乎全部被气体驱替；孔隙直径区间为 10~300nm 时，受气体驱替影响很小，直径在 20nm 以下的孔隙不受影响，表明赋存于孔隙直径区间 10~300nm 的压裂液很难被气体驱替。

对比压裂液饱和前、压裂液饱和后及气驱水完成后的核磁孔隙分布图，发现页岩具有典型的双体系特征，存在三个特征区间，即孔隙直径在 10nm 以下区间几乎不受压裂液饱和过程的影响(基质)；孔隙直径在 10~300nm 区间，在压裂液饱和后，受气体驱替影响很小(易滞留)；孔隙直径在 1500nm 以上区间，压裂液几乎全部被气体驱替(易返排)。

第三节 生产特征分析方法

一、页岩气返排特征函数

基于压裂液侵入及返排机理实验研究成果，可将页岩气储层分为裂缝系统与基质系统。裂缝系统为页岩气储层中的天然裂缝与改造裂缝系统，在储层改造过程中，压裂液完全波及此系统，并且裂缝系统中的游离气与压裂液不断返排至井筒，经井筒流至地面，储层中渗流为气、水两相渗流。由于压裂液不能到达基质系统，因此基质系统中渗流仅为单相渗流，基质系统中的吸附气不断解离，并补充到裂缝系统中，再经井筒流至地面，其渗流过程如图 2-3-1 所示。

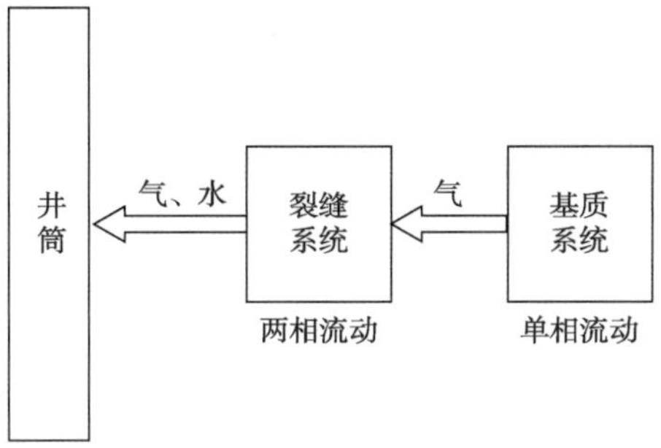

图 2-3-1 页岩气渗流过程

由于压裂液的返排仅存在于裂缝系统到井筒的流动过程中，因此在建立页岩气井压裂液返排模型时，笔者只考虑裂缝系统到井筒的气、液两相流动过程，以便更加容易地拟合页岩气井压裂液返排过程。

Jokhio S. A 提出，生产气水比可表示为气、水相对渗透率的比值，其表达式如下：

$$R_{pgw}=\frac{K_{rg}}{K_{rw}}=\frac{B_g\mu_g}{B_w\mu_w}\frac{q_{sc}}{q_w} \tag{2-3-1}$$

式中 R_{pgw}——生产气水比，m^3/m^3；

K_{rg}——气相相对渗透率；

K_{rw}——水相相对渗透率；

B_g——气体的体积系数；

B_w——水的体积系数；

μ_g——气相黏度，Pa·s；

μ_w——水相黏度，Pa·s；

q_{sc}——气相体积；

q_w——液相体积。

整理得到：

$$\frac{K_{rw}}{K_{rg}}=\frac{q_w B_w \mu_w}{q_{sc} B_g \mu_g} \tag{2-3-2}$$

根据两相渗流理论，等号左边项可表示为储层含气饱和度的函数：

$$f(S_g)=\frac{K_{rw}}{K_{rg}} \tag{2-3-3}$$

式中　S_g——储层含气饱和度。

页岩气井在压裂改造完成后，气井近井地带被压裂液完全充满，近井地带含水饱和度趋近于1，含气饱和度趋近于0。随着压裂液的返排，近井地带含水饱和度可以表示为：

$$S_w=\frac{(W_{in}-W_p)B_w}{W_{in}B_{wi}} \tag{2-3-4}$$

式中　W_p——返排液总量，m^3；

W_{in}——压裂注入总液量，m^3；

B_{wi}——水的原始体积系数。

令 $B_{wi}=B_w$，则式(2-3-4)可重写为：

$$S_w=\frac{W_{in}-W_p}{W_{in}} \tag{2-3-5}$$

气井近井地带含气饱和度可以表示为：

$$S_g=\frac{W_p}{W_{in}} \tag{2-3-6}$$

式(2-3-6)与压裂液返排率表达式一致：

$$R_R=\frac{W_p}{W_{in}} \tag{2-3-7}$$

结合得到：

$$f(R_R)=\frac{K_{rw}}{K_{rg}} \tag{2-3-8}$$

由此获得返排率与气井储层的关系。

根据气、水两相相对渗透率的定义及两相渗流理论，可以推导出气井返排率与相对渗透率比值存在函数关系：

$$f(R_R)=\frac{K_{rw}}{K_{rg}}=\frac{q_w B_w \mu_w}{q_{sc} B_g \mu_g} \tag{2-3-9}$$

笔者对涪陵页岩气田的 188 口气井进行了统计分析，由页岩气井产水量、产气量可以得出水、气相对渗透率的值，由页岩气井累计产水量可以得出不同时刻的返排率，将数据绘入坐标系中进行拟合，部分结果如图 2-3-2 所示。

经过对比，涪陵页岩气田 90%的气井符合经验公式，见式(2-3-10)。

$$\frac{K_{rw}}{K_{rg}}=Ae^{BR_R} \tag{2-3-10}$$

式中　A、B——常数。

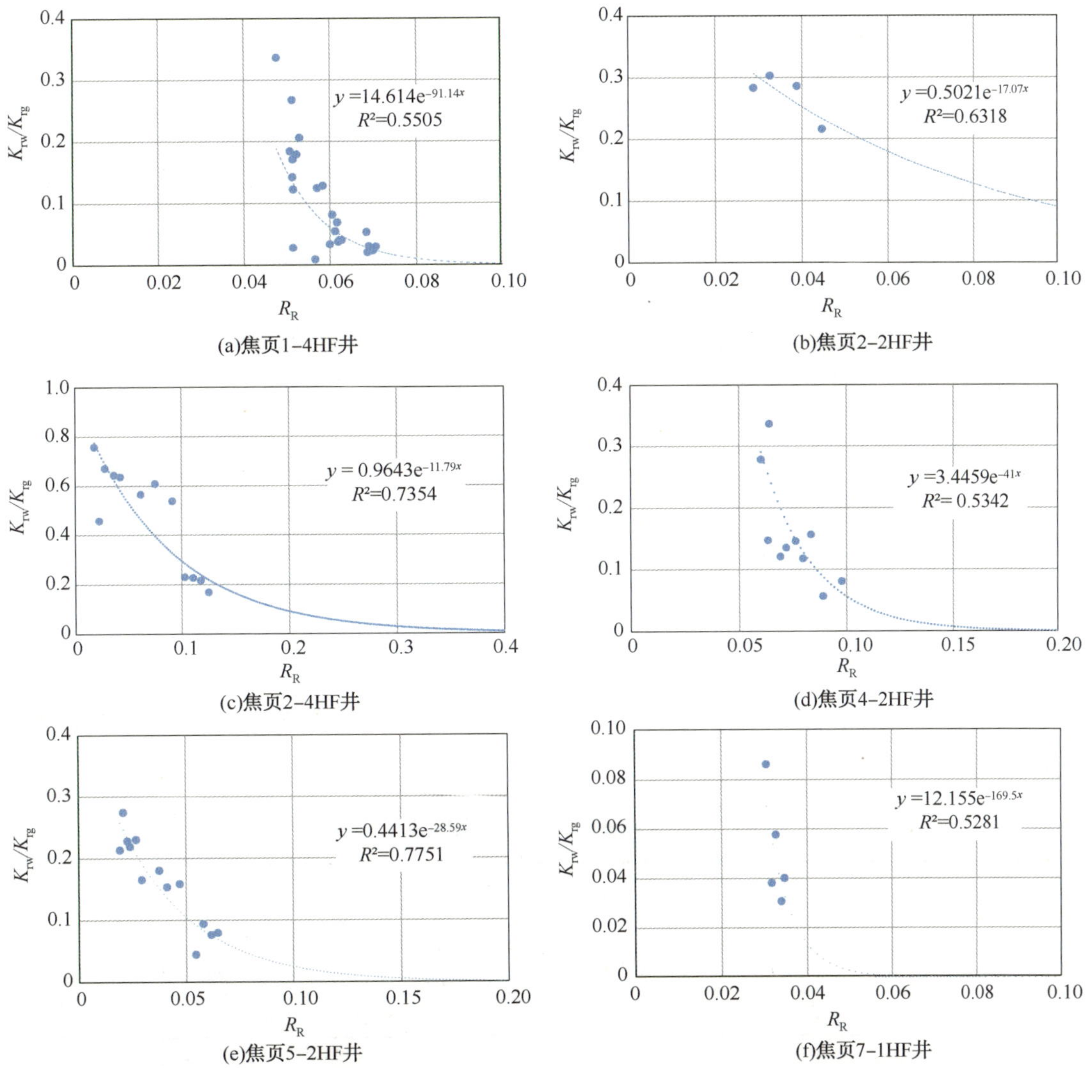

图 2-3-2　涪陵页岩气田部分井压裂液返排率与水、气相对渗透率关系

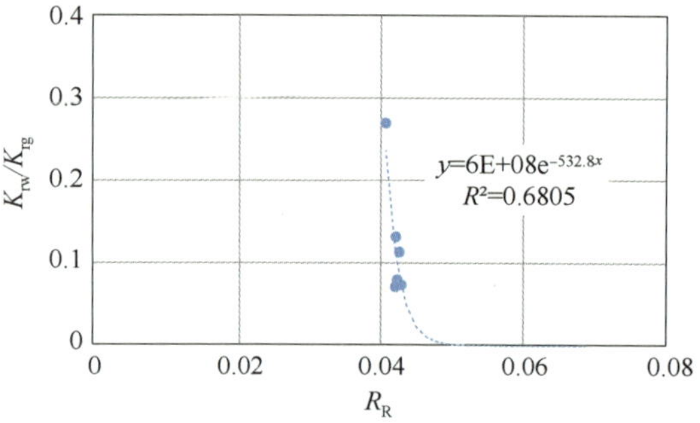

(g)焦页7-3HF井

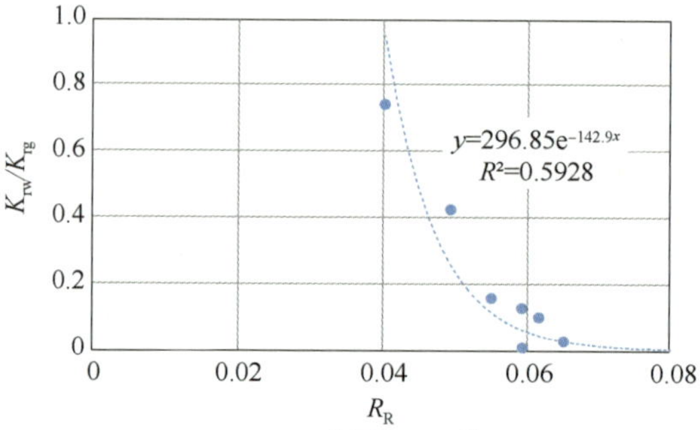

(h)焦页9-1HF井

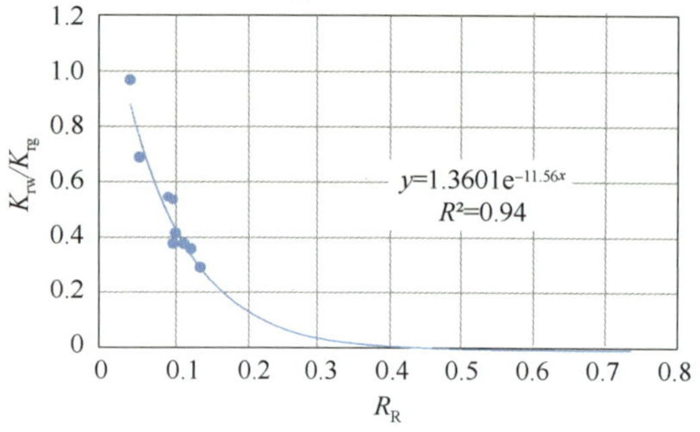

(i)焦页10-1HF井

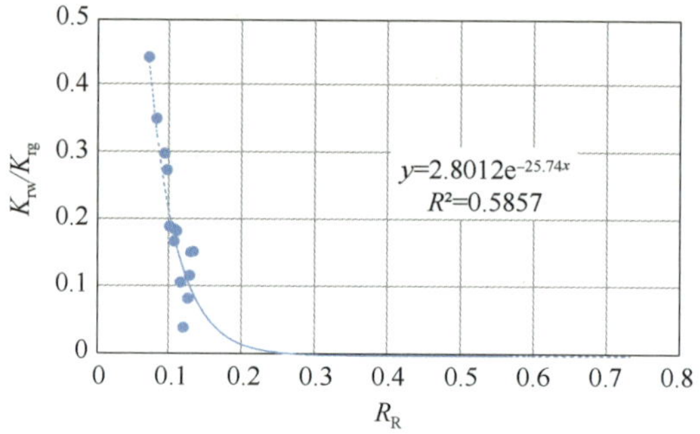

(j)焦页10-2HF井

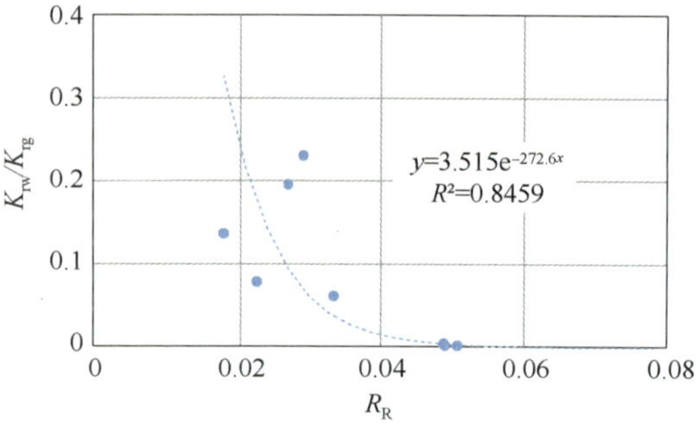

(k)焦页10-3HF井

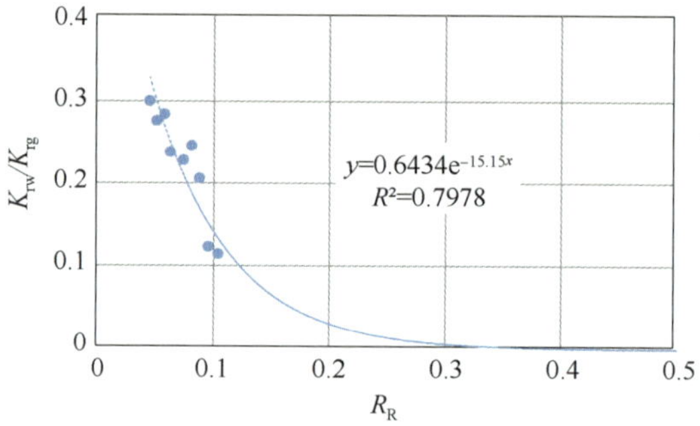

(l)焦页11-1HF井

图 2-3-2 涪陵页岩气田部分井压裂液返排率与水、气相对渗透率关系(续)

根据 A、B 值的大小，以初始日产水量和后期产水衰减快慢为主要指标，将气井分为四大类，见表 2-3-1。

表 2-3-1 气井分类标准

返排递减系数	初始返排系数	
	$A<4$	$A>4$
$B<-10$	第一类气井：初始返排率低，递减快	第二类气井：初始返排率高，递减快
$B>-10$	第三类气井：初始返排率低，递减慢	第四类气井：初始返排率高，递减慢

（1）第一类气井：经验公式中常数 $A<4$、$B<-10$ 的页岩气井为第一类气井，包括焦

页 1HF 井、焦页 8-1HF 井、焦页 8-2HF 井、焦页 8-3HF 井、焦页 10-1HF 井、焦页 12-1HF 井、焦页 13-1HF 井、焦页 15-1HF 井等 97 口。以焦页 8-2HF 井为例，其生产数据如图 2-3-3 所示。

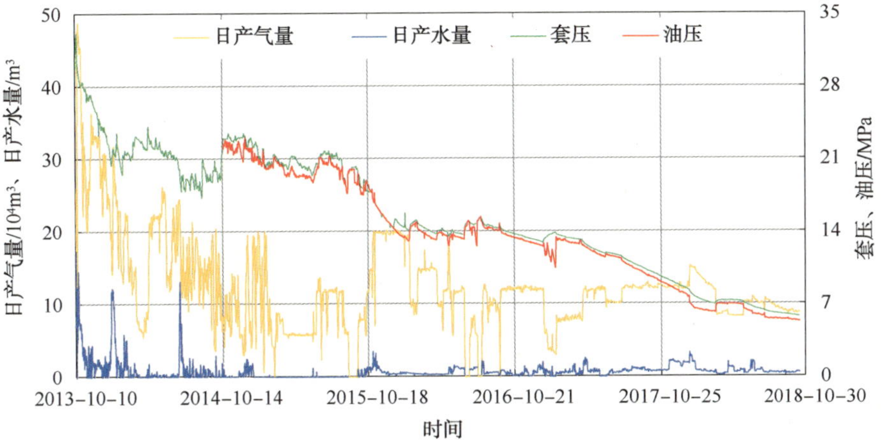

图 2-3-3　第一类气井之一——焦页 8-2HF 井

焦页 8-2HF 井前期累计产气量 $1000\times10^4m^3$ 时，平均日产气量 $31\times10^4m^3$，平均日产水量 $5.1m^3$，当累计产气量超过 $1000\times10^4m^3$ 后，日均产水量迅速下降至 $2m^3$ 以下。可以看出，第一类气井生产初期压裂液返排率低，但递减速度快，气井产气量一直较大，气井携液能力较强。

（2）第二类气井：经验公式中常数 $A>4$、$B<-10$ 的页岩气井为第二类气井，包括焦页 13-2HF 井、焦页 13-3HF 井、焦页 1-4HF 井、焦页 17-4HF 井、焦页 19-3HF 井、焦页 21-1HF 井、焦页 21-2HF 井、焦页 23-2HF 井等 25 口。以焦页 13-2HF 井为例，其生产数据如图 2-3-4 所示。

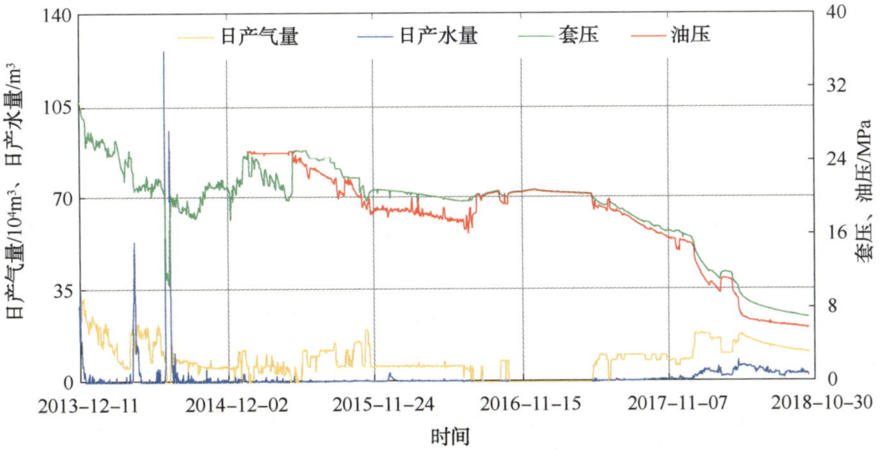

图 2-3-4　第二类气井之一——焦页 13-2HF 井

焦页 13-2HF 井前期累计产气量 $500\times10^4m^3$ 时，平均日产气量 $27\times10^4m^3$，平均日产水量 $12.4m^3$，当累计产气量超过 $500\times10^4m^3$ 后，日均产水量迅速下降至 $0.3\sim0.6m^3$。可以看出，第二类气井生产初期，产水量大，压裂液返排率高，但递减速度快，中后期产水量低；生产初期产气量大，递减速度也较快。

（3）第三类气井：经验公式中常数 $A<4$、$B>-10$ 的页岩气井为第三类气井，包括焦页 19-5HF 井、焦页 24-1HF 井、焦页 24-2HF 井、焦页 24-3HF 井、焦页 24-4HF 井、焦页 24-5HF 井、焦页 25-1HF 井、焦页 25-2HF 井等 26 口。以焦页 24-1HF 井为例，其生产数据如图 2-3-5 所示。

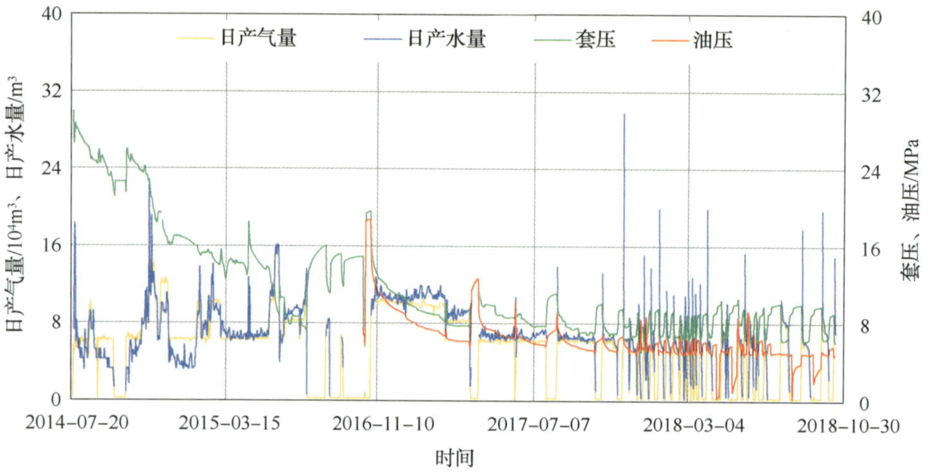

图 2-3-5 第三类气井之一——焦页 24-1HF 井

焦页 24-1HF 井前期累计产气量 $1000\times10^4m^3$ 时，平均日产气量 $7.2\times10^4m^3$，平均日产水量 $6.6m^3$，此后日产水量下降缓慢，截至本书完稿时，日均产水量在 $6m^3$ 左右。可以看出，第三类气井生产初期压裂液返排率低，递减速度慢，产气量较大且较为稳定。当气井压力降低时，建议更换为较小直径的油管，采用优选管柱排水采气工艺与泡沫排水采气工艺相结合的排水采气方式。

（4）第四类气井：经验公式中常数 $A>4$、$B>-10$ 的页岩气井为第四类气井，包括焦页 36-1HF 井、焦页 38-1HF 井、焦页 44-1HF 井、焦页 44-2HF 井、焦页 44-4HF 井、焦页 44-5HF 井、焦页 44-6HF 井、焦页 56-1HF 井等 21 口。以焦页 44-6HF 井为例，其生产数据如图 2-3-6 所示。

焦页 44-6HF 井前期累计产气量 $1000\times10^4m^3$ 时，平均日产气量 $10.6\times10^4m^3$，平均日产水量 $22m^3$，此后日产水量下降缓慢，截至本书完稿时，日均产水量在 $15m^3$ 左右。可以看出，第四类气井生产初期产水量大，初始压裂液返排率高，且递减速度慢，其产水量一直保持较高水平；生产初期，气井产气量较小，且一直没有较大变化，并保持较低水平。

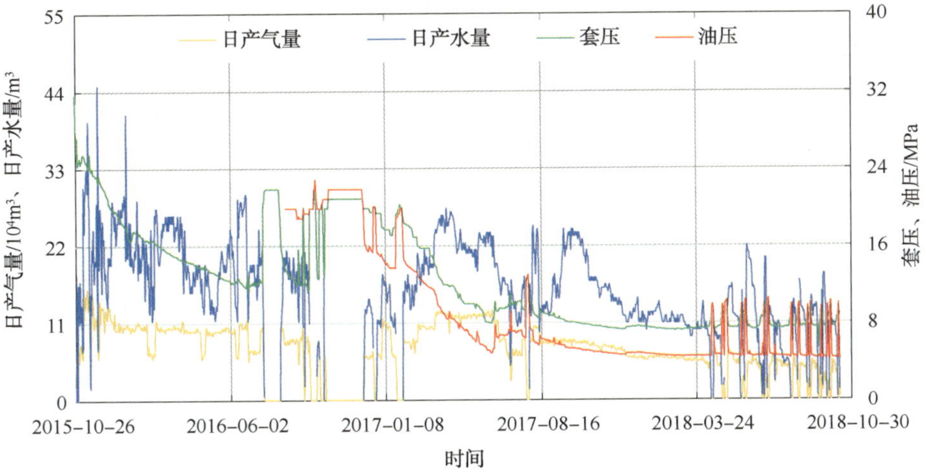

图 2-3-6　第四类气井之一——焦页 44-6HF 井

二、产水气井二项式方程

在气田开发初期，主体区页岩气井放喷试气期间气井压裂液返排率仅为 5%左右，气井投产后返排液对气井产能评价有影响，而陈元千一点法产能公式未考虑此影响，因而无法准确评价气井产能。为了准确评价页岩气井产能、合理调整气井配产，结合地质特征和生产动态特征，利用现有产能试井，摸索出适合涪陵地区不同返排液量气井的产能公式。

（一）井底流压值修正

一般气井二项式产能方程为：

$$p_e^2-p_{wf}^2=Aq_g+Bq_g^2 \tag{2-3-11}$$

气井无阻流量的计算公式为：

$$q_{AOF}=\frac{-A+\sqrt{A^2+4B(p_e^2-p_{wf}^2)}}{2B} \tag{2-3-12}$$

式中　A——达西流动系数；

B——非达西流动系数；

q_{AOF}——气井无阻流量，$10^4m^3/d$；

q_g——气井产量，$10^4m^3/d$；

p_e——地层压力，MPa；

p_{wf}——井底流压，MPa。

在正常情况下，通过产能方程求得的 IPR 曲线是一条规则的抛物线，但在实际测试中，许多试井测试点由于受产水等因素的影响出现数据异常，导致求得的 A 值、B 值可能为负值，这显然是不正确的。造成产能测试数据异常的原因有两个：①页岩气井返排液的同时产出使得井筒中的流态为气、液两相流，各气井产量不同导致井筒携液能力存在差异，若气井产量低将不能连续携液，导致井底流压计算出现较大误差；②回压试井时，测试点产量、压力未达到稳定状态。

那么在这种情况下，就需要对测试异常数据进行校正和处理，使其回归正常。结合涪陵地区的实际情况，在校正实际测试数据时，应该考虑增加一个附加流压值 Δp_{wf}，设

$$p_{wf}=p'_{wf}+\Delta p_{wf} \tag{2-3-13}$$

因此，二项式产能方程变为：

$$p_e^2-(p'_{wf}+\Delta p_{wf})^2=Aq_g+Bq_g^2 \tag{2-3-14}$$

式中 p'_{wf}——推算井底流压，MPa；

Δp_{wf}——附加流压值，MPa。

由 $(p_e^2-p'^2_{wf})/q_g$ 与 q_g 关系曲线可知，曲线与纵坐标轴的交点为 Δp_{wf} 的初始值，然后再调整 Δp_{wf} 的初始值，直到产能方程曲线回归正常，使系数 A、系数 B 均为正值，同时尽量使曲线的相关系数最大。如焦页 37 井，其井底流压在校正前二项式产能方程系数 B(斜率)为正值、系数 A(截距)为负值，无阻流量为 $28\times10^4\text{m}^3/\text{d}$，校正后系数 A、系数 B 均为正值，无阻流量为 $30\times10^4\text{m}^3/\text{d}$，如图 2-3-7 所示。

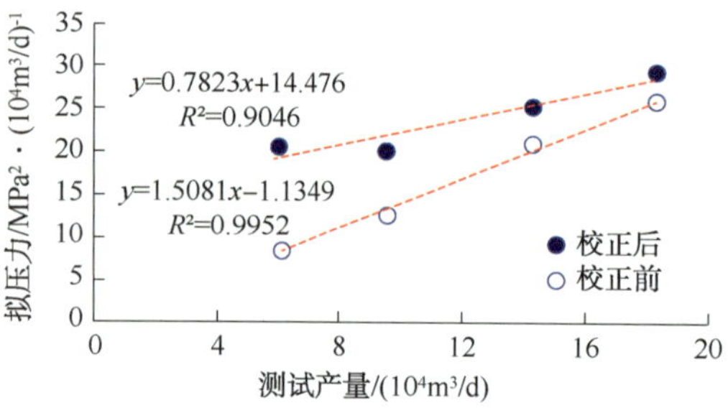

图 2-3-7 焦页 37 井二项式产能方程分析图(校正前、后)

对涪陵地区龙马溪组统计了 40 井次的产能试井资料，有 6 井次二项式产能方程曲线出现异常，而这 6 口井均为中、高排液低产气井，采用井底流压校正后的产能测试数据，可求得气井真实的无阻流量。

（二）涪陵一点法产能方程

在放喷测试期间，为了减小气体的放空量和节约测试费用，主要采用单点法进行测试，在气井投入正常生产后，通过开展产能试井确定气井产能。

通过在涪陵地区页岩气井中开展回压法产能试井，获取气井的产能系数 A、系数 B 的值，求得气井无阻流量。用式(2-3-15)确定气井的 α 值，再利用二项式产能公式，建立涪陵地区龙马溪组页岩气井一点法数学模型，见式(2-3-16)，进而计算出气井无阻流量。

对二项式产能方程系数 α 作如下假定：

$$\alpha=\frac{A}{A+Bq_{AOF}} \tag{2-3-15}$$

一点法数学模型为：

$$q_{AOF}=\frac{2(1-\alpha)q_g}{\alpha\left(\sqrt{1+4\frac{1-\alpha}{\alpha^2}\frac{p_e^2-p_{wf}^2}{p_e^2}}-1\right)} \tag{2-3-16}$$

式中　α——系数，无量纲。

考虑到页岩气井经过大型水力压裂改造，气井投产后返排液量差异大，从而将涪陵地区气井按返排液量分为高排液气井、中排液气井、中低排液气井和低排液气井，见表2-3-2，并利用产能试井结果确定不同返排液类型气井的 α 值，形成适合于涪陵地区龙马溪组页岩气井的一点法经验公式，见式(2-3-17)～式(2-3-19)。

表 2-3-2　涪陵地区页岩气井排液分区分级表

参数类别	低排液气井	中低排液气井	中排液气井	高排液气井
累计生产 $1000\times10^4m^3$ 天然气水气比/($m^3/10^4m^3$)	0～0.5	0.5～1	1～3	>3

中排液气井：

$$q_{AOF}=\frac{73.188q_g}{\sqrt{1+5502.85\frac{p_e^2-p_{wf}^2}{p_e^2}}-1},\ \alpha=0.0266 \tag{2-3-17}$$

中低排液气井：

$$q_{AOF}=\frac{4.3072q_g}{\sqrt{1+27.166\frac{p_e^2-p_{wf}^2}{p_e^2}}-1},\ \alpha=0.3171 \tag{2-3-18}$$

低排液气井：

$$q_{AOF}=\frac{3.4765q_g}{\sqrt{1+19.04\frac{p_e^2-p_{wf}^2}{p_e^2}}-1},\ \alpha=0.3652 \tag{2-3-19}$$

为了验证涪陵一点法经验公式的可靠性，分别在初期放喷测试和生产期间回压法产能试井两个阶段采用不同方法进行验证，见表2-3-3。

对于开展产能试井的气井，利用涪陵一点法求得的无阻流量与产能试井求得的无阻流量误差相对较小，误差范围为-12.5%～5.54%；而陈元千一点法求得的无阻流量与产能试井求得的无阻流量误差范围为-18.03%～33.01%，存在较大差别，尤其是中排液气井，误差高达33.01%。

表 2-3-3　不同方法计算气井无阻流量结果对比

气井排液类型	井　号	回压法二项式产能公式/($10^4m^3/d$)	陈元千一点法		涪陵一点法	
			无阻流量/($10^4m^3/d$)	误差/%	无阻流量/($10^4m^3/d$)	误差/%
低排液气井	焦页 1	64.37	60.77	-5.59	66.11	2.70
	焦页 2	65.77	61.35	-6.72	67.57	2.74
	焦页 3	17.18	15.48	-9.90	16.16	-5.94
	焦页 4	18.98	17.00	-10.43	18.00	-5.16
	焦页 5	27.56	23.14	-16.04	24.58	-10.81
	焦页 6	37.75	34.66	-8.19	39.84	5.54
	焦页 7	40.87	33.50	-18.03	37.19	-9.00
	焦页 8	47.73	39.20	-17.87	43.40	-9.07
中低排液气井	焦页 9	7.76	6.70	-13.66	6.79	-12.50
	焦页 10	11.94	12.02	0.67	12.35	3.43
	焦页 11	17.85	17.63	-1.23	18.37	2.91
	焦页 12	19.06	17.62	-7.56	18.51	-2.89
中排液气井	焦页 13	23.89	28.45	19.09	22.62	-5.32
	焦页 14	26.02	34.61	33.01	25.92	-0.38
	焦页 15	28.41	36.13	27.17	28.20	-0.74
	焦页 16	24.97	29.60	18.54	23.97	-4.00

（三）高产水区产能评价

焦石坝区块西南部页岩气井产水量大，气井试气求产阶段的测试数据稳定性差，因气井产水量大，导致气相渗透率低，地层渗流阻力和井筒流动阻力增大，若采用该阶段测试数据并运用一点法经验公式评价气井产能，则产能偏低且与气井实际生产情况差异大，因此需要采用气井稳定试采数据对产能进行评价。

(1) 高产水区试气产能低、返排液水气比高。

根据投产气井的试气阶段及累计产气量 $1000\times10^4m^3$ 阶段的返排率、水气比数据，对焦石坝区块进行产水区域划分，分为低产水 1 区和低产水 2 区、中产水 3 区和中产水 4 区及高产水 5 区。

西南部高产水区试气阶段测试产量低，日均产气量仅 $7.04\times10^4m^3$，约为低产水区日均产气量 $30.38\times10^4m^3$ 的 1/5，测试水气比高，平均值为 $34.98m^3/10^4m^3$，约为低产水区平均值 $5.04m^3/10^4m^3$ 的 6.9 倍。西南部因气井产水量大，井底积液对气相渗透率产生负面影响，在试气阶段表现出产能低、产水量大，以及生产不平稳的特征，用试气阶段的测试数据求取的产能较实际产能低，如图 2-3-8、图 2-3-9 所示。

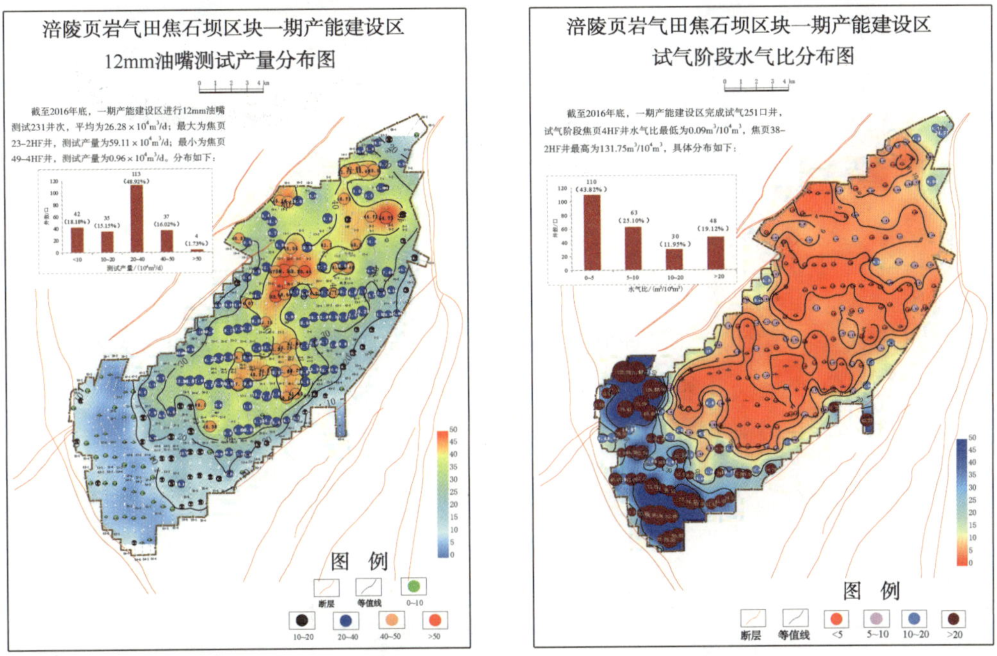

图 2-3-8　焦石坝区块试气测试产量、水气比分布

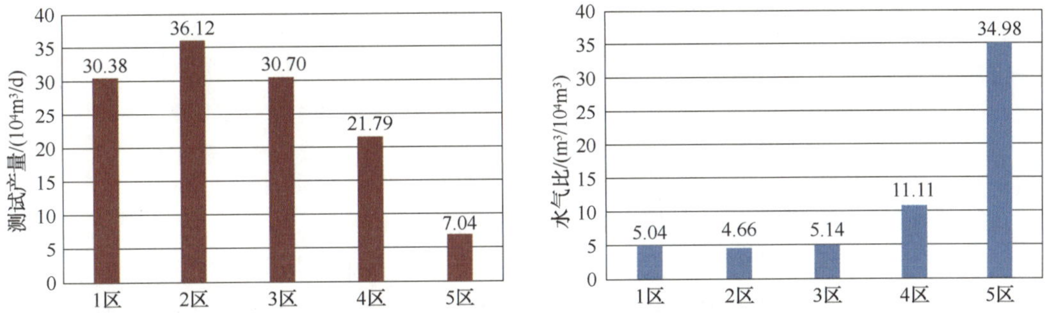

图 2-3-9　焦石坝区块各产水分区测试产量、水气比对比

（2）高产水区气井生产平稳后，产能情况好于初期评价情况。

西南部高产水区气井试气阶段平均测试日产气量 $7.04\times10^4m^3$，最高测试日产气量 $13.17\times10^4m^3$，仅约为焦石坝区块所有气井平均测试日产气量 $26.88\times10^4m^3$ 的 1/2。高产水区气井测试日产气量小于 $6\times10^4m^3$ 的低效井多达 16 口，占高产水区气井总数的 43.24%，但这些初期产能评价差的低效井在投产后，通过采取加强返排和增强油管生产气井井筒携液能力等措施，多口井生产平稳，气井产量明显好于试气阶段的测试产量，如图 2-3-10 所示。

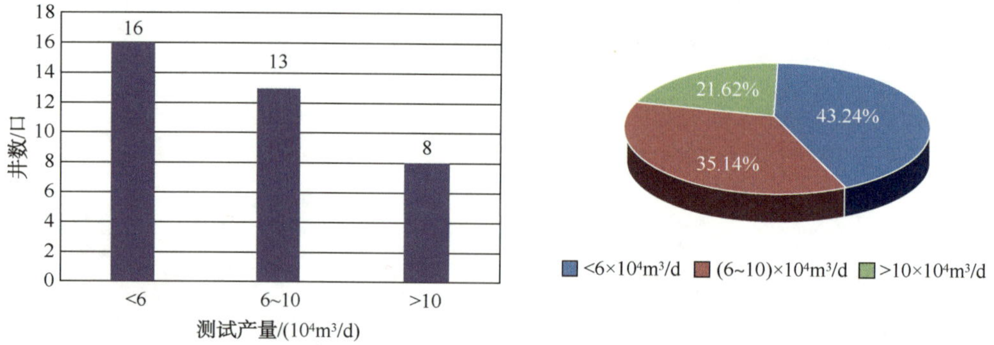

图 2-3-10 高产水区各分区测试产量分布

高产水区气井在累计产气量 $500\times10^4m^3$ 后，水气比趋于稳定。气井形成良好的气、水流动通道后，高产水气井能平稳生产，此时可根据生产数据对气井产能进行评价，如图 2-3-11、图 2-3-12 所示。

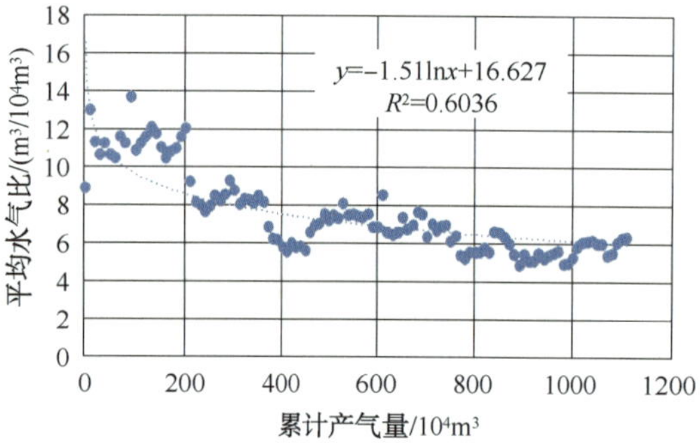

图 2-3-11 高产水区平均水气比随累计产气量变化

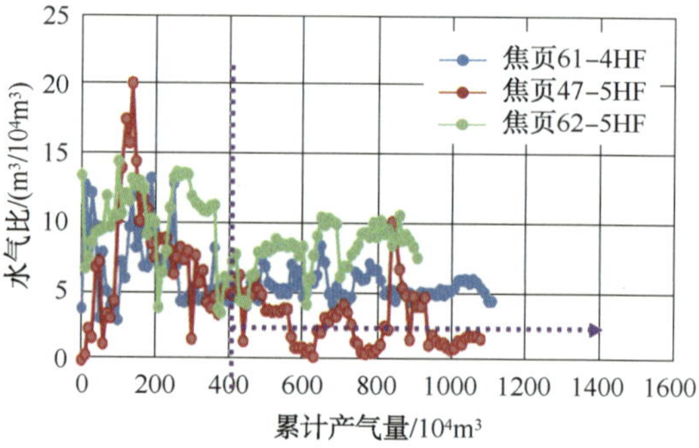

图 2-3-12 高产水区单井水气比随累计产气量变化

（3）通过单位压降产气量对比，评价气井产能。

对焦石坝区块内累计产气量大于 $4000\times10^4m^3$ 的气井单位压降产气量随累计产气量变化趋势进行分析，可见页岩气井单位压降产气量随累计产气量增大具有相似的变化趋势，生产初期单位压降产气量随累计产气量增大迅速增大，之后随着累计产气量的增大，单位压降产气量趋于平稳，且与气井的产能具有良好的相关性，初期评价产能高的气井单位压降产气量大，如图 2-3-13 所示。

高产水区气井可以以气井水气比稳定后的单位压降产气量为指标评价产能。目前，高产水区 37 口气井，累计产气量达 $500\times10^4m^3$ 的气井共 23 口，平均单位压降产气量为 $34.75\times10^4m^3/MPa$，焦页 63-1HF 井最高，为 $59\times10^4m^3/MPa$，焦页 47-2HF 井最低，为 $17.72\times10^4m^3/MPa$，远低于焦石坝区块中低产水区单位压降产气量水平，如图 2-3-14 所示。

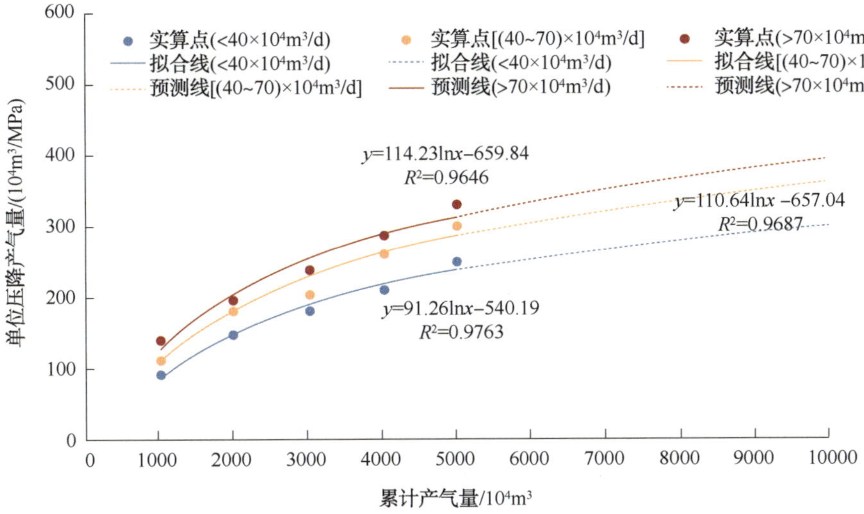

图 2-3-13 不同产能气井单位压降产气量对比

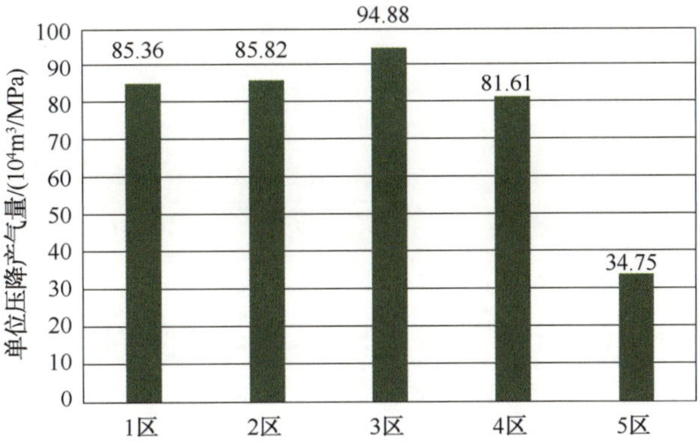

图 2-3-14 各产水分区累计产气量达 $500\times10^4m^3$ 气井单位压降产气量对比

（4）高产水区气井配产调整建议。

截至本书完稿时，焦石坝区块主要采用外径 73.02mm 油管生产，在井口压力 5MPa 条件下，井深 3000m 左右临界携液流量为 $1.93\times10^4m^3/d$，连续排液流量为 $4.43\times10^4m^3/d$，为尽量减小高产水区气井受井底积液影响，建议气井日配产在 $4.4\times10^4m^3$ 以上。

三、页岩气稳态产能模型

基于页岩气井井筒多相流动模型，将页岩气储层分为裂缝系统与基质系统，联立产能方程和物质平衡方程，对页岩气井生产历史进行拟合，计算页岩气井产气能力与可采储量，并对气井定产量和定压力的产气、产水情况进行预测。

（一）温压耦合模型

压力梯度和温度梯度计算并非是相互独立的，而是有着非常密切的联系。在预测井筒温度时，须已知定压比热容和总传热系数等物性参数，而这些参数均是压力、温度的函数；在预测压力时，也遇到类似的情况，需要知道压缩因子、摩阻系数等物性参数，这些参数亦是压力和温度的函数，而此时的压力、温度是未知的。故，压力和温度之间相互耦合，但不能单独计算，须采用迭代法同时求解。

利用垂直段和倾斜段两相压降模型，联立井筒多相温度预测模型，推导出适用于涪陵页岩气田水平井的生产管柱温压耦合模型，由此得出涪陵页岩气田水平井沿井筒方向上的压力及温度分布，见式(2-3-20)。

$$\begin{cases} \text{压降方程} \begin{cases} \text{垂直段：} \dfrac{\mathrm{d}p}{\mathrm{d}z}=\rho_{\mathrm{m}}g+f_{\mathrm{m}}\dfrac{G_{\mathrm{m}}^2}{2DA^2\rho_{\mathrm{m}}} \\ \text{倾斜段：} \dfrac{\mathrm{d}p}{\mathrm{d}z}=\dfrac{[\rho_1 H_1+\rho_{\mathrm{g}}(1-H_1)]g\sin\theta+\dfrac{\lambda Gv}{2DA}}{1-[\rho_1 H_1+\rho_{\mathrm{g}}(1-H_1)]vv_{\mathrm{sg}}/p} \end{cases} \\ \text{温度方程：} T_{\mathrm{out}}=T_{\mathrm{eout}}+\dfrac{1-\mathrm{e}^{A\Delta h}}{A}\left(\begin{array}{c} -\dfrac{g\sin\theta}{C_{\mathrm{pm}}}+\mu\dfrac{\mathrm{d}p}{\mathrm{d}z} \\ -\dfrac{v}{C_{\mathrm{pm}}}\dfrac{\mathrm{d}v}{\mathrm{d}z}+g\sin\theta+\dfrac{fv^2}{2C_{\mathrm{pm}}D} \end{array}\right)+\mathrm{e}^{A\Delta h}(T_{\mathrm{in}}-T_{\mathrm{ein}}) \end{cases} \tag{2-3-20}$$

生产管柱温压耦合模型计算的步骤如下：

(1) 以井底流动压力(或井口压力)为起点，按井深取单位长度 Δh。

(2) 根据温度初值公式预测每段出口温度；根据压力初值公式预测每段出口压力。

(3) 计算该段内的平均压力 $\bar{p}$ 和平均温度 $\bar{T}$，计算气、水的基本物性参数。

(4) 基于页岩气全井筒流动模型，结合气井井身结构与气井生产数据，计算气井井筒各位置的持液率、压力梯度等参数。

(5) 判断出口压力是否达到精度要求，如未达到精度要求，则返回步骤(3)，否则进行下一步。

(6) 用温度预测模型计算每段出口温度，判断出口温度是否达到精度要求，如未达到精度要求，则返回步骤(3)，否则进行下一步。

(7) 对下一段进行计算，直至井口(井底)。

其求解流程如图 2-3-15 所示。

（二）多相产能耦合模型

要准确描述一口压裂水平井的生产流态，不仅要确定产水气藏的生产条件，还要考虑水平段多相流动压降对气藏近井地带渗流造成的影响，这就形成水平段内考虑裂缝径

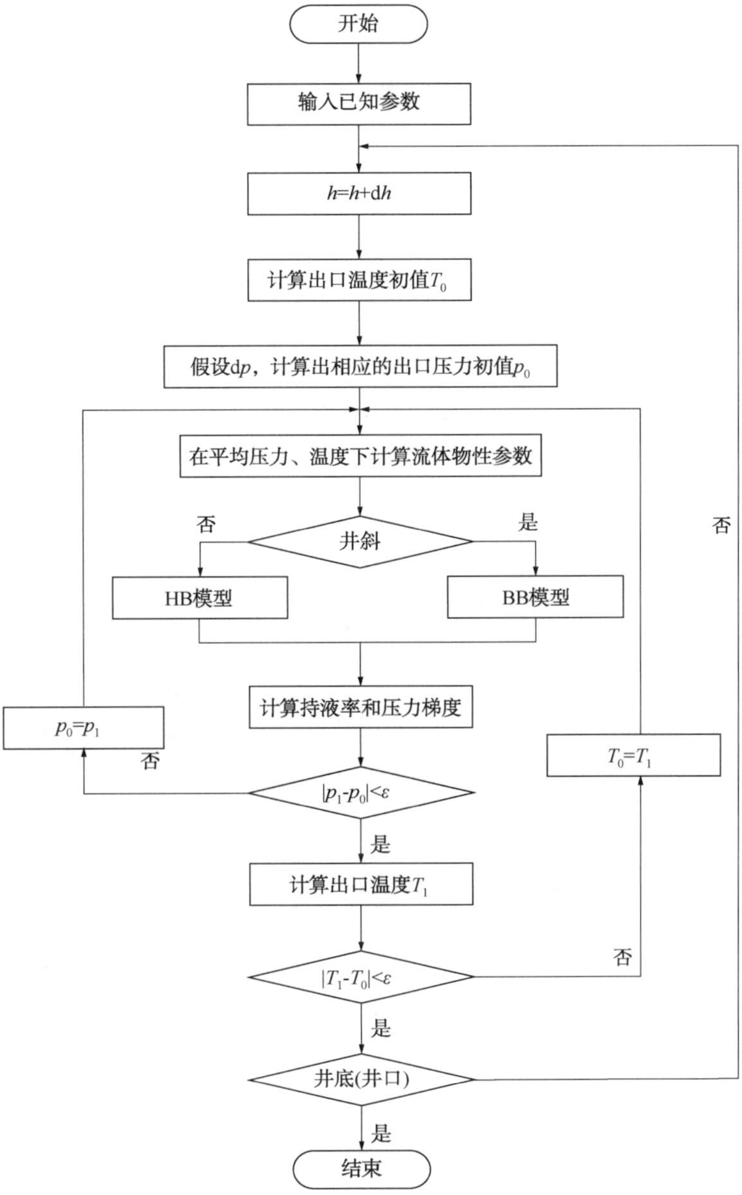

图 2-3-15 生产管柱温压耦合模型计算流程

向流的多相变质量流与有水气藏渗流的耦合计算问题。

1. 压裂水平井多相产能耦合模型的建立

利用已建立的压裂水平井多相产能耦合模型，联立水平井井筒多相压降模型，推导出适用于涪陵页岩气田压裂水平井的产能耦合模型。该模型基于涪陵页岩气田压裂水平井的井身结构特点，考虑裂缝径向流及水平井压降对产能的影响，由此得出压裂水平井沿水平井井筒方向上的压力及流量分布，见式(2-3-21)。

$$
\begin{cases}
\text{渗流方程}\begin{cases}
p_{\mathrm{e}}^{2}-p_{\mathrm{wfj}}^{2}=\dfrac{p_{\mathrm{sc}}\mu_{\mathrm{g}}ZT}{\pi T_{\mathrm{sc}}K_{\mathrm{rg}}K_{\mathrm{f}}h}\displaystyle\sum_{-N_0}^{N_0}q_{\mathrm{gfi}}\ln\dfrac{\dfrac{R_{\mathrm{e}}-x_{\mathrm{i}}}{x_{\mathrm{f}}}+\sqrt{1+\left(\dfrac{R_{\mathrm{e}}-x_{\mathrm{i}}}{x_{\mathrm{f}}}\right)^{2}}}{\dfrac{x_{\mathrm{i}}}{x_{\mathrm{f}}}+\sqrt{1+\left(\dfrac{x_{\mathrm{i}}}{x_{\mathrm{f}}}\right)^{2}}}\\
p_{\mathrm{e}}-p_{\mathrm{wfj}}=\dfrac{\mu_{\mathrm{w}}B_{\mathrm{w}}}{2\pi K_{\mathrm{rw}}K_{\mathrm{f}}h}\displaystyle\sum_{-N_0}^{N_0}q_{\mathrm{wfi}}\ln\dfrac{\dfrac{R_{\mathrm{e}}-x_{\mathrm{i}}}{x_{\mathrm{f}}}+\sqrt{1+\left(\dfrac{R_{\mathrm{e}}-x_{\mathrm{i}}}{x_{\mathrm{f}}}\right)^{2}}}{\dfrac{x_{\mathrm{i}}}{x_{\mathrm{f}}}+\sqrt{1+\left(\dfrac{x_{\mathrm{i}}}{x_{\mathrm{f}}}\right)^{2}}}
\end{cases}\\
\text{水平段压降方程}\begin{cases}
\text{分层流：}\dfrac{\mathrm{d}p}{\mathrm{d}L}=\dfrac{-\tau_{\mathrm{w}}Z_{\mathrm{w}}-2\rho_{\mathrm{w}}v_{\mathrm{w}}q_{\mathrm{iw}}-\tau_{\mathrm{g}}Z_{\mathrm{g}}-2\rho_{\mathrm{g}}v_{\mathrm{g}}q_{\mathrm{ig}}}{A}\\
\text{环雾流：}\dfrac{\mathrm{d}p}{\mathrm{d}L}=\dfrac{-\tau_{\mathrm{w}}Z_{\mathrm{w}}-2\rho_{\mathrm{w}}v_{\mathrm{w}}\left(q_{\mathrm{iw}}-\dfrac{Fe}{1-Fe}q_{\mathrm{ig}}\right)-2\rho_{\mathrm{g}}v_{\mathrm{g}}\left(\dfrac{q_{\mathrm{ig}}}{1-Fe}\right)}{A}\\
\text{泡状流：}\dfrac{\mathrm{d}p}{\mathrm{d}L}=\dfrac{-\tau Z-2\rho_{\mathrm{gw}}v_{\mathrm{gw}}q_{\mathrm{igw}}}{A}\\
\text{间歇流：}\dfrac{\mathrm{d}p}{\mathrm{d}L}=-\dfrac{\tau_{\mathrm{B}}\pi DL_{\mathrm{B}}+\tau_{\mathrm{A}}Z_{\mathrm{A}}L_{\mathrm{A}}+\tau_{\mathrm{g}}Z_{\mathrm{g}}L_{\mathrm{A}}}{L_{\mathrm{D}}A}-\dfrac{2}{A}\rho_{\mathrm{gw}}v_{\mathrm{gw}}q_{\mathrm{igw}}
\end{cases}
\end{cases}
\tag{2-3-21}
$$

2. 水平井耦合模型求解

联立压裂水平井多相产能模型和水平段两相管流模型，得到压裂水平井两相产能耦合模型，如图 2-3-16 所示。

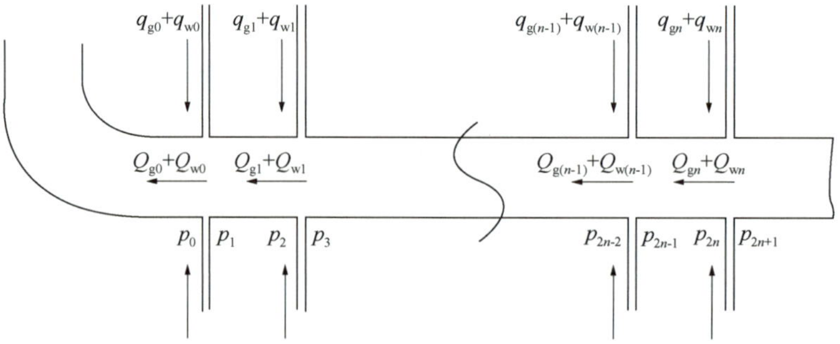

图 2-3-16　水平井地层渗流与井筒压降耦合示意图

耦合模型求解步骤：

对于产水气藏中压裂水平井考虑压降的渗流模型的解析解求解比较复杂，所以采用矩阵方程的数值分析求解方法：

(1) 将水平井水平段井筒根据裂缝位置划分为 n 小段，假设在每一个分段内流体性质、温度等相同。

(2) 对于沿水平井段的压力梯度先假设一个初值，并利用各段的压裂水平井产能公式计算该段中部的井筒内的径向入流量。

(3) 从跟端到趾端，叠加每段井筒的径向入流量，得到水平井井筒主轴产气量、产水量。

(4) 利用水平井井筒多相压降模型计算每段的压力损失，得到沿水平井段新的压力梯度。

(5) 比较沿水平井段的压力梯度是否在误差范围之内。如果在且满足条件就输出此时流量及井筒内部压力分布就可输出结果，否则修正水平井段压力梯度并重新进行步骤(2)至步骤(4)，直至满足误差要求。

压裂水平井多相产能耦合模型计算流程如图 2-3-17 所示。

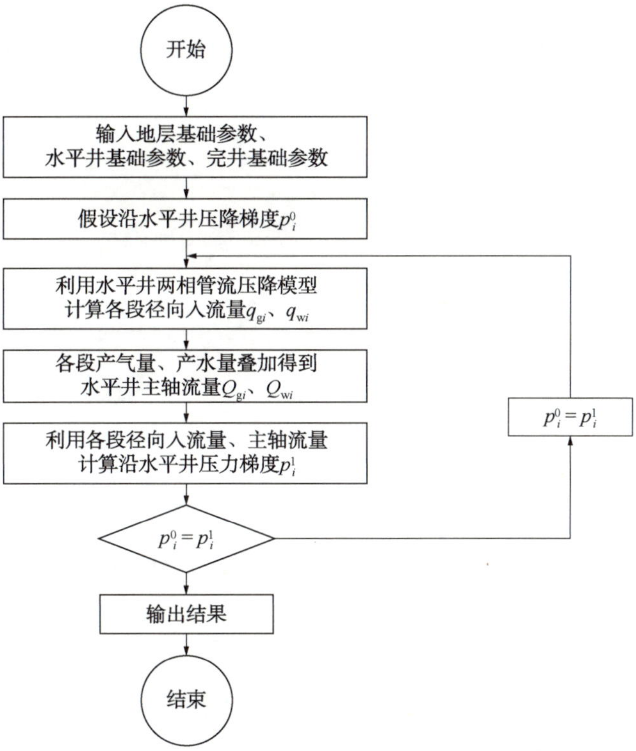

图 2-3-17 压裂水平井多相产能耦合模型计算流程

四、生产拟合及预测

通过联立产能方程和物质平衡方程，对页岩气井生产历史进行拟合，计算页岩气井产气能力与控制储量，并进行实例研究。

（一）气井产能简化模型

页岩气流入井筒时，垂直于流动方向的流通断面距离越近，井轴越小，渗流速度就会急剧增大。井轴周围的高速流动相当于紊流流动，在这种情况下达西流动产能公式已经不再适用，富切梅尔通过做实验，提出下面的二阶修正式，描述非达西流动：

$$-\frac{\mathrm{d}p}{\mathrm{d}l}=\frac{\mu v}{K}+\beta\rho v^2 \tag{2-3-22}$$

式中 p——压力，Pa；

μ——流体黏度，Pa·s；

v——渗流速度，$v=q/(2\pi rh)$，m/s；

ρ——流体密度，kg/m^3；

β——速度系数，m^{-1}；

K——渗透率，μm^2。

在利用气井试井资料确定气井产能方程时，可使用下面的二项式进行计算：

$$p_R^2-p_{wf}^2=Aq_{sc}+Bq_{sc}^2 \tag{2-3-23}$$

式中 A——层流项系数；

B——紊流项系数。

方程右边第一项表示黏滞性引起的压力损失，第二项表示惯性引起的压力损失，这两项损失之和构成气体流入井筒的总压降。

页岩气储层分为裂缝系统与基质系统，从裂缝系统到井筒的渗流过程，是气、水两相渗流，其产能方程可以用二项式表示：

$$p_F^2-p_{wf}^2=Aq_{Fsc}+Bq_{Fsc}^2 \tag{2-3-24}$$

式中 p_F——裂缝系统压力，MPa；

q_{Fsc}——从裂缝系统流入井筒的流量，$10^4m^3/d$。

对于基质系统到裂缝系统的渗流过程，是页岩气单相流动，其产能方程可表示为：

$$p_M^2-p_F^2=Cq_{Msc} \tag{2-3-25}$$

式中 p_M——基质系统压力，MPa；

C——系数；

q_{Msc}——从基质系统流入裂缝系统的流量，$10^4m^3/d$。

（二）页岩气储层物质平衡

在开发过程中，页岩气井近井地带的压裂液和页岩气进入井筒被采出，使裂缝系统压力降低，基质系统中的页岩气进而进入裂缝系统，再通过井筒被采出，整个符合物质平衡方程规律，但又与传统的气驱气藏和水驱气藏的物质平衡方程存在一定的区别。

1. 储层物质平衡方程

物质平衡法是用来对储集层以往和未来动态进行分析的一种油气藏工程基本方法，它以储集层流体质量守恒定律为基础。最简单的物质平衡方程是：

$$G_h = G - G_p \tag{2-3-26}$$

式中 G_h——目前地质储量，10^4m^3；

G——原始地质储量，10^4m^3；

G_p——累计采出气量，10^4m^3。

2. 页岩气裂缝系统物质平衡方程

同样，笔者将页岩气储层分为裂缝系统与基质系统，页岩气井储层被改造，导致近井地带充满了压裂液，因此从裂缝系统到井筒的渗流是气、水两相渗流，随着开采的进行，基质系统中的页岩气开始进入裂缝系统，此时，剩余天然气所占的气藏孔隙体积加上从基质系统中补充进来的天然气体积，等于气藏原始含气孔隙体积。其物质平衡方程可以改写为：

$$G_F B_{gi} = (G_F - G_{Fp} + G_{Me}) B_g - W_p B_w \tag{2-3-27}$$

式中 G_{Fp}——裂缝系统累计产气量，10^4m^3；

G_F——裂缝系统地质储量，10^4m^3；

G_{Me}——从基质系统补充进入裂缝系统的天然气量，10^4m^3；

W_p——累计排出压裂液量，m^3；

B_w——压裂液体积系数，m^3/m^3。

另有：

$$B_{gi} = p_{sc} Z_i T / (p_i T_{sc}) \tag{2-3-28}$$

$$B_g = p_{sc} ZT / (p T_{sc}) \tag{2-3-29}$$

式中 p_{sc}——标准压力(0.1013MPa)；

T_{sc}——标准温度(293.15K)。

则页岩气裂缝系统的物质平衡方程可进一步变换为：

$$\frac{p_F}{Z} = \frac{p_{Fi}}{Z_i}\left(1 - \frac{G_{Fp} - G_{Me} + W_p B_w \dfrac{p_F T_{sc}}{p_{sc} ZT}}{G_F}\right) \tag{2-3-30}$$

式中 p_{Fi}——裂缝系统原始压力，MPa。

p_F——裂缝系统目前压力，MPa。

3. 页岩气基质系统物质平衡方程

随着生产的进行，裂缝系统中的压力逐渐降低，基质系统开始向裂缝系统补充能量，从基质系统到裂缝系统的渗流过程中仅存在页岩气的单相渗流，相当于定容气驱气藏的渗流过程，其物质平衡方程可以改写为：

$$G_M B_{gi} = (G_M - G_{Mp}) B_g \tag{2-3-31}$$

移项化简可以将式(2-3-31)改写为：

$$G_M = G_{Mp} B_g / (B_g - B_{gi}) \tag{2-3-32}$$

$$G_M = \frac{G_{Mp} p_{Mi} / Z_i}{p_{Mi}/Z_i - p_M/Z} \tag{2-3-33}$$

$$\frac{p_M}{Z} = \frac{p_{Mi}}{Z_i}\left(1 - \frac{G_{Mp}}{G_M}\right) \tag{2-3-34}$$

式中 p_{Mi}、p_M——基质系统原始压力和目前压力，MPa；

Z_i、Z——原始条件下偏差系数和目前压力下偏差系数；

B_{gi}、B_g——原始条件下气体体积系数和目前压力下气体体积系数；

G_{Mp}、G_M——基质系统累计产气量和基质系统地质储量($G_{Mp}=G_{Me}$)，10^4m^3。

（三）生产历史自动拟合模型及求解方法

综上所述，页岩气井储层裂缝系统和基质系统均存在独立的产能方程和物质平衡方程，联立产能方程和物质平衡方程，对生产历史进行拟合，计算页岩气井产气能力与控制储量。

联立裂缝系统和基质系统的产能方程和物质平衡方程如下：

$$\begin{cases} 产能方程\begin{cases} 裂缝系统：p_F^2 - p_{wf}^2 = Aq_{Fsc} + Bq_{Fsc}^2 \\ 基质系统：p_M^2 - p_F^2 = Cq_{Msc} \end{cases} \\ 物质平衡方程\begin{cases} 裂缝系统：\dfrac{p_F}{Z} = \dfrac{p_{Fi}}{Z_i}\left(1 - \dfrac{G_{Fp} - G_{Me} + W_p B_w \dfrac{p_F T_{sc}}{p_{sc} Z T}}{G_F}\right) \\ 基质系统：\dfrac{p_M}{Z} = \dfrac{p_{Mi}}{Z_i}\left(1 - \dfrac{G_{Mp}}{G_M}\right) \end{cases} \end{cases} \tag{2-3-35}$$

要拟合的目标值为产能系数 A、产能系数 B、产能系数 C 和裂缝系统地质储量 G_F、基质系统地质储量 G_M。利用生产气井的井口压力计算井底流压，以使用油管生产的气井为例，利用气井实际产气量、产水量与井口油压计算井底流压。当气井生产气水比大于 $10\times10^4m^3/m^3$时，使用单相页岩气全井筒流动模型计算井底流压，当气井生产气水比小于 $10\times10^4m^3/m^3$时，使用多相页岩气全井筒流动模型计算井底流压。将井底流压作为已知数据计算生产气井的产气量与产水量。通过调整新模型参数，对生产气井的产气量与产水量进行拟合。自动拟合算法的实质是参数识别，即寻求最优参数理论值与实测值的最佳拟合，使其偏差最小，可表示为：

$$E=\sum_{i=1}^{n}\left[q_{gci}(A,\ B,\ C,\ G_F,\ G_M)-q_{gci}\right]^2 \qquad (2-3-36)$$

式(2-3-36)为非线性最小二乘问题。采用自动拟合方法进行自动拟合，寻求一组合理参数使目标函数值达到最小。计算时，要求适当地给出各参数的上、下界限，上、下界限给得越恰当，计算的时间越短。如果上、下界限给得不恰当，计算结束时，某些参数的计算值等于所给的边界值，这时将其边界扩展，重新进行计算，直到获得满意值为止。

以页岩气井生产拟合与预测模型为基础，结合 SQL 数据库，使用 C 语言开发了涪陵页岩气田气井生产拟合与预测软件，使得涪陵页岩气井生产拟合与预测工作更为方便。软件界面如图 2-3-18 所示。

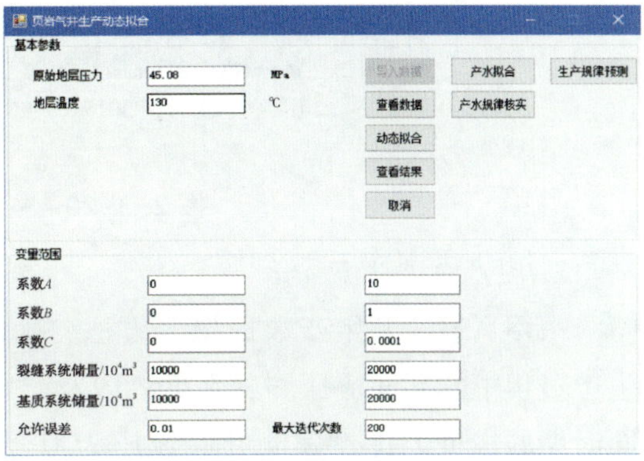

图 2-3-18　涪陵页岩气田气井生产拟合与预测软件界面

操作人员只需要依次点击鼠标按钮，即可完成涪陵页岩气田气井的生产数据导入、气井原始数据录入、气井基本参数修正、气井生产动态拟合和气井生产预测等操作。涪陵页岩气田气井生产拟合与预测软件拟合结果如图 2-3-19 所示。

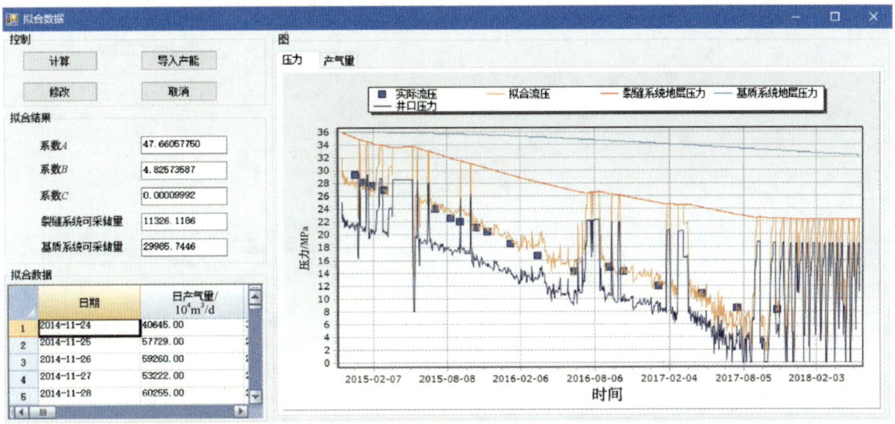

图 2-3-19　涪陵页岩气田气井生产拟合与预测软件拟合结果

（四）定产量井生产拟合与预测

以焦页 1HF 井为例进行研究，焦页 1HF 井于 2012 年 11 月 28 日开始生产，截至 2018 年 10 月 17 日，该井累计产气量 $1.04\times10^8m^3$，累计产水量 $651.26m^3$，原始地层压力 35.97MPa，入井总液量 $19854.7m^3$，其生产曲线如图 2-3-20 所示。

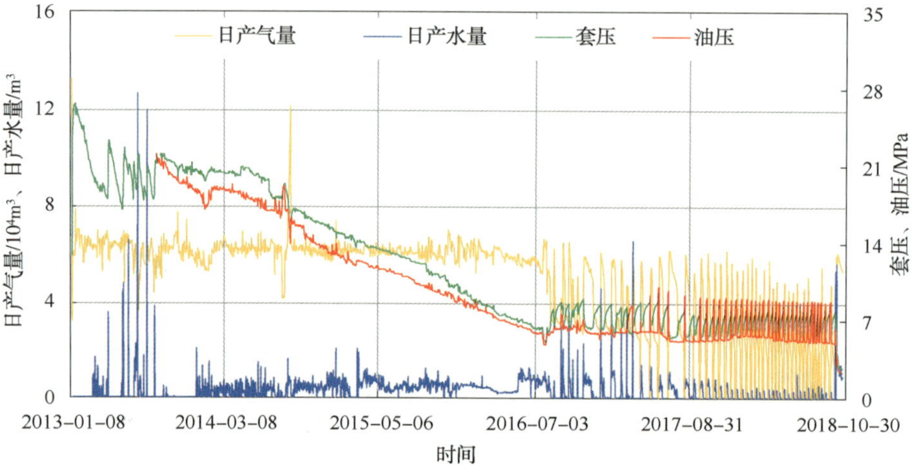

图 2-3-20　焦页 1HF 井生产曲线

1. 定产量井生产拟合

采用页岩气井生产数据拟合方法，确定气井产气能力与控制储量。将焦页 1HF 井生产过程中的井底流压测试数据，以及产气量、产水量等生产数据作为已知参数，以不同时期的焦页 1HF 井实测井底流压为拟合目标，通过调整新模型参数，使得预测井底流压与实测井底流压一致，由此确定气井产气能力与控制储量，如图 2-3-21 所示。

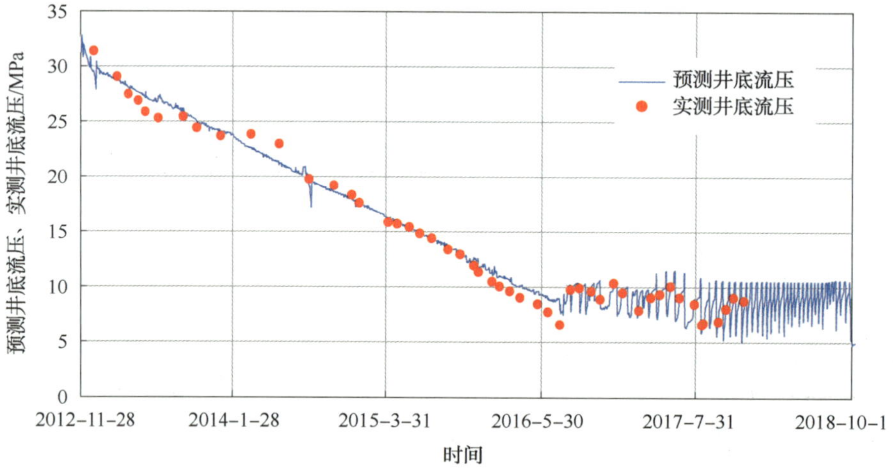

图 2-3-21　焦页 1HF 井井底流压拟合曲线

基于页岩气井生产数据拟合方法，求得焦页 1HF 井产能系数 A、产能系数 B 及产能系数 C 的值，分别为 12.04、0.96 及 0.000704，由此可以确定焦页 1HF 井 IPR 曲线，如图 2-3-22 所示。

由图 2-3-22 可知，当焦页 1HF 井裂缝系统地层压力分别为 35MPa、30MPa、25MPa 和 20MPa 时，其无阻流量分别为 $30.1\times10^4m^3/d$、$25.0\times10^4m^3/d$、$20.0\times10^4m^3/d$

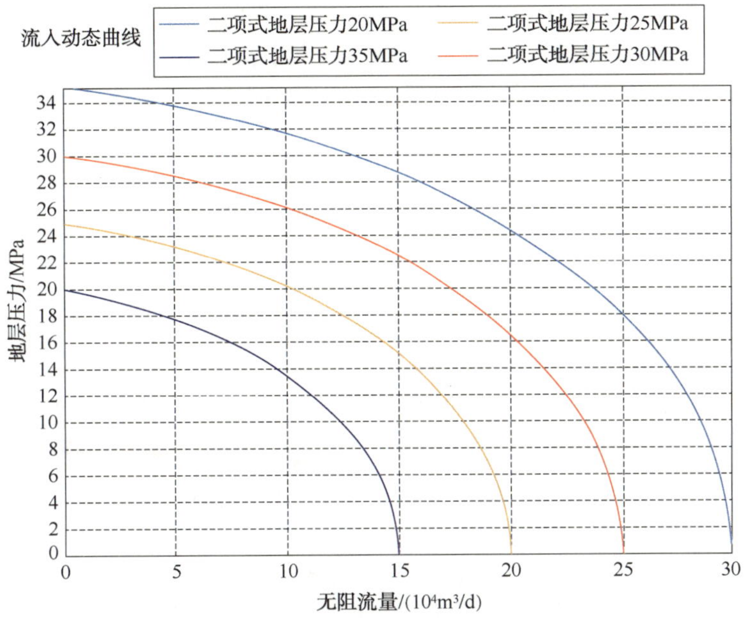

图 2-3-22　焦页 1HF 井 IPR 曲线

和 15.2×$10^4m^3/d$。焦页 1HF 井无阻流量随地层能量的衰竭不断减小，其减小幅度随地层能量的衰竭基本不变。

基于页岩气井生产数据拟合方法，求得焦页 1HF 井裂缝系统与基质系统控制储量，分别为 7345.99×10^4m^3与 7705.90×10^4m^3，焦页 1HF 井总控制储量为 1.505×10^8m^3。

根据页岩气井压裂液返排规律研究结果，认为焦页 1HF 井为特一类气井，采用相渗函数法进行拟合，其相渗系数 A、相渗系数 B 及储层初始产水量分别为 6.54×10^{-6}、-3.414 及 56335.98m^3，如图 2-3-23 所示。

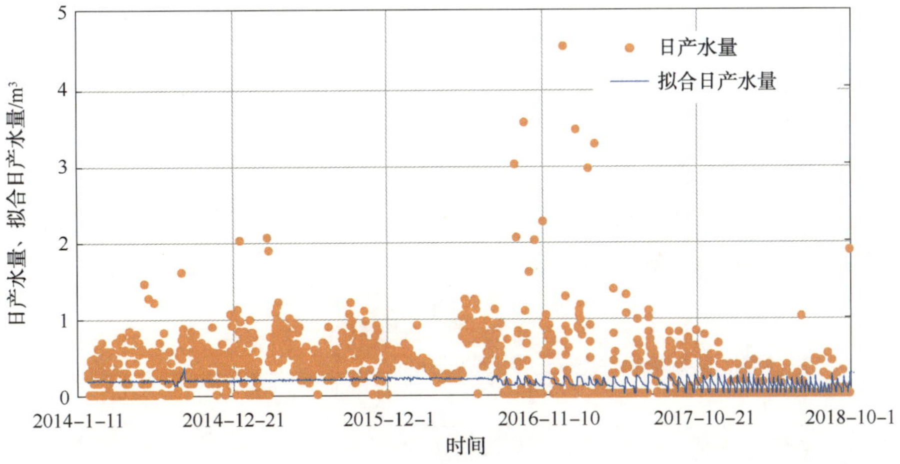

图 2-3-23　焦页 1HF 井日产水量拟合曲线

2. 定产量井生产预测

以焦页 1HF 井为例，以 $4\times10^4m^3/d$、$3\times10^4m^3/d$ 和 $2\times10^4m^3/d$ 进行配产，预测气井产气量、产水量变化情况，得到焦页 1HF 井的生产情况，如图 2-3-24 所示。

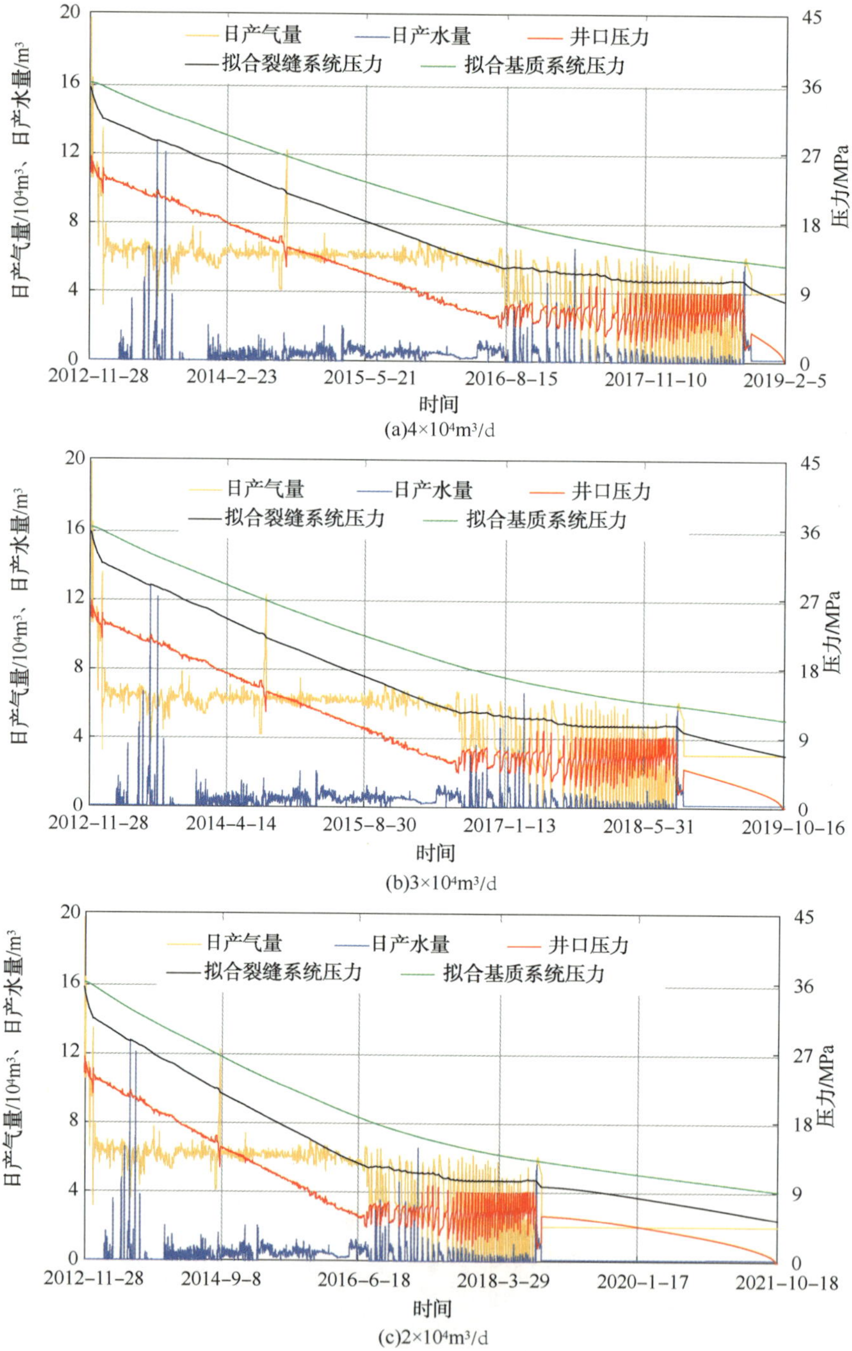

(a)$4\times10^4m^3/d$

(b)$3\times10^4m^3/d$

(c)$2\times10^4m^3/d$

图 2-3-24　焦页 1HF 井生产情况预测曲线

由图 2-3-24 可知，气井以 $4\times10^4m^3/d$、$3\times10^4m^3/d$ 和 $2\times10^4m^3/d$ 进行配产，其稳产时间分别为 105d、353d 和 1081d，气井累计产气量分别为 $1.134\times10^8m^3$、$1.198\times10^8m^3$ 和 $1.309\times10^8m^3$，采出程度分别为 75.36%、79.63%和 86.98%。

（五）定压力井生产拟合与预测

以焦页 6-2HF 井为例，该井于 2013 年 9 月 30 日开始生产，截至 2018 年 10 月 17 日，该井累计产气量 $2.7034\times10^8m^3$，累计产水量 $1468.43m^3$，原始地层压力 36.49MPa。根据页岩气井压裂液返排规律研究结果，认为焦页 6-2HF 井为特一类气井，其生产曲线如图 2-3-25 所示。

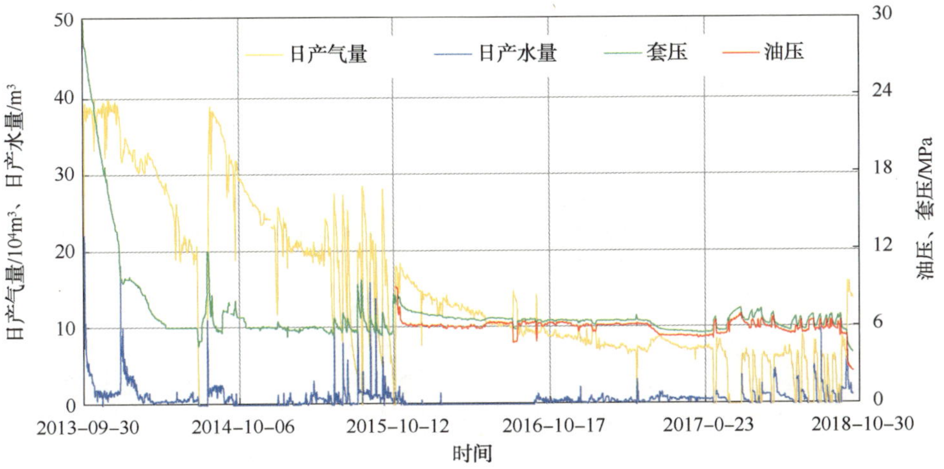

图 2-3-25　焦页 6-2HF 井生产曲线

1. 定压力井生产拟合

采用页岩气井生产数据拟合方法，确定气井产气能力与控制储量。将焦页 6-2HF 井生产过程中的井底流压测试数据，以及产气量、产水量等生产数据作为已知参数，以不同时期的焦页 6-2HF 井实测井底流压为拟合目标，通过调整新模型参数，使得预测井底流压与实测井底流压一致，由此确定气井产气能力与控制储量，如图 2-3-26 所示。

基于页岩气井生产数据拟合方法，求得焦页 6-2HF 井产能系数 A、产能系数 B 及产能系数 C 的值，分别为 0.28、0.34 及 0.000815，由此可以确定焦页 6-2HF 井 IPR 曲线，如图 2-3-27 所示。

由图 2-3-27 可知，当焦页 6-2HF 井裂缝系统地层压力分别为 40MPa、35MPa、30MPa、25MPa 和 20MPa 时，其无阻流量分别为 $69\times10^4m^3/d$、$60\times10^4m^3/d$、$52\times10^4m^3/d$、$43\times10^4m^3/d$ 和 $34\times10^4m^3/d$。焦页 6-2HF 井无阻流量随地层能量的衰竭不断减小，其减小幅度随地层能量的衰竭基本不变。

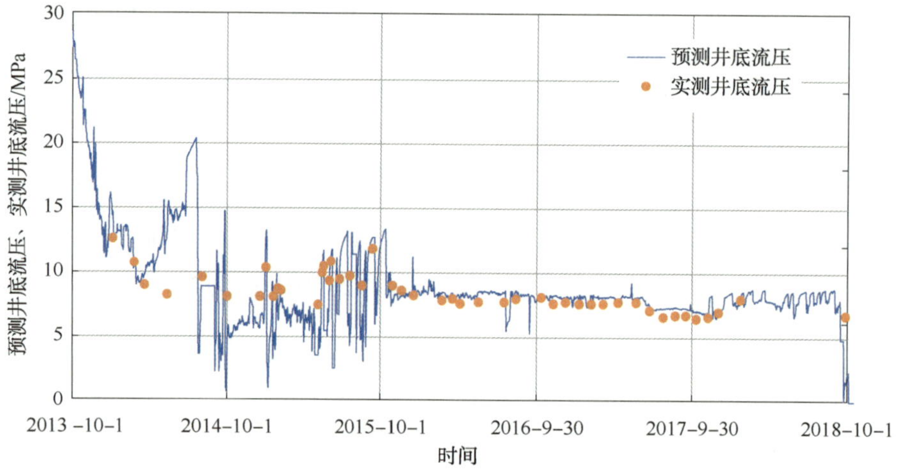

图 2-3-26　焦页 6-2HF 井井底流压拟合曲线

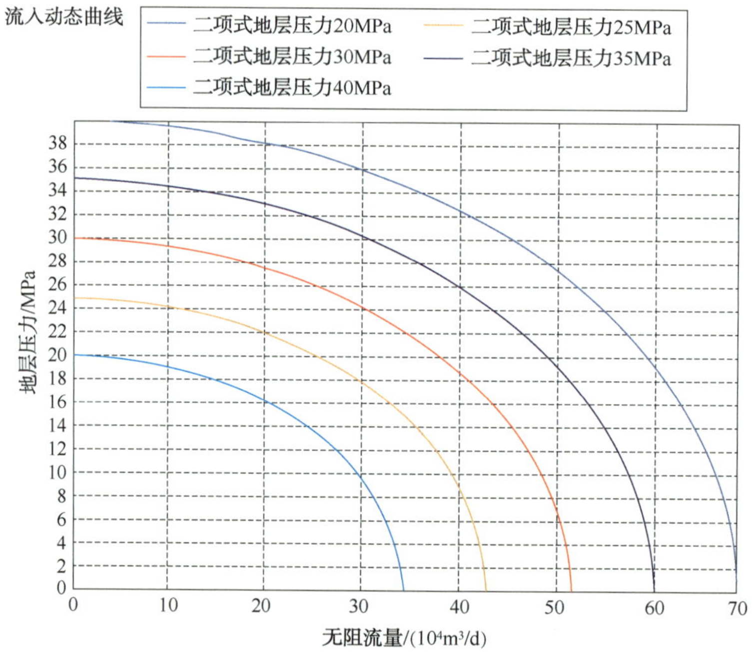

图 2-3-27　焦页 6-2HF 井 IPR 曲线

基于页岩气井生产数据拟合方法，求得焦页 6-2HF 井裂缝系统与基质系统控制储量，分别为 8125.86×10^4m^3 与 29433.58×10^4m^3，焦页 6-2HF 井总控制储量为 3.756×10^8m^3。

根据页岩气井压裂液返排规律研究结果，认为焦页 6-2HF 井为特一类气井，采用水气比系数法进行拟合，水气比取 0.08m^3/10^4m^3，所得结果如图 2-3-28 所示。

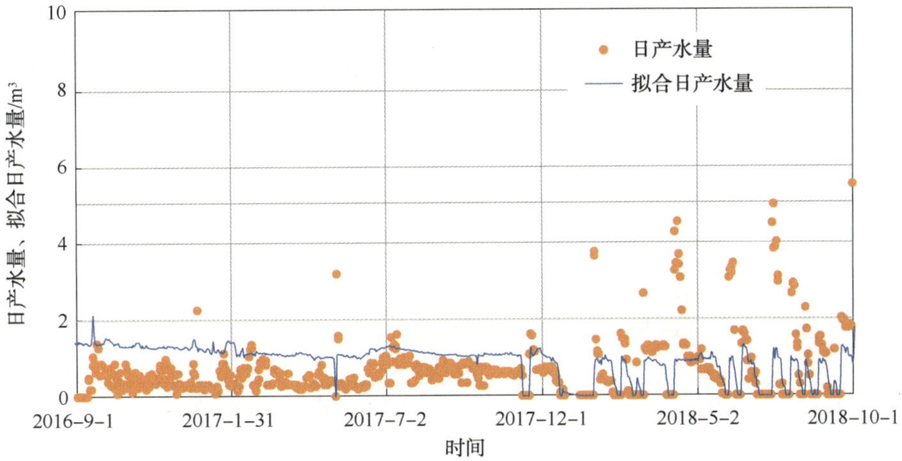

图 2-3-28 焦页 6-2HF 井日产水量拟合曲线

2. 定压力井生产预测

以焦页 6-2HF 井为例，在核实气井产气、产水规律的基础上，采用页岩气井产能公式与储层物质平衡方法，将井口压力定为 3MPa、2MPa 和 1MPa 进行生产，预测气井产气量、产水量变化情况，得到焦页 6-2HF 井的生产情况，如图 2-3-29 所示。

由图 2-3-29 可知，气井井口分别以 3MPa、2MPa 和 1MPa 进行生产，其生产时间分别为 1428d、1564d 和 1648d，气井累计产气量分别为 $3.38\times10^8m^3$、$3.41\times10^8m^3$ 和 $3.43\times10^8m^3$，采出程度分别为 89.89%、90.69%和 91.22%。

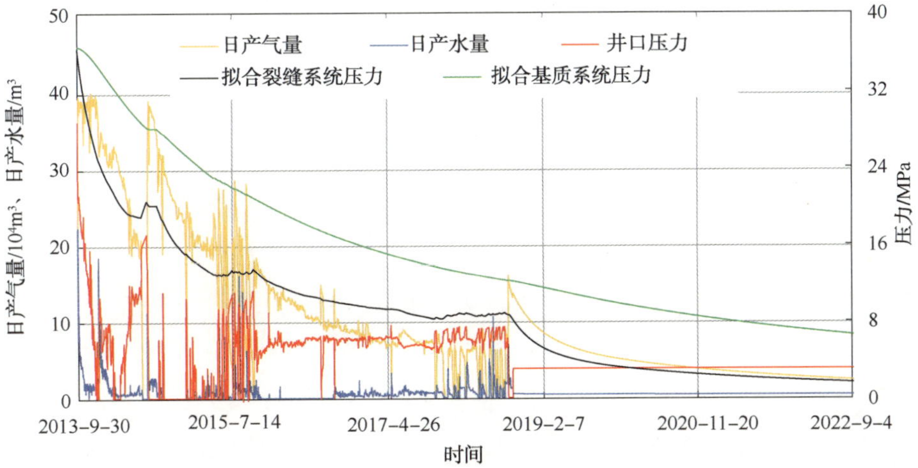

(a)3MPa

图 2-3-29 焦页 6-2HF 井日产气量、日产水量拟合曲线

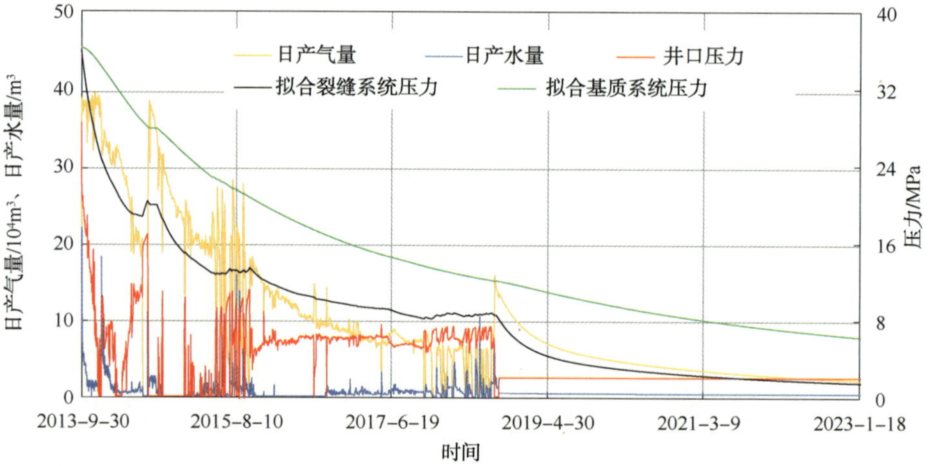

(b)2MPa

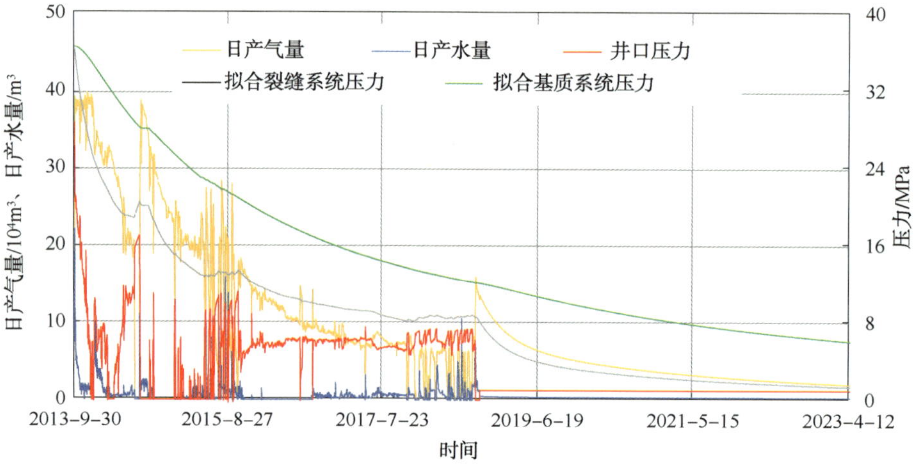

(c)1MPa

图 2-3-29　焦页 6-2HF 井日产气量、日产水量拟合曲线(续)

第三章　页岩气井筒流动特征

分析和计算页岩气从地层到井筒，从井筒到地面流动过程中的压力、温度，是进行气井设计和动态分析的重要基础。对于涪陵页岩气田水平井井筒多相流的研究，需要根据涪陵页岩气田水平井井身结构特点，分别讨论水平井垂直段、倾斜段和水平段的多相管流模型。

第一节　页岩气井筒多相流模型

一、页岩气井流体特征

（一）压裂返排液黏度特征

利用哈克 MARSⅢ旋转流变仪，测试 3 个批次压裂返排液的黏温(黏度与温度)曲线，温度范围为 20~90℃，测试间隔为 10℃，如图 3-1-1 所示。

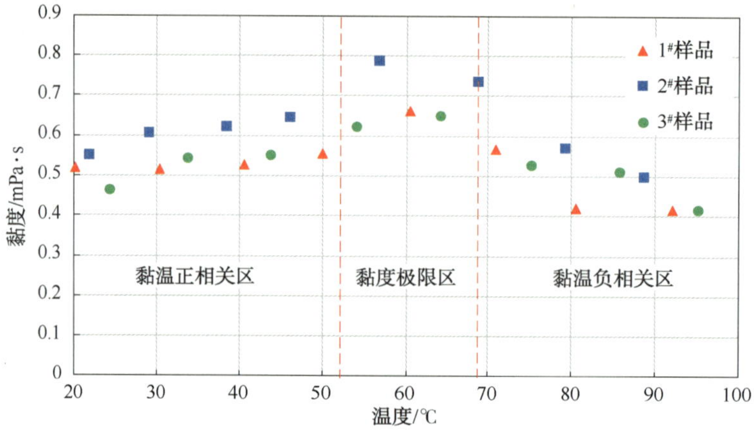

图 3-1-1　压裂返排液黏温曲线

通过对 3 个批次压裂返排液的黏温曲线进行分析，可以发现压裂返排液的黏温关系可分为 3 个区域。第一个区域为黏温正相关区，为 20~50℃区间，压裂返排液的黏度与温度呈正相关，黏度随温度的升高不断增大且增大的趋势不断减缓。第二个区域为黏度极限区，为 50~70℃区间，压裂返排液的黏度随温度的升高急剧增大，而后急剧减小，压裂返排液的黏度在此区域达到极值。第三个区域为黏温负相关区，为 70~95℃区间，压裂返排液的黏度与温度呈负相关，黏度随温度的升高不断减小。

压裂返排液黏温关系与传统地层水黏度模型预测结果对比如图 3-1-2 所示，发现传统地层水黏度模型已明显不再适用于页岩气压裂返排液的黏度预测。而利用二项式拟合，则可以较好地得出页岩气压裂返排液的黏温曲线，如图 3-1-3 所示。

拟合得到页岩气压裂返排液黏温关系式：

$$\mu_w = -0.0136T^2 + 1.4778T + 23.657 \qquad (3-1-1)$$

该关系式能够较好地预测页岩气压裂返排液黏度的变化规律，可用于页岩气井筒多相流计算、气井井筒临界携液模型计算等方面。

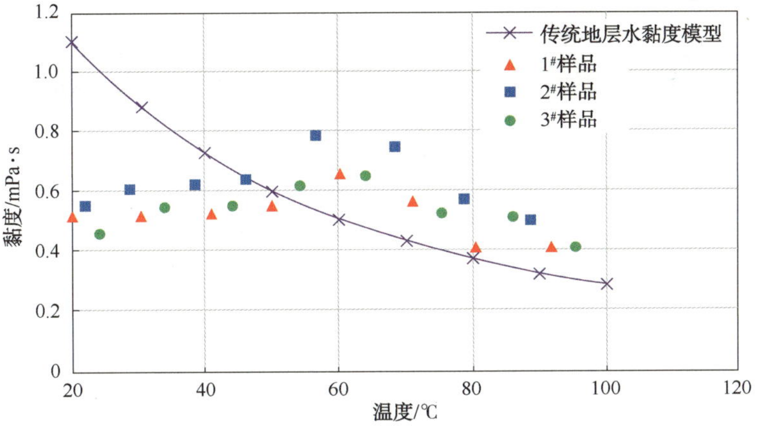

图 3-1-2　压裂返排液黏温关系与传统地层水黏度模型预测结果对比

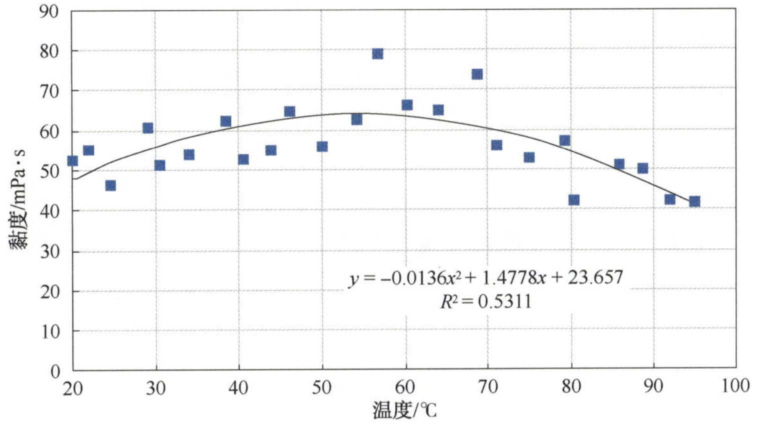

图 3-1-3　压裂返排液黏温关系拟合曲线

（二）压裂返排液密度特征

利用 DMA HPA 高温高压密度仪，测试 3 个批次压裂返排液的密度与温度变化关系，温度范围为 20~90℃，测试间隔为 10℃，分析压裂返排液密度随温度的变化情况，如图 3-1-4 所示。

通过对 3 个批次压裂返排液密度与温度关系曲线进行分析，可以发现压裂返排液密度与温度呈负相关。压裂返排液的密度随温度的升高不断减小，且减小的趋势缓慢加剧。

将实验数据与传统地层水密度模型预测结果进行对比，可知传统地层水密度模型预测结果为：流体密度随温度的升高不断减小，且减小的趋势缓慢加剧。实验数据与传统地层水密度模型预测结果变化趋势一致，但传统地层水密度模型预测结果明显大于实验数据，可知传统地层水密度模型已不再适用于页岩气压裂返排液的密度预测，如图 3-1-5 所示。

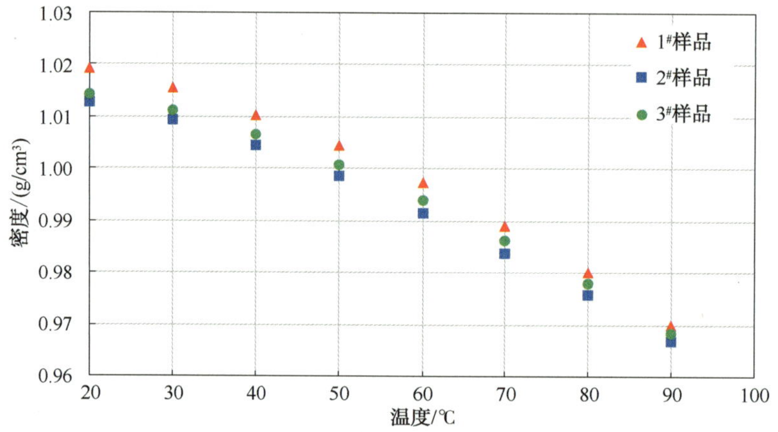

图 3-1-4　压裂返排液密度与温度关系曲线

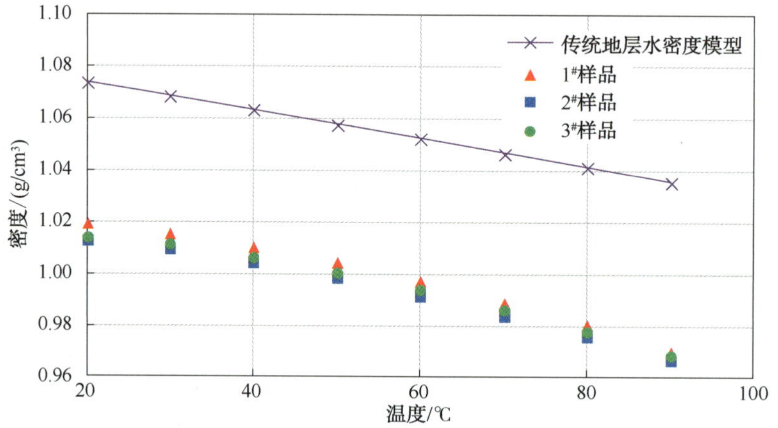

图 3-1-5　压裂返排液密度、温度关系与传统地层水密度模型预测结果对比

利用二项式拟合页岩气压裂返排液密度与温度关系曲线，如图 3-1-6 所示。

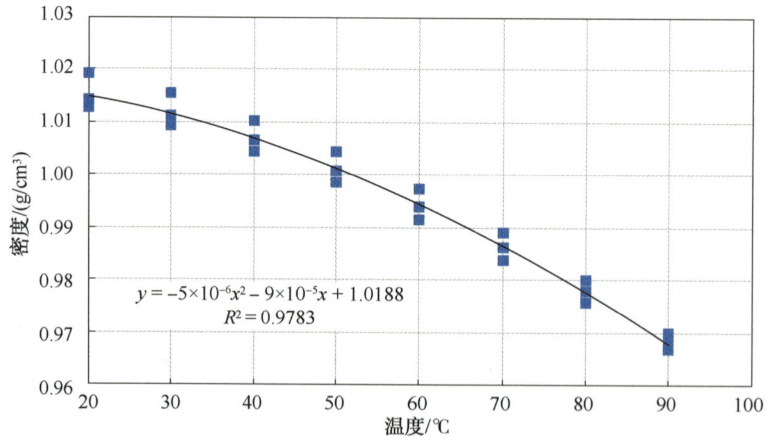

图 3-1-6　压裂返排液密度与温度关系拟合曲线

拟合得到页岩气压裂返排液密度与温度关系式：

$$\rho_w = -5\times10^{-6}T^2 - 9\times10^{-5}T + 1.0188 \quad (3-1-2)$$

该关系式能够较好地预测页岩气压裂返排液密度与温度的变化规律，可用于页岩气井筒多相流计算、气井井筒临界携液模型计算等方面。

（三）压裂返排液表面张力特征

利用 KRUSS DSA30S 界面参数一体测量系统，测试 3 个批次的压裂返排液表面张力与温度变化关系，温度范围为 20～90℃，测试间隔为 10℃，分析压裂返排液表面张力随温度的变化情况。测试获得 3 个批次压裂返排液表面张力与温度的关系曲线，如图 3-1-7 所示。

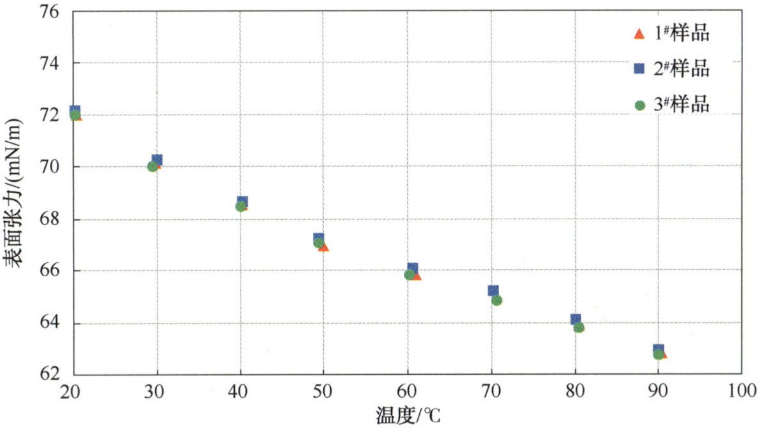

图 3-1-7　压裂返排液表面张力与温度关系曲线

通过对 3 个批次压裂返排液表面张力与温度关系曲线进行分析，可以发现压裂返排液表面张力与温度呈负相关。压裂返排液表面张力随温度的升高不断减小，且减小的趋势不断减缓。

将实验数据与传统地层水表面张力模型预测结果进行对比，可知传统地层水表面张力模型预测结果为：流体表面张力随温度的升高不断减小，且减小的趋势缓慢加剧。实验数据与传统地层水表面张力模型预测结果变化趋势一致，但传统地层水表面张力模型预测结果明显大于实验数据，如图 3-1-8 所示，可见传统地层水表面张力模型已不再适用于页岩气压裂返排液的表面张力预测。

利用二项式拟合页岩气压裂返排液表面张力与温度关系，如图 3-1-9 所示。

拟合得到页岩气压裂返排液表面张力与温度关系式：

$$\sigma = 0.0008T^2 - 0.2189T + 76.1 \quad (3-1-3)$$

该关系式能够较好地预测页岩气压裂返排液表面张力的变化规律，可用于页岩气井筒多相流计算、气井临界携液模型计算等方面。

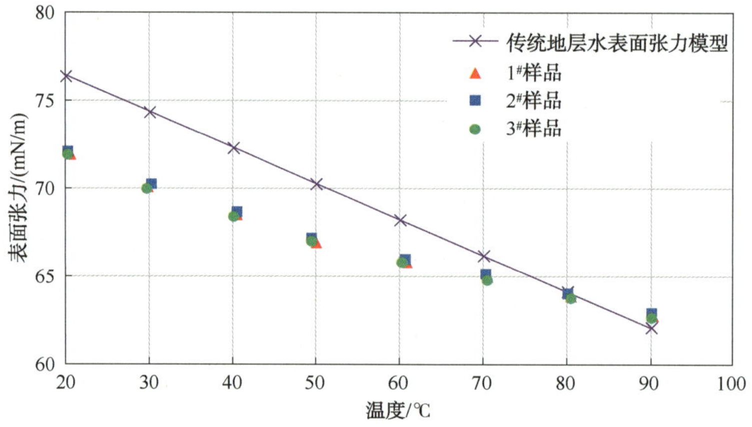

图 3-1-8 压裂返排液表面张力、温度关系与传统地层水表面张力模型预测结果对比

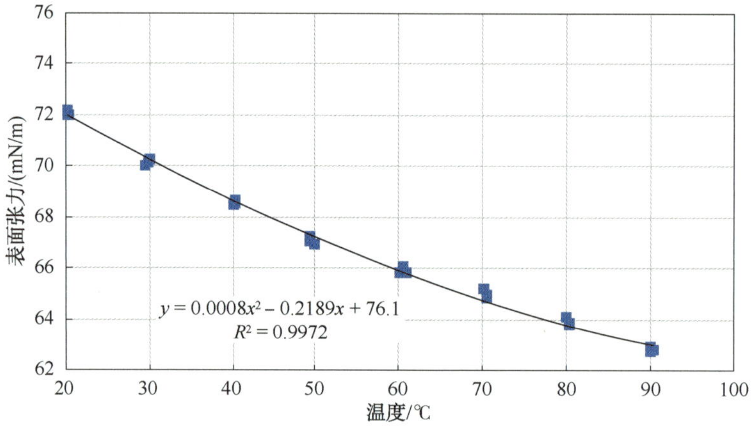

图 3-1-9 压裂返排液表面张力与温度关系拟合曲线

二、页岩气井筒多相流型

水平井井筒流动涉及垂直管、倾斜管和水平管的上升流动，而三种管段由于角度不同，流型差异较大，尤其是倾斜管流型规律复杂，目前的相关研究较少。因此，分为垂直上升管流、水平管流和倾斜上升管流三个方面对两相流型进行研究。

（一）井筒垂直段流型

国内外学者对垂直管气、液两相上升流动的流型划分做了大量研究，目前流型划分方法有几十种，且垂直上升管的流型划分就有很多种，一般公认的垂直上升管的气、液两相流型有泡状流、段塞流、过渡流和环状流，如图 3-1-10 所示。

泡状流：当气、液两相混合物的含气率较低时，气相以小气泡的形式分散在液相中，小气泡近似球形。气泡的上升速度大于液体流速，而混合物的平均流速较低。此时，液相为连续相，气相为分散相。

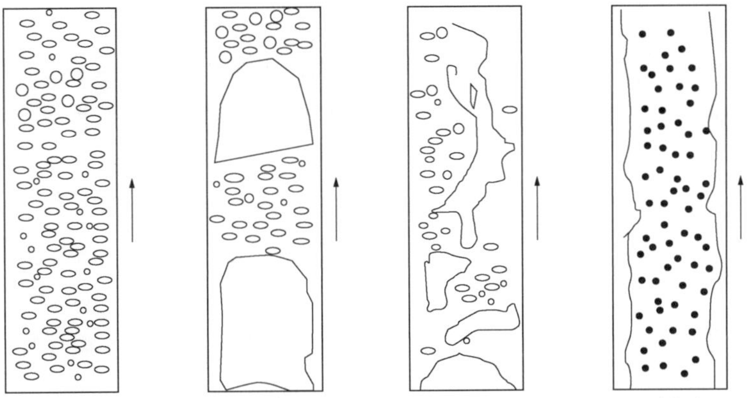

图 3-1-10　垂直管流型图

段塞流：含气率逐渐增大，气体体积不断增大，小气泡会相互碰撞聚合从而形成大气泡，当气泡断面几乎与油管直径相当时，大气泡占据了大部分管子截面，形成一段液一段气的结构，在两个气段之间是液体段塞，液相中仍然分布有小气泡，气段与管壁间有液膜。此时，气、液两相的相对运动较小，滑脱也较小。

过渡流：当含气率进一步增大时，气段增长，下部的气段与上部的气段相连形成中心为气、外环为液膜的形态，中间还会带一些小液滴，部分液滴聚集后下落，而后被气体冲击成小液滴再被举升，同时贴壁液膜发生上、下交替运动，从而使得流动具有振荡性。此时，液相从连续相过渡为分散相，气相从分散相过渡为连续相。

环状流：当含气率更大时，气弹汇合成气柱在管道中心流动，液体则沿着管壁成为一个流动的液环，这时管壁上有一层液膜，气柱中还会有很小的液滴被分散在气柱中。

对于垂直上升管两相流型的预测，常见的经验流型图有 Duns-Ros 流型图、Hewitt-Roberts 流型图、Aziz 流型图和 Gould 流型图等，其中最为常用的是 Duns-Ros 流型图。

1. Duns-Ros 流型图

1963 年，Duns 和 Ros 在 32～142.3mm 不等的垂直管中开展了油、气两相流实验，其实验数据的适用范围见表 3-1-1。

表 3-1-1　Duns-Ros 流型图实验数据的适用范围

名　称	适用范围	单　位
管子内径 D	32～142.3	mm
液相密度 ρ_l	828～1000	kg/m^3
表面张力 σ	$(24.5～72)\times10^{-3}$	N/m
气相表观流速 v_{sg}	0～100	m/s
液相表观流速 v_{sl}	0～3.2	m/s

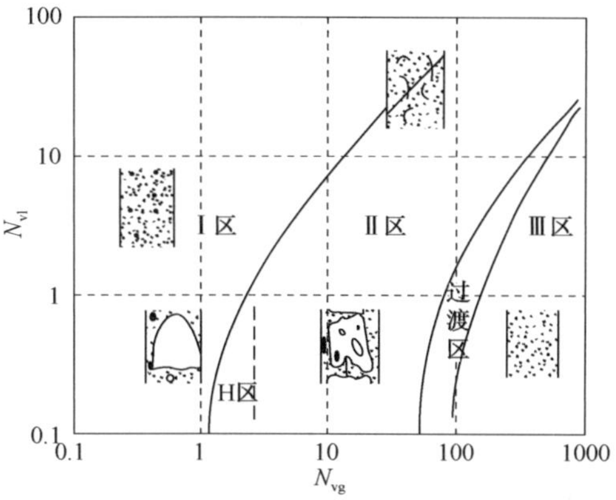

图 3-1-11　Duns-Ros 流型图

根据实验得到的近 20000 个数据点，以气相、液相速度准数为横、纵坐标，绘制了垂直管流型图，如图 3-1-11 所示。图中：Ⅰ区液相为连续相，包括泡状流、弹状流和部分沫状流；Ⅱ区液相、气相交替出现，包括段塞流和沫状流其余部分；Ⅲ区为雾状流区域，气相为连续相。Ⅱ区中的 H 区为喘喷区，该区域气弹顶部逐渐变平，流动状态极不稳定。

2. Hewitt-Roberts 流型图

1969 年，Hewitt 和 Roberts 在内径 31.2mm、长度 23.5m 的垂直管中开展了空气、水两相流实验，实验压力为 0.14~0.59MPa，实验过程中采用 X 射线拍摄实验现象，观察到泡状流、段塞流、搅动流、环状流、环状波状流 5 种流型，最终基于实验数据和实验现象，以气相、液相表观动量流通量（$\rho_l v_{sl}^2$、$\rho_g v_{sg}^2$）为横、纵坐标，绘制了垂直管流型图，如图 3-1-12 所示。

3. Aziz 流型图

1972 年，Aziz 引入了修正系数 X、Y，绘制了油、气两相混合流动时的垂直管流型图，如图 3-1-13 所示，分为泡状流、段塞流、过渡流及环状流与雾状流 4 个流型区域。在 Aziz 流型图中，流型区域的变化取决于修正系数 X、Y，其计算表达式为：

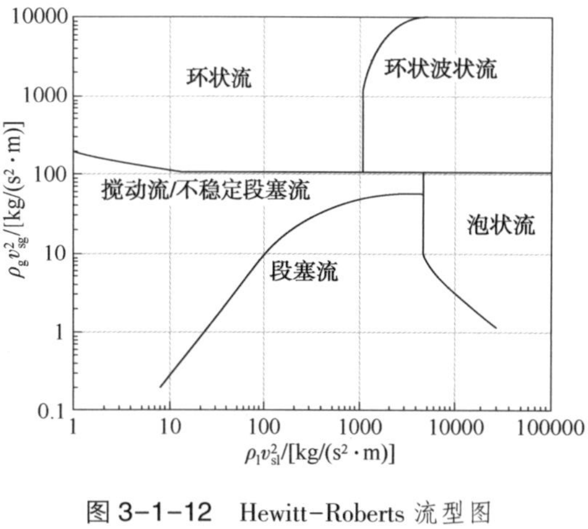

图 3-1-12　Hewitt-Roberts 流型图

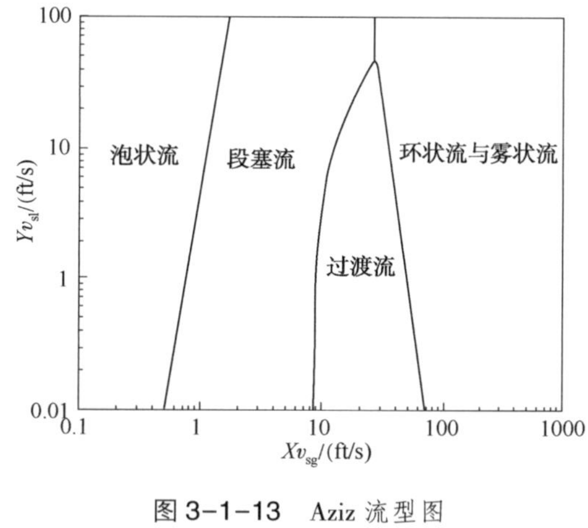

图 3-1-13　Aziz 流型图

$$X=3.28\left(\frac{\rho_g}{\rho_{air}}\right)^{1/3}\left(\frac{\rho_l\sigma_w}{\rho_w\sigma_l}\right)^{1/4} \tag{3-1-4}$$

$$Y=3.28\left(\frac{\rho_l\sigma_w}{\rho_w\sigma_l}\right)^{1/4} \tag{3-1-5}$$

式中 ρ_g——气相密度，kg/m^3；

ρ_{air}——标准状况下空气的密度，kg/m^3；

ρ_l——液相密度，kg/m^3；

ρ_w——标准状况下水的密度，kg/m^3；

σ_l——液相界面张力，N/m；

σ_w——水的表面张力，N/m。

4. Gould 流型图

1974 年，Gould 等根据垂直气井现场测试压力数据，结合计算机技术反推出两相流型图，该流型图以气相、液相速度准数（N_{vg}、N_{vl}）为横、纵坐标，与 Duns-Ros 流型图的坐标参数相同，将垂直管流型划分为泡状流、段塞流、过渡流和环雾流 4 种，它是目前可查文献中唯一针对气井提出的流型图，如图 3-1-14 所示。

5. Weisman 流型图

Weisman 等进一步研究了物性和管径对流型的影响，以标准状态下空气-水混合物流过内径为 25.4mm 的管子为基础，并以修正因子 ϕ_1 和 ϕ_2 对不同工质和管径加以修正，在大量数据的基础上提出了适用范围更广的流型图。在流型图上，用条带表示不同流型的过渡区，他们认为流型间转变有一个演变过程，而非突变，不能用线条表示分界线，如图 3-1-15 所示。

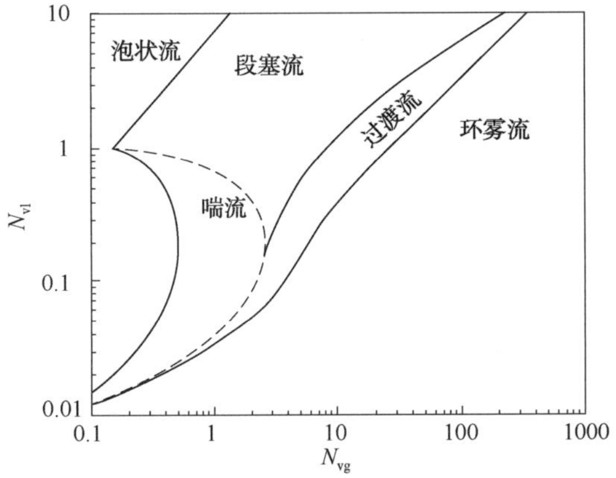

图 3-1-14 Gould 流型图

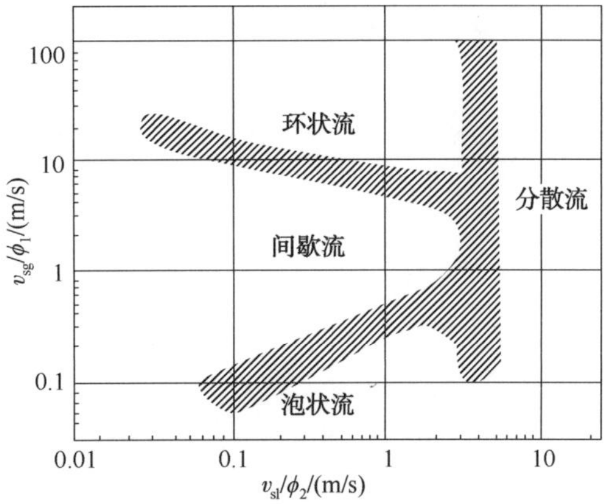

图 3-1-15 Weisman 流型图

6. Kaya 机理模型流型图

2001 年，Kaya 等建立了倾斜管与垂直管气、液两相流型判别机理模型，该模型包括了压降、持液率的计算方法。Kaya 从流动机理出发，分析了气、液两相管流的各种流型。将流型分为泡状流、分散泡状流、段塞流、过渡流和环状流。其流型判别方法综合了前人的研究，对分散泡状流的判别采用 Barnea 模型，对段塞流的判别采用 Chokshi

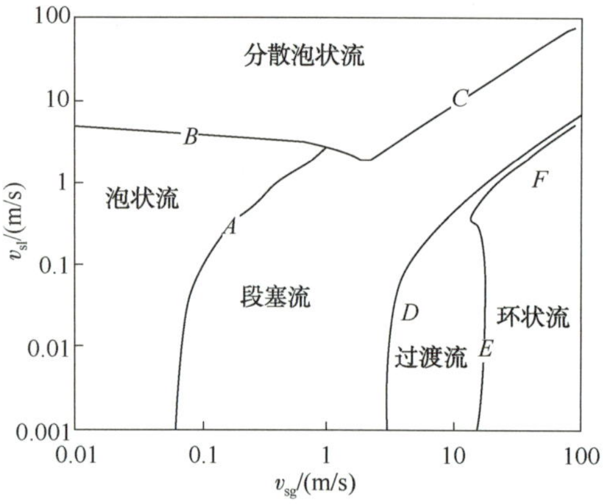

图 3-1-16　Kaya 机理模型流型图

模型，对过渡流的判别采用修正的 Tengesdal 模型，对环状流的判别采用 Ansari 模型，同时建立了新的泡状流判别模型，由机理模型计算得出的流型图如图 3-1-16 所示。

在流型图中，过渡流至环状流的转换条件为：

$$Y_M \leqslant \frac{2-1.5H_{LF}}{H_{LF}^3(1-1.5H_{LF})} X_M^2 \quad (3-1-6)$$

（二）井筒倾斜段流型

倾斜管的倾斜角对气、液两相流的流型有影响，且倾斜角的范围越大影响越复杂，因此倾斜管的流型比水平管和垂直管的流型更为复杂。目前，对倾斜管气、液两相流的流型研究还不够成熟，学者们对流型的划分也不统一，但一般可以将倾斜管中气、液两相流型分为泡状流、塞状流、弹状流、过渡流和环状流，如图 3-1-17 所示。若气、液两相的含气率逐渐增大，则将依次出现这五种流型。

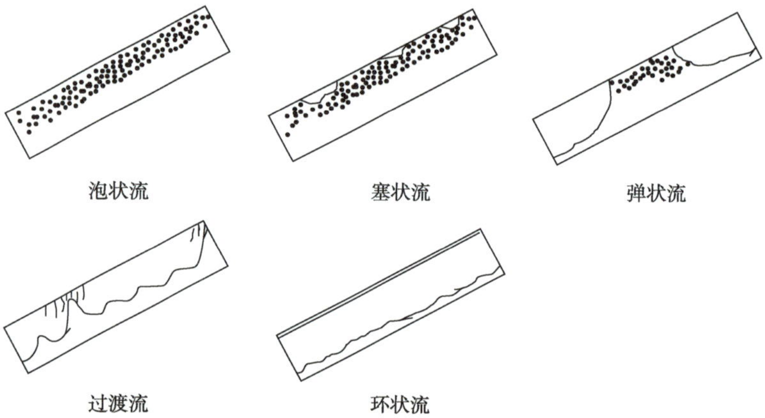

图 3-1-17　倾斜管中气、液两相典型流型图

倾斜管中流型具有以下特征：

（1）分层流与间歇流的过渡对倾角特别敏感，管路向下倾斜时很容易产生分层流，向上倾斜时则易产生间歇流。Barnea 等研究了空气、水两相倾斜流动，实验结果表明：上倾角为+0. 25°时分层流范围显著减小，下倾时分层流范围扩大。分层流和间歇流之间的边界位置是根据 Barnea 等的实验结果得出的，并把它作为倾斜角度的一个重要函数标志，倾角只有+0. 25°时才有显著影响。

（2）管路倾角对弥散-气泡流/间歇流和间歇流/环状流过渡的影响不大。Barnea 等的研究结果表明，间歇流与弥散-气泡流和环状流与间歇流之间的边界位置对管子方位的感受是非常不灵敏的。在 Barnea 等所研究的倾角范围内，随着倾角的变化，间歇流与弥散-气泡流之间的边界位置没有显著的变化，且环状流与间歇流之间的边界位置也相对不受影响；而由于倾角改变所引起的主要变化是间歇流区域本身范围的变动。

目前，对倾斜管段流型图的研究相对较少，且研究的倾斜角度较小，一般在 45°以下，当倾角超过 30°后，流型变化接近垂直管的变化结果。

1. 倾斜上升流型图(5°、10°和 25°)

李银朋通过对空气、水两相在管径为 25.4mm 的有机玻璃管内，以及倾角分别为 5°、10°和 25°的流动研究，对倾斜管内出现的典型流型特征进行了描述，按照传统、广泛接受的流型分类方法，绘制了流型图，并分析了倾角对流型的影响，如图 3-1-18 所示。

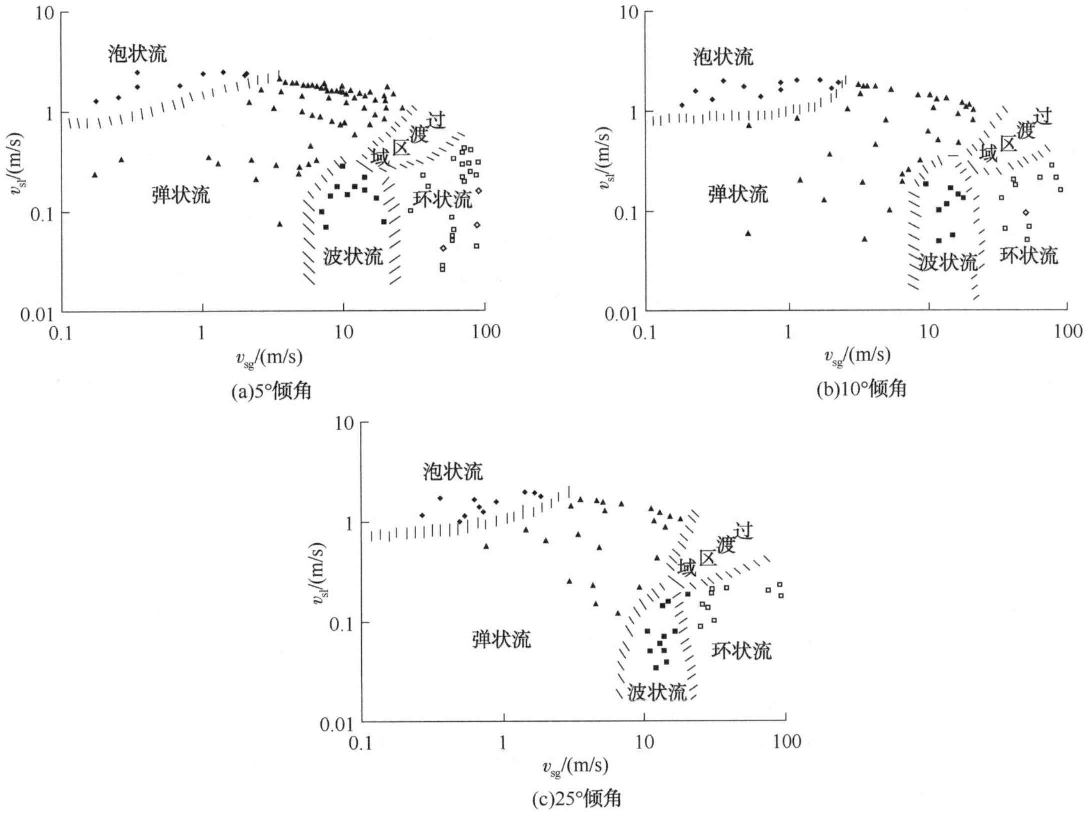

图 3-1-18 5°、10°和 25°倾角流型图

2. Gould 流型图(45°)

1972 年，Gould 等在倾角为 45°、管径为 25mm 的倾斜上升管中开展了空气、水两相流实验，以气相、液相速度准数为横、纵坐标绘制了相应流型图，将倾斜管流型划分

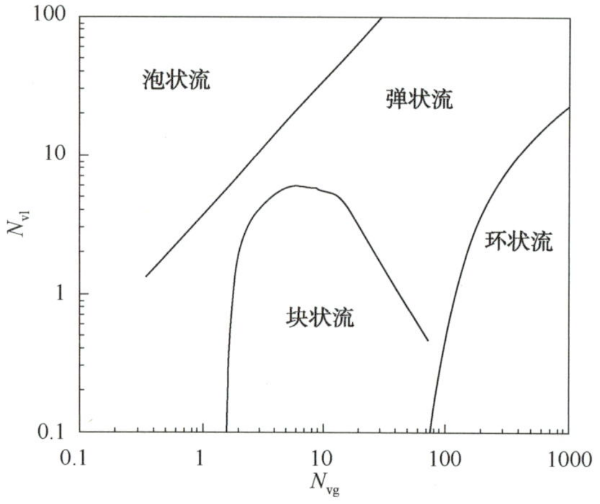

图 3-1-19 Gould 流型图(45°)

为泡状流、弹状流、块状流和环状流 4 种，如图 3-1-19 所示。

3. Barnea 流型图

1980 年，Barnea 等在常压下，用空气、水混合物在内径为 19.5mm 和 25.5mm 的倾斜管内进行了实验研究，得到了倾角为-10°~10°倾斜管中的气、液两相流型和流型图，如图 3-1-20 所示。

根据 Barnea 流型图，可将向上倾斜管中气、液两相流划分为三个主要区域：泡状流区域、间歇流区域和环状流区域。其中，间歇流区域最大，又可将该流型细分为泡状流向弹状流的过渡流、弹状流和弹状流向环状流的过渡流三种流型。

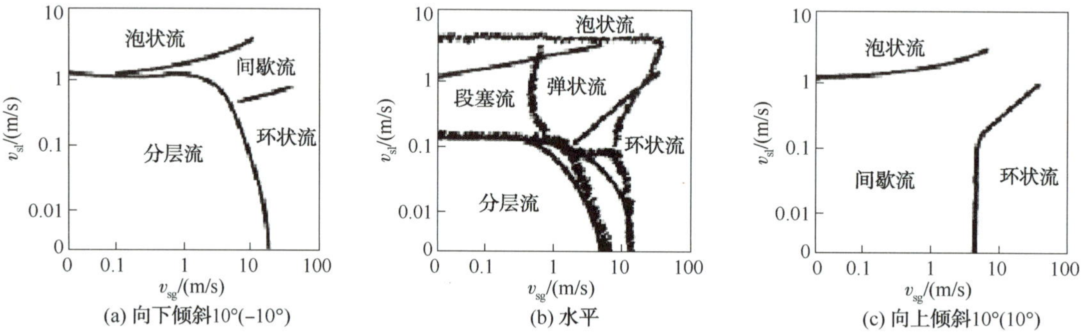

图 3-1-20 倾角为-10°~10°倾斜管中气、液两相流型

（三）井筒水平段流型

水平管和微倾管(<1°)内的流型，比垂直管内的流型要复杂一些，其原因在于重力方向为垂直于流动方向而不是平行于流动方向，引起流动的不对称。这就使得较重的液相聚集在管道的下部，使两相流型变得复杂。一般可以将水平管中气、液两相流型大致分为泡状流、分层流、段塞流和环状流。

泡状流：此时气体量很少，气体以分散气泡的形式在管道中与液体一同做等速流动，气泡集中在管道的上半部。

分层流：包括平滑分层流与波状分层流。平滑分层流是指沿着管道底部流动的流体和沿着管道顶部流动的气体，两相之间具有平滑的界面。当气体流量进一步增大时，气、液界面会呈现波浪形，形成波状的分层流。

段塞流：气体流量再增大时，气、液界面波浪就会加剧，当波浪增长到与管道顶部接触，将位于管道上部的气相分割成气弹时，就形成段塞流。在段塞流中，大气泡也聚集在管道顶部流动，而管道下部为液流。

环状流：气体流量继续增大后，则要求具有更大的管道面积供其流通。液体断面将变薄，液体将形成液膜沿管壁向前流动，气体则携带液滴以较高的速度在环形液膜的中央流过。

对于水平段流型的预测，常见的经验流型图有 Goiver 流型图和 Mandhane 流型图。

1. Goiver 流型图

1972 年，Goiver 在内径为 26mm 的水平管中开展了空气、水两相流动实验，基于实验数据，以气相、液相表观流速（v_{sg}、v_{sl}）为横、纵坐标绘制了水平管流型图，将水平管流型概括为分散泡状流、气柱流、团状流、分层平滑流、分层波状流和环雾流 6 种，如图 3-1-21 所示。

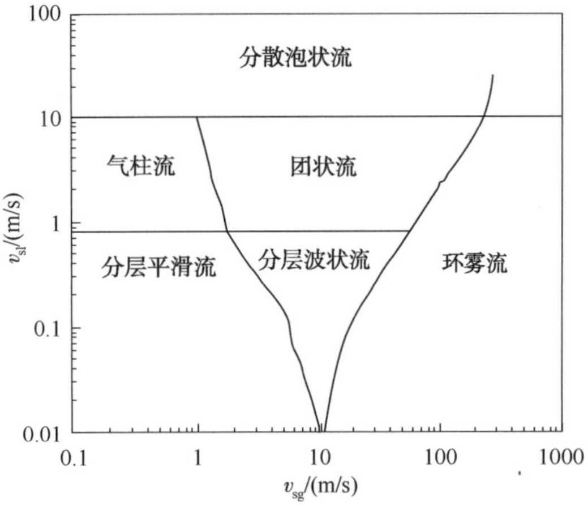

图 3-1-21　Goiver 流型图

2. Mandhane 流型图

1973 年，Mandhane 等开展了气、液两相流动实验，获得近 6000 个实验数据点，其流型图的适用范围见表 3-1-2。

表 3-1-2　Mandhane 流型图的适用范围

名　称	适用范围	单　位
管子内径 D	12.7～165.1	mm
液相密度 ρ_l	705～1009	kg/m^3
气相密度 ρ_g	0.8～50.5	kg/m^3
液相动力黏度 μ_l	3×10^{-4}～9×10^{-2}	Pa·s
气相动力黏度 μ_g	$(1～2.2)\times10^{-5}$	Pa·s
表面张力 σ	$(24～103)\times10^{-3}$	N/m
气相表观流速 v_{sg}	0.04～171	m/s
液相表观流速 v_{sl}	0.09～731	m/s

Mandhane 等以气相、液相表观流速为横、纵坐标绘制了水平管流型图，如图 3-1-22 所示。

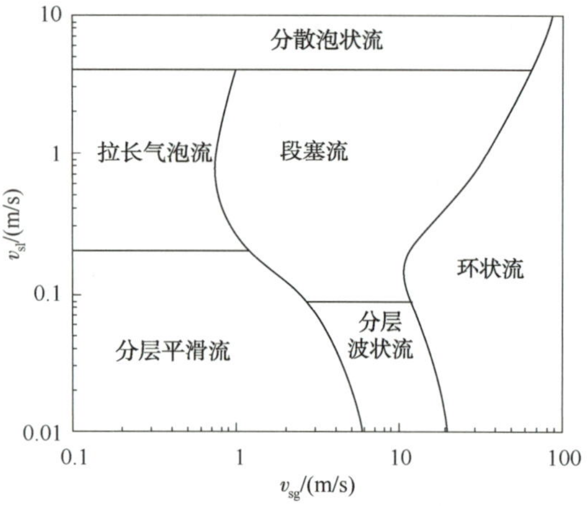

图 3-1-22　Mandhane 流型图

3. Beggs-Brill 流型图

Beggs-Brill 方法适用于任何倾斜管和任何流动方向，这种方法是先基于水平管条件下将出现的流动形态，然后考虑斜度下持液率的变化而作出的关系式，这是目前在倾斜气、液多相管流方面较全面的研究。但在实际应用过程中，由于受其本身实验条件和适用范围的限制，在很多方面还存在明显的不足，主要表现在对倾斜管内截面含液率的计算和摩阻系数的计算上，实验参数范围见表 3-1-3。

表 3-1-3　实验参数范围

名　　称	范　　围	单　　位
气体流量	0～0.098	m^3/s
液体流量	0～0.0019	m^3/s
持液率	0～0.87	m^3/m^3
系统压力	241～655	kPa(绝对压力)
压力梯度	0～16.6	kPa/m
倾斜度	-90～+90	°
流型	水平管流动的全部流型	

该流型图以弗劳德数 N_{Fr} 为纵坐标，以体积含液率 E_l 为横坐标，如图 3-1-23 所示。

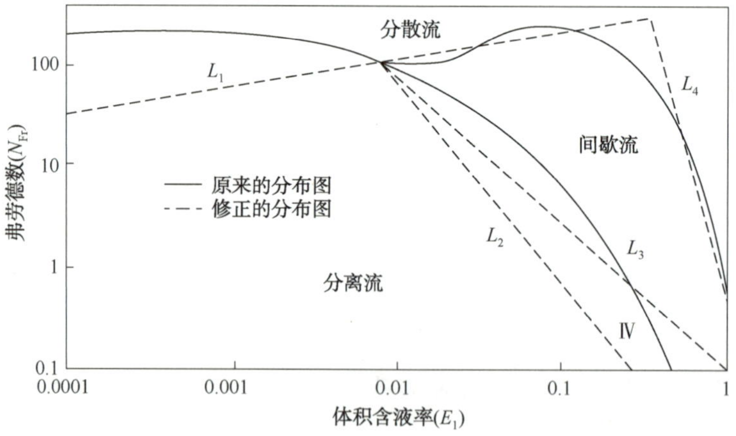

图 3-1-23　Beggs-Brill 流型图

$$N_{Fr}=v^2/(gD) \tag{3-1-7}$$

$$E_l=Q_l/(Q_l+Q_g) \tag{3-1-8}$$

4. Baker 流型图

Baker 流型图的实验数据多数来自内径为 25.4mm 的管子的空气、水两相流动实验，由于最初的流型图在系统参数的影响方面有欠缺，因此不少学者对其进行了修正，如 Baker 对流型图坐标进行了简化修改，修正的 Baker 流型图如图 3-1-24 所示。

该流型图以气相、液相表观质量流速为横、纵坐标，同时引入两个参数 ψ 和 λ 来考虑流体物性的影响。以室温下实验数据为标准状态数据，对非标准状态下数据，如流体密度、黏度和表面张力引入参数 ψ 和 λ 进行修正，其关系式如下所示：

$$\psi=\left(\frac{\mu_l}{\mu_w}\frac{\rho_w}{\rho_l}\right)^{1/3}\frac{\sigma_w}{\sigma_l} \tag{3-1-9}$$

$$\lambda=\left(\frac{\rho_g}{\rho_{ar}}\frac{\rho_l}{\rho_w}\right)^{0.5} \tag{3-1-10}$$

其中，对空气和水在标准状态下进行实验(室温 20℃，压力 0.1MPa)。

5. Weisman 流型图

Weisman 等利用大量的实验数据，绘出了水平管流型图，如图 3-1-25 所示。该图以标准状态下空气和水混合流过内径为 25.4mm 的管子为基准，对不同管径和工质用参数 ϕ_1 和 ϕ_2 进行修正，在该流型图中，Weisman 考虑了流体物性和管径对水平管内两相流动的影响。

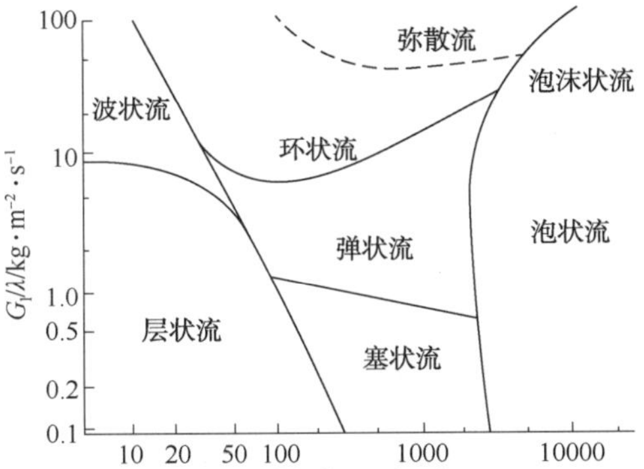

图 3-1-24　修正的 Baker 流型图

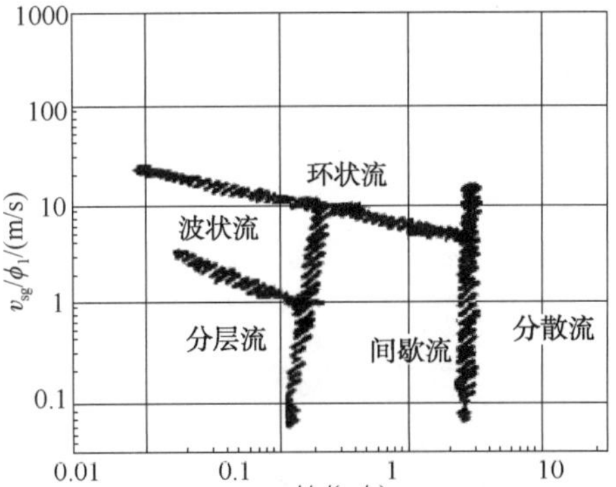

图 3-1-25　Weisman 流型图

6. 水平段流型转变条件

在压裂水平井开发有水气藏过程中，多相流体沿压裂段径向流入水平井。这注定了水平段多相管流与普通地面管道多相管流具有区别。下面简要介绍水平段多相管流不同流型划分与转变条件。

1）多相分层流流型稳定性准则

水平段微元多相分层流流型如图 3-1-26 所示，根据 Klevin-Helmholtz 界面不稳定理论，结合 Taitel-Dukler 的气水界面小波理论，得到水平井筒中波的成长条件：

$$p-p'>(h_g-h'_g)(\rho_w-\rho_g)g+\frac{1}{2}\rho_{im}v_{im}|v_{im}|\frac{h_g-h'_g}{D} \tag{3-1-11}$$

式中 p、p'——微元段入口端、出口端压力，Pa；

h_g、h'_g——微元段入口端、出口端气相高度，m；

ρ_{im}——径向入流混合物密度，kg/m³；

v_{im}——径向入流混合物流速，m/s。

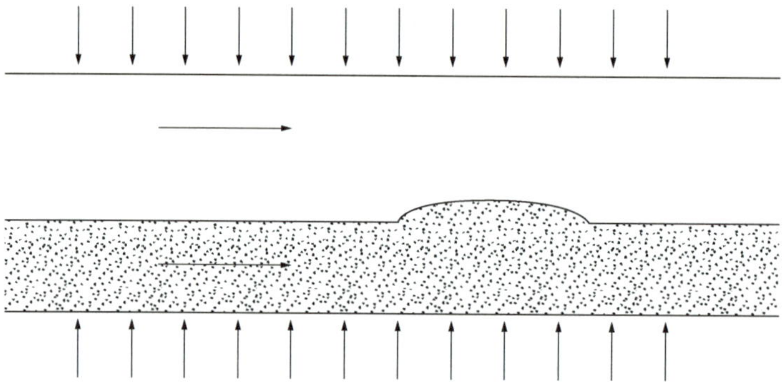

图 3-1-26 水平段微元多相分层流流型示意图

同时，结合伯努利方程：

$$p-p'=\frac{1}{2}\rho_g(v'^2_g-v^2_g) \tag{3-1-12}$$

式中 v_g、v'_g——微元段入口端、出口端气相流速，m/s。

整理可以得到：

$$v'^2_g-v^2_g>\frac{2(h_g-h'_g)(\rho_w-\rho_g)g}{\rho_g}+\frac{\rho_{im}v_{im}|v_{im}|(h_g-h'_g)}{\rho_g D} \tag{3-1-13}$$

又由气相连续性方程可知：

$$v_gA_g=v'_gA'_g \tag{3-1-14}$$

式中 A_g、A'_g——微元段入口端、出口端气相横截面积，m²。

由此，将式(3-1-13)变形可得到：

$$v^2_g>\frac{(h'_w-h_w)h'^2_g}{h^2_g-h'^2_g}\left[\frac{2(\rho_w-\rho_g)g}{\rho_g}+\frac{\rho_{im}v_{im}|v_{im}|}{\rho_g D}\right] \tag{3-1-15}$$

式中 h_w、h'_w——微元段入口端、出口端水相高度，m。

根据 Taitel-Dukler 的研究成果$\frac{A'_g}{A_g}=1-\frac{h_w}{D}$，代入式(3-1-15)得：

$$v_g > \left(1-\frac{h_w}{D}\right)\sqrt{\frac{A_g}{2\sqrt{h_w(D-h_w)}}\left[\frac{1}{\rho_g}(\rho_w-\rho_g)g+\frac{\rho_{im}v_{im}|v_{im}|}{2\rho_g D}\right]} \tag{3-1-16}$$

2）多相分散泡状流流型稳定性准则

在多相分散泡状流中，液相是连续相，气泡是非连续相。气泡在水平段内的受力分析如图 3-1-27 所示。

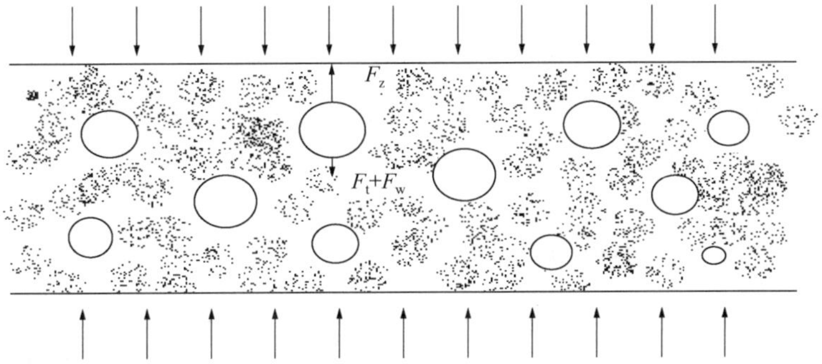

图 3-1-27　水平段微元多相分散泡状流流型受力分析示意图

根据阿基米德定理 $F_{浮}=\rho g V_{排}$ 可知，直径为 d(单位：m)的气泡在液体中所受的浮力为：

$$F_z=(\rho_w-\rho_g)\frac{\pi d^3}{6}g \tag{3-1-17}$$

Levich 指出，气泡受到的紊流力为：

$$F_t=\frac{1}{2}\rho_w\bar{v}^2\frac{\pi d^2}{4} \tag{3-1-18}$$

式中　$\bar{v}$——平均径向流速，m/s。

Barner 给出了该平均径向流速的计算方法：

$$\bar{v}_t^2=\frac{1}{2}f_m v_m^2 \tag{3-1-19}$$

式中　f_m——考虑径向入流影响的管壁摩擦系数；

v_m——轴向混合物流速，m/s。

Pozrikidis 提出，由于受井筒壁面入流的影响，井筒中两相混合物内的气泡受到拉力，计算方法为：

$$F_w=\frac{2+3\mu}{1+\mu}\mu_w v_{im}\pi d \tag{3-1-20}$$

式中　μ——多相的黏度比，无量纲。

当满足条件 $F_t+F_w>F_z$ 时，分散泡状流中分散的小气泡就不会向井壁上方移动并聚集进而形成间歇流。稳定的分散泡状流可表示为：

$$\frac{1}{2}\rho_{\mathrm{w}}\bar{v}^{2}\frac{\pi d^{2}}{4}+\frac{2+3\mu}{1+\mu}\mu_{\mathrm{w}}v_{\mathrm{im}}\pi d>(\rho_{\mathrm{w}}-\rho_{\mathrm{g}})\frac{\pi d^{3}}{6}g \tag{3-1-21}$$

式中，两相流中的分散相直径 d 结合 Hinze-Taitel 的研究成果：

$$d=1.14\left(\frac{\sigma}{\rho_{\mathrm{w}}}\right)^{\frac{3}{5}}\left(\frac{2f_{\mathrm{m}}v_{\mathrm{m}}^{3}}{D}\right)^{-\frac{2}{5}} \tag{3-1-22}$$

与常规管道中多相分散泡状流类似，若要保持水平井筒中小气泡的分散状态，除了小气泡直径需要满足以上推导条件，井筒中的多相流还需要满足一个最低的持液率数值。否则，在高紊流状态时，分散泡状流同样可能转变成间歇流。通过实验研究，这个临界持液率值为 0.48。将这个临界持液率值转换成两相表观流速的关系式：

$$v_{\mathrm{sw}}\geqslant 0.92v_{\mathrm{sg}} \tag{3-1-23}$$

3）多相环空雾状流流型稳定性准则

Barner 经过研究证明，当持液率 $H_{\mathrm{w}}>0.24$ 时，环空雾状流将向间歇流转变。由此可知，当持液率 $H_{\mathrm{w}}\leqslant 0.24$ 时，多相环空雾状流能够保持稳定。因此，只需要利用 Beggs-Brill 方法计算出环空雾状流的持液率数值便能解决这个问题。

环空雾状流持液率为：

$$H_{\mathrm{w}}=\frac{0.98\lambda_{\mathrm{w}}^{0.0868}}{N_{\mathrm{Fr}}^{0.4846}} \tag{3-1-24}$$

式中 λ_{w}——体积含水率，无量纲；

N_{Fr}——弗劳德数，无量纲。

（四）水平井井筒流型预测

从垂直段到水平段，水平井井筒倾角从 0°到 90°一直变化，要利用流型图预测水平井井筒流型沿井深的变化规律，需要得到不同倾角下的气、液两相流型图，从而预测全井筒流型变化。

对垂直段、倾斜段和水平段各流型图版进行研究后发现，对于不同的流型图版，由于作者主观认识的不同，对于流型划分和命名均有一定差别，且流型图版的横、纵坐标也存在差异，为了制定统一的全井筒流型图，需要对坐标、流型划分和命名进行统一。统计涪陵页岩气田 253 口气井实际生产情况，见表 3-1-4。

表 3-1-4　涪陵页岩气田 253 口气井实际生产情况

井　深/m	井口压力/MPa	产气量/(m^3/d)	产水量/(m^3/d)	油套尺寸/in
3500~5500	4~25	$(3.4\sim21)\times10^4$	0~84	$2\frac{3}{8}$、$2\frac{7}{8}$、$5\frac{1}{2}$

影响两相流动特性的参数有系统压力，气相、液相体积流量、密度和黏度，相界面表面张力，流道的几何形状、大小和方位，流动方向，以及入口状态等。

1963 年，Duns 和 Ros 提出了影响气、液两相流动的 11 个参数，并通过因次分析，将这 11 个参数模化为 4 个无因次准数，以综合反映多种因素对两相管流的影响。其中，与运动相关的无因次准数包括气相速度准数、液相速度准数。

气相、液相速度准数表达式为：

$$N_{vg}=v_{sg}\sqrt[4]{\rho_1/(g\sigma)} \tag{3-1-25}$$

$$N_{vl}=v_{sl}\sqrt[4]{\rho_1/(g\sigma)} \tag{3-1-26}$$

式中　ρ_1——液相密度，kg/m^3；

v_{sg}、v_{sl}——气相、液相表观流速，m/s；

σ——相界面表面张力，N/m。

由于气、液两相流动中各相在过流断面上所占的面积不易测得，所以各相实际流速很难计算。为了研究方便，在气、液两相流体力学中引入了表观流速。所谓表观流速，就是假定管子的全部过流断面只被两相混合物中的一相占据时的流动速度。

$$v_{sg}=\frac{Q_g}{A} \tag{3-1-27}$$

$$v_{sl}=\frac{Q_1}{A} \tag{3-1-28}$$

式中　v_{sg}、v_{sl}——气相、液相表观流速，m/s；

Q_g、Q_1——气相、液相体积流量，m^3/s；

A——过流断面面积，m^2。

为了方便流型图的统一，选择横、纵坐标为气相、液相表观流速和气相、液相速度准数的流型图。对水平段流型图版，选取 Mandhane 流型图；对倾斜段流型图版，选取 Gould 流型图；对垂直段流型图版，选取 Duns-Ros 流型图，如图 3-1-28 所示。

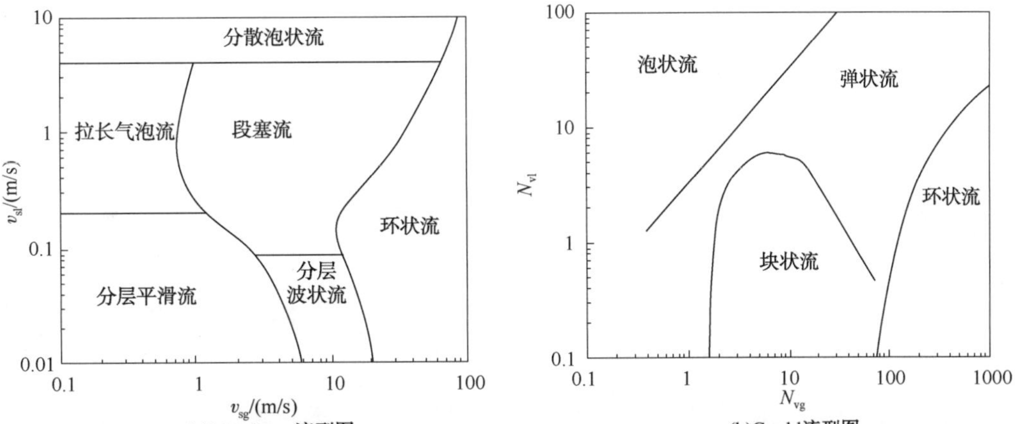

(a)Mandhane流型图　　(b)Gould流型图

图 3-1-28　水平段、倾斜段和垂直段流型图版

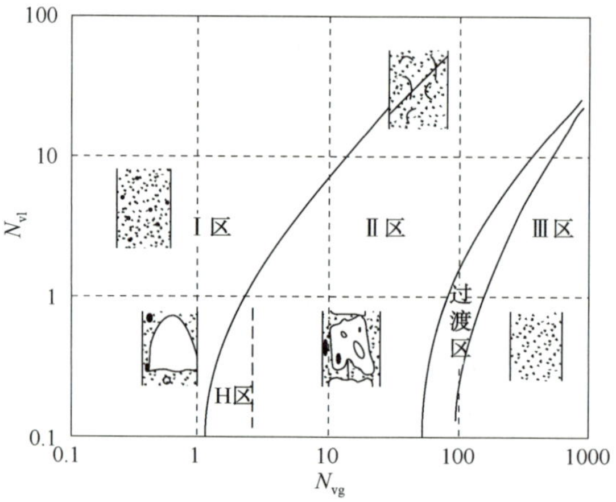

(c)Duns-Ros流型图

图 3-1-28 水平段、倾斜段和垂直段流型图版(续)

1. 水平井全井筒流型图制作

由于各倾角流型图横、纵坐标不同，要制作统一的全井筒流型图，首先要统一横、纵坐标，对于垂直段流型图，用 GetData 得到其数据点，并转换为气相、液相表观流速，具体数据见表 3-1-5。

表 3-1-5 垂直段流型图数据

气相速度准数	液相速度准数	气相表观流速/(m/s)	液相表观流速/(m/s)
1. 151	0. 100	0. 192	0. 017
1. 172	0. 156	0. 195	0. 026
1. 265	0. 245	0. 211	0. 041
1. 419	0. 374	0. 237	0. 062
1. 593	0. 520	0. 266	0. 087
1. 823	0. 746	0. 304	0. 124
2. 254	0. 990	0. 376	0. 165
2. 682	1. 397	0. 447	0. 233
3. 317	1. 824	0. 553	0. 304
3. 796	2. 272	0. 633	0. 379
4. 517	2. 875	0. 753	0. 479
5. 587	3. 753	0. 931	0. 626
6. 910	4. 978	1. 152	0. 830
8. 222	6. 298	1. 370	1. 050

续表

气相速度准数	液相速度准数	气相表观流速/(m/s)	液相表观流速/(m/s)
10.369	7.845	1.728	1.308
12.105	9.035	2.017	1.506
14.128	11.079	2.355	1.846
17.475	14.018	2.912	2.336
21.203	16.922	3.534	2.820
25.725	20.751	4.288	3.458
33.726	26.259	5.621	4.377
42.537	32.202	7.090	5.367
54.703	38.878	9.117	6.480
65.102	46.202	10.850	7.700
80.544	54.056	13.424	9.009
94.360	0.154	15.727	0.026
94.360	0.132	15.727	0.022
94.360	0.111	15.727	0.019
95.580	0.195	15.930	0.033
98.084	0.236	16.347	0.039
101.954	0.294	16.992	0.049
105.977	0.371	17.663	0.062
114.505	0.462	19.084	0.077
123.719	0.558	20.620	0.093
131.113	0.674	21.852	0.112
144.432	0.893	24.072	0.149
162.212	1.148	27.035	0.191
182.181	1.498	30.364	0.250
204.609	1.956	34.101	0.326
221.074	2.436	36.846	0.406
248.289	2.940	41.382	0.490
273.511	3.662	45.585	0.610
313.183	4.490	52.197	0.748
344.997	5.419	57.499	0.903

续表

气相速度准数	液相速度准数	气相表观流速/(m/s)	液相表观流速/(m/s)
395. 038	6. 439	65. 840	1. 073
443. 669	7. 895	73. 945	1. 316
498. 286	9. 382	83. 048	1. 564
548. 903	10. 636	91. 484	1. 773
604. 662	12. 837	100. 777	2. 140
692. 367	15. 495	115. 394	2. 583
777. 600	18. 704	129. 600	3. 117
925. 522	23. 296	154. 254	3. 883

图 3-1-29 为垂直段流型图转换。

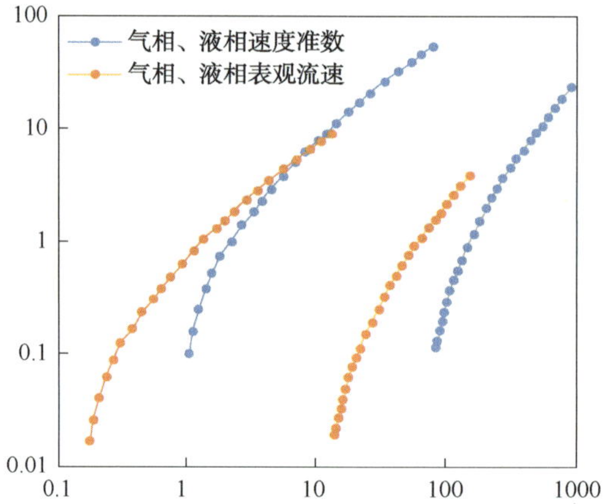

图 3-1-29 垂直段流型图转换

同理，对于 45°倾斜段流型图，用 GetData 得到其数据点，并转换为气相、液相表观流速，具体数据见表 3-1-6。

表 3-1-6 45°倾斜段流型图数据

气相速度准数	液相速度准数	气相表观流速/(m/s)	液相表观流速/(m/s)
0. 368	1. 294	0. 061	0. 216
0. 436	1. 554	0. 073	0. 259
0. 526	1. 895	0. 088	0. 316
0. 636	2. 242	0. 106	0. 374
0. 768	2. 776	0. 128	0. 463

续表

气相速度准数	液相速度准数	气相表观流速/(m/s)	液相表观流速/(m/s)
0.927	3.334	0.155	0.556
1.163	3.945	0.194	0.657
1.431	4.960	0.239	0.827
1.762	6.141	0.294	1.024
2.168	7.839	0.361	1.307
2.771	9.708	0.462	1.618
3.346	12.021	0.558	2.003
4.197	15.114	0.700	2.519
5.166	18.154	0.861	3.026
6.239	22.477	1.040	3.746
7.534	26.997	1.256	4.499
9.273	32.924	1.545	5.487
11.412	41.393	1.902	6.899
13.783	49.716	2.297	8.286
16.963	61.561	2.827	10.260
20.104	72.817	3.351	12.136
23.380	84.826	3.897	14.138
27.191	98.816	4.532	16.469
18.293	3.634	3.049	0.606
21.275	2.938	3.546	0.490
24.280	2.304	4.047	0.384
26.683	1.891	4.447	0.315
30.451	1.675	5.075	0.279
34.103	1.375	5.684	0.229
37.477	1.146	6.246	0.191
41.971	0.970	6.995	0.162
49.742	0.821	8.290	0.137
54.664	0.663	9.111	0.111
61.219	0.545	10.203	0.091
69.865	0.461	11.644	0.077

续表

气相速度准数	液相速度准数	气相表观流速/(m/s)	液相表观流速/(m/s)
73.935	0.105	12.323	0.018
76.780	0.132	12.797	0.022
79.780	0.171	13.297	0.029
84.378	0.219	14.063	0.036
87.624	0.279	14.604	0.047
94.495	0.362	15.749	0.060
101.905	0.483	16.984	0.081
107.842	0.626	17.974	0.104
116.298	0.836	19.383	0.139
123.073	1.083	20.512	0.180
135.253	1.424	22.542	0.237
145.859	1.902	24.310	0.317
163.348	2.390	27.225	0.398
182.934	3.145	30.489	0.524
208.772	4.075	34.795	0.679
242.798	5.200	40.466	0.867
282.371	6.637	47.062	1.106
328.393	8.093	54.732	1.349
396.607	9.869	66.101	1.645
444.162	11.495	74.027	1.916
506.895	12.989	84.483	2.165
567.673	14.454	94.612	2.409
647.851	17.095	107.975	2.849
782.425	19.916	130.404	3.319
981.303	22.856	163.551	3.809

图 3-1-30 为 45°倾斜段流型图转换。

统一各流型图版横、纵坐标，都转换为气相、液相表观流速后，可以制作出 0°~90°的动态流型图版(图 3-1-31)，从而可以得到各倾角对应的流型图版。将不同井深的产气、产水速度代入对应的流型图版，可以得到不同井深处的流型判别结果。

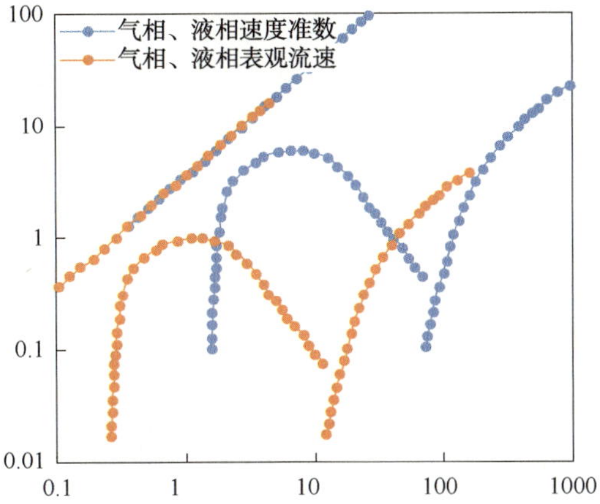

图 3-1-30　45°倾斜段流型图转换

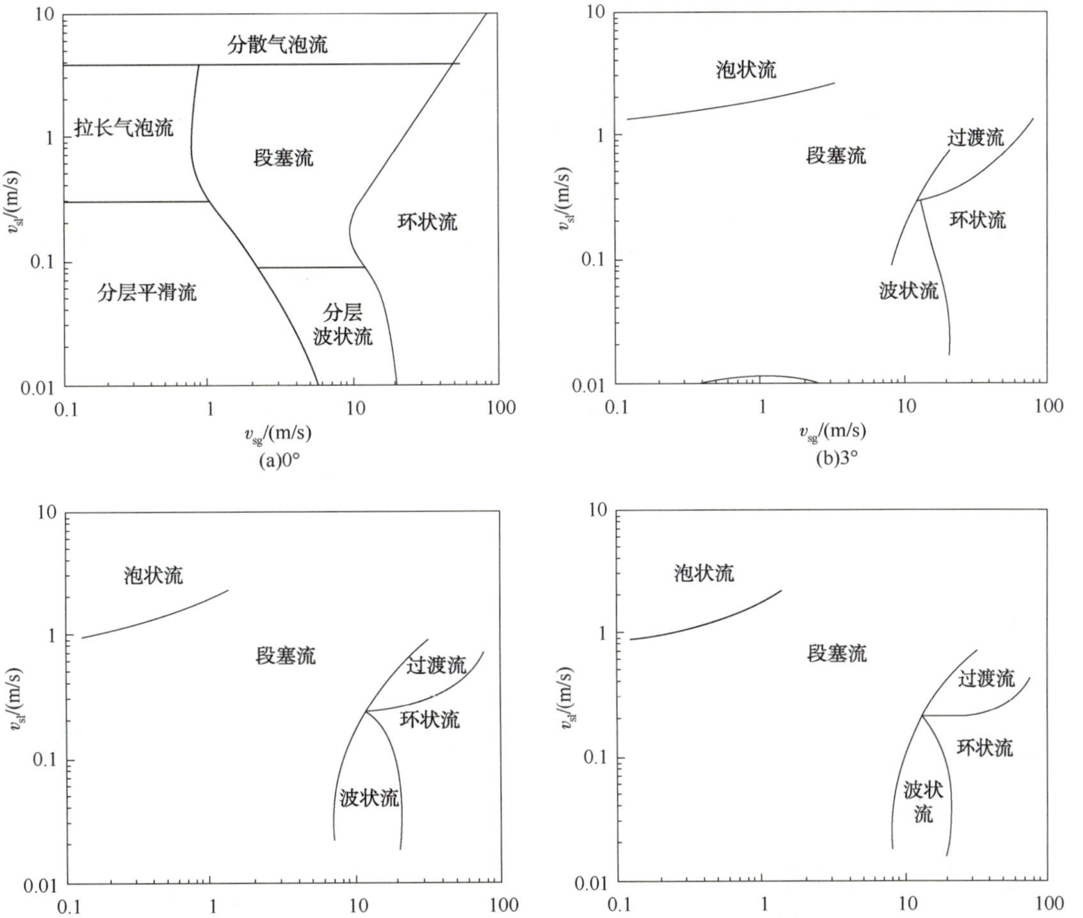

图 3-1-31　各倾角流型图版

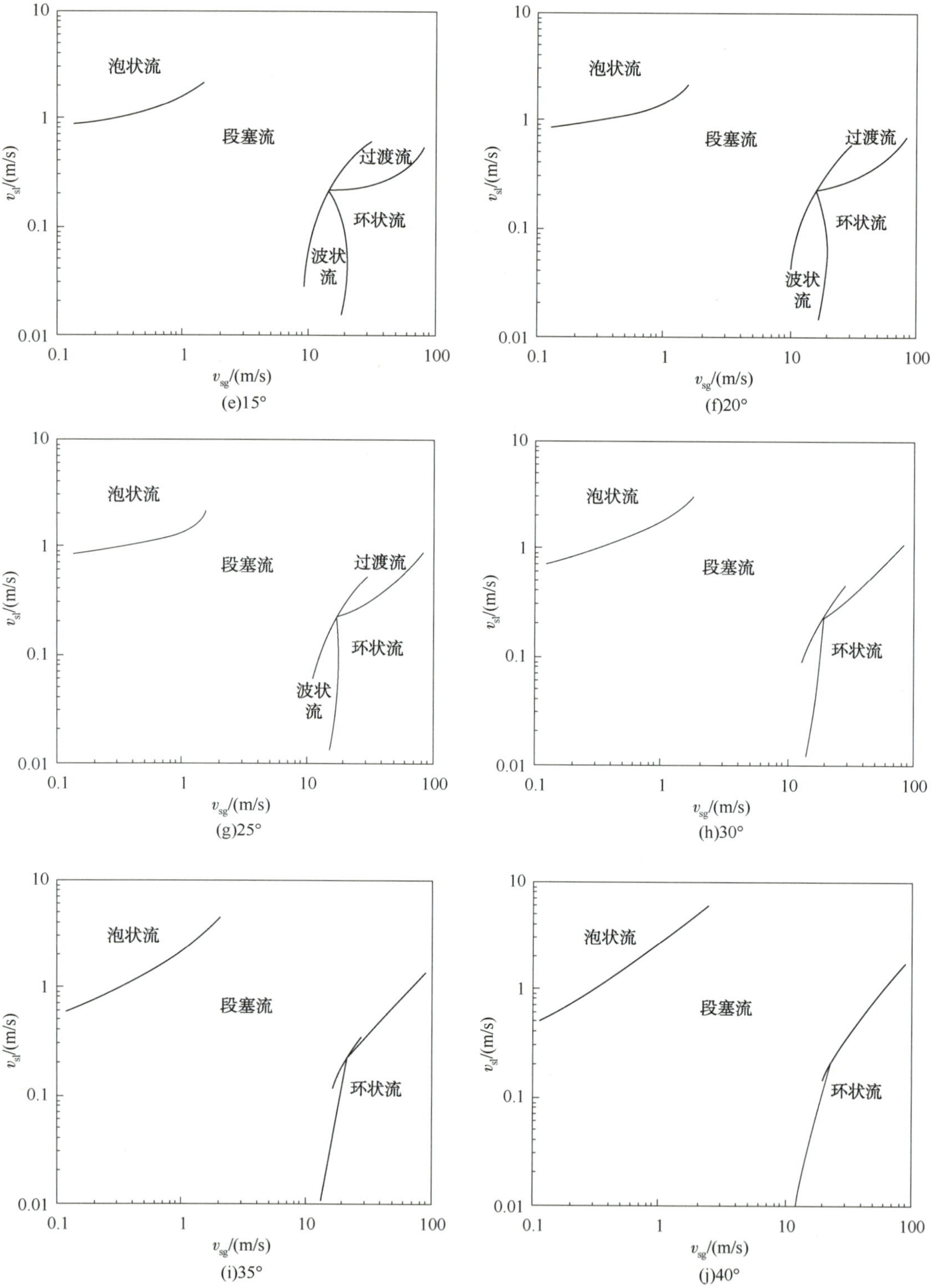

图 3-1-31　各倾角流型图版(续)

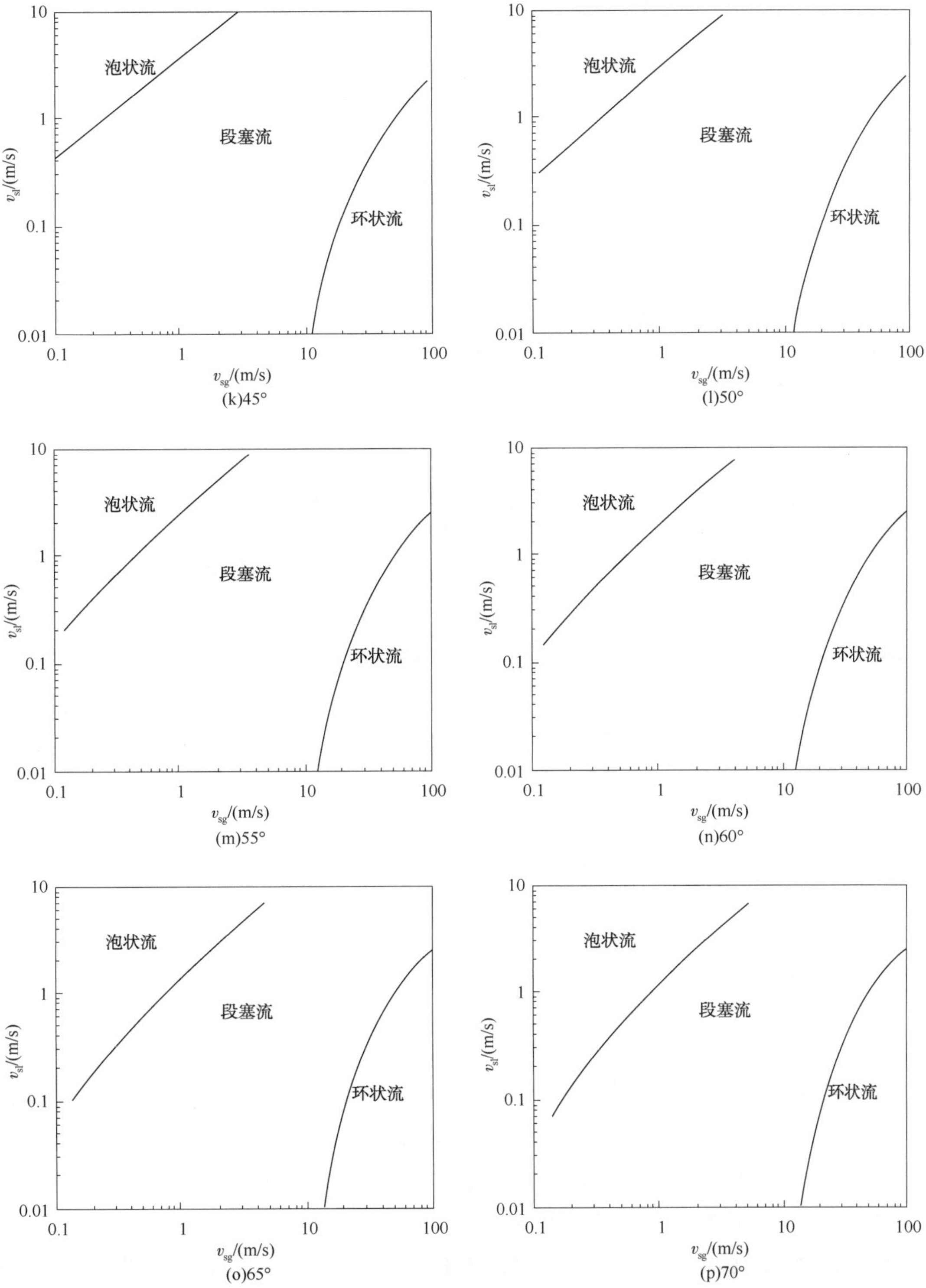

图 3-1-31　各倾角流型图版(续)

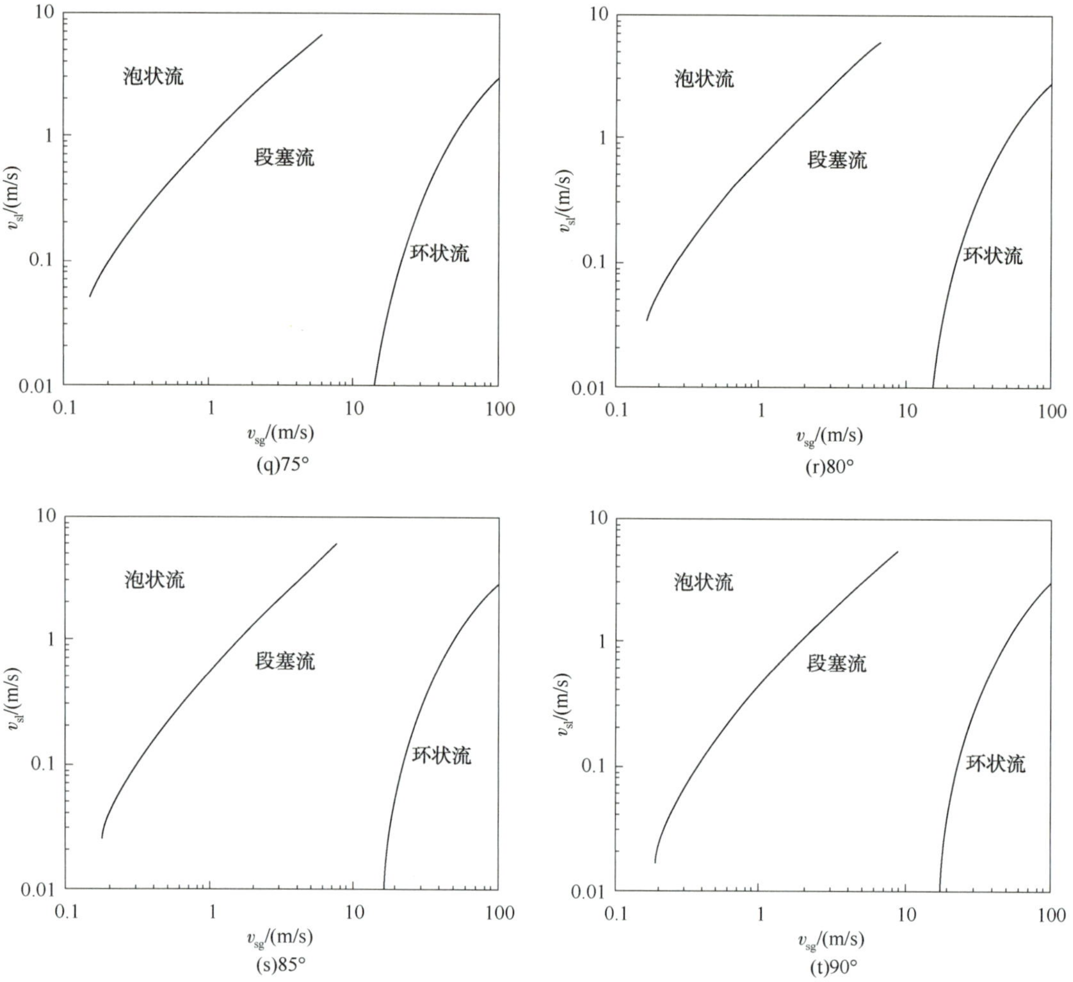

图 3-1-31　各倾角流型图版(续)

从图 3-1-31 可以看出，分层流对于倾角的改变十分敏感。当管道出现 1°的倾斜时，分层流范围即迅速减小；当管道倾角达到 30°后，井筒中流型的变化开始接近于垂直管道的流型。

2. 焦页 24-3HF 井全井筒流型预测

根据页岩气流体特征参数预测方法和井身结构，计算出沿井筒各位置的气、液两相表观流速，并点入对应的流型图版中，即可得到水平井筒流型沿井深的变化规律。

以焦页 24-3HF 井为例，分析其不同阶段、不同井深对应的流型。

焦页 24-3HF 井为一口页岩气开发水平井，完钻井深 5040.00m，井底井斜角 90.62°，方位角 181.16°，垂深 2643.53m，闭合距 3171.26m，完钻层位为下志留统龙马溪组。

焦页 24-3HF 井于 2015 年 7 月 1 日开始生产，截至 2018 年 10 月 17 日，该井累计产气量 1.0992×10^8m^3，累计产水量 11146.835m^3，原始地层压力 36.64MPa，入井总液量 40302.71m^3，其生产曲线如图 3-1-32 所示。

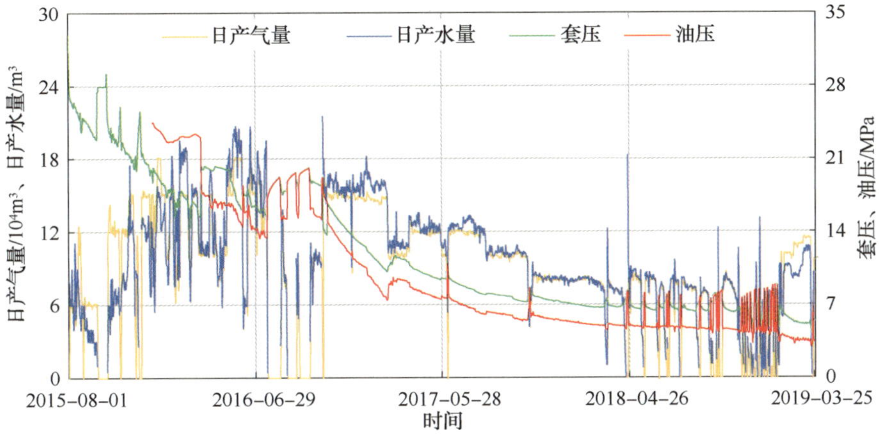

图 3-1-32　焦页 24-3HF 井生产曲线

1）生产初期

焦页 24-3HF 井初期为套管生产，2015 年 8 月 15 日，该井日产气量 7.61×10^4m^3，日产水量 6m^3，将其沿井筒折算为气相表观流速和液相表观流速，结果见表 3-1-7 和图 3-1-33。

表 3-1-7　焦页 24-3HF 井生产初期沿井筒气、液两相表观流速

深度/m	气相表观流速/(m/s)	液相表观流速/(m/s)	深度/m	气相表观流速/(m/s)	液相表观流速/(m/s)
0	0.28	0.007	1200	0.29	0.007
100	0.28	0.007	1300	0.29	0.007
200	0.28	0.007	1400	0.29	0.007
300	0.28	0.007	1500	0.29	0.007
400	0.28	0.007	1600	0.29	0.007
500	0.28	0.007	1700	0.29	0.007
600	0.28	0.007	1800	0.30	0.007
700	0.28	0.007	1900	0.30	0.007
800	0.28	0.007	2000	0.30	0.007
900	0.29	0.007	2100	0.30	0.007
1000	0.29	0.007	2200	0.30	0.007
1100	0.29	0.007	2300	0.30	0.007

续表

深度/m	气相表观流速/(m/s)	液相表观流速/(m/s)	深度/m	气相表观流速/(m/s)	液相表观流速/(m/s)
2400	0. 30	0. 007	3300	0. 32	0. 007
2500	0. 30	0. 007	3400	0. 32	0. 007
2600	0. 31	0. 007	3500	0. 32	0. 007
2700	0. 31	0. 007	3600	0. 32	0. 007
2800	0. 31	0. 007	3700	0. 33	0. 007
2900	0. 31	0. 007	3800	0. 33	0. 007
3000	0. 31	0. 007	3900	0. 33	0. 007
3100	0. 31	0. 007	4000	0. 33	0. 007
3200	0. 31	0. 007	4050. 02	0. 33	0. 007

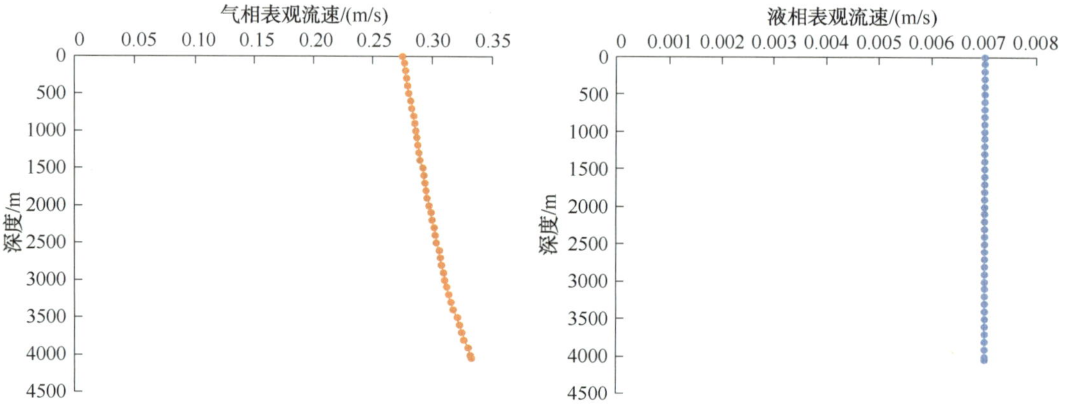

图 3-1-33　焦页 24-3HF 井生产初期沿井筒气、液两相表观流速

将气、液两相表观流速点入图版中，结果如图 3-1-34 所示。

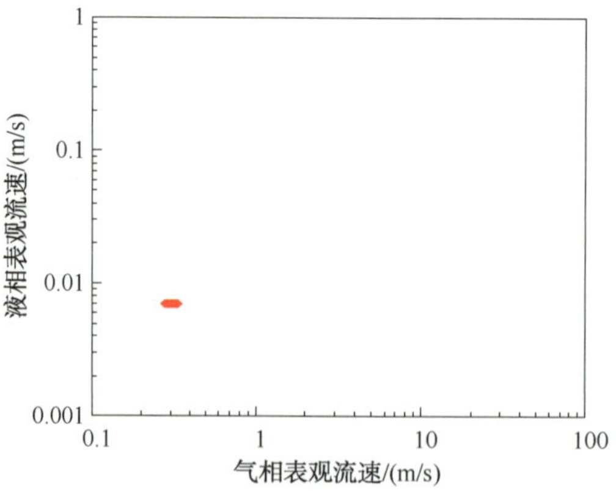

图 3-1-34　焦页 24-3HF 井生产初期气、液两相表观流速分布

2）油管生产初期

焦页 24-3HF 井于 2015 年 12 月 29 日转入油管生产，下入 2⅞in 油管至井深 3173m 处，2016 年 3 月 26 日，该井日产气量 $10.36\times10^4m^3$，日产水量 $16.79m^3$，将其沿井筒折算为气相表观流速和液相表观流速，结果见表 3-1-8 和图 3-1-35。

表 3-1-8　焦页 24-3HF 井油管生产初期沿井筒气、液两相表观流速

深度/m	气相表观流速/(m/s)	液相表观流速/(m/s)	深度/m	气相表观流速/(m/s)	液相表观流速/(m/s)
0	1.71	0.064	2100	1.67	0.065
100	1.70	0.064	2200	1.68	0.065
200	1.70	0.064	2300	1.68	0.065
300	1.70	0.064	2400	1.68	0.065
400	1.69	0.064	2500	1.69	0.065
500	1.69	0.064	2600	1.69	0.065
600	1.68	0.064	2700	1.69	0.065
700	1.68	0.064	2800	1.69	0.065
800	1.68	0.064	2900	1.70	0.065
900	1.68	0.064	3000	1.70	0.065
1000	1.67	0.064	3100	1.71	0.065
1100	1.67	0.064	3200	0.50	0.019
1200	1.67	0.064	3300	0.50	0.019
1300	1.67	0.064	3400	0.50	0.019
1400	1.67	0.064	3500	0.51	0.019
1500	1.67	0.064	3600	0.51	0.019
1600	1.67	0.064	3700	0.52	0.019
1700	1.67	0.064	3800	0.52	0.019
1800	1.67	0.064	3900	0.52	0.019
1900	1.67	0.065	4000	0.53	0.019
2000	1.67	0.065	4050.02	0.53	0.019

将气、液两相表观流速点入图版中，结果如图 3-1-36 所示。

3）油管生产中期

2017 年 6 月 6 日，焦页 24-3HF 井日产气量 $9.91\times10^4m^3$，日产水量 $16.79m^3$，将其沿井筒折算为气相表观流速和液相表观流速，结果见表 3-1-9 和图 3-1-37。

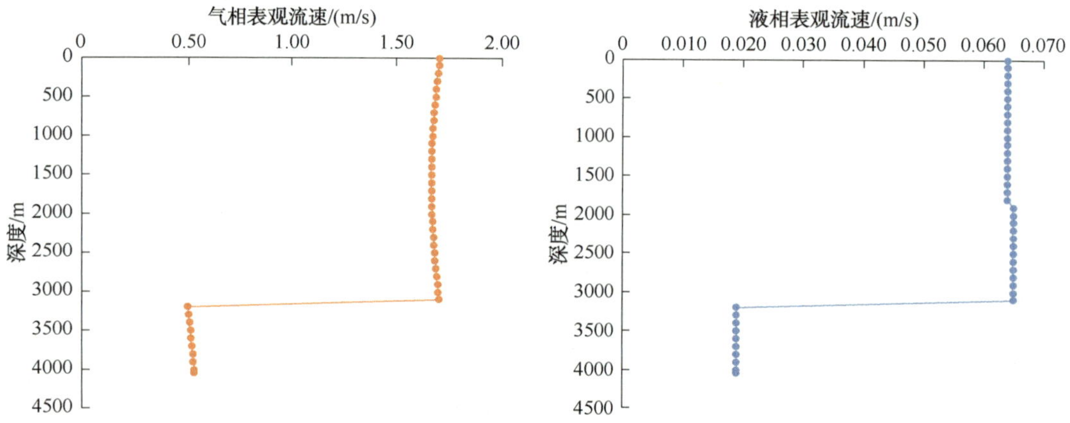

图 3-1-35　焦页 24-3HF 井油管生产初期沿井筒气、液两相表观流速

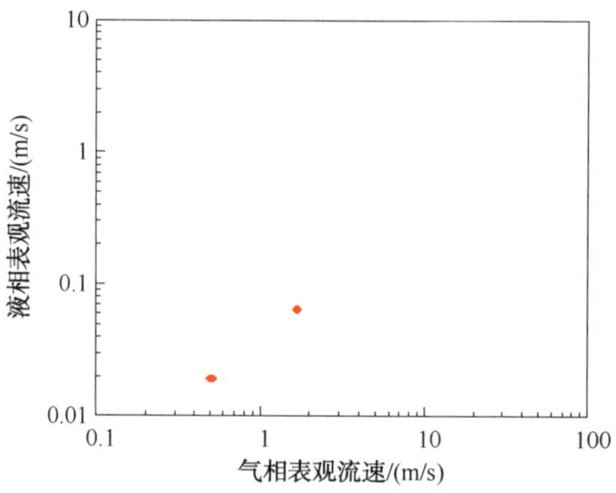

图 3-1-36　焦页 24-3HF 井油管生产初期气、液两相表观流速分布

表 3-1-9　焦页 24-3HF 井油管生产中期沿井筒气、液两相表观流速

深度/m	气相表观流速/(m/s)	液相表观流速/(m/s)	深度/m	气相表观流速/(m/s)	液相表观流速/(m/s)
0	4.22	0.041	800	3.68	0.041
100	4.14	0.041	900	3.63	0.041
200	4.06	0.041	1000	3.58	0.041
300	3.99	0.041	1100	3.54	0.041
400	3.92	0.041	1200	3.50	0.041
500	3.86	0.041	1300	3.46	0.041
600	3.80	0.041	1400	3.43	0.041
700	3.74	0.041	1500	3.39	0.041

续表

深度/m	气相表观流速/(m/s)	液相表观流速/(m/s)	深度/m	气相表观流速/(m/s)	液相表观流速/(m/s)
1600	3. 36	0. 041	2900	3. 13	0. 042
1700	3. 33	0. 041	3000	3. 12	0. 042
1800	3. 31	0. 041	3100	3. 11	0. 042
1900	3. 28	0. 041	3200	0. 90	0. 012
2000	3. 26	0. 041	3300	0. 91	0. 012
2100	3. 24	0. 041	3400	0. 91	0. 012
2200	3. 22	0. 041	3500	0. 92	0. 012
2300	3. 20	0. 041	3600	0. 93	0. 012
2400	3. 19	0. 041	3700	0. 93	0. 012
2500	3. 17	0. 041	3800	0. 94	0. 012
2600	3. 16	0. 041	3900	0. 95	0. 012
2700	3. 15	0. 041	4000	0. 95	0. 012
2800	3. 14	0. 041	4050. 02	0. 96	0. 012

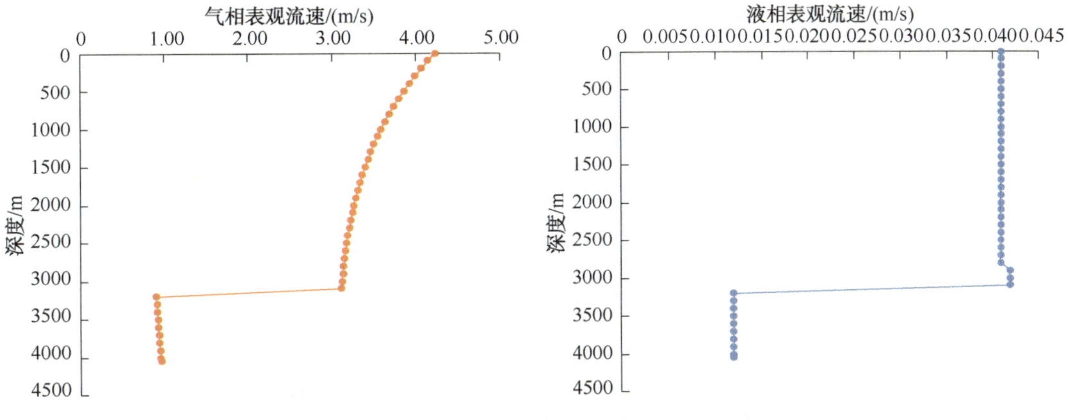

图 3-1-37 焦页 24-3HF 井油管生产中期沿井筒气、液两相表观流速

将气、液两相表观流速点入图版中，结果如图 3-1-38 所示。

4）目前生产

目前，焦页 24-3HF 井井口日产气量 $8.1\times10^4m^3$，日产水量 $7.9m^3$，将其沿井筒折算为气相表观流速和液相表观流速，结果见表 3-1-10 和图 3-1-39。

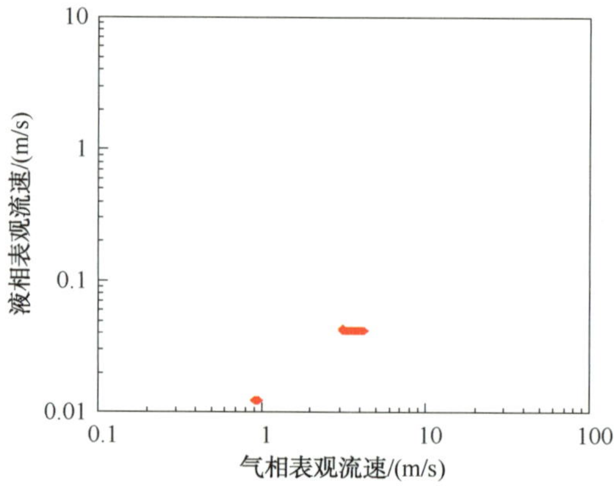

图 3-1-38　焦页 24-3HF 井油管生产中期气、液两相表观流速分布

表 3-1-10　焦页 24-3HF 井沿井筒气、液两相表观流速

深度/m	气相表观流速/(m/s)	液相表观流速/(m/s)	深度/m	气相表观流速/(m/s)	液相表观流速/(m/s)
0	6. 031	0. 030	2100	4. 000	0. 031
100	5. 848	0. 030	2200	3. 961	0. 031
200	5. 679	0. 030	2300	3. 925	0. 031
300	5. 523	0. 030	2400	3. 891	0. 031
400	5. 378	0. 030	2500	3. 860	0. 031
500	5. 243	0. 030	2600	3. 830	0. 031
600	5. 118	0. 030	2700	3. 802	0. 031
700	5. 000	0. 030	2800	3. 777	0. 031
800	4. 889	0. 030	2900	3. 754	0. 031
900	4. 785	0. 030	3000	3. 732	0. 031
1000	4. 691	0. 030	3100	3. 713	0. 031
1100	4. 606	0. 030	3200	1. 074	0. 009
1200	4. 526	0. 030	3300	1. 079	0. 009
1300	4. 451	0. 030	3400	1. 086	0. 009
1400	4. 380	0. 030	3500	1. 094	0. 009
1500	4. 314	0. 030	3600	1. 101	0. 009
1600	4. 252	0. 030	3700	1. 108	0. 009
1700	4. 195	0. 030	3800	1. 116	0. 009
1800	4. 141	0. 031	3900	1. 123	0. 009
1900	4. 090	0. 031	4000	1. 130	0. 009
2000	4. 043	0. 031	4050. 02	1. 134	0. 009

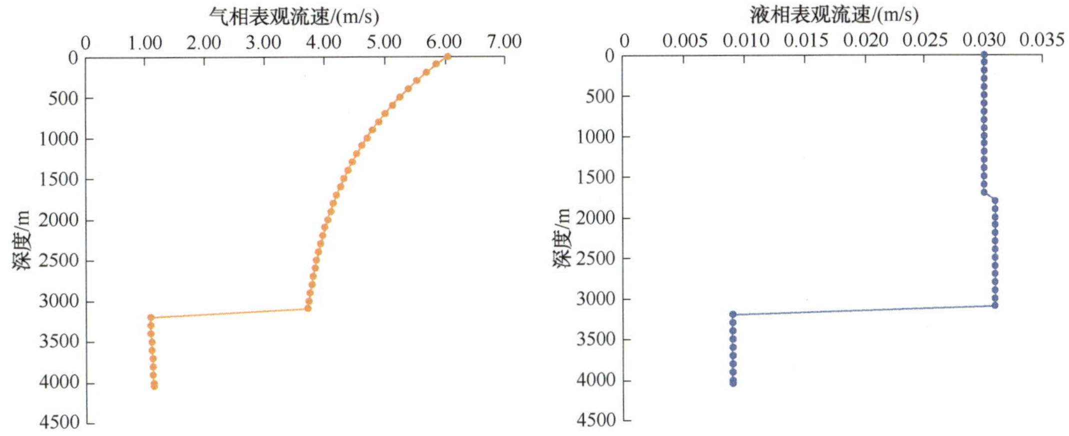

图 3-1-39 焦页 24-3HF 井沿井筒气、液两相表观流速

将气、液两相表观流速点入图版中，结果如图 3-1-40 所示。

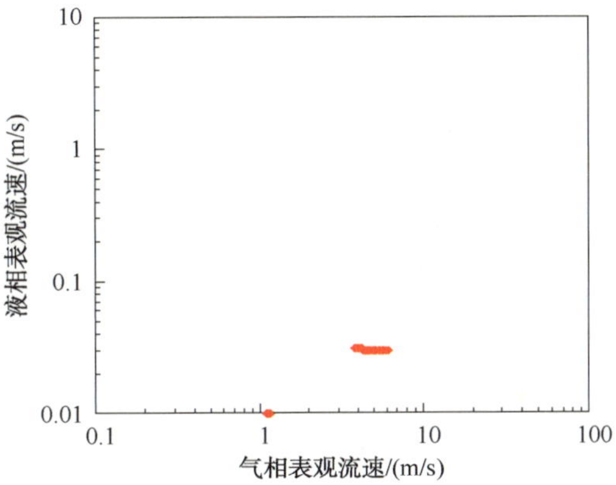

图 3-1-40 焦页 24-3HF 井气、液两相表观流速分布

再将各分布点代入对应倾角下的流型图版，如图 3-1-41 所示，可以得到焦页 24-3HF 井沿井筒各位置的流型。

从气井整个生产过程可以看出，在生产初期，由于地层压力充足，井筒中压力较高，因此井筒中气体压缩程度高，气相表观流速并不高，仅有不到 0.5m/s；下入油管后，流体流动截面显著减小，气相表观流速也随之增大，随着气井不断生产，地层压力降低，井下气体膨胀，气相表观流速有所增大；液相表观流速在整个井筒中基本保持不变，这是因为水为不可压缩流体，其密度受压力影响很小，随着产水量的降低，液相表观流速减小。将井筒各位置的气、液两相表观流速点入对应流型图版中，可以看出，焦页 24-3HF 井水平段为分层流，气体携液能力较强；垂直段和倾斜段为段塞流，此时段塞流存在明显滑脱，由于生产早期气井能量充足，井筒中段塞流状态较为稳定，不影响气井连续生产，而在生产后期，气井压力、产量不断降低，垂直井筒和倾斜井筒均出现段塞流，此时气相呈非连续相，液相滑脱明显增加，井筒发生积液，须采用排水采气技术工艺保持稳产。

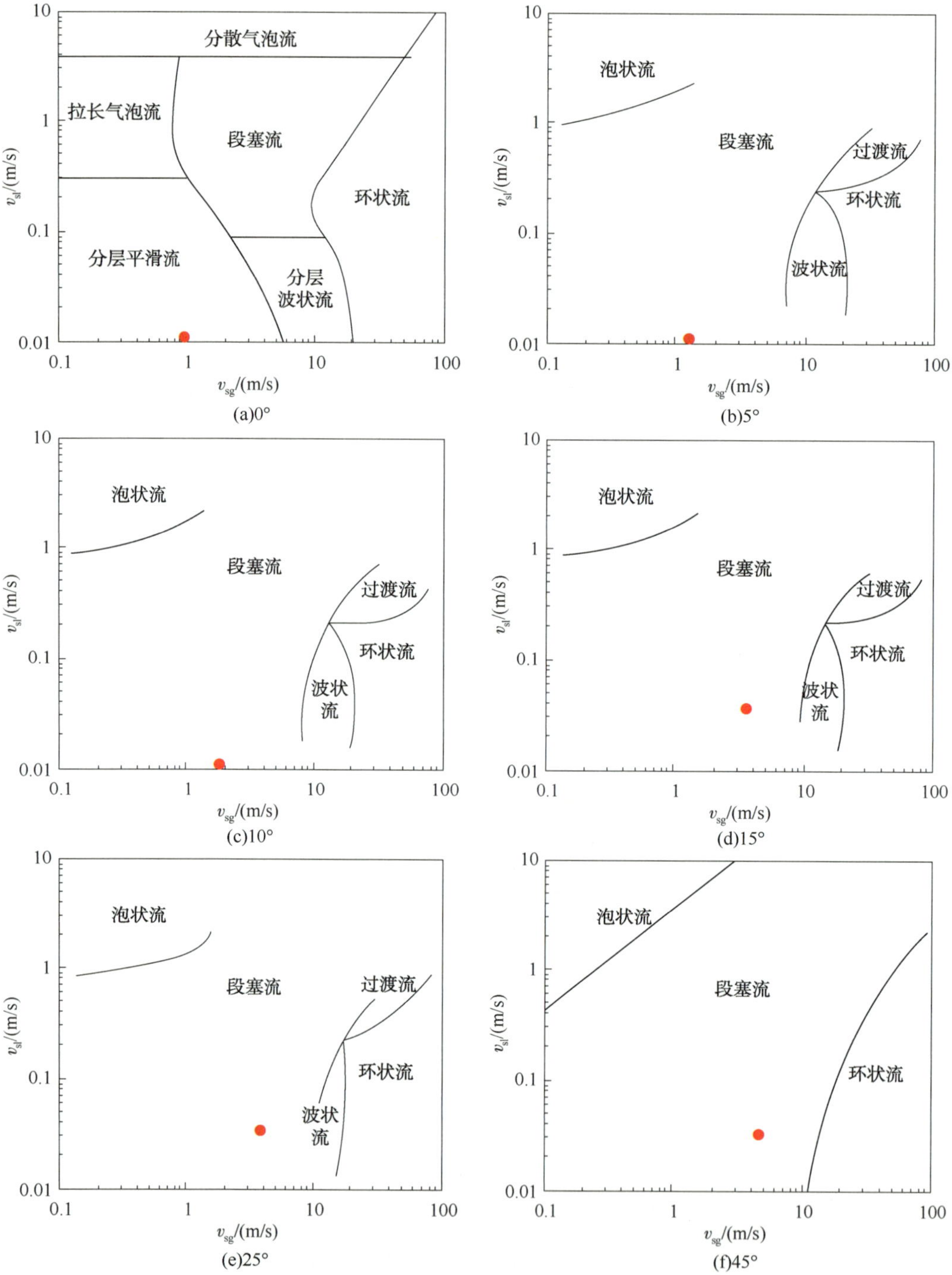

图 3-1-41　焦页 24-3HF 井对应倾角下的流型图版

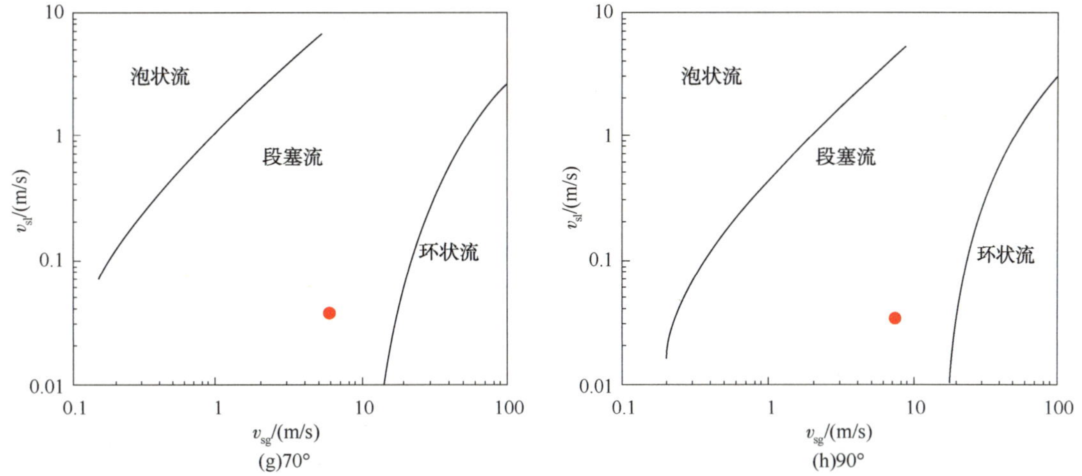

图 3-1-41 焦页 24-3HF 井对应倾角下的流型图版(续)

3. 焦页 36-1HF 井全井筒流型预测

焦页 36-1HF 井是针对上奥陶统五峰组—下志留统龙马溪组下部页岩气层部署的一口页岩气开发水平井，构造位置为川东南地区川东高陡褶皱带包鸾—焦石坝背斜带焦石坝构造。钻至井深 4520.00m 处完钻，井底井斜角 91.20°，方位角 359.18°，垂深 2942.59m，闭合距 2101.95m，完钻层位为下志留统龙马溪组。

焦页 36-1HF 井于 2016 年 8 月 30 日开始生产，截至 2018 年 10 月 17 日，该井累计产气量 $0.4437\times10^8m^3$，累计产水量 $13443.797m^3$，原始地层压力 42MPa，入井总液量 $30344.34m^3$，其生产曲线如图 3-1-42 所示。

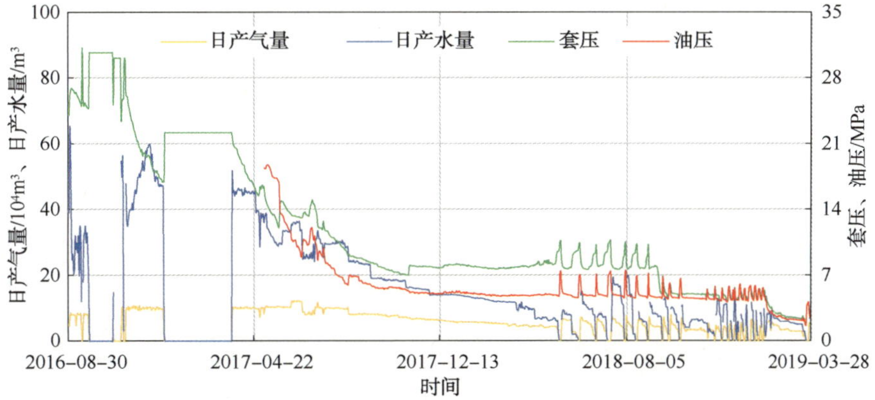

图 3-1-42 焦页 36-1HF 井生产曲线

1）生产初期

焦页 36-1HF 井于 2016 年 8 月 30 日开始生产，初期为套管生产，2016 年 9 月 13 日，该井日产气量 $8.19\times10^4m^3$，日产水量 $35m^3$，将其沿井筒折算为气相表观流速和液相表观流速，结果见表 3-1-11 和图 3-1-43。

表 3-1-11　焦页 36-1HF 井生产初期沿井筒气、液两相表观流速

深度/m	气相表观流速/(m/s)	液相表观流速/(m/s)	深度/m	气相表观流速/(m/s)	液相表观流速/(m/s)
0	0.300	0.039	2300	0.300	0.039
100	0.300	0.039	2400	0.310	0.039
200	0.300	0.039	2500	0.310	0.039
300	0.300	0.039	2600	0.310	0.039
400	0.300	0.039	2700	0.310	0.039
500	0.300	0.039	2800	0.310	0.039
600	0.300	0.039	2900	0.310	0.039
700	0.300	0.039	3000	0.310	0.039
800	0.300	0.039	3100	0.310	0.039
900	0.300	0.039	3200	0.310	0.039
1000	0.300	0.039	3300	0.310	0.039
1100	0.300	0.039	3400	0.310	0.039
1200	0.300	0.039	3500	0.320	0.039
1300	0.300	0.039	3600	0.320	0.039
1400	0.300	0.039	3700	0.320	0.039
1500	0.300	0.039	3800	0.320	0.039
1600	0.300	0.039	3900	0.320	0.040
1700	0.300	0.039	4000	0.320	0.040
1800	0.300	0.039	4100	0.330	0.040
1900	0.300	0.039	4200	0.330	0.040
2000	0.300	0.039	4300	0.330	0.040
2100	0.300	0.039	4400	0.330	0.040
2200	0.300	0.039	4520	0.334	0.040

将气、液两相表观流速点入图版中，结果如图 3-1-44 所示。

2）油管生产初期

焦页 36-1HF 井于 2017 年 5 月 4 日转入油管生产，下入 $2\frac{7}{8}$in 油管至井深 3281m 处，2017 年 6 月 1 日，该井日产气量 $10.38\times10^4m^3$，日产水量 $33.65m^3$，将其沿井筒折算为气相表观流速和液相表观流速，结果见表 3-1-12 和图 3-1-45。

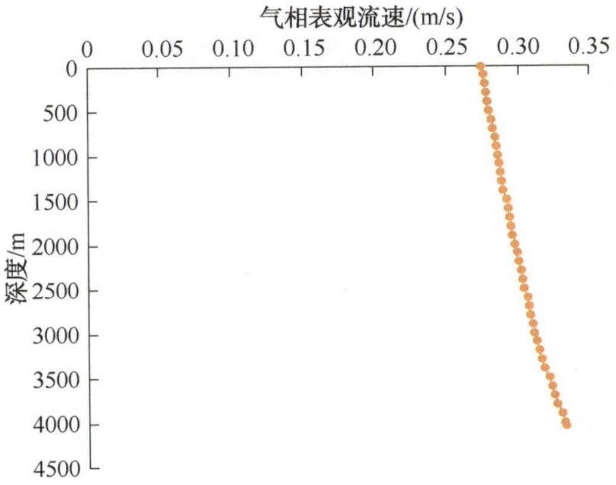

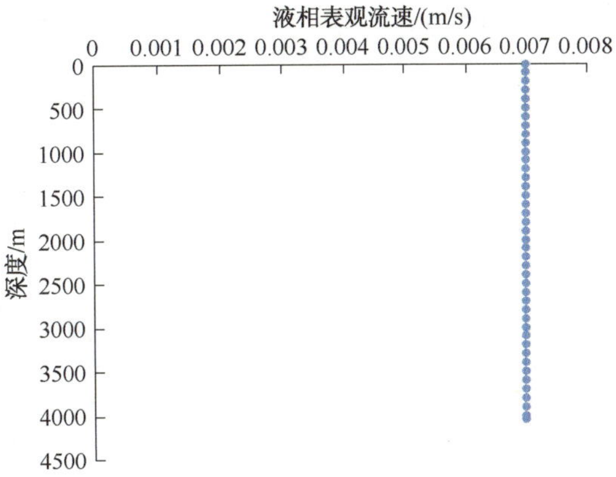

图 3-1-43　焦页 36-1HF 井生产初期沿井筒气、液两相表观流速

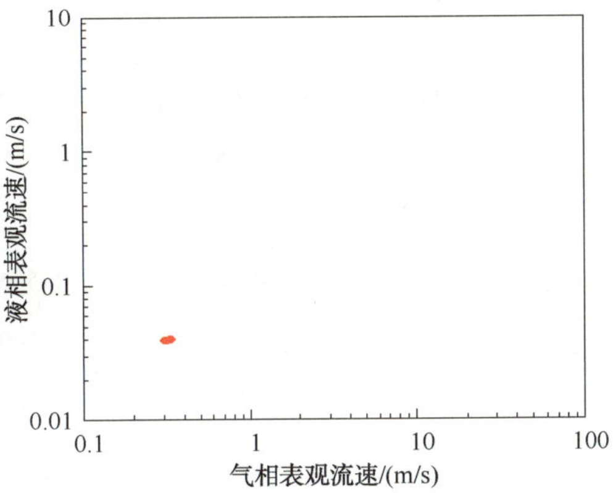

图 3-1-44　焦页 36-1HF 井生产初期气、液两相表观流速分布

表 3-1-12　焦页 36-1 井油管生产初期沿井筒气、液两相表观流速

深度/m	气相表观流速/(m/s)	液相表观流速/(m/s)	深度/m	气相表观流速/(m/s)	液相表观流速/(m/s)
0	2. 532	0. 128	700	2. 286	0. 128
100	2. 491	0. 128	800	2. 257	0. 128
200	2. 451	0. 128	900	2. 231	0. 128
300	2. 414	0. 128	1000	2. 205	0. 129
400	2. 380	0. 128	1100	2. 181	0. 129
500	2. 346	0. 128	1200	2. 158	0. 129
600	2. 315	0. 128	1300	2. 136	0. 129

续表

深度/m	气相表观流速/(m/s)	液相表观流速/(m/s)	深度/m	气相表观流速/(m/s)	液相表观流速/(m/s)
1400	2. 115	0. 129	3000	1. 923	0. 130
1500	2. 095	0. 129	3100	1. 919	0. 130
1600	2. 077	0. 129	3200	1. 921	0. 130
1700	2. 059	0. 129	3300	0. 561	0. 038
1800	2. 044	0. 129	3400	0. 565	0. 038
1900	2. 029	0. 129	3500	0. 569	0. 038
2000	2. 014	0. 129	3600	0. 573	0. 038
2100	2. 001	0. 129	3700	0. 577	0. 038
2200	1. 988	0. 129	3800	0. 581	0. 038
2300	1. 977	0. 129	3900	0. 585	0. 038
2400	1. 966	0. 129	4000	0. 589	0. 038
2500	1. 957	0. 130	4100	0. 592	0. 038
2600	1. 948	0. 130	4200	0. 596	0. 038
2700	1. 940	0. 130	4300	0. 599	0. 038
2800	1. 933	0. 130	4400	0. 602	0. 038
2900	1. 927	0. 130	4520	0. 607	0. 038

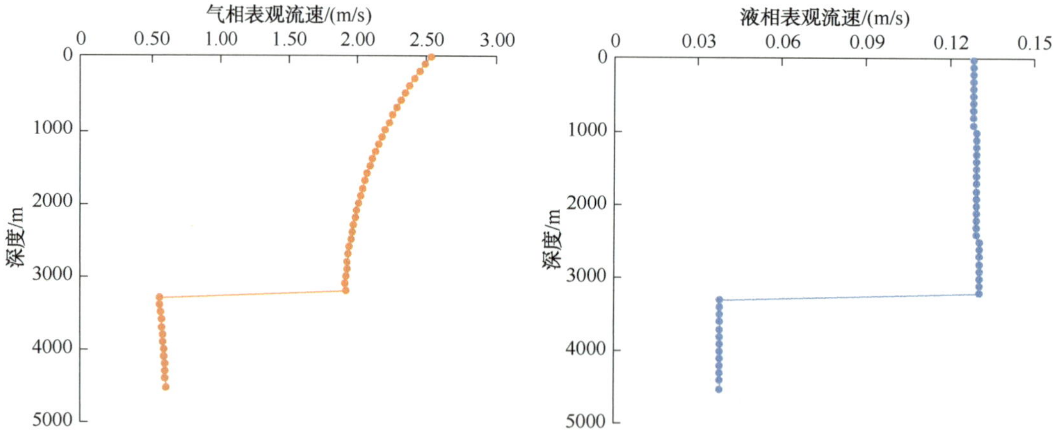

图 3-1-45　焦页 36-1HF 井油管生产初期沿井筒气、液两相表观流速

将气、液两相表观流速点入图版中，结果如图 3-1-46 所示。

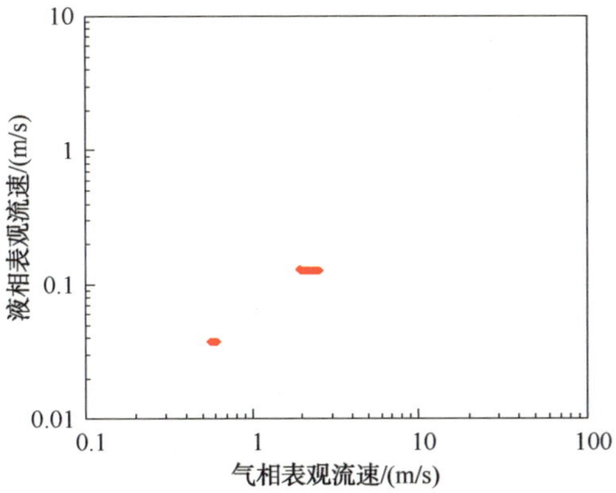

图 3-1-46　焦页 36-1HF 井油管生产初期气、液两相表观流速分布

3）油管生产中期

2018 年 1 月 1 日，焦页 36-1HF 井日产气量 $5.69\times10^4m^3$，日产水量 $14.14m^3$，将其沿井筒折算为气相表观流速和液相表观流速，结果见表 3-1-13 和图 3-1-47。

表 3-1-13　焦页 36-1HF 井油管生产中期沿井筒气、液两相表观流速

深度/m	气相表观流速/(m/s)	液相表观流速/(m/s)	深度/m	气相表观流速/(m/s)	液相表观流速/(m/s)
0	3. 750	0. 054	1600	2. 450	0. 054
100	3. 620	0. 054	1700	2. 410	0. 054
200	3. 510	0. 054	1800	2. 360	0. 054
300	3. 390	0. 054	1900	2. 320	0. 054
400	3. 290	0. 054	2000	2. 290	0. 054
500	3. 200	0. 054	2100	2. 250	0. 054
600	3. 110	0. 054	2200	2. 220	0. 054
700	3. 020	0. 054	2300	2. 180	0. 054
800	2. 940	0. 054	2400	2. 150	0. 055
900	2. 870	0. 054	2500	2. 130	0. 055
1000	2. 800	0. 054	2600	2. 100	0. 055
1100	2. 730	0. 054	2700	2. 080	0. 055
1200	2. 670	0. 054	2800	2. 060	0. 055
1300	2. 610	0. 054	2900	2. 040	0. 055
1400	2. 560	0. 054	3000	2. 020	0. 055
1500	2. 500	0. 054	3100	2. 000	0. 055

续表

深度/m	气相表观流速/(m/s)	液相表观流速/(m/s)	深度/m	气相表观流速/(m/s)	液相表观流速/(m/s)
3200	2.000	0.055	3900	0.610	0.016
3300	0.580	0.016	4000	0.610	0.016
3400	0.590	0.016	4100	0.610	0.016
3500	0.590	0.016	4200	0.620	0.020
3600	0.590	0.016	4300	0.620	0.020
3700	0.600	0.016	4400	0.620	0.020
3800	0.600	0.016	4520	0.626	0.016

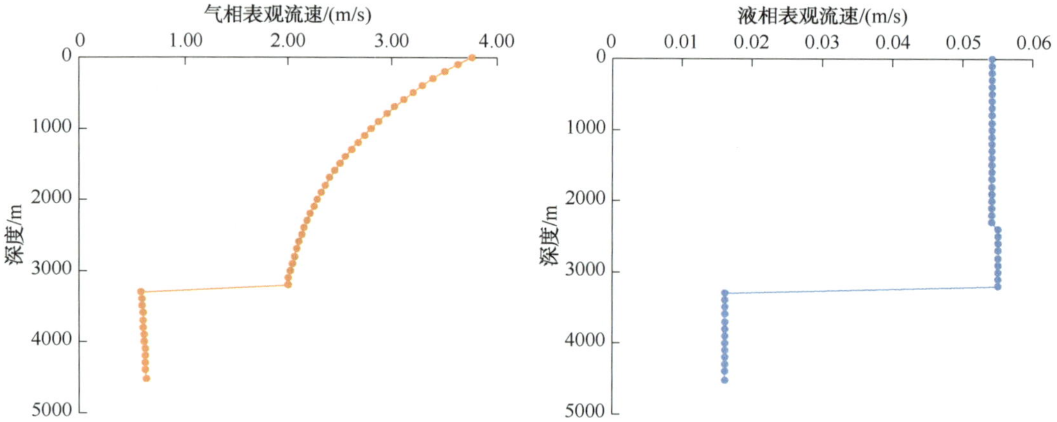

图 3-1-47　焦页 36-1HF 井油管生产中期沿井筒气、液两相表观流速

将气、液两相表观流速点入图版中，结果如图 3-1-48 所示。

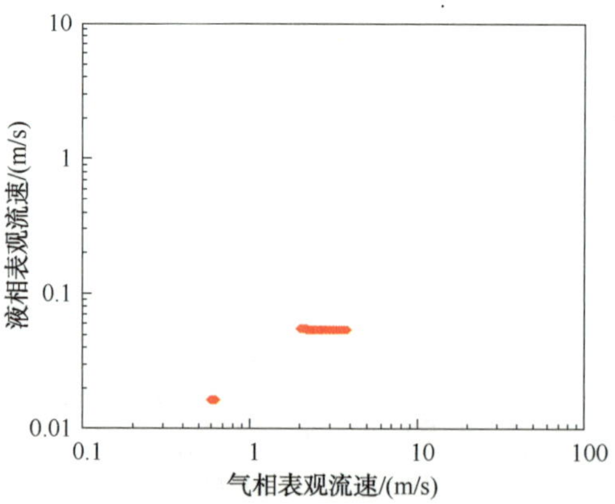

图 3-1-48　焦页 36-1HF 井油管生产中期气、液两相表观流速分布

4）目前生产

目前，焦页 36-1HF 井井口日产气量 $4.1\times10^4m^3$，日产水量 $5.1m^3$，将其沿井筒折算为气相表观流速和液相表观流速，结果见表 3-1-14 和图 3-1-49。

表 3-1-14　焦页 36-1HF 井沿井筒气、液两相表观流速

深度/m	气相表观流速/(m/s)	液相表观流速/(m/s)	深度/m	气相表观流速/(m/s)	液相表观流速/(m/s)
0	3.070	0.019	2300	2.070	0.020
100	3.000	0.019	2400	2.050	0.020
200	2.930	0.019	2500	2.030	0.020
300	2.870	0.019	2600	2.010	0.020
400	2.810	0.019	2700	1.990	0.020
500	2.760	0.019	2800	1.970	0.020
600	2.700	0.019	2900	1.960	0.020
700	2.650	0.019	3000	1.950	0.020
800	2.600	0.019	3100	1.930	0.020
900	2.550	0.020	3200	1.930	0.020
1000	2.510	0.020	3300	0.560	0.006
1100	2.470	0.020	3400	0.570	0.006
1200	2.420	0.020	3500	0.570	0.006
1300	2.380	0.020	3600	0.570	0.006
1400	2.340	0.020	3700	0.580	0.006
1500	2.310	0.020	3800	0.580	0.006
1600	2.270	0.020	3900	0.580	0.006
1700	2.240	0.020	4000	0.590	0.006
1800	2.210	0.020	4100	0.590	0.006
1900	2.180	0.020	4200	0.590	0.010
2000	2.150	0.020	4300	0.600	0.010
2100	2.120	0.020	4400	0.600	0.010
2200	2.100	0.020	4520	0.603	0.006

将气、液两相表观流速点入图版中，结果如图 3-1-50 所示。

再将各分布点代入对应倾角下的流型图版，如图 3-1-51 所示，可以得到焦页 36-1HF 井沿井筒各位置的流型。

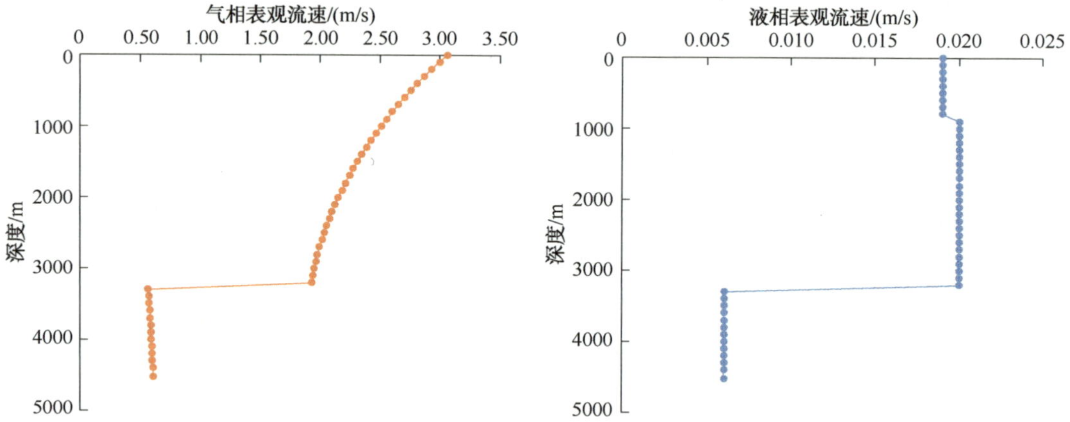

图 3-1-49　焦页 36-1HF 井沿井筒气、液两相表观流速

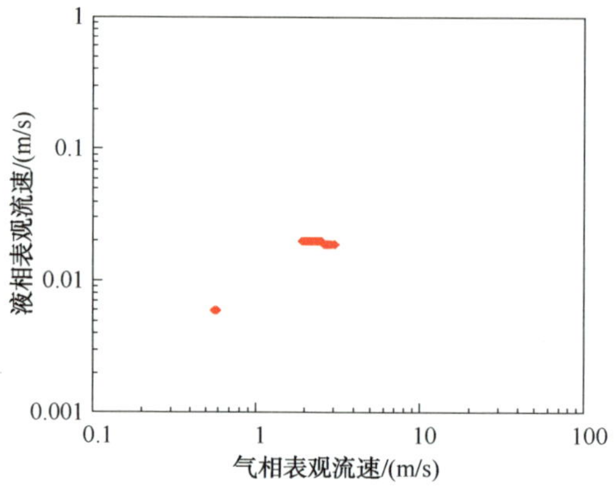

图 3-1-50　焦页 36-1HF 井气、液两相表观流速分布

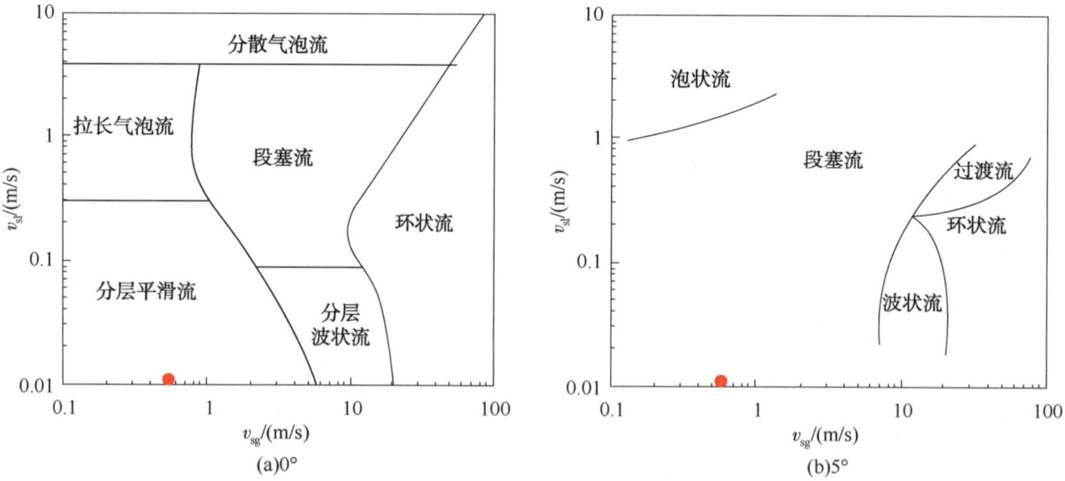

图 3-1-51　焦页 36-1HF 井对应倾角下的流型图版

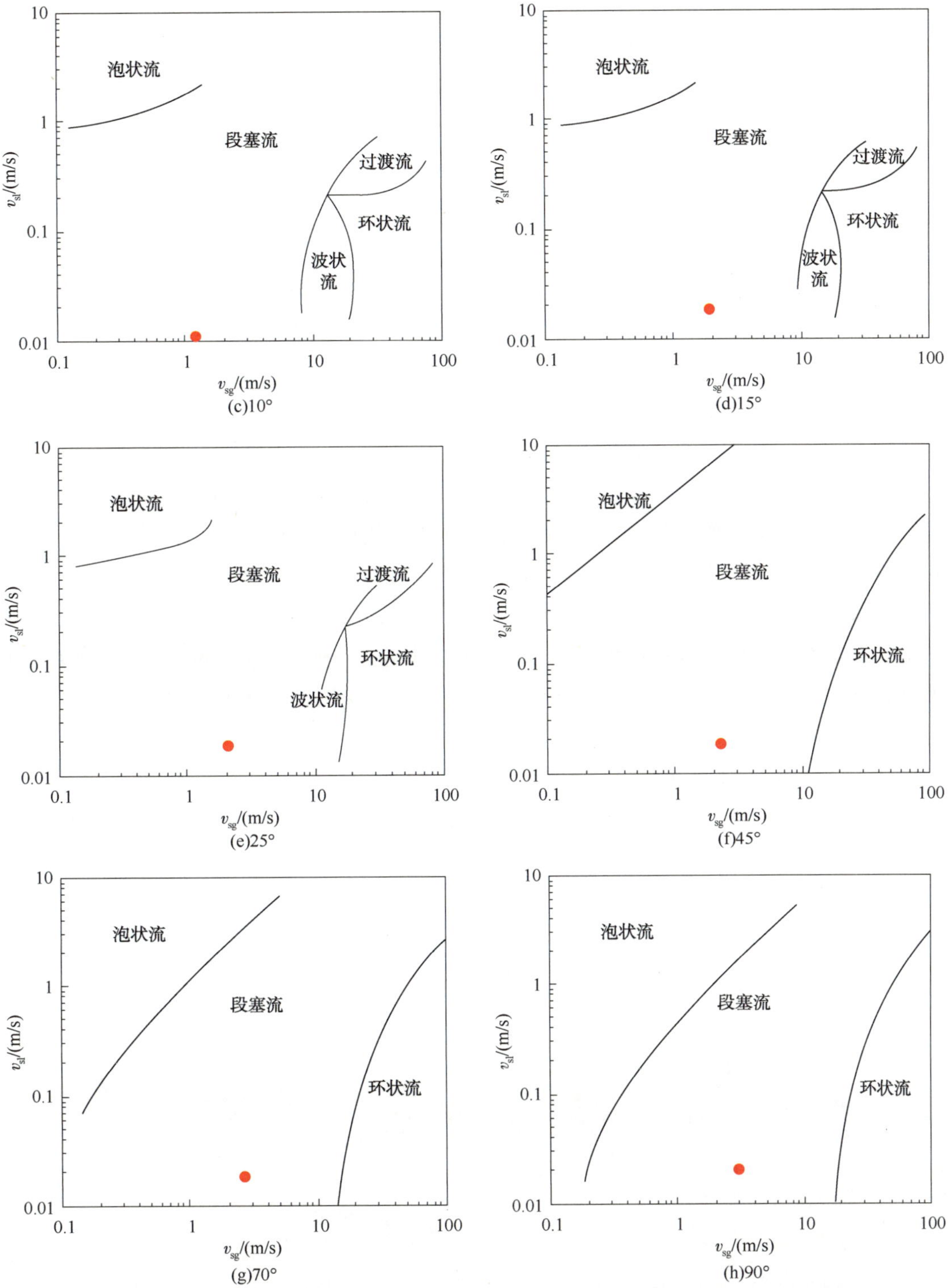

图 3-1-51　焦页 36-1HF 井对应倾角下的流型图版(续)

从气井整个生产过程可以看出，在生产初期，由于地层压力充足，井筒中压力较高，因此井筒中气体压缩程度高，气相表观流速并不高，仅有不到0.5m/s；下入油管后，流体流动截面显著减小，气相表观流速也随之增大，随着生产的进行，因地层压力降低，井下气体膨胀，气相表观流速有所增大；液相表观流速在整个井筒中基本保持不变，这是因为水为不可压缩流体，其密度受压力影响很小，随着产水量的降低，液相表观流速减小。将井筒各位置的气、液两相表观流速点入对应流型图版中，可以看出，焦页36-1HF井垂直段和倾斜段流型均为段塞流，此时虽然段塞流存在明显滑脱，在生产早期，因压力充足，井口压力高达25.49MPa，可以实现携液生产，从而不影响生产，在生产后期，气井压力、产量明显降低，垂直井筒和倾斜井筒均出现段塞流，此时气相呈非连续相，液相滑脱明显增加，井筒发生积液，须采用排水采气技术工艺保持稳产；水平段为分层流，气体携液能力较强。

4. 焦页62-2HF井全井筒流型预测

焦页62-2HF井是针对上奥陶统五峰组—下志留统龙马溪组下部页岩气层部署的一口页岩气开发井，构造位置为川东南地区川东高陡褶皱带包鸾—焦石坝背斜带焦石坝构造。2015年7月16日，采用Φ406.4mm PDC钻头一开钻进至井深712.0m，下入Φ339.7mm表层套管至井深709.96m，固井水泥浆返至地面；7月23日，采用Φ311.2mm PDC钻头二开钻进至井深3100.0m，中完，下入Φ244.5mm技术套管至井深3097.34m，固井水泥浆返至地面；2015年9月5日，采用Φ215.9mm PDC钻头三开钻进；9月30日，钻至井深5026.0m，完钻，井底井斜角92.4°，方位角0.11°，垂深2913.51m，闭合距2140.72m，完钻层位为上奥陶统五峰组。

焦页62-2HF井于2016年5月23日生产，截至2018年10月17日，该井累计产气量0.2259×10^8 m^3，累计产水量15980.157m^3，原始地层压力33.28MPa，入井总液量44346.2m^3，其生产曲线如图3-1-52所示。

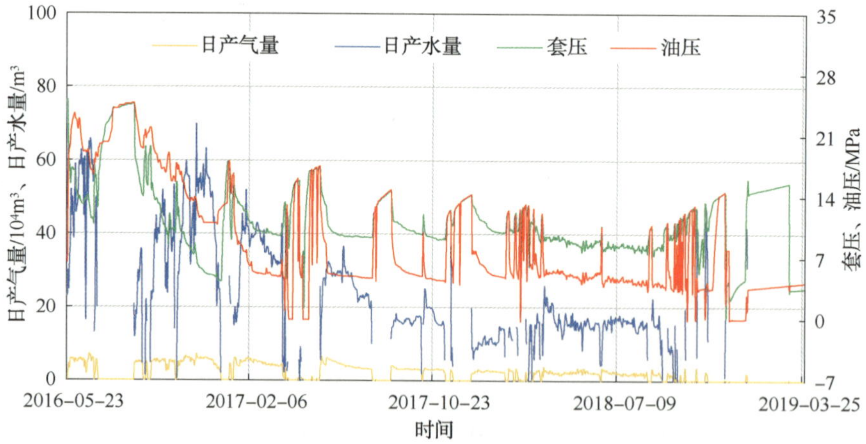

图3-1-52 焦页62-2HF井生产曲线

1）生产初期

焦页62-2HF井于2016年5月23日生产，2016年6月4日，该井日产气量$5.76\times10^4m^3$，日产水量$59m^3$，将其沿井筒折算为气相表观流速和液相表观流速，结果见表3-1-15和图3-1-53。

表3-1-15　焦页62-2HF井生产初期沿井筒气、液两相表观流速

深度/m	气相表观流速/(m/s)	液相表观流速/(m/s)	深度/m	气相表观流速/(m/s)	液相表观流速/(m/s)
0	1.215	0.336	2600	1.105	0.341
100	1.206	0.337	2700	1.104	0.341
200	1.199	0.337	2800	1.104	0.341
300	1.192	0.337	2900	1.103	0.341
400	1.185	0.337	3000	1.103	0.342
500	1.178	0.337	3100	1.102	0.342
600	1.172	0.337	3200	1.103	0.342
700	1.167	0.337	3300	1.105	0.343
800	1.161	0.337	3400	0.215	0.066
900	1.156	0.337	3500	0.216	0.066
1000	1.151	0.338	3600	0.217	0.067
1100	1.146	0.338	3700	0.219	0.067
1200	1.141	0.338	3800	0.220	0.067
1300	1.137	0.338	3900	0.222	0.067
1400	1.133	0.338	4000	0.223	0.067
1500	1.129	0.338	4100	0.225	0.067
1600	1.125	0.339	4200	0.226	0.067
1700	1.122	0.339	4300	0.228	0.067
1800	1.119	0.339	4400	0.229	0.067
1900	1.116	0.339	4500	0.231	0.067
2000	1.114	0.339	4600	0.232	0.067
2100	1.112	0.340	4700	0.233	0.067
2200	1.110	0.340	4800	0.235	0.067
2300	1.108	0.340	4900	0.236	0.067
2400	1.107	0.340	5026	0.238	0.068
2500	1.106	0.340			

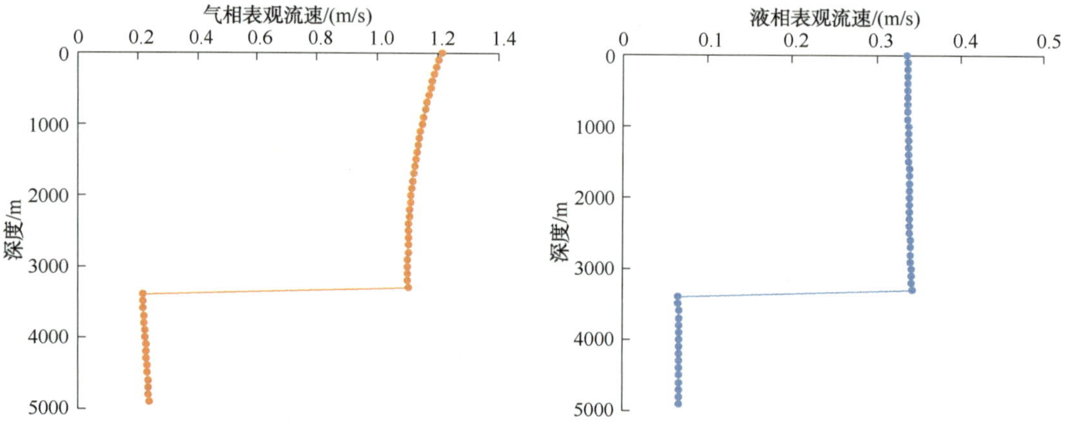

图 3-1-53　焦页 62-2HF 井生产初期沿井筒气、液两相表观流速

将气、液两相表观流速点入图版中，结果如图 3-1-54 所示。

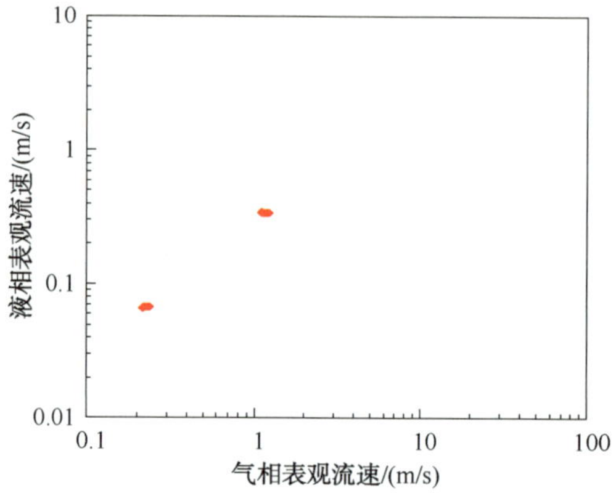

图 3-1-54　焦页 62-2HF 井生产初期气、液两相表观流速分布

2）生产中期

2017 年 1 月 30 日，焦页 62-2HF 井日产气量 $5.4\times10^4m^3$，日产水量 $42m^3$，将其沿井筒折算为气相表观流速和液相表观流速，结果见表 3-1-16 和图 3-1-55。

表 3-1-16　焦页 62-2HF 井生产中期沿井筒气、液两相表观流速

深度/m	气相表观流速/(m/s)	液相表观流速/(m/s)	深度/m	气相表观流速/(m/s)	液相表观流速/(m/s)
0	3.487	0.240	500	2.824	0.241
100	3.324	0.240	600	2.726	0.241
200	3.179	0.240	700	2.636	0.241
300	3.049	0.240	800	2.554	0.241
400	2.931	0.241	900	2.479	0.241

续表

深度/m	气相表观流速/(m/s)	液相表观流速/(m/s)	深度/m	气相表观流速/(m/s)	液相表观流速/(m/s)
1000	2. 409	0. 241	3100	1. 712	0. 244
1100	2. 344	0. 241	3200	1. 700	0. 245
1200	2. 284	0. 241	3300	1. 695	0. 245
1300	2. 228	0. 241	3400	0. 329	0. 047
1400	2. 176	0. 242	3500	0. 331	0. 047
1500	2. 128	0. 242	3600	0. 334	0. 048
1600	2. 083	0. 242	3700	0. 336	0. 048
1700	2. 042	0. 242	3800	0. 340	0. 048
1800	2. 004	0. 242	3900	0. 343	0. 048
1900	1. 970	0. 242	4000	0. 346	0. 048
2000	1. 938	0. 242	4100	0. 349	0. 048
2100	1. 908	0. 243	4200	0. 351	0. 048
2200	1. 880	0. 243	4300	0. 354	0. 048
2300	1. 855	0. 243	4400	0. 357	0. 048
2400	1. 832	0. 243	4500	0. 359	0. 048
2500	1. 810	0. 243	4600	0. 362	0. 048
2600	1. 791	0. 243	4700	0. 364	0. 048
2700	1. 773	0. 244	4800	0. 366	0. 048
2800	1. 757	0. 244	4900	0. 368	0. 048
2900	1. 741	0. 244	5026	0. 372	0. 048
3000	1. 726	0. 244			

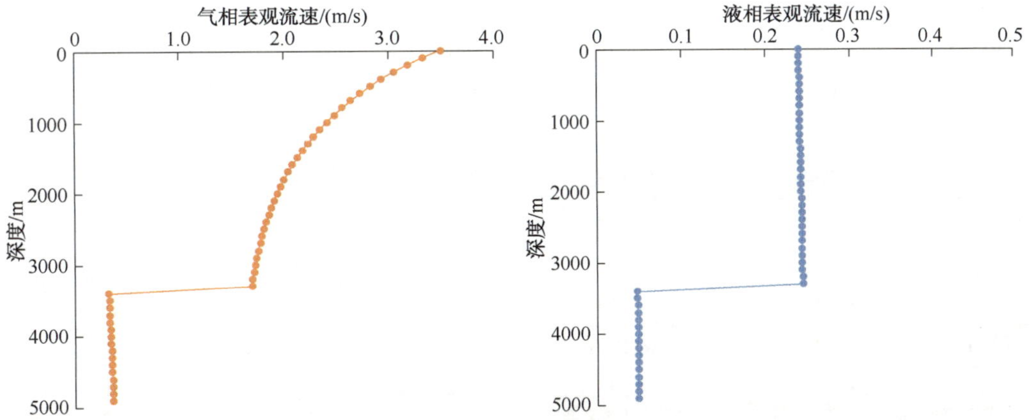

图 3-1-55　焦页 62-2HF 井生产中期沿井筒气、液两相表观流速

将气、液两相表观流速点入图版中，结果如图 3-1-56 所示。

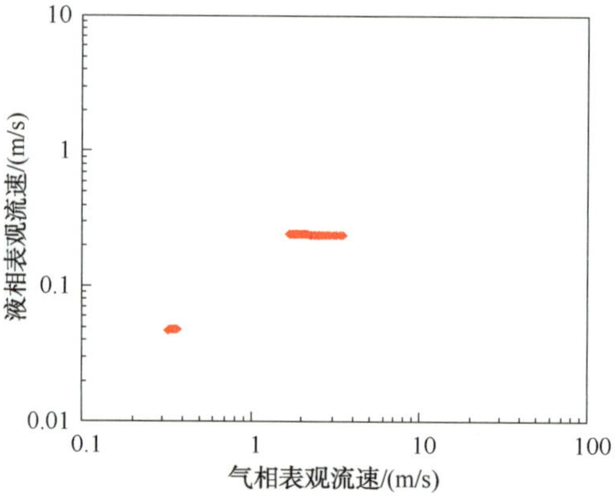

图 3-1-56　焦页 62-2HF 井生产中期气、液两相表观流速分布

3）目前生产

目前，焦页 62-2HF 井日产气量 $3.59\times10^4m^3$，日产水量 $19.68m^3$，将其沿井筒折算为气相表观流速和液相表观流速，结果见表 3-1-17 和图 3-1-57。

表 3-1-17　焦页 62-2HF 井沿井筒气、液两相表观流速

深度/m	气相表观流速/(m/s)	液相表观流速/(m/s)	深度/m	气相表观流速/(m/s)	液相表观流速/(m/s)
0	4.474	0.113	1700	2.204	0.113
100	4.185	0.113	1800	2.150	0.114
200	3.937	0.113	1900	2.100	0.114
300	3.721	0.113	2000	2.055	0.114
400	3.530	0.113	2100	2.012	0.114
500	3.361	0.113	2200	1.973	0.114
600	3.210	0.113	2300	1.937	0.114
700	3.074	0.113	2400	1.903	0.114
800	2.950	0.113	2500	1.872	0.114
900	2.837	0.113	2600	1.843	0.114
1000	2.734	0.113	2700	1.817	0.114
1100	2.639	0.113	2800	1.793	0.114
1200	2.552	0.113	2900	1.770	0.114
1300	2.471	0.113	3000	1.748	0.115
1400	2.396	0.113	3100	1.728	0.115
1500	2.327	0.113	3200	1.710	0.115
1600	2.262	0.113	3300	1.700	0.115

续表

深度/m	气相表观流速/(m/s)	液相表观流速/(m/s)	深度/m	气相表观流速/(m/s)	液相表观流速/(m/s)
3400	0. 330	0. 022	4300	0. 354	0. 022
3500	0. 332	0. 022	4400	0. 357	0. 022
3600	0. 334	0. 022	4500	0. 360	0. 023
3700	0. 337	0. 022	4600	0. 362	0. 023
3800	0. 340	0. 022	4700	0. 364	0. 023
3900	0. 343	0. 022	4800	0. 366	0. 023
4000	0. 346	0. 022	4900	0. 368	0. 023
4100	0. 349	0. 022	5026	0. 371	0. 023
4200	0. 352	0. 022			

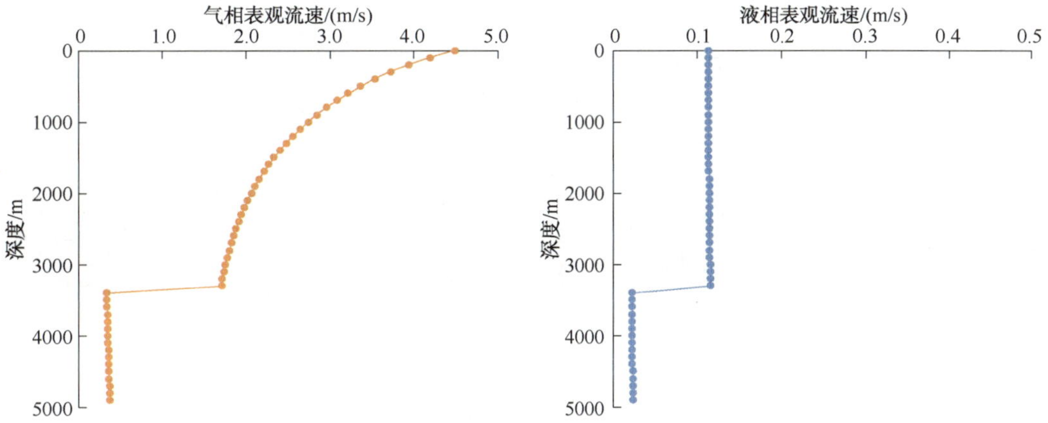

图 3-1-57 焦页 62-2HF 井沿井筒气、液两相表观流速

将气、液两相表观流速点入图版中，结果如图 3-1-58 所示。

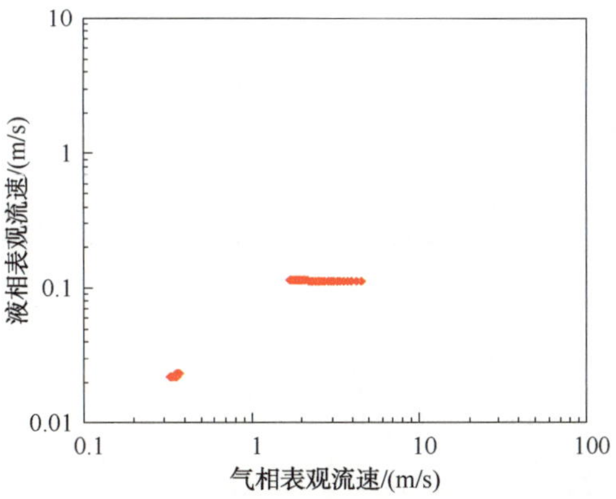

图 3-1-58 焦页 62-2HF 井气、液两相表观流速分布

再将各分布点代入对应倾角下的流型图版，如图 3-1-59 所示，可以得到焦页 62-2HF 井沿井筒各位置的流型。

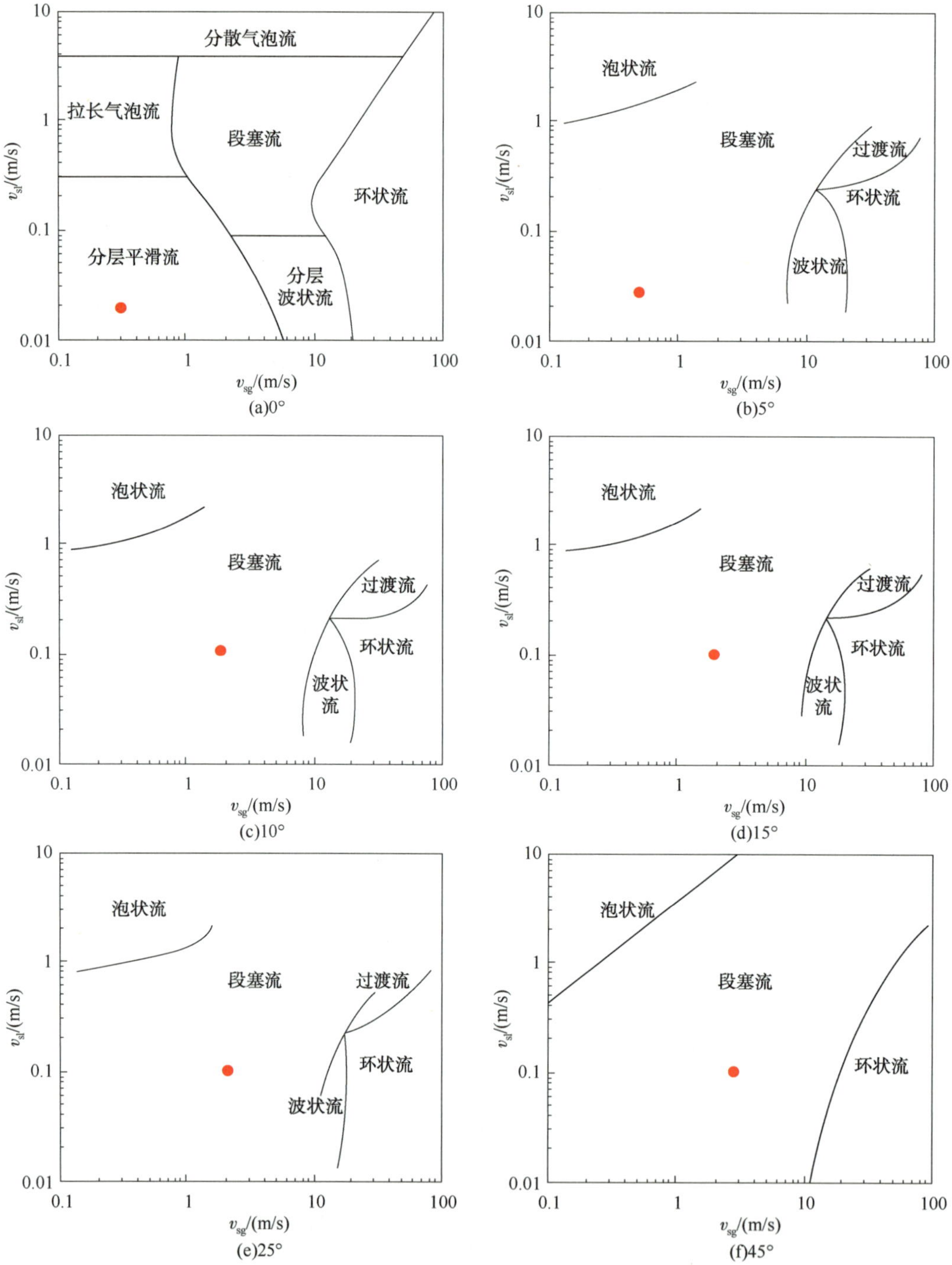

图 3-1-59　焦页 62-2HF 井对应倾角下的流型图版

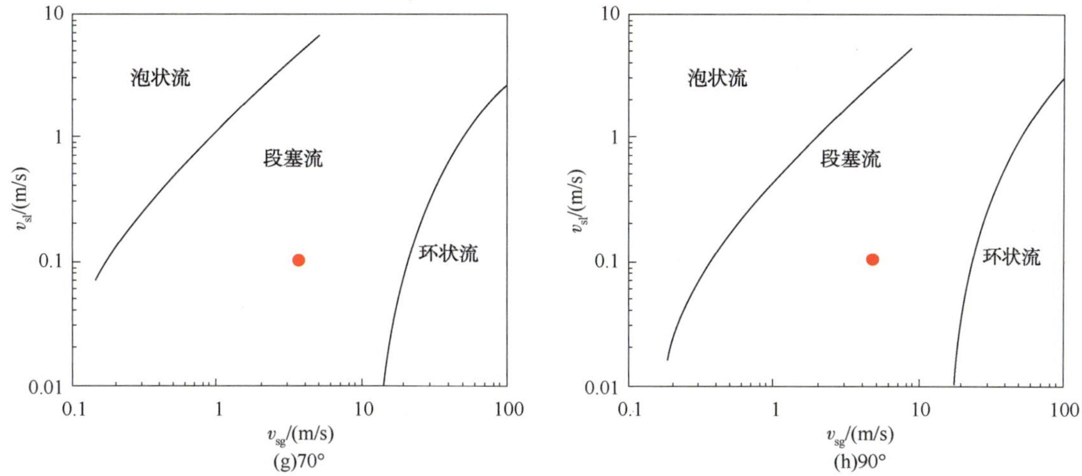

图 3-1-59 焦页 62-2HF 井对应倾角下的流型图版(续)

从气井整个生产过程可以看出，在生产初期，由于地层压力充足，井筒中压力较高，因此井筒中气体压缩程度高，气相表观流速并不高，仅有不到 1.5m/s；随着生产的进行，因地层压力降低，井下气体膨胀，气相表观流速有所增大；液相表观流速在整个井筒中基本保持不变，这是因为水为不可压缩流体，其密度受压力影响很小，随着产水量的降低，液相表观流速减小。将井筒各位置的气、液两相表观流速点入对应流型图版中，可以看出，焦页 62-2HF 井垂直段和倾斜段流型均为段塞流，此时虽然段塞流存在明显滑脱，在生产早期，因压力充足，井口压力高达 22.8MPa，可以实现携液生产，从而不影响生产，在生产后期，气井压力、产量明显降低，垂直井筒和倾斜井筒均出现段塞流，此时气相呈非连续相，液相滑脱明显增加，井筒发生积液，须采用排水采气技术工艺保持稳产；水平段为分层流，气体携液能力较强。

三、多相管流压降模型

目前，气、液两相流理论已发展成为流体力学中新的分支。并且，仅针对石油矿场垂直井气、液两相流而发表的计算方法就有很多。

1. Hagedorn-Brown 模型

Hagedorn 和 Brown(1965 年)基于所假设的压力梯度模型，并根据大量的现场试验数据反算出持液率，提出用于各种流型下的两相垂直上升管流压降关系式。应用此压降关系式不需要判别流型，适用于产水气井流动条件。由于动能变化引起的压力梯度甚小，因此可以忽略不计，则压降方程为：

$$\frac{\mathrm{d}p}{\mathrm{d}Z}=\rho_{\mathrm{m}}g+f_{\mathrm{m}}\frac{G_{\mathrm{m}}^{2}}{2DA^{2}\rho_{\mathrm{m}}} \tag{3-1-29}$$

式中 G_m——气、液混合物质量流量，kg/s；

ρ_m——气、液混合物密度，$\rho_m=\rho_l H_L+\rho_g(1-H_L)$，kg/m³；

ρ_g、ρ_l——气相、液相密度，kg/m³；

H_L——持液率。

对两相摩阻系数f_m采用 Jain 公式计算：

$$1/\sqrt{f_m}=1.14-2\lg(e/D+21.25/N_{Re}^{0.9}) \tag{3-1-30}$$

两相雷诺数由式(3-1-31)计算：

$$N_{Re}=\frac{\rho_{ns}v_m D}{\mu_m} \tag{3-1-31}$$

式中 v_m——气、液混合物流速，$v_m=v_{sl}+v_{sg}$，m/s；

v_{sg}、v_{sl}——气相、液相表观流速，$v_{sg}=q_g/A$，$v_{sl}=q_l/A$，m/s；

q_g、q_l——气相、液相体积流量，m³/s；

ρ_{ns}——无滑脱混合物密度，kg/m³；

μ_m——气、液混合物黏度，$\mu_m=\mu_l^{H_L}\mu_g^{(1-H_L)}$，Pa · s；

μ_g、μ_l——气相、液相黏度，Pa · s。

Hagedorn 和 Brown 对试验井进行了两相流实验，得出了计算持液率的 3 条相关曲线。使用这 3 条曲线时，需要计算下列 4 个无因次量：

液相速度准数：

$$N_{vl}=v_{sl}[\rho_l/(g\sigma)]^{1/4} \tag{3-1-32}$$

气相速度准数：

$$N_{vg}=v_{sg}[\rho_l/(g\sigma)]^{1/4} \tag{3-1-33}$$

液相黏度准数：

$$N_L=\mu_l[g/(\rho_l\sigma^3)]^{1/4} \tag{3-1-34}$$

管径准数：

$$N_D=D(\rho_l g/\sigma)^{1/2} \tag{3-1-35}$$

式中 σ——液体表面张力，N/m。

H_L的计算步骤如下：

(1) 计算流动条件下的上述 4 个无因次量。

(2) 由 N_L-CN_L关系曲线(图 3-1-60)，根据 N_L确定 CN_L。

(3) 由图 3-1-61 确定 H_L/ψ。

(4) 由图 3-1-62 确定 ψ。

(5) 计算 H_L，$H_L=(H_L/\psi)\psi$。

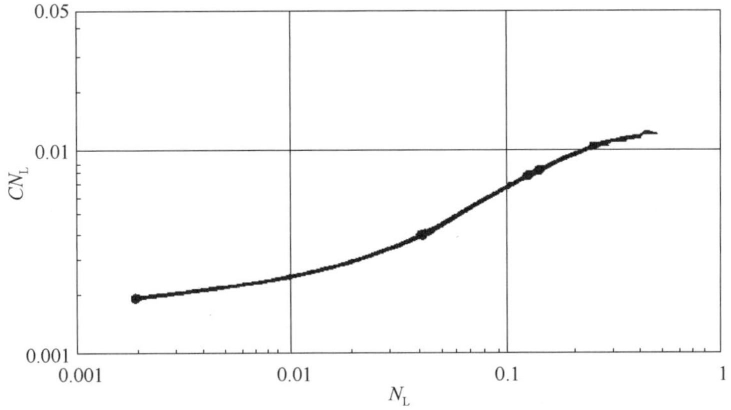

图 3-1-60　N_L-CN_L 关系曲线

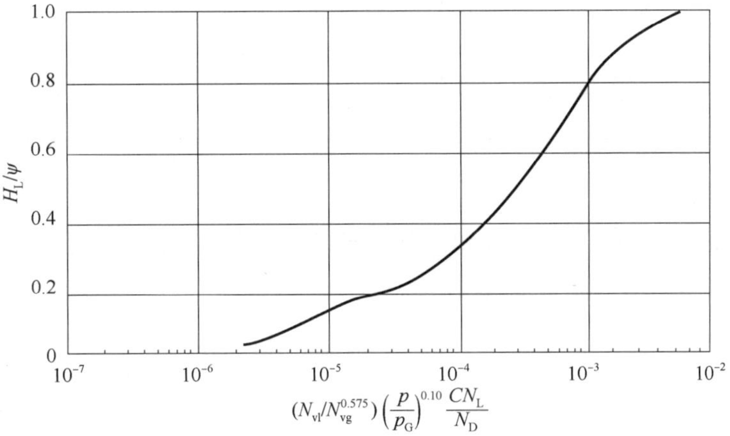

图 3-1-61　持液率系数

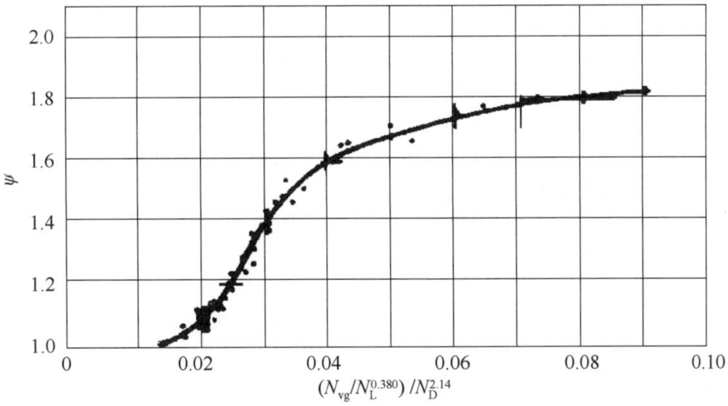

图 3-1-62　修正系数

2. Duns-Ros 模型

Duns 和 Ros(1963 年)对影响两相管流的 13 个变量进行了无因次分析。笔者对通过无因次分析确立的 10 个无因次量进行了深入研究，认为液相速度准数、气相速度准数、液相黏度准数和管径准数 4 个无因次量能较全面地描述两相管流现象。在高度为 10m 的垂直管中进行了约 4000 次多相管流实验，获得了 20000 多个数据点，总结出流型分布图。其实验参数范围见表 3-1-18。

表 3-1-18　Duns-Ros 模型实验参数范围

参　数	范　围	单　位
管子内径	32~142.3	mm
液体密度	828~1000	kg/m^3
液相运动黏度	$(1\sim337)\times10^{-6}$	m^2/s
表面张力	24.5~72	mN/m
气相表观流速	0~100	m/s
液相表观流速	0~3.2	m/s

3. Orkiszewski 模型

Orkiszewski(1967 年)采用 148 口油井现场试验数据，通过分析多个气、液两相流动模型，给出了不同流型下的多相流计算方法，见表 3-1-19。

表 3-1-19　Orkiszewski 方法

流　型	选用方法
泡状流	Griffith-Wallis 方法
段塞流	密度项，对 Griffith-Wallis 公式做了修正；摩阻项，用 Orkiszewski 方法
过渡流	Duns-Ros 方法
雾状流	Duns-Ros 方法

4. 无滑脱模型

管流动能压降较位能和摩阻压降甚小，一般可忽略不计，故无滑脱压力梯度基本方程可表示为：

$$\frac{dp}{dZ}=\rho_{ns}g\sin\theta+\frac{f_{ns}q_l^2M_t^2}{\rho_{ns}D^5} \tag{3-1-36}$$

无滑脱气、液混合物密度：

$$\rho_{ns}=\rho_l\lambda_L g+\rho_g(1-\lambda_L) \tag{3-1-37}$$

式中　λ_L——无滑脱持液率；

ρ_{ns}——无滑脱气、液混合物密度，kg/m³；

f_{ns}——无滑脱两相摩阻系数；

q_l——液体体积流量，m³/s；

M_t——在地面标准条件下，每产 1m³液体，伴生气、液的总质量，kg/m³。

$$\mu_{ns}=\mu_l\lambda_L+\mu_g(1-\lambda_L) \tag{3-1-38}$$

式中 μ_{ns}——无滑脱气、液混合物黏度，mPa·s。

1973 年，Beggs 和 Brill 基于由均相流动能量守恒方程式得出的压力梯度方程式，利用倾斜透明管道中空气、水混合物的大量实验数据，得出沿程阻力系数与持液率的规律，并得出双对数水平流动的流型图。

假设外界没有对气、液混合物做功，气、液混合物也没有对外界做功，则对于单位质量的气、液混合物来说，稳定流动的机械能量守恒方程的微分形式可写为：

$$-\frac{dp}{dZ}=\rho\frac{dE}{dZ}+\rho g\sin\theta+\rho v\frac{dv}{dZ} \tag{3-1-39}$$

即总压力梯度是摩阻压力、重力压力和加速压力三者之和。Beggs 和 Brill 结合实验与理论研究得出倾斜段多相压降模型：

$$-\frac{dp}{dZ}=\frac{[\rho_l H_L+\rho_g(1-H_L)]g\sin\theta+\dfrac{\lambda Gv}{2DA}}{1-[\rho_l H_L+\rho_g(1-H_L)]vv_{sg}/p} \tag{3-1-40}$$

5. Beggs-Brill 模型

Beggs 和 Brill(1973 年)根据均相流动能量守恒方程得出多相流压力梯度方程；在直径 1in、1½in，长度 13.7m 的倾斜管中，以水和空气作为流动介质进行了大量实验，得出不同倾斜管道中多相流动的持液率和沿程阻力系数的相关规律。实验中，各参数的变化范围见表 3-1-20。

表 3-1-20 Beggs-Brill 模型参数变化范围

参 数	变化范围	单 位
气体流量	0~0.098	m³/s
液体流量	0~0.0019	m³/s
管段平均压力(绝对压力)	0.25~0.67	MPa
管子内径	25.4、38.1	mm
持液率	0~0.87	—
压力梯度	0~0.185	MPa/m
管段倾角	-90~+90	°

其压降计算公式为：

$$-\frac{\mathrm{d}p}{\mathrm{d}L}=\frac{[H_{\mathrm{L}}\rho_{\mathrm{l}}+(1-H_{\mathrm{L}})\rho_{\mathrm{g}}]g\sin\theta+\lambda\dfrac{2wG}{\pi D^{3}}}{1-\dfrac{[H_{\mathrm{L}}\rho_{\mathrm{l}}+(1-H_{\mathrm{L}})\rho_{\mathrm{g}}]ww_{\mathrm{sg}}}{p}} \tag{3-1-41}$$

式中　p——$\mathrm{d}L$ 管段内流动介质的平均压力，Pa；

H_{L}——持液率；

λ——两相混输水力摩阻系数；

ρ_{l}——液相密度，$\mathrm{kg/m^3}$；

ρ_{g}——气相密度，$\mathrm{kg/m^3}$；

D——管子内径，m；

θ——管段倾角，(°)。

式(3-1-41)为考虑管道起伏影响后的压降计算公式，当持液率等于 1 或 0 时，即单相液体或单相气体的压降计算公式。式(3-1-41)既可用于倾斜管道的计算，又可用于水平管道的计算。

6. Mukherjee-Brill 模型

Mukherjee 和 Brill(1985 年)在 Beggs 和 Brill(1973 年)研究的基础上，改善了实验条件，对倾斜管两相流型进行了深入研究，提出了更适用于倾斜管的两相流型判别准则。Mukherjee-Brill 模型的压降方程为：

$$\frac{\mathrm{d}p}{\mathrm{d}Z}=-\frac{\rho_{\mathrm{m}}g\sin\theta+f_{\mathrm{m}}\rho_{\mathrm{m}}v_{\mathrm{m}}^{2}/(2D)}{1-\rho_{\mathrm{m}}v_{\mathrm{m}}v_{\mathrm{sg}}/p} \tag{3-1-42}$$

Mukherjee-Brill 模型共有 3 个持液率公式：一个用于水平流和上升流；另外两个分别用于下降流的分层流和其他流型。Mukherjee-Brill 模型持液率只是控制流型的 3 个无因次量的函数。

$$H_{\mathrm{L}}=\exp\left[(c_{1}+c_{2}\sin\theta+c_{3}\sin^{2}\theta+c_{4}N_{\mathrm{L}}^{2})\frac{N_{\mathrm{vg}}^{c_5}}{N_{\mathrm{vl}}^{c_6}}\right] \tag{3-1-43}$$

式中　θ——管斜角，与水平方向的夹角(−90°～+90°)。

对于垂直生产井，$\theta=+90°$；对于垂直注入(蒸汽)井，$\theta=-90°$。

式中各回归系数见表 3-1-21。

对 Mukherjee-Brill 模型两相流摩阻系数考虑了流型的变化。对于油井，流体流动是向上流动或水平(水平井段)流动，在确定摩阻系数时，只需要区分泡状流-段塞流和环状流，其判别式为：

$$N_{\mathrm{vgsm}}=10^{1.401-2.694N_{\mathrm{L}}+0.521N_{\mathrm{L}}^{0.329}} \tag{3-1-44}$$

若 $N_{\mathrm{vg}}\geqslant N_{\mathrm{vgsm}}$ 则为环状流，否则为泡状流-段塞流。

表 3-1-21　持液率公式回归系数

流向	上升流和水平流	下降流	
流型	所有	分层流	其他
c_1	-0.380113	-1.33082	-0.516644
c_2	0.129875	4.808139	0.789805
c_3	-0.119788	4.171584	0.551627
c_4	2.343227	56.262268	15.519214
c_5	0.4775686	0.079951	0.371771
c_6	0.288657	0.504887	0.393952

对于泡状流-段塞流，用无滑脱摩阻系数 f_{ns}，并用 Jain 公式计算两相摩阻系数 f_m。其中，无滑脱雷诺数用式(3-1-45)计算：

$$N_{Rens}=\frac{v_m\rho_{ns}D}{\mu_{ns}} \tag{3-1-45}$$

式中，无滑脱混合物密度：

$$\rho_{ns}=\lambda_L\rho_l+(1-\lambda_L)\rho_g \tag{3-1-46}$$

无滑脱混合物黏度：

$$\mu_{ns}=\lambda_L\mu_l+(1-\lambda_L)\mu_g \tag{3-1-47}$$

无滑脱持液率：

$$\lambda_L=\frac{v_l}{v_m} \tag{3-1-48}$$

对于环状流，其两相摩阻系数 f_m 为相对持液率 H_R 和无滑脱摩阻系数 f_{ns} 的函数，确定步骤如下：

（1）计算相对持液率：

$$H_R=\frac{\lambda_L}{H_L} \tag{3-1-49}$$

（2）根据 H_R，由表 3-1-22 确定摩阻系数比 f_R。

（3）根据 N_{Rens}，由 Jain 公式计算 f，即 f_{ns}。

$$f_m=f_Rf_{ns} \tag{3-1-50}$$

表 3-1-22　H_R 与 f_R 的关系

H_R	0.10	0.20	0.30	0.40	0.50	0.70	1.00
f_R	1.00	0.98	1.20	1.25	1.30	1.25	1.00

7. 水平井井筒流型模型

1）分层流压降计算模型

微元段内的总压降为摩阻压降、重力压降和加速压降之和。用数学表达式表示为：

$$\frac{\mathrm{d}p}{\mathrm{d}L}=\left(\frac{\mathrm{d}p}{\mathrm{d}L}\right)_{\mathrm{f}}+\left(\frac{\mathrm{d}p}{\mathrm{d}L}\right)_{\mathrm{g}}+\left(\frac{\mathrm{d}p}{\mathrm{d}L}\right)_{\mathrm{acc}} \tag{3-1-51}$$

根据 Ouyang 的研究成果，在普通圆管多相流动压降计算理论的基础上，考虑井壁入流时的动量守恒和质量守恒，分别建立气、液两相变质量分层流态下的压降方程：

$$A_{\mathrm{g}}\frac{\mathrm{d}p}{\mathrm{d}L}=-\tau_{\mathrm{m}}Z_{\mathrm{m}}-\tau_{\mathrm{g}}Z_{\mathrm{g}}-2\rho_{\mathrm{g}}v_{\mathrm{g}}q_{\mathrm{ig}} \tag{3-1-52}$$

$$A_{\mathrm{w}}\frac{\mathrm{d}p}{\mathrm{d}L}=\tau_{\mathrm{m}}Z_{\mathrm{m}}-\tau_{\mathrm{w}}Z_{\mathrm{w}}-2\rho_{\mathrm{w}}v_{\mathrm{w}}q_{\mathrm{tw}} \tag{3-1-53}$$

式中 τ_{g}、τ_{w}、τ_{m}——气相、水相及气、液混合物与井壁间的剪切应力，Pa；

Z_{g}、Z_{w}、Z_{m}——过流断面处气相、水相及气、液混合物与井壁接触的周长，m；

q_{ig}、q_{iw}——气相、水相管壁径向入流的体积流量，$\mathrm{m^3/s}$。

该微元段的压降为：

$$\frac{\mathrm{d}p}{\mathrm{d}L}=\frac{-\tau_{\mathrm{w}}Z_{\mathrm{w}}-2\rho_{\mathrm{w}}v_{\mathrm{w}}q_{\mathrm{iw}}-\tau_{\mathrm{g}}Z_{\mathrm{g}}-2\rho_{\mathrm{g}}v_{\mathrm{g}}q_{\mathrm{ig}}}{A} \tag{3-1-54}$$

2）环空雾状流压降计算模型

当水平井筒中只有水相与井壁接触形成一圈环形的水膜，被水膜包裹在中间的是连续流动的气相及分散的水滴时，环空雾状流就出现了，如图 3-1-63 所示。

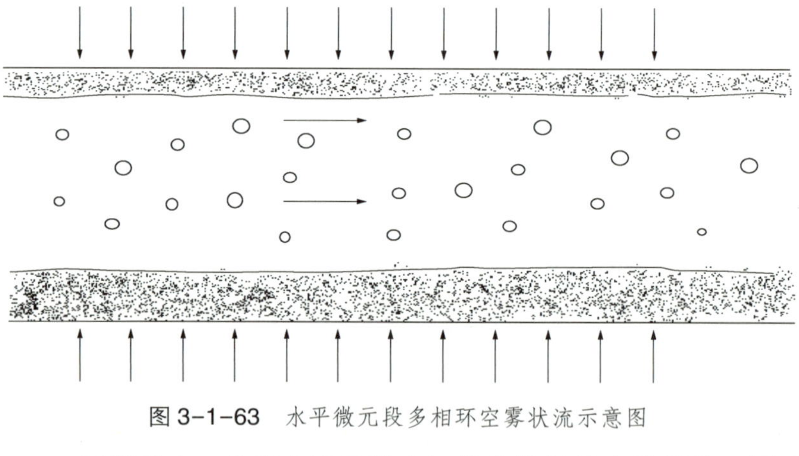

图 3-1-63　水平微元段多相环空雾状流示意图

由图 3-1-63 可以看出，井壁入流只影响与井壁接触的水膜部分。同时不难看出，只有水相与井壁之间存在摩擦作用。处于中间的连续气相与包裹它的水膜之间存在摩擦产生的剪切应力。这里将中间的气相及分散其中的小水滴视为一个整体。可以得出水相和气相的动量方程：

$$A_{\mathrm{w}}\frac{\mathrm{d}p}{\mathrm{d}L}=\tau_{\mathrm{m}}Z_{\mathrm{m}}-\tau_{\mathrm{w}}Z_{\mathrm{w}}-2\rho_{\mathrm{w}}A_{\mathrm{w}}v_{\mathrm{w}}\frac{\mathrm{d}v_{\mathrm{w}}}{\mathrm{d}L} \tag{3-1-55}$$

$$A_{\mathrm{g}}\frac{\mathrm{d}p}{\mathrm{d}L}=-\tau_{\mathrm{m}}Z_{\mathrm{m}}-\tau_{\mathrm{g}}z_{\mathrm{y}}-2\rho_{\mathrm{g}}A_{\mathrm{g}}v_{\mathrm{g}}\frac{\mathrm{d}v_{\mathrm{g}}}{\mathrm{d}L} \tag{3-1-56}$$

式(3-1-55)和式(3-1-56)中，$\mathrm{d}v_{\mathrm{w}}/\mathrm{d}L$ 和 $\mathrm{d}v_{\mathrm{g}}/\mathrm{d}L$ 分别表示该微元段轴向水相和气相的速度变化。由质量守恒定律我们可以得到，对于水相：

$$\rho_{\mathrm{w}}y_{\mathrm{w}i}A_{\mathrm{w}i}+\Delta\rho_{\mathrm{w}}q_{\mathrm{iw}}=\rho_{\mathrm{w}}y_{\mathrm{w}i-1}A_{\mathrm{w}i-1}+\Delta C \tag{3-1-57}$$

由于中间雾状流中存在小水滴，即水膜与轴向雾状流之间存在质量传递 ΔC：

$$\Delta C=\rho_{\mathrm{w}}Fe_{i-1}A_{\mathrm{g}i-1}v_{\mathrm{g}i-1}-\rho_{\mathrm{w}}Fe_{i}A_{\mathrm{g}i}v_{\mathrm{g}i} \tag{3-1-58}$$

式中 Fe——中间轴向雾状流中包含水相的体积含液率；

A_{g}——轴向雾状流所占过流断面的面积，m^2。

该微元段压降为：

$$\frac{\mathrm{d}p}{\mathrm{d}L}=\frac{-\tau_{\mathrm{w}}Z_{\mathrm{w}}-2\rho_{\mathrm{w}}v_{\mathrm{w}}\left(q_{\mathrm{iw}}-\dfrac{Fe}{1-Fe}q_{\mathrm{ig}}\right)-2\rho_{\mathrm{g}}v_{\mathrm{g}}\dfrac{q_{\mathrm{ig}}}{1-Fe}}{A} \tag{3-1-59}$$

3）分散泡状流压降计算模型

当水平段中多相流速较快时，就会出现两相分散泡状流。将水平段中的多相分散泡状流视为一种恒质的单相流体，根据动量方程可以得到：

$$A\frac{\mathrm{d}p}{\mathrm{d}L}=-\tau Z-2\rho_{\mathrm{gw}}Av_{\mathrm{gw}}\frac{\mathrm{d}v_{\mathrm{gw}}}{\mathrm{d}L} \tag{3-1-60}$$

变形之后可得：

$$\frac{\mathrm{d}p}{\mathrm{d}L}=\frac{-\tau Z-2\rho_{\mathrm{gw}}v_{\mathrm{gw}}q_{\mathrm{igw}}}{A} \tag{3-1-61}$$

式中 τ——多相分散泡状流与井壁摩擦产生的剪切应力，Pa。

4）间歇流压降计算模型

一个完整的段塞单元包含了 4 个部分：长气泡区、位于长气泡区下面的水膜区、段塞区和位于段塞区内的小气泡区。这 4 个部分之间存在复杂的能量和质量传递。

图 3-1-64 为一个完整的段塞单元，其中可以清晰地观察到上文提及的 4 个部分，该微元段水平井筒中水相的动量方程为：

$$[(PA)_{i-1}-(PA)_{i}]=\tau_{\mathrm{B}}\pi DL_{\mathrm{B}}-\tau_{\mathrm{A}}Z_{\mathrm{A}}L_{\mathrm{A}}-\tau_{\mathrm{g}}Z_{\mathrm{g}}L_{\mathrm{A}}+(\rho_{\mathrm{gw}}Av_{\mathrm{gw}i}^{2}-\rho_{\mathrm{gw}}A_{\mathrm{o}}v_{\mathrm{gw}i-1}) \tag{3-1-62}$$

由质量守恒定律可知：

$$\rho_{\mathrm{w}}(Av_{\mathrm{w}i}+L_{\mathrm{D}}q_{\mathrm{iw}})=\rho_{\mathrm{w}}Av_{\mathrm{w}i-1} \tag{3-1-63}$$

$$\rho_{\mathrm{g}}(Av_{\mathrm{g}i}+L_{\mathrm{D}}q_{\mathrm{ig}})=\rho_{\mathrm{g}}Av_{\mathrm{g}i-1} \tag{3-1-64}$$

式中 L_{D}——微元段完整段塞单元的长度，m。

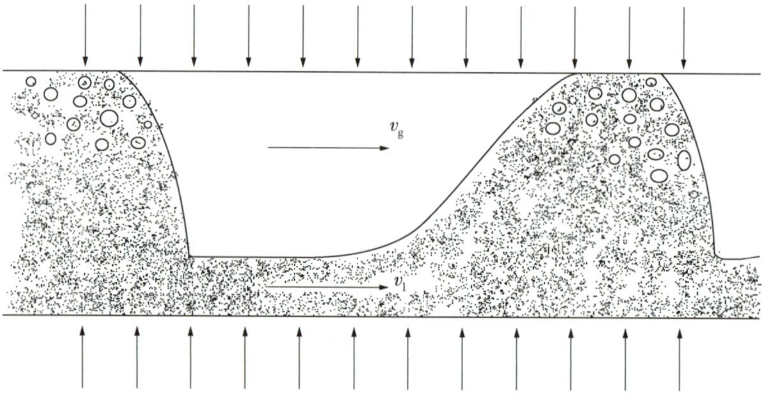

图 3-1-64　水平微元段多相间歇流示意图

忽略段塞单元在该微元段入流处和出流处所占过流断面的面积的差别(即 $A_i=A_o=A$)。等号右边第三项为:

$$\rho_{gw}A_i v_{gwi}^2-\rho_{gw}A_o v_{gwi-1}^2=\rho_{gw}A(v_{gwi}+v_{gwi-1})(v_{gwi}-v_{gwi-1}) \tag{3-1-65}$$

整理后可得:

$$\frac{dp}{dL}=-\frac{\tau_B\pi DL_B+\tau_A Z_A L_A+\tau_g Z_g L_A}{L_D A}-\frac{2}{A}\rho_{gw}v_{gw}q_{igw} \tag{3-1-66}$$

式中　τ_B——水相段塞与井壁间的剪切应力,Pa;

L_B——水相段塞区的长度,m;

τ_A——水膜与井壁间的剪切应力,Pa;

Z_A——水膜与井壁接触的长度,m;

L_A——水膜的长度,与长气泡长度相等,m;

τ_g——长气泡与井壁间的剪切应力,Pa;

Z_g——长气泡过流断面上边界的长度,m。

8. 实例井分析

针对页岩气井井筒特殊结构,笔者对井筒垂直段、倾斜段与水平段多相流模型的适应性进行了分析。分别使用涪陵页岩气田气井实测数据对垂直段、倾斜段与水平段多相流模型进行对比与优选。本书中对页岩气井井筒多相流模型的优选分为两步:第一步为初选,选用气井极限产气、产水条件下的实测压力、温度-深度数据,分析各类模型在不同油套尺寸(3⅜in、3⅞in 和 5½in)气井中的适应性,从 20 种垂直段与 19 种倾斜段、水平段多相流模型中初选各类条件(不同日产气量、日产水量、油套尺寸)下最适应的 5 种垂直段与 5 种倾斜段、水平段多相流模型;第二步为精选,使用备选的 5 种多相流模型对比大量实测数据,确定页岩气井最优模型。

实测数据来自涪陵页岩气田 253 口气井实际测量的压力-深度数据。将实测数据录入 SQL 数据库，利用 SQL 数据库分析不同生产状态下(日产气量与日产水量)，各类井筒多相流模型的适应性。垂直段多相流备选模型为国内外常用的 20 种垂直段多相流模型，如 Ansari 模型、Hagedorn-Brown 模型等，见表 3-1-23。

表 3-1-23 国内外常用的 20 种垂直段多相流模型

模型全称	模型简称	模型全称	模型简称
Ansari	ANSARI	No Slip Assumption	NOSLIP
Beggs-Brill Original	BBO	Orkiszewski	ORK
Beggs-Brill Revised	BBR	TUFFP Unified	TU2P
Duns-Ros	DR	Beggs-Brill	TBB
Govier，Aziz-Fogarasi	GA	Duns-Ros	TDR
Gray Modified	GRAYM	Govier，Aziz	TGA
Gray Original	GRAYO	Hagedorn-Brown(Revised)	THBR
Hagedorn-Brown	HBR	Hagedorn-Brown(Original)	THB
Hagedorn-Brown，Duns-Ros map	HBRDR	Mukherjee-Brill	TMB
Mukherjee-Brill	MB	Tulsa Orkiszewski	TORK

倾斜段、水平段多相流备选模型为国内外常用的 19 种倾斜段、水平段多相流模型，如 Beggs-Brill 模型、Mukherjee-Brill 模型等，见表 3-1-24。

表 3-1-24 国内外常用的 19 种倾斜段、水平段多相流模型

模型全称	模型简称	模型全称	模型简称
Beggs-Brill Original	BBO	No Slip Assumption	NOSLIP
Beggs-Brill，Taitel Dukler map	BBOTD	Oliemans	OLIEMANS
Beggs-Brill Revised	BBR	Xiao	XIAO
Beggs-Brill Revised，Taitel Dukler map	BBRTD	TUFFP Unified 3	TU2P
Baker Jardine Revised	BJA	Beggs-Brill	TBB
Dukler，AGA-Flanagan	DKAGAD	Dukler	TDUK
Dukler，AGA-Flanagan(Eaton Holdup)	DKAGAF	Mukherjee-Brill	TMB
Lockhart-Martinelli	LOCKMAR	Segregated Flow(linktype 4)	BP1
Lockhart-Martinelli，Taitel-Dukler map	LOCKMARTD	Segregated Flow(linktype 6)	BP2
Mukherjee-Brill	MB	—	—

从20种垂直段与19种倾斜段、水平段多相流模型中初选出各类条件(不同产气量、产水量、油套尺寸)下最适应的5种垂直段与5种倾斜段、水平段多相流模型。

从涪陵页岩气田253口气井实际测量的压力、温度-深度数据中，选取不同油套尺寸(2⅜in、2⅞in和5½in)极限生产情况(气多水多、气少水多、气多水少、气少水少)的气井，见表3-1-25。

表3-1-25　页岩气井多相流模型优选数据源

井　号	测压日期	井口压力/MPa	产气量/($10^4m^3/d$)	产水量/(m^3/d)	油套尺寸/in	备　注
焦页60-2HF	2016-6-30	14.43	11.90	14.0	2⅜	气多水多
焦页38-2HF	2016-8-4	16.92	1.50	84.1	2⅜	气少水多
焦页60-2HF	2016-11-7	12.00	10.30	4.3	2⅜	气多水少
焦页60-2HF	2016-10-24	14.02	6.00	5.5	2⅜	气少水少
焦页1-2HF	2014-10-9	21.36	21.00	28.3	2⅞	气多水多
焦页63-2HF	2016-10-29	13.00	6.00	28.0	2⅞	气少水多
焦页1-2HF	2016-1-30	17.06	18.72	0.7	2⅞	气多水少
焦页1-2HF	2015-4-10	22.60	6.10	0	2⅞	气少水少
焦页37-3HF	2016-5-10	17.80	18.24	33.0	5½	气多水多
焦页44-5HF	2016-6-14	13.04	5.05	15.5	5½	气少水多
焦页6-2HF	2014-8-4	8.16	38.10	2.3	5½	气多水少
焦页6-2HF	2015-9-14	5.40	3.40	0.8	5½	气少水少

通过对比实测与模型预测的压力、温度-深度数据，以实测压力、温度与模型预测压力、温度的绝对差值最小为判别标准，优选出各类极限生产条件下最适应的5种垂直段与5种倾斜段、水平段多相流模型。

1）气多水多2⅜in井模型优选(焦页60-2HF井)

焦页60-2HF井位于重庆市涪陵区白涛镇联农村3组，是针对上奥陶统五峰组—下志留统龙马溪组下部页岩气层部署的一口页岩气开发井，该井于2015年10月25日生产，于2016年6月23日下入2⅜in油管生产。使用该井2016年6月30日的测试数据，优选气多水多2⅜in井多相流模型，如图3-1-65所示。

将气井实际井身结构与测压当日生产数据(井口压力、日产气量、日产水量)代入垂直段和倾斜段、水平段多相流模型，并对比各模型预测结果与气井实测压力、温度-深度数据，优选各条件下最适应的5种垂直段与5种倾斜段、水平段多相流模型，结果见表3-1-26。

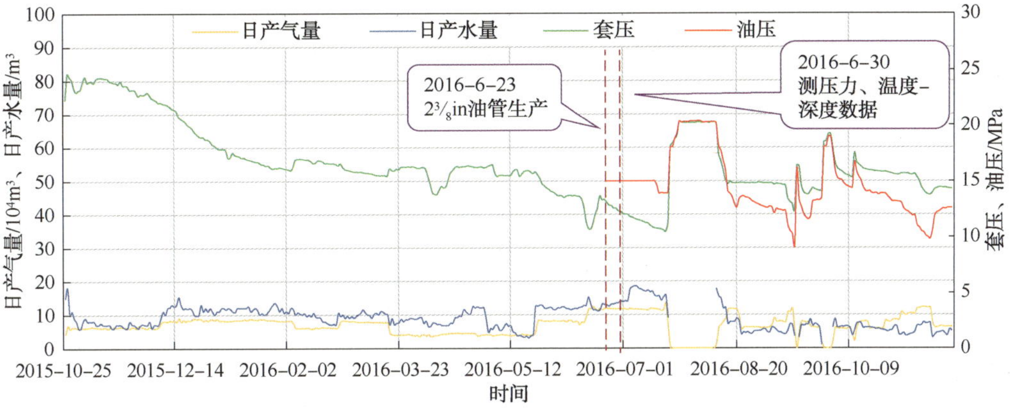

图 3-1-65　焦页 60-2HF 井生产曲线

表 3-1-26　气多水多 $2^3/_8$in 井(焦页 60-2HF 井)模型优选结果

模型简称	模型类别	压力值误差	温度值误差	总计误差
GRAYO	垂直段模型	50.30	58.38	5089.0
GRAYM	垂直段模型	50.33	58.38	5091.3
NOSLIP	垂直段模型	68.95	58.38	6954.2
MB	垂直段模型	94.14	56.69	9471.6
HBR	垂直段模型	110.93	57.48	11151.2
LOCKMAR	水平段模型	109.58	58.79	11017.1
LOCKMARTD	水平段模型	109.58	58.79	11017.1
NOSLIP	水平段模型	109.58	58.79	11017.1
BBOTD	水平段模型	109.80	58.58	11039.2
BBRTD	水平段模型	109.89	58.50	11047.6

2）气少水多 $2^3/_8$in 井模型优选(焦页 38-2HF 井)

焦页 38-2HF 井位于重庆市涪陵区天台乡新梨村 5 社，是针对上奥陶统五峰组—下志留统龙马溪组下部页岩气层部署的一口页岩气开发井，该井于 2016 年 3 月 28 日生产，于 2016 年 5 月 14 日下入 $2^3/_8$in 油管生产。使用该井 2016 年 8 月 4 日的测试数据，优选气少水多 $2^3/_8$in 井多相流模型，如图 3-1-66 所示。

将气井实际井身结构与测压当日生产数据(井口压力、日产气量、日产水量)代入垂直段和倾斜段、水平段多相流模型，并对比各模型预测结果与气井实测压力、温度-深度数据，优选各条件下最适应的 5 种垂直段与 5 种倾斜段、水平段多相流模型，结果见表 3-1-27。在优选的垂直段多相流模型中，GRAYM、GRAYO 模型适应性最佳；在优选的倾斜段、水平段多相流模型中，BJA 模型适应性最佳。

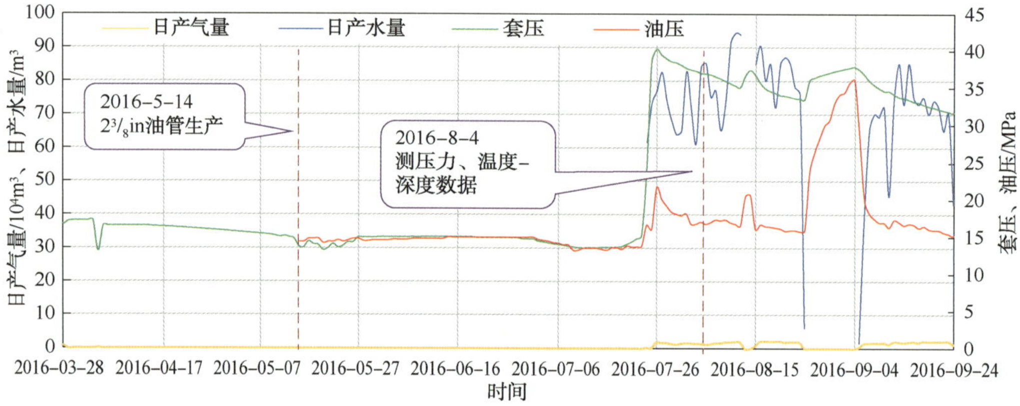

图 3-1-66　焦页 38-2HF 井生产曲线

表 3-1-27　气少水多 2⅜in 井(焦页 38-2HF 井)模型优选结果

模型简称	模型类别	压力值误差	温度值误差	总计误差
GRAYM	垂直段模型	9.64	47.80	1011.6
GRAYO	垂直段模型	9.66	47.66	1013.2
MB	垂直段模型	11.27	52.17	1179.6
DR	垂直段模型	12.23	58.32	1281.5
GA	垂直段模型	15.07	46.14	1553.2
BJA	水平段模型	15.12	49.44	1561.5
BBRTD	水平段模型	15.12	49.44	1561.8
MB	水平段模型	15.13	49.45	1562.0
BBOTD	水平段模型	15.13	49.45	1562.1
BBR	水平段模型	15.13	49.45	1562.2

3）气多水少 2⅜in 井模型优选(焦页 60-2HF 井)

使用焦页 60-2HF 井 2016 年 11 月 7 日的测试数据，优选气多水少 2⅜in 井多相流模型，如图 3-1-67 所示。

将气井实际井身结构与测压当日生产数据(井口压力、日产气量、日产水量)代入垂直段和倾斜段、水平段多相流模型，并对比各模型预测结果与气井实测压力、温度-深度数据，优选各条件下最适应的 5 种垂直段与 5 种倾斜段、水平段多相流模型，结果见表 3-1-28。

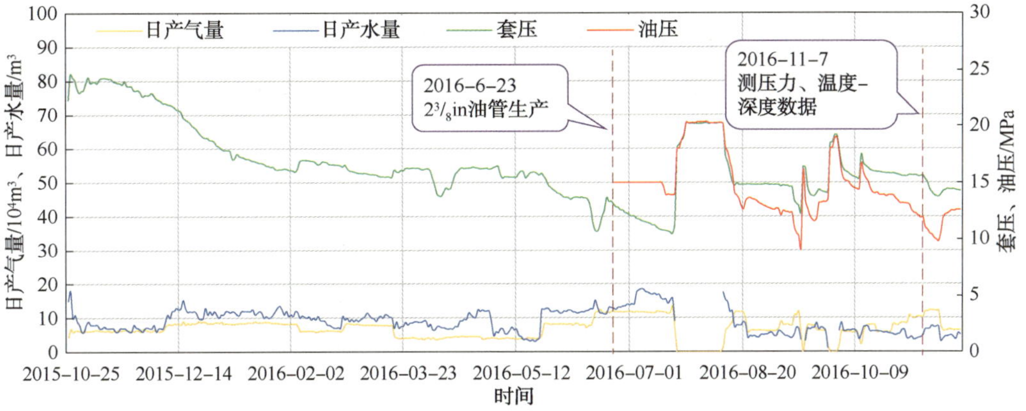

图 3-1-67 焦页 60-2HF 井生产曲线

表 3-1-28 气多水少 2⅜in 井(焦页 60-2HF 井)模型优选结果

模型简称	模型类别	压力值误差	温度值误差	总计误差
GRAYO	垂直段模型	2.448	20.407	265.27
MB	垂直段模型	2.606	20.700	281.32
GRAYM	垂直段模型	3.899	20.316	410.27
BBR	垂直段模型	6.203	22.994	643.35
HBR	垂直段模型	7.950	48.734	843.79
TDUK	水平段模型	7.930	47.616	840.66
DKAGAF	水平段模型	7.930	47.614	840.66
DKAGAD	水平段模型	7.930	47.619	840.68
XIAO	水平段模型	7.941	48.207	842.33
TU2P	水平段模型	7.941	48.506	842.64

4）气少水少 2⅜in 井模型优选(焦页 60-2HF 井)

使用焦页 60-2HF 井 2016 年 10 月 24 日的测试数据，用于优选气少水少 2⅜in 井多相流模型，如图 3-1-68 所示。

将气井实际井身结构与测压当日生产数据(井口压力、日产气量、日产水量)代入垂直段和倾斜段、水平段多相流模型，并对比各模型预测结果与气井实测压力、温度-深度数据，优选各条件下最适应的 5 种垂直段与 5 种倾斜段、水平段多相流模型，结果见表 3-1-29。在优选的垂直段多相流模型中，MB 模型适应性最佳；在优选的倾斜段、水平段多相流模型中，DKAGAD 模型适应性最佳。

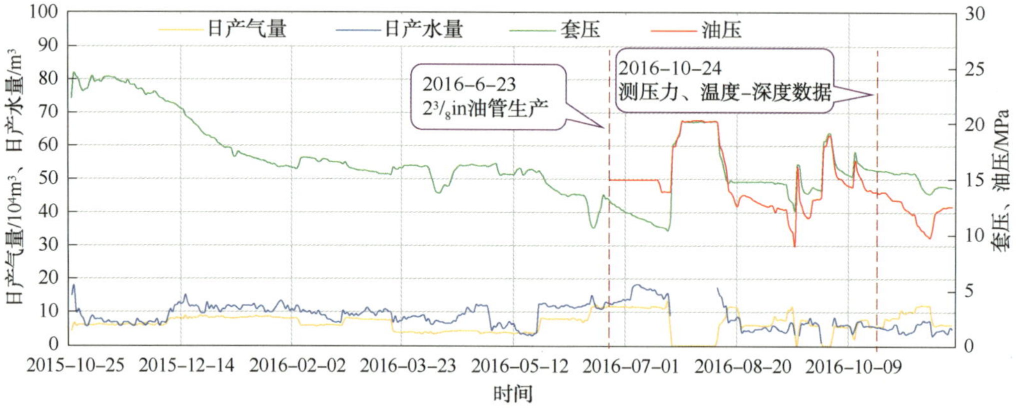

图 3-1-68 焦页 60-2HF 井生产曲线

表 3-1-29 气少水少 2⅜in 井(焦页 60-2HF 井)模型优选结果

模型简称	模型类别	压力值误差	温度值误差	总计误差
MB	垂直段模型	6.768	55.302	732.18
GRAYM	垂直段模型	9.437	17.411	961.14
GRAYO	垂直段模型	9.437	17.411	961.14
BBR	垂直段模型	26.582	20.272	2678.50
HBR	垂直段模型	29.799	28.737	3008.72
DKAGAD	水平段模型	29.645	30.632	2995.12
DKAGAF	水平段模型	29.645	30.632	2995.13
BP1	水平段模型	29.653	30.674	2996.32
BP2	水平段模型	29.653	30.674	2996.65
TU2P	水平段模型	29.697	30.097	2999.81

5) 气多水多 2⅞in 井模型优选(焦页 1-2HF 井)

焦页 1-2HF 井位于重庆市涪陵区焦石镇楠木村 4 组，是针对上奥陶统五峰组—下志留统龙马溪组下部页岩气层部署的一口页岩气评价井，该井于 2013 年 10 月 24 日生产，于 2014 年 4 月 7 日下入 2⅞in 油管生产。使用该井 2014 年 10 月 9 日的测试数据，优选气多水多 2⅞in 井多相流模型，如图 3-1-69 所示。

将气井实际井身结构与测压当日生产数据(井口压力、日产气量、日产水量)代入垂直段和倾斜段、水平段多相流模型，并对比各模型预测结果与气井实测压力、温度-深度数据，优选各条件下最适应的 5 种垂直段与 5 种倾斜段、水平段多相流模型，结果见表 3-1-30。

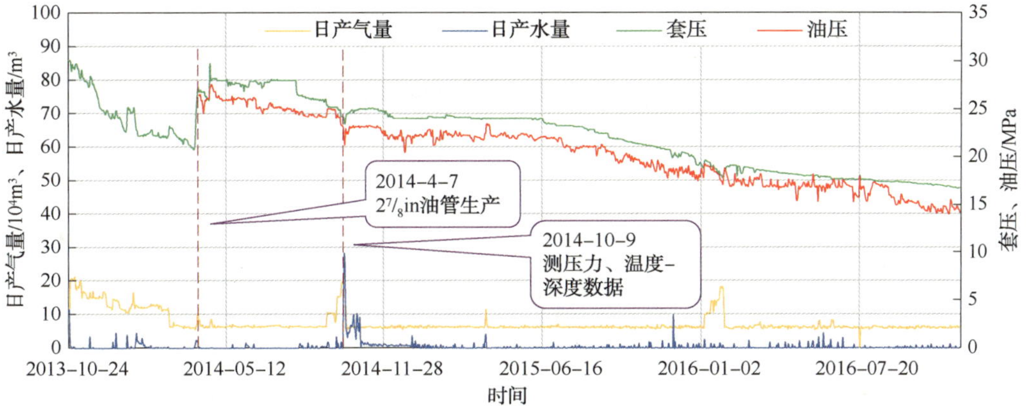

图 3-1-69　焦页 1-2HF 井生产曲线

表 3-1-30　气多水多 2⅞in 井(焦页 1-2HF 井)模型优选结果

模型简称	模型类别	压力值误差	温度值误差	总计误差
MB	垂直段模型	3.922	40.027	432.25
GA	垂直段模型	4.045	39.887	444.44
GRAYO	垂直段模型	4.262	40.778	467.04
GRAYM	垂直段模型	4.263	40.778	467.15
DR	垂直段模型	6.288	41.014	669.84
TU2P	水平段模型	8.185	47.632	866.16
OLIEMANS	水平段模型	8.187	48.015	866.77
LOCKMAR	水平段模型	8.195	48.137	867.70
LOCKMARTD	水平段模型	8.195	48.137	867.70
NOSLIP	水平段模型	8.195	48.137	867.70

6）气少水多 2⅞in 井模型优选(焦页 63-2HF 井)

焦页 63-2HF 井位于重庆市涪陵区白涛镇三门子村 9 组，是针对上奥陶统五峰组—下志留统龙马溪组下部页岩气层部署的一口页岩气开发水平井，该井于 2016 年 3 月 6 日下入 2⅞in 油管，于 2016 年 5 月 23 日生产。使用该井 2016 年 10 月 29 日的测试数据，优选气少水多 2⅞in 井多相流模型，如图 3-1-70 所示。

将气井实际井身结构与测压当日生产数据(井口压力、日产气量、日产水量)代入垂直段和倾斜段、水平段多相流模型，并对比各模型预测结果与气井实测压力、温度-深度数据，优选各条件下最适应的 5 种垂直段与 5 种倾斜段、水平段多相流模型，结果见表 3-1-31。在优选的垂直段多相流模型中，GRAYO、GRAYM 模型适应性最佳；在优选的倾斜段、水平段多相流模型中，TBB 模型适应性最佳。

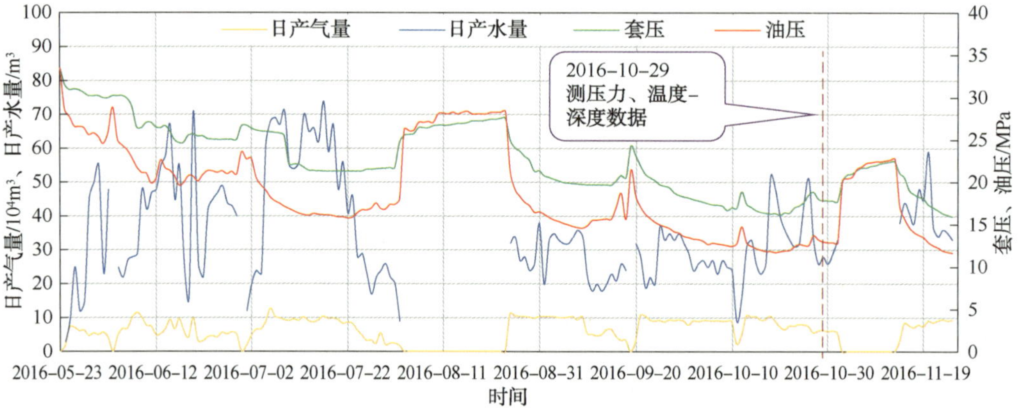

图 3-1-70　焦页 63-2HF 井生产曲线

表 3-1-31　气少水多 2⅞in 井(焦页 63-2HF 井)模型优选结果

模型简称	模型类别	压力值误差	温度值误差	总计误差
GRAYO	垂直段模型	16.988	28.373	1727.2
GRAYM	垂直段模型	17.234	30.104	1753.5
MB	垂直段模型	19.525	28.912	1981.4
HBR	垂直段模型	22.465	28.500	2275.4
HBRDR	垂直段模型	22.465	28.500	2275.4
TBB	水平段模型	22.004	35.442	2235.9
TDUK	水平段模型	22.006	35.465	2236.1
XIAO	水平段模型	22.007	35.479	2236.2
BP1	水平段模型	22.008	35.485	2236.2
BP2	水平段模型	22.008	35.485	2236.2

7）气多水少 2⅞in 井模型优选(焦页 1-2HF 井)

使用焦页 1-2HF 井 2016 年 1 月 30 日的测试数据，优选气多水少 2⅞in 井多相流模型，如图 3-1-71 所示。

将气井实际井身结构与测压当日生产数据(井口压力、日产气量、日产水量)代入垂直段和倾斜段、水平段多相流模型，并对比各模型预测结果与气井实测压力、温度-深度数据，优选各条件下最适应的 5 种垂直段与 5 种倾斜段、水平段多相流模型，结果见表 3-1-32。

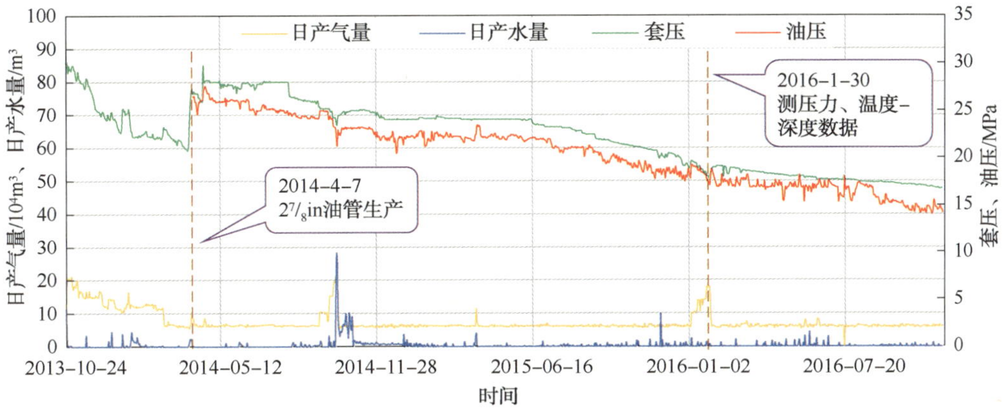

图 3-1-71　焦页 1-2HF 井生产曲线

表 3-1-32　气多水少 $2\frac{7}{8}$in 井(焦页 1-2HF 井)模型优选结果

模型简称	模型类别	压力值误差	温度值误差	总计误差
BBR	垂直段模型	1.375	38.027	175.60
HBR	垂直段模型	1.527	31.651	184.38
HBRDR	垂直段模型	1.527	31.651	184.38
BBO	垂直段模型	1.651	35.113	200.23
NOSLIP	垂直段模型	1.733	31.776	205.15
BP1	水平段模型	1.516	31.609	183.27
BP2	水平段模型	1.516	31.609	183.27
TU2P	水平段模型	1.525	31.660	184.22
DKAGAD	水平段模型	1.527	31.639	184.34
DKAGAF	水平段模型	1.527	31.639	184.34

8) 气少水少 $2\frac{7}{8}$in 井模型优选(焦页 1-2HF 井)

使用焦页 1-2HF 井 2015 年 4 月 10 日的测试数据，优选气少水少 $2\frac{7}{8}$in 井多相流模型，如图 3-1-72 所示。

将气井实际井身结构与测压当日生产数据(井口压力、日产气量、日产水量)代入垂直段和倾斜段、水平段多相流模型，并对比各模型预测结果与气井实测压力、温度-深度数据，优选各条件下最适应的 5 种垂直段与 5 种倾斜段、水平段多相流模型，结果见表 3-1-33。在优选的垂直段多相流模型中，BBR 模型适应性最佳，GRAYO、GRAYM 模型次之；在优选的倾斜段、水平段多相流模型中，TBB 模型适应性最佳。

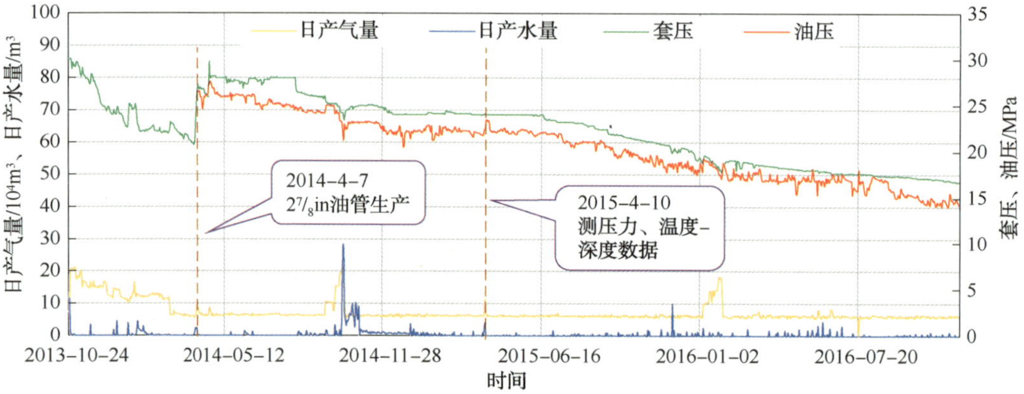

图 3-1-72 焦页 1-2HF 井生产曲线

表 3-1-33 气少水少 $2\frac{7}{8}$in 井(焦页 1-2HF 井)模型优选结果

模型简称	模型类别	压力值误差	温度值误差	总计误差
BBR	垂直段模型	17.727	61.367	1834.1
GRAYO	垂直段模型	19.107	61.537	1972.3
GRAYM	垂直段模型	19.108	61.537	1972.3
BBO	垂直段模型	19.659	61.582	2027.5
MB	垂直段模型	30.351	24.019	3059.1
TU2P	水平段模型	31.869	17.166	3204.1
BP1	水平段模型	31.957	17.228	3212.9
BP2	水平段模型	31.957	17.228	3212.9
XIAO	水平段模型	31.972	17.227	3214.4
TDUK	水平段模型	32.080	17.179	3225.1

9）气多水多 $5\frac{1}{2}$in 井模型优选(焦页 37-3HF 井)

使用焦页 37-3HF 井 2016 年 5 月 10 日的测试数据，优选气多水多 $5\frac{1}{2}$in 井多相流模型，如图 3-1-73 所示。

将气井实际井身结构与测压当日生产数据(井口压力、日产气量、日产水量)代入垂直段和倾斜段、水平段多相流模型，并对比各模型预测结果与气井实测压力、温度-深度数据，优选各条件下最适应的 5 种垂直段与 5 种倾斜段、水平段多相流模型，结果见表 3-1-34。

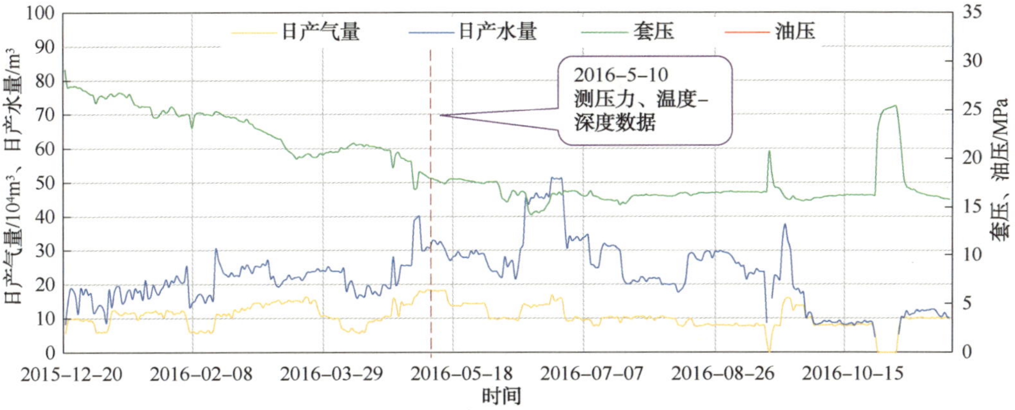

图 3-1-73　焦页 37-3HF 井生产曲线

表 3-1-34　气多水多 5½in 井(焦页 37-3HF 井)模型优选结果

模型简称	模型类别	压力值误差	温度值误差	总计误差
GRAYO	垂直段模型	11.713	41.322	1212.6
GRAYM	垂直段模型	11.833	40.384	1223.7
MB	垂直段模型	12.652	38.574	1303.8
GA	垂直段模型	16.046	38.857	1643.4
HBR	垂直段模型	16.698	40.889	1710.7
TDUK	水平段模型	11.894	36.042	1225.4
XIAO	水平段模型	12.474	36.099	1283.5
BBOTD	水平段模型	13.163	49.53	1365.8
BBRTD	水平段模型	15.025	40.654	1543.2
MB	水平段模型	15.092	42.025	1551.2

10）气少水多 5½in 井模型优选(焦页 44-5HF 井)

焦页 44-5HF 井位于重庆市涪陵区天台乡土龙村 5 组，是针对上奥陶统五峰组—下志留统龙马溪组下部页岩气层部署的一口页岩气开发井，该井于 2015 年 10 月 25 日生产。使用该井 2016 年 6 月 14 日的测试数据，优选气少水多 5½in 井多相流模型，如图 3-1-74 所示。

将气井实际井身结构与测压当日生产数据(井口压力、日产气量、日产水量)代入垂直段和倾斜段、水平段多相流模型，并对比各模型预测结果与气井实测压力、温度-深度数据，优选各条件下最适应的 5 种垂直段与 5 种倾斜段、水平段多相流模型，结果见表 3-1-35。

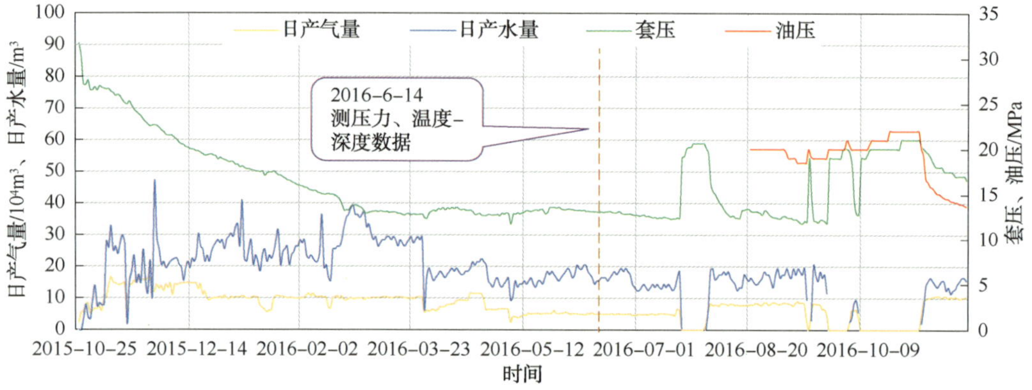

图 3-1-74　焦页 44-5HF 井生产曲线

表 3-1-35　气少水多 5½in 井(焦页 44-5HF 井)模型优选结果

模型简称	模型类别	压力值误差	温度值误差	总计误差
MB	垂直段模型	18. 60	29. 29	1889. 6
GRAYM	垂直段模型	23. 79	39. 07	2418. 9
GRAYO	垂直段模型	23. 79	39. 07	2419. 9
HBR	垂直段模型	123. 98	29. 17	12427. 0
HBRDR	垂直段模型	123. 98	29. 17	12427. 1
DKAGAD	水平段模型	121. 06	29. 24	12135. 3
TBB	水平段模型	122. 38	29. 13	12267. 4
TDUK	水平段模型	122. 44	29. 13	12274. 2
DKAGAF	水平段模型	122. 69	29. 04	12298. 7
BBO	水平段模型	123. 14	29. 16	12343. 6

11）气多水少 5½in 井模型优选(焦页 6-2HF 井)

焦页 6-2HF 井位于重庆市涪陵区焦石镇楠木村 9 组，是针对上奥陶统五峰组—下志留统龙马溪组下部页岩气层部署的一口页岩气评价井，该井于 2013 年 9 月 29 日生产。使用该井 2014 年 8 月 4 日的测试数据，优选气多水少 5½in 井多相流模型，如图 3-1-75 所示。

将气井实际井身结构与测压当日生产数据(井口压力、日产气量、日产水量)代入垂直段和倾斜段、水平段多相流模型，并对比各模型预测结果与气井实测压力、温度-深度数据，优选各条件下最适应的 5 种垂直段与 5 种倾斜段、水平段多相流模型，结果见表 3-1-36。在优选的垂直段多相流模型中，GA 模型适应性最佳，GRAYO、GRAYM 模型次之；在优选的倾斜段、水平段多相流模型中，BBRTD 模型适应性最佳。

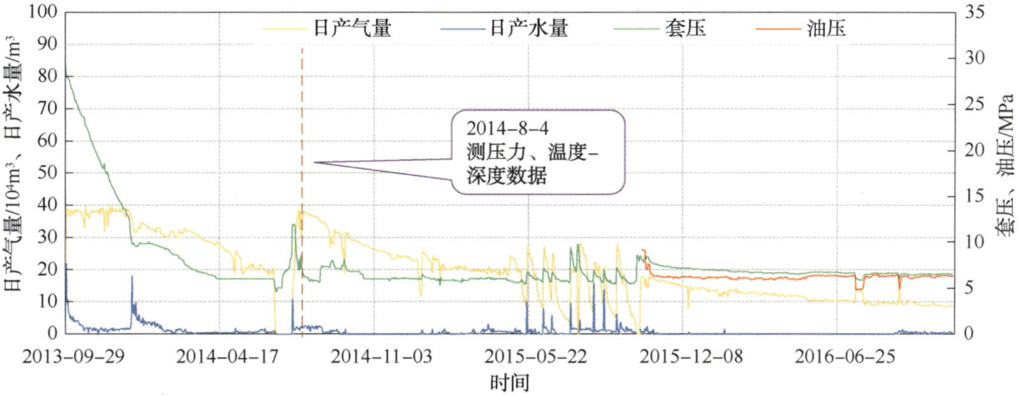

图 3-1-75　焦页 6-2HF 井生产曲线

表 3-1-36　气多水少 5½in 井(焦页 6-2HF 井)模型优选结果

模型简称	模型类别	压力值误差	温度值误差	总计误差
GA	垂直段模型	1.0791	57.305	165.22
GRAYO	垂直段模型	2.0753	46.027	253.56
GRAYM	垂直段模型	2.0755	45.997	253.55
HBR	垂直段模型	2.2326	44.997	268.26
HBRDR	垂直段模型	2.2326	44.997	268.26
BBRTD	水平段模型	1.9053	45.11	235.64
BP1	水平段模型	2.0672	45.247	251.97
BP2	水平段模型	2.0672	45.247	251.97
BBOTD	水平段模型	2.1239	45.042	257.43
LOCKMAR	水平段模型	2.2114	44.561	265.7

12）气少水少 5½in 井模型优选(焦页 6-2HF 井)

使用焦页 6-2HF 井 2015 年 9 月 14 日的测试数据，优选气少水少 5½in 井多相流模型，如图 3-1-76 所示。

将气井实际井身结构与测压当日生产数据(井口压力、日产气量、日产水量)代入垂直段和倾斜段、水平段多相流模型，并对比各模型预测结果与气井实测压力、温度-深度数据，优选各条件下最适应的 5 种垂直段与 5 种倾斜段、水平段多相流模型，结果见表 3-1-37。

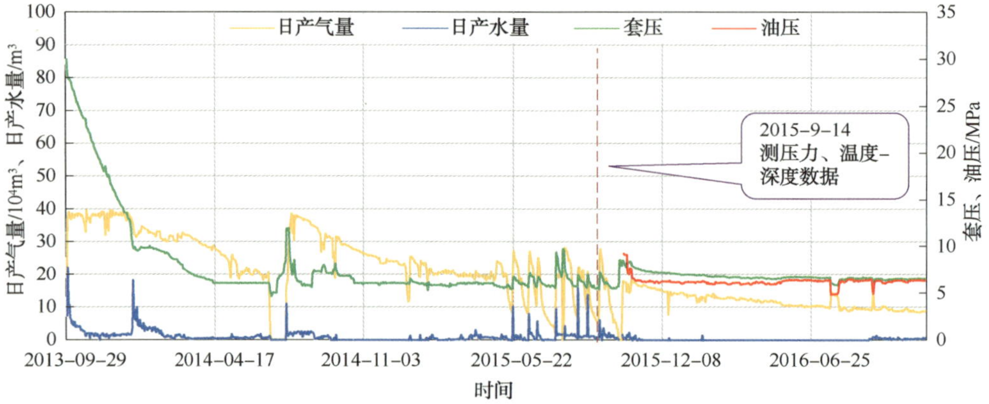

图 3-1-76　焦页 6-2HF 井生产曲线

表 3-1-37　气少水少 5½in 井(焦页 6-2HF 井)模型优选结果

模型简称	模型类别	压力值误差	温度值误差	总计误差
BBR	垂直段模型	57.65	50.61	5816.4
BBO	垂直段模型	66.02	23.37	6626.2
GRAYO	垂直段模型	73.57	52.12	7409.3
GRAYM	垂直段模型	73.57	52.12	7409.8
DR	垂直段模型	228.62	47.75	22909.0
TDUK	水平段模型	227.25	23.32	22749.1
DKAGAD	水平段模型	227.35	23.39	22759.2
DKAGAF	水平段模型	227.35	23.39	22759.1
XIAO	水平段模型	232.25	23.33	23248.6
BP1	水平段模型	232.30	23.41	23254.2

分析上述实例井模型优选结果可知：

(1) 对比垂直段模型与水平段模型计算结果，垂直段模型计算压力值误差为 2.41～73.57，水平段模型计算压力值误差为 7.35～232.30，所有类型气井(不同日产气量、日产水量、管径)中，水平段模型计算压力值误差均大于垂直段模型计算压力值误差，水平段模型误差约为垂直段模型误差的 3 倍，垂直段模型计算结果更加接近，垂直段模型更加适合页岩气井筒多相流描述。

(2) 由于垂直段、水平段模型均可用于水平井筒垂直段、倾斜段和水平段，为了工程中应用方便，可在备选垂直段、水平段模型中选取一种适应性最好的井筒多相流模型，结合涪陵页岩气流体流动参数关系式，建立涪陵页岩气井筒多相流模型。

(3) 基于不同日产气量、日产水量、管径气井的多相流模型适应性分析结果，发现在 12 类气井井筒压力、温度的计算中，GRAYM、GRAYO 模型预测精度排名在前二位的有 9 类，预测精度远高于其他模型；基于 GRAYM、GRAYO 井筒多相流模型，结合涪陵页岩气流体流动参数关系式，建立涪陵页岩气井筒多相流模型，可较为准确地描述涪陵页岩气井筒多相流动。

四、页岩气井筒流动压力损失

综合考虑页岩气井筒内流动压力损失、裂缝流体汇入井筒压力损失、环空回流压力损失，建立页岩气井全井筒流动模型，用于分析页岩气井全井筒压力、温度、流速、持液率等参数的位置分布。

（一）井筒内流动压力损失

利用生产气井油压及日产气量，通过气井的管流压降模型，计算气井在无积液情况下的气井井底流压，进而确定气井井筒内流动压力损失。本书中分析不同油套尺寸（2in、$2\frac{3}{8}$in、$2\frac{7}{8}$in 和 $5\frac{1}{2}$in）、不同日产气量（$5\times10^4m^3$、$10\times10^4m^3$、$15\times10^4m^3$ 和 $20\times10^4m^3$）、日产水量（$2\sim50m^3$）条件下，气井井筒内流动压力损失。

1. 气井日产气量 $5\times10^4m^3$

设定气井日产气量 $5\times10^4m^3$，利用页岩气井筒多相流模型计算气井不同油套尺寸（2in、$2\frac{3}{8}$in、$2\frac{7}{8}$in 和 $5\frac{1}{2}$in）、日产水量（$2\sim50m^3$）、井斜角（$0\sim90°$）条件下井筒内流动压力损失，并用压力梯度表示（MPa/100m），如图 3-1-77 所示。

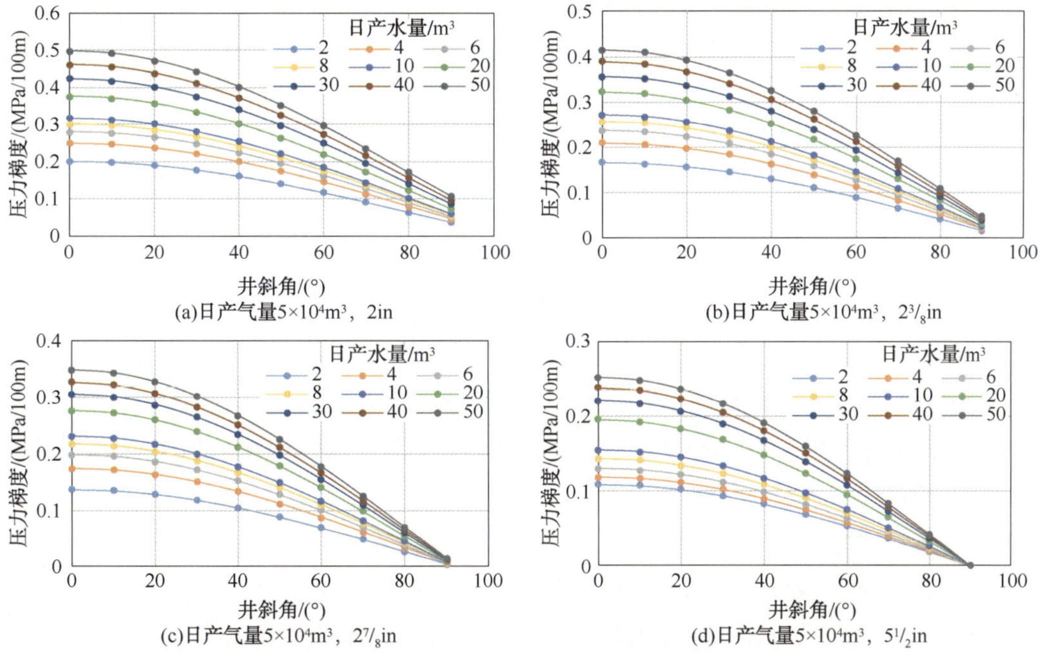

图 3-1-77　日产气量 $5\times10^4m^3$ 井筒内流动压力损失

由图 3-1-77 可以发现，气井日产水量对井筒内流动压力损失有影响，但影响不大，气井日产水量越多，井筒内流动压力损失越大。井斜角对井筒内流动压力损失影响较大，气井井斜角越大，井筒内流动压力损失越小。

2. 气井日产气量 $10\times10^4m^3$

设定气井日产气量 $10\times10^4m^3$，利用页岩气井筒多相流模型计算气井不同油套尺寸（2in、2⅜in、2⅞in 和 5½in）、日产水量、井斜角条件下井筒内流动压力损失，并用压力梯度表示（MPa/100m），如图 3-1-78 所示。

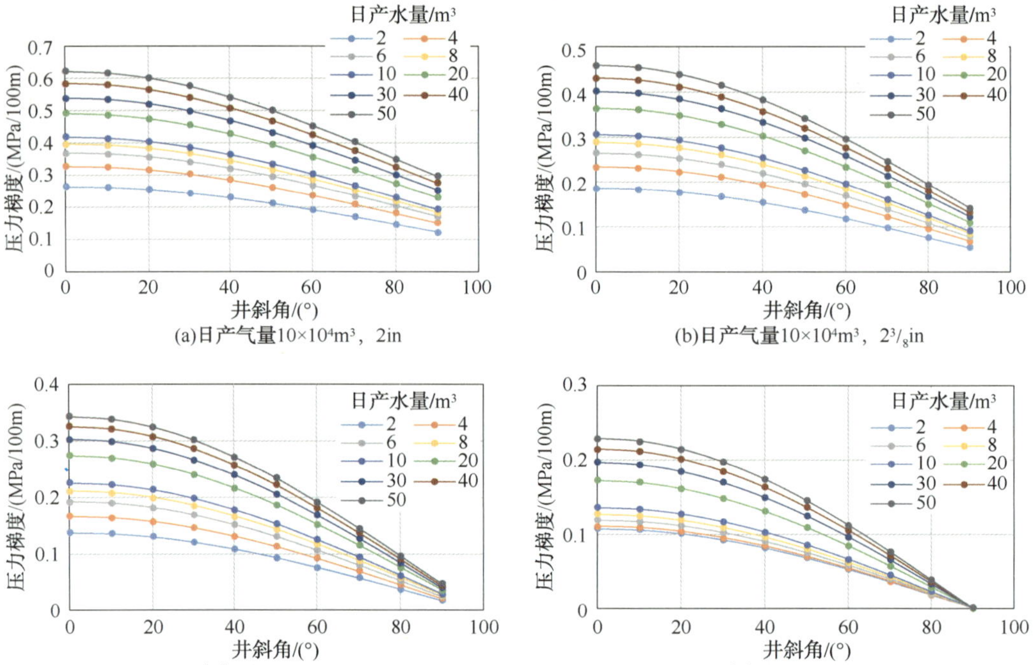

(a)日产气量 $10\times10^4m^3$，2in　(b)日产气量 $10\times10^4m^3$，$2^3/_8$in

(c)日产气量 $10\times10^4m^3$，$2^7/_8$in　(d)日产气量 $10\times10^4m^3$，$5^1/_2$in

图 3-1-78　日产气量 $10\times10^4m^3$ 井筒内流动压力损失

由图 3-1-78 可以发现，气井日产水量对井筒内流动压力损失有影响，但影响不大，气井日产水量越多，气井井筒内流动压力损失越大。气井井斜角对井筒内流动压力损失影响较大，气井井斜角越大，井筒内流动压力损失越小。对于连续油管工艺，当气井日产气量为 $10\times10^4m^3$ 时，水平井筒（井斜角>80°）连续油管内流动压力损失为 0.1～0.3MPa/100m。

3. 气井日产气量 $15\times10^4m^3$

设定气井日产气量 $15\times10^4m^3$，利用页岩气井筒多相流模型计算气井不同油套尺寸（2in、2⅜in、2⅞in 和 5½in）、日产水量、井斜角条件下井筒内流动压力损失，并用压力梯度表示（MPa/100m），如图 3-1-79 所示。

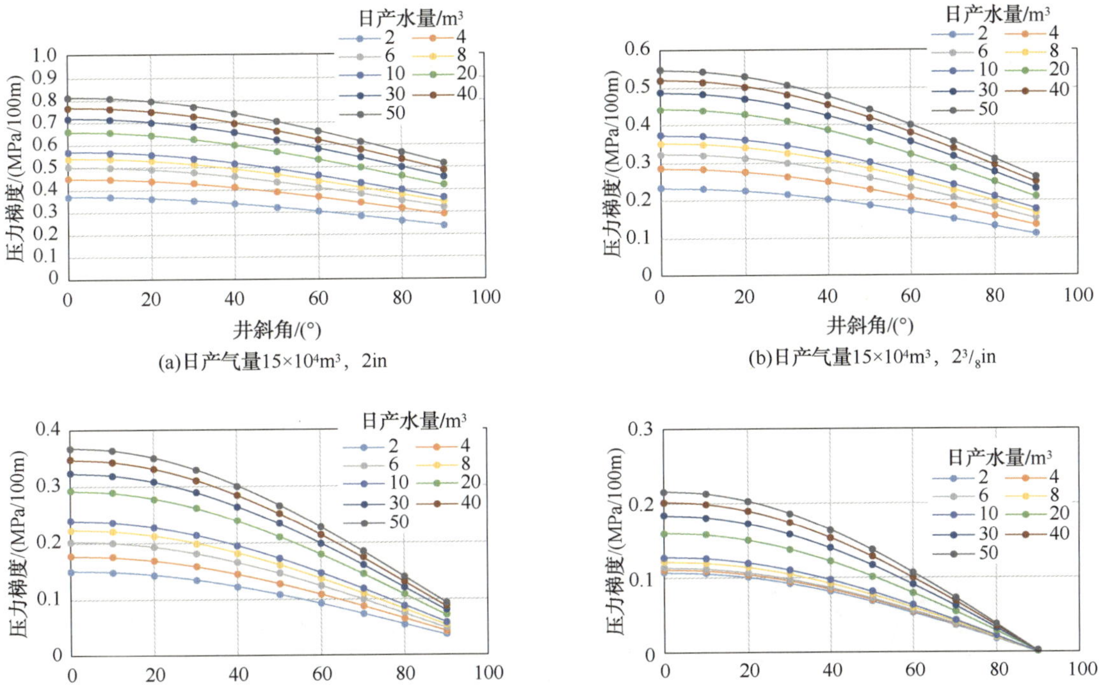

(a)日产气量15×10⁴m³，2in　(b)日产气量15×10⁴m³，2³/₈in　(c)日产气量15×10⁴m³，2⁷/₈in　(d)日产气量15×10⁴m³，5¹/₂in

图 3-1-79　日产气量 $15\times10^4m^3$ 井筒内流动压力损失

由图 3-1-79 可以发现，气井日产水量对井筒内流动压力损失有影响，但影响不大，气井日产水量越多，气井井筒内流动压力损失越大。气井井斜角对井筒内流动压力损失影响较大，气井井斜角越大，井筒内流动压力损失越小。对于连续油管工艺，当气井日产气量为 $15\times10^4m^3$ 时，水平井筒(井斜角>80°)连续油管内流动压力损失为 0.2~0.5MPa/100m。

4. 气井日产气量 $20\times10^4m^3$

设定气井日产气量 $20\times10^4m^3$，利用页岩气井筒多相流模型计算气井不同油套尺寸(2in、2⅜in、2⅞in 和 5½in)、日产水量、井斜角条件下井筒内流动压力损失，并用压力梯度表示(MPa/100m)，如图 3-1-80 所示。

由图 3-1-80 可以发现，气井日产水量对井筒内流动压力损失有影响，但影响不大，气井日产水量越多，气井井筒内流动压力损失越大。气井井斜角对井筒内流动压力损失影响较大，气井井斜角越大，井筒内流动压力损失越小。对于连续油管工艺，当气井日产气量为 $20\times10^4m^3$ 时，水平井筒(井斜角>80°)连续油管内流动压力损失为 0.4~0.8MPa/100m。

通过对比不同气井日产气量条件下，水平井筒(井斜角>80°)连续油管内流动压力损失，发现气井日产气量为 $10\times10^4m^3$ 左右时，连续油管内流动压力损失较小，较为适合使用连续油管工艺。

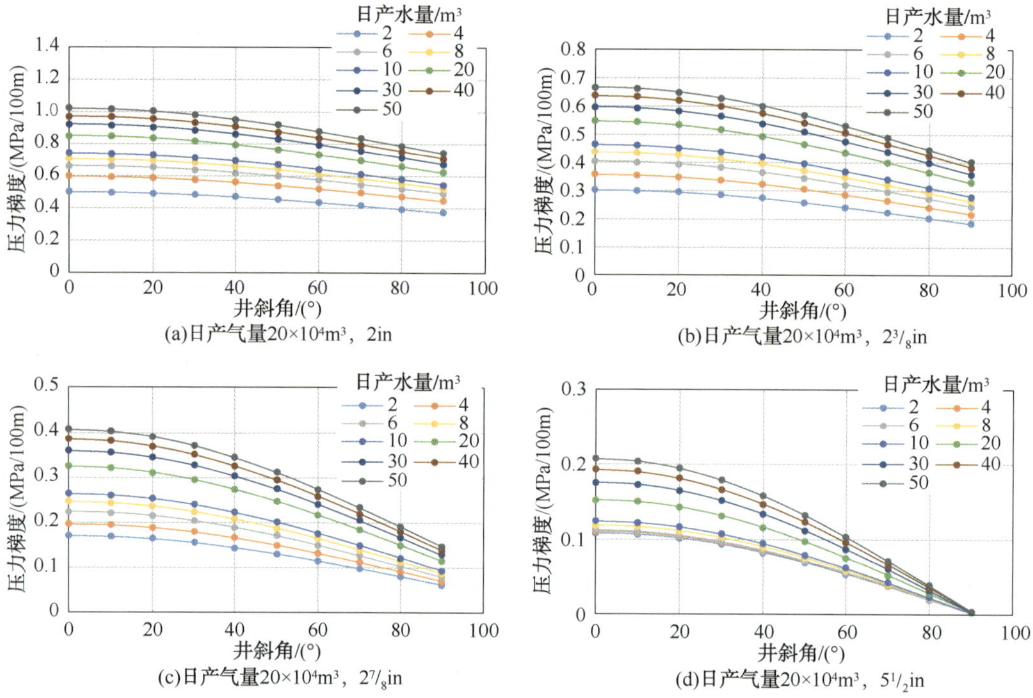

图 3-1-80　日产气量 $20\times10^4m^3$ 井筒内流动压力损失

（二）裂缝流体汇入井筒压力损失

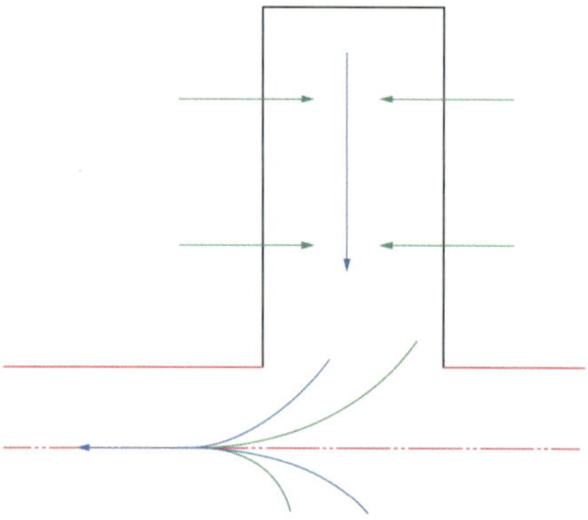

图 3-1-81　裂缝流体汇入井筒示意图

在气井生产时，由于在生产层中水平段的长度很长，因而当产量较大时，就不能忽略水平井筒的压降。目前，一般将水平段的压力损失分为摩擦损失、重力损失、加速损失和混合损失。其中，混合损失主要为裂缝流体汇入井筒压力损失，如图 3-1-81 所示。

对于裂缝流体汇入井筒压力损失，几乎所有学者都是通过实验得到数据，然后拟合出各自的混合损失计算公式。这样得到的公式具有一定的片面性，实用性不强。他们的计算公式一般都对自己的实验数据拟合得较好，但对别人的实验数据拟合却有较大的误差。由此可见，基本上他们都没有对水平井筒混合损失的机理进行研究，也没有一个具有普遍适用性的计算公式。鉴于此，需要从理论上研究气、液两相的裂缝流体汇入井筒压力损失的计算公式。

1. 裂缝流体汇入井筒压力损失模型建立

井筒内为气、液两相流体，假设：①井筒中流体为一维流动；②相间不存在传质；③等温、稳态流动。研究水平井上的一个压裂段，如图 3-1-82 所示。图中，v_1为井筒上游速度，v_4为混合之后的速度，v_p为入流速度，m/s；φ 为入流角（主流方向与入流方向的夹角）；A 为井筒面积，A_3为水力裂缝截面积，m^2；ΔL 为混合区域长度，m；p_1为井筒上游压力，p_4为井筒下游压力，Pa。

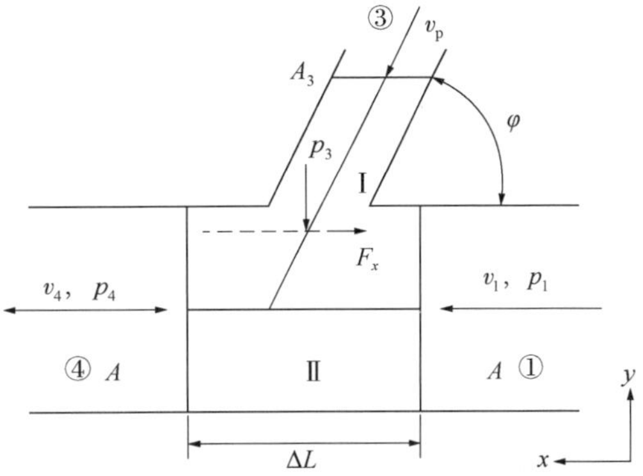

图 3-1-82　裂缝流体汇入井筒分析

如图 3-1-82 所示，由于仅仅考察有流体流入的这一小段，所以在这里不计流体与管壁和气、液两相之间的摩擦，也不计重力的影响。另外，由于径向流入的流体和轴向流入的流体在这里混合，将影响流体的重新分布，其流态非常复杂，为了计算简单，将其控制体Ⅰ和控制体Ⅱ内的流体作为混相来处理。其混相密度计算采用如下方法：

$$\rho=\alpha_1\rho_1+\alpha_g\rho_g \tag{3-1-67}$$

式中　α_1、α_g——体积含液率、体积含气率，无因次；

ρ_1、ρ_g——液相密度、气相密度，kg/m^3；

ρ——混相密度，kg/m^3。

$$\alpha_1=\frac{Q_1}{Q_g+Q_1},\quad \alpha_g=1-\alpha_1 \tag{3-1-68}$$

式中　若 $\alpha_1=1$，则为单相。

速度为按照气、液两相混合物的速度计算，即

$$v_1=\frac{Q_1}{A},\quad v_4=\frac{Q_4}{A} \tag{3-1-69}$$

$$Q_1=Q_{11}+Q_{g1},\quad Q_4=Q_{14}+Q_{g4}$$

式中　Q_i——混相体积流量，m^3/s，$i=1$，4；

Q_{1i}——轴向液相流量，m^3/s，$i=1$，4；

Q_{gi}——轴向气相流量，m^3/s，$i=1$，4。

首先对入流流体与主流流体混合时的控制体Ⅰ进行研究，先假设流体在改变速度方向之前，这一段为缓变流，由动量方程很容易得到 $F'_x=\rho q v_3\cos\varphi$。由此，控制体Ⅱ仅受 p_1、p_3、p_4和管壁的作用力 F_x等外力作用。由牛顿第三定律可知，$F_x=F'_x$，方向相反。

若设 h_{14}为从①到④单位质量流体由于混合而造成的能量损失。由此，可以写出从①到④的动量方程：

x 方向：

$$p_1A-p_4A+F_x=\rho Q_4v_4-\rho Q_1v_1 \tag{3-1-70}$$

连续性方程：

$$v_1A+q=v_4A \tag{3-1-71}$$

能量方程：

$$\frac{p_1}{\rho g}+\frac{v_1^2}{2g}=\frac{p_4}{\rho g}+\frac{v_4^2}{2g}+h_{14} \tag{3-1-72}$$

代入 F_x 的值：

$$p_1-p_4=\frac{\rho}{A}(Q_4v_4-Q_1v_1-qv_p\cos\varphi) \tag{3-1-73}$$

求得：

$$h_{14}=\frac{1}{\rho g}(p_1-p_4)+\frac{1}{2g}(v_1^2-v_4^2) \tag{3-1-74}$$

求出：

$$h_{14}=\frac{q^2+2v_1qA}{2gA^2}-\frac{qv_p\cos\varphi}{gA} \tag{3-1-75}$$

式中　q——气、液混合物在入流处的流量，m^3/s。

由式(3-1-75)可见，混合损失与入流量、入流角、入流速度、轴向流体速度和井筒半径等因素有关。

由此，可以得到 p_1 和 p_4 的关系式：

$$p_1-p_4=h_{14}\rho g+\frac{\rho q^2}{2A^2}+\frac{v_1q\rho}{A} \tag{3-1-76}$$

2. 裂缝流体汇入井筒压力损失模型验证

经过前面的公式推导，对公式进行了编程计算。计算分为两种情况：①同一管径时，不同入流速度和不同主流速度混合损失的计算；②同一主流速度时，不同入流速度和不同入流角混合损失的计算。假设管处于水平位置。

这一部分的计算数据来自周生田等所做的实验。他们进行的是单相实验，实验流体为水。实验管径 26.5mm，管长 8m，射孔直径 8mm，入流速度分别为：1.38m/s、2.10m/s、3.05m/s、3.87m/s、4.72m/s 和 5.52m/s，轴向液相流速为：0.600m/s、0.720m/s、0.920m/s、1.070m/s、1.200m/s、1.380m/s、1.520m/s、1.670m/s、1.830m/s、1.970m/s 和 2.100m/s，密度 1000kg/m³，黏度 1mPa · s，相对粗糙度 0.0001，入流角 90°。由图 3-1-83、图 3-1-84 可以看出，混合损失和主流速度呈线性关系，随入流速度增大而增大，并且随入流速度的增大其混合损失增大的幅度越大，即随入流速度的增大，图中直线的斜率增大。比较实验数据和计算结果，其相对误差(除了在实验中的数据)平均为11%。

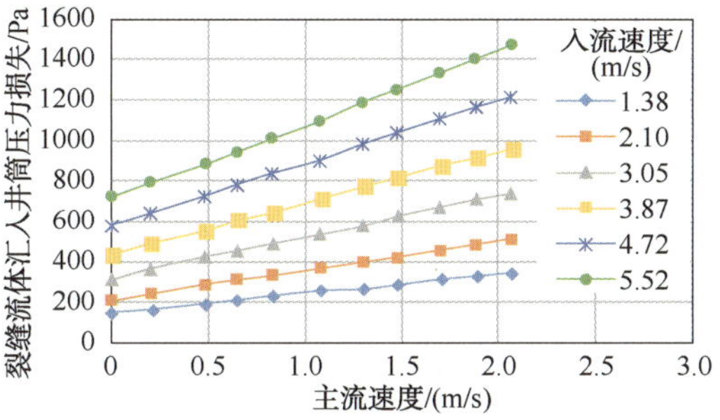

图3-1-83　裂缝流体汇入井筒压力损失实验结果

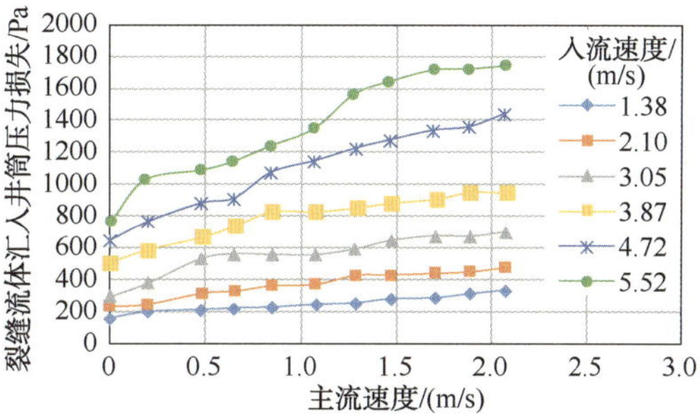

图3-1-84　裂缝流体汇入井筒压力损失模型预测结果

3. 裂缝流体汇入井筒压力损失分析

利用建立的裂缝流体汇入井筒压力损失模型，分析在不同压力情况下，不同裂缝汇入气量、水量，以及不同井筒上游气量、水量对裂缝流体汇入井筒压力损失的影响。通过分析发现，汇入点压力对裂缝流体汇入井筒压力损失的影响较大，裂缝流体汇入井筒压力损失随汇入点压力的增大而增大，且增大的幅度随汇入点压力的增大而减缓。产生该现象的原因是随汇入点压力的增大，裂缝流体汇入井筒后井筒内的气体密度增大，导致裂缝流体汇入井筒压力损失随之增大。

对比不同裂缝汇入气量、水量对裂缝流体汇入井筒压力损失的影响，发现裂缝汇入气量、水量对裂缝流体汇入井筒压力损失的影响有限。随着裂缝汇入气量的增大，裂缝流体汇入井筒压力损失微弱减小；随着裂缝汇入水量的增大，裂缝流体汇入井筒压力损失微弱增大。在汇入点压力值5~30MPa范围内，单簇裂缝流体汇入井筒压力损失值为0.01~0.04MPa，如图3-1-85、图3-1-86所示。

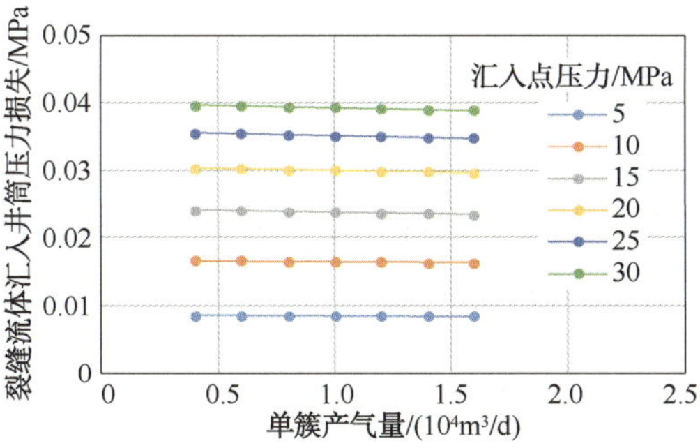

图3-1-85　裂缝流体汇入井筒压力损失($20\times10^4m^3/d$，$2\frac{7}{8}$in)

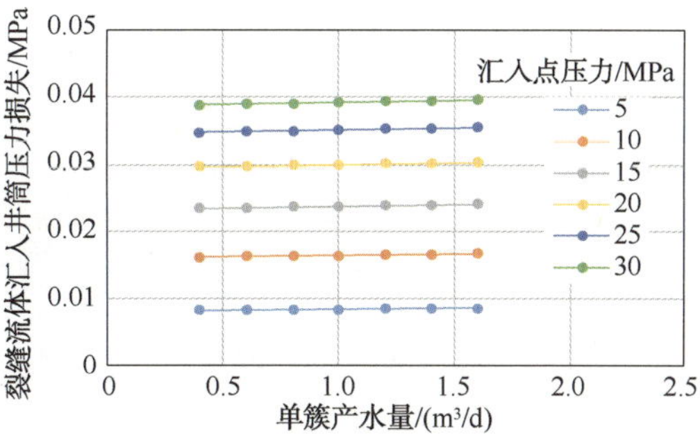

图3-1-86　裂缝流体汇入井筒压力损失($20\times10^4m^3/d$，5in)

对比不同井筒上游气量、水量对裂缝流体汇入井筒压力损失的影响，发现随着井筒上游气量的增大，裂缝流体汇入井筒压力损失不断减小；随着井筒上游水量的增大，裂缝流体汇入井筒压力损失不断增大。在汇入点压力值5~30MPa范围内，单簇裂缝流体汇入井筒压力损失值为0.01~0.05MPa。由此可知，对于常规页岩气多段压裂水平井，其压裂裂缝约为60簇左右，裂缝流体汇入井筒压力损失值为0.6~3.0MPa，如图3-1-87、图3-1-88所示。

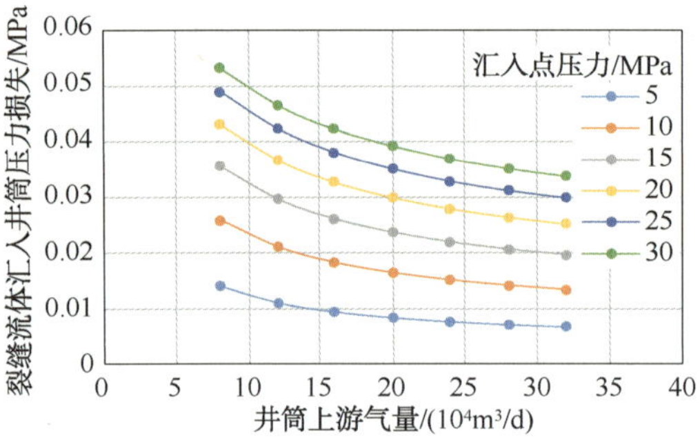

图3-1-87 裂缝流体汇入井筒压力损失
($20\times10^4m^3/d$，2⅞in)

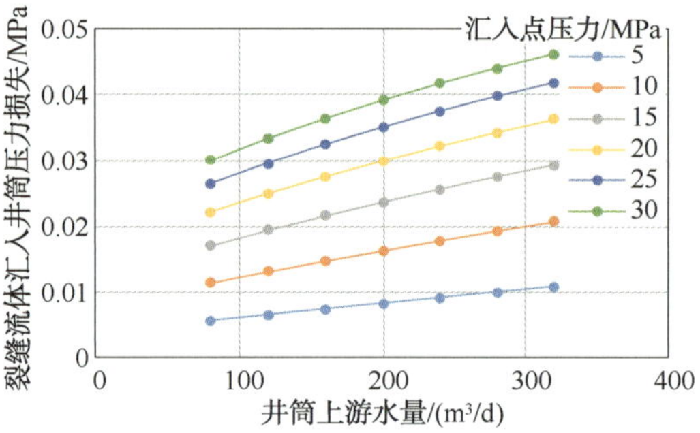

图3-1-88 裂缝流体汇入井筒压力损失
($20\times10^4m^3/d$，5in)

（三）环空回流压力损失

当油管下入页岩气井产层后，气井井筒水平段被分为两个部分，分别为油管井筒段和无油管井筒段。油管井筒段位于水平段靠近跟端一侧，无油管井筒段位于水平段靠近趾端一侧。油管井筒段上游为无油管井筒段，下游为水平井倾斜段，如图3-1-89所示。

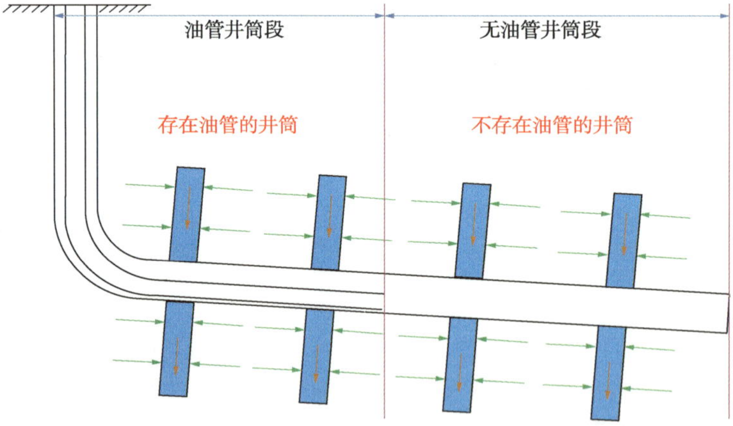

图3-1-89 油管下入页岩气井产层示意图

当气井生产时，无油管井筒段的水力压裂裂缝内流体流出裂缝后，汇聚于井筒内并向油管井筒段方向流动；而油管井筒段的水力压裂裂缝内流体流出裂缝后，汇聚于油管外部的环空中，向无油管井筒段方向流动；水平段两部分流体汇聚于油管口位置后，流入油管内，如图 3-1-90 所示。

以 2in 连续油管为例，使用页岩气井筒多相流模型计算油管下入水平段产层后，在不同产气量、产水量、井斜角条件下环空回流压力损失，并用压力梯度表示（MPa/100m），如图 3-1-91 所示。

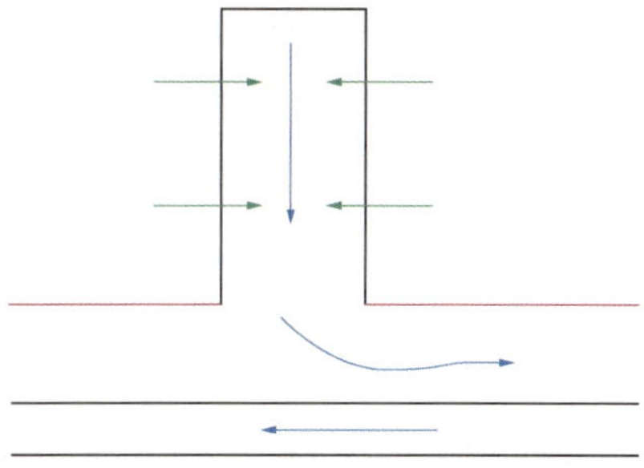

图 3-1-90 流体在环空内回流示意图

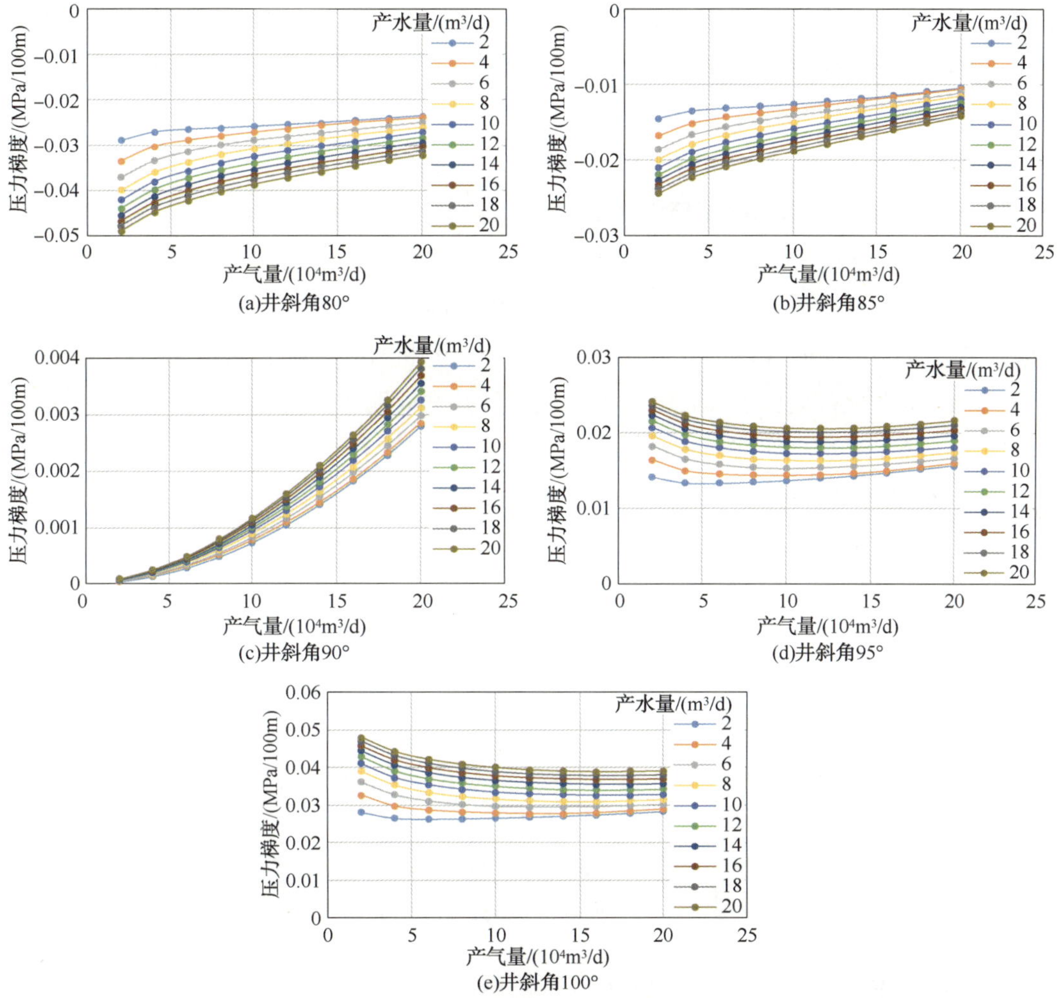

图 3-1-91 环空回流压力损失

通过分析页岩气井环空回流压力损失图，可以发现页岩气井井斜角对页岩气井环空回流压力损失的影响较大。当气井井斜角小于 90°时，页岩气井环空回流压力损失为负值，且随井斜角增大而增大，压力损失为负值的原因在于井段向下倾斜，环空中的流体借助重力运动；当气井井斜角等于 90°时，页岩气井环空回流压力损失接近于 0，其原因在于环空中的流体几乎不受重力影响，只需要克服摩擦阻力即可流动；当气井井斜角大于 90°时，页岩气井环空回流压力损失为正值，且随井斜角增大而增大，其原因在于井段向上翘起，环空中流体的流动需要克服重力与摩擦阻力，压力损失大。

五、页岩气井合理生产压差与积液高度预测

气井井筒积液后，由于液柱密度较大，会对井底造成较大的回压，此时通过井口可以观察到生产油套压差异越来越大、产气量波动或降低、产水量不稳定、井口温度降低、产液量降低等现象。当气井关井以后，如果油套压在较长的时间内不平衡，而套管又无泄漏等，则表明井筒、油管鞋处有积液的可能。开井后，如有大量液体产出，或放空替喷有液体从井内产出，表明油套压不平衡为井底积液所致。

（一）页岩气井油套压差与积液的关系

对于下入油管或者连续油管的气井，使用气井实测油压、套压，以及产气量、产水量等生产参数，考虑到气井油管或者连续油管内为多相流动，计算气井油管压力分布；考虑到气井环空内为静气柱，计算环空压力分布，分析气井实际积液情况。若气井油管与环空内的压力分布交会于油管鞋位置，说明气井井筒无积液，如图 3-1-92 所示。

反之，气井油管与环空内的压力分布未交会于油管鞋位置，说明气井井筒存在积液，积液形成的液柱占据了油管部分空间，如图 3-1-93 所示。

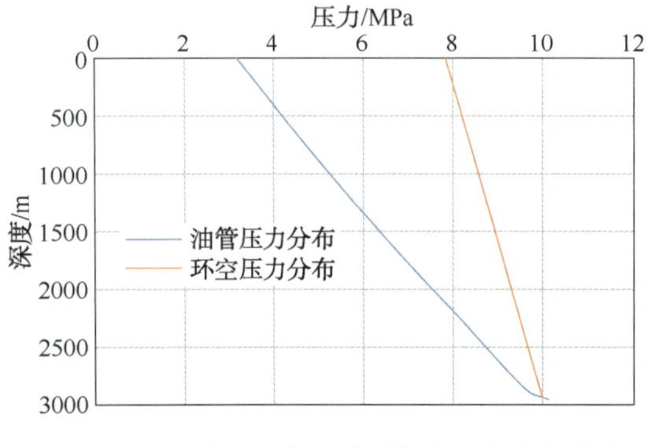

图 3-1-92　井口油套压差判断法：气井未积液

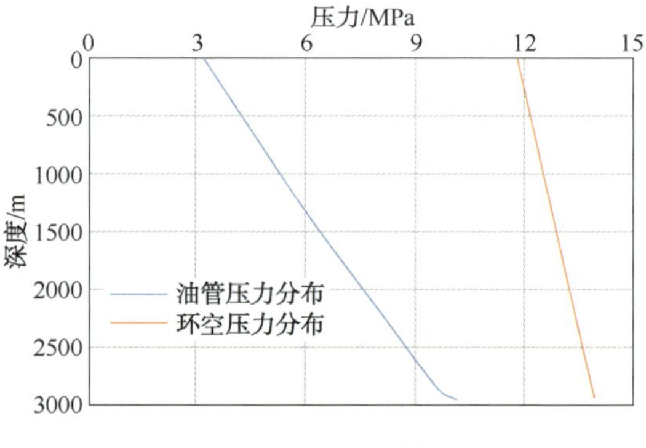

图 3-1-93　井口油套压差判断法：气井积液

以焦页 3HF 井为例，该井于 2014 年 1 月 10 日生产，初期使用套管生产，气井井口压力、产气量与产水量波动明显。2014 年 11 月 2 日，在该井下入连续油管后，生产方式改为连续油管生产，气井油压、套压、日产气量与日产水量变化趋势平稳，油套压差稳定在 1~2MPa，气井生产状况得到明显改善，如图 3-1-94 所示。

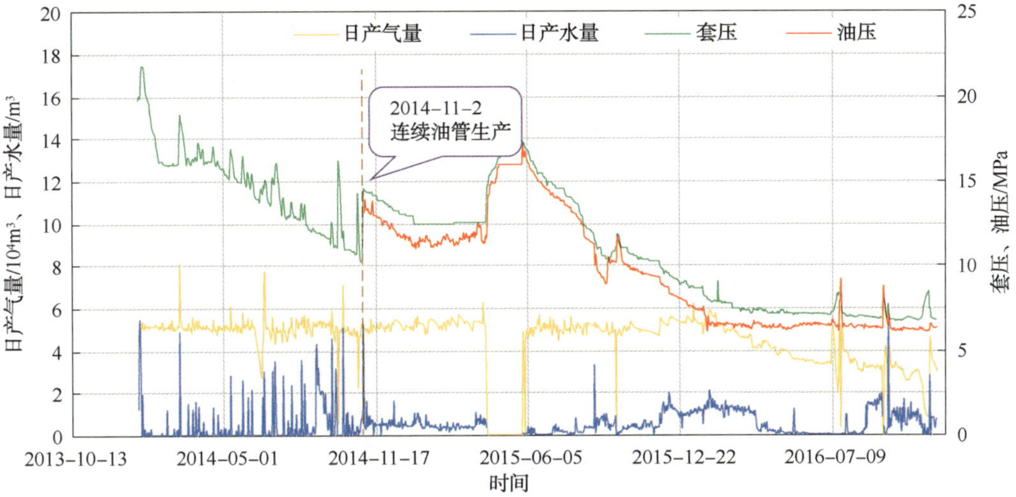

图 3-1-94 焦页 3HF 井生产曲线

绘制焦页 3HF 井下入连续油管后(2014 年 11 月 2 日)的油套压力分布图，发现气井油管与环空内的压力分布交会于油管鞋位置，说明连续油管生产方式改善了该井携液条件，并逐步改善了该井带液生产状况，气井井筒积液问题得到解决。

（二）页岩气井合理生产油套压差

利用生产气井油压及产气量，以及气井管流压降模型，计算气井正常生产情况下的井筒理论套压，求取生产气井合理生产油套压差。由页岩气井井筒流动压力损失分析可知，气井合理生产油套压差的主要影响因素为气井产气量、产水量、油套尺寸与井深(垂深)。引入气井合理生产油套压差梯度(MPa/100m)，设计出气井合理生产油套压差理论图版，如图 3-1-95 所示。对于一口实际生产的气井，若气井的油套压差小于或等于合理生产油套压差，则该气井未发生积液；若气井的油套压差大于合理生产油套压差，则该气井发生积液。

通过分析页岩气井合理生产油套压差理论图版，可以发现页岩气井产水量对气井合理生产油套压差梯度的影响较大，随页岩气井产水量的不断增大，气井合理生产油套压差梯度也不断增大，且增大幅度不断减小，其原因在于气井产水量增大导致井筒流体密度增大，进而增大气井合理生产油套压差梯度。页岩气井产气量对气井合理生产油套压差梯度的影响也较大，随页岩气井产气量的不断增大，气井合理生产油套压差梯度先减小后增大，其原因在于：当气井产气量较小时，气井压力损失类型为井筒两相流动产生的液体滑脱损失，随产气量的增大，井筒内液体滑脱损失不断减小，合理生产油套压差梯度随之减小；当气井产气量较大时，气井压力损失类型为井筒摩阻损失，随产气量的增大，井筒内摩阻不断增大，合理生产油套压差梯度随之增大。

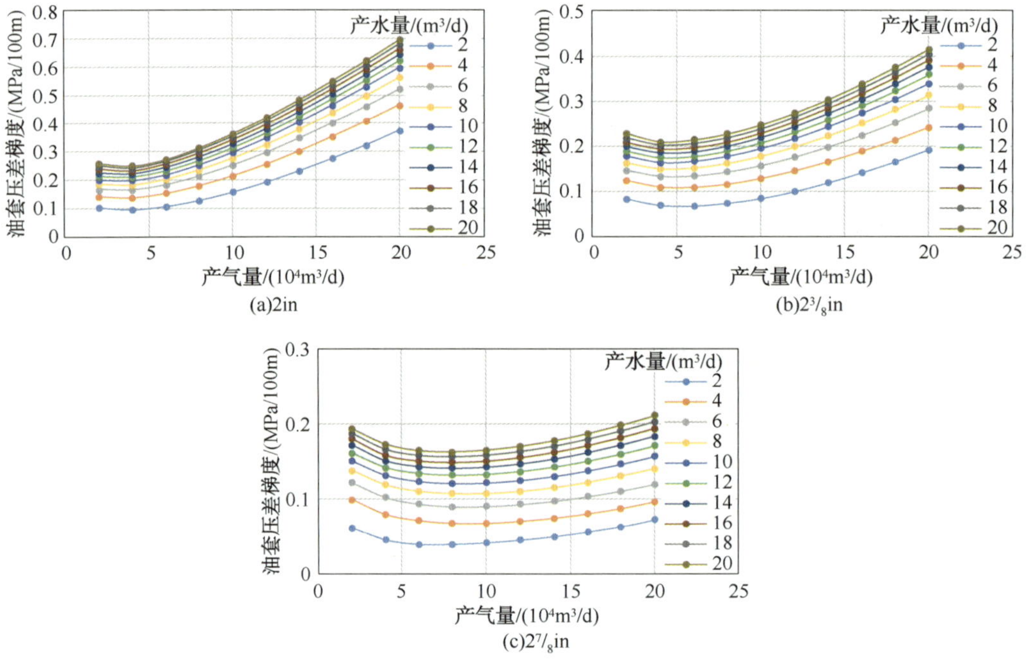

图 3-1-95　气井合理生产油套压差理论图版

（三）页岩气井积液高度判别

对于下入油管或者连续油管的气井，使用气井实测油压、套压，以及产气量、产水量等生产参数。考虑到气井油管或者连续油管内为多相流动，计算气井油管压力分布；考虑到气井环空内为静气柱，计算环空压力分布，分析气井实际积液情况。若气井油管与环空内的压力分布交会于油管鞋位置，说明气井井筒无积液。反之，气井油管与环空内的压力分布未交会于油管鞋位置，说明气井井筒存在积液，积液形成的液柱占据了油管部分空间。以环空压力分布线的底端为起点，画出液柱压力分布图(取液柱压力梯度为 1.0MPa/100m)，液柱压力分布与气井油管压力分布的交会点即气井井筒积液位置，积液位置与油管口的距离为气井井筒积液高度，如图 3-1-96 所示。

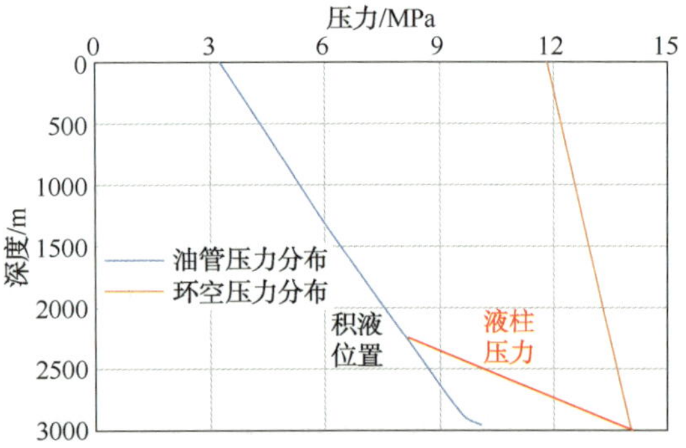

图 3-1-96　页岩气井积液高度预测

利用生产气井油压及产气量，以及气井的管流压降模型，计算气井在正常生产情况下的井筒理论套压，求取生产气井合理生产油套压差。对比气井实际生产油套压差与合理生产油套压差。若气井实际生产油套压差小于或等于合理生产油套压差，说明气井油套压差较小，气井未积液；若气井实际生产油套压差大于合理生产油套压差，说明气井油套压差较大，气井发生积液。气井实际生产油套压差与合理生产油套压差的差值，可折算为气井井筒积液高度。

基于 SQL 数据库，调取涪陵页岩气田 2018 年 1 月 5 日的 300 口气井生产数据，使用合理生产油套压差法判别气井积液情况与积液高度，其中积液井 46 口，具体见表 3-1-38。

表 3-1-38　合理生产油套压差法判别气井积液情况与积液高度

序　号	井　号	产气量/($10^4m^3/d$)	油压/MPa	套压/MPa	实际油套压差/MPa	合理油套压差/MPa	积液高度/m
1	焦页 10-2HF	1.20	5.26	6.97	1.71	0.36	135.23
2	焦页 10-3HF	3.67	5.24	11.28	6.04	0.51	553.14
3	焦页 10-4HF	0.23	5.16	8.88	3.72	0.24	348.47
4	焦页 13-1HF	6.31	6.05	15.14	9.09	0.76	832.67
5	焦页 17-4HF	1.07	5.49	9.51	4.02	0.31	370.58
6	焦页 1HF	3.63	5.59	6.64	1.05	0.44	60.78
7	焦页 20-1HF	1.63	5.50	7.01	1.51	0.32	118.90
8	焦页 21-3HF	4.47	5.59	9.99	4.40	2.09	231.37
9	焦页 2-4HF	1.01	5.15	7.94	2.79	0.32	247.07
10	焦页 27-3HF	1.98	4.94	7.50	2.56	0.38	217.67
11	焦页 30-1HF	5.28	5.31	10.79	5.48	4.97	51.17
12	焦页 31-1HF	0.98	5.54	9.35	3.81	0.31	349.88
13	焦页 31-2HF	1.25	5.51	8.41	2.90	0.31	258.99
14	焦页 31-4HF	9.61	5.88	7.55	1.67	0.98	69.03
15	焦页 32-1HF	4.42	5.34	7.41	2.07	1.46	61.00
16	焦页 32-2HF	5.07	5.31	7.30	1.99	1.03	95.94
17	焦页 32-3HF	0.02	5.32	7.77	2.45	0.23	222.03
18	焦页 32-4HF	4.80	5.32	6.60	1.28	0.65	63.48
19	焦页 3-2HF	2.86	5.47	7.17	1.70	0.37	133.04
20	焦页 33-1HF	2.06	5.30	7.17	1.87	0.47	140.42
21	焦页 33-2HF	1.35	5.23	8.97	3.74	0.31	343.06
22	焦页 33-3HF	1.22	5.24	9.78	4.54	0.30	423.88
23	焦页 33-4HF	1.38	5.27	7.90	2.63	0.32	230.80
24	焦页 40-2HF	1.48	5.01	7.31	2.30	0.34	196.30

续表

序　号	井　号	产气量/($10^4m^3/d$)	油压/MPa	套压/MPa	实际油套压差/MPa	合理油套压差/MPa	积液高度/m
25	焦页 40-3HF	2. 41	4. 99	7. 87	2. 88	0. 40	248. 09
26	焦页 41-1HF	2. 31	5. 03	6. 94	1. 91	0. 47	144. 41
27	焦页 41-2HF	4. 20	5. 12	7. 21	2. 09	0. 48	161. 08
28	焦页 41-3HF	1. 83	5. 02	9. 20	4. 18	0. 37	381. 07
29	焦页 41-4HF	1. 14	4. 99	9. 23	4. 24	0. 33	390. 86
30	焦页 45-4HF	2. 66	5. 01	7. 97	2. 96	0. 44	252. 29
31	焦页 47-1HF	3. 00	5. 42	17. 78	12. 36	4. 18	818. 49
32	焦页 47-6HF	4. 85	5. 05	10. 27	5. 22	3. 21	200. 63
33	焦页 48-1HF	12. 58	8. 13	10. 34	2. 21	0. 46	175. 21
34	焦页 48-2HF	9. 70	5. 52	7. 75	2. 23	0. 43	180. 20
35	焦页 48-3HF	8. 30	5. 31	7. 48	2. 17	0. 40	176. 69
36	焦页 5-1HF	1. 01	5. 49	9. 69	4. 20	0. 33	387. 18
37	焦页 52-2HF	3. 57	5. 12	8. 62	3. 50	2. 21	128. 77
38	焦页 52-3HF	5. 16	5. 52	8. 80	3. 28	2. 03	124. 80
39	焦页 5-2HF	1. 21	5. 45	7. 83	2. 38	0. 34	204. 18
40	焦页 56-4HF	1. 64	4. 63	8. 59	3. 96	3. 04	92. 24
41	焦页 59-6HF	6. 88	4. 93	8. 24	3. 31	2. 79	51. 63
42	焦页 62-5HF	2. 25	6. 01	12. 38	6. 37	5. 11	125. 84
43	焦页 62-6HF	1. 81	4. 46	9. 55	5. 09	2. 97	211. 65
44	焦页 6-3HF	2. 02	5. 55	7. 38	1. 83	0. 38	145. 22
45	焦页 64-2HF	3. 54	6. 50	11. 10	4. 60	3. 63	97. 40
46	焦页 64-3HF	4. 05	11. 17	19. 07	7. 90	3. 78	411. 60

第二节　页岩气井临界携液模型

一、页岩气井流动模拟实验

（一）页岩气井流动模拟实验装置

利用室内可视化实验装置，进行水平井流动规律实验研究。观察实验中水平井中水平段、倾斜段和垂直段各部分的积液形成过程和气、水流动过程中的流型转变，测定水平井临界携液所需的气量及携液前、后多相流的流型变化。

利用搭建的室内水平井可视化实验装置，如图 3-2-1 所示，预先在水平管段内注入一定量的水，通过改变注气量，观察多相不同的流动形态和气、水流动规律，为验证水平井垂直段、倾斜段和水平段临界携液状态做支撑。

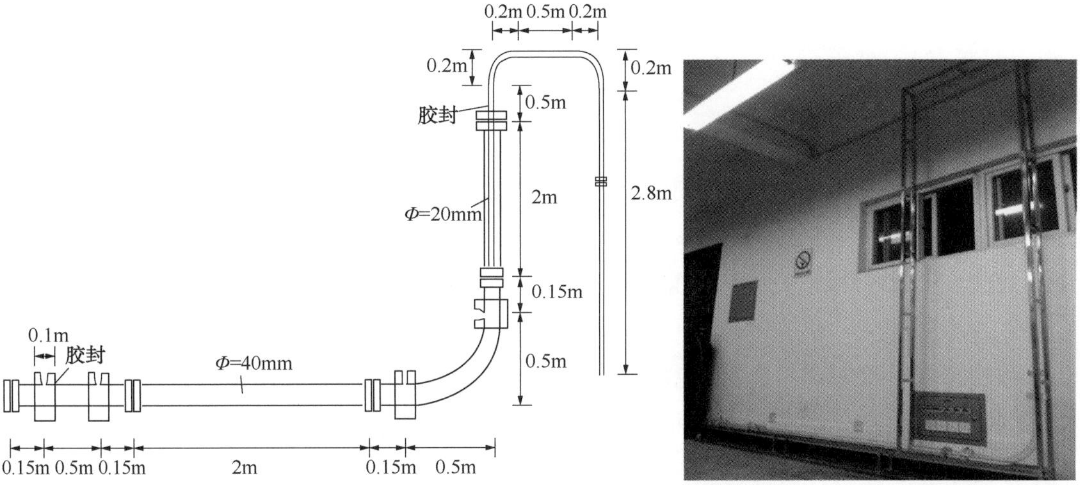

图 3-2-1　室内水平井可视化实验装置

在水平段趾端连接氮气入口。同时，在水平段趾端、跟端和垂直段分别连接量程为 0.5MPa、精度为 0.2%的压力传感器，室内水平井装置基础参数见表 3-2-1。

表 3-2-1　室内水平井装置基础参数

项　目	数　值	单　位
大径管内径	40	mm
小径管内径	20	mm
水平段长度	2.5	m
倾斜段长度	0.5	m
倾斜段高度	0.5	m
垂直段长度	2.5	m

（二）实验现象及数据分析

1. 积液高度占 2/5 管径携液实验

预先在水平管段内注入积液高度占 2/5 管径的水，改变注气量，监测水平井装置 3 个不同位置压力传感器的数值，如图 3-2-2 所示。

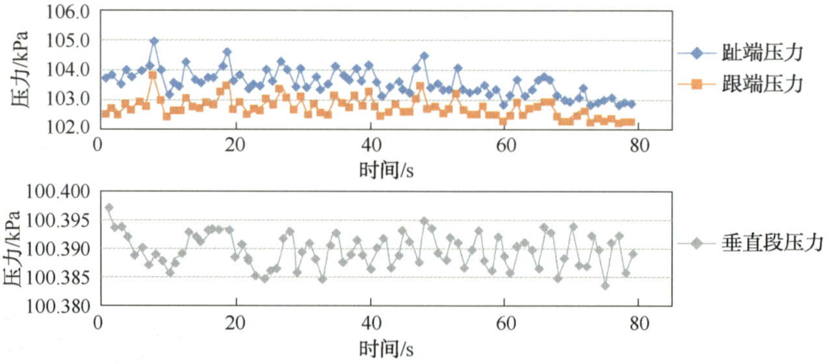

图 3-2-2　积液高度占 2/5 管径携液实验压力监测

从实验结果可以看出，在实验过程中，趾端压力比跟端压力大，垂直段压力最小。趾端压力值主要在 102. 86～104. 96kPa 范围内波动；跟端压力值主要在 102. 27～103. 82kPa 范围内波动；垂直段压力值主要在 100. 38～100. 40kPa 范围内波动。

2. 积液高度占 3/5 管径携液实验

预先在水平管段内注入积液高度占 3/5 管径的水，改变注气量，监测水平井装置 3 个不同位置压力传感器的数值，如图 3-2-3 所示。

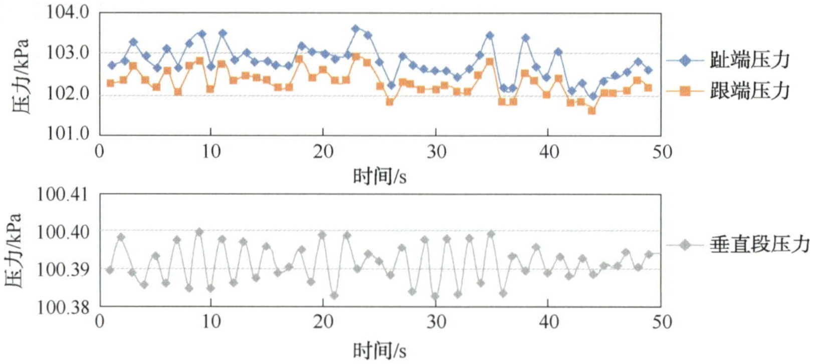

图 3-2-3　积液高度占 3/5 管径携液实验压力监测

从实验结果可以看出，在实验过程中，趾端压力比跟端压力大，垂直段压力最小。趾端压力值主要在 101. 98～103. 58kPa 范围内波动；跟端压力值主要在 101. 62～102. 92kPa 范围内波动；垂直段压力值主要在 100. 38～100. 39kPa 范围内波动。

3. 积液高度占 4/5 管径携液实验

预先在水平管段内注入积液高度占 4/5 管径的水，改变注气量，监测水平井装置 3 个不同位置压力传感器的数值，如图 3-2-4 所示。

从实验结果可以看出，在实验过程中，趾端、跟端和垂直段压力传感器数值变化不大。趾端和跟端压力值主要在 101. 5～103. 0kPa 范围内波动；垂直段压力值主要在 100. 384～100. 388kPa 范围内波动。

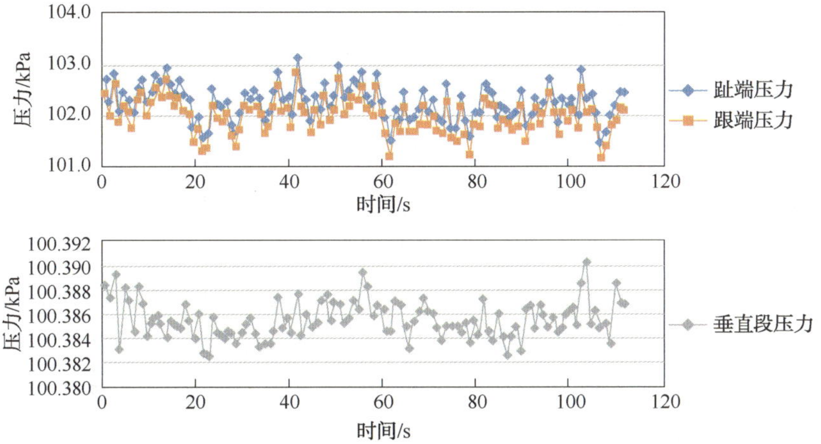

图 3-2-4　积液高度占 4/5 管径携液实验压力监测

由不同水平段积液高度携液实验可以看出，水平井趾端压力和跟端压力差异不大，说明在较小压差条件下就可将水平段积液携带至跟端。在水平段由于气、水相对流动，利用气、水界面摩擦能量将水平段积液从趾端推至跟端，多相流动表现为较明显的分层流，气、水界面波动不明显，如图 3-2-5 所示。

在水平井倾斜段气、水相对流动，由于气、水物性相差较大，在倾斜段流动过程中，水相重力的作用使得液体在井壁堆积并向下滑移，当下滑的液膜遇到上行的气、水段塞后，会产生扰动现象，只要有足量的液体，即使气体流速不太高，也会形成气、水间歇流，如图 3-2-6 所示。水相滑脱、冲击和合并现象严重，进一步减小了气相过流面积，导致流速增大，引起气、水扰动现象，使倾斜段内压差波动较大，这种剧烈的压差波动直接影响气井的正常生产。因此，在倾斜管段压降较大，携液较困难。

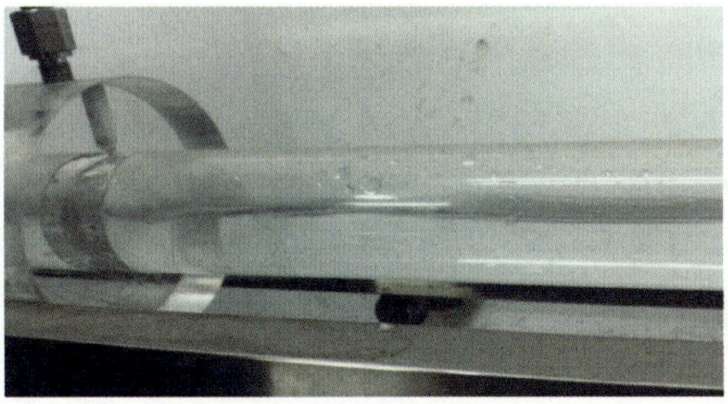

图 3-2-5　水平段分层流

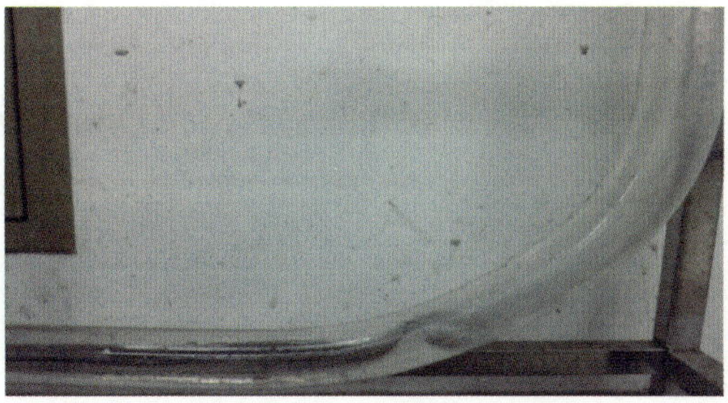

图 3-2-6　倾斜段流型转变

由实验现象及实验数据可以得出，水平井段在较小的压差及气流量下可将井筒积液带至水平井跟端。在水平井跟端由于气、液扰动，由原来的分层流变为段塞流，在水平井倾斜段携液，将井底积液带出井口。

二、页岩气井临界携液模型

气井刚开始积液时，井筒内气体的最低流速被视为气井的临界携液流速，其对应的气量为气井的临界携液流量。目前，在气井连续携液理论方面出现了两种解释理论：

（1）液滴模型：该模型认为分散相液滴是导致积液的主要因素。

（2）液膜模型：该模型认为液膜是导致积液的主要因素。

液滴模型认为液滴是液体在井筒中的主要表现方式，从而假设排出气井积液所需的最低条件是使井筒中的最大直径液滴能连续向上运动。对最大液滴在气流中的受力情况进行分析，通过使气体对液滴的曳力等于液滴的沉降重力来确定气井的临界携液流量。从现场实际应用情况来看，液滴模型在气井生产中得到了更为广泛的应用，相继出现了Turner 模型、Coleman 模型及李闽模型等。

根据临界携液产量判断气井是否可以连续携液，以及井底是否存在积液是目前比较普遍适用的现场方法之一，其理论主要依据临界携液模型的动力学模型。这类模型主要有 Turner 模型、Coleman 模型及李闽模型等。通过实验研究发现，倾斜角对倾斜井段连续携液临界气流速度的影响极大，要正确地判别气井是否积液，必须从垂直段和倾斜段两个方面研究气井的临界携液模型。分析水平井不同井段，即垂直段与倾斜段的流体流动状态，进行水平井临界携液流量计算方法研究，获得不同井段下的临界携液流量计算方法。

（一）传统临界携液模型

1. 圆球状液滴模型

1969 年，Turner 等对最大液滴进行了受力分析，假设液滴是圆球状，临界韦伯数为30，将曳力系数取 0.44，最终推导出液滴携带临界气流速度计算方法。Turner 等利用矿场生产数据验证模型，发现将模型计算值上调 20%更接近实际情况，最终系数取 6.6。这一理论成为预测气井临界携液流量的经典算法。如图 3-2-7 所示，建立气流对液滴的曳力与液滴的沉降重力之间的关系式，进而确定气井临界携液流速。利用 Turner 模型计算得到临界携液流速：

$$u_{crit-T}=6.6\left[\frac{\sigma(\rho_l-\rho_g)}{\rho_g^2}\right]^{0.25} \tag{3-2-1}$$

式中 ρ_l——液体密度，kg/m^3；

ρ_g——气体密度，kg/m^3；

σ——气、液之间的界面张力，N/m；

u_{crit-T}——Turner 模型临界携液流速，m/s。

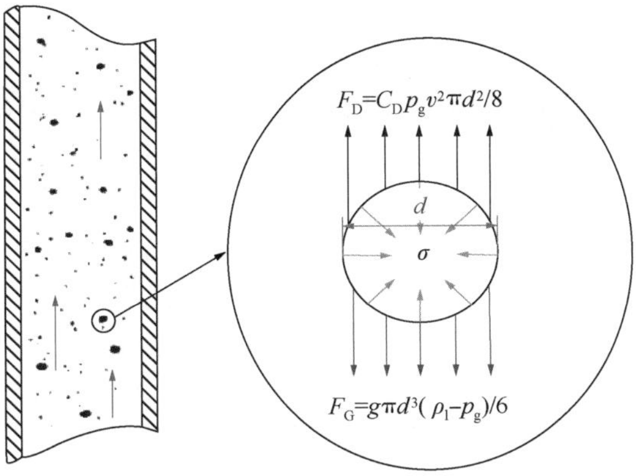

图 3-2-7 气流中液滴受力分析

之后，Coleman、Nosseir 和 Gao 等考虑到压力、流型、液滴堆积效应、持液率等因素的影响，建立了各种液滴携带新模型，各模型预测值与 Turner 模型相比，偏差在 ±20%内，是对 Turner 模型所做的改进。

2. 椭球状液滴模型

李闽等(2002)认为，当液滴在高速气流中运动时，液滴前、后存在压差，在这个压差的作用下，液滴会从圆球体变成椭球体，如图 3-2-8 所示。

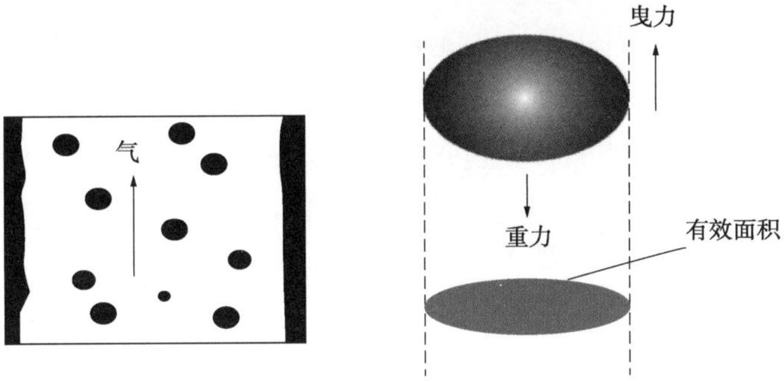

图 3-2-8 气流中液滴的形状

与圆球状液滴对比而言，椭球状液滴的有效迎流面积更大，具有较大的曳力系数 C_D，椭球状液滴更容易被气流带至地面，所需的气井排液速度也相对较小。因此，在研究气井携液时，有必要研究液滴变形对气井携液的影响。对椭球状液滴进行受力分析，建立气流对液滴的曳力与液滴的沉降重力之间的关系式，进而得到椭球状气井临界携液模型：

$$u_{crit-L}=2.5\left[\frac{\sigma(\rho_l-\rho_g)}{\rho_g^{0.5}}\right]^{0.25} \tag{3-2-2}$$

式中 u_{crit-L}——李闽模型临界携液流速，m/s。

3. 盘状液滴模型

根据流体力学理论，一种物体在其他物体中运动时，其形状主要受4个无因次量的影响，分别为：雷诺数、莫顿数、韦伯数和厄诺数。对于高速气流中的液滴，其形状主要受雷诺数、莫顿数影响。王毅忠等(2007)分析了大量的气井生产数据，得到了液滴的雷诺数和莫顿数分别处在$10^4 \sim 10^6$和$10^{-12} \sim 10^{-10}$这两个范围内。经过分析，认为气井携液生产时，液滴的形状是盘状。类似于椭球状液滴，盘状液滴有更大的受力面积，更容易被携带出井口。通过修正盘状液滴模型的曳力系数至1.17，盘状液滴气井临界携液模型为：

$$u_{crit-W}=1.8\left[\frac{\sigma(\rho_l-\rho_g)}{\rho_g^{0.5}}\right]^{0.25} \tag{3-2-3}$$

式中 u_{crit-W}——盘状液滴模型临界携液流速，m/s。

4. 多液滴模型

前面介绍的各种液滴模型均是建立在单个液滴模型基础之上的，液滴在重力、浮力和曳力作用下加速上升、加速下落，或处于悬浮状态或匀速运动。当浮力和曳力之和大于重力时，液滴在气流速度作用下加速上升；当浮力和曳力之和小于重力时，液滴将加速下落；当浮力和曳力之和等于重力时，液滴将匀速运动或处于悬浮状态静止不动。单个液滴模型是一种理想的状态，而实际情况是气流中存在多个液滴模型，且各液滴的尺寸差异较大，以及流速也不相同，在这种情况下液滴之间会相互碰撞、聚合，如图3-2-9所示，A、B液滴在运动过程中会相互追赶、碰撞，并聚合成一个更大的液滴AB，由于液滴AB的重力大于气流的浮力和曳力之和，液滴的平衡状态被打破，液滴加速下落。在下落过程中，在气流速度的作用下，液滴破碎成小液滴1、2、3，而破碎的小液滴在下落过程中又会与其他的液滴C、D、E、F碰撞、聚合，形成大液滴，如图3-2-10所示。气流中液体含量越高，液滴浓度越大，液滴之间的碰撞、聚合机会就越多，气流中形成的大液滴尺寸也就越大。

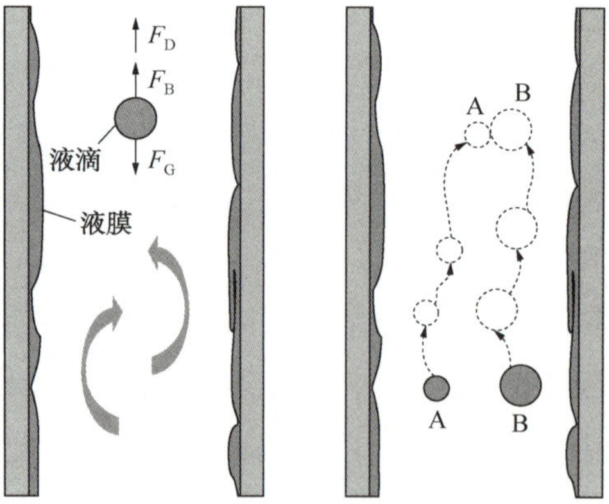

图3-2-9 气流中液滴的形状

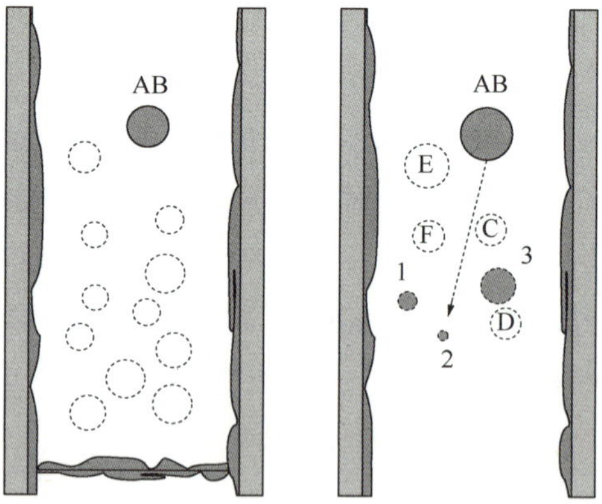

图3-2-10 液滴的下落和液滴群的携带

多液滴理论指出，气流中夹带的液滴在垂直方向上受到三个力，即液滴的自身重力、气体对液滴的浮力和气流对液滴向上的曳力。由于气流速度较快，流态已为湍流，液滴在气流中会相互碰撞，且在相互作用过程中，较小的液滴会形成较大的液滴，若形成的液滴较大，就会打破作用于液滴上的力平衡状态而使液滴向下坠落，从而形成积液。其宏观表现为气流速度即使达到 Turner 临界携液流速时，当气井持液率达到某一值时，仍然会产生积液，此时的持液率定义为临界持液率。

持液率可表示为：

$$H_L=\frac{v_{sl}}{v_{sl}+v_{sg}} \tag{3-2-4}$$

式中 v_{sl}——井筒内某处的液体表观流速，m/s；

v_{sg}——井筒内某处的气体表观流速，m/s。

多液滴理论模型表示为：

$$\begin{cases} v_z=v_T & H_L<0.01 \\ v_z=v_T+\ln\dfrac{H_L}{0.01}+0.6 & H_L\geqslant 0.01 \end{cases} \tag{3-2-5}$$

式中 v_z——多液滴模型的临界流速，m/s；

v_T——Turner 模型的临界流速，m/s。

5. 杨文明模型

杨文明在 Turner 模型的基础上考虑了生产管柱倾斜角度产生的影响。对液滴在倾斜管中的受力情况进行了分析，如图 3-2-11 所示。液滴主要受自身重力和气体对液滴的携带力的作用。

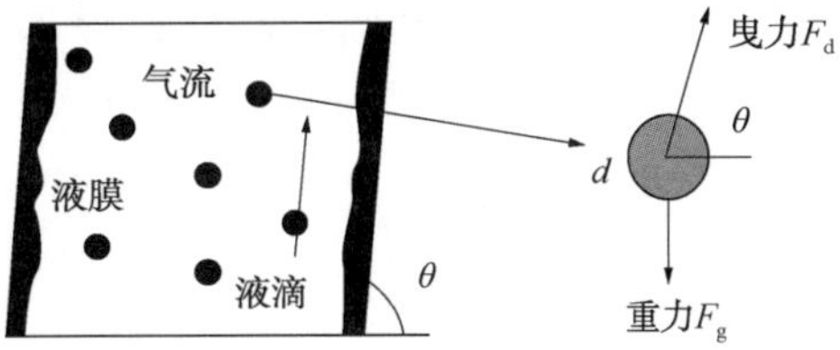

图 3-2-11 液滴的下落和液滴群的携带

液滴的沉降重力可以表示为其重力和浮力之差：

$$F_g=(\rho_l-\rho_g)g\frac{\pi d^3}{6} \tag{3-2-6}$$

气体携带液滴上升的曳力在垂直方向上的分量为：

$$F_d\sin\theta=\frac{1}{2}\rho_g C_d v_g^2\frac{\pi d^2}{4}\sin\theta \tag{3-2-7}$$

式中 F_g——液滴沉降重力，N；

d——液滴直径，m；

g——重力加速度，m/s^2；

F_d——气体对液滴的携带力，N；

C_d——阻力系数，无因次；

v_g——气体流速，m/s；

θ——管段的倾斜角，(°)。

当气流中液滴的沉降重力等于气流对液滴的携带力在垂直方向上的分量时，液滴受力平衡，液滴将相对管壁静止，此时气体流速 v_g 等于液滴的自由沉降速度 v_{cr}。因此，由 $F_g=F_d\sin\theta$ 可推导出携液临界气体流速：

$$v_g=1.9\left[\frac{d(\rho_l-\rho_g)}{C_d\rho_g\sin\theta}\right]^{0.25} \tag{3-2-8}$$

取 $C_d=0.44$，并推荐采用较大的韦伯数，取临界韦伯数 $N_{we}=30$，并增加 20% 的安全系数，推导出基于 Turner 模型的倾斜管携液临界流速计算式：

$$v_{cr}=6.6\left[\frac{\sigma(\rho_l-\rho_g)}{\rho_g^2\sin\theta}\right]^{0.25} \tag{3-2-9}$$

从受力分析可以看出，该模型忽略了液滴所受曳力在水平方向上的分量，对于其垂直方向上的分量，沉降重力可以与之平衡，但水平方向上的分量却没有力可以与之平衡，所以液滴是不可能相对管壁静止的。

6. 李丽模型

李丽以 Turner 模型为基础，同时考虑井斜角产生的影响，根据球状液滴的受力条件，认为其在斜井井筒运动过程中不会一直沿井筒中心线上升，而是慢慢运移至油管壁，最终沿管壁向上方滑动，如图 3-2-12 所示。

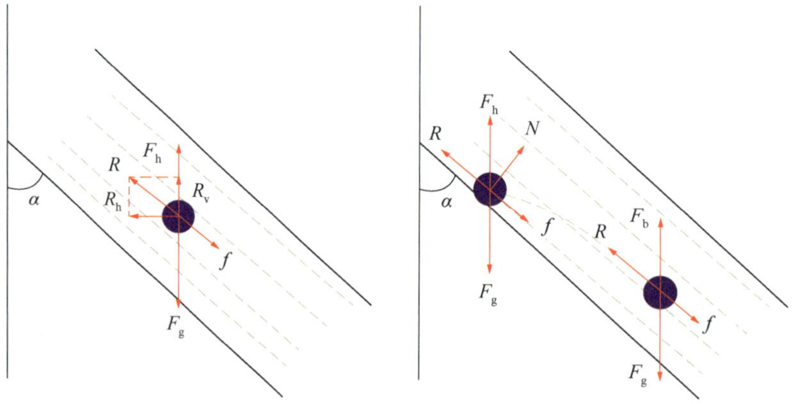

图 3-2-12　倾斜管中液滴受力分析

假设液滴不会产生形变(呈圆形)，忽略液滴之间的碰撞，则将受到天然气对其施加的曳力 R、浮力 F_h、重力 F_g、管壁的支撑力 N 和管壁的摩擦力 f。当达到临界状态时，液滴前进的动力与阻力平衡，平行于井壁方向的力存在以下关系：

$$R+(F_h-F_g)\cos\alpha-f=0 \tag{3-2-10}$$

垂直于井壁方向的力存在以下关系：

$$N+(F_h-F_g)\sin\alpha=0 \tag{3-2-11}$$

假设液滴是直径为 d 的理想球体，则液滴所受的力的表达式如下：

$$\begin{cases} F_g=\dfrac{\pi}{6}d^3\rho_l g \\ F_h=\dfrac{\pi}{6}d^3\rho_g g \\ R=\dfrac{\pi}{8}d^2\rho_g C_D v^2 \end{cases} \tag{3-2-12}$$

式中　F_g——液滴重力，N；

F_h——液滴受到的浮力，N；

R——气体对液滴的曳力，N；

d——液滴直径，m；

g——重力加速度，m/s^2；

C_D——曳力系数，无因次；

v——气体流速，m/s；

α——管段的倾斜角，(°)。

依据牛顿摩擦定律计算出管壁对液滴的摩擦力 f：

$$f=\lambda N \tag{3-2-13}$$

式中　λ——摩擦系数，无因次。

由此，可推导出摩擦力的计算公式：

$$f=\frac{\pi}{6}d^3\lambda(\rho_l-\rho_g)g\sin\alpha \tag{3-2-14}$$

李丽认为，当韦伯数超过 30 时，液滴就会由于受力不平衡而破碎。因此，液滴的最大直径由式(3-2-15)计算：

$$d=\frac{30\sigma}{\rho_g v^2} \tag{3-2-15}$$

将式(3-2-13)、式(3-2-14)代入式(3-2-15)中，通过受力平衡分析，推导出斜井临界携液流量预测理论模型，其临界携液流速计算如下：

$$v=\sqrt[4]{\lambda\sin\alpha+\cos\alpha}\left[5.5\sqrt[4]{\frac{(\rho_l-\rho_g)\sigma}{\rho_g^2}}\right] \tag{3-2-16}$$

式(3-2-16)可化为：

$$v=A\left[6.6\times\sqrt[4]{\frac{(\rho_l-\rho_g)\sigma}{\rho_g^2}}\right] \tag{3-2-17}$$

式中，修正系数 $A=0.83\sqrt[4]{\lambda \sin\alpha+\cos\alpha}$，$\lambda$ 为摩擦系数。

根据李丽模型的假设，液滴到达管壁之后仍能够以液滴形式稳定存在，但实际上是很难实现的。

7. Belfroid 模型

从水平井筒到垂直井筒，液体重力作用越来越大。倾斜角的变化，对井筒内气、液两相流型有极大的影响。在直井段中，液体主要沿管壁四周分布且呈环状流，而在水平井段中则以分层流为主。液相重力作用与流型的变化都会对连续携液临界流速产生影响。Belfroid(2008)综合考虑了管柱倾斜角度对液滴、液膜连续携液的影响，利用能反映临界携液流速与倾斜角度关系的 Fiedler 形状函数，结合 Turner 模型，得到适用于水平井连续携液临界流速计算的半经验模型，其计算式为：

$$v_{cr}=6.6\left[\frac{(\rho_l-\rho_g)\sigma}{\rho_g^2}\right]^{0.25}\frac{[\sin(1.7\theta)]^{0.38}}{0.74} \tag{3-2-18}$$

式(3-2-18)中，$\frac{[\sin(1.7\theta)]^{0.38}}{0.74}$为角度相关项，适用角度范围为 $5°\leqslant\theta\leqslant90°$。

（二）页岩气井临界携液新模型

随着气田开发的深入及人们对含水气井认识的进一步加深，专家学者及现场工程师逐步意识到，上述以 Turner 模型为基础的气体携液模型存在一定的缺陷，即气体临界携液模型与气体中液量的多少无关。而在页岩气井压裂液返排过程中，气井返排液量变化剧烈，返排液量对气井临界携液模型的影响不可忽略。

1. 传统临界携液模型分析

目前，对于倾斜管携液问题，主流观点有两种：一种是基于液滴模型假设，认为排出气井积液所需的最低条件是使气流中的最大液滴能连续向上运动；另一种是基于液膜模型假设，认为液膜的反向流动是导致积液的主要原因。两类模型的携液机理完全不同。

液滴模型认为，液滴是液体在井筒中的主要表现方式，从而假设排出气井积液所需的最低条件是使井筒中的最大直径液滴能连续向上运动。对最大液滴在气流中的受力情况进行分析，当气体对液滴的曳力等于液滴的沉降重力时，可以确定气井的临界携液流量。但传统的液滴模型在预测水平气井的临界携液流量时，忽略了生产管柱倾斜角度对临界携液流量的影响。对水平气井而言，由于液体在倾斜井段四周分布不均，更加容易在管柱中聚集，导致液体回流，因而比直井更难连续携液。

谭晓华基于气流中液滴总表面自由能与气体紊流动能的相等关系，并充分考虑了气体中携液量及最大液滴直径对气井临界携液流量的影响，提出了考虑气体连续携液及液滴直径影响的气井新模型。对该模型的研究表明：当气体携液量较大时，液体分散为较大液滴，液滴最大直径较大，所需临界携液流量也较大；反之，当气体携液量较小时，液体分散成的液滴较小，液滴最大直径较小，所需临界携液流量也较小。利用压力梯度判别法、井口特征观察法和临界携液产量计算法进行了积液综合判断。

Taitel 等认为：在泡状流状态下，如果液相紊流力大于气、液表面张力，气相就会破裂为小气泡；在雾状流情况下，液滴以分散相的形式存在于连续相的气体紊流之中，液滴受到企图将它破坏的紊流力与力图保持它完整的表面张力这两种相互对抗力的共同作用；在紊流状态中，液滴碰撞时相互融合和聚集，同时体积较大的液滴也会因为表面张力小于气体紊流力而被破坏，如图 3-2-13 所示。

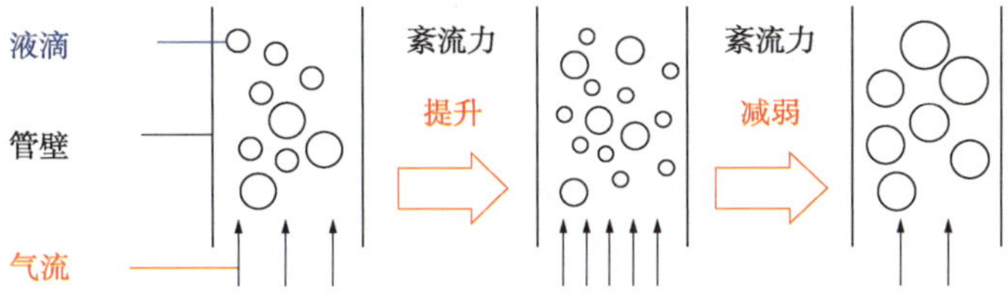

图 3-2-13　液滴直径与紊流力之间的关系

比较 Azzopardi、Al-Sarkhi 及 Simmons 等的液滴尺寸测量实验结果发现：当气体处于紊流状态时，存在液滴，而且在发生紊流的同时，液滴之间会彼此结合；在紊流状态下，大部分的液滴是以某一近似直径存在的，当液滴直径超过该值时，作用于液滴的紊流力会使液滴破裂；液滴的尺寸及分布主要依赖于气相与液相的流速。

图 3-2-14 为分别在直径 2.54cm 管道(空心符号)和直径 9.53cm 管道(实心符号)中测量得到的不同气相、液相表观流速下的液滴平均直径。由该图可以看出，当给定液相表观流速时，气相表观流速越大，液滴平均直径则越小，而当给定气相表观流速时，液滴平均直径随着液相表观流速的增大而增大。

图 3-2-15 为在液相表观流速 0.083m/s 的情况下，测量得到的不同气相表观流速下的液滴直径分布。由该图可以看出，在给定液相表观流速时，气相表观流速越大，液滴直径分布得愈加均衡。

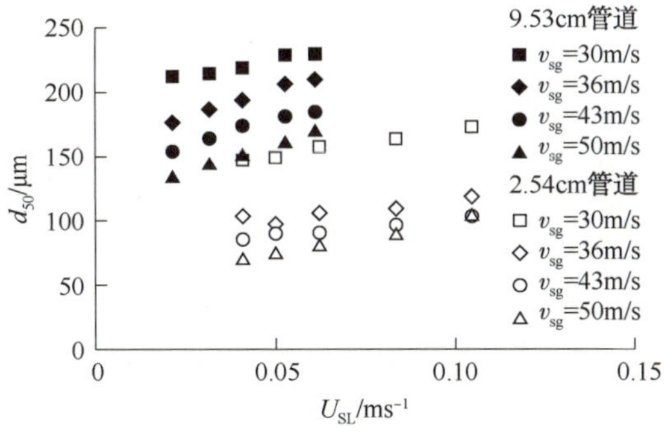

图 3-2-14　测量得到不同气相、液相表观流速下的液滴平均直径

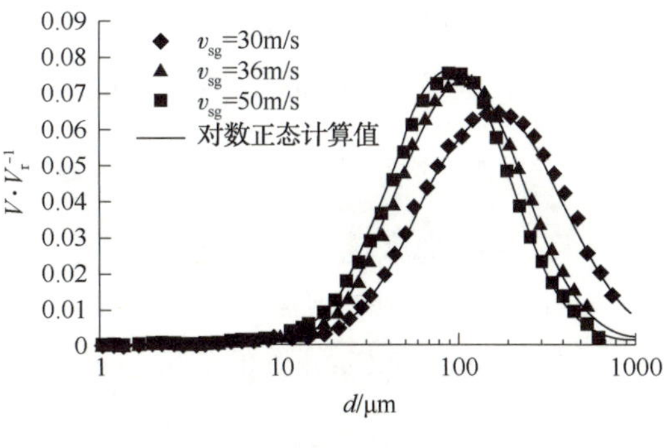

图 3-2-15　测量液滴分布得到不同液滴直径的液滴体积百分比

由以上实验结果可以看出，液滴的形成主要是由于气相中的紊流力大于气、液表面张力所造成的。由韦伯数法计算发现，当液相流速越高或气相流速越低时，计算值越接近最大液滴直径，若不满足上述两个条件，则计算的液滴直径远比最大液滴直径小。故新模型应用液滴平均直径计算模型中的临界携液流量，而不采用最大液滴直径计算。基于以上假设，新模型提出了一种可以替代韦伯数法计算液滴直径的新方法，并将其应用于临界流量的计算过程中。

2. 液滴最大直径的推导

1）单位长度管柱内液滴的总表面自由能的确定

根据 Adamson 的研究，单位面积的表面自由能等于单位面积气相、液相之间的界面张力，即

$$e_s=\sigma \tag{3-2-19}$$

式中 σ——表面张力，N/m。

假设液滴为球形，直径为 d，则在连续气相中分散液滴的总表面自由能为：

$$E_s=\frac{6\sigma A v_{sl}}{d} \tag{3-2-20}$$

式中 E_s——总表面自由能，W；

A——管道横截面积，m^2；

d——液滴直径，m；

v_{sl}——液相表观流速，m/s。

2）紊流动能的确定

根据 White 及 Zhang 等提出的理论，单位体积流体的紊流动能可表示为：

$$e_T=\frac{3}{2}\rho_g v'_r \tag{3-2-21}$$

式中 e_T——单位体积流体的紊流动能，W/m^3；

ρ_g——气体密度，kg/m^3；

v'_r——径向速度，m/s。

由此，连续气相流的总紊流动能可由式(3-2-22)得出：

$$E_T=\frac{3}{2}\rho_g v'_r A v_{sg} \tag{3-2-22}$$

式中 E_T——总紊流动能，W；

v_{sg}——气相表观流速，m/s。

根据 Taitel 和 Chen 等的研究，径向流速的平方根近似等于摩阻速度，即

$$v_r'^{\,1/2}=v_{sg}\left(\frac{f_{sg}}{2}\right)^{1/2} \tag{3-2-23}$$

式中 f_{sg}——气相表观流速下的摩阻系数。

连续气相流的总紊流动能又可以表达为：

$$E_T=\frac{3}{4}f_{sg}\rho_g A v_{sg}^3 \tag{3-2-24}$$

3）液滴直径的确定

Hinze 根据表面张力和紊流动力的平衡关系，从理论上导出了分散泡状流中气泡的最大稳定直径。而通过实验观察发现新模型雾状流中也存在类似的现象，当表面张力和紊流脉动力平衡关系被破坏时，分散在气流中的液泡就会破裂，此时气流中液滴的总表面自由能与气体的总紊流动能瞬时相等。由此，可借助该理论推导出液泡的最大稳定直径。

根据气流中液滴的总表面自由能与气体的总紊流动能瞬时相等，即

$$E_s=E_T \tag{3-2-25}$$

得到连续气相中的分散液滴的平均直径：

$$d=\frac{8\sigma v_{sl}}{f_{sg}\rho_g v_{sg}^3} \tag{3-2-26}$$

3. 临界携液流速的确定

Turner 等指出，假设液体在井筒中的流动符合球形液滴模型，则排出气井积液的最低条件为使气流中最大液滴能够连续向上运动。当气流中液滴的沉降重力等于气流对液滴的曳力时，液滴自由沉降达到临界携液流速，可表示为：

$$v_{sg}^2=\frac{4gd(\rho_l-\rho_g)}{3C_D\rho_g} \tag{3-2-27}$$

式中　ρ_l——液体密度，kg/m^3；

C_D——曳力系数；

g——重力加速度，$9.8m/s^2$。

液相表观流速可以表示为：

$$v_{sl}=\frac{Q_{sl}}{A} \tag{3-2-28}$$

式中　A——油管内截面积。

表达式为：

$$A=\frac{\pi D^2}{4} \tag{3-2-29}$$

气井正常生产时，其井筒内流体雷诺数处于如下范围：

$$2300<Re<2\times10^6 \tag{3-2-30}$$

在该范围中，摩阻系数可用伯劳修斯(Blasius)公式计算：

$$f_{sg}=0.186Re^{-0.2} \tag{3-2-31}$$

式中，雷诺数 Re 的表达式为：

$$Re=\frac{\rho_g v_{sg} D}{\mu_g} \tag{3-2-32}$$

若忽略气膜所占截面积，即用本书中求取的液滴直径表达式替代 Turner 模型等的最大液滴直径，联立上式，求得临界流速：

$$v_t=4.667\left[\frac{\sigma(\rho_l-\rho_g)Q_{sl}}{\mu_g^2 D^{1.8}\rho_g^{1.8}}\right]^{\frac{1}{4.8}} \tag{3-2-33}$$

从水平井筒到垂直井筒，液体重力作用越来越大。倾斜角的变化，对井筒内气、液两相流型有极大的影响。在直井段中，液体主要沿管壁四周分布，呈环状流，而在水平井段中，则以分层流为主。液相重力作用与流型的变化都会对连续携液临界流速产生影响。综合考虑管柱倾斜角度对液滴、液膜连续携液的影响，利用能反映临界携液流速与倾斜角度关系的 Fiedler 形状函数，结合新模型得到适用于水平井连续携液临界流速模型：

$$v_t=4.667\left[\frac{\sigma(\rho_l-\rho_g)Q_{sl}}{\mu_g^{0.2} D^{1.8}\rho_g^{1.8}}\right]^{\frac{1}{4.8}}\frac{[\sin(1.7\theta)]^{0.38}}{0.74} \tag{3-2-34}$$

则气体临界携液流量为：

$$q_c=2.5\times10^4\frac{Apv_t}{ZT} \tag{3-2-35}$$

式中 q_c——气体临界携液流量，m^3/d；

Z——气体压缩系数；

T——温度，K；

p——压力，MPa。

4. 模型对比

新模型与先前的 Turner 模型、Coleman 模型和李闽模型等的主要区别为：由于液滴直径的表达式不同，使得临界携液流速也不同，如表 3-2-2 所示。先前模型使用韦伯数确定液滴直径，而新模型的液滴直径是基于气相紊流动能与分散液滴表面自由能相等的原理来确定的。

表 3-2-2 文献模型液滴直径与临界携液流速的比较

项目	文献模型	新模型
液滴直径	$d=\frac{30\sigma}{v_{sg}^2\rho_g}$	$d=\frac{8\sigma v_{sl}}{f_{sg}\rho_g v_{sg}^3}$
临界携液流速	$v_t=k\left[\frac{(\rho_l-\rho_g)}{\rho_g^2}\right]^{1/2}$	$v_t=4.667\left[\frac{\sigma(\rho_l-\rho_g)Q_{sl}}{\mu_g^{0.2}D^{1.8}\rho_g^{1.8}}\right]^{\frac{1}{4.8}}\frac{[\sin(1.7\theta)]^{0.38}}{0.74}$

图 3-2-16 为压力 10MPa、温度 300K 和管径 62mm 情况下，液滴平均直径与气相、液相表观流速的关系曲线。由该图可以看出，新模型与韦伯数法计算的液滴直径随气相表观流速变化的趋势一致，在高液相表观流速和低气相表观流速情况下，新模型的计算结果接近于最大液滴直径，若不满足上述两个条件，则计算的液滴直径远比最大液滴直径小。

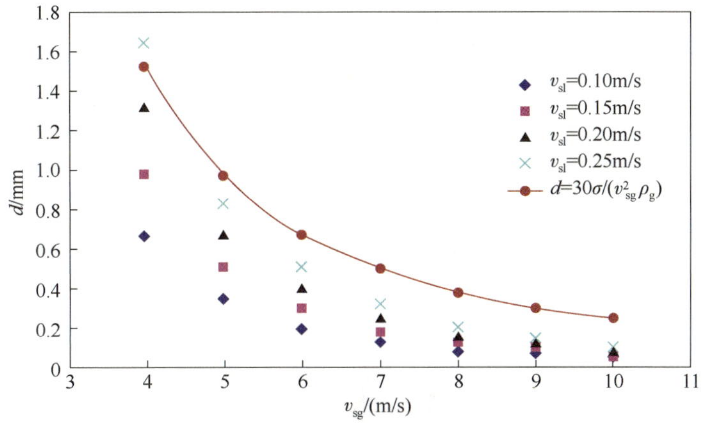

图 3-2-16　液滴平均直径与气相、液相表观流速关系曲线

图 3-2-17 为温度 300K 和管径 62mm 情况下，不同生产气水比下的气井临界携液流量与压力关系曲线，与 Turner 模型、Coleman 模型和李闽模型进行了对比(上述三种模型均没有考虑不同生产气水比的影响)。

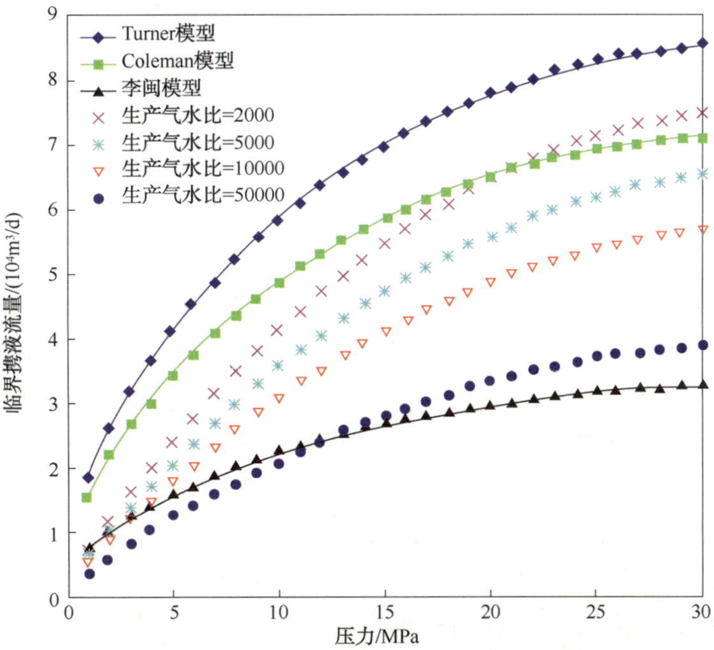

图 3-2-17　不同生产气水比下的气井临界携液流量与压力关系曲线

由图 3-2-17 可以看出，新模型与 Turner 模型、Coleman 模型和李闽模型预测的临界携液流量随压力变化的趋势一致，新模型预测的临界携液流量在 Coleman 模型与李闽模型预测值之间。此外，在高生产气水比情况下，李闽模型预测的临界携液流量与新模型接近；在低生产气水比情况下，Turner 模型和 Coleman 模型预测的临界携液流量与新模型接近。

以油套尺寸与井斜角为主要分类标准，分别研究各气井临界携液模型，分析各模型在不同条件下的适应性。主要方法是利用 Turner 模型、Coleman 模型、Nosseir 模型、Li 模型、Wang 模型、Zhou 模型、Yang 模型、Lili 模型、Belfroid 模型、Tan 模型，共 10 种，分别预测涪陵页岩气田 3 种管径($2\frac{3}{8}$in、$2\frac{7}{8}$in 与 $5\frac{1}{2}$in)气井的井筒积液情况，通过对比气井实际积液情况，得出各类临界携液模型对不同管径气井积液情况的判别准确率，其具体结果如图 3-2-18 所示。

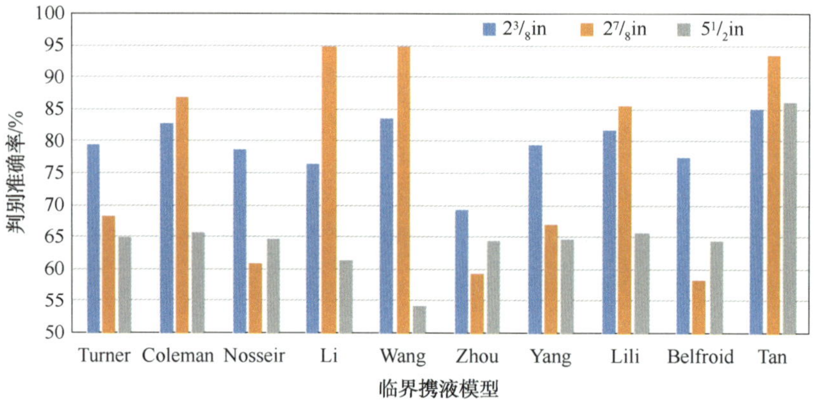

图 3-2-18　10 种临界携液模型对不同管径气井积液情况的判别准确率

由图 3-2-18 可知，10 种临界携液模型判别 $2\frac{3}{8}$in 管径气井的准确率为 70%～85%，其中 Coleman 模型、Nosseir 模型、Lili 模型与 Tan 模型判别准确率超过了 80%，判别效果较好；10 种临界携液模型判别 $2\frac{7}{8}$in 管径气井的准确率为 58%～95%，其中 Li 模型、Wang 模型与 Tan 模型判别准确率超过了 90%，判别效果较好；10 种临界携液模型判别 $5\frac{1}{2}$in 管径气井的准确率为 54%～86%，其中仅 Tan 模型判别准确率超过了 85%，判别效果较好。

通过对比 10 种临界携液模型的气井积液判别情况，可以发现 Turner 模型、Coleman 模型、Nosseir 模型、Li 模型与 Wang 模型未考虑返排液量与井斜角的影响；Zhou 模型考虑了返排液量的影响，未考虑井斜角的影响；Yang 模型、Lili 模型与 Belfroid 模型考虑了井斜角的影响，未考虑返排液量的影响。以上原因导致其气井积液判别准确率受到影响。新模型考虑了返排液量与井斜角的影响，判别 3 种油套尺寸气井积液，其成功率均高于 85%，平均成功率为 90.25%。

第四章　采气工艺技术

基于页岩气井初期产能衰减快、后期稳产时间长的特点，对其进行排水采气工艺优化，并贯穿于页岩气井生产的全过程。经过探索与实践，逐渐在涪陵页岩气田形成了优选管柱排水采气、柱塞排水采气、泡沫排水采气、射流泵排水采气、气举排水采气及电潜泵排水采气等系列工艺技术。

第一节　页岩气井节点分析方法

一、页岩气井节点分析

在常规气井内，一般将气井生产系统分为油藏向井筒的渗流过程、油管内的垂直举升过程和地面水平管内的流动过程三个部分。同时，通过任一选定的节点将系统划分为几个相对独立且相互联系的部分，既可对每一部分的压力损失进行定量评估，又可进行逐一的分析和优选，从而实现全系统的优化生产，发挥系统的最大潜能，如图 4-1-1 所示。

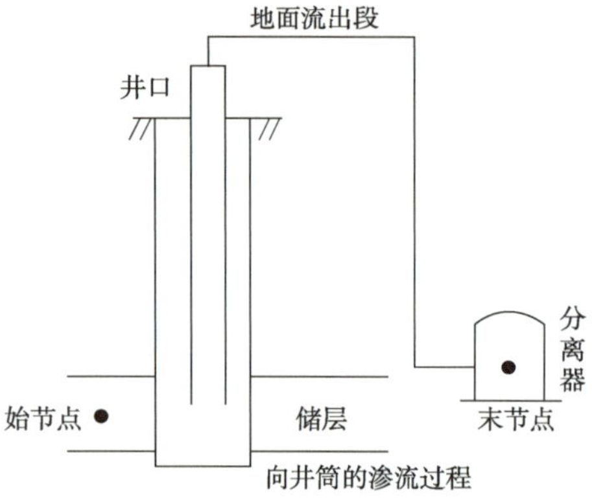

图 4-1-1　常规气井生产系统示意图

由于页岩气井采用长水平井分段压裂模式开采，在对页岩气井进行节点分析时，无法回避水平井各射孔段非均匀产出和井身倾角变化对流态的影响。不过，为方便计算，可将水平段的井筒流动与油藏向井筒的流动合并为一个系统来解决这一难题，这两个过程的流动特征及计算模型在本书第三章已有论述，在进行相关计算时，只需要将相关模型编入软件即可。因此，在进行页岩气井节点分析时，一般仍选择油管的吸入端为节点。系统的流入部分，反映节点前系统的产气情况；系统的流出部分，反映节点后系统的输出情况。运用数学模型求得流入和流出动态关系，再用图解形式将流入和流出曲线画在同一张坐标图上进行进一步分析。

二、页岩气井排水采气工艺优选

页岩气井在不同区域和不同阶段的差异性，决定了页岩气的排水采气工艺优化必然要基于气井全生命周期的预测，并以提高气井产量为目标，在满足集输条件(包括增压开采)的前提下，形成页岩气井排水采气工艺优化方法。

(一) 最低压力系数法

对于依靠地层能量的排水采气工艺(泡沫排水采气工艺、气举排水采气工艺和优选管柱排水采气工艺)的筛选方法，主要考虑在不同的技术指标下，实施各排水采气工艺所需最低地层压力系数 Y_{min}，最低地层压力系数是关于油套管组合、产气量和排水量的函数，其值与具体实施工艺及具体井况有关。当实际井地层压力系数 Y 高于实施工艺所需最低地层压力系数 Y_{min} 时，此工艺在技术上是可行的。

实施工艺对地层压力系数的要求为：

$$Y \geqslant Y_{min}(Q_w, Q_g, d_{in}, d_{out}, D, n) \tag{4-1-1}$$

式中 Y——实际井地层压力系数；

Y_{min}——实施工艺所需最低地层压力系数；

Q_w——排水量，m^3/d；

Q_g——产气量，m^3/d；

d_{in}——油管内径，mm；

d_{out}——油管外径，mm；

D——套管外径，mm；

n——泵级数。

1. 优选管柱排水采气工艺

优选管柱排水采气工艺评价指标主要包括油管内径、产气量、产水量和地层压力系数。使用优选管柱排水采气工艺，必须满足地层压力系数高于实施工艺所需最低地层压力系数，以及井筒流量大于临界携液流量两个条件，即

$$\begin{cases} Y \geqslant Y_{min}(Q_w, Q_g, d_{in}) \\ Q_g \geqslant Q_{kp} \end{cases} \tag{4-1-2}$$

优选管柱排水采气工艺所需最低地层压力系数由井筒两相流模型计算，如图 4-1-2 所示。根据不同的排水量、产气量，选用不同的井筒两相流模型，计算实施工艺所需最低地层压力系数。

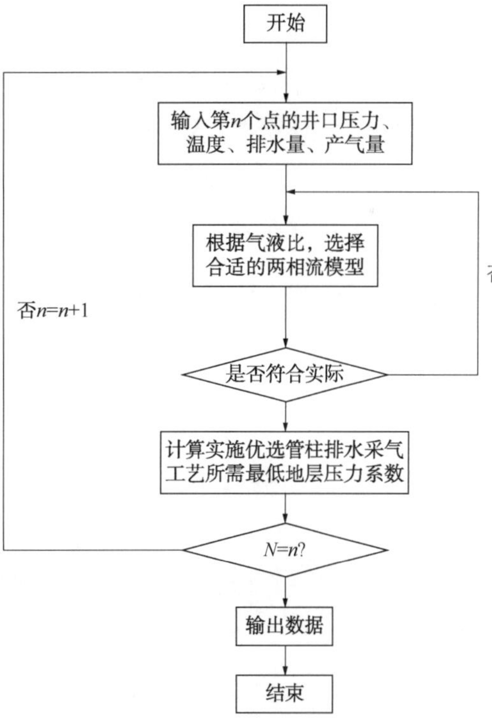

图 4-1-2 优选管柱排水采气工艺所需最低地层压力系数计算逻辑图

应用相关的数学模式，确定临界携液流量与临界携液流速，确保连续排液。随着气流沿着自喷管柱举升高度的增加，为了确保连续排出流入井筒的地层水，在井底自喷管柱管鞋处的气流流速必须达到连续排液的临界携液流速；当气流沿着自喷管柱流出时，必须建立合理的最大可能压力降，以保证井

口有足够的压力将天然气输进集气管网和用户。

优选合理管柱涉及两个方面的内容：对流速高、排液能力较好、产水量大的气井，应增大管径生产，以达到减少阻力损失、提高井口压力、增加产气量的目的；对于开发中、后期的气井，井底压力及产气量均降低，排水能力变差，则应采用小油管生产，以提高气流带水能力，排出井底积液，使气井正常生产。

当气流的实际流速、实际流量大于或等于其在相同条件下连续排液的临界携液流速、临界携液流量时，气流就能连续将进入井筒的流体排出井口。计算临界携液流速和临界携液流量的公式如下：

$$v_t = 4.667\left[\frac{\sigma(\rho_l-\rho_g)Q_{sl}}{\mu_g^{0.2}D^{1.8}\rho_g^{1.8}}\right]^{\frac{1}{4.8}}\frac{[\sin(1.7\theta)]^{0.38}}{0.74} \tag{4-1-3}$$

$$Q_{kp} = 2.5\times10^8\frac{Av_{kp}}{ZT} \tag{4-1-4}$$

式中 v_{kp}——临界携液流速，m/s；

Q_{kp}——临界携液流量，m³/d；

σ——界面张力，N/cm；

ρ_l——液体密度，kg/m³；

ρ_g——气体密度，kg/m³；

A——油管横截面积，m²；

T、Z——油管鞋处井底状况下天然气的绝对温度和偏差系数。

把 $A=\frac{\pi}{4}d_i^2$ 代入式(4-1-4)，得：

$$d_i = \sqrt{\frac{4Q_{kp}ZT}{2.5\times10^8\pi v_{kp}}} \tag{4-1-5}$$

式中 d_i——油管内径，m。

气井的临界携液流速和临界携液流量反映了气井的举液能力，影响气流举液能力的因素主要有自喷管柱尺寸、井底流压、油管举升高度和流体性质等。在开发中、后期，由于气井产量递减速度较快，气井的实际产气量远远小于连续排液的临界产量，造成 $Q_r=\frac{Q}{Q_{kp}}\leqslant1$，井底严重积液。此时，应该优选较小直径的油管，使油管与气层重新建立协调关系。

2. 泡沫排水采气工艺

泡沫排水采气工艺评价指标主要包括油管内径、产气量、产水量和地层压力系数。

泡沫排水采气工艺须满足地层压力系数高于实施工艺所需最低地层压力系数，即

$$Y \geqslant Y_{\min}(Q_w,\ Q_g,\ d_{in},\ d_{out},\ D,\ n) \tag{4-1-6}$$

图 4-1-3 为泡沫排水采气工艺所需最低地层压力系数计算逻辑图。

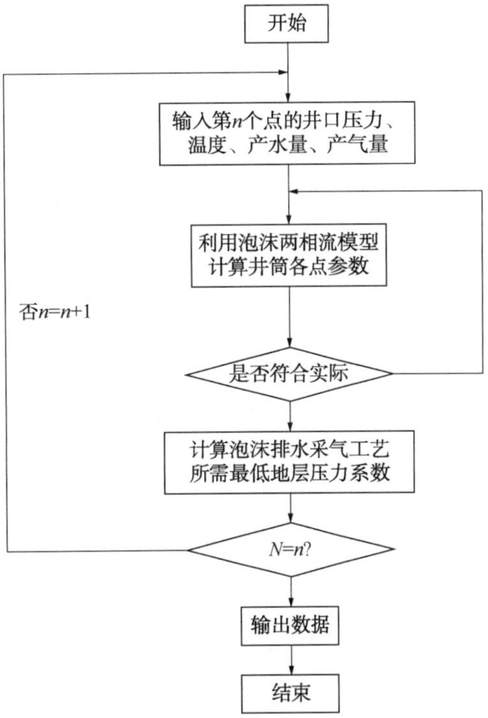

图 4-1-3 泡沫排水采气工艺所需最低地层压力系数计算逻辑图

实验数据证实：当泡沫质量分数为40%~80%时，稳定泡沫的流变曲线在双对数坐标下基本呈直线，说明流变性更接近于幂律流体；当泡沫质量分数为90%时，稳定泡沫的流变曲线趋于弯曲状，其流变性接近于宾汉流体。实验表明，稳定泡沫在井筒内可被视为幂律流体，摩擦系数方程为：

$$\frac{1}{\sqrt{f_m}} = 1.14 - 2\lg\left|\frac{e}{d} + \frac{21.25}{N_{Re}}\right| \tag{4-1-7}$$

式中 N_{Re}——泡沫流体雷诺数；

d——直径，m。

稳定泡沫等效塑性黏度(μ_{eF})的计算方法与常规气、液两相流体不同。

$$\mu_{eF} = K\left(\frac{2n+1}{3n}\right)^n \left(\frac{12v_F}{D_h}\right)^{n-1} \tag{4-1-8}$$

式中 v_F——泡沫速度，m/s；

下标 F——稳定泡沫。

Sanghani 和 Ikoku 做了大量实验，回归出泡沫稠度系数(K)和流性指数(n)与泡沫质量(Γ)的关系：

$$\begin{cases} K = -0.15626 + 56.147\Gamma - 312.77\Gamma^2 + 576.56\Gamma^3 + \\ 63.96\Gamma^4 - 960.46\Gamma^5 - 154.68\Gamma^6 + 1670.2\Gamma^7 - 937.88\Gamma^8 \\ n = 0.095932 + 2.3654\Gamma - 10.467\Gamma^2 + 12.955\Gamma^3 + \\ 14.467\Gamma^4 - 39.673\Gamma^5 + 20.652\Gamma^6 \end{cases} \tag{4-1-9}$$

$$\Gamma = \frac{\dfrac{Q_{g_{sc}}}{p_{sc}}}{\left(\dfrac{Q_{g_{sc}}}{p_{sc}}\right) + Q_l} \tag{4-1-10}$$

式中 Γ——泡沫质量，无因次；

$Q_{g_{sc}}$——标准状态下气体流量，m^3/s；

下标 sc——地面标准状态；

Q_l——液相流量，m^3/s。

$$\rho_F=(1-\Gamma)\rho_l+\Gamma\rho_l=(1-\Gamma)\rho_l+\frac{\Gamma S_g p}{8.314gT} \tag{4-1-11}$$

$$v_F=\frac{Q_g+Q_l+Q_R}{A_p}=\frac{\frac{pT}{p_{sc}T_{sc}}Q_{g_{sc}}+Q_l+Q_R}{A_p} \tag{4-1-12}$$

式中 Q_R——岩屑流量，m^3/s。

泡沫流动模型如式(4-1-13)所示。

$$\begin{cases}\dfrac{d\rho}{dZ}=\dfrac{\dfrac{RZ_g\rho}{C_pM}[2a(T-T_{ei})-g\sin\theta]+\dfrac{f\rho v^2}{2d}+\rho g\sin\theta}{v^2-\left|\dfrac{RZ_gv^2}{C_pM}+\dfrac{RZ_gT}{M}\right|}\\[2ex] \dfrac{dv}{dZ}=-\dfrac{v}{\rho}\dfrac{d\rho}{dZ}\\[2ex] \dfrac{dp}{dZ}=\dfrac{f\rho v^2}{2d}+\rho g\sin\theta+v^2\dfrac{d\rho}{dZ}\\[2ex] \dfrac{dT}{dZ}=\dfrac{\left|\dfrac{v^2}{\rho}\dfrac{d\rho}{dZ}+g\sin\theta-2a(T-T_{ei})\right|}{C_p}\end{cases} \tag{4-1-13}$$

初始条件如式(4-1-14)所示。

$$p(Z_0)=p_0\quad T(Z_0)=T_0\quad \rho(Z_0)=\frac{Mp_0}{RT_0Z_g}\quad v(Z_0)=\frac{w}{A\rho_0} \tag{4-1-14}$$

此方法可以在测得泡沫黏度、最大携液量等参数的情况下，描述使用各种类型泡排剂的井筒流动状态。计算出井筒各点泡沫的密度、流速、压力和温度等参数。

3. 柱塞排水采气工艺

柱塞排水采气工艺评价指标主要包括油管内径、产水量和地层压力系数。柱塞排水采气工艺须满足地层压力系数高于实施工艺所需最低地层压力系数，即

$$Y\geqslant Y_{min}(Q_w,\ Q_g,\ d_{in}) \tag{4-1-15}$$

柱塞排水采气工艺参数包括柱塞运行周期、开井时间和对应开井套压、关井时间和对应

关井套压，以及所需气液比和日产量。图4-1-4为柱塞排水采气工艺所需最低地层压力系数计算逻辑图。

当柱塞和液体段塞刚好到井口时，油套管中的压力处于平衡状态。那么，在井底，从套管折算到井底的压力等于从油管折算到井底的压力，即最小套压+环空气柱压力+环空气体流动摩擦阻力=最小油压+柱塞以上液柱的静液柱压力和流动摩擦阻力+柱塞运动摩擦阻力+克服柱塞重量所需的压力+柱塞以下气、液两相流的静流体柱压力和流动摩擦阻力。由于环空中气体流速很低，摩擦阻力可以忽略；柱塞摩擦阻力很小，也可以忽略；假设柱塞以下油管中仅存在单相气体流动，可忽略油管中静气柱压力的差别。上式变为：最小套压=最小油压+柱塞以上液柱的静液柱压力和流动摩擦阻力+克服柱塞重量所需的压力+油管长度上的气体摩擦阻力。

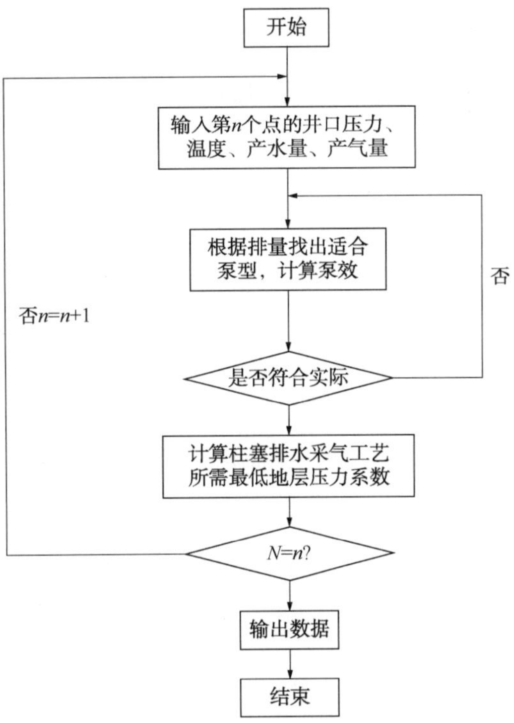

图4-1-4　柱塞排水采气工艺所需最低地层压力系数计算逻辑图

即：

$$p_{cnin}=p_{tmin}+(p_{lh}+p_{lf})w+p_{p}+p_{f} \tag{4-1-16}$$

式中　p_{cmin}——最小套压，MPa；

p_{tmin}——最小油压，MPa；

p_{lh}——举升1m^{3}液体段塞的静液柱压力，MPa/m^3；

p_{lf}——举升1m^{3}液体段塞的摩阻压力，MPa/m^3；

w——周期排水量，m^3；

p_{p}——克服柱塞重量所需的压力，一般取0.04MPa；

p_{f}——柱塞以下油管长度上的气体摩擦阻力，MPa。

举升1m^{3}液体段塞的静液柱压力：

$$p_{lh}=10^{-6}\frac{\rho_{l}g}{At} \tag{4-1-17}$$

举升1m^{3}液体段塞的摩擦阻力：

$$p_{\mathrm{lf}}=10^{-6}\frac{f_{\mathrm{l}}\rho_{\mathrm{l}}u_{\mathrm{pu}}^{2}}{2dt} \tag{4-1-18}$$

柱塞以下油管长度上的气体摩擦阻力：

$$p_{\mathrm{f}}=10^{-6}\frac{f_{\mathrm{g}}\overline{\rho_{\mathrm{g}}}u_{\mathrm{pu}}^{2}}{2dt}Ht \tag{4-1-19}$$

由于最小套压是环空中气体在最大套压下膨胀的结果，那么由气体定律可计算最大套压。忽略气体膨胀时偏差系数的差异。最大套压为：

$$p_{\mathrm{cmax}}=p_{\mathrm{cmin}}\left(1+\frac{A_{\mathrm{t}}}{A_{\mathrm{c}}}\right) \tag{4-1-20}$$

式中 p_{cmax}——最大套压，MPa；

A_{t}——油管面积，m^2；

A_{c}——套管面积，m^2。

最大套压和最小套压的算术平均值为平均套压，即

$$\overline{p_{\mathrm{c}}}=\frac{p_{\mathrm{cmax}}+p_{\mathrm{cmin}}}{2}=p_{\mathrm{cmin}}\left(1+\frac{A_{\mathrm{t}}}{2A_{\mathrm{c}}}\right) \tag{4-1-21}$$

完成一个工作周期所需的时间由开井时间和关井时间两部分组成。开井时间包括：①柱塞从卡定器处上升到地面的时间；②柱塞停留在井口的时间。关井时间包括：①柱塞在气柱中下落的时间；②柱塞在液柱中下落的时间；③柱塞在卡定器上停留的时间。

工作周期数为：

$$n_{\mathrm{p}}=\frac{86400}{t_{\mathrm{pr}}+t_{\mathrm{pdg}}+t_{\mathrm{pdl}}+t_{\mathrm{ps}}+t_{\mathrm{pc}}} \tag{4-1-22}$$

式中 n_{p}——工作周期数，周期/天；

t_{pr}——柱塞上行的时间，s；

t_{pdg}——柱塞在气柱中下落的时间，s；

t_{pdl}——柱塞在液柱中下落的时间，s；

t_{ps}——柱塞停留在井口的时间，s；

t_{pc}——柱塞在卡定器上停留的时间，s。

柱塞在井口和在卡定器上停留的时间，应根据地层气液比的高低来决定，并根据生产情况进行调整。对高气液比的气井，延长柱塞在井口的停留时间，有利于排水采气，柱塞可不在卡定器上停留。对低气液比的气井，只有延长柱塞在卡定器上停留的时间，才能使套压恢复得足够高，柱塞可不在井口停留。

柱塞上行的时间：

$$t_{\mathrm{pr}}=\frac{L_{\mathrm{c}}}{u_{\mathrm{pu}}} \tag{4-1-23}$$

式中　L_c——卡定器深度，m。

柱塞在气柱中下落的时间：

$$t_{pdg}=\frac{L_c-h_1}{u_{pdg}} \tag{4-1-24}$$

式中　u_{pdg}——柱塞在气柱中下落的速度，m/s；

h_1——液体段塞高度，m。

柱塞在液柱中下落的时间：

$$t_{pdl}=\frac{h_1}{u_{pdl}} \tag{4-1-25}$$

式中　u_{pdl}——柱塞在液柱中下落的速度，m/s。

柱塞上行速度、柱塞在气柱和液柱中下落的速度与油管尺寸、柱塞类型等有关。设计时，一般根据现场实测数据确定。

每个周期内的用气量包括：①开井前油管中的气量；②柱塞上升过程中，从柱塞和液体段塞中滑脱的气量；③柱塞停留于井口时的喷气量。柱塞气举最低周期需气量由前两项决定。

最低周期需气量为：

$$V_g=10^{-4}F_{gs}\frac{V_t}{B_g}=0.2892F_{gs}A_t(L_c-h_1)\frac{p_{cmax}}{ZT} \tag{4-1-26}$$

式中　V_g——最低周期需气量，10^4m^3；

V_t——开井前液体段塞上的油管体积，m^3；

F_{gs}——气体通过柱塞和液体段塞的滑脱系数，一般取 1.15；

T——井筒平均温度，K。

4. 电潜泵排水采气工艺

电潜泵排水采气工艺评价指标主要包括：产水量、泵级数和地层压力系数。电潜泵排水采气工艺须满足地层压力系数高于实施工艺所需最低地层压力系数，即

$$Y \geqslant Y_{min}(Q_w,\ Q_g,\ d_{in},\ d_{out},\ D,\ n) \tag{4-1-27}$$

图 4-1-5 为电潜泵排水采气工艺所需

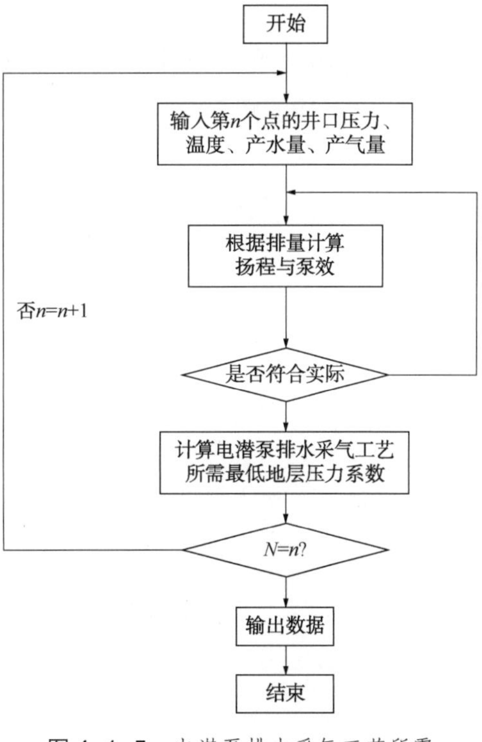

图 4-1-5　电潜泵排水采气工艺所需最低地层压力系数计算逻辑图

最低地层压力系数计算逻辑图。

计算出50Hz下泵的排量和扬程，然后从厂家提供的各种泵的特性曲线中选择具有最高泵效的泵组，再由总扬程及单级扬程确定泵的级数。

$$Q_{50}=Q_{\mathrm{f}}\frac{50}{f} \tag{4-1-28}$$

$$H_{50}=H_{\mathrm{f}}\left(\frac{50}{f}\right)^2 \tag{4-1-29}$$

式中 Q_{50}——50Hz运转频率时泵的排量，m^3/d；

H_{50}——50Hz运转频率时泵的扬程，m；

Q_{f}——fHz运转频率时泵的排量，m^3/d；

H_{f}——fHz运转频率时泵的扬程，m。

5. 变频电机的选择

在最高频率50Hz运转时所需的电机功率为：

$$P_{\mathrm{f}}=\frac{Q_{\mathrm{f}}H_{\mathrm{f}}\rho}{8800\eta} \tag{4-1-30}$$

式中 P_{f}——fHz运转频率时电机的输出功率，kW；

ρ——流体的相对密度；

η——泵效。

用式(4-1-31)计算50Hz运转频率时标准电机的功率：

$$P_{50}=P_{\mathrm{f}}\frac{50}{f} \tag{4-1-31}$$

6. 连续气举排水采气工艺

连续气举排水采气工艺评价指标主要包括油管内、外径，套管内径，气量，产水量和地层压力系数，气量为产气量与注气量之和。连续气举排水采气工艺须满足地层压力系数高于实施工艺所需最低地层压力系数，即

$$Y \geqslant Y_{\min}(Q_{\mathrm{w}},\ Q_{\mathrm{g}},\ d_{\mathrm{in}},\ d_{\mathrm{out}},\ D) \tag{4-1-32}$$

连续气举排水采气工艺所需最低地层压力系数根据井筒两相流模型计算。根据不同的排水量、产气量，选用不同的井筒两相流模型，计算实施工艺所需最低地层压力系数，如图4-1-6所示。

在连续气举过程中，井底流压可用式(4-1-33)表示：

$$p_{\mathrm{wf}}=p_{\mathrm{tf}}+G_{\mathrm{fa}}L+G_{\mathrm{fb}}(D-L) \tag{4-1-33}$$

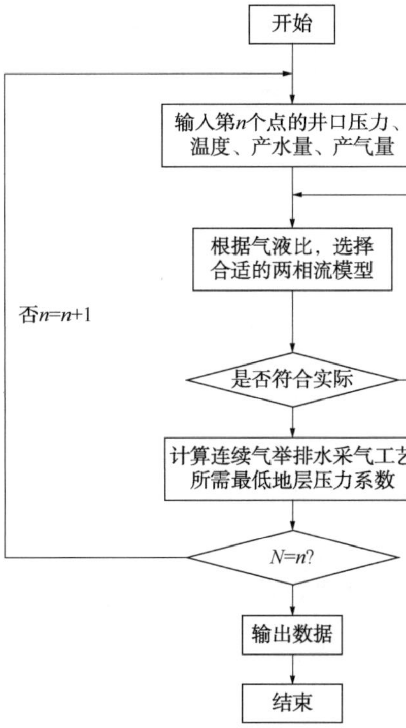

图 4-1-6 连续气举排水采气工艺所需最低地层压力系数计算逻辑图

式中 p_{wf}——井底流压，MPa；

p_{tf}——井口压力，MPa；

G_{fa}——注入点以上的平均压力梯度，MPa/m；

G_{fb}——注入点以下的平均压力梯度，MPa/m；

D——井深，m；

L——注入点深度，m。

结合上述研究成果，利用井筒多相流模型，计算不同工艺条件下所需井底流压，并将工艺应用边界条件植入软件平台，实现气井在不同输压及工艺条件下的效果预测，见表 4-1-1。

表 4-1-1 不同排水采气工艺在不同类型气井内所需井底流压理论值

项 目	一类气井	二类气井	三类气井	四类气井
平均水气比/($m^3/10^4m^3$)	0.43	1.63	3.97	11.67
平均产气量/10^4m^3	7.6	8.0	5.6	3.3
平均输压/MPa	5.00	4.90	4.53	4.36
实测平均流压/MPa	11.80	13.57	12.98	17.83

续表

项　目		一类气井	二类气井	三类气井	四类气井
油管平均下入深度/m		2765	3088	3126	3550
油管平均压力/MPa		7.54	7.51	6.07	6.33
不同排水采气工艺所需井底流压理论值/MPa	优选管柱排水采气	8.5	9.9	10.4	13.5
	泡沫排水采气	6.41	6.68	6.39	7.50
	柱塞排水采气	6.11	6.44	6.29	6.74
	电潜泵排水采气	5.99	6.01	5.55	5.45
	连续气举排水采气	8.88	10.28	10.45	12.86

（二）IPI 图版分区法

IPI 图版分区法如图 4-1-7 所示。

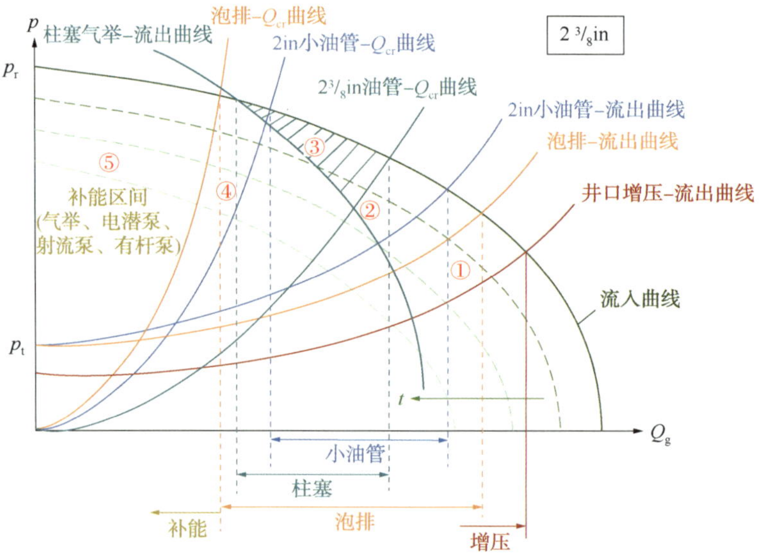

图 4-1-7　IPI 图版分区法

第二节　页岩气井优选管柱工艺技术

对于多数产水气井，在正常生产时的流型为环雾流，液体以液滴的形式由气体携带到地面，但如果流速太低，没有足够的能量使液体流出井口，液体就在井底聚集形成积液，会增大回压，限制气井生产能力。优选管柱工艺是一种自喷工艺，其主要原理就是优选具有合适内径的油管作为新的生产通道，以提高井筒内的气流速度，使井筒积液能够全部排出井筒并重新达到最佳生产状态。

在涪陵页岩气田开发过程中，基于连续油管技术，从气井的井筒流动特征入手，以连续油管完井配套装置为核心，开展不同直径油管在不同下入深度、不同生产状况条件下气井产出能力分析，形成适应页岩气井的优选管柱工艺技术，以及系列配套装置。

一、页岩气井生产管柱管径优选方法

为保证气井不积液，页岩气井的管柱直径首先应满足携液条件，其次应满足长期安全生产，也应具有一定的抗冲蚀性能，最后在更换较小油管直径后，其产生的沿程摩阻不应影响气井生产，如图 4-2-1 所示。

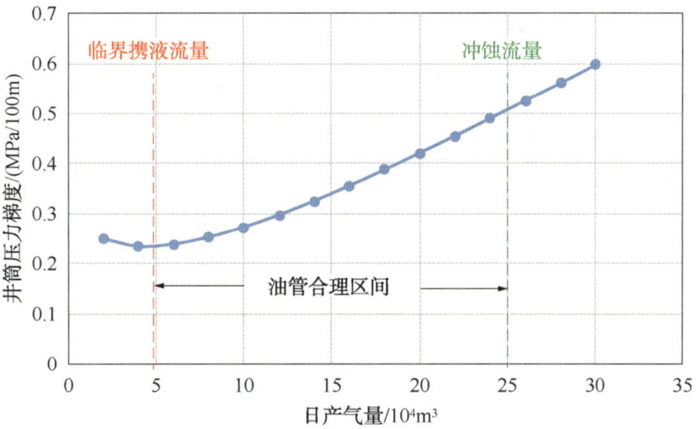

图 4-2-1 $2\frac{7}{8}$in 油管合理区间(压力 5MPa，日产水量 10m^3)

根据前文所述，气井临界携液流速可以表示为：

$$v_t=4.667\left[\frac{\sigma(\rho_l-\rho_g)Q_{sl}}{\mu_g^{0.2}D^{1.8}\rho_g^{1.8}}\right]^{\frac{1}{4.8}}\frac{[\sin(1.7\theta)]^{0.38}}{0.74} \tag{4-2-1}$$

则气体临界携液流量为：

$$Q_{sl}=2.5\times10^4\frac{Apv_t}{ZT} \tag{4-2-2}$$

气井冲蚀速度为：

$$v_g<122/\sqrt{\rho_g} \tag{4-2-3}$$

冲蚀临界流量为：

$$Q_c=8.64\times10^{-3}\frac{\pi d_i^2}{4}v_c \tag{4-2-4}$$

式中 Q_{sl}——临界携液流量，$10^3m^3/d$；

v_c——临界携液流速，m/s；

σ——表面张力，N/m；

ρ_l——液体密度，kg/m^3；

ρ_g——气体密度，kg/m^3；

d_i——油管内径，cm。

由式(4-2-2)和式(4-2-4)可以确定气井合理流速界限，再结合气井产量，优选气井合理管径。在此基础上，还应考虑油管的压力损失，在合理管径范围内，选择压力损失最低的油管尺寸。

单位井深压力损失表达式为：

$$\frac{dp}{dZ}=\rho_m g\sin\theta+\frac{f_m\rho_m v_m^2}{2d}+\rho_m v_m\frac{dv_m}{dZ} \tag{4-2-5}$$

式中，等号右边第一项表示重力损失项，第二项表示摩阻损失项，第三项表示加速度损失项。

其中，加速度损失项可忽略不计，摩阻损失区分为气相摩阻损失区和两相摩阻损失区，当日产气量较小时，摩阻损失为气液滑脱损失，随日产气量的增大，摩阻损失减小。当日产气量较大时，摩阻损失为气体与管壁摩擦损失，随日产气量的增大，摩阻损失增大，如图4-2-2所示。

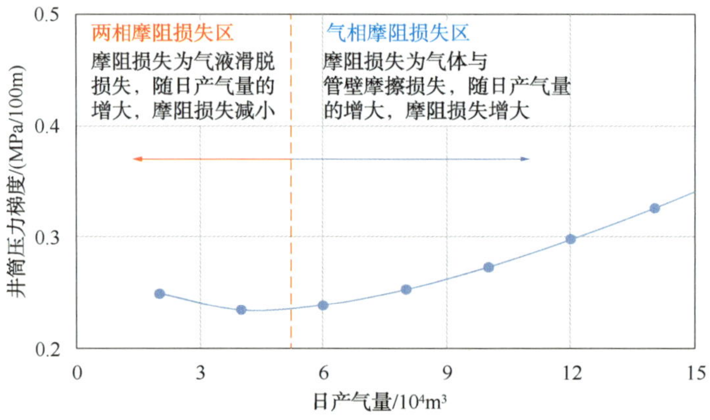

图4-2-2 日产气量对井筒压力梯度的影响

根据上述论述，对涪陵页岩气田，笔者考虑三个方面因素，绘制了不同产水条件下的生产管柱管径优选图版。

当日产水量为3m^{3}时，在不同日产气量和压力条件下，生产管柱管径优选如图4-2-3所示。

当日产水量为30m^{3}时，在不同日产气量和压力条件下，生产管柱管径优选如图4-2-4所示。

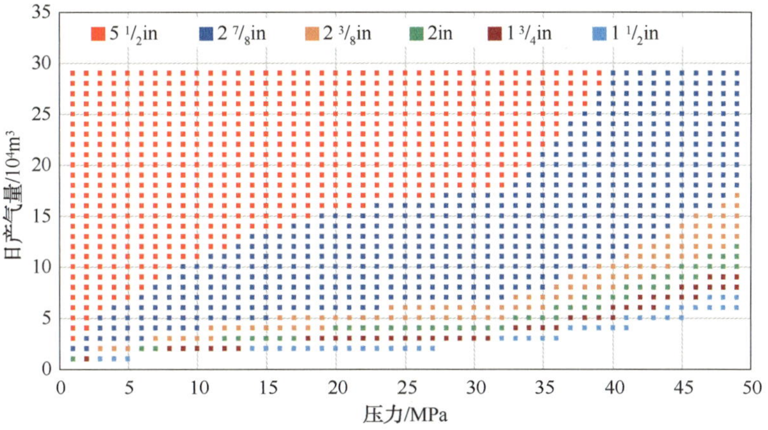

图 4-2-3 生产管柱管径优选图版（日产水量 $3m^3$）

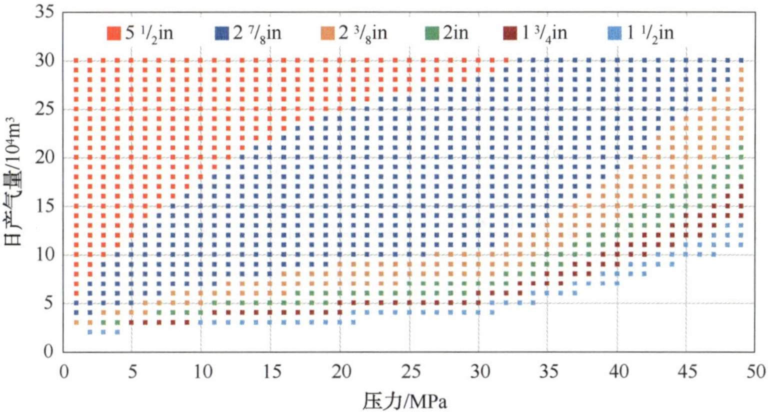

图 4-2-4 生产管柱管径优选图版（日产水量 $30m^3$）

从以上图版可以看出，当气井日产水量越大、日产气量越小时，气井携液能力随之降低，需要使用较小直径的油管，以增大气体流速，提高气相携液能力，避免产生井底积液。随着压力的降低，气井携液能力增强，应当优选直径较大的油管。

二、页岩气井生产管柱下入深度优化设计方法

页岩气开采主要采用水平井多段压裂的模式，对生产管柱下入深度需要考虑井斜角的影响，所谓井斜角是指油气井中某点的中轴线与地球铅垂线之间的夹角，其范围为0°~180°，井斜角用来指示井眼轨迹的斜度。由前文可知，在相同的产液及管径条件下，可以用井斜角影响系数来评判井斜角对气井携液能力的影响，井斜角影响系数的表达式为：

$$\zeta=\frac{[\sin(1.7\theta)]^{0.38}}{0.47} \tag{4-2-6}$$

反映到坐标系中的结果如图 4-2-5 所示。

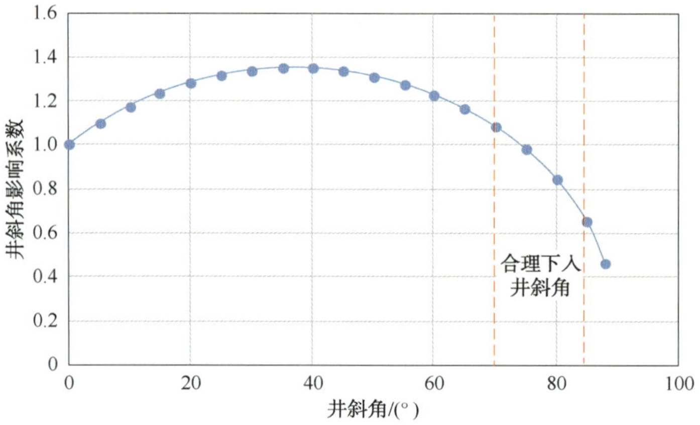

图 4-2-5 井斜角影响分析

由式(4-2-6)可知，井斜角对气井积液的影响较大，当井斜角为 40°左右时，气井最难携液；当井斜角超过 70°时，气井携液能力与垂直段一致；当井斜角超过 85°时，气井很难积液。由此可以分类考虑不同井斜角下的管柱下入深度问题，对于水平型及上翘型井，受液流重力影响，水平井产层内井筒均难以积液，积液主要分布于水平段跟端，考虑到当井斜角为 40°左右时，气井最难携液，因此应将生产管柱下至 *A* 靶点附近（井斜角 70°~85°），以增强携液能力，如图 4-2-6、图 4-2-7 所示。

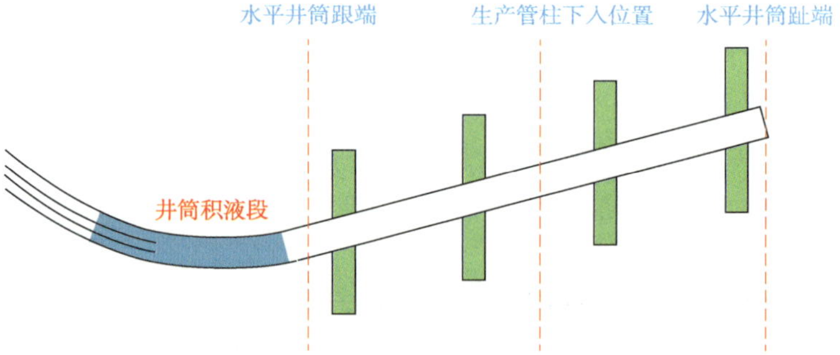

图 4-2-6 上翘型水平井示意图

对于下倾型水平井，由于受重力与变质量流动双重影响，其水平井产层内井筒可能会形成积液段，须另外考虑生产管柱的下入角度，下入位置优选目标如下：在井口压力不变的情况下，下入油管后井筒压力更低，井筒跟端、趾端压力一致，利于释放气井产能；下入油管的井段井筒积液得到改善，增强了井筒携液能力。

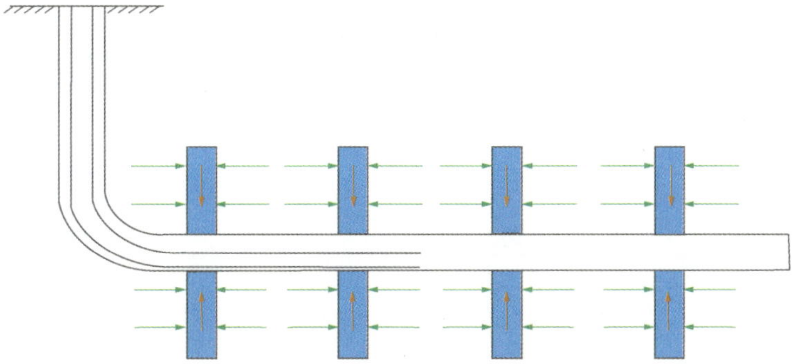

图 4-2-7 水平型水平井示意图

以焦页 108-6HF 井为例，该井日产气量 $5\times10^4m^3$，日产水量 $10m^3$，井口压力 5MPa。油管下入深度对水平段压力影响如图 4-2-8 所示。

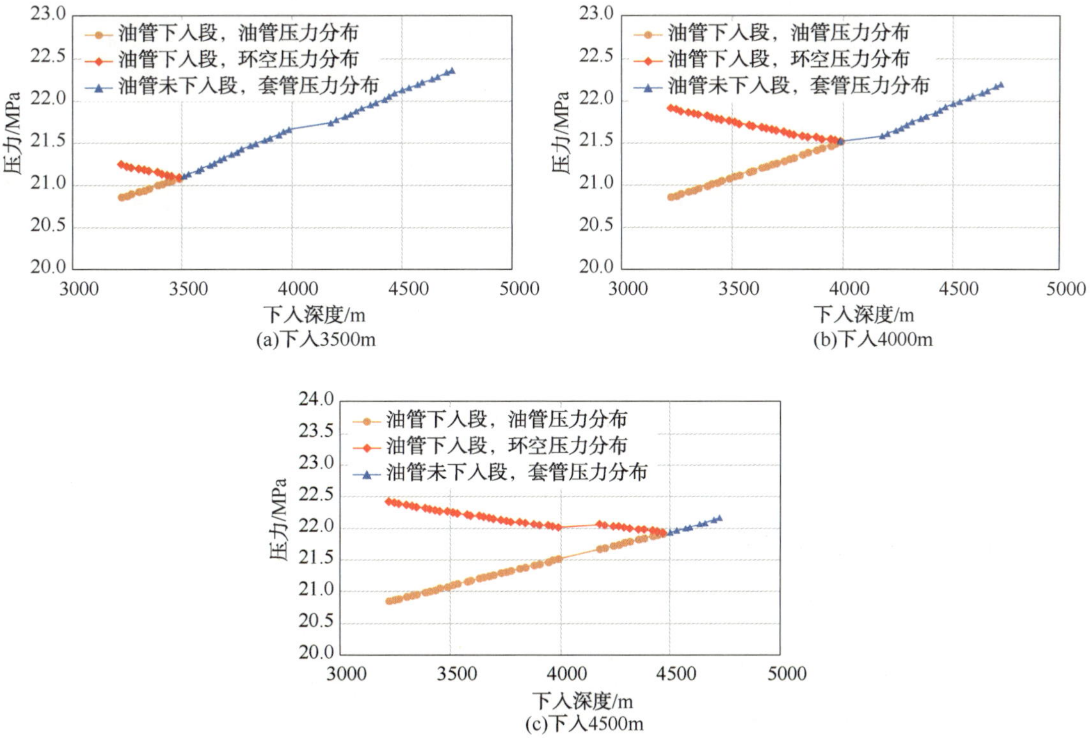

图 4-2-8 油管下入深度对水平段压力影响

从图 4-2-8 中可以看出，对于水平段压力分布，油管鞋位置为水平段压力最低点，跟端、趾端压力较高；为保证水平段正常产气，须保证气井地层压力高于水平段所有位置压力。油管下入 3500m，需要地层压力 22.36MPa，油管下入 4000m，需要地层压力

22.19MPa；油管下入4500m，需要地层压力22.42MPa。

油管下入深度对井底积液的影响如图4-2-9所示。

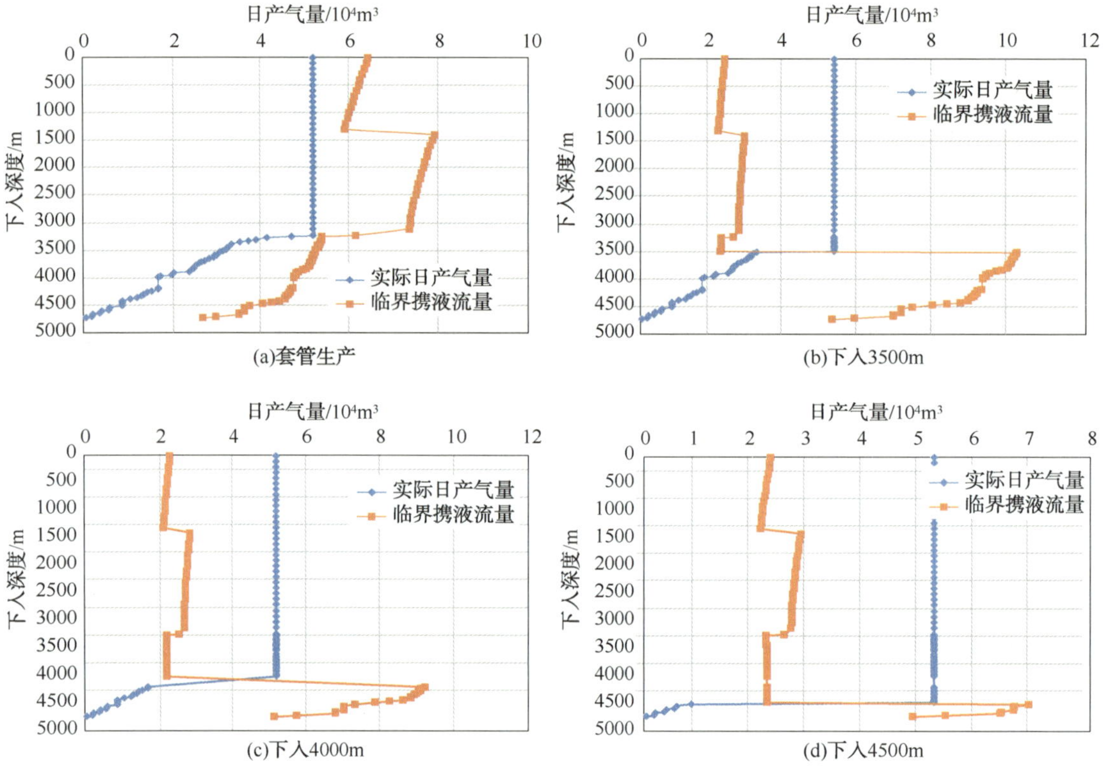

图4-2-9 油管下入深度对井底积液的影响

从图4-2-9中可以看出，相比于未下入油管的套管生产，下入油管部分能有效解决井筒的积液问题，生产管柱最佳下入深度为4100m。

三、生产管柱工艺适应性与有效期

在气井开采过程中，需要有一定的地层压力才能保证其正常生产，对于多段压裂水平井，需要保证地层压力高于水平段所有位置的压力，只有当地层压力高于气井水平段的最高压力时，该生产管柱工艺才可行，如图4-2-10所示。

随着气井生产，气井周围地层能量逐渐衰竭，当地层压力小于气井水平段最高压力时，此气井不能再正常生产，地层压力降至气井水平段最高压力的时间，为该生产管柱工艺的有效期。气井水平段最高压力为生产管柱工艺所需最小地层压力，如图4-2-11所示。

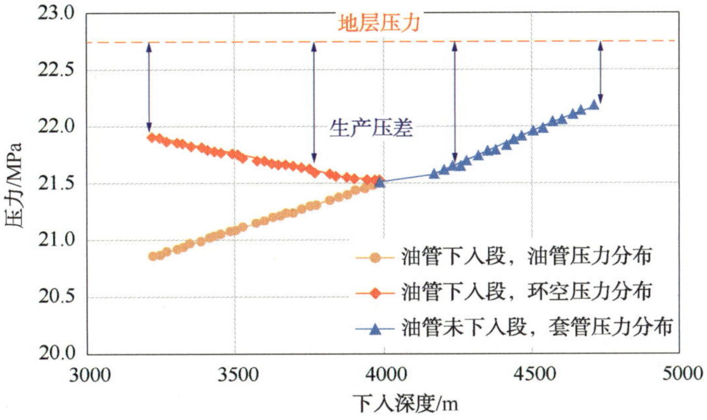

图 4-2-10 生产管柱工艺适应性分析(一)

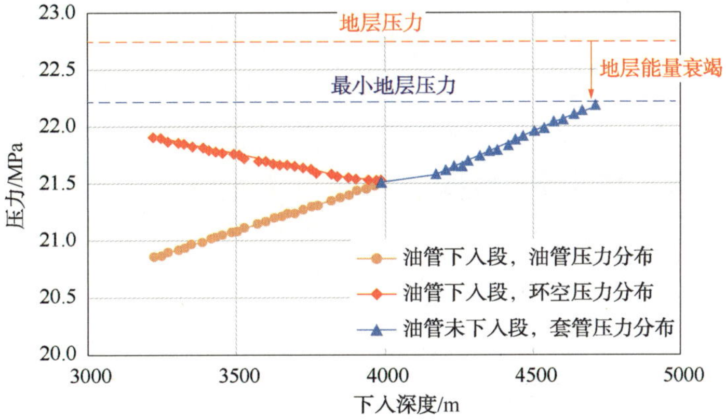

图 4-2-11 生产管柱工艺适应性分析(二)

四、小油管井口悬挂装置

(一) 外置式连续管悬挂器

1. 结构组成

外置式连续管悬挂器一般安装在采气树和 1 号阀之间，主要用于悬挂连续管，封隔连续管油套环空，并提供连续管生产通道。

外置式连续管悬挂器主要由上转换法兰、辅助悬挂器、悬挂器顶丝、上密封总成、下密封总成、本体、下转换法兰等组成，其中密封总成包括卡瓦、卡瓦座、密封圈等，如图 4-2-12 所示。

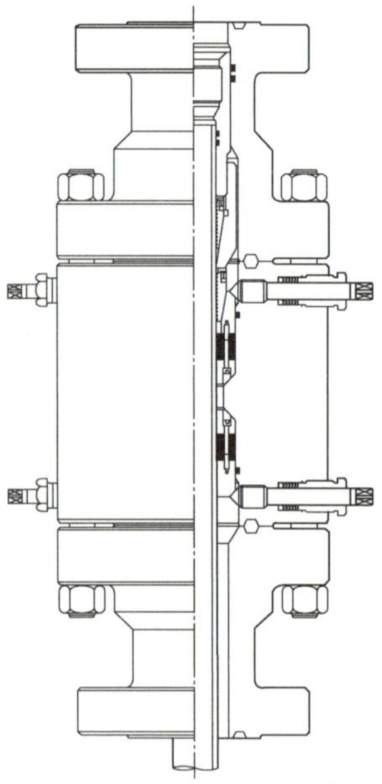

图 4-2-12　外置式连续管悬挂器结构示意图

2. 工作原理

悬挂器安装：外置式连续管悬挂器通过下转换法兰安装于1号主阀上端。完井前，需要拆卸悬挂器上转换法兰，使悬挂器本体直接与操作窗及防喷器相连(此时悬挂器本体内只安装上、下密封胶芯，不安装卡瓦)。

密封方式设计：在连续管作业机将连续管穿过操作窗、悬挂器及悬挂器内部密封胶芯下入到位后，上紧顶丝，因顶丝端面作用在密封胶芯上座的外锥面上，使密封胶芯被下压产生径向变形，实现对油管环空内气体的封隔。

悬挂方式设计：释放操作窗内压力，在观察到悬挂器封隔合格后，开启操作窗放入分瓣式卡瓦。卡瓦在进入密封胶芯上座的内锥面后，在连续管自重的作用下，卡瓦块向内收缩，使连续管被夹紧，实现对连续管的悬挂。

恢复井口安装：在确认连续管悬挂和密封合格后，切割连续管，安装辅助悬挂装置，以防止连续管上顶，并增强连续管在井口的密封可靠性。安装悬挂器上法兰，并把采气树安装在连续管悬挂器法兰上。

（二）内置式连续管井口悬挂装置

1. 结构组成

内置式连续管井口悬挂装置主要由内置式悬挂器、连续管坐挂接头两部分组成，如图 4-2-13 所示。

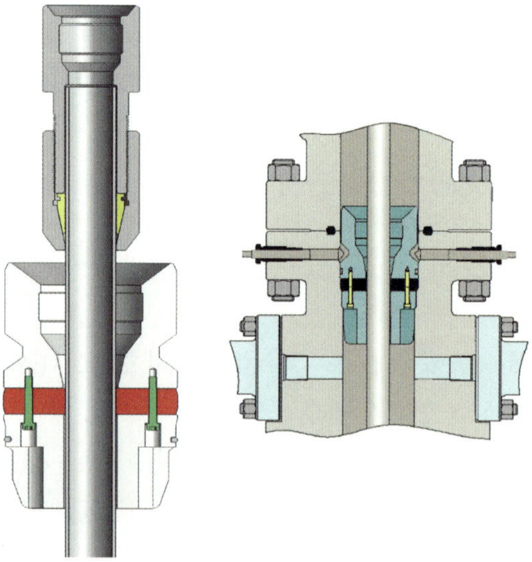

(a)　　(b)

图 4-2-13　内置式连续管井口悬挂装置结构示意图

内置式悬挂器主要由上座、S 形密封圈、胶芯、连接螺栓和下座等组成；连续管坐挂接头主要由上接头、下接头和悬挂卡瓦等组成。

2. 内置式悬挂器的下入方式设计

下入方式：为了实现在带压情况下，将内置式悬挂器投送到位，设计了专用的TS121 液压投送工具。安装在连续管下端的 TS121 液压投送工具卡在内置式悬挂器内凹槽内，实现连续管作业机对内置式悬挂器的连接，连续管作业机连接井口后，使内置式连续管穿过 1 号主阀，至油管头内台阶处。

固定方式：涪陵页岩气田所用油管头为 YGT18-105EE 油管头，其内下部为 180mm→160mm 的台阶，用以支撑油管挂，内置式悬挂器下到位后，坐挂在 180mm→160mm 的内台阶处，并通过油管头上的顶丝防止悬挂器上顶，如图 4-2-13(b)所示。

3. 内置式悬挂器的密封方式设计

完井连续管穿过内置式悬挂器下入井内，在连续管下入过程中，胶芯不密封，如图 4-2-13(b)所示。

如同外置式连续管悬挂器，其可通过拧紧油管头上的顶丝，使悬挂器上座下行挤压胶芯并使其产生形变，从而实现对内部连续管上、下空间的封隔，如图 4-2-14 所示。

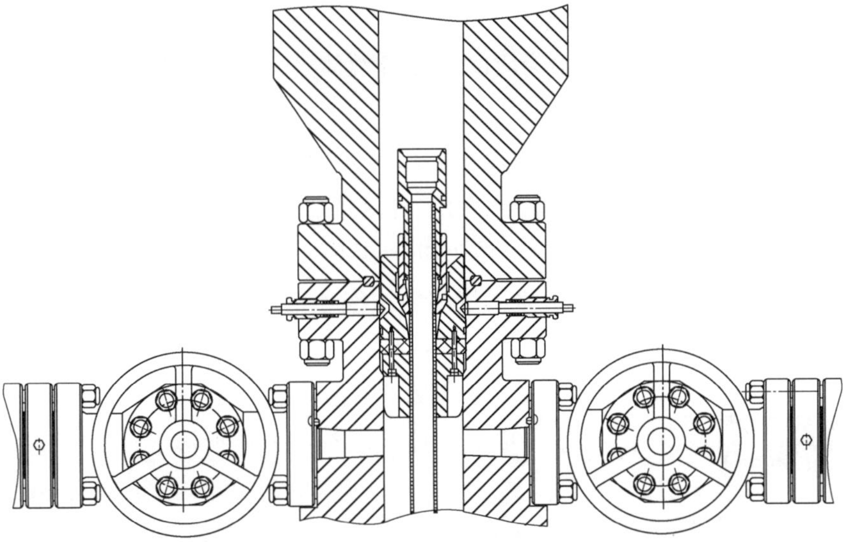

图 4-2-14 内置式连续管悬挂器密封原理示意图

4. 连续管坐挂方式设计

通过拧紧连续管坐挂接头的上、下接头，使内部所装的悬挂器卡瓦挤压并锁紧连续管，因连续管坐挂接头的下座尺寸大于连续管外径，因此会坐挂在内置式悬挂器的内部锥面上，使连续管的重量通过该坐挂接头转移到内置式悬挂器上，并最终转移到油管头上。

第三节　页岩气井泡沫排水采气技术

泡沫排水采气是清除井底积液、提高气藏采收率、延长开采周期的有效办法，它具有设备简单、施工容易、见效快、成本低等优点，在出水气井采气中得到广泛应用。在页岩气开发后期，气藏难以靠自身能量实现排水采气，泡沫排水采气工艺已成为维护气田日常生产的一项重要技术。

一、泡排药剂体系

泡排药剂的性能直接影响泡沫排水采气效果，因此在室内评价适合于气藏条件的泡排药剂是非常有必要的。在气藏用泡排药剂的诸多性质中，最主要的是起泡能力、携液量和泡沫稳定性。因此，需要在现场施工效果的基础上，开展泡排药剂的室内评价实验，为进一步的现场施工提供技术支撑。

（一）泡沫基本性质

泡沫是指气体是分散相，液体是分散介质的气、液两相分散体系，即不溶性(或微溶)气体分散于液体或熔融固体中形成的多相分散体系，其中液体是连续相，气体是非连续相。

泡沫有两种聚集态：一种是气体以小的球形均匀分散在较黏稠的液体中，气泡间的相互作用力弱，这种泡沫被称为稀泡，由于外观类似乳状液，有时甚至称这种稀泡为“气体乳状液”；另一种被称为浓泡，浓泡的泡沫是密集的，气泡间只被极薄的一层液膜隔开，构成由多面体气泡堆积起来的浓泡，浓泡才是真正意义上的泡沫。

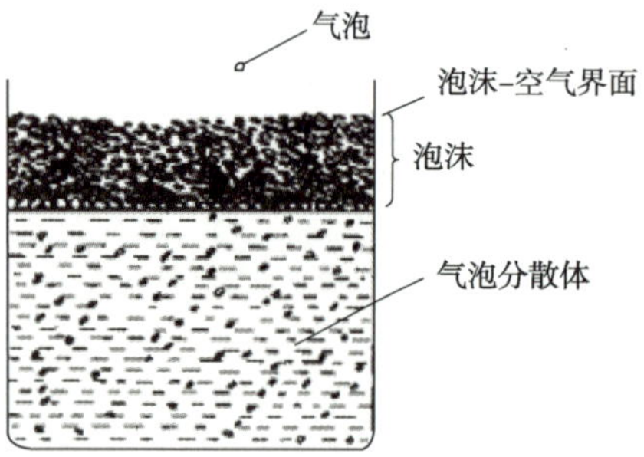

图 4-3-1　气泡、气泡分散体、泡沫

目前，为了对泡沫进行系统分析和研究，大量专家和学者对泡沫进行了分类，泡沫的分类方法有以下三种，如图 4-3-1 所示。

(1) 按泡沫的寿命长短可分为寿命为几秒的“短暂泡沫”和在无干扰条件下能维持几天才破的“持久性泡沫”。

(2) 按产生泡沫的力和破泡力之间的平衡可分为不断接近平衡状态的“不稳定性泡沫”和平衡过程受阻的“稳定性泡沫”。

(3) 按聚集状态分为液多气少的“气泡分散体”即稀泡和气多液少的“泡沫”即浓泡。

（二）泡沫质量分数

泡沫的稳定性和黏弹性取决于泡沫质量参数。最常用的两种方法是卡扎科夫法和米切尔法。

卡扎科夫采用泡沫倍数值 K_f，即泡沫体积 V_f 与液体体积 V_l 之比：

$$K_f=\frac{V_f}{V_l} \tag{4-3-1}$$

当 K_f<3.8 时，这种混合体系被认为是液体中的气体乳化物；当 K_f>3.8 时，这种混合体系被认为是稳定泡沫。

米切尔采用常温、常压下的泡沫质量参数 Q_F 来描述混合体系，即泡沫中气体体积与泡沫总体积之比。泡沫质量参数(Q_F)= 气体体积/泡沫总体积。

当 Q_F 为 0~0.54 时，这种混合体系表现为牛顿流体；当 Q_F 为 0.54~0.96 时，这种混合体系表现为宾汉塑性流体；当 Q_F>0.96 时，泡沫变成雾，如图 4-3-2 所示。

由于气井不同位置的温度、压力不同，气体体积是个变数，泡沫质量参数所在的各个地层段是不同的。当泡沫质量参数大于此范围时，易形成雾；当泡沫质量参数小于此范围时，形成近似牛顿流体的混合体。在这两种情况下，泡沫的结构差，整个泡沫的优越性变得不明显了，而且在多孔介质中流动阻力系数较小。

最佳泡沫质量参数定义为在这个范围内真正形成稳定泡沫的参数。最佳泡沫质量参数为 0.70~0.98。此时，泡沫的结构最优，黏度和动切力最佳，流动阻力最小，如图 4-3-3所示。

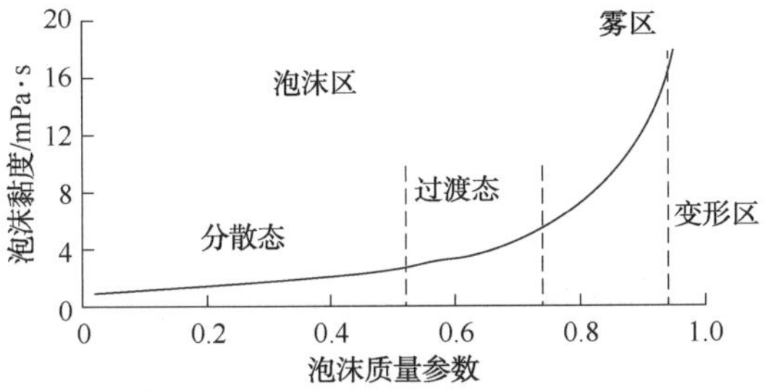

图 4-3-2　泡沫黏度随泡沫质量参数变化情况

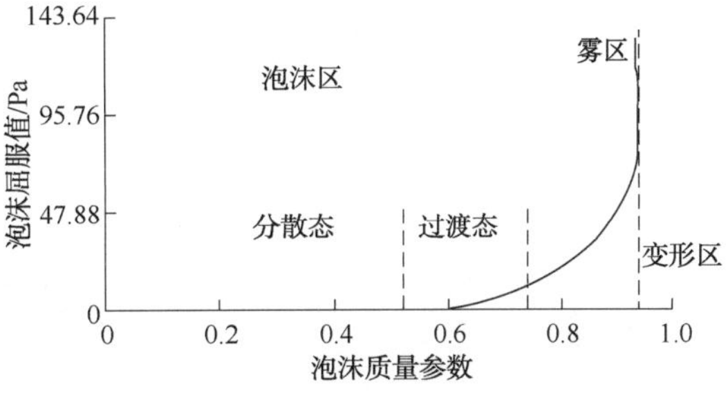

图 4-3-3　泡沫屈服值随泡沫质量参数变化情况

米切尔将泡沫流体按泡沫质量参数的差异划分为 4 个区域：第一区域的泡沫质量参数为 0~0.52，称为泡沫分散区，此时气泡是球形的且互相不接触，流型为牛顿流型；第二区域的泡沫质量参数为 0.52~0.74，称为泡沫干扰区，气泡开始产生干扰与冲突，球体逐步聚结，黏度和动切力增大；第三区域的泡沫质量参数为 0.74~0.96，气泡不再呈球形，而呈平行六面体，此时流体属于宾汉流体或带屈服的假塑性流体，是典型的稳定泡沫区；第四区域为雾区。

（三）泡沫微观结构

通过显微镜观察泡沫的形成和消失过程，得到如图 4-3-4~图 4-3-7 所示微观结构。

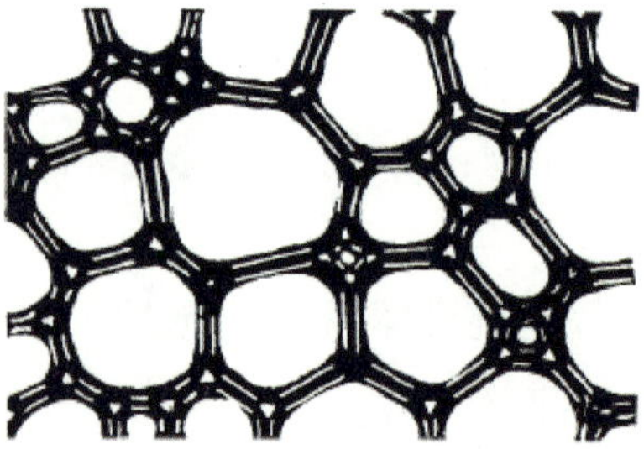

图 4-3-4　含大量液体的球形不稳定泡沫

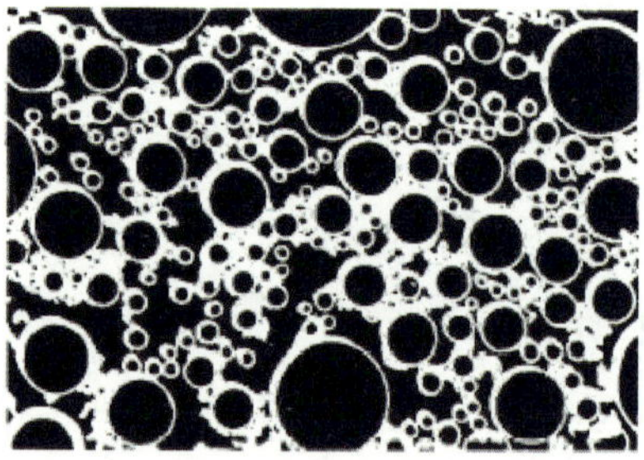

图 4-3-5　泡沫开始排液（泡沫的渐变）

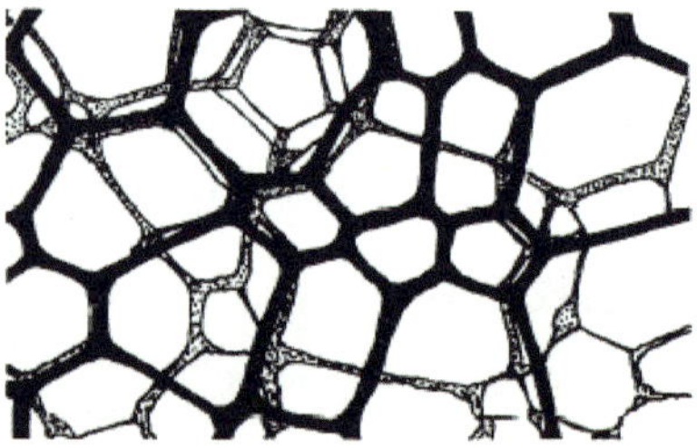

图 4-3-6　大量排液后泡沫的亚稳定状态

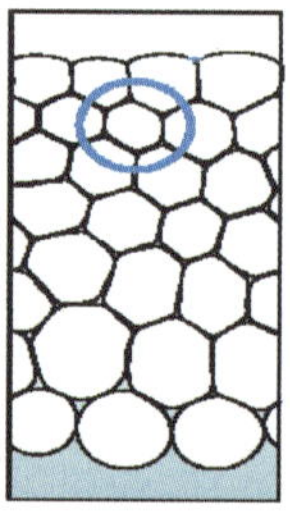

图 4-3-7　相对稳定泡沫形状

从泡沫的形成到泡沫的消失主要经历 3 个过程：

（1）含大量液体的球形不稳定泡沫。此时，液体形状为球形，而且气泡之间含有大量的液体。

（2）泡沫由于重力等作用开始排液，泡沫处于渐变过程中。泡沫的形状逐渐由球形转变为六面体形。

（3）大量排液后形成泡沫的亚稳定状态，该阶段形成的泡沫相对稳定。

（四）泡沫流变性能

用 Haake 流变仪测得泡沫质量参数为 0.753 体系的切应力与应变，取底数为 10 的对数，并以 $\lg\tau$ 为纵坐标、$\lg\gamma$ 为横坐标作图，如图 4-3-8 所示。

泡沫为非牛顿流体。根据 Ostwald-DeWaele 提出的指数定律方程：$\tau = K\gamma^n$，把非牛顿流体分为假塑性流体、膨胀性流体和宾汉流体三类：

（1）假塑性流体：剪切速率的变化要比对应的剪切应力变化快，黏度随剪切速率增大而降低。

（2）膨胀性流体：剪切速率的变化要比对应的剪切应力变化慢，黏度随剪切速率增大而增加。

(3) 宾汉流体：流动曲线是不通过原点的直线，在低于屈服应力 τ_y 的剪切应力作用下，流体不产生应变；在高于屈服应力 τ_y 的剪切应力作用下，流体表现出类似牛顿流体的流变行为。

结合图 4-3-8 与图 4-3-9 曲线，可知在低剪切速率下，该泡沫体系服从宾汉流体特性，在较高剪切速率下，服从假塑性流体特性。

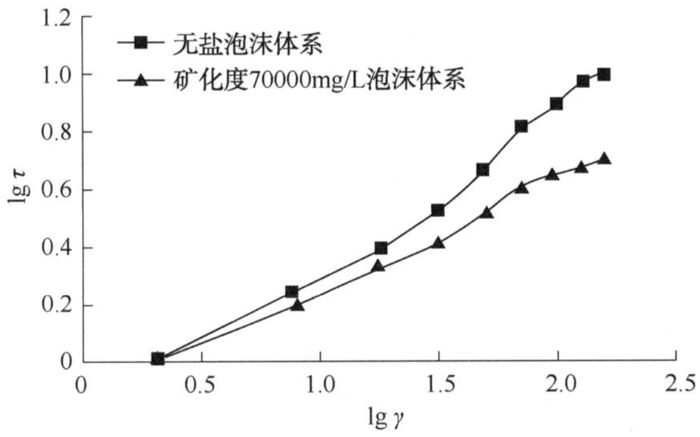

图 4-3-8　泡沫体系的 $\lg\tau - \lg\gamma$ 关系图

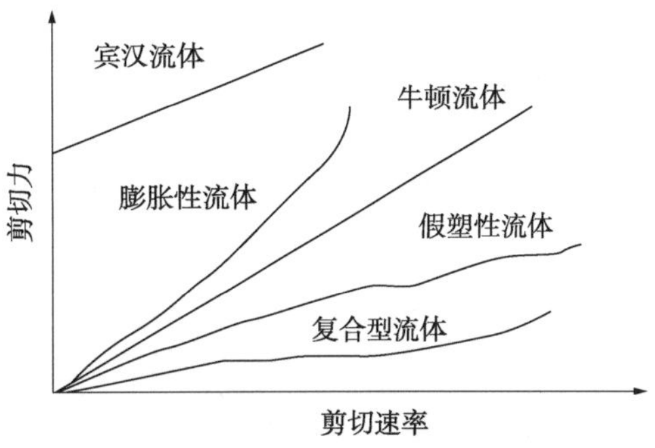

图 4-3-9　不同类型流体的流动曲线

(五) 泡沫稳定性

泡沫稳定性是指生成泡沫的持久性。泡沫具有非常大的气、液界面面积，其表面自由能比较大，自由能具有自发减少的趋势，所以泡沫是热力学上的不稳定体系，泡沫会逐渐破灭，直至气、液完全分离。但是，在体系中加入一定量的辅助表面活性剂、稳泡剂等物质，即可获得稳定性良好的泡沫。

1. 泡沫稳定机理

泡沫稳定机理可分为两类：

第一类：利用分子间力及氢键力增大溶液表面黏度，提高泡沫体系稳定性。表面黏度是指液体表面单分子层内的黏度。这种黏度主要是表面活性剂分子在其表面单分子层内的亲水基间相互作用及水化作用而产生的。皂素、蛋白质及其他类似物质的分子间除了范德华力，分子间的羧基、胺和羰基间有形成氢键的能力，因而有很大的表面黏度，可形成很稳定的泡沫。

第二类：通过加入水溶性聚合物，增大溶液黏度，增强泡沫体系稳定性。水溶性聚合物的加入，提高了溶液的黏度，增长了泡沫重力排液松弛时间、气体扩散松弛时间及泡沫半衰期，进而增强了泡沫稳定性能。

2. 泡沫衰变机理

泡沫体系存在着巨大的气、液界面，它是热力学上的不稳定体系，泡沫最终是要破裂的。泡沫不稳定，会很快发生衰变，造成泡沫破坏的主要原因是泡沫液膜的排液减薄和气体穿透液膜扩散。

1）泡沫液膜的排液减薄

泡沫的存在是因为气泡间有一层液膜相隔，如果把液膜看作毛细管，根据泊肃叶公式，液体从膜中排出的速度与厚度的4次方成正比，这意味着随排液的进行，排液速度急剧减慢。气泡间液膜的排液主要是由两个原因引起的：

重力排液：存在于气泡间的液膜，由于液相密度远大于气相密度，因此在地心引力作用下就会产生向下的排液现象，使液膜减薄，由于液膜的减薄，其强度也随之下降，在外界扰动下就容易破裂，造成气泡聚并，重力排液仅在液膜较厚时起主要作用。

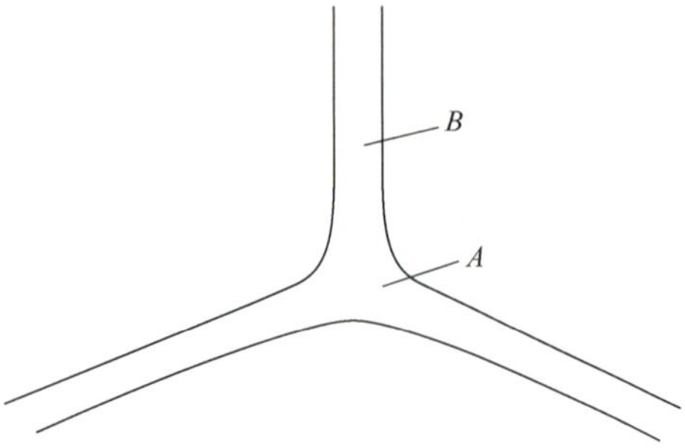

图 4-3-10　气泡交界处的 Plateau 边界

表面张力排液：由于泡沫由多面体气泡的堆积而成，因而在泡沫中气泡交界处就形成了如图 4-3-10所示的形状，称为 Plateau 边界（也称为 Gibbs 三角）。

根据 Laplace 公式，可以导出：

$$p_B - p_A = \frac{\sigma}{R} \tag{4-3-2}$$

式中　p_A——A 处的液膜压力；

p_B——B 处的液膜压力；

σ——表面张力；

R——三个气泡的气泡半径。

如图 4-3-10 所示，B 处为两气泡的交界处，形成的气、液界面相对比较平坦，可近似看成平液面，而 A 处为三个气泡交界处，液面为凹液面，由 Young-Laplace 公式可知，此处液体内部的压力小于平液面内液体的压力，所以 B 处液体内部的压力应大于 A 处液体内部的压力，因此液体从压力大的 B 处向压力小的 A 处排液，使 B 处的液膜进一步减薄，最终导致液膜破裂。泡沫体系为了达到平衡，总是使 A、B 之间的压差最小，若从弯曲的附加压力来考虑，要使 A、B 之间的压差最小，根据 Gibbs 三角模型，膜之间的夹角应当为120°时，A、B 之间的压差最小。

根据多边形内角和公式：

$$\frac{(n-2)\times 180}{n} = 120 \tag{4-3-3}$$

求解得到 $n=6$，即六边形。多边形泡沫结构中大多数是六边形就验证了这个道理。

2）气体透过液膜扩散

无论用什么方法产生泡沫，泡沫的大小总是不均匀的。由于弯曲液面附加压力的作用：

$$p=\frac{2\sigma\cos\theta}{r} \tag{4-3-4}$$

从式(4-3-4)可以得出：半径越小，附加作用力越大。小泡内的气体压力总是高于大泡内的气体压力，因而气体自高压的小泡透过液膜，扩散到低压的大泡中，造成小泡变小，直至消失，大泡变大，最终导致气泡破裂。此过程依赖于气体穿过液膜能力的大小，通常可利用液面上气泡半径随时间变化的速率来衡量液膜的透气性。

泡间的气体扩散，会导致泡沫液膜总表面积减小，而泡沫液膜总表面积随时间的变化，是泡沫稳定性的基本指标，Ross 等据此提出了封闭体系中的泡沫方程：

$$A(t)=(3V/2\sigma)(\Delta p_{\infty}-\Delta p_{t}) \tag{4-3-5}$$

式中 $A(t)$——时间 t 时泡沫液膜的面积；

V——封闭体系的体积；

Δp_{∞}——泡沫完全破灭后体系的压力增量；

Δp_{t}——时间 t 时泡沫外部空间的压力增量。

只要测出不同时间的 Δp_{t}，就可计算出 $A(t)$。

$$A_{r}=\frac{A(t)}{A(0)}=1-\frac{\Delta p_{t}}{\Delta p_{\infty}} \tag{4-3-6}$$

因此，不难得出相对界面面积 A_{r} 和泡沫寿命 L_{f}：

$$L_{f}=\int_{0}^{\infty}A_{r}\mathrm{d}t \tag{4-3-7}$$

Monsalve 和 Schechter 研究了上述结果，认为根据上述方程建立的测定方法，因不可能使每次的泡沫大小分布完全一致，因此重现性较差。后来，Monsalve 等在实验的基础上提出了经验方程：

$$A_{r}=K_{g}\exp(-t/\tau_{g})-K_{d}\exp(-t/\tau_{d}) \tag{4-3-8}$$

式中 τ_{g}、τ_{d}——泡沫衰变的重力排液松弛时间和气体扩散松弛时间；

K_{g}、K_{d}——重力排液和气体扩散常数。

Galllaghan 等用光电方法研究了泡沫衰变的结果，也得到与式(4-3-8)相似的方程。这表明该经验式反映了泡沫衰变的基本规律。

3. 泡沫稳定性影响因素

影响泡沫稳定性的因素有很多，主要有表面活性剂的分子结构、温度、界面张力、界面膜的性质、表面活性剂的自修复作用、泡内气体的扩散、压力和气泡大小的分布、溶液黏度、表面电荷等，考虑到多孔介质中泡沫的稳定性因素，其中最主要的因素有表面活性剂的分子结构、温度、界面张力、表面活性剂的自修复作用。

1）表面活性剂的分子结构

为了提高泡沫的稳定性，液膜须具有高黏度，表面活性剂就必须在液膜表面形成紧密的吸附膜，因此表面活性剂的疏水碳氢链应该是直链，且为较长的碳链，一般起泡剂的碳原子数以 C_{12} 和 C_{14} 为好。

2）温度

泡沫稳定性随温度的升高而下降。在低温和高温下，泡沫的衰变过程不同：低温时，当泡沫的液膜达到一定厚度时，泡沫就呈现亚稳状态，其衰变机理主要是气体扩散。高温时，泡沫的破灭由泡沫柱顶端开始，泡沫体积随时间的延长有规律地减小。这是由于在最上面的液膜上侧，总是向上凸的，这种弯曲膜对蒸发作用很敏感，温度越高，蒸发越快，膜变薄到一定程度时，就破裂了。因此，大多数泡沫在高温下是不稳定的。考虑到实际地层多孔介质处于高温状态，针对泡沫驱油施工过程，要求起泡剂在高温下具有良好的起泡能力和稳泡能力。

3）界面张力

根据 Laplace 公式，液膜的 Laplace 交界处与平面膜之间的压差和表面张力呈正比，表面张力低，则压差小，因而排液速度较慢，以及液膜变薄速度较慢，有利于泡沫稳定。但是，气、液界面张力的大小是泡沫产生的重要条件并非必要条件。低表面张力有利于泡沫的形成，但生成的泡沫并不一定是稳定的。只有当形成多面体的泡沫时，表面张力排液的作用才能显示出来。

4）表面活性剂的自修复作用

Marangoni 认为，当泡沫受到外力冲击或扰动时，液膜会局部变薄，使液膜面积增大，导致表面活性剂的浓度降低，引起此处的表面张力暂时升高，即图 4-3-11 中的 $r_A>r_B$，由于 *B* 处的表面活性剂浓度高于 *A* 处的，所以表面活性剂由 *B* 处向 *A* 处迁移，使 *A* 处的表面活性剂浓度得到恢复，表面活性剂在迁移过程中也携带邻近的液体一起移动，使得 *A* 处的液膜又变为原来的厚度。表面活性剂的这种阻碍液膜排液的自修复作用亦称为 Marangoni 效应。

在泡沫流过多孔介质过程中，泡沫通过孔隙喉道处，会引起液膜局部变薄，使液膜面积增大，引起此处表面活性剂的浓度降低，形成局部的表面张力梯度，因此液膜会产生收缩趋势，犹如液膜具有了弹性。通过收缩使该处表面活性剂浓度恢复，并且能阻碍液膜的排液流失，把液膜的这种可以收缩的性质称为 Gibbs 弹性。这种因表面张力梯度

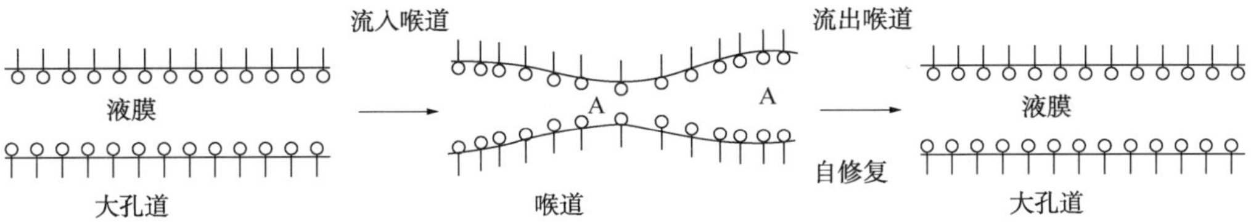

图 4-3-11　多孔介质中表面活性剂的自修复作用

引起的收缩效应，使吸附了表面活性剂的液膜在受到冲击后，产生自动修补液膜变薄处的表面活性剂的自修复作用。表面活性剂使液膜具有 Gibbs 弹性，对于泡沫稳定性来说，这比降低表面张力更为重要。

Gibbs 用式(4-3-9)来表示液膜弹性：

$$E=2A\left(\frac{\mathrm{d}\sigma}{\mathrm{d}A}\right)_{T,N_1,N_2} \tag{4-3-9}$$

式中　E——液膜弹性；

A——液膜面积；

σ——表面张力；

T——温度；

N_1、N_2——组分。

由式(4-3-9)可知：A 的值越大，弹性就越大，液膜的自修复能力就越强。

表面活性剂的浓度对其自修复作用有一定的影响。由于液膜的厚度比长度小得多，液膜沿垂直方向建立平衡比沿水平方向快得多。若表面活性剂的浓度太高，液膜变形区表面活性剂的补充往往从垂直方向补充。于是，液膜变形区表面活性剂的浓度可以恢复，但液膜的厚度却无法恢复。这样的液膜机械强度低，这就是表面活性剂的浓溶液泡沫稳定性差的原因。表面活性剂的浓度太稀，则液膜表面的表面活性剂浓度也不高，当液膜变形伸长时，液膜表面的表面活性剂浓度变化不大，表面张力下降也不大，$\mathrm{d}\sigma/\mathrm{d}A$ 值小，液膜弹性低，自修复能力就弱，泡沫稳定性也差。泡沫最稳定的浓度是在某一浓度 C 时 $\mathrm{d}\sigma/\mathrm{d}A$ 取得极大值时的浓度，表面活性剂在这一浓度下所产生的泡沫是最稳定的。因此，泡沫流过多孔介质时，要达到泡沫的稳定性良好状态，必然存在一个最佳的浓度。

（六）泡排剂实验方法

目前，评价泡排剂性能的实验方法主要有搅拌法、气流法、倾注法等，选择合理的评价方法，是准确评价泡排剂性能的关键。

1. 搅拌法(Waring Blender 法)

该方法是用 Waring Blender 高速搅拌器测定泡沫性能的一种极为方便的评价方法。测定时，将 100mL 起泡剂溶液倒入带有刻度的透明量杯内，高速(大于 10000r/min)搅拌 60s，记录停止搅拌时的泡沫体积 V_0(mL)和从泡沫中分离出 50mL 液体的时间 $t_{1/2}$(半泄水期)。用 V_0表示起泡能力，用 $t_{1/2}$表示泡沫稳定性。

2. 气流法(API 法)

测定时，在带有刻度的长度 1.2m、直径 36mm 的泡沫管柱内注入 400mL 待测液体，在管柱的下端安装一块玻砂板，以一定的气流量通过玻砂板，使带刻度的管柱内试液产生泡沫并由气流带出，通过排泡引管收集在量筒内；测定在一定时间内泡沫携带出的液体体积(V_1)，以及发泡能力(t_0)和泡沫的稳定性(t_1)等。

3. 倾注法(Ross-Miles 法)

倾注法也是生产和实验中常用的评价起泡性能的方法。测定时，将 200mL 试液从高度 900mm、内径 2.9mm 的细孔中流下，冲入盛有 50mL 同样温度、浓度的试液中，记下刚流完 200mL 试液时的泡沫高度 H_0(mm)和 5min 后的泡沫高度 H_5(mm)，作为起泡剂的发泡能力和泡沫稳定性评价的依据。也可用消泡速度(v)表示：

$$v=(H_5-H_0)/5 \tag{4-3-10}$$

v(cm/min)值越小，说明泡沫消失越慢，泡沫稳定性越好。因此，式(4-3-10)可用于评价起泡剂的起泡能力和稳定性。

实验中引用的文件规范主要如下：

(1) 对泡沫高度的测定，可以掌握泡沫的发泡程度及稳定性程度。一般选用 Ross-Miles 法，测定泡排剂的起泡及稳泡性能。Ross-Miles 法，对产生泡沫的方式而言，此法属于倾注法，根据标准《表面活性剂洗涤剂试验方法》(GB/T 13173—2008)的规定，测定泡沫液在不同温度下 0min 和 5min 时的泡沫高度。

(2) 携液率的测定。携液率的测定方法属于气流法。气流法是泡排剂溶液在气流搅拌下，检验泡沫的带水能力，带水体积越大，携液能力越强，说明泡沫的稳定性越好。依据《泡沫排水采气用起泡剂评价方法》(SY/T 6465—2000)对泡排剂的携液能力进行测定。携液率=泡沫携带的液体体积/泡排剂溶液体积×100%。泡沫排水采气起泡剂、消泡剂技术要求见表 4-3-1、表 4-3-2。

表 4-3-1 泡沫排水采气起泡剂技术要求

参 数	起泡力/mm	5min 稳泡力/mm	携液能力/(mL/15min)
指标(65℃±1℃老化)	≥100	≥50	≥100

表 4-3-2 泡沫排水采气消泡剂技术要求

项 目	指 标
外观	均相液体或乳液，没有分层，无沉淀
稀释稳定性	24h 后稀释液为均匀液体或乳状液，无沉淀、絮状物（肉眼可见）
消泡时间/s	≤20
抑泡时间/min	≥5

二、泡排工艺参数优化设计及加注工艺

（一）选井原则

泡排工艺适用于弱喷或间歇喷产水气井，其具体选井原则为：

（1）因地层压力下降、产气量下降、产水量增加等原因造成的井筒积液。

（2）气井具有自喷能力，井底油管鞋处的气流速度>0.1m/s，井底温度<150℃。

（3）气井日产液量≤100m^3，井深≤3500m，井底温度≤120℃，对井斜无较大限制。

（二）工艺参数

1. 加注药剂量

当加注药剂量、药水比例与井筒积液量不匹配时，将造成药剂的浪费或积液无法被完全排出，影响气井正常生产，得不到最佳泡排效果。因此，泡排加注时间不能完全按照固定泡排周期确定。一般情况下，当气井井筒气、液滑脱程度加大或积液逐渐形成时，其对应的生产特征也会发生变化，通过实际油套压差与正常油套压差的关系计算出井筒残留的积液量，从而确定加注药剂量与药水比例。初步推荐单井泡排剂单次施工用量=（井筒积液量+日产液量）×推荐浓度×2（损耗）。

2. 加注周期

加注周期随日产水量的波动而变化：①日产水量<1m^3，采取间歇加注；②日产水量为 1~5m^3，采取每天加注；③日产水量>5m^3，采用 24h 连续加注。

3. 注入方式

常见的注入方式有以下几种：

（1）平衡罐加注：将平衡罐置于井场，平衡罐压力与井口套管压力相连通，罐内溶液依靠自重和高差流入环形空间，连续、均匀地流到井底，优点是不需要动力。

（2）泡排车加注：在汽车上安装一台柱塞泵和药罐，方便、灵活，适应性强。泡排

车加注适用于井口压力低于 32MPa 的气井。

（3）便携式投药筒加注：主要采用重力作用原理加注，适用于井口压力低于 10MPa 的浅井，其优点是设备制造简单、费用低，操作较容易，适用于路况不好、井况条件差的气井。

第四节　射流泵排水采气工艺

水力射流泵是一种特殊的水力泵，它在井下没有运动部件，主要利用喷射吸入原理，将来自地面的高压动力液通过井下射流泵实现与井液之间的能量转换，井筒液体经过喷射升压后与动力液混合并排出井口的一种无杆泵排水采气技术。

一、射流泵举升排水采气系统

（一）系统结构

射流泵举升排水采气系统由地面系统和井下系统两部分组成。地面系统主要提供高压动力液，并通过地面和井下流程循环注入高压动力液，启动射流泵。地面系统由产液循环处理设备、高压输入设备和井口注入设备组成，主要包含供液泵、动力液罐、加药杀菌装置、高压柱塞泵、变频控制器、动力液过滤器、单向注入开启阀等。井下系统由射流举升排采管柱和配套装置组成，主要包含动力液罐、射流泵和单流阀等。井下系统主要将动力液的能量传递给井筒液体，使其在产生一定的压能后排出地面，减少井筒积液，使气井恢复正常生产。

（二）井下管柱

射流泵井下举升排采管柱分为单管举升管柱和同心双管举升管柱两种，如图 4-4-1 所示。单管举升管柱的动力液由油管注入，经射流泵喷射并吸入地层液后，沿油套环空返出。单管举升管柱中射流泵的下端依次连接封隔器和单流阀，封隔器用于建立油套环空返出通道，避免地层液与油套环空混合液连通；单流阀提供地层液进入射流泵的单向通道，防止动力液进入地层。同心双管举升管柱由内、外两层油管组成，管柱下端不需要封隔器进行隔离。井下射流泵的泵筒连接外层管柱，泵芯通过泵送穿过内层管柱后进入泵筒。内层管柱为动力液管柱，内层管柱和外层管柱间的小环空为循环通道，动力液吸入地层液并由此空间返出井口后循环利用。外层管柱与套管间的大环空为生产通道，油气经此进行生产。

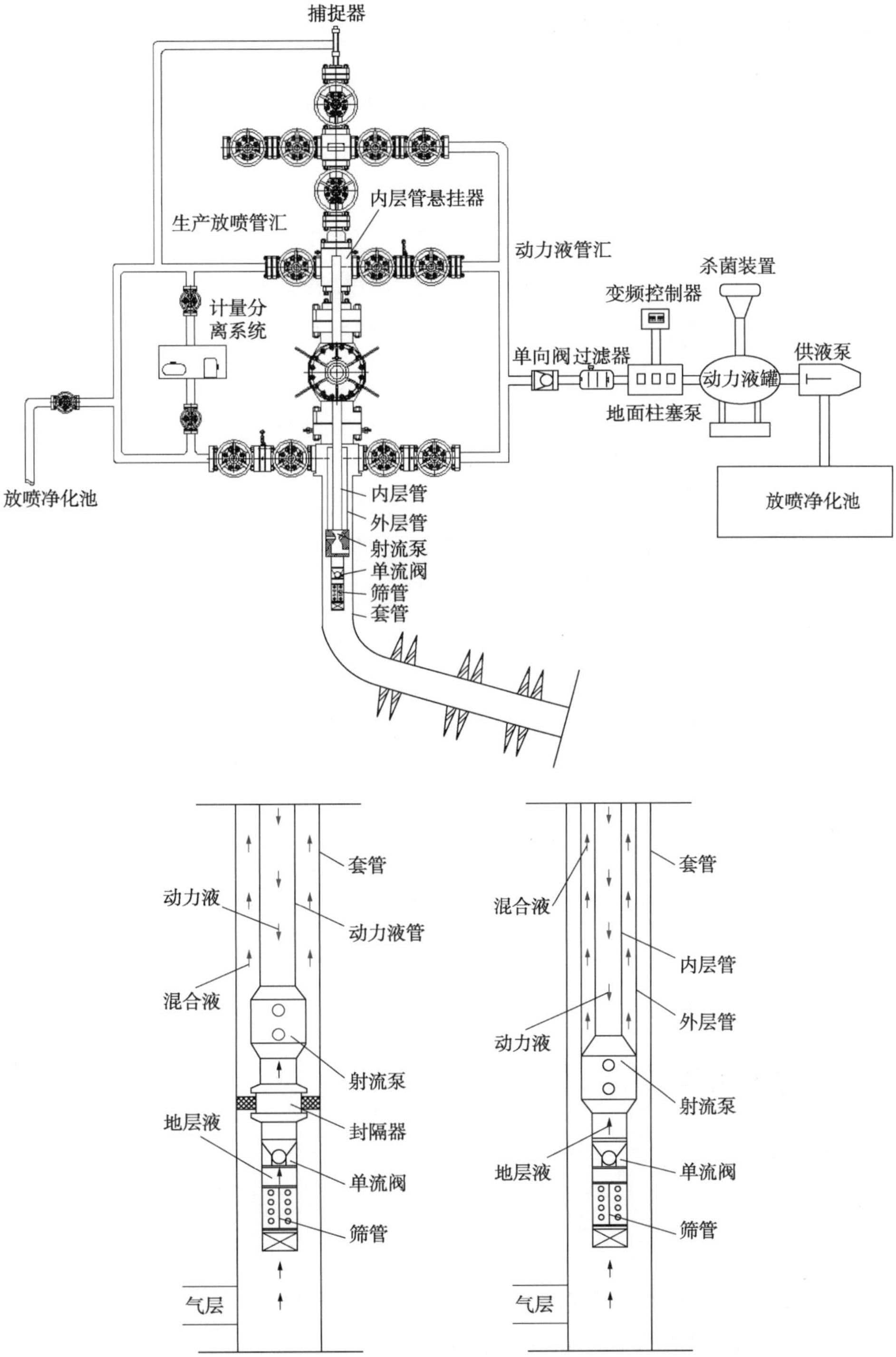

图 4-4-1 射流泵举升排水采气系统结构示意图

二、射流泵排水采气工艺原理

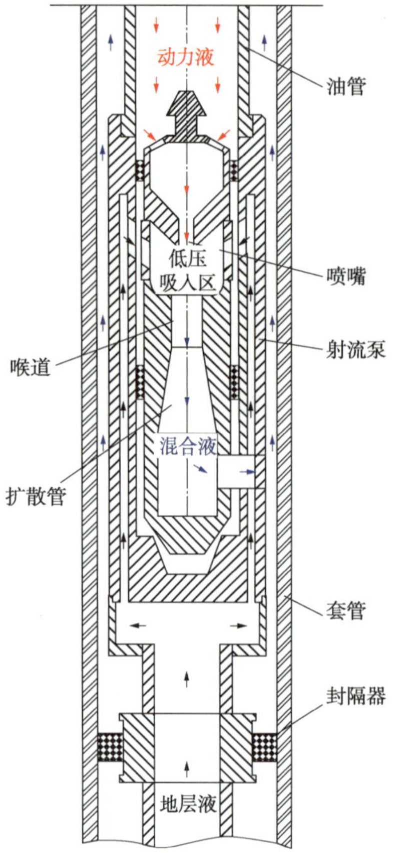

图 4-4-2　井下水力射流泵排液工作原理

在射流泵举升排水采气系统中，井下水力射流泵是关键设备。通过射流泵的能量转换功能，井下积液接受来自地面动力液的能量，并随动力液排出井口，实现产水气井的稳定排液生产。井下水力射流泵排液工作原理如图 4-4-2 所示。

动力液经过地面柱塞泵加压后，由井口注入流程进入动力液罐。动力液到达井下水力射流泵泵芯时，通过泵芯喷嘴的喷射加速，由低速、高压流体转变成高速、低压流体，致使喷嘴出口端压力急剧下降，并形成低压吸入区。由于低压吸入效应，井筒积液通过射流泵吸入口进入低压区，并与喷嘴出口端的高速动力液混合。混合后的井液获得来自动力液的动能，井液的流速增大，动力液的流速减小。混合液由低压区经射流泵喉道进入扩散管过程中，再一次进行能量转换，将中速、低压混合流体转变为低速、高压流体。与动力液充分混合后的井液获得足够的压力，最后通过射流泵反循环通道进入油套环空排出地面。返出地面的动力液和井液组成的混合流体，经过地面处理，一部分作为动力液重复使用，另一部分进入排污池。

三、射流泵排水采气工艺设计

（一）工作参数对举升效果的影响

1. 动力液压力的影响

在其他条件不变的情况下，不同的动力液压力引发不同的汽蚀特性。井底流压不变时，动力液压力越高，喷嘴出口流速越大，汽蚀现象出现得越早，汽蚀流量比（最大吸入流量与动力液流量之比）越小。由于射流泵的最大吸入流量保持在一定值，不会随动力液压力变化而改变，但动力液流量随压力增大而增大，所以汽蚀流量比随动力液压力增大而减小。在射流泵压后排压裂液过程中，可以通过提高动力液压力来增强快速排液的能力，压力越大，排液可调范围越小。

2. 井底压力及射流泵的沉没度的影响

在工作压力 p_n 不变的前提下，井底压力 p_{wf} 增大，射流泵的汽蚀流量比增大。这是因为发生汽蚀时，被吸流体的过流断面不变，最大吸入流量与井底压力呈正比，而工作流量不变，所以汽蚀流量比会随井底压力增大而增大。尽管人们一般强调为了避免出现汽蚀，要求射流泵的沉没度在20%以上，但现场应用表明，沉没度低于10%时，许多射流泵仍能正常使用。

3. 出口压力的影响

当射流泵的动力液压力和井底压力为定值时，吸入流量随出口压力的减小而增大。当出口压力减小到一定值时，吸入流量等于极限值。此时，若继续降低出口压力，其吸入流量不再变化，而是保持不变。

4. 液体物理性质的影响

液体温度：动力液和压裂液的温度升高，液体的汽化压力 p_v 增大，射流泵的汽蚀余量($\Delta p_{cm}=p_{wf}-p_v$)减小，汽蚀流量比减小。因而，射流泵抽吸高温流体时，其汽蚀性能较抽吸常温流体时差。

压裂液中含溶解气：理论上讲，含气量越大，射流泵的汽蚀性能越差。因为随着压力的降低，溶解于压裂液中的气体逸出，占据较大的过流面积，使同等吸入流量时的流速增大，相对流体的静压力降低，更容易发生汽蚀。

5. 含砂量的影响

高速水流中空化与含砂量的关系极为复杂，不是单调递增和递减的关系。

在文丘里管中进行相关实验：发现当含砂量小于 10kg/m^3 时，含砂量对空化的初生、发展有促进作用，其原因是固、液两相流因密度差异而出现的相对运动有利于空化发生。当含砂量在 10~40kg/m^3 之间时，含砂量对空化有明显的抑制作用，这是因为此时水的黏滞性明显增大。当含砂量大于 40kg/m^3 时，含砂量对空化的抑制作用基本稳定，此时初生空化系数将不再随含砂量的增大而减小。

6. 产气量的影响

气体对喷射泵的影响主要表现在三个方面：第一，气体占据一定的体积，使泵的液体体积排量下降，同时需要更大的汽蚀面积；第二，气体对泵内压力损失产生影响，吸入腔内的压力下降会脱出溶解气，喉管两相混合过程的速度、浓度分布极不均匀，同时气相、液相间产生滑脱，扩散管的压力回升使游离气重新溶解在液体中，泵的结构不同，其影响程度差别较大，一般气体会使泵效下降；第三，气体要影响排出管柱的压力损失，对于合理的排出管柱尺寸，气体的举升作用有利于降低排出管柱压力损失，如果气液比较大，排出管柱的压力损失应采用多相流理论计算，对气体的近似处理使模型的适用范围受到限制。

7. 矿化度及腐蚀的影响

高矿化度的水大幅加速了水中原电池反应，使设备及管道的腐蚀速度加快。这使得处理后的水中离子种类增多，离子含量增大，不但进一步提高了水的矿化度，而且使水处理设备及管道严重腐蚀和大量结垢，使用寿命大幅缩减。特别是水中含大量的 Ca^{2+}，Ca^{2+} 与其他离子发生化学反应生成的沉淀物聚集在设备及管道或管道内壁上，使设备及管道内壁大量结垢，造成设备损坏或管道堵塞。

高矿化度的水水质条件适合铁细菌、硫盐酸还原菌等细菌的繁殖生长，细菌和高矿化度相互影响，对金属设备及管道起着双重腐蚀作用。细菌的存在加剧了设备及管道的腐蚀，使设备及管道结垢、生锈、报废。

如果油套管在含 CO_2、H_2S、Cl^- 等多种腐蚀介质的井下，以及高温、高压多相环境中服役时，若不采取相应的防护措施，往往容易发生腐蚀穿孔，导致井下设备损坏，造成工艺措施失效，进而造成巨大的经济损失。

（二）结构参数对举升效果的影响

1. 面积比

面积比 m 是指射流泵喉管截面积与喷嘴出口截面积之比，定义如式(4-4-1)：

$$m=\frac{f_2}{f_1}=\frac{\text{喉管截面积}}{\text{喷嘴出口截面积}} \tag{4-4-1}$$

面积比是射流泵最主要的几何参数，其比值通常大于 1，其大小直接影响到射流泵的性能。面积比过小，会导致射流泵容易堵塞，磨损严重，对于异物敏感；面积比过大，会引起射流泵效率急剧下降，出现回流情况。

2. 喉管长径比

喉管长径比 k 是指射流泵喉管长度与喉管直径的比值，用于表征喉管的长度，其定义如式(4-4-2)：

$$k=\frac{L_k}{d_3}=\frac{\text{喉管长度}}{\text{喉管直径}} \tag{4-4-2}$$

喉管是流体混合的最主要区域，其主要功能是将工作流体的动能和物质传递给被吸流体，喉管的长径比是射流泵重要的几何参数，其大小直接影响射流泵的性能。喉管过短，会导致流体混合不充分，进而引起性能下降；喉管过长，虽然流体混合会更充分，但由于喉管中流体流速较快，沿程损失加大，也会引起效率急剧下降。

3. 喉嘴距

喉嘴距 L_c 是指射流泵喷嘴出口至喉管入口的距离，通常也用喉嘴比 l_c 来表征喉管的长度，其定义如式(4-4-3)：

$$l_c=\frac{L_c}{d_1}=\frac{\text{喉嘴距}}{\text{喷嘴直径}} \tag{4-4-3}$$

喉嘴距是射流泵的一个重要的几何参数，其大小直接影响射流泵的性能。喉嘴距过小，会导致射流泵容易堵塞，影响射流泵的稳定工作；喉嘴距过大，会引起效率降低，不利于射流泵的工作。

4. 扩散角

扩散角 β 是指射流泵扩散管的扩散角度。扩散管是射流泵的重要部件，其主要作用是将在混合管中充分混合的流体动能转换为压能，扩散角是扩散管最主要的几何参数，其大小直接影响射流泵的性能。扩散角过小，使得扩散管过长，扩散管的摩擦损失增大；扩散角过大，会导致射流泵动能到压能的转换过程中，能量损失增大，效率降低。

四、射流泵工作参数设计

（一）射流泵主要计算模型

1. 射流泵基本方程

流量比：

$$M=\frac{q_3}{q_1}=\frac{q_2-q_1}{q_1} \tag{4-4-4}$$

式中　q_1——动力液排量；

q_2——混合液排量；

q_3——吸入液排量。

面积比：

$$R=\frac{A_j}{A_t} \tag{4-4-5}$$

式中　A_j——喷嘴流动面积；

A_t——喉管总流动面积。

压头比：

$$H=\frac{1-N}{M+N}=\frac{H_2-H_3}{H_1-H_3} \tag{4-4-6}$$

$$N=(1+K_j)+(1+K_s)M^3\left(\frac{R}{1-R}\right)^2+(1+K_t+K_d)(1+M)^3R^2 \\ -2R(1+M)-2\frac{R^2}{1-R}M^2(1+M)\Big/\left[(1+K_j)-(1+K_s)M^2\left(\frac{R}{1-R}\right)^2\right] \tag{4-4-7}$$

式中　H——压头比；

H_1——动力液入口压头；
H_2——混合液出口压头；
H_3——井液入口压头；
K_j——喷嘴损失系数；
K_s——吸入环道损失系数；
K_t——喉管损失系数；
K_d——扩散管损失系数。

根据经验，一般取 $K_j=0.15$；$K_s=0$；$K_t=0.28$；$K_d=0.10$。

2. 温度分布计算方法

1）油层产出液从井底到泵口的温度分布

$$T_3(x)=t_0+mx+\frac{Mw_1}{Kl_3}\{1-\exp[-Kl_3(H-x)/w_1]\} \tag{4-4-8}$$

式中 t_0——恒温层温度，℃；
x——计算点深度，m；
H——油层深度，m；
m——地温梯度，℃/m；
w_1——油层产出液的水当量，W/℃；
Kl_3——油层产出液从井筒向地层的传热系数，W/(m·℃)。

2）动力液温度分布

$$T_1(x)=C_1\exp(Ax)+C_2\exp(Bx)+mx+a \tag{4-4-9}$$

$$a=t_0+m(w_1/Kl_1-w_2/Kl_2)$$

$$A=-P/2+\sqrt{\frac{P^2}{4}-Q}$$

$$B=-P/2-\sqrt{\frac{P^2}{4}-Q}$$

$$P=Kl_1/w_2+(Kl_1+Kl_2)/(w_1+w_2)=-Kl_1Kl_2/(w_1+w_2)$$

式中 w_2——动力液水当量，W/℃；
Kl_1——动力液向套管环空的传热系数，W/(m·℃)；
Kl_2——混合液从环空向地层的传热系数，W/(m·℃)；
C_1、C_2——由计算边界条件确定的常数。

3）环形空间混合液的温度分布

$$T_2(x)=(1+w_2A/Kl_1)C_1\exp(Ax)+(1+w_2B/Kl_1)C_2\exp(Bx)+m\left(1+\frac{w_2}{Kl_1}\right)+a \tag{4-4-10}$$

3. 压力分布计算方法

动力液马达入口压力：

$$p_{ei}=p_o+\sum_{i=1k}^{K}[G_{re}(i)+F_{re}(i)]\cdot\Delta h \tag{4-4-11}$$

乏动力液与泵的排出压力：

$$p_{po}=p_H+\sum_{i=1k}^{K}[G_{rm}(i)+F_{rm}(i)]\cdot\Delta h,\ i=1,\ 2,\ \cdots,\ K \tag{4-4-12}$$

$$K=H_p/\Delta h$$

式中　p_o——井口动力液压力，MPa；

p_H——混合液井口压力，MPa；

H_p——下泵深度，m；

Δh——分段长度，m；

$G_{rm}(i)$——第 i 段混合液在套管环形空间中的压力梯度，MPa/m；

$F_{rm}(i)$——第 i 段混合液的摩擦压力梯度，MPa/m；

$G_{re}(i)$——第 i 段动力液在油管中的压力梯度，MPa/m；

$F_{re}(i)$——第 i 段动力液的摩擦压力梯度，MPa/m。

4. 汽蚀校验

汽蚀压力点处 M 极限值可以用 M_c 表示：

$$M_c=\frac{1-R}{R}\sqrt{\frac{p_3-p_v}{I_cH_v}} \tag{4-4-13}$$

式中　H_v——喷射速度头；

I_c——经验汽蚀指数。

$$H_v=\frac{p_1-p_3}{(1+K_j)-(1+K_s)M^2\left(\frac{R}{1-R}\right)^2} \tag{4-4-14}$$

综合式(4-4-13)和式(4-4-14)，简化后得：

$$M_c=\frac{1-R}{R}\sqrt{1+K_j}\sqrt{\frac{(p_3-p_v)/(p_1-p_3)}{I_c+(p_3-p_v)/(p_1-p_3)}} \tag{4-4-15}$$

如果 $p_v=0$，那么：

$$M_c=\frac{1-R}{R}\sqrt{1+K_j}\sqrt{\frac{p_3}{I_c(p_1-p_3)+p_3}} \tag{4-4-16}$$

K_j 经实验确定为零，I_c 的范围经大量实验后，确定在 0.8～1.67 之间，其中 1.35 是一个保守的设计值。则有：

$$M_c=\frac{1-R}{R}\sqrt{1+K_j}\sqrt{\frac{p_3}{1.35(p_1-p_3)+p_3}} \tag{4-4-17}$$

当 M 值低于 M_c 值时，射流泵工作时不会出现汽蚀现象。

5. 泵效

$$E=MH=\frac{q_3(p_2-p_3)}{q_1(p_1-p_2)} \tag{4-4-18}$$

6. 射流泵无量纲特性曲线

绘制射流泵无量纲特性曲线，如图 4-4-3 所示。

射流泵无量纲特性曲线，表示了取不同面积比 R 时，流量比 M 和压头比 H 的对应关系，同时，曲线上表示了每一效率与 M 的对应函数关系，面积比选择范围从高压头、小排量泵到低压头、大排量泵，共给出了 5 条泵的特性曲线，面积比取任意值时，可以采用相邻两个泵特性曲线的平均值。

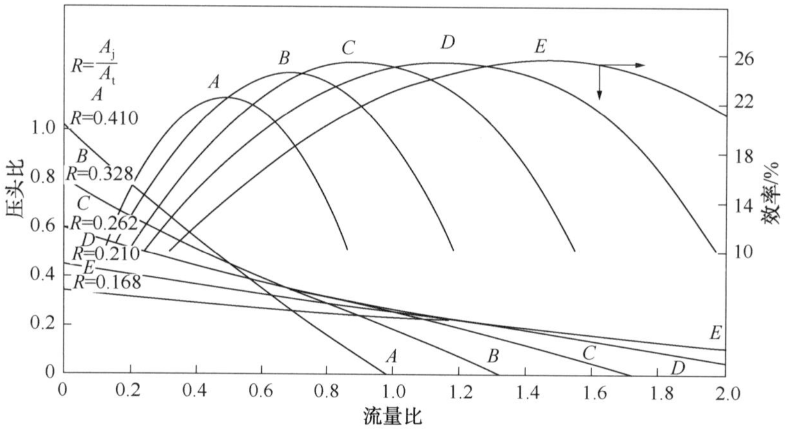

图 4-4-3 射流泵无量纲特性曲线

（二）射流泵排水采气参数设计

1. 最优流量比

射流泵的结构如图 4-4-4 所示。射流泵的工作特性参数主要有无量纲压力 p、无量纲流量比 M、无量纲面积比 R、无因次密度比 ρ 及效率 E，即

$$p=\frac{p_2-p_3}{p_1-p_2},\ M=\frac{q_3}{q_1},\ R=\frac{A_j}{A_t},\ \rho=\frac{\rho_3}{\rho_1},\ E=pM$$

射流泵工作时，其能量主要体现在动力液通过喷嘴时提供的能量 E_j、吸入液得到的能量 E_s、动力液与吸入液混合时的能量损失 L、动力液通过喷嘴时的能量损失 F_j、吸入液通过吸入环道时的能量损失 F_s，以及混合液通过喉管和扩散管时的能量损失 F_{td}。总的能量损失为：

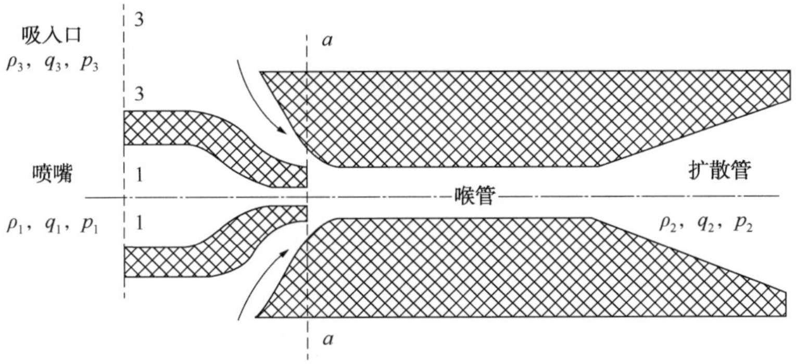

图 4-4-4　射流泵结构示意图

$$E_f = L + F_j + F_s + F_{td} \tag{4-4-19}$$

单位时间内，喷嘴提供的能量 E_j 和吸入液得到的能量 E_s：

$$E_j = q_1(p_1 - p_2),\ E_s = q_3(p_2 - p_3) \tag{4-4-20}$$

根据洛伦兹混合损失模型，动力液与吸入液在混合室中混合时的能量损失为：

$$L = \rho_1 q_1 \frac{(v_j - v_t)^2}{2} + \rho_3 q_3 \frac{v_s - v_t}{2} \tag{4-4-21}$$

流体通过喷嘴、吸入环道，以及喉管和扩散管时的摩擦损失分别为：

$$\begin{cases} F_j = \rho_1 q_1 K_j v_j^2 / 2 \\ F_s = \rho_3 q_3 K_s v_s^2 / 2 \\ F_{td} = \rho_2 q_2 K_{td} v_t^2 / 2 \end{cases} \tag{4-4-22}$$

其中，$K_{td} = K_t + K_d$。

K_j、K_s、K_{td}分别为流体通过喷嘴、吸入环道，以及喉管和扩散管时的摩擦系数。由 $A_t = A_j + A_s$，以及 M、R 的定义可得：

$$\begin{cases} v_s / v_j = MR/(1-R) \\ v_t / v_j = R(1+M) \end{cases} \tag{4-4-23}$$

考虑密度关系：

$$\rho_2 = \rho_1 (1 + \rho M)/(1+M) \tag{4-4-24}$$

可得总的能量损失：

$$E_f = L + F_j + F_s + F_{td} = \zeta \rho_1 q_1 v_j^2 / 2 \tag{4-4-25}$$

$$\zeta = (1+K_j) + (1+K_s)\rho M^3 \left(\frac{R}{1-R}\right)^2 + (1+K_{td}) R^2 (1+\rho M)(1+M)^2 - 2R(1+M)\left(1 + \rho M^2 \frac{R}{1-R}\right)$$

在喷嘴出口选一断面建立能量方程，由于动力液在 1—1 断面的动能及吸入液在 3—3 断面的动能很小，因此忽略后整理得：

$$p_1 = p_a + (1+K_j)\rho_1 v_j^2/2$$

$$p_3 = p_a + (1+K_s)\rho_3 v_s^2/2$$

进而得：

$$v_j^2/2 = (p_1 - p_3)/(\eta\rho_1) \tag{4-4-26}$$

其中

$$\eta = (1+K_j) - (1+K_s)\rho M^3 \left(\frac{R}{1-R}\right)^2 \tag{4-4-27}$$

根据能量守恒定律，有 $E_j = E_s + E_f$，即

$$q_1(p_1 - p_2) = q_3(p_2 - p_3) + \zeta q_1(p_1 - p_3)/\eta$$

整理压力比计算式：

$$P = (\eta - \zeta)/(\eta M + \zeta) \tag{4-4-28}$$

根据效率定义式，可得效率计算公式：

$$E = PM = [(\eta - \zeta)/(\eta M + \zeta)]M \tag{4-4-29}$$

由于：

$$\eta M + \zeta = \xi(1+M)$$

则将效率计算公式进一步写成更为简化的形式：

$$E = (\eta/\xi - 1)M \tag{4-4-30}$$

根据多元函数极值原理，对式(4-4-30)求偏导 $\partial E/\partial M$，并令 $\partial E/\partial M = 0$，得最佳流量比方程：

$$M_{opt} = [(\xi - \eta)/(\eta'\xi - \eta\xi')]\xi \tag{4-4-31}$$

其中：

$$\begin{cases} \eta' = -2(1+K_s)\rho M \left(\dfrac{R}{1-R}\right)^2 \\ \xi' = (1+K_{td})R^2(1+\rho+2\rho M) - 4\rho M \dfrac{R^2}{1-R} \end{cases}$$

式(4-4-31)为 M_{opt} 的隐含表达式，可利用迭代法求解。计算时，摩擦损失系数可采用文献给出的典型实验值。

2. 射流泵性能和效率的包络线

在给定摩擦损失系数和密度比时，式(4-4-31)的计算结果为在不同 R 的条件下，最佳效率点所对应的流量比 M_{opt}。利用 M_{opt} 可以进一步计算出对应的最佳压力比 p_{opt} 和效

率 E_{opt}，p_{opt}、E_{opt}同 M_{opt} 之间的关系曲线分别为射流泵性能包络线与效率包络线，如图 4-4-5、图 4-4-6 所示。

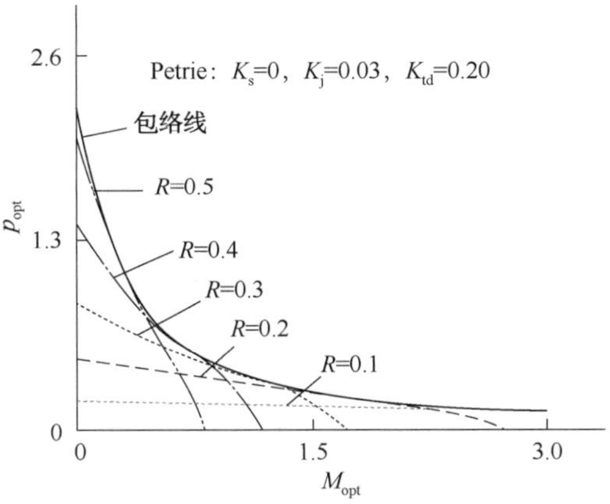

图 4-4-5　射流泵性能包络线

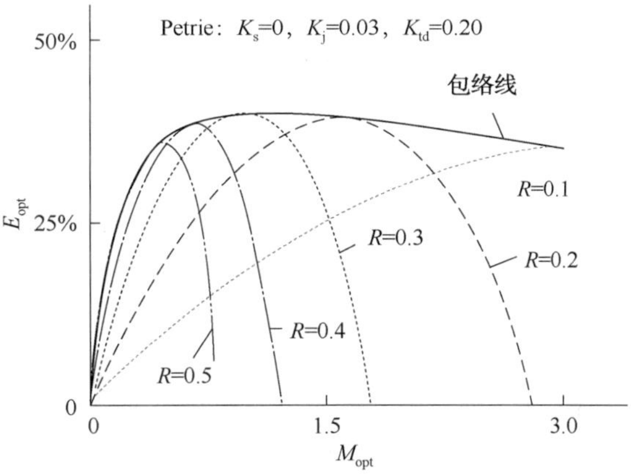

图 4-4-6　射流泵效率包络线

将式(4-4-31)展开得：

$$P=\frac{1-N}{M+N} \tag{4-4-32}$$

其中：

$$N=\frac{(1+K_j)+(1+K_s)M^3\left(\frac{R}{1-R}\right)^2+(1+K_{td})(1+M)^3R^2-2R(1+M)-\frac{R^2}{1-R}M^2(1+M)}{(1+K_j)-(1+K_s)M^2\left(\frac{R}{1-R}\right)^2} \tag{4-4-33}$$

当有一定面积比 R 时，将 M_{opt} 代入即可确定 p_{opt}，然后可以确定 E_{opt}。

3. 最优面积比

利用式(4-4-31)计算得出的 M_{opt} 值，还可以进一步计算出对应的最佳面积比 R_{opt}，该 R_{opt} 与 M_{opt} 仅仅是一种对应关系，而并非最优面积比值。可知，在计算的最佳面积比 M_{opt} 中，存在一个最优值，它将使效率最大。该值对应的 R_{opt} 即最优面积比。运用水力学基本原理，即对射流泵沿着液体流动方向分段应用动量方程、能量方程和连续性方程，分五步导出射流泵基本方程。

（1）对喉管进口 a—a 断面与出口 b—b 断面列出动量方程：

$$\varphi_2\rho(q_1v_{1a}+q_2v_{2a})-\rho(q_1+q_2)v_b=[(p_b+\rho gz_a)-(p_a+\rho gz_a)]\cdot f_b \tag{4-4-34}$$

式中，$v_{1a}=\dfrac{q_1}{f_{1n}}=v_{1n}$，$v_{2a}=\dfrac{q_2}{f_{2a}}=\dfrac{q_2}{f_b-f_{1n}}$，$v_b=\dfrac{q_1+q_2}{f_b}$。

（2）对 n—n 断面和 a—a 断面用动量方程，再对 e—e 断面与 n—n 断面用能量方程，求出 a—a 断面被抽送液体平均流速。

$$v_{2a}=\varphi_4\sqrt{2g\left(\frac{p_2}{\rho g}+z_2+\frac{v_2^2}{2g}\right)-\left(\frac{p_a}{\rho g}+z_a\right)} \tag{4-4-35}$$

（3）对 n—n 断面与 m—m 断面用能量方程，求出 n—n 断面工作液体平均流速 v_{1n} 的表达式：

$$v_{1n}=\varphi_1\sqrt{\frac{2\Delta p}{\rho}} \tag{4-4-36}$$

（4）对 b—b 断面与 c—c 断面用能量方程，求出 b—b 断面工作液体平均流速 v_b 的表达式：

$$v_b=\frac{1}{\sqrt{\varphi_c^2}}\sqrt{2g\left[\left(\frac{p_c}{\rho g}+z_c+v_c^2\right)-\left(\frac{p_b}{\rho g}+z_b\right)\right]} \tag{4-4-37}$$

（5）将已知的 v_{1a}、v_{2a} 和 v_b 的表达式代入式(4-4-34)，整理后得射流泵基本方程：

$$p=\varphi_1^2\left\{2R\varphi_2+\left[2\varphi_2-\frac{1}{(1-R)\varphi_4^2}\right]\frac{R^2}{1-R}M^2-(2-\varphi_3{}^2)R^2\ (1+M)^2\right\} \tag{4-4-38}$$

式(4-4-38)中的流速系数 φ_1、φ_2、φ_3、φ_4 可以根据相应部分的阻力系数 ξ 用水力学方法进行计算，或通过实验测出。在一般计算中，可以采用 $\varphi_1=0.95\sim0.975$，$\varphi_2=0.975$，$\varphi_3=0.9$，$\varphi_4=0.9\sim0.95$。

在综合特性曲线的 p、η 上可以作出两条包络线，这两条包络线的曲线方程也可以用数学方法求出。

假设射流泵基本方程所表示的曲线族用函数关系式表示：

$$f(q,\ p,\ R)=0 \tag{4-4-39}$$

射流泵的效率所表示的曲线族用函数关系式表示：

$$\phi(q,\ \eta,\ R)=0 \tag{4-4-40}$$

由微分几何可知，式(4-4-39)和式(4-4-40)曲线族的包络线必须满足 $\frac{\partial f}{\partial R}=0$、$\frac{\partial \phi}{\partial R}=0$。

最优面积比是水力射流泵装置效率最高时的面积比，当工作液体压头 p 和流量比 M 给定时，最优面积比 R_{opt} 相当于射流泵造成的最大压头值 H_{max}。

$$R_{opt}=\frac{\varphi_2}{(2-\varphi_3^2)(1+M)^2-\left(2\varphi_2-\frac{1}{\varphi_4^2}\right)n^2M^2} \tag{4-4-41}$$

其中，$n=\frac{1}{1-R}$。

将 $\varphi_2=0.975$、$\varphi_3=0.9$、$\varphi_4=0.925$ 代入式(4-4-41)可得：

$$R=\frac{1}{1.221\ (1+M)^2-0.802nM^2} \tag{4-4-42}$$

得 M、R_{opt} 和 n 之间的关系，见表 4-4-1。

表 4-4-1　M、R_{opt} 和 n 之间的关系

M	0	1	2	3	4	5	6	10
R_{opt}	0.820	0.263	0.138	0.086	0.059	0.043	0.033	0.015
n	5.545	1.357	1.160	1.094	1.063	1.045	1.034	1.015

4. 射流泵排水采气最优下深设计

气井产量低于连续临界携带液体的最小临界流量，会导致气井无法将井筒中的工作液或地层水带出井筒而积聚在井底。井筒积液会增大井底回压，使生产压差减小，最终造成气井停产。为了使气井能够正常生产就必须将井筒中的积液排出，降低井底流压。随着积液高度逐渐减小，井底流压会逐渐降低，生产压差逐渐增大，产气量也随之变大，当气井产量增大到气井能够连续携带液体的最小临界流量时，气井就恢复到气体能够正常带液的状态，能够维持气井的正常生产。因此，可以借用节点分析的思想，将气井的流入动态曲线和气井临界携液流量曲线绘制在同一坐标系中，通过交点找到对应的井底流压，然后运用井筒压力分布计算方法确定此井底流压对应的井筒液面深度，并将此液面深度作为射流泵的下泵深度。确定交点井底流压的相关分析如图 4-4-7 所示。

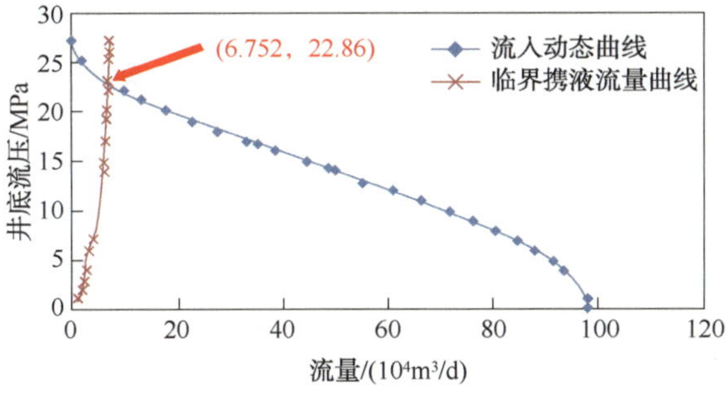

图 4-4-7　流入动态曲线与临界携液流量曲线交点分析

（三）射流泵工艺参数设计步骤

(1) 根据井底流压 p_{wf}，确定射流泵吸入压力 p_3；

$$p_3=p_{wf}-\rho_1 gL \tag{4-4-43}$$

式中　L——泵距离井底的长度，m。

(2) 根据射流泵最优流量比、射流泵的性能和效率包络线，以及最优面积比的计算方法，初选射流泵最优面积比 $R=0.318$(初值)，对应的流量比 $M=0.703$，对应的压头

比 $p=0.35$。

（3）根据设计产液量 q_3，结合流量比 $M=0.703$，确定动力液流量 q_1，然后用井口回压 3MPa 计算射流泵出口压力 p_2：

$$p_2=p_{wh}+\rho_1 g h_{泵}+F_0 \tag{4-4-44}$$

式中　$h_{泵}$——泵挂垂深，m；

F_0——混合液流动过程中的摩擦损失，MPa。

（4）根据计算得到的射流泵吸入压力 p_3、出口压力 p_2 及压头比 p，确定工作液入泵压力 p_1：

$$p=\frac{p_2-p_3}{p_1-p_2}\Rightarrow p_1=p_2+\frac{p_2-p_3}{p} \tag{4-4-45}$$

（5）根据入泵压力 p_1、动力液流量 q_1、泵吸入压力 p_3 和面积比 R，计算地面注入压力 p_s、喷嘴面积 A_j 和油管面积 A_t：

$$p_s=p_1-\rho_1 g h_{泵}+F_s \tag{4-4-46}$$

$$A_j=0.00092074\frac{q_1}{\sqrt{(p_1-p_3)/(\rho_1 g)}} \tag{4-4-47}$$

$$d_j=2\sqrt{A_j/\pi} \tag{4-4-48}$$

$$A_t=A_j/R \tag{4-4-49}$$

$$d_t=2\sqrt{A_t/\pi} \tag{4-4-50}$$

式中　F_s——动力液流动过程中的摩擦阻力，MPa。

（6）选择标准喷嘴、喉管：根据d_j、d_t，查表 4-4-2，选择接近标准的喷嘴、喉管尺寸。

表 4-4-2　SPB 型射流泵喷嘴、喉管规格

喷嘴直径/mm	1.8	2.1	2.3	2.7	3.0	3.4	3.9	4.2
喉管直径/mm	2.9	3.3	3.7	4.2	4.8	5.4	6.2	6.8
喷嘴直径/mm	4.7	5.3	6.0	6.8	7.7	8.6	9.8	10.9
喉管直径/mm	7.7	8.6	9.8	11.0	12.4	14.0	15.8	17.2

（7）校核 $M_c>M$：

$$M_c=\frac{1-R}{R}\sqrt{\frac{p_3}{1.3(p_1-p_3)}} \tag{4-4-51}$$

（8）根据选择的喷嘴和喉管尺寸，在压头比 p 一定的情况下，计算该喷嘴、喉管组合的动力液流量，然后计算流量比，确定泵效：

$$E=MP \tag{4-4-52}$$

若选择不合适，重复(2)～(8)步。

第五节 电潜泵排水采气工艺

电潜泵排水采气工艺是从电潜泵采油技术逐步发展而来的，是利用电潜泵扬程高、排量大、提液能力强的特点，将气井中的积液从油管中迅速排出，降低对油井的回压，形成一定的生产压差，从而保持气井稳定生产的一种机械排水采气工艺。

一、电潜泵排水采气原理与技术优势

电潜泵排水采气工艺是一种强排液工艺，属于机械排水采气工艺系列；它可以尽快地排出井筒积液，降低井底流压，放大生产压差，使该井获得产能，并可提供该井的真实产能，同时电潜泵的长期运行也可以保证该井的连续生产。

1. 排水采气原理

电泵潜排水采气以电能为动力源，通过潜油电缆将电网电能输给井下潜油电机，潜油电机将电能转换为机械能，带动潜油离心泵高速旋转。井下液体在潜油离心泵叶轮的旋转作用下，产生离心力并沿着叶导轮之间的流道快速旋转流动，使井液压力逐步升高，井液通过油管被举升至地面。井下流体进入气体分离器后，由于其气、液分离能力有限，一小部分气体进入离心泵，随着液体一起从油管排出；大部分气体聚集在油套环空中，通过环空进行自喷生产。

2. 技术优势

（1）不受井深、井斜限制，井下机组可下入水平段中或 *A* 靶点以上 100m 左右位置。

（2）满足大液量、高扬程的需要：在 $100m^3/d$ 排量下，扬程可达 3500m。

（3）排量范围宽：满足气井全生命周期的排液需要。

（4）适应高气液比：气液比大于 $1000m^3/m^3$ 时，机组仍正常运行。

（5）有一定的固体颗粒处理能力。

（6）地面配套设备简单，自动化集成程度高，操作简便。

3. 应用阶段

投产初期强排水阶段（大排量）：在地层连通较好的情况下，需要电潜泵强排水迅速降低井筒液面，以最快恢复气井的产能，此时生产液量较大、产气较少，电潜泵需要提供足够的排量以恢复生产。

气、水同产阶段：在实行强排水制度一段时间后，气井的供液量和排液量达到动态平衡，井底流压降低到设计目标后，进入稳定气、水同产阶段，由于井底流压较低，游离气量较大，此阶段需要电潜泵为气井提供较大扬程，机组能在低液位、低排量情况下正常生产，并能够使大量的游离气进泵。

稳定生产阶段(高气液比)：还需要继续排液，使井底保持较低的压力，增大地层与井底的生产压差，保持高产气量。避免地层水积累在井筒，影响生产，同时避免水侵或水淹情况的发生。

二、电潜泵排水采气举升系统与设备

1. 电潜泵排水采气举升系统

电潜泵排水采气举升系统由地面部分和井下部分组成。地面部分由升压与降压变压器、变频控制器、井口穿越器和接线盒等组成。井下部分包含电机、保护器、气体处理装置、多级离心泵、动力电缆和井下参数监测传感器等，其排水采气举升系统结构如图 4-5-1所示。

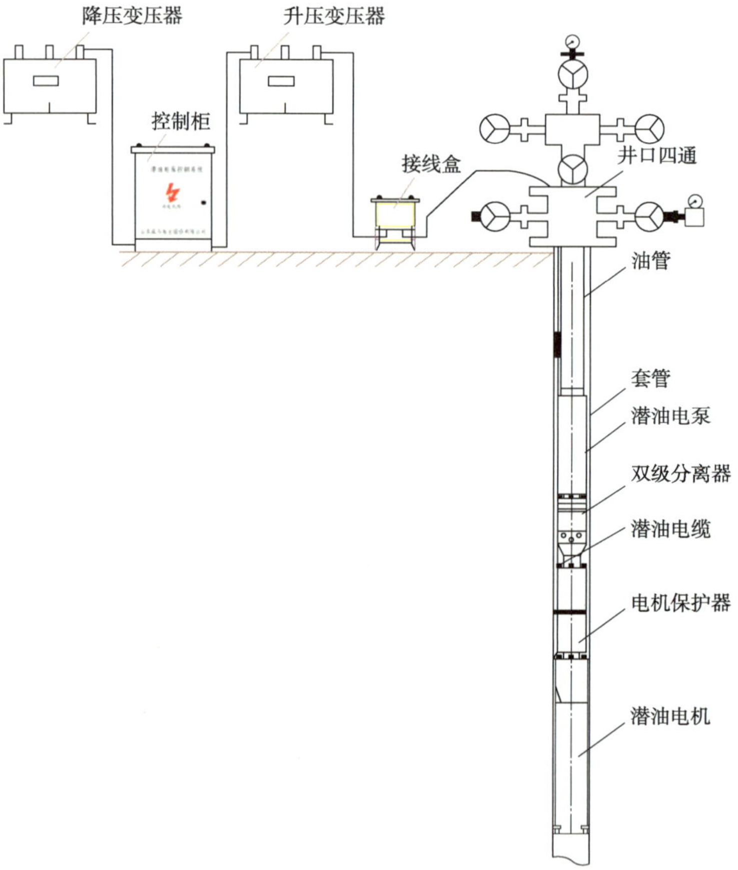

图 4-5-1　电潜泵排水采气举升系统结构

2. 电潜泵机组主要设备

1）潜油电机

潜油电机位于井下潜油电泵机组的最下端，它是一种将电能转换为机械能的设备，通过电机转子带动井下气、水分离器和潜油离心泵旋转。一方面，可实现气、水两相流体的分离，分离后气体进入油套环空，液体进入离心泵；另一方面，通过井下潜油离心泵将分离后的井液增压后排至地面。

油田井下用潜油电机为三相交流鼠笼异步电机，其结构主要由定子、转子、轴和扶正轴承组成，如图 4-5-2 所示。潜油电机定子由一组布置成空心圆柱形的电磁铁构成，每个电磁铁都有一个极朝向中心。当改变电磁铁的极性时，它所形成的电磁场就产生了旋转。转子是一组封闭的线圈，当受到旋转磁场切割时，在闭合的转子回路中将产生感应电流；同样，在旋转磁场的作用下，线圈受力产生转矩，带动转子沿着旋转磁场的方向带动负载做异步转动。

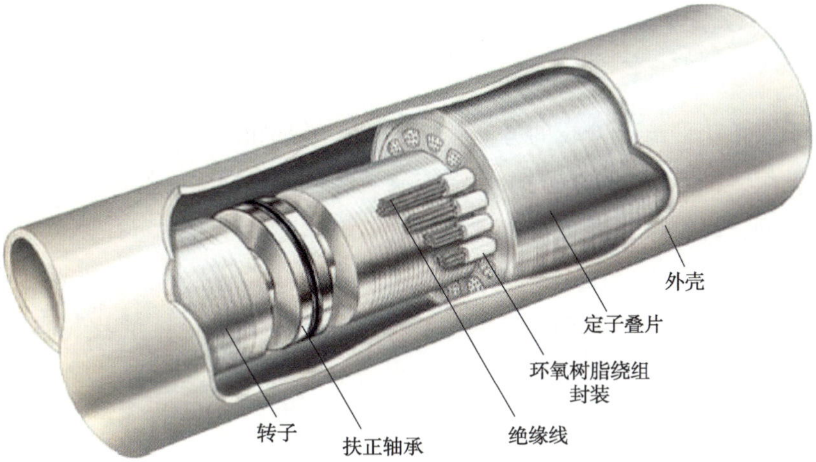

图 4-5-2　潜油电机内部结构

由于油井井径较小，定子的外径受到限制，潜油电机主要通过增加长度来提高电机的功率，其外形为细长形，外径与长度比最大可达 1 : 100，单节电机长度一般在 10m 以内。受电源频率的限制，为了提高转速，油田井下用潜油电机一般为二极电机。采用变频控制，通过改变电机的运行频率也能调节电机的转速，二者之间的关系如式(4-5-1)所示。

$$N=120f/p \tag{4-5-1}$$

式中　N——电机的转速，r/min；

f——电源频率，Hz；

p——电机的极数。

2）潜油电泵

油田用井下潜油电泵为多级离心泵，其结构如图 4-5-3 所示，主要由叶轮和导轮组成。其中，每一级包括一个固定的导轮和一个可转动的叶轮。叶轮和导轮的直径决定了泵的排量，而叶轮的级数决定了泵的扬程和电机所需的功率。叶轮有固定式和浮动式两种。浮动式叶轮可以轴向窜动，每级叶轮产生的轴向力被叶轮和导轮上的止推轴承承受。整节泵所产生的轴向推力由保护器中的止推轴承承受。固定式叶轮固定在泵轴上，既不能轴向窜动，也不能靠在导轮的止推垫上。叶轮及压差所产生的全部推力，都由装在保护器内的止推轴承承受。

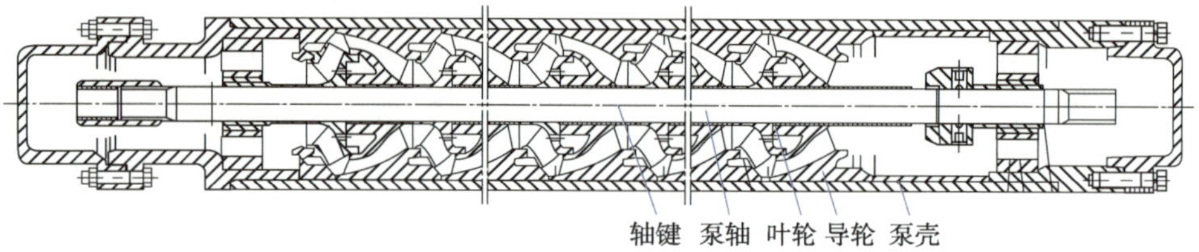

图 4-5-3　潜油电泵结构

多级离心泵按流体流出叶轮的方向主要分为径流泵和混流泵两种。径流泵流体流出方向垂直于轴线，即沿半径方向流出；混流泵流体流出方向与轴线有一个夹角。由于流体流出结构不同，径流泵和混流泵在排量和井下气体处理能力方面有较大的差异，径流泵排量小，混流泵排量大。在未安装井下气、水分离器的情况下，径流泵可处理 20%左右的游离气，混流泵可处理 40%左右的游离气。因此，为满足排量及气体处理的需要，页岩气井井下潜油电泵采用混流泵。

3）电机保护器

电机保护器位于潜油电机和井下气、水分离器之间，其主要作用为：一是实现电机油与井液之间的隔离，满足工作在高电压状态下的电机的绝缘要求；二是通过保护器的呼吸作用，维持电机内、外的压力平衡；三是实现电机与多级离心泵或井下气、水分离器+多级离心泵之间的动力传递。

按设计结构(图 4-5-4)的不同，电机保护器可分为沉降式和胶囊式两种，沉降式电机保护器腔体大，可有效避免电机中进入井液，受重力影响，主要用于垂直井中，胶囊式电机保护器用于斜井和定向井中。胶囊式电机保护器按照保护器内部单体胶囊连接关系分为并联型和串联型两种，若胶囊以一种包含的关系连接为并联型，以头尾相连的方式连接为串联型。串联型与并联型相比，其多了一道机械密封，因此保险系数更高。串联型胶囊保护器每个胶囊作为独立单元进行工作，因此，串联型胶囊保护器与单胶囊保护器的呼吸量相同。而并联式胶囊保护器的呼吸量则为单胶囊保护器的呼吸量之和。在选择保护器时，其呼吸量一定要大于电机油的膨胀量，并保留一定的安全系数。

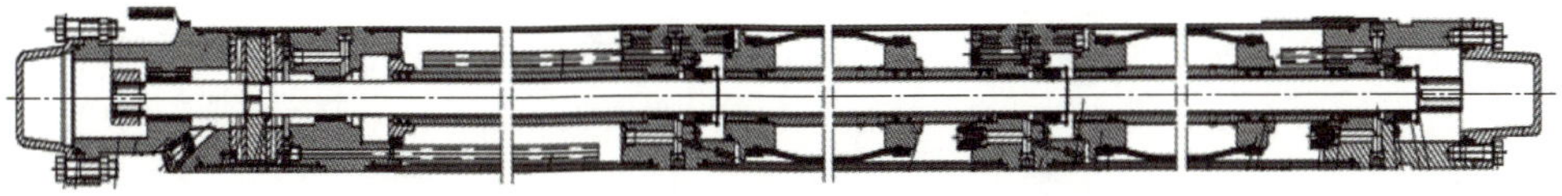

图 4-5-4 电机保护器设计结构

4）气、液分离器

自由气进入离心泵后，会使泵的排量、扬程和效率下降，以及工作不稳定，而且容易发生汽蚀损害叶片。因此，常用气、液分离器作为泵的吸入口，以便将气体分离出来。

井下电潜泵使用的分离器按气体从混合液分离的方式和结构的不同，可分为三种：重力式气、液分离器，旋转式气、液分离器和涡流式气、液分离器。三种分离器都是利用气体和液体密度的不同，使气、液两相产生重力差异，通过增大气泡轴向向上速度、减小气泡径向向心速度进行气、液分离，轻的气体沿轴向向上进入油套环形空间，重的液体则沿流道进入多级离心泵，其基本结构如图 4-5-5 所示。

图 4-5-5 电潜泵气、液分离器基本结构

三、电潜泵排水采气关键技术

在页岩气井中采用电潜泵进行排水采气设计需要考虑生产中不同的工作制度，以及可能发生的极端情况，电潜泵可能工作在泵入口液面极低甚至抽空、进泵含气高等恶劣生产状况中，因此电潜泵排水采气系统需要满足以下几方面要求：在变频器的控制下，拥有宽广的排量操作范围，满足不同工作制度下排量的需求；能在液面低的情况下稳定工作；尽可能高的气体处理能力；良好的散热冷却设计，确保机组正常运转。

1. 气、液分离处理技术

电潜泵是多级离心泵，天然气一旦进入泵中占据泵的流道后，液体将难以被吸入泵内，导致泵效降低，严重时形成气锁，导致欠载停机。为了使电潜泵在页岩气井中被有效使用，解决气体对泵举升性能的影响问题，采用了以下三方面的技术。

1）气体多级分离技术

利用多级分离器将进入离心泵的气泡按照体积大小进行分级分离，体积较大的气泡在第一级分离，体积中等的气泡在第二级分离，体积较小的气泡在第三级分离，如图 4-5-6所示。针对页岩气高含气井，实施分级分离技术后能满足离心泵对含气量的要求。

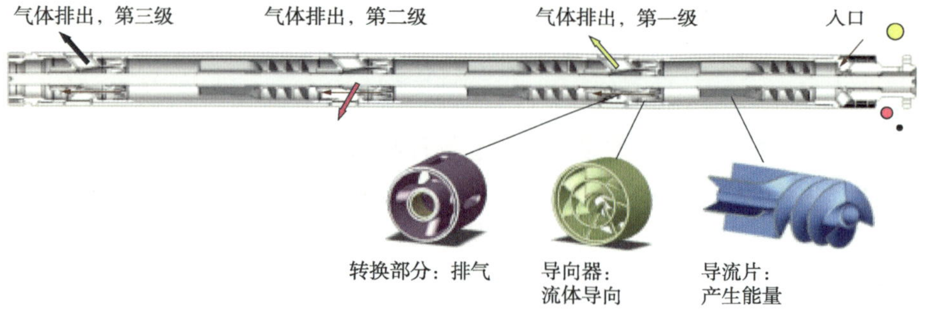

图 4-5-6　高含气井气体多级分离处理技术

在气体多级分离技术的基础上，可将重力式分离器和涡流式分离器等不同结构类型的气、液分离器进行组合应用。第一个分离流程中使用重力式分离器，对泵吸入口天然气进行初步分离（吸入口壳体带槽配合重力杯设计形成气体更难进入的通道，这有助于防止气体进入下一级泵），分离效率可达 50%以上，显著减少进入第二个分离流程的游离气。第二个分离流程采用旋转式或涡流式分离器，对泵吸入口以上天然气进行再次分离，经两级分离后，气体分离效率可达 90%。

2）离心泵高含气处理技术

为适应高含气井，设计了气体压缩泵、多相流泵等特殊性能的潜油离心泵。气体压缩泵主要是对未被井下分离器分离掉的大气泡气体进行压缩，使之体积缩小，同时将气体打碎并使之与井液均匀混合，然后送入泵筒，通过减小气泡的尺寸和改变气泡的分布使井液形成均匀的气、液混合物，使之在进入泵时的流动状态像单相的液体一样，改善离心泵的工作条件，达到防止离心泵气锁的目的。气体压缩泵（图 4-5-7）能适应入泵自由气体积含量在 75%以内。多相流泵（图 4-5-8）采用特殊设计的流道，利用分离式叶片、液流平衡孔和更大叶片切入角度，能适应入泵自由气体积含量最高至 70%，专用于排水采气及高气液比井。

图 4-5-7　气体压缩泵结构示意图

3）变频防气锁技术

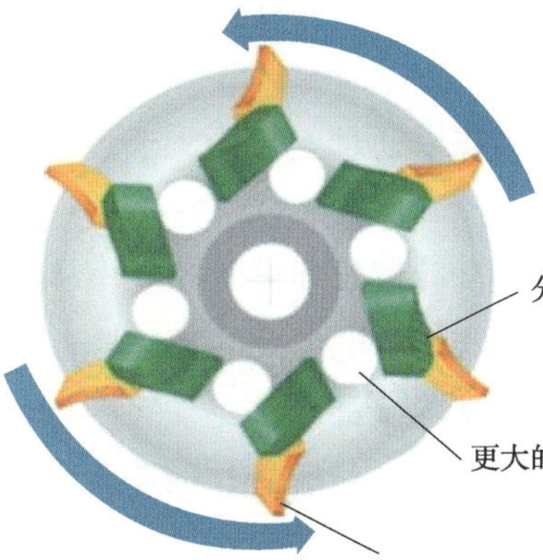

图 4-5-8 多相流泵结构示意图

利用变频防气锁技术调节井下电潜泵机组运行频率，改变吸入液量，可降低潜油离心泵发生气锁的概率。变频技术防气锁、解气锁主要有三种运行模式：一是气液比运行模式。根据井下气液比的变化自动改变运行频率，气液比高时自动提高运行频率，气液比低时自动降低运行频率，保障油气井产液量稳定。二是电流运行模式。根据电流判断泵是否被气锁，当气锁发生后，变频器会自动地降低运行频率，油管内的流体会回流进电潜泵冲刷泵内部，把气体置换出电潜泵，一段时间后再自动增大频率至定频运行模式。三是扭矩运行模式。根据扭矩判断泵是否被气锁，当气锁发生后，变频器会自动提高运行频率，然后再降低运行频率，使电潜泵内的气体离开泵内部，维持电潜泵产液。

2. 宽幅变量排液技术

在页岩气井生产中，前期受压裂返排的影响，气井的产水量非常大，需要采用电潜泵快速排液。后期随着返排速率的下降，地层供液减弱，气井的出水量会逐渐下降，常规潜油离心泵的排量范围一般难以适应气井出水量的变化，导致其适用周期缩短，应用范围变窄。

根据电潜泵特性曲线，潜油离心泵存在一个最佳排量范围：额定排量×(1±20%)，在此范围内，潜油离心泵在高效区工作。例如，对于普通 30m^3/d 机组来说，其最佳排量范围是 24~36m^3/d。当潜油离心泵应用于高效区时，叶轮在上、下两级导壳之间可以轴向窜动，在一定排量范围内可处于浮动状态，此时叶轮消耗的摩擦功率较小、泵效率较高、各部分磨损较轻。当井筒的供液能力不能与潜油离心泵的特性曲线相匹配时，离心泵叶轮在轴向力的作用下，在两导壳间所处的位置发生改变，从而加剧叶轮及导壳磨损。因此，常规潜油离心泵不能适应气井产水量的较大变化，气井产水量下降严重时，需要采取换小排量泵或者采用其他排水采气工艺。

为适应产水量不断下降的页岩气井，对潜油离心泵的结构进行了改进，通过对叶导轮三维结构尺寸进行参数优化设计，并将每级叶导轮副轴固定在轴承上，实现在任何排量的情况下，不会磨损叶轮及导轮，研制形成了高效区排量范围大的宽幅潜油离心泵。

宽幅潜油离心泵技术优势：

（1）适用的排量范围宽：15~300m^3/d。

（2）全压紧结构设计更适合高磨损生产环境，在高气液比和出砂井中可以更加可靠地运行。

（3）比径流泵叶片开度宽30%，因此运行泵效高。

3. 变频控制技术

变频控制技术通过变频器实现目的，变频控制器是一种操作电潜泵启停、保护电潜泵正常运转的控制保护装置，它对井下电机具有延时过载保护、欠载保护、断相及反相保护功能，可自动记录和显示井下电机的运行电流、电压、频率等参数。

变频控制器作为电潜泵的无级调速控制设备，具有以下优点：一是扩大了同类泵的工作范围，通过调频可以改变泵的扬程和排量；二是可实现软启动，大幅降低电力系统和泵系统的启动应力，延长电机寿命；三是能使井下电机不再受地面供电电源不稳定的影响；四是无级调速提高了泵的工作效率；五是可实现频率控制、电流控制和压力控制，实现自动调速，可解除气锁，遇重荷时会自动降频以保护电机不受损害。

第六节　气举排水采气工艺

压缩机气举排水采气工艺是涪陵页岩气田水淹井复产的主要工艺手段，原理是将经过地面压缩机增压后的高压气通过气井环空或者油管注入，迫使管柱内液面下降，将井筒液体从管柱内举升到地面。随着注气压力的不断升高，环空（或油管）液面持续下降，当液面降至油管鞋时，注入压力将升高至最高值。注入气进入油管（或环空）后，迅速膨胀上升，使管柱内液体密度下降，并被注入的气流举升至地面。同时，液体密度的降低减小了液柱对地层的回压，使地层与井底压差增大，有利于地层流体流入井底，实现气井的自喷排液。

一、常规压缩机气举工艺

1. 气举工艺优缺点对比

该工艺的优点在于：①设备配套简单，管理方便，措施准备期短，实施灵活性强。②举升液量范围大，最大排液量可达400m^3/d。③工艺不受井斜、管柱结构限制。④不受硫化氢限制及气液比影响。⑤与其他工艺有较好的复合性，可通过泵注起泡剂和设计气举阀的方式降低气举难度。

但该工艺也有一定的缺陷：①需要有高压气源。②在利用高压气体举升液柱的同时，增大了井底回压。一方面，积液可能会渗入地层，抑制地层能量，不利于激活地层；另一方面，工艺井受注气压力对井底造成的回压影响，不能把气采枯竭。③气举仅能实现间歇性排液，不能满足气井连续携液的要求，低压低产气井需要及时介入其他排水采气工艺。④高压大排量气举可能造成井底激动，出现井壁破坏、出砂加重等复杂情况。

⑤一般会通过井口放喷的方式降低井口回压，减小举升难度，但会造成天然气浪费、环境污染和企地关系紧张问题。⑥属于高压施工，对装置和地面流程的安全可靠性要求高。

2. 气举选井条件

涪陵页岩气田分布广，气井生产特征差异性大，为减少低效、无效气举作业井次，须开展气井关井原因分析。一般通过将气井关井前的生产状态与关井后的压力恢复情况，以及关井液面测试数据进行综合分析，优选措施井。具体选井原则如下：

（1）气井具有一定的产能，为气举作业提供一定的稳产基础。

（2）关井后油管保持一定的沉没度，避免液面过低造成注入气体快速突破液柱，沿管柱快速上升至井口，无法有效举升液体。

（3）井筒液面不能保持过高，避免气举回压过大，超过压缩机施工设计压力，造成气举失败。

（4）对于水气比高于 $3m^3/10^4m^3$ 的气井，气举后连续携液能力较弱，气举有效期短，须辅助其他排水采气措施。

3. 压缩机气举地面流程设计

将管网气或邻井气作为气源气，通过撬装式分离器将游离水分离，经压缩机增压后注入气井油套环空（油管），将井筒积液从油管（油套环空）中举出，使气井恢复生产。从油管（油套环空）中举出的天然气和井液通过放喷管线进入放喷池，气举结束后导入生产流程，其工艺流程示意图如图 4-6-1 所示。

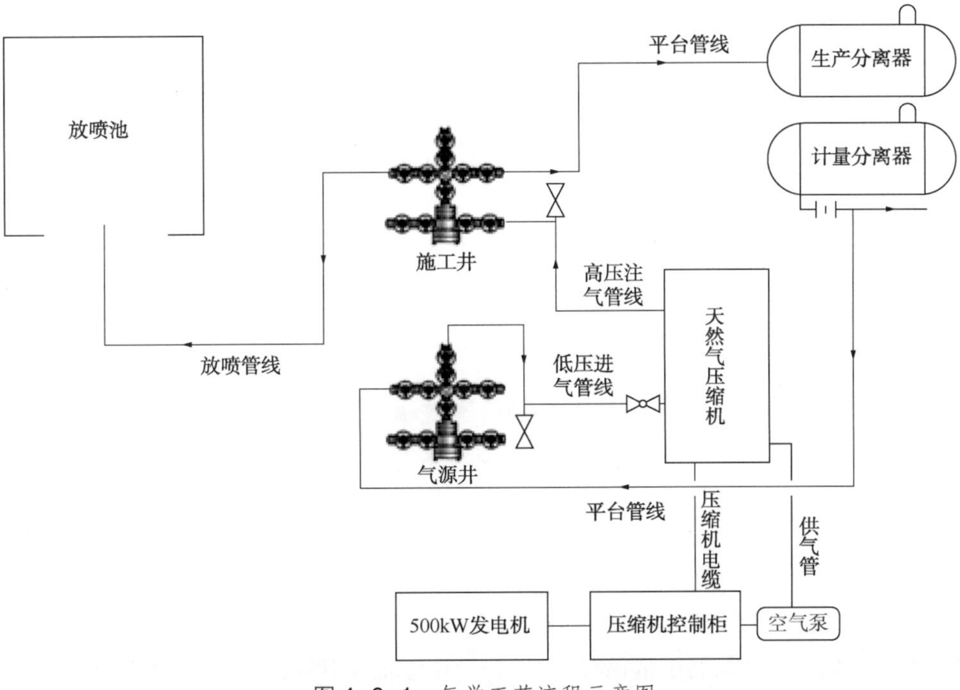

图 4-6-1 气举工艺流程示意图

4. 气举过程分析

以套管注气(反举)为例，当启动压缩机向油套环空中注入高压气体时，环空液面将被挤压下降，如不考虑液体被挤入地层，环空中的液体将全部进入油管，油管内液面上升。随压缩机压力的不断提高，环空内的液面将最终达到管鞋(注气点)处，此时的井口注入压力达到最高值，称为启动压力。当高压气体进入油管时，由于油管内混合液密度降低，液面不断升高，液流喷出地面，井底流压随高压气体的进一步注入，也将不断降低，最后达到协调、稳定的状态。在此过程中，井口注入压力随时间的变化如图 4-6-2所示。

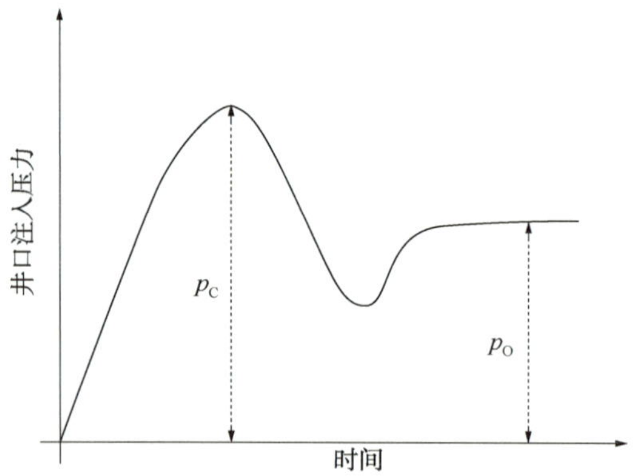

图 4-6-2　气举过程中井口注入压力随时间的变化曲线

5. 方式与设备选择

气举注气方式包括套管注气(反举)和油管注气(正举)两种，不同注气方式的优缺点对比见表 4-6-1。根据气井的液面高度、所采用的生产管位、气举设备的额定工作压力来优选气举方式。

表 4-6-1　反举、正举工艺优缺点对比

举升方式	注气流程	优　点	缺　点
反举	从油套环空注入气体，井内积液由油管排出	①临界携液流量低，利于气井复产，总体效果优于正举；②采用反举可直接用油管投入生产；③气举作业时间相对较短	①举升液面高，所需举通压力高，易将井筒积液推到水平段或回灌地层；②存在井筒内机械杂质堵塞油管风险
正举	从油管内注入气体，井内积液由油套环空排出	①举升液面低，所需举通压力低；②可用于油管解堵	①环空带液能力差，需要压缩机排量大；②气举作业时间相对较长；③气举作业完成后需要重新导入油管进行生产

气举设备的额定工作压力的选择取决于启动压力，如果压缩机的最大额定压力小于启动压力，将无法举出井筒中的液体。启动压力与油管下入深度、油管直径及静液面深

度有关。对于深井而言，如果油管下入较深，地面供给气体的压缩机需要有足够的压力，才能将气体注入环空预定深度并发挥气举作用。在计算启动压力时，需要考虑以下两种情况：

(1) 气举将液面降低到管鞋时，液体未从井口溢出，启动压力与油管液柱平衡，即有：

$$p_e=(h^*+\Delta h)\rho g \tag{4-6-1}$$

若采用反举，则气体到达管鞋处时液面上升的高度 Δh 由式(4-6-2)确定：

$$\frac{\pi}{4}(D_{套内}^2-d_{油外}^2)h^*=\frac{\pi}{4}d_{油内}^2\Delta h \tag{4-6-2}$$

若采用正举，则 Δh 由式(4-6-3)确定：

$$\frac{\pi}{4}d_{油内}^2 h^*=\frac{\pi}{4}(D_{套内}^2-d_{油外}^2)\Delta h \tag{4-6-3}$$

式中　$D_{套内}$——套管内径，m；

$d_{油外}$——油管外径，m；

$d_{油内}$——油管内径，m；

h^*——静液面距管鞋的深度，m；

Δh——气体到达管鞋处时液面上升的高度，m。

利用式(4-6-1)求出 Δh 后代入式(4-6-2)，即有：

$$反举：p_e=h^*\rho g\left(\frac{D_{套内}^2-d_{油外}^2}{d_{油内}^2}+1\right) \tag{4-6-4}$$

$$正举：p_e=h^*\rho g\left(\frac{d_{油内}^2}{D_{套内}^2-d_{油外}^2}+1\right) \tag{4-6-5}$$

(2) 静液面接近井口，气举时环空中的液面还没有被挤到油管鞋时，油管内的液面已经到达井口，液体中途溢出井口。此时，启动压力等于油管中的液柱压力，即有：

$$p_e'=L\rho g \tag{4-6-6}$$

式中　p_e'——最大启动压力，MPa；

L——油管鞋垂深，km；

ρ——液体密度，g/cm^3；

g——重力加速度，m/s^2。

以上两种情况均未考虑注气时液体回灌地层，根据式(4-6-5)和式(4-6-6)分别绘制 2.375in 油管和 2.875in 油管气举启动压力随液面高度变化曲线，如图 4-6-3 所示。可以看出，目前在涪陵页岩气田常用的 25MPa 压缩机条件下，2.375in 油管正举的最大液面高度为 2000m，反举的最大液面高度为 500m；2. 875in 油管正举的最大液面高度为 1700m，反举的最大液面高度为 1200m。

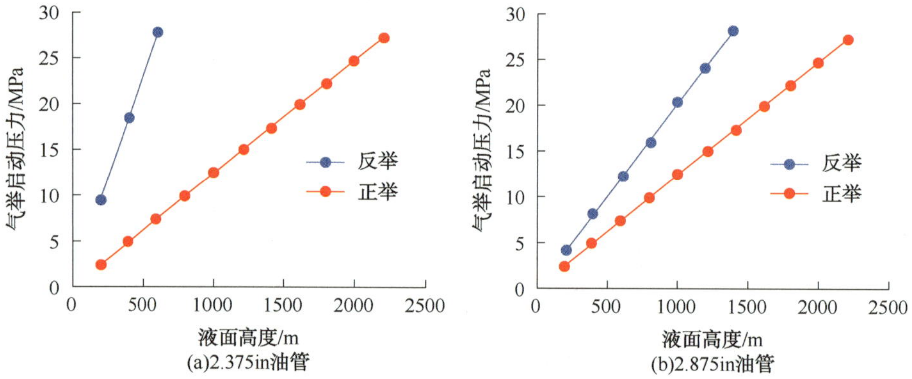

图 4-6-3　气举启动压力与液面高度的关系曲线

6. 气举排水采气应用与分析

气举排水采气是涪陵页岩气田采取的最重要的复产手段，2013—2020 年，涪陵页岩气田共实施压缩机气举 729 井次，累计增产气量 $12.39\times10^8m^3$。主要有以下几个方面的认识：

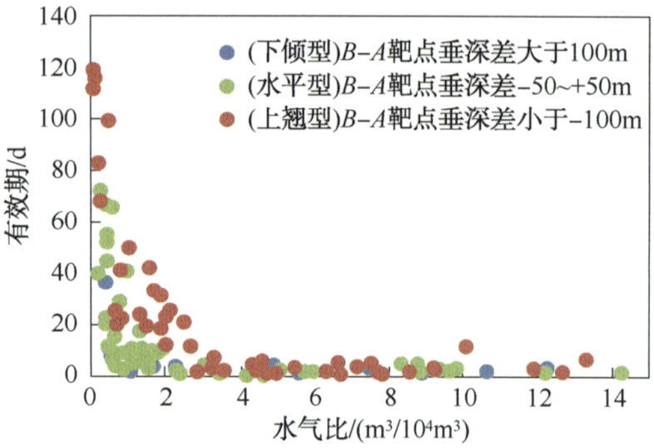

图 4-6-4　不同井型、不同水气比气井气举效果对比

（1）气井水气比越高，气举有效期（气举后气井连续生产时间）越短，水气比大于 $3m^3/10^4m^3$ 的气井，气举后须采取泡排、柱塞等辅助排水采气工艺。在相同水气比条件下，上翘型气井和水平型气井的气举效果优于下倾型气井，如图 4-6-4 所示。

（2）采用正举、反举措施，相对于采用单一的反举措施而言，气举复产后的效果更好。特别是对于高产水气井，气举时往往是满井筒液，不易举通，即使举通了也难以持续生产。可以先正举打压然后反举放喷，如举不通，可反举打压再正举放喷，其目的是为了降低液面高度，从而降低液柱压力，举通后，尽量多排水。

（3）对于低压气井，一般情况下采用先反举增压激活气井能量，再停机放喷排出积液，进站后通过压缩机增压开采持续带液。对于液面较低、地层压力不足的气井，可先泵注起泡剂溶液，降低井液密度，再气举排液，避免积液被压回地层，以及注入气直接从油管鞋窜通，而影响气举效果。

二、气举阀举升系统

根据气举过程分析，压缩机在气举开始初期启动压力较高，需要压缩机的额定输出压力高。但在气举系统连续、稳定工作时，气举压力要比启动压力小很多，造成压缩机功率浪费，增加投入成本。因此，可采取安装气举阀措施，实现分级气举，降低启动压力。气举阀气举工艺示意图如图 4-6-5 所示。

图 4-6-5 气举阀气举工艺示意图

1. 气举阀类型

根据不同压力敏感程度，将气举阀划分为套管压力操作阀（又称注气压力操作阀）和油管压力操作阀（又称生产压力操作阀）。套管压力操作阀的开启和关闭压力通过注入高压天然气的注气压力来控制，油管压力操作阀的开启和关闭压力通过阀深度处的油管压力来控制，其优缺点对比见表 4-6-2。考虑到套管压力操作阀由注气压力控制，具有操作简单、成本较低、易于分析等优点，目前涪陵页岩气田主要采用套管压力操作阀。

表 4-6-2 气举阀优缺点对比

气举阀类型	优 点	缺 点
套管压力操作阀	①易于实施气举控制，阀的开启和关闭对井口生产压力不敏感，井口生产波动对气举性能影响小；②适用于高产水气井；③所需气举工作筒和阀的数量较少	①在相同的阀深度，与油管压力操作阀相比，要有更高的注气压力；②为保证阀正常工作，要求高压气体具有稳定的高压注气压力

续表

气举阀类型	优　点	缺　点
油管压力操作阀	①井口注气压力波动对气举性能影响很小；②在给定注气压力条件下，油管压力操作阀的注气深度更深	①阀间距要求相对较小，需要更多阀；②须准确了解举升井流入动态、生产压力变化等生产动态特征；③仅应用于稳定生产井；④当气井生产异常时，要判断是阀的故障还是气井流入、流出动态特征变化所致，是非常困难的

图 4-6-6　固定式气举阀工作筒

2. 气举阀安装

气举阀工作筒安装在油管柱上，随油管柱一起下入井筒，其作用是安放下入井筒的气举阀。气举工作筒分为常规工作筒(固定式气举阀)和偏心工作筒(投捞式气举阀)，如图 4-6-6、图 4-6-7 所示。对于常规气举工作筒，必须在入井前将气举阀安装在常规工作筒上，再随油管柱一起下入井筒。若需要检修或更换气举阀，则必须进行修井作业，起出气举工作筒。对于偏心工作筒，气举阀在偏心工作筒内。当怀疑气举阀工作不正常时，无须修井，采用绳索投捞方式即可取出气举阀进行检修或更换。由于气举阀的安装位置取决于气举工作筒的位置，因此必须确保气举工作筒的入井深度符合设计要求，进而保证气举阀的正常工作。另外，气举工作筒上的开孔也提供了油管和油套环空的连接通道。

3. 气举阀设计

1) 阀的开启和关闭压力

按弹性元件的结构形式不同，气举阀主要有波纹管式气举阀、弹簧式气举阀、复合式气举阀和膜片式气举阀 4 种。目前，气井现场使用较多的是波纹管式气举阀，注入气压力作用在波纹管有效面积上，使其打开。其主要组成部件为充气室、波纹管、阀球和阀球座。

如图 4-6-8 所示，在关闭状态下，阀球受到油管压力产生的上顶力 p_{th}，封包受到套管压力产生的上顶力 p_{ch}，两者都试图打开阀，而作用在封包面积上的气室压力则在下压，使阀保持关闭状态。根据受力平衡分析，有：

$$p_b A_b = p_{th} A_p + p_{ch}(A_b - A_p) \tag{4-6-7}$$

根据式(4-6-7)整理可得气举法将要开启瞬间阀处的套管压力(开启压力)p_{op}：

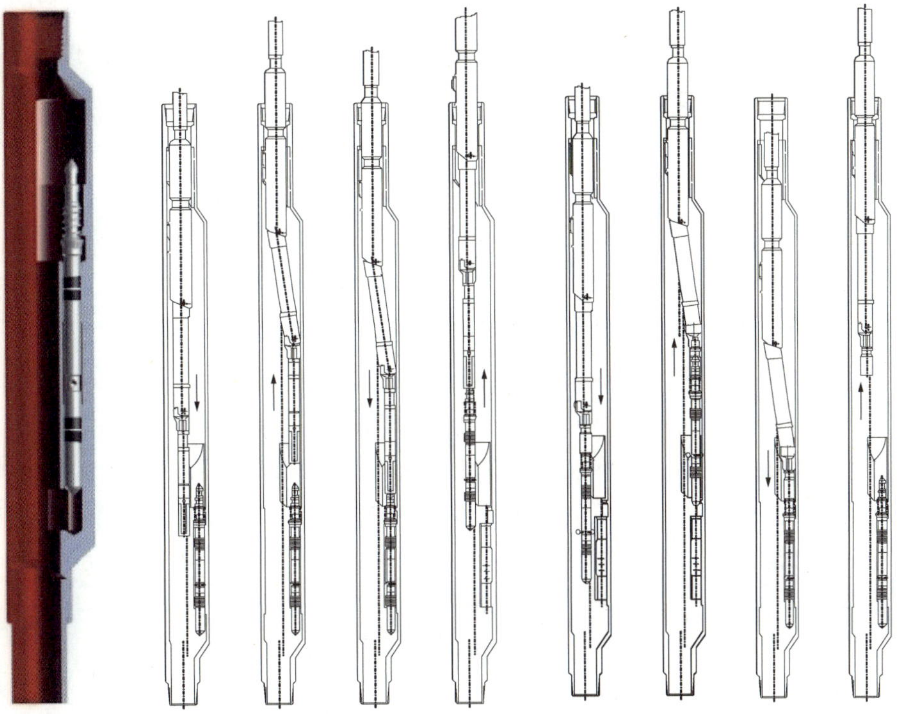

图 4-6-7 投捞式气举阀投放过程

$$p_{op}=(p_b-Rp_{th})/(1-R) \tag{4-6-8}$$

式中 p_{op}——阀在井下的开启压力，Pa；

R——阀孔与封包面积比，即 $R=A_p/A_b$。

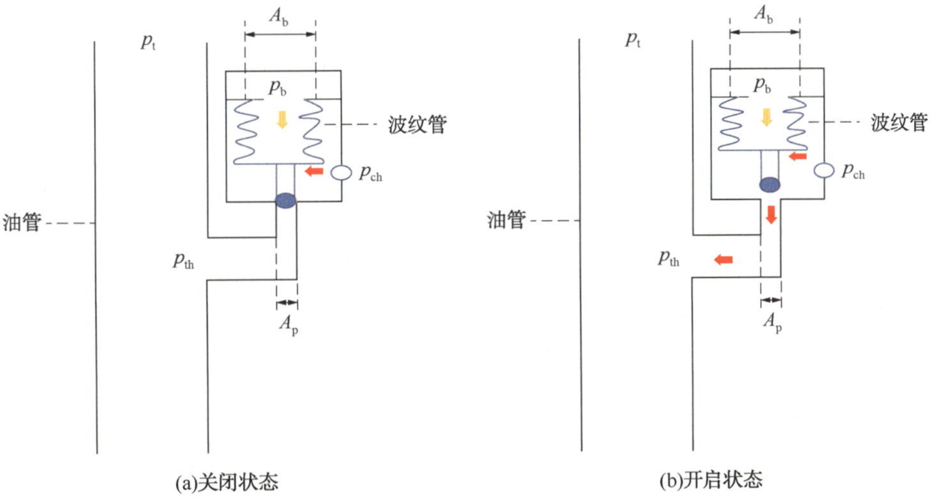

图 4-6-8 气举阀状态

p_{th}、p_{ch}—阀处的油管压力和套管压力；p_b—波纹管内的充氮压力；

A_b—封包面积；A_p—阀孔面积

可以看出，阀的开启压力取决于波纹管的充氮压力、气举阀结构和油管压力，通常在设计时，考虑气举时油管口处于放空状态，即设计阀开启压力时，按照井口回压0.1MPa再结合液面高度计算 p_{th}。

当阀打开后，波纹管不再受油管压力的影响，根据受力平衡分析，有：

$$p_bA_b = p_{ch}A_b \tag{4-6-9}$$

即当阀处的套管压力 p_{ch} 低于井下条件下波纹管内的充氮压力 p_b 时，阀就会关闭。

2）气举阀位置的确定方法

目前，气举阀级数的设计利用商业软件可以实现，在涪陵页岩气田，采用 PIPESIM 软件设计，设计流程主要分为以下几步：

（1）通过系统分析，计算不同注气量下气井的产量，获得最优注气量。

（2）绘制最优注气量下油套环空压力梯度曲线和油管内压力梯度曲线，获得最深注入点。

（3）顶阀位置一般由压缩机的最大工作压力来确定，若井筒中的液面在井口附近，在压气过程中即溢出井口，顶阀深度为：

$$L_1 = \frac{p_{max}}{\rho g} \times 10^5 - 20 \tag{4-6-10}$$

式中 L_1——第一个阀的安装深度，m；

p_{max}——压缩机的最大工作压力，MPa；

ρ——井内液体密度，kg/m^3；

g——重力加速度，m/s^2。

减 20m 是为了在第一个阀处，在阀内、外建立约 0.2MPa 的压差，以保证气体进入阀。如果液面较深，气举途中未溢出井口，则顶阀的安装深度为：

$$L_1 = h_s + \frac{p_{max}}{\rho g} \times 10^5 \times \frac{d^2}{D^2} - 20 \tag{4-6-11}$$

式中 D——套管内径，m；

d——油管内径，m；

h_s——井筒中静液面深度，m。

（4）第二个阀的下入深度可根据套管环空压力及与第一个阀的关闭压差来确定，即当第二个阀进气时，第一个阀关闭。此时，在第二个阀处根据压力平衡有：

$$p_{a2} = p_{t1} + \rho g \Delta h_1 \times 10^{-5} \tag{4-6-12}$$

$$\Delta h_1 = L_2 - L_1 = \frac{1}{\rho g}(p_{a2} - p_{t1}) \times 10^{-5} \tag{4-6-13}$$

则：

$$L_2 = L_1 + \frac{1}{\rho g}(p_{a2} - p_{t1}) \times 10^{-5} - 20 \tag{4-6-14}$$

式中 p_{a2}——第二个阀处的环空压力，MPa；

p_{t1}——顶阀将要关闭时，顶阀处的油管压力，MPa；

L_1——顶阀的安装深度，m；

L_2——第二个阀的安装深度，m。

以此类推，可确定各阀的安装深度，且应不超过最深注入点。由上述公式可以看出，若要确定某级气举阀的安装深度，必须求出阀处油管内可能达到的最小压力。设计时，可利用软件按正常生产计算得到的油管压力分布曲线来确定最小压力。

三、气举-泡排复合排水采气工艺

1. 工艺原理

随着气田开采进入中、后期，地层压力进一步降低，气举时常出现液体回灌地层，增加井底回压，气举效率较低。通过向环空泵注一定量的起泡剂溶液，利用注气扰动形成低密度泡沫，减小液柱对井底的回压，增大生产压差，提高气举效率。该项工艺能够在不改变原有基础设备的条件下，助力低压水淹井快速复产。涪陵页岩气田累计应用气举-泡排复合排水采气工艺 13 井次，单井复产贡献产量 $3\times10^4m^3/d$，累计增气量 $1230\times10^4m^3$，既节约了成本，又增加了经济效益，具有广阔的应用前景。

2. 工艺设计

按井筒积液量的 0.3%确定起泡剂加注量，在井口采用移动式消泡设备进行消泡后，方可进入生产系统。井筒积液量可通过液面测试和井口油套压进行估算，井筒积液有以下两种情况：

1）井筒积液没有漫过油管鞋

这种情况下，气井生产曲线通常表现为：积液时，套压下降，油压下降，产量下降；排液后，套压上升，油压上升，产量上升。可通过套压降法计算积液量：

气井积液前、后的套压降为：

$$\Delta p_c = p_{c1} - p_{c2} \tag{4-6-15}$$

积液液柱高度为：

$$h = \Delta p_c \times 100 \tag{4-6-16}$$

对于水平型或下倾型井，积液量表示为：

$$W = S_{套内} \times (H_B - H) \tag{4-6-17}$$

对于上翘型井，积液量表示为：

$$W = S_{套内} \times (H_A - H) \times 2 \tag{4-6-18}$$

式中 p_{c1}——在同一生产周期内，气井正常生产时的套压，MPa；

p_{c2}——在同一生产周期内，气井与输压持平关井时的套压，MPa；

H——液面斜深，通过井斜数据，将液面高度 h 转换为液面斜深，m；

H_A——A 靶点斜深，m；

H_B——B 靶点斜深，m；

$S_{套内}$——套管内截面积，m^2。

2）井筒积液漫过油管鞋

这种情况下，气井生产曲线通常表现为：积液时，套压上升，油压下降，产量下降；排液后，套压下降，油压上升，产量上升。可通过油套压降法计算积液量：

气井积液前、后的油套压降为：

$$\Delta p_c=(p_{c2}-p_{c1})\times 1.25-(p_{t2}-p_{t1}) \quad (4-6-19)$$

积液液柱高度为：

$$h=\Delta p_c\times 100 \quad (4-6-20)$$

对于水平型或下倾型井，积液量表示为：

$$W=S_{油内}\times(H_{油}-H)+S_{套内}\times(H_B-H_{油}) \quad (4-6-21)$$

对于上翘型井，积液量表示为：

$$W=S_{套内}\times(H_A-H_{油})\times 2+S_{油内}\times(H_{油}-H) \quad (4-6-22)$$

式中 p_{t1}——在同一生产周期内，气井正常生产时的油压，MPa；

p_{t2}——在同一生产周期内，气井与输压持平关井时的油压，MPa；

$S_{油内}$——油管内截面积，m^2。

$H_{油}$——油管下深，m。

四、小油管多级气举阀不增压气举工艺

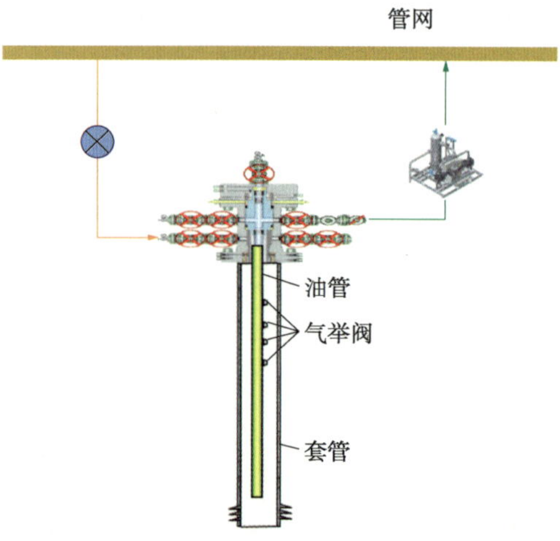

图 4-6-9 小油管多级气举阀不增压气举工艺示意图

随着气井产能下降，造成亟待气举排液的气井逐渐增多，部分积液气井因压缩机气举队伍无法及时到位，造成无法及时复产，须攻关能够利用管网低压气源实现不增压气举复产的新技术。小油管多级气举阀不增压气举工艺（图 4-6-9）是根据气井地层压力、井口压力、流压梯度等技术参数，在 1.9in 小油管上设计适量的气举阀，充分利用 1.9in 小油管携液能力强与气举阀分级气举的优点，降低井口注气压力至集输管网压力，实现管网气直接气举。该技术已在涪陵页岩气田焦页 13-8HF 井、焦页 15-S4HF 井、焦页 68-

1HF 井中成功应用，单日贡献气量 $14\times10^4m^3$，累计增气量 $227\times10^4m^3$。该技术与常规气举排水采气技术相比，不需要采用车载式压缩机进行增压，仅利用现有流程即可完成气举，单次作业成本减少 3 万元左右，同时至少减少气举作业时间和流程改造时间 1 天。

第七节　低压阶段增压开采工艺

涪陵页岩气田焦石坝区块已处于开发中、后期阶段，多数气井自然稳产期结束，气井正常生产受外输管网压力影响，井筒积液严重、产量快速递减，气井被迫采用间歇开采，区块稳产困难，大量可采储量得不到利用。采用压缩机增压输送，可降低气井井口流动压力，带来的好处有以下几个方面：一是降低了气井连续携液气量，增强了气井的携液能力，减少了气液滑脱，降低了井筒压力损耗；二是增大了生产压差，提高了气井产量，实现气井稳产增产；三是降低了气井废弃压力和废弃产量，进一步提高了气藏采收率。

一、增压开采潜力评价技术

增压开采潜力评价技术的核心指标有气井增压时机、经济极限产量、废弃压力和满足最低收益率的增气量。

1. 增压时机

涪陵页岩气田生产实践表明，气井井口压力接近输压后，气井产量会出现递减，当产量低于连续携液流量后，气井会因井筒积液无法连续生产，因此可将气井外输压力条件下的连续携液流量作为理论增压时机。气田增压开采在实际实施过程中，在理论增压时机的基础上，对增压时机要通过气田产量需求、集输管网特征、气井产水特征、增压潜力大小等进行优化调整。根据气井 2019—2020 年产气量预测和脱水站进站压力数据，利用 PIPE-LINE 软件建立气田管网模型，反演出各井满足产销及管网运行需求的最小气量，对于最小气量低于连续携液流量的气井，根据产水量高、低调整增压时机，如图 4-7-1所示。

2. 经济极限产量

经济极限产量是指油气田废弃时支撑回收操作成本和税费的单井最低日(月)产量，也称为盈亏平衡产量，即油气井的销售收入等于固定成本和变动成本之和时的油气井产量。表达式为：

$$Q_{econ}=\frac{C_{fo}}{(P_0-C_{vo})\times R_0}$$

式中　Q_{econ}——经济极限产量；

C_{fo}——固定成本；

P_0——不含税天然气价；

C_{vo}——采气成本；

R_0——天然气商品率。

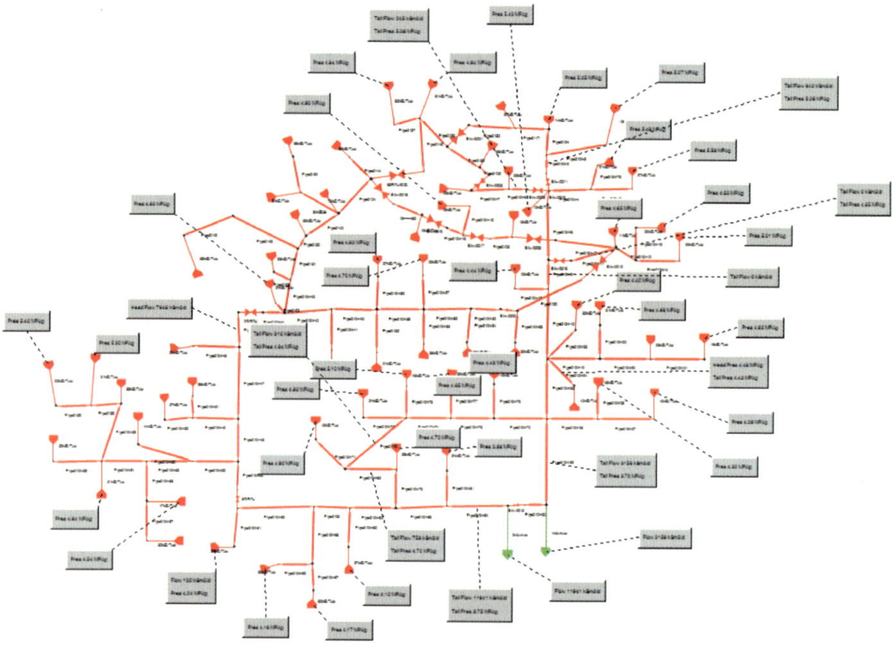

图 4-7-1　焦石坝—江东区块管网模拟

经济评价参考当前经济参数，经济极限产量计算结果显示：集气站井数越多，单井平均投资成本和运行成本越低，经济极限产量越低。2 口井的集气站经济极限产量为 $3535m^3/d$，3 口井的集气站经济极限产量为 $2537m^3/d$，4 口井的集气站经济极限产量为 $1767m^3/d$，5 口井的集气站经济极限产量为 $1414m^3/d$，6 口井的集气站经济极限产量为 $1178m^3/d$（表 4-7-1）。

表 4-7-1　不同井数平台增压开采经济极限产量

集气站井数	采气成本/（元/天）	电费等运行成本/（元/天）	采气收入/（元/天）	经济极限产量/（m^3/d）
2	1260	3030	5048	3535
3	840	2020	3365	2537
4	630	1515	2524	1767
5	504	1212	2019	1414
6	420	1010	1683	1178

3. 废弃压力

废弃压力主要通过不同废弃压力与可采储量变化关系、气井理论与实际 IPR 曲线两种方法确定。以焦页 1HF 井、焦页 1-2HF 井、焦页 1-3HF 井、焦页 6-2HF 井、焦页 4HF 井、焦页 4-2HF 井、焦页 48-1HF 井、焦页 56-6HF 井、焦页 61-1HF 井、焦页 24-2HF 井为例，研究气井在不同废弃压力下可采储量变化，废弃压力分别设置为实际输压、4MPa、3MPa、2MPa、1MPa 及 0.1MPa，随着废弃压力的降低，可采储量逐渐增加，在废弃压力降至 1MPa 前，可采储量增加较快，在废弃压力降至 0.9MPa 后，可采储量增加趋于平稳(图 4-7-2)，确定气井的废弃压力为 0.9MPa 左右。

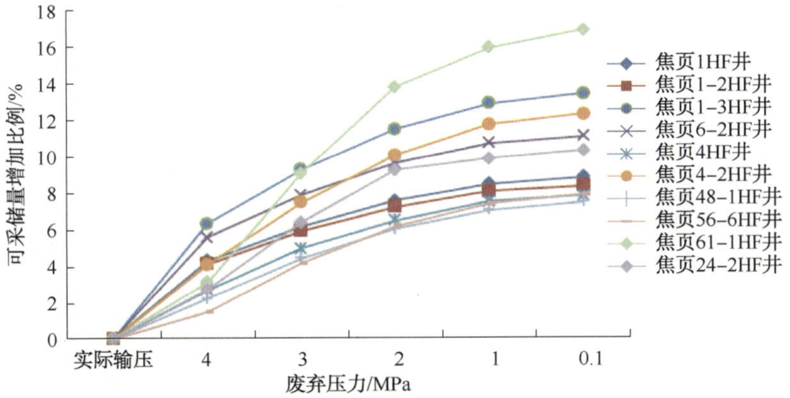

图 4-7-2 典型井不同废弃压力下可采储量增加比例分布

4. 满足最低收益率的增气量

结合增压开采建设投资、运行维护费用，按照 2017 年天然气价格 1.34 元/立方米(不含税及补贴)，商品率 96%，经济效益评价期 10 年，计算涪陵页岩气田焦石坝区块一期产建区 41 个集气站单平台盈亏平衡增气量。不同井数的集气站 10 年评价期盈亏平衡单井增气量不同：2 口井的集气站平均单井盈亏平衡增气量为 $1235\times10^4m^3$，3 口井的集气站平均单井盈亏平衡增气量为 $823.5\times10^4m^3$，4 口井的集气站平均单井盈亏平衡增气量为 $617.6\times10^4m^3$，5 口井的集气站平均单井盈亏平衡增气量为 $494.1\times10^4m^3$，6 口井的集气站平均单井盈亏平衡增气量为 $411.8\times10^4m^3$，7 口井的集气站平均单井盈亏平衡增气量为 $352.9\times10^4m^3$，8 口井的集气站平均单井盈亏平衡增气量为 $308.8\times10^4m^3$，9 口井的集气站平均单井盈亏平衡增气量为 $274.5\times10^4m^3$。

综合增压开采潜力评价的核心指标，焦石坝一期 254 口井增压开采降至 0.9MPa 时，平均单井增气量为 $1399\times10^4m^3$，总增气量为 $35.53\times10^8m^3$。涪陵页岩气田焦石坝区块有 7 座集气站无增压开采潜力，它们主要分布在焦石坝南部。

二、涪陵页岩气田增压模式

页岩气单井具有初期压力高、后期压力递减快等特点。依托气田整体开发的特性，合理确定集输压力及增压方式，是保证页岩气田经济增压开发的关键，增压方案主要有集气站增压、区域增压、整体增压 3 种模式。综合考虑不同增压模式与气井废弃压力、气田开发方式、气井增压时机和集输管网的匹配性得出：集气站增压模式可最大限度降低气井井口压力，同时可提高压缩机利用效率，技术上具有相对优越性；集气站增压集输系统压力匹配简单、施工便捷，充分依托已建集输系统，适应性强，干线不放空、不动火；从投资方面对比，以集气站增压为主的增压开采模式最节省投资；从效益方面对比，集气站增压模式内部收益率最高，实施增压后单井累计增气量最大。因此，推荐采用集气站增压模式。各种增压模式适应性评价详见表 4-7-2。

表 4-7-2 各种增压模式适应性评价

增压模式	集气站增压	区域增压	整体增压
工艺特征	降集气站运行压力，外输压力不变	降区域集气站压力，集气支线末端增压	降管网压力，脱水站附近增压
新建管线/km	10.5（以站内工艺改造管线为主）	35.35（以站外集输支线为主）	41.48（以站外集输支线、干线为主）
施工难度	容易，站内改造几乎无须征地	较难（部分站场等级高，征地面积较大，管线敷设较长）	难（站场等级高，征地面积大，管线敷设长）
维护管理	管理点多，维护工作量大	管理点较多，维护工作量较少	管理点最少，方便集中管理
同站新老井增压时机	可实现高、低压分输	须在调整井区域修支线、干线复线，实现高、低压分输	须修支线、干线复线，实现高、低压分输
平均单井增气量/$10^8 m^3$	0.15	0.12	0.09
投资收益率/%	29	20	11

三、压缩机选型技术

根据已确定的增压方式和气井生产规律确定压缩机型号，压缩机选型技术的核心参数为排气压力、吸气压力、压缩机类型、压缩机动力类型、压缩机冷却方式、压缩机结构优化等。

1. 排气压力

涪陵页岩气田管线沿程各集气站出站压力范围较宽，压力范围为4.17~5.97MPa。采用集气站增压模式，未改变内部集输系统，因此各增压站的外输压力按照当前集气站外输压力确定。同时，考虑压缩机稳定运行和节省能耗的情况，须将增压站的出站压力设定在某一范围内，以保障安全生产。兼顾压缩机规格标准化、统一化，方便压缩机采购。因此，增压站压缩机出口压力设定为5.0MPa，确定压缩机的排气压力范围为4.0~6.0MPa。

2. 吸气压力

压缩机吸气压力为各平台低压气井来气压力，因此其与气井油压系统的压力紧密相关。当压缩机吸气压力设定值较高时，压缩机压比较小，能耗较小。当压缩机吸气压力设定值较低时，其优缺点分别如下：

优点：吸气压力越低，越有利于减少集输系统中水合物的生成；吸气压力越低，单井到单站的压差越大，越有利于上游排水带液。

缺点：吸气压力过低，可能导致上游管输能力不够；增压站压缩机机组的压比和能耗会相应增大，级数也会增加。

所以，吸气压力的确定，需要根据目前的输气量和出气压力进行数值模拟，确定合理的吸气压力，是增压开采工艺的重要组成部分。利用工艺模拟软件HYSYS进行计算，以出口压力5.0MPa为例，模拟压缩机在不同入口压力的工况时能耗的变化情况。模拟计算取用的基本参数见表4-7-3。

表4-7-3 模拟计算取用的基本参数

项 目	单 位	参数1	参数2
压缩机单机吸气量	$10^4m^3/d$	5.0	10.0
吸气温度	℃	25	25
出口压力	MPa	5.0	5.0
机组出口温度	℃	≤50	≤50

设定压缩机出口压力为5.0MPa，分别取不同的吸气压力，并得到其对应的轴功率，不同吸气压力的压缩机轴功率变化曲线如图4-7-3所示。

由图4-7-3可以看出，随压缩机吸气压力逐渐降低，压缩机轴功率逐渐增大；当压力低于某一区间(1~2MPa)时，压缩机轴功率增大的趋势逐渐变快，并且吸气压力越低，变快的趋势越明显。压缩机轴功率越大，能耗越大，相应的运行成本也越高。并且，进口压力越低，压比越高，压缩机本身的投资费用也越高。

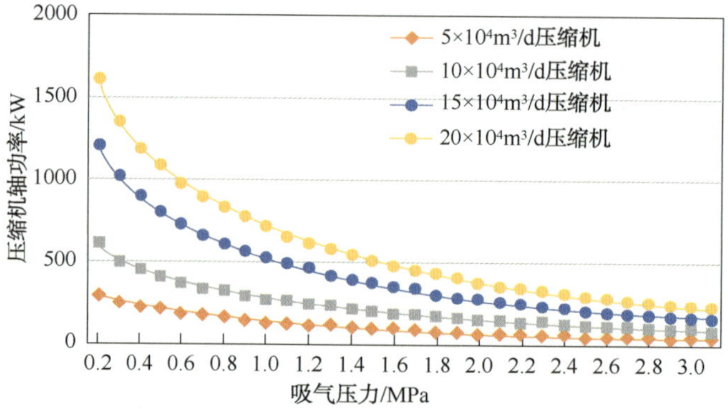

图 4-7-3　不同吸气压力的压缩机轴功率变化曲线

对比 4 种规格压缩机随吸气压力变化的性能，见表 4-7-4，分析压缩机吸气压力设计点的不同对增压开采效果的影响。

表 4-7-4　4 种规格压缩机随入口压力变化的性能

压缩机规格		$5\times10^4m^3/d$				$10\times10^4m^3/d$			
吸气压力设计点		1. 0MPa(方案一)		2. 0MPa(方案二)		1. 0MPa(方案一)		3. 0MPa(方案二)	
参数		排气量/($10^4m^3/d$)	轴功率/kW	排气量/($10^4m^3/d$)	轴功率/kW	排气量/($10^4m^3/d$)	轴功率/kW	排气量/($10^4m^3/d$)	轴功率/kW
不同吸气压力工况下压缩机情况	1. 0MPa	5. 00	140	2. 43	65	10. 15	257	3. 67	103
	2. 0MPa	5. 84	109	5. 16	83	11. 66	187	7. 79	136
	3. 0MPa	9. 10	113	8. 03	82	18. 03	182	12. 12	141

由表 4-7-4 可知，随着吸气压力的变化，压缩机处理量变化范围大，方案二所选压缩机更符合页岩气井产量递减变化快、幅度大的特征。并且，根据地质预测情况，在进行增压开采后，气井井口压力在 2. 5 年左右降至 1. 0MPa，气井生产压力将长期维持在 1. 0MPa 下生产，中、高产能气井所在集气站 5 年后仍维持在 $10\times10^4m^3/d$ 以上生产，低产能气井所在集气站 5 年后仍维持在 $5\times10^4m^3/d$ 左右生产；中、高产能气井所在集气站选择压缩机吸气压力设计点为 1. 0MPa，既可以满足前期高气量运行的需要，又可以满足压缩机长时间保持在设计点附近运行；低产能气井所在集气站选择压缩机吸气压力设计点为 2. 0MPa 或 3. 0MPa，可以延长压缩机高效运行时间(图 4-7-4)。

3. 压缩机类型

集气站现场要求单台压缩机排量 $10\times10^4m^3/d$，采用往复式压缩机、离心式压缩机、螺杆式压缩机都能满足要求；集气站吸气工况压力范围为 0. 5~3. 0MPa，要求压缩机吸气压力的适应范围很大，排气工况压力范围为 4. 0~6. 0MPa。

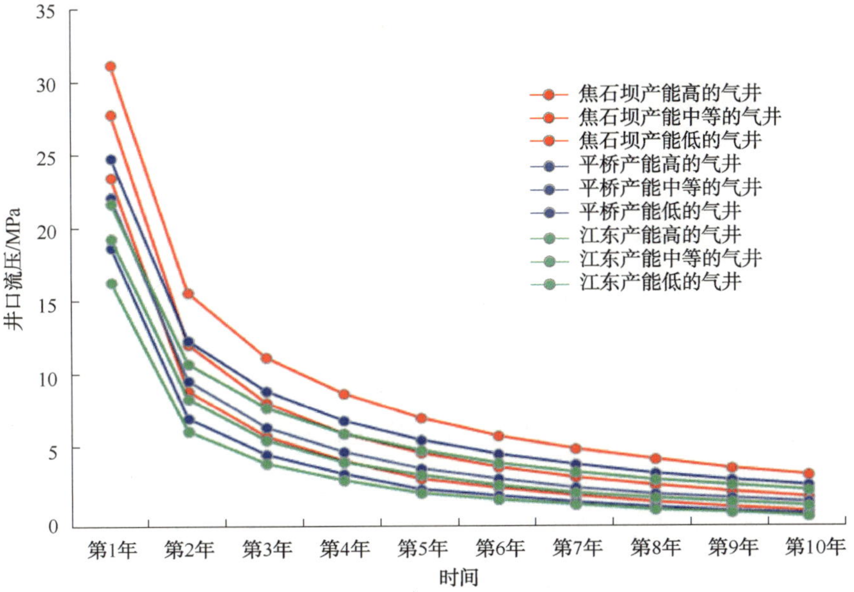

图 4-7-4　涪陵页岩气田不同产能气井增压后井口流压预测

离心式压缩机对压力的适应范围较窄，在设计点工况时具有较高的效率，而工况变化时极易发生喘振，从而影响压缩机组的正常运行。因此，要保证压缩机稳定运行，需要将高进压状态减至低进压状态，稳定在低进压状态后定功率运行，因此在进压范围内，离心式压缩机功耗远大于往复式压缩机。

往复式压缩机具有适应压力范围宽阔的优势，完全能够满足现场工况条件，充分保证机组的高效运行，并能通过调节压缩机气缸余隙、压缩机工作气缸的数量、转速等方式适应工况范围，不同工况下机组功率消耗不同，因此在适应工况条件下，比离心式压缩机节能性好。

螺杆式压缩机相对于往复式压缩机和离心式压缩机具有优越的适应性、可操作性及稳定性，在气体集输工艺中具有明显的优势。双螺杆式压缩机仅有 300 多个零件，易损件很少，因而可以更长时间地无故障运行，判断故障点也更加方便，而往复式压缩机有 2000 多个零件，易损件多，故障率高，日常维护工作量大。螺杆式压缩机由于阴转子、阳转子、缸体之间均保持适当的间隙，互不接触，因而允许压缩介质带液滴和粉尘，可以多相混输。而压缩介质带液滴或者粉尘将损坏往复式压缩机，离心式压缩机则严禁介质中夹带杂质。螺杆式压缩机由于在工作时没有不平衡力，因此振动很小，噪声主要是排气噪声，螺杆式压缩机不需要进、出口消音器，机组结构简单，维修方便，工作可靠。综上所述，推荐选用往复式压缩机。

4. 压缩机动力类型

压缩机的驱动方式主要包括电驱和燃驱两种。电动机的供电要求为一级负荷，受当地电网的制约，选择电驱时需要考虑当地电网供电能力，外部电网是否稳定可靠，电价是否经济等，并且要和当地供电部门做好沟通，签订用电协议，保证供电稳定，故电动机一般用于供电充足地区。

燃气轮机不受外部条件制约，仅需要1套供气设备和控制设备，依赖性较小，仅依靠管网供气就可以满足需求，但会排出CO_2等温室气体，环保性较差，因此燃气轮机一般用于供电薄弱且对环保无特殊要求的地区。

电动机作为压缩机的驱动设备，最突出的优点是效率高、噪声小、不污染环境、可靠性高。但要求厂址周边具备引接外电源条件，且电力供配系统要能满足集气站大负荷用电要求。涪陵页岩气田现有电网系统满足以集气站电驱增压为主的供电需求。

燃驱机械效率在30%~36%，燃烧单位标准立方米气产生的成本比消耗相应能量的电费低，运行费用较电驱低，但电驱一次投资低，建设周期短，维护简单；相应的燃驱则一次投资高，建设周期长，维护麻烦，一般需要专业操作维护人员。同时，燃驱机组对负载要求较高，一般要求负载大于50%，不适应气田增压气量变化较大的工况。

综合比较，为适应大范围工况变化、减少投资成本、提高压缩机组运行稳定性，推荐采用电驱压缩机。

5. 压缩机冷却方式

压缩机冷却方式主要有风冷、水冷等。

风冷主要是通过空气冷却器带走热量，主要用于年平均气温低于25℃的地区及无水或缺水地区，冷却后的气体温度高于环境温度10~15℃，但是不适用于温度较高的湿热地区。

水冷主要采用循环水，经水冷却器换热带走热量，冷却后的介质温度一般高于循环水进水温度5~10℃，冷却效果好，但用水量较大，需要设置循环水冷却塔，且要定期清理。

风冷和水冷方式对比见表4-7-5。

表4-7-5 风冷和水冷方式对比

项目	水冷	风冷
冷却介质	循环水，须软化处理	大气，无特殊要求
噪声	换热器自身无噪声，冷却塔有较小噪声，约65dB	风扇噪声较大，约85dB，对周围环境有影响
原理	通过水-气换热器来实现工艺气体的冷却，水的冷却采用冷却塔	使空气通过换热管束带走热量，把管内气体冷却

续表

项 目	水 冷	风 冷
优点	①由于水的热导率和比热容较大，所以换热器初始投资费用较小； ②换热器结构紧凑，占地面积较小	①不需要冷却水，节省水的消耗量，特别适用于缺水地区； ②运行费用相对较低，随着运行年限的增加，风冷的综合经济效益会高于水冷
缺点	①需要独立的循环水冷却系统，如泵房、循环泵、冷却塔及管道等，循环水易结垢，清洗困难，维护工作量大； ②耗水量较大，运行成本高，循环水系统占地面积大，安装费用高	①风冷器面积较大，占地面积大，初始投资较高； ②空气温度的季节性变化会影响风冷器的性能

考虑到采用水冷方式循环水的消耗量较大，对供水、供电等辅助设施要求高，而采用风冷方式有无需冷却水、运行成本低等优点。因此，推荐冷却方式为风冷。

6. 压缩机结构优化

为保证压缩机安全、平稳、高效运行，通过数值模拟对承受重要载荷的零部件进行有限元分析，优化压缩机结构、重要尺寸参数，提高产品安全系数。

压缩机结构优化原则：轻量灵巧，为全平衡运动件结构，往复惯性力和力矩均平衡，高转速(最高 1800r/min)，减小振动。

结构优化要完成的主要工作：

(1) 计算压缩机轴系扭矩，确认轴系结构、尺寸、材料，减小轴系振动(图 4-7-5)。

图 4-7-5 全平衡运动件结构受力分析

（2）按 API 618 标准第三种方法，建立压缩机组声学模型（图 4-7-6），模拟机组运行状态，得到固有频率、振动模态及瞬态响应，优化管路布局，合理设置支撑，使气流脉动符合标准要求，保证设备运行平稳。

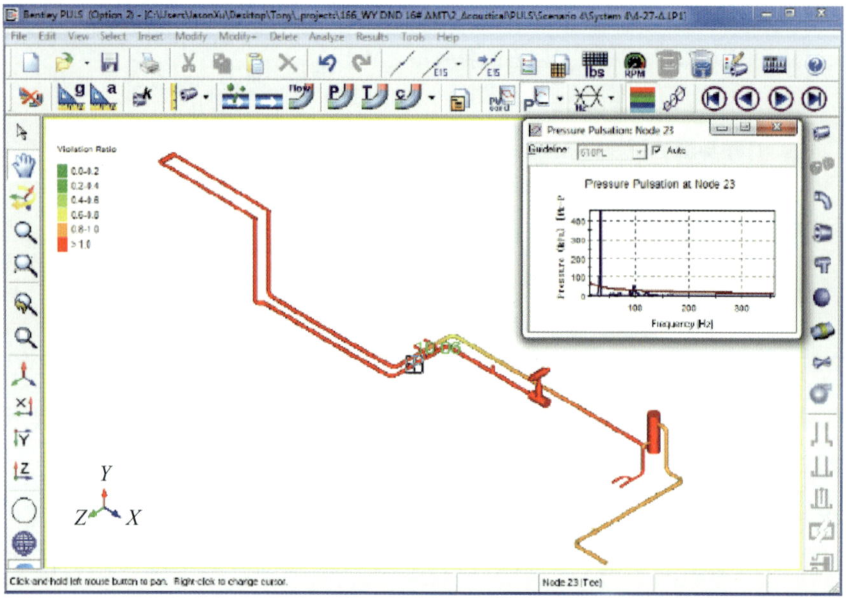

图 4-7-6　压缩机组声学模型

（3）利用余隙缸及双作用气缸调节，实现多种排量调节，提高机组的宽工况适应性，目前在不同压力条件下实现$(10\sim20)\times10^4m^3/d$的处理量。

四、现场应用效果与评价

1. 增压开采潜力预测与实施效果对比

焦石坝区块自 2017 年 12 月实施增压开采以来，已投运增压站 62 座、压缩机 82 台，从焦石坝整体增压效果来看，目前 182 口增压气井生产压力 1.96MPa，日产气量 $751\times10^4m^3$，方案预测定压 3.0MPa 及定压 1.0MPa 日产气量分别为 $596\times10^4m^3$ 及 $634\times10^4m^3$，气井增压后实际增压气量较地质预测量提升 26% 及 18%。焦石坝区块增压开采可研预测日产气量与实际日产气量对比如图 4-7-7 所示。

焦石坝区块低、中、高产水区大多数集气站增压开采效果较好，实际日产气量基本上均高于方案预测值。各产水区典型站场增压前、后生产情况对比见表 4-7-6。焦页 $6^{\#}$、焦页 $37^{\#}$、焦页 $50^{\#}$集气站增压开采预测日产气量与实际日产气量对比如图 4-7-8 所示。

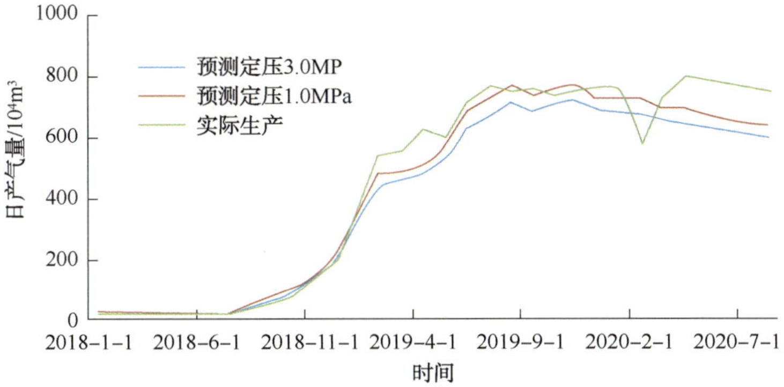

图 4-7-7 焦石坝区块增压开采可研预测日产气量与实际日产气量对比

表 4-7-6 各产水区典型站场增压前、后生产情况对比

区 域	集气站	投产日期	气井数量/口	压缩机数量/台		增压前		截至 2020-8	
				10×10^4 m^3/d，1. 0MPa	5×10^4 m^3/d，2. 0MPa	单井日均产气量/10^4m^3	单井日均产水量/m^3	单井日均产气量/10^4m^3	单井日均产水量/m^3
低产水区	焦页 6# 集气站	2018-9-30	3	1	2	4. 48	1. 10	8. 71	1. 95
中产水区	焦页 37# 集气站	2019-1-10	4	1	0	4. 44	9. 06	4. 72	8. 84
高产水区	焦页 50# 集气站	2019-6-6	8	1	0	2. 44	19. 93	2. 81	19. 97

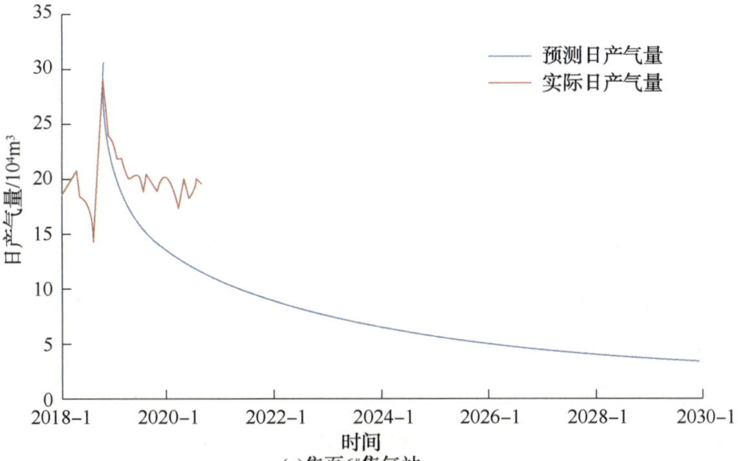

(a)焦页6#集气站

图 4-7-8 增压开采预测日产气量与实际日产气量对比

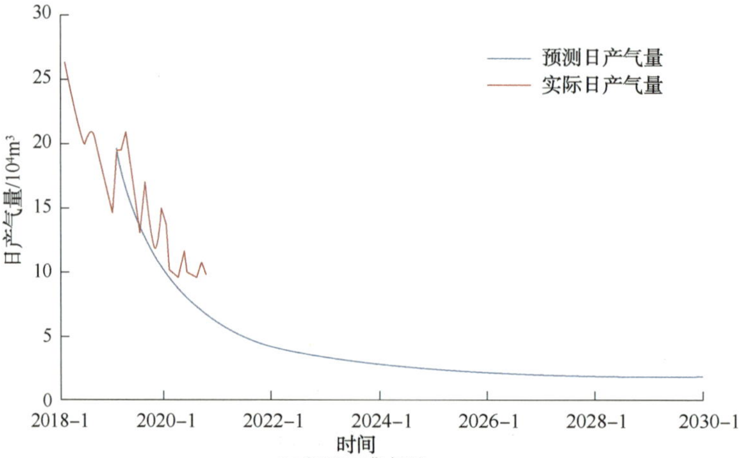

(b)焦页37#集气站

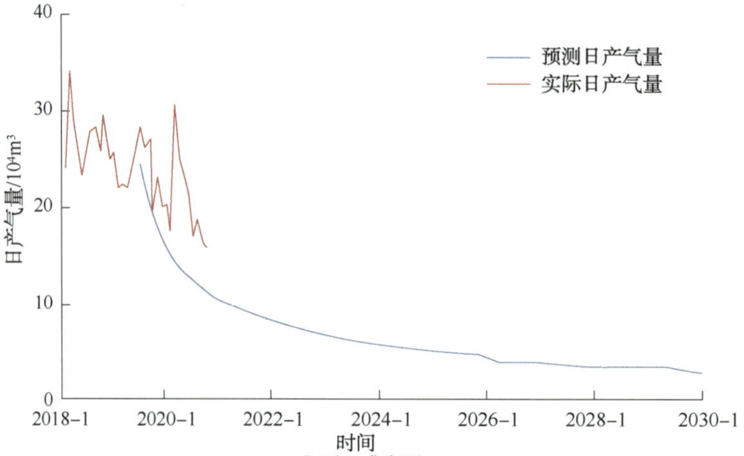

(c)焦页50#集气站

图 4-7-8 增压开采预测日产气量与实际日产气量对比(续)

2. 增压模式与压缩机选型评价

2018 年 8 月，涪陵页岩气田开始在焦石坝区块采用集气站增压模式大规模实施增压开采工程。

集气站增压改造流程采用高、低压两条汇管，站内高压气井可通过高压汇管直接外输，低压气井经低压汇管进入压缩机增压后再进行外输，最大限度利用地层压力，满足气田滚动开发、井间压力差异、调整井快速投产的要求。集气站增压模式工艺流程如图 4-7-9所示。

集气站增压的采气半径最短，增压前气体输送压损可控制在 0.1MPa 以内，气井废弃压力可降至 0.7MPa，延长了气井生产时间，提高了采收率，使气井效益最大化。

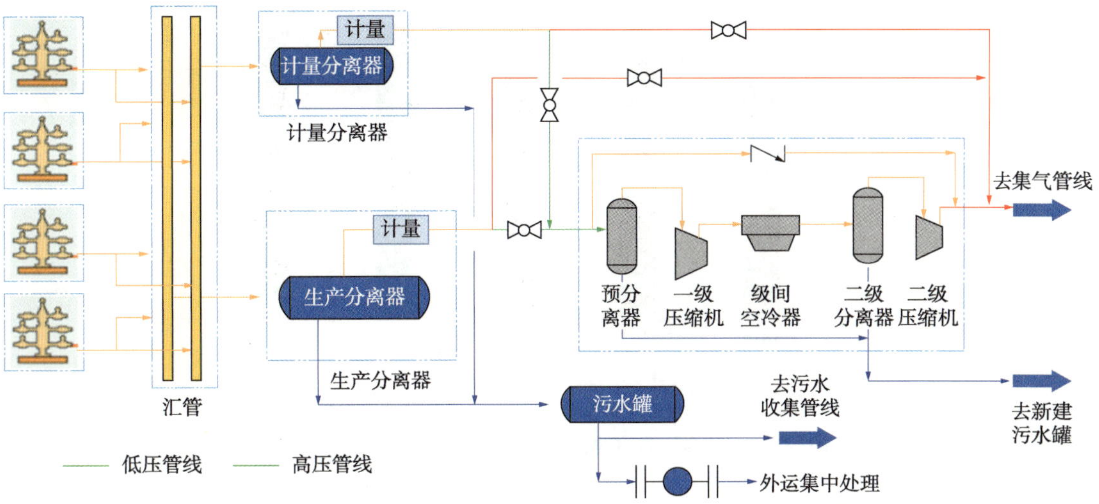

图 4-7-9 集气站增压模式工艺流程

集气站增压模式可充分利用已建集气站征地，无须新建管网，干线不放空、不动火，施工便捷。压缩机采用无固定连接基础，配电系统采用撬装增压配电间，方便后期集气站间压缩机的调配。

集气站增压模式与涪陵页岩气田滚动开发情况适应性较好，后续在江东、平桥区块增压开采工程中沿用了此种增压模式。根据地质预测结果，增压开采工程运行到 2029 年，可满足 96.39%的预测增压气量需求，集气站增压模式与涪陵页岩气田增压需求匹配度高。

通过对压缩机机组效率进行测试，得出涪陵页岩气田的压缩机效率测试值均在 68% 以上，高于规定的节能值 65%，压缩机运行效率保持在较好的范围内。随着增压开采实施的深入，压缩机入口压力不断降低，压缩比升高，压缩机处理标况流量降低，使压缩机平均单位能耗由 2018 年的 0.037kW·h/m^3，上升至 2020 年的 0.043kW·h/m^3，与压缩机理论单位能耗基本一致。压缩机运行情况统计见表 4-7-7，压缩机效率测试情况如图 4-7-10 所示，压缩机单位能耗对比如图 4-7-11 所示。

表 4-7-7 压缩机运行情况统计

序号	时间	压缩机入口压力/MPa	测试压缩机数量/台	压缩机理论单位能耗/(kW·h/m^3)	压缩机实际单位能耗/(kW·h/m^3)	压缩机实际效率/%
1	2018 年	2.91	26	0.031	0.037	68.4
2	2019 年	2.62	55	0.035	0.038	70.1
3	2020 年	2.04	82	0.043	0.043	68.5

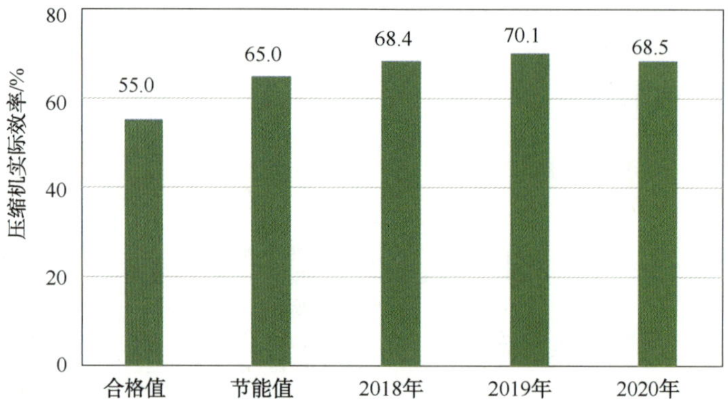

图 4-7-10　压缩机效率测试情况

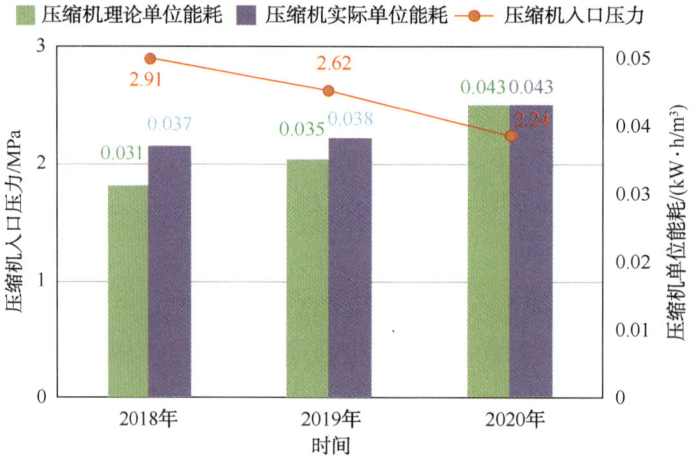

图 4-7-11　压缩机单位能耗对比

第八节　柱塞排水采气工艺

柱塞排水采气工艺是利用气井自身能量推动柱塞在油管内周期性举升排液，以减少液体滑脱损失、提升气井排液能力的技术。相比于机抽排水采气、电潜泵排水采气等强采方式，柱塞排水采气不需要外部提供能量，只要气井保持一定的气液比和井底压力，通过柱塞举升就可以有效排出井筒积液。

一、柱塞排水采气系统

（一）柱塞排水采气原理

柱塞排水采气工艺是间歇气举的一种特殊形式，是将活塞作为气、液之间的机械界面，依靠气井自身能量，以一种循环的方式推动柱塞在油管内上下移动，从而减少液体的回落，消除气体穿透液体段塞的可能性，达到减少滑脱损失的目的。与一般的间歇气举相比，它能更有效地利用气体的膨胀能量，提高举升效率。

在井底压力低于地层饱和压力后，地层产出液中的气相分离出来，导致游离气聚集在油套环空中，液体进入油管里。随着产出液的聚集，环空中的天然气越来越多，导致环空压力上升。当环空压力即套压升高到一定值时，压力信号传递给地面的柱塞控制器，生产管线打开。由于井口油压低于套压，在压差作用下，环空内的气体进入油管并迅速膨胀。压缩油管内的油气，推动柱塞迅速向上运动，柱塞推动液柱到达井口时，液体全部产出。同时，柱塞到达传感器将柱塞到达地面的信号传递给地面控制器，生产管线关闭。当柱塞撞击到井口防喷管内的弹簧后下落，柱塞下落到井下柱塞缓冲器上，重新聚集液体，套压达到一定值时，又开始下一个循环过程。

（二）柱塞排水采气系统

柱塞排水采气系统主要由井下举升系统和井口生产控制系统组成。井下举升系统包括举升柱塞和井下卡定器；井口生产控制系统包括柱塞控制器、气动控制阀、柱塞捕捉器、柱塞到达传感器、油套压变速器、防喷缓冲器等柱塞生产控制设备，如图 4-8-1 所示。柱塞排水采气系统各工具和设备功能如下：

（1）举升柱塞：将井筒液柱段塞和地层产气进行封隔，并借助地层气体的能量在井下管柱内做周期循环运动，以排出井筒积液。

（2）井下卡定器：通过钢缆下入井底，控制柱塞下落深度，调整柱塞举升高度，并吸收柱塞下行的冲击力。

（3）柱塞控制器：具有逻辑运算功能，能实时接收并计算柱塞运行参数，并通过气动控制阀优化气井开井和关井时间，实现对柱塞循环周期的自动调节。

（4）气动控制阀：接收来自柱塞控制器的控制信号，并采用气动压力方式对气井实施开井和关井控制。

（5）柱塞捕捉器：柱塞返出井口及入井时，能自动捕捉或释放柱塞。

（6）柱塞到达传感器：安装在井口柱塞生产管汇上的传感器，可以检测柱塞是否到达井口。

（7）油套压变速器：实时监测井口油压和套压数据，并将数据传送给柱塞控制器。

（8）防喷缓冲器：吸收柱塞返出井口时的冲击力，并为柱塞入井及取出提供作业通道。

（9）柱塞生产管路总成：是柱塞返出井口后的容纳空间，能快速排出柱塞上部的液柱段塞。

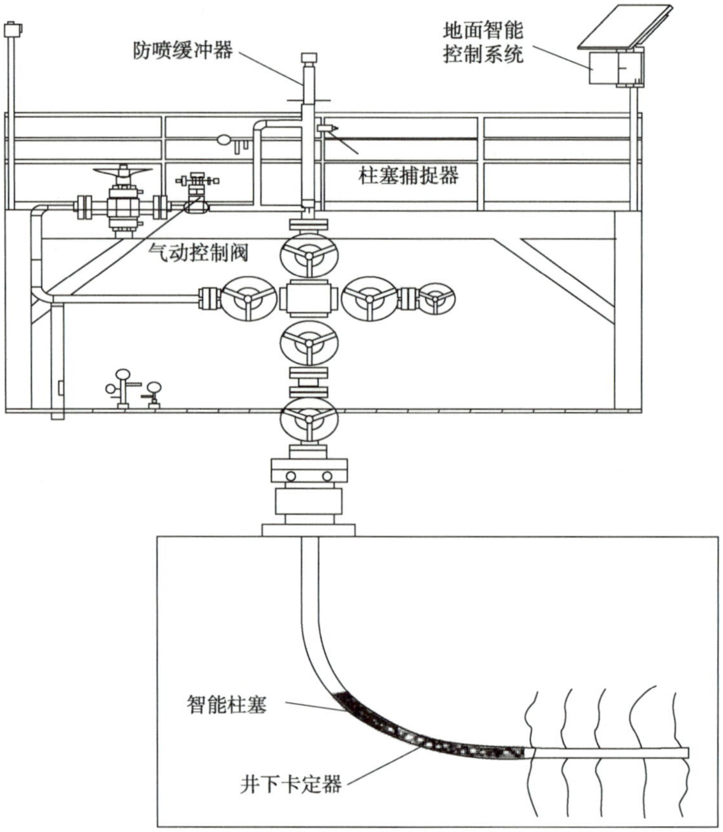

图 4-8-1　柱塞排水采气系统结构

（三）柱塞运行周期

柱塞排水采气系统是由控制器按照井况条件编制好的方案程序设定，自动控制气动阀定时开井、关井，控制柱塞周期性上行举升、下落恢复能量，将井内液体举升出井口。柱塞排水采气系统在一个举升周期中分关井、排液和续流 3 个阶段(图 4-8-2)。

在关井阶段：气动阀关闭，柱塞上的阀已打开，防喷器上的捕捉器松开，柱塞靠自身重力在油管气、液柱中下沉，撞击管柱底部弹簧承接器后，柱塞上的阀关闭。关井期间，井底能量恢复，近井和油套环空油、气聚集，从地层中产出的气体和液体存储在套管环空和油管内。其中，大多数气体存储在套管环空中，大部分液体则存储在油管内。在油管内液体上方存储了少量气体。油管内液面上升，油套压力回升。

在排液阶段：气动阀打开，油管内的气体流入低压出油管线，柱塞和液体上方的压力降低。当柱塞底部的压力大于地面气体压力、柱塞上方液柱压力、柱塞质量和柱塞摩擦力的总和时，柱塞及其上方的液体被举升到地面，实现排液。在柱塞及其上方液体段塞向上举升时，地面压力降低，地层连续产液和产气，流体积聚在底部油管内。液体被

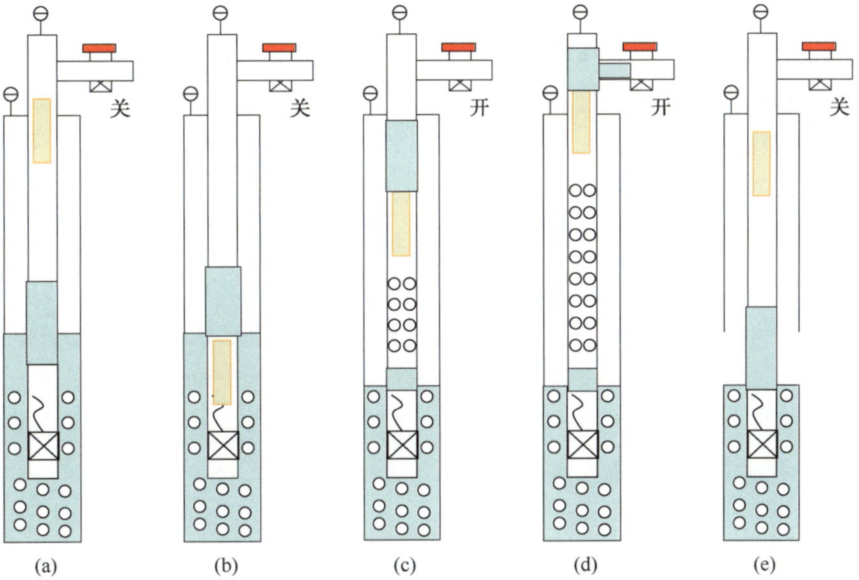

图 4-8-2 柱塞排水采气系统运行周期图

举出井口后，若地层气量充足，则柱塞下部天然气要放喷一段时间，完成一个举升过程。柱塞到达地面后与防喷管内的缓冲装置撞击，柱塞阀将再次打开，形成一个通道。

在续流阶段：气体从套管环空中进入油管，套管压力降低。从地层中产出的气体和液体流入油管。由于地层产生的气体不足以将液体举升到地面，因此从地层中产生的液体通常聚积在油管底部。当套管压力下降到柱塞控制器设定的最低生产套压值时，井口气动阀关闭，柱塞在自身重力作用下下落，开始下一个循环。

二、柱塞排水采气工艺参数优化

（一）柱塞排水采气工艺影响因素

影响柱塞排水采气工艺的因素分为动力因素、阻力因素、体积因素及其他影响因素。分析各类因素对柱塞排水采气工艺的影响程度，并对参数进行优化设计。

1. 动力因素

在柱塞举液上升过程中，柱塞下面的气体压力是推动柱塞上升的动力，它是由地层产气能力、地层压力、气液比和井筒积液高度决定的。井筒积液高度是由柱塞下死点位置、气液比和地层在柱塞气举周期的产气量决定的。柱塞下死点位置决定着井筒积液的最小高度，且基本上是固定的(一般在气层之上 20~50m)。综上所述，动力因素为气液比、地层压力和地层产气能力。

气井生产的气液比是决定井筒的气量和水量相对比例的关键因素。通过现场测试数据分析，随着气液比逐渐降低，续流生产时间和柱塞气举周期同时缩短，气井周期产气量降低。当气液比下降到一定值时，续流生产时间缩短到零以后，只有增加液柱高度才能保证柱塞气举前、后的油套压相等；如果再继续降低气液比，柱塞就不能进行正常气举，这是液柱高度太高引起的。因此，只有当气液比高于一定值时才能实施柱塞排水采气，并根据气液比的高低决定续流生产时间，以保证气井的较高产量。

地层压力与产能是互相影响的。当地层压力降低时，地层产气量就降低；假设其他参数不变，计算地层压力的下降对柱塞气举造成的影响。通过现场测试数据分析，随着地层压力不断降低，柱塞到达井口时间有所增加，压力恢复和柱塞气举时间都明显增加；当地层压力降到一定值时，井口油套压无法恢复到要求值，柱塞气举不能正常进行。井口套压是由地层压力决定的，气井能够恢复的最大套压就等于地层压力减去气柱和油套环空积液所产生的压力。因此，只有当地层压力高于一定值时，井口套压恢复到合理的数值，才能实施柱塞排水采气工艺。

2. 阻力因素

在柱塞举液上升过程中，柱塞上面的气体压力是阻止柱塞上升的阻力，这个气体压力是由输气管线压力(分离器压力)、地面管线长度和内径、井口针阀开度和外输管线针阀开度决定的。对一口具体气井而言，地面管线长度和内径是固定的，为减少针阀阻力，要求将它开到最大，但井口针阀的最大直径是由薄膜阀的规格和型号决定的，集气站气嘴的最大直径一般由针-阀的规格和型号决定。因此，除了输气管线压力，其他因素基本上为定值。假设在其他参数不变的情况下，计算输气管线压力的增加对柱塞气举造成的影响，计算结果为：随着输气管线压力的增加，虽然柱塞到达井口时间、压力恢复所需时间和柱塞气举周期增加都不大，气井周期产气量下降也不大，但是当输气管线压力增加到一定值时，柱塞就不能正常举液。因此，对一口具体气井而言，降低输气管线压力可以延长柱塞气举使用时间，增加柱塞气举排水采气量。

3. 体积因素

在柱塞举液上升过程中，气井的深度决定着柱塞气举运动的距离及油套环空体积膨胀的大小，气井越深，柱塞气举运动的距离越长，油套环空体积膨胀要求越大。假设在其他参数不变的情况下，计算气井深度的变化对柱塞气举的影响，发现随着气井深度的增加，在相同井口油套压的情况下，柱塞上面液柱高度和周期气井产气量都有一定的增加，柱塞到达井口时间、压力恢复所需时间和柱塞气举周期都在明显增加；当井深增加到一定深度后，井口套压不能恢复到设定值。因此，随着气井深度的增加，要采用柱塞气举，地层必须具有更高的压力和产气量。

4. 其他影响因素

（1）卡定器深度影响。在拥有一定地层压力和产气量的情况下，卡定器的下入深度就很重要，卡定器是柱塞在油管内上行程的起点和下行程的终点，而且一旦安装，其位置一般不会变动，因此在工艺实施前就要考虑好卡定器的下入深度，使柱塞处于井筒积液中的合理位置。卡定器下入深度过浅，则会出现在某一周期中柱塞举空，而在下一工作周期中其上部液段又过大的情况；若卡定器下入过深，初期运行时，每次负荷均很大，需要很高的地层压力，有可能影响工艺的顺利实施，因此卡定器的深度需要根据气井实际情况确定。

(2) 柱塞结构影响。柱塞自身的重量、材质、结构、密封性、抗磨性都会影响工艺的实施。其中，柱塞的密封性与抗磨性直接关系到柱塞排水的成败及使用寿命。另外，不同结构类型的柱塞，其运动的时间也不相同。通过对结构不同的金属弹块密封式柱塞和刷式柱塞进行测试发现，金属弹块密封式柱塞的下落速度比较慢。对于在同样条件下的同一卡定器位置来说，刷式柱塞下行只需几十分钟，而金属膨胀式柱塞下行则约需几小时，由此可见不同柱塞结构所带来的差异。

(3) 关井时间影响。关井时间越长，油套环空中积聚的气体越多，使得柱塞在下一周期可以以更快的速度排出更多的水，但单个工作周期时间会增加，因此应根据气井、地层和积液实际情况选择合适的关井时间。

(4) 续流生产时间影响。续流生产时间越长，单周期产气量越多，但所需气体膨胀能越高，在同等地层条件下，所需关井复压时间越长。单次续流生产时间过长，会大幅消耗地层能量，使得下次需要更长的时间恢复压力，而且井筒会产生更多的积液。但单次续流生产时间过短，则使恢复的能量得不到充分利用，因此选择合适的续流生产时间非常重要。

(二) 柱塞排水采气工艺优化

柱塞排水采气工艺优化就是对影响工艺运行的各个参数进行优化，达到在工艺正常运行的前提下，以最短的工作周期产出最多天然气的目的。

气井在实施柱塞举升前，必须分析几个重要的参数，套管压力就是其中之一。套管环空是能量的储集空间，它装有压缩的气体，负责将柱塞和液体举升到地面。套管中的气体压力决定了柱塞气举能否成功。另一关键因素就是液体的载荷，或在套管和油管中累积的液体量。液体累积速率在决定柱塞周期时起着非常重要的作用。如果井下积液严重，液体段塞体积太大，柱塞是不可能用井下气体压力将液体举升到地面的。再一个主要考虑的因素是回压，回压是指生产阀门打开后的管线输气压力，回压过高会导致较高的井口生产压力，这对柱塞举升是不利的。首先它需要井底有较大的压力，此外会使井底生产压差减小，不利于气井生产。

1. 柱塞开井时机

柱塞开井时机的选择是非常重要的，其可以用载荷因素来判断。当载荷因素小于0.4时，认为气井满足柱塞举升开井条件，可以实施开井生产。

$$载荷因素=\frac{关井套管压力-关井油管压力}{关井套管压力-管线集输压力}$$

在柱塞生产前，应耐心地等待井的条件，以满足柱塞开井载荷因素的要求。如果提前开井，油套环空没有恢复足够的压力，或者井下积液严重，柱塞将不能举升液柱到达地面，气井将承受更大的液体载荷。因此，在柱塞初期开井前，应进行足够长的压力恢复，使套管压力达到稳定状态。当柱塞举升达到井口后，其续流生产时间不宜过长。一旦气井产量开始下降，套管压力下降到拐点，并有缓慢回升的趋势，说明井筒开始产生积液，这时就应该立即关井，让柱塞下落到井底开始进行第二个周期的举升排液。

2. 柱塞初期运行调整

在气井生产过程中，积液不仅发生在井下管柱里，也会在井筒周围的地层中产生。液体在井筒周围地层中聚集可降低气藏地层的渗透率。为减小井筒附近积液对气井产量的影响，在柱塞运行初期，应对柱塞举升周期进行调整，采用保守的工作制度生产。

考虑到气井在井下管柱和井筒周围都已经积液，因此初期主要以排液为主，也就是缩短柱塞运行周期，加大柱塞排液次数和排液量。具体生产制度就是缩短柱塞停留井口后的续流生产时间，或者当柱塞运行到井口后，立即关井进行下一周期的柱塞举升排液，以使柱塞在较高井筒压力下运行，加快柱塞运行速度和排液频次，降低因井筒积液形成的井底回压，增大生产压差，促进气井的稳定生产。直到柱塞周期排液量下降，套管恢复压力并趋于稳定为止。

3. 柱塞稳定运行优化

初期，柱塞排液后，一旦气井达到稳定生产状态，就要对柱塞运行周期进行优化。优化的第一步是计算套管工作压力，包括关井套管压力和开井套管压力。通过套管压力来确定开井和关井时机，优化柱塞运行周期。具体做法：在每个周期后，依次调整套管工作压力0.15~0.20MPa，然后让柱塞在下一次降低压力之前循环4~5次，记录每次柱塞运行的时间，计算后若柱塞运行速度在228.6~304.8m/min的工作区间，则继续调整套管工作压力，直到确定出柱塞在工作区间运行时的最低套管压力。当柱塞运行速度下降到228.6m/mim以下的低速区，应缩短柱塞到达井口后的续流生产时间，缓慢增加套管工作压力，提高井下举升动力，使柱塞运行速度恢复到稳定状态时的速度。柱塞运行速度若处于304.8m/min以上的高速区间，则应缩短套管压力的恢复时间，即气井的关井时间，再延长气井的续流生产时间，提高柱塞每周期内的产气量。通过不断地优化、调整，使柱塞运行在最佳工作区间。

（三）柱塞举升过程力学性能分析

柱塞排水采气过程分为柱塞上行阶段、续流生产阶段和关井压力恢复阶段三个部分，其中最重要的是柱塞上行阶段。为了解柱塞上行举升过程中的运动特性，采用动态模型对柱塞上行过程中的力学情况进行分析。

1. 主要假设条件

(1)井筒中各点流动温度不随时间变化且呈线性分布。

(2)液体不可压缩。

(3)不考虑气窜造成的影响。

(4)地层产液积聚在油管底部，地层产气进入油套环空。

(5)油管和油套环空中的瞬间气体质量流量相同。

(6)上行程为拟稳态过程。

(7)井筒中各个阶段气体的速度均小于当地声速，不形成冲击波。

2. 柱塞上行阶段动态模型

柱塞向上运动过程中，柱塞和液体段塞向上运动的动力主要是柱塞下部的气体压力，阻力是液体段塞上部的气体压力、液体段塞和柱塞的重力，以及气、液的运动摩擦阻力。在柱塞和液体段塞向上运动阶段，利用牛顿第二定律建立如下动态方程：

$$\sum F=(p_1-p_2)A_p-W-F_f \tag{4-8-1}$$

$$W=(m_l+m_p)g \tag{4-8-2}$$

式中 $\sum F$——柱塞受到的合力，N；

p_1——柱塞的下端面压力，Pa；

p_2——液体段塞的表面压力，Pa；

A_p——柱塞的横截面积，m^2；

W——液体段塞和柱塞的重量，N；

F_f——液体段塞和柱塞受到的摩擦阻力，N；

m_l——液体段塞的质量，kg；

m_p——柱塞的质量，kg。

由上述公式可以看出，在柱塞向上运动过程中，需要确定的参数包括液体段塞的表面压力、柱塞的下端面压力、液体段塞和柱塞受到的摩擦阻力及液体段塞的质量。

1）液体段塞的表面压力

柱塞和液体段塞的向上运动过程可以分为两个阶段：开井到液体段塞到达井口阶段和液体段塞产出阶段。液体段塞的表面压力 p_2 在这两个阶段受到的影响因素不相同。

在开井到液体段塞到达井口阶段，液体段塞的表面压力受到井口油压、气柱压力和气体摩擦阻力的影响。井口油压又受到油管中液体段塞上面气体膨胀的影响：在井口阀门打开瞬间，井口油压高于生产管线的压力，导致油管中的气体以较大的流量进入生产管线，井口油压迅速降低，缓冲弹簧对柱塞的作用力 N 逐渐减小；当 N 减小到零时，柱塞的受力平衡状态受到破坏，柱塞和液体段塞开始向上运动。

由液体段塞上气体质量守恒可得：

$$\rho_{sc}q_{sc}+A_t\frac{\mathrm{d}(h_{tg}\rho_g)}{\mathrm{d}t}=0 \tag{4-8-3}$$

式中 ρ_{sc}——标准状况下产出气体的密度，kg/m³；

h_{tg}——液体段塞上气柱高度，m；

q_{sc}——通过井口节流的气体体积流量，m³/s；

A_t——油管的横截面积，m²。

从油管通过井口节流阀进入地面管线的气体流量可用下面的公式计算：

当$\frac{p_s}{p_t}<\left(\frac{2}{K+1}\right)^{\frac{K}{K+1}}$时：

$$q_{sc}=\frac{0.0471p_td^2}{\sqrt{r_gTZ}}\sqrt{\frac{K}{K-1}\left[\left(\frac{p_s}{p_t}\right)^{\frac{2}{K}}-\left(\frac{p_s}{p_t}\right)^{\frac{K+1}{K}}\right]} \tag{4-8-4}$$

当$\frac{p_s}{p_t}>\left(\frac{2}{K+1}\right)^{\frac{K}{K+1}}$时：

$$q_{max}=\frac{0.0471p_td^2}{\sqrt{r_gTZ}}\sqrt{\frac{K}{K-1}\left[\left(\frac{2}{K+1}\right)^{\frac{2}{K-1}}-\left(\frac{2}{K+1}\right)^{\frac{K+1}{K-1}}\right]} \tag{4-8-5}$$

式中 p_s——井口节流阀出口端面压力，Pa；

p_t——井口油压，Pa；

K——天然气绝热指数；

d——节流阀孔眼直径，m；

r_g——天然气的相对密度；

T——节流阀入口端面温度，K；

Z——节流阀入口状态下的气体偏差系数。

液体段塞的表面压力可由式(4-8-6)计算：

$$p_2=p_t\exp\left(\frac{0.03418\,r_gh_{tg}}{T_{avg}Z_{avg}}\right)+p_f \tag{4-8-6}$$

式中 T_{avg}——液体段塞上的气体平均温度，K；

Z_{avg}——液体段塞上的气体平均偏差系数；

p_f——液体段塞上的气体产生的摩擦阻力，Pa。

$$p_f=f_g\frac{\rho_gv_g^2h_{tg}}{2d} \tag{4-8-7}$$

$$v_g=\frac{q_{sc}}{A_t} \tag{4-8-8}$$

式中　d——油管内径，m；

v_g——气体的速度，m/s；

f_g——气体的摩阻系数。

在液体段塞产出到柱塞运动到井口阶段，液体段塞表面压力等于井口油压。

对于柱塞上面的液体段塞，由质量守恒定律可得：

$$m_{out}+m_{lost}=\frac{d(v_l\rho_l)}{dt} \tag{4-8-9}$$

式中　m_{out}——流出油管的液体质量，kg；

m_{lost}——举升中漏失的液体质量，kg；

v_l——液体段塞的速度，m/s；

ρ_l——液体密度，kg/m^3。

假设液体不可压缩，式(4-8-9)可写成：

$$Q_l+A_t\frac{dh_{lost}}{dt}=A_t\frac{dh_l}{dt} \tag{4-8-10}$$

式中　Q_l——通过井口节流阀流出油管的液体流量，m^3/s；

h_l——油管柱塞上的液体段塞长度，m；

h_{lost}——通过柱塞和油管之间环形间隙漏失的液体段塞长度，m。

$$\frac{dh_l}{dt}=v_l \tag{4-8-11}$$

式中　v_l——液体段塞的速度，m/s。

通过井口节流阀流出油管的液体流量由式(4-8-12)计算：

$$Q_l=1.106d^2C_d\left[\frac{p_3-p_4}{(1-\beta^4)p_l}\right]^{0.5} \tag{4-8-12}$$

式中　d——井口节流阀孔径，m；

C_d——液体流量系数，取0.987；

p_3、p_4——井口节流阀的上、下游压力，Pa；

β——阀孔直径与油管直径之比。

液体段塞产生的静液柱压力与液体漏失有关：

$$p_l=\rho_l g(h_l-h_{lost}) \tag{4-8-13}$$

式中　p_l——液体段塞产生的静液柱压力，Pa。

2）柱塞的下端面压力

在柱塞向上运动阶段，举升柱塞和液体段塞的能量主要来自原先储存在油套环空中的膨胀气体和地层产气。在柱塞向上运动的同时，地层也在产出液体，因此柱塞下端面的压力主要取决于柱塞下端面的膨胀气体，同时液体部分及气、液混合部分对此也有一定的影响。

考虑到地层产气，油管中柱塞下面和油套环空中的气体连续性方程可写成：

$$\frac{\mathrm{d}m_{cg}}{\mathrm{d}t}+\frac{\mathrm{d}m_{tpg}}{\mathrm{d}t}=m_{lg} \tag{4-8-14}$$

式中 m_{lg}——地层产气量，kg/s；

m_{cg}——油套环空气体质量，kg；

m_{tpg}——油管中柱塞下气体质量，kg。

由于油套环空的体积比油管体积大很多，其气体流速很低，其摩擦阻力可以忽略。对于油套环空，可以通过式(4-8-15)计算液面压力。

$$p_{cl}=p_c\exp\left(\frac{0.03418r_g h_{cg}}{T_{cavg}Z_{cavg}}\right) \tag{4-8-15}$$

式中 p_{cl}——油套环空液面处压力，Pa；

p_c——井口套压，Pa；

h_{cg}——油套环空气柱长度，m；

T_{cavg}——油套环空气体平均温度，K；

Z_{cavg}——油套环空气体平均偏差系数。

油套环空中的气体质量由式(4-8-16)计算：

$$m_{cg}=\frac{28.97r_g p_{cavg}A_c h_{cg}}{Z_{cavg}RT_{cavg}} \tag{4-8-16}$$

式中 A_c——油套环空的横截面积，m^2；

p_{cavg}——油套环空气体的平均压力，Pa。

利用油套环空液面处压力，通过式(4-8-17)计算井底流压：

$$p_{wf}=p_{cl}+\rho_l g(h_{cl}+h_y) \tag{4-8-17}$$

式中 p_{wf}——井底流压，Pa；

h_{cl}——油套环空液体长度，m；

h_y——地层中部与油管底部的距离，m。

柱塞下液体段塞表面压力为：

$$p_{tpl}=p_{wf}-\rho_l g(h_{tpl}+h_y) \tag{4-8-18}$$

式中 p_{tpl}——油管中柱塞下液体段塞表面压力，Pa；

h_{tpl}——油管中柱塞下液体段塞长度，m。

柱塞的下端面压力可由式(4-8-19)计算：

$$p_1=\frac{p_{tpl}}{\exp\left(\frac{0.03418\ r_g h_{tpg}}{T_{pavg}Z_{pavg}}\right)}-\frac{f_{pg}\rho_{pavg}v_{pg}^2h_{tpg}}{2d} \tag{4-8-19}$$

式中 h_{tpg}——油管柱塞下液柱的长度，m；

f_{pg}——油管柱塞下气体的摩阻系数，m；

T_{pavg}——油管柱塞下气体的温度，K；

Z_{pavg}——油管柱塞下气体的偏差系数；

ρ_{pavg}——油管柱塞下气体的平均密度，kg/m^3；

v_{pg}——油管柱塞下气体的流速，m/s。

$$v_{pg}=\frac{\Delta m_{tpg}}{\rho_{pavg}A_t} \tag{4-8-20}$$

式中 Δm_{tpg}——油管柱塞下气体的质量变化，kg。

3）液体段塞和柱塞受到的摩擦阻力

液体段塞和柱塞受到的摩擦阻力是其瞬时运动速度的函数。

$$F_f=f_l\frac{\rho_l v_l^{\ 2}(h_{tl}+h_p)}{2d}A_t \tag{4-8-21}$$

式中 v_l——液体的速度，m/s；

h_{tl}——液体段塞的长度，m；

h_p——柱塞的长度，m；

A_t——油管的横截面积，m^2；

$f_l v_l$——液体的摩阻系数，由流态决定。

4）液体段塞的质量

在柱塞和液体段塞向上运动过程中，液体段塞的质量不断减小，在开井到液体段塞到达井口阶段，是因为液体段塞的漏失；在液体段塞产出阶段，是因为液体漏失和液体段塞产出。

$$m_l=m_{t0}-\rho_l A_t h_{tl} \tag{4-8-22}$$

式中 m_l——油管柱塞上液体段塞的质量，kg；

m_{t0}——油管柱塞上液体段塞的初始质量，kg。

三、柱塞排水采气井下配套技术

柱塞排水采气井下举升配套工具主要由柱塞和卡定器组成，卡定器固定于井下油管中某一位置，以调整柱塞的下入深度。柱塞是举升系统中的活动部件，通过其在井下生产管柱中的周期运动，排出井下积液，实现气井连续、稳定生产。

（一）页岩气井柱塞举升技术难点

1. 页岩气井完井管柱结构

目前，页岩气井除少数采用套管生产，绝大部分气井采用油管完井生产。井下完井管柱主要有2⅞in和2⅜in两种尺寸，完井管柱一般带有缩径工作筒。以涪陵页岩气田为例，2⅞in管柱外径为73.03mm，内径为62mm，工作筒内径为58mm；2⅜in管柱外径为60.33mm，内径为50.66mm，工作筒内径为45mm。管柱底部下入位置位于A靶点附近，管柱底部井斜角最小为70°，最大为90.6°，2⅞in管柱底部井斜角主要为70°，管柱最大下入深度达4500m。

2. 页岩气井柱塞举升面临技术难点

（1）柱塞井下通过性差：井下安装有小内径的工作筒，工作筒内径比油管内径小3~4mm，柱塞通过性差。

（2）柱塞下行阻力大：完井管柱底部井斜角大，柱塞运行中摩擦阻力大，使用寿命短。

（3）柱塞举升漏失率大：由于井下存在变径位置，完井管柱下入较深，且井斜角大，在满足通过性的情况下，柱塞举升漏失率比较大。

（二）井下举升柱塞

柱塞在排水采气工艺中作为被排出水和产出天然气之间的固体密封界面，在井下依靠地层压力和油套环空憋压，以段塞的方式将井下液体排出。通过柱塞举升，能够有效减少液体滑脱损失，实现连续清除井筒积液，降低井筒压力梯度，增大井口生产压力，使产水气井在排水的同时，持续稳定生产。柱塞在排水采气中应具有以下几个方面的工作特性：

（1）满足柱塞运行的高度重复性。

（2）良好的耐磨性、抗震性和在油管内的防卡性。

（3）上行过程中与油管之间良好的密封性。

（4）柱塞关井下落时阻力小，良好的回落性能。

适应页岩气田井下生产管柱结构，满足低压气井举升排水采气需求的柱塞根据功能不同分为四大系列，主要包括弹性变径柱塞、自动卸载柱塞、撞击伸缩柱塞和温压测试柱塞。

1. 弹性变径柱塞

1）结构组成

主要由打捞头、上级弹块密封件、连接杆、下级弹块密封件和下接头组成，如图4-8-3所示。

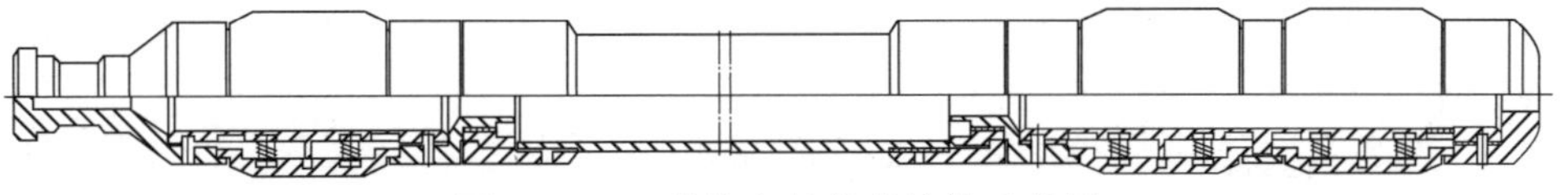

图 4-8-3 弹性变径柱塞结构示意图

2）工作原理

柱塞在井下运行时，弹块密封件的外径大于油管内径，柱塞对油管形成了动态密封，并将管柱内的液柱段塞和地层产气进行机械隔离。柱塞在其下端气体压力作用下上行返出井口，同时将柱塞上部液体排出。柱塞经过井下工作筒锁径段时，上、下两级弹块密封件对管柱进行组合密封，一级弹块密封件产生变径收缩时，另一级弹块密封件仍然对管柱保持密封状态。

3）技术特点

（1）柱塞外径弹性变化，能适应井下工作筒变径。

（2）柱塞弹块密封件与井下管柱之间的径向间隙采用机械密封；弹块之间的轴向间隙采用螺旋密封，密封性能好，漏失率低。

（3）上、下两级弹块密封件与连接杆间采用柔性连接设计，有效改善了在大斜度井筒内的下入性能。

4）技术指标

弹性变径柱塞加工实物如图 4-8-4 所示，总长 1310mm，整体采用不锈钢材料。目前，该柱塞在涪陵页岩气田开展了多井次的现场应用。其技术指标见表 4-8-1。

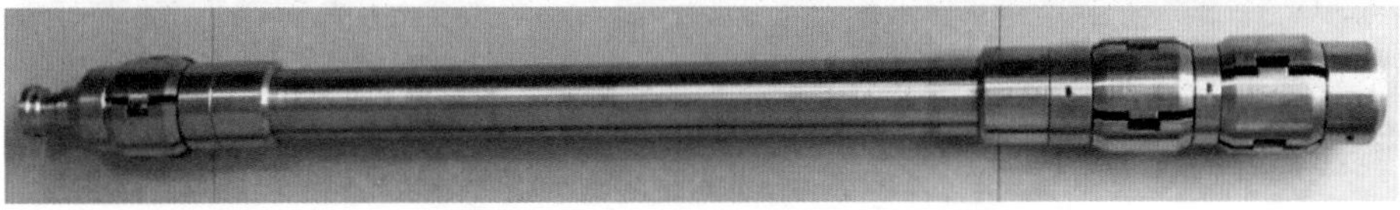

图 4-8-4 弹性变径柱塞加工实物

表 4-8-1 弹性变径柱塞技术指标

适应管柱尺寸/in	2⅜	2⅞
弹块外径/mm	51	63
钢体最大外径/mm	45	55
总长/mm	1310	
质量/kg	7. 2	9. 5

2. 自动卸载柱塞

1）结构组成

主要由打捞头、上级弹块密封件、连接杆、下级弹块密封件和卸载调节阀组成，如图 4-8-5 所示。

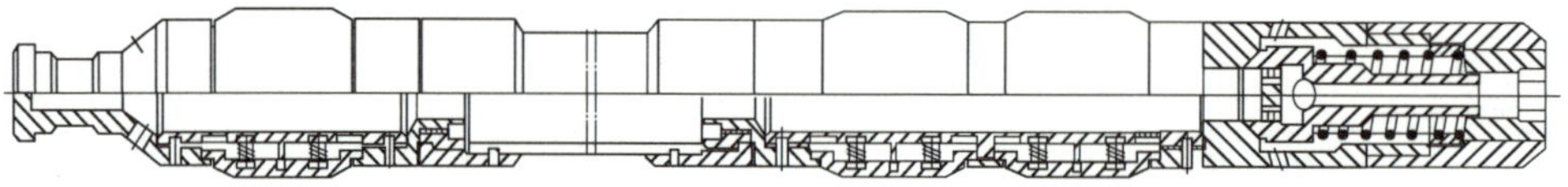

图 4-8-5　自动卸载柱塞结构示意图

2）工作原理

自动卸载柱塞在管柱密封和变径通过时的工作原理与弹性变径柱塞一样，不同之处在于自动卸载柱塞尾部设计有卸载调节阀和单向流动阀。柱塞在关井阶段下行时，自动卸载柱塞底部的单向流动阀在压力的作用下开启，柱塞快速穿过井下液柱，并下行到达卡定器位置。柱塞在上行举升时，当上部液柱过高，柱塞处于超载状态时，卸载调节阀打开，部分液柱经该调节阀逃逸到柱塞下端，实现卸载降压。

3）技术特点

（1）单向流动阀的设计使柱塞下行时能够快速穿过井下积液，降低了下行过程中的液柱阻力，柱塞能顺利到达卡定器位置。

（2）卸载调节阀能降低柱塞上部液柱高度，增大上行时两端压力差，使柱塞顺利返出井口，并排出上端积液。

4）技术指标

自动卸载柱塞加工实物如图 4-8-6 所示，总长 1450mm，其下端蓝色部分为自动卸载结构。其技术指标见表 4-8-2。

图 4-8-6　自动卸载柱塞加工实物

表 4-8-2　自动卸载柱塞技术指标

适应管柱尺寸/in	$2\frac{3}{8}$	$2\frac{7}{8}$
弹块外径/mm	51	63
钢体最大外径/mm	45	55
卸载阀开启压力/MPa	3	
总长/mm	1450	
质量/kg	7.0	9.8

3. 撞击伸缩柱塞

1）结构组成

主要由打捞头、撞击杆、弹块密封件、滑销、弹簧爪、连接杆、下接头等组成，如图 4-8-7 所示。

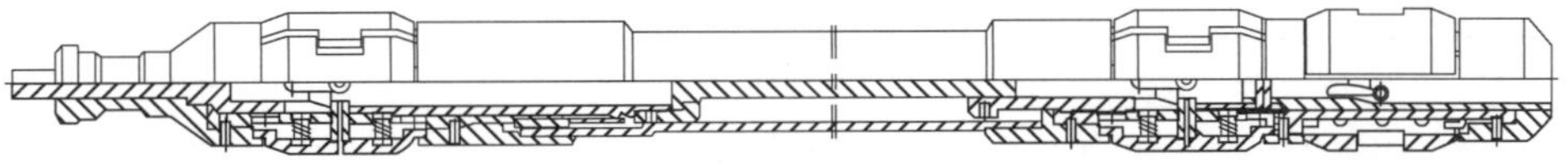

图 4-8-7 撞击伸缩柱塞结构示意图

2）工作原理

柱塞开井上行至井口后，与缓冲放喷器撞击，撞击杆下行带动滑销做径向向内运动，弹块密封件随着滑销产生径向收缩。当气井产气量下降至一定程度时，柱塞开始下行，实现不关井连续气举排液。柱塞下行至卡定器并与其撞击后，撞击杆上行带动滑销做径向向外运动，使弹块密封件产生径向扩张，并与管柱内壁形成密封。

撞击伸缩柱塞加工实物如图 4-8-8 所示。图 4-8-9 为柱塞底部撞击后外径扩张情况，撞击完成后，柱塞打捞头端撞击杆伸出。图 4-8-10 为柱塞顶部撞击后外径收缩情况，撞击完成后，柱塞下接头端撞击杆伸出。

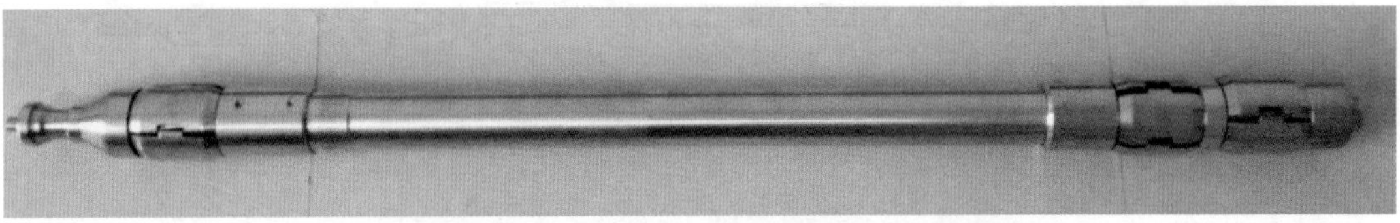

图 4-8-8 撞击伸缩柱塞加工实物

图 4-8-9 柱塞底部撞击后外径扩张情况

图 4-8-10 柱塞顶部撞击后外径收缩情况

3）技术特点

（1）柱塞下行时，弹块密封件向内收缩，柱塞外径小于管柱内径，下行液柱阻力和管壁摩擦阻力小。

（2）通过上、下撞击作用，实现了柱塞弹块密封件外径的收缩和扩张。

4）技术指标

撞击伸缩柱塞技术指标见表 4-8-3。

表 4-8-3　撞击伸缩柱塞技术指标

适应管柱尺寸/in	2⅜	2⅞
弹块外径/mm	51	63
钢体最大外径/mm	45	55
撞击变径力/N	200	
总长/mm	1420	
质量/kg	8.2	10.8

4. 温压测试柱塞

1）结构组成

主要由打捞头、弹块密封件、减震弹簧、温压测试仪、工作筒、下接头等组成，如图 4-8-11 所示。

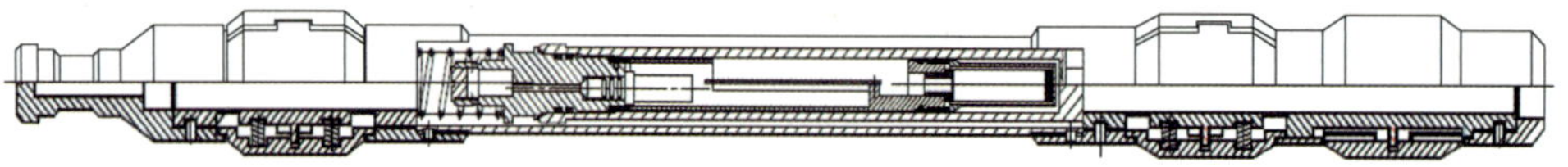

图 4-8-11　温压测试柱塞结构示意图

2）工作原理

温压测试柱塞是在弹性变径柱塞的基础上增加了温压测试功能，其温压测试仪设置于柱塞中部的工作筒内，端部用弹簧固定实现减震。温压测试柱塞下入井内，在一定的压力激发下启动，然后开始按照预先设计的采集时间间隔进行井下温度、压力数据测试。测试时间范围包括柱塞上行、续流生产、关井压力恢复等柱塞运行周期的所有阶段。需要温压(温度、压力)数据时，取出温压测试柱塞，打开柱塞工作筒，将温压测试仪与计算机连接，并通过控制软件进行读取。通过温压数据测试，一方面可以分析井筒内各深度的流压及积液变化情况，另一方面可以计算柱塞周期循环的路径，了解柱塞运行是否正常，以及柱塞在周期运行中是否通过井下工作筒并到达井下卡定器位置。

3）技术特点

（1）能测试柱塞运行过程中的井下温度、压力数据，并利用温压数据分析柱塞运行状况与井下流压变化情况。

（2）数据测取方便，随柱塞运行对井筒不间断地进行数据测试，取出柱塞后利用软件进行读取。

（3）数据测试精度高，数据偏差可控制在 1% 以内；存储容量大，最大可采集 65535 组数据。

4）技术指标

温压测试柱塞技术指标见表 4-8-4。

表 4-8-4　温压测试柱塞技术指标

适应管柱尺寸/in	2⅜	2⅞
弹块外径/mm	51	63
压力测试范围与精度/MPa	0~60(±0.1%F.S)	
温度测试范围与精度/℃	0~150(±0.5%F.S)	
存储容量	65535 组数据	
采样间隔	在 1~65535s 之间任意设定	
总长/mm	1310	

（三）缓冲卡定器

1）结构组成

主要由打捞头、缓冲弹簧、导流管、卡爪、芯杆、卡簧轴销、卡簧等组成，如图 4-8-12所示。

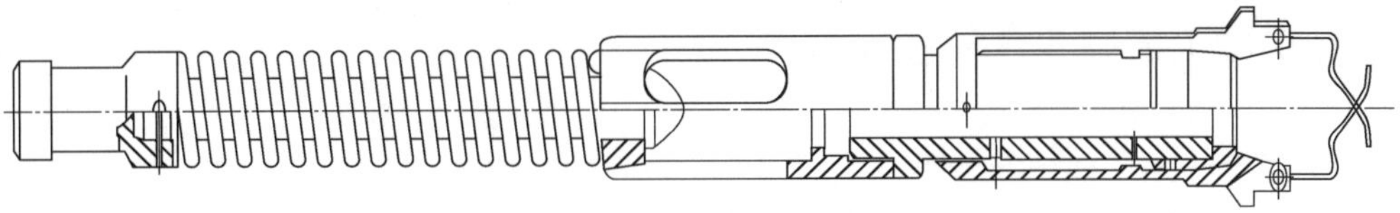

图 4-8-12　缓冲卡定器结构示意图

2）工作原理

下井过程中，缓冲卡定器处于收紧状态，当卡定器下到设计深度后，上提投放管柱，卡簧勾住油管接箍，打开卡定器。再下放管柱，芯杆推动卡爪进入油管连接处的凹槽形成坐卡。柱塞运行过程中，柱塞快速下行后与卡定器打捞头碰撞，其冲击力由卡定器上的缓冲弹簧吸收。卡定器下部的气、液经过卡定器芯杆内通道后，从导流管流出并进入卡定器上部。

3）技术特点

(1) 卡爪上设计有内锥面台阶，在生产中可限制芯杆上行，防止卡定器提前解卡后返出井口。

(2) 卡定器通过钢丝作业下入(图 4-8-13)，并采用上提下放方式坐卡于油管接箍处(图 4-8-14)，作业简单、可靠。

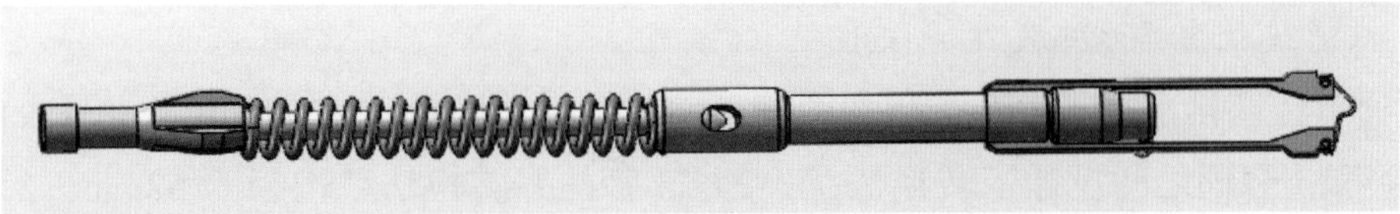

图 4-8-13　卡定器下入过程中结构

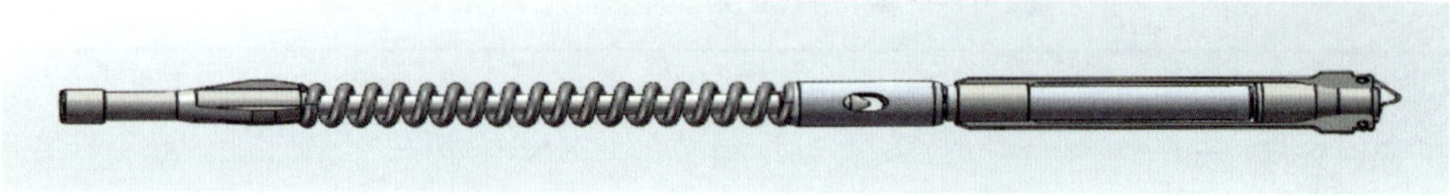

图 4-8-14　卡定器坐卡过程中结构

（3）采用芯杆和导流管设计，改善了卡定器位置的流体通过性能。

4）技术指标

缓冲卡定器技术指标见表 4-8-5。

表 4-8-5　缓冲卡定器技术指标

适应管柱尺寸/in	2⅜	2⅞
总长/mm	710	
质量/kg	3.5	5.2

四、柱塞排水采气井口配套技术

（一）页岩气采气井口结构

目前，涪陵页岩气井井口流程和生产装置从下到上由套管四通+1 号大阀+4 号平板阀+采气树小四通+7 号平板阀组成。采气树小四通左翼为生产流程，并连接 8 号平板阀和 10 号针阀，右翼为放喷流程，连接 9 号平板阀和 11 号针阀。井口采气装置中：水平方向的翼阀，其尺寸为 2$\frac{9}{16}$in，内径为 65mm；垂直方向 1 号大主阀，其尺寸为 7$\frac{1}{16}$in，内径为 180mm；4 号和 7 号主阀，其尺寸为 3$\frac{1}{16}$in，内径为 78mm。

（二）柱塞排水采气井口生产流程

页岩气井井口结构较为复杂，主要体现在阀内径变化大。以涪陵页岩气田为例，当井下采用 2⅜in 生产管柱时，其内径为 50.66mm；当采用 2⅞in 生产管柱时，其内径为 62mm。到井口 1 号大阀时，其内径扩大为 180mm。再往上的 4 号、7 号主阀，其内径又缩小为 78mm。柱塞在这种内径剧烈变化的井口采气结构里通过较为困难，上行举升过程中难以运行到井口采气流程上端被捕捉。

为使柱塞顺利通过井口采气树，以及降低过井口时的排液漏失率，设计了两种柱塞排水采气生产流程。

1. 双通道柱塞排水采气生产流程

双通道柱塞排水采气生产流程如图 4-8-15 所示。其特征：①保留了 1 号大阀，在 1 号主阀和 4 号阀之间设计了转换法兰；2⅜in 管柱井转换法兰内径为 52mm，2⅞in 管柱井转换法兰内径为 62mm。当柱塞进入井口 1 号阀时，利用小通径转换法兰的扶正作用，使柱塞顺利通过。②减小了井口主阀的通径，4 号阀、7 号阀采用 65mm 通径的平板阀，使井口通道与井下管柱通径接近一致，降低柱塞过井口时的液体漏失率。③井口排液防喷生产管路采用双通道结构设计，柱塞返出井口时，通过侧翼通道能快速排出上部的液柱，使柱塞能够顺利进入防喷缓冲器，避免其悬浮在井口采气阀门里，影响气井的生产。④流程上设计了气动控制薄膜阀，在柱塞控制器发出的气动压力信号下，可实现对气井的远程开井和关井控制。

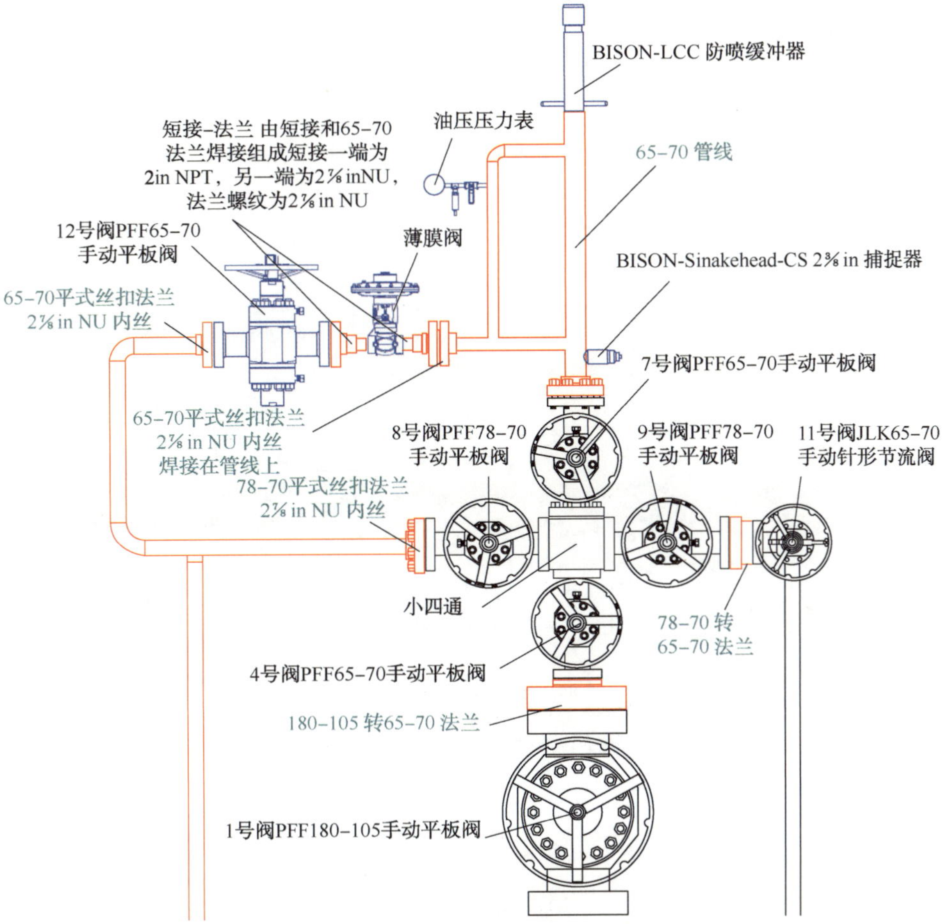

图 4-8-15 双通道柱塞排水采气生产流程

该流程工作原理：生产时，通过控制器开启气动薄膜阀后，柱塞和液柱段塞在井下气体能量的作用下被举升到井口，然后依次通过 1 号阀、4 号阀、7 号阀后进入井口回形生产管路总成。柱塞经过捕捉器后被自动捕捉，其上行的冲击力由上端的防喷器进行缓冲释放。柱塞上端的液柱段塞从管路总成侧翼的双通道排出，气体从管路总成的下通道进入柱塞生产流程，进行生产。关井时，关闭气动薄膜阀和捕捉器，柱塞在自重作用下下落至井下卡定器处。需要取出柱塞时，关闭 7 号阀和 12 号阀，将回形生产管路总成侧翼的泄压阀打开进行放空后，拆下防喷缓冲器并取出柱塞。

2. 双通道独立控制式柱塞排水采气生产流程

双通道柱塞排水采气生产流程在涪陵页岩气田得到了现场试验，解决了柱塞在井口的通过性和漏失性问题，但在现场应用中存在安装复杂、柱塞生产流程和原气井生产流程不能灵活切换的问题，对此科研人员研究了双通道独立控制式柱塞排水采气生产流程，如图 4-8-16 所示。

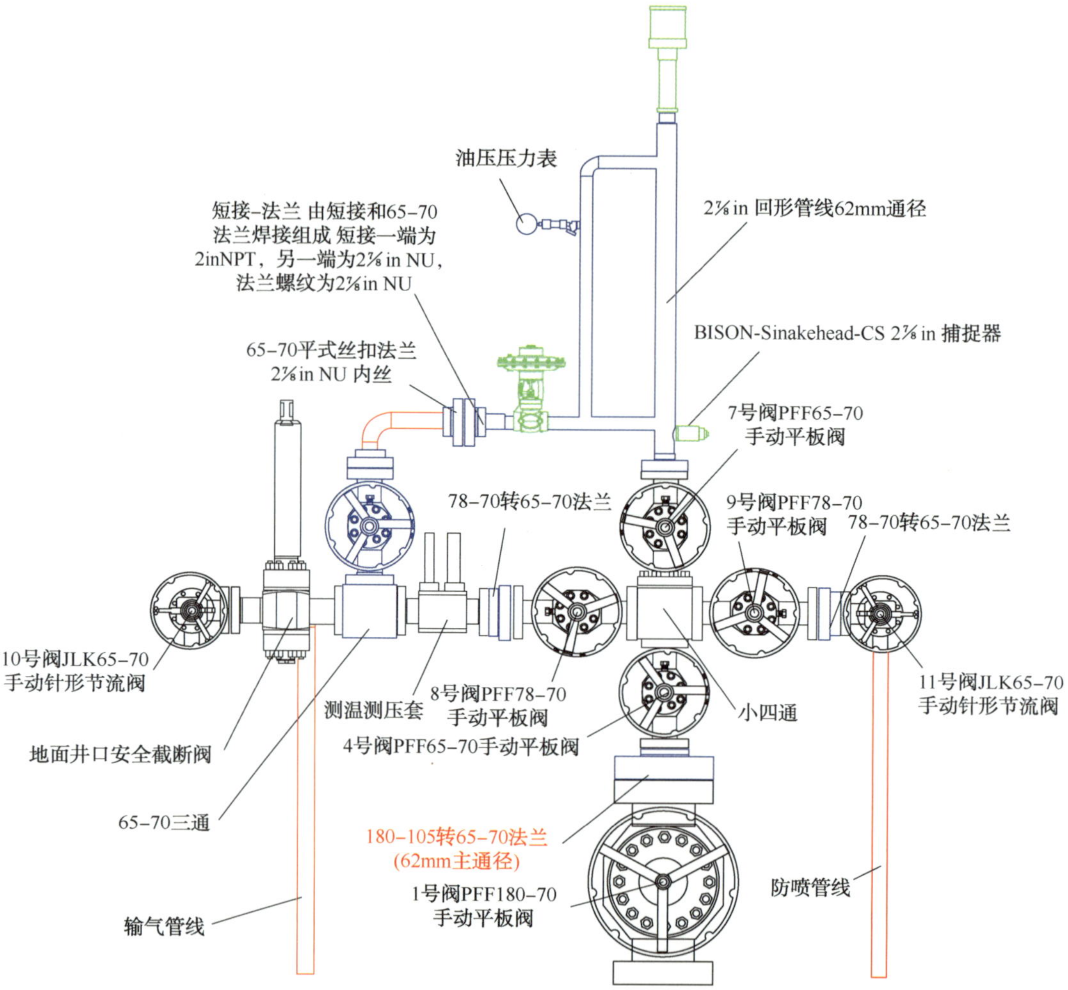

图 4-8-16　双通道独立控制式柱塞排水采气生产流程

双通道独立控制式柱塞排水采气生产流程具有以下特点：①完整地保留了气井的原井口结构，三通的设计，使柱塞生产流程与井口原生产流程相互独立。当在柱塞生产流程中进行设备检修时，可在关闭井口 7 号阀和 12 号阀后，打开 8 号阀用气井原流程进行生产。②流程中采用模块化设计，各装置间通过法兰连接，使得流程的安装变得更加快捷。③保留了原井口的针阀，当生产瞬时气量过大时，可通过针阀对气井生产进行控制。④流程中的油压变速器安装在回形生产管路总成上，当柱塞进入关井阶段后，可随时监测油压恢复情况，为柱塞的制度优化提供更加详细的基础数据。

（三）井口流程配套装置

1. 回形生产管路总成

1）结构组成

回形生产管路总成由防喷管路、排液管路和生产管路三部分组成（图 4-8-17）。防喷管路上端连接柱塞缓冲器，下端通过法兰与井口 7 号阀连接；生产管路左端与气动薄膜阀相连。防喷管路下部设置捕捉器连接孔，侧翼排液管路上部有测压泄压孔，连接油压变送器。

2）工作原理

柱塞返出回形生产管路总成后，防喷管路中的水从侧翼排液管路排出后，进入生产管线，柱塞悬浮或被捕捉后，被固定在防喷管路里。在柱塞续流生产阶段，井下气、液经过生产管路后，流入气井生产管线。生产及关井期间的压力变化情况通过侧翼排液管路上部的压力变送器进行测量和远传。

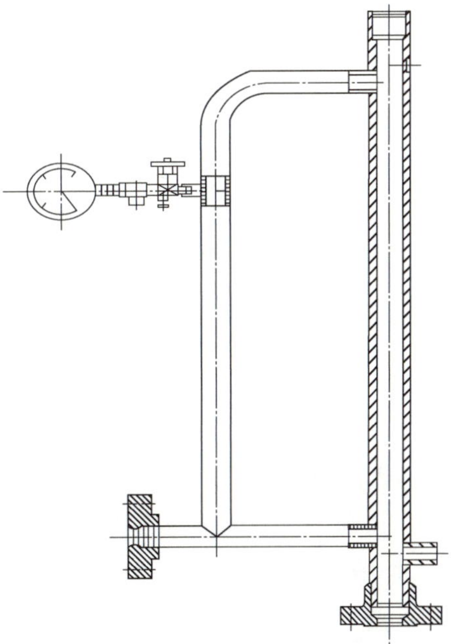

图 4-8-17　回形生产管路总成

3）技术指标

回形生产管路总成技术指标见表 4-8-6。

表 4-8-6　回形生产管路总成技术指标

防喷管路通径/mm	51	60.3
适应柱塞尺寸/in	$2\frac{3}{8}$	$2\frac{7}{8}$
适应柱塞长度/m	1200~1500	
最大工作压力/MPa	35	
高度/mm	1720	
连接方式	法兰连接	

4）技术特点

（1）与井口生产装置采用法兰连接，易安装，密封件更换方便。

（2）采用双通道排液设计，柱塞上部液柱能被快速、完全排出。

2. 防喷缓冲器

1）结构组成

防喷缓冲器由装配手杆、缓冲器工作筒、活塞、缓冲弹簧、减震芯杆和压帽组成，如图 4–8–18 所示。

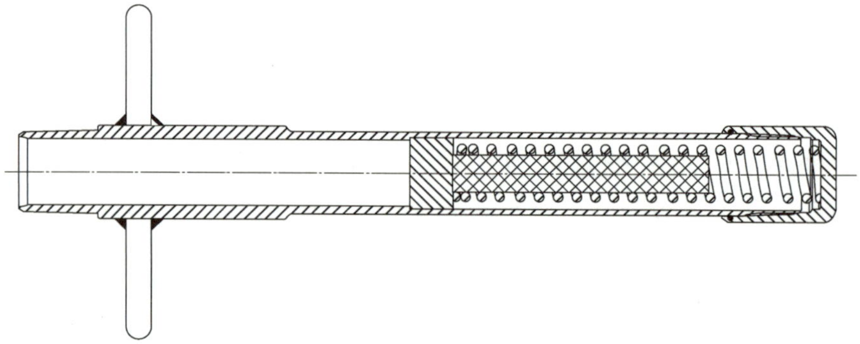

图 4–8–18 防喷缓冲器结构示意图

2）工作原理

防喷缓冲器与回形生产管路总成连接，用于缓冲柱塞上行时的冲击。柱塞高速撞击防喷缓冲器的活塞后，活塞上行压缩缓冲弹簧，将柱塞的动能转化为缓冲弹簧和减震芯杆的势能，延长了冲击时间，大幅降低了撞击瞬间冲击力，从而使柱塞在高速返出井口后能安全地停下来，并被捕捉器捕捉。

3）技术指标

防喷缓冲器技术指标见表 4–8–7。

表 4–8–7 防喷缓冲器技术指标

适应柱塞尺寸/in	2⅜	2⅞
内径/mm	65	
总长/mm	680	
最大工作压力/MPa	35	

4）技术特点

采用缓冲弹簧和减震芯杆组合方式对柱塞进行两级缓冲减震，第一级由缓冲弹簧对柱塞的高速冲击进行降速，第二级再由减震芯杆对柱塞进行缓冲并减震，降低柱塞作用于缓冲器工作筒上的向上冲击力。

3. 柱塞捕捉器

1）结构组成

柱塞捕捉器有两种：一种是手动捕捉器，如图 4–8–19 所示；另一种是远程控制捕捉器，如图 4–8–20 所示。手动捕捉器由控制螺杆、密封帽、主体、捕捉凸轮组成。

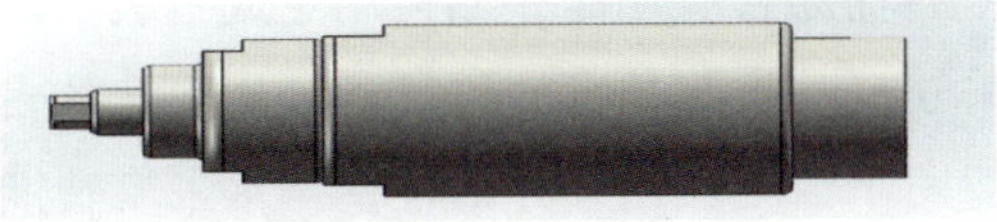

图 4-8-19 手动捕捉器

图 4-8-20 远程控制捕捉器

2）工作原理

手动捕捉器捕捉柱塞时，通过控制螺杆将捕捉凸轮放出，柱塞上行并撞击捕捉凸轮，捕捉凸轮被收回。柱塞通过捕捉器后，捕捉凸轮又自动回到捕捉位置，当柱塞在缓冲器的控制下静止下来，并由于自重再下行撞击捕捉器时，由于捕捉凸轮不可收回，因而将柱塞捕捉。当需要释放柱塞时，通过转动控制螺杆将捕捉凸轮收回，柱塞失去约束力后便可在重力作用下入井。

远程控制捕捉器捕捉原理与手动捕捉器一样，也是采用单向凸轮对捕捉器实施捕捉。不同的是，凸轮的开启和关闭方式不一样，远程控制捕捉器与柱塞控制器连接，并通过柱塞控制器提供的气动压力对凸轮进行开、关控制，以实现柱塞的捕捉和释放。

五、柱塞排水采气智能控制技术

由于柱塞排水采气工艺周期性运行，为精准地对生产参数进行优化，可为工艺适配自动控制技术，以实现气井的智能化柱塞排水采气。目前，国内外柱塞排水采气工艺已实现自动控制技术的应用，可远程开井和关井，并按设定值循环，实现柱塞排水采气自动周期运行的功能。但目前国内外柱塞排水采气工艺中使用的自动控制技术仍比较简单，设计功能单一，缺乏网络性，主要有以下不足：

（1）控制模式单一，只有时间模式，对柱塞的运行制度调整需要靠人工完成，不能根据气井情况变化进行智能调整，难以完成对井的精细化管理。

（2）电池续航能力差，在恶劣环境中，工作时间短。

（3）控制系统没有连接网络，无法对气井实现远程监控。

（4）柱塞运行制度调整无法远程完成，仍需要管理人员进行现场操作。

（5）缺少对柱塞排水采气工艺危险因素的监测和实时预警功能。

（6）缺少对气井生产的辅助管理功能，如自动生成报表、压力曲线等功能。

针对现有柱塞排水采气自动控制技术的不足，利用成熟的自动控制技术、物联网技术和计算机技术，开展适用于涪陵页岩气井的柱塞排水采气智能控制技术研究。

1. 智能控制系统

页岩气井柱塞排水采气智能控制系统主要由控制执行系统、生产监测系统、数据通信系统三个主要部分组成，如图 4-8-21 所示。

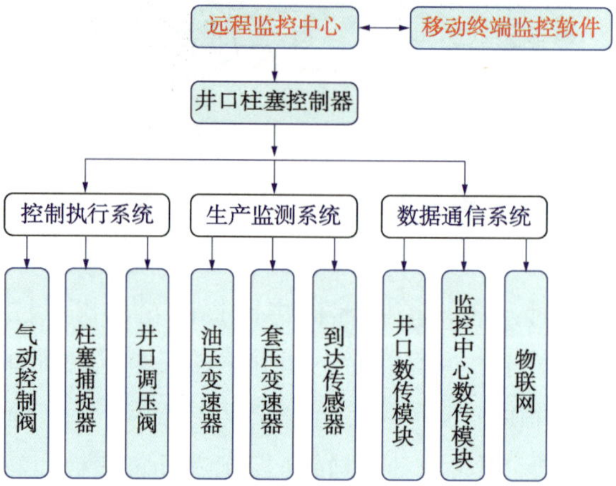

图 4-8-21　柱塞排水采气智能控制系统设计方案图

智能控制器是系统的核心，可实现运行参数查询、柱塞运行模式和运行参数设定、传感器数据采集和智能处理，以及柱塞运行控制等功能。

气动薄膜阀是控制系统的主要执行机构，依据智能控制器的指令，可靠地完成开井和关井动作。

生产监测系统为智能控制器的判断提供必要数据，实现对井口油压、套压、柱塞运行状态等数据的实时监控和采集。

数据通信系统利用井口数传模块和监控中心数传模块实时传输柱塞运行数据，气田所有柱塞气举井形成物联网，任意一口井一个时间节点柱塞的运行情况可以在任何地方通过柱塞运行监控软件查看。

2. 运行控制方案

智能控制器是柱塞排水采气工艺实现智能化、自动化的核心组件。设计的智能控制器具有多种工作模式和辅助生产管理功能，可实现气田数字化管理。

（1）智能控制器具有手动模式、时间模式、压力模式、智能模式、远程模式 5 种。

手动模式：管理人员可在现场通过控制器进行手动开井和关井操作。主要用于初期安装调试和后期设备检修和维护工作。

时间模式：管理人员可根据制定的工作制度，设定关井时长、开井续流生产时长等参数。实现柱塞排水采气工艺的自动循环。该模式下控制参数少，控制简单，主要适用于开井初期情况不稳定的井。

压力模式：管理人员根据该井历史生产数据，设定油压、套压、危险速度等相关参数，控制器可按设定压力条件控制柱塞循环，主要适用于能量充足的井。

智能模式：控制器可根据管理人员设置的部分参数、历史运行记录、传感器数据等，对柱塞循环制度进行自动优化调整，主要适用于情况较为稳定的井。

远程模式：智能控制器配备远程数据传输功能，管理人员可利用手机 APP 和 PC 客户端对气井进行远程监控、远程操作等。

(2) 智能控制器(图 4-8-22)拥有辅助生产管理功能，能够接入压力变送器，可在控制器上查看压力数据。具有生产数据存储可复制功能，可将油压、套压、开井和关井时刻的运行数据存储在控制器本地。管理人员可利用 U 盘进行复制，方便对气井运行情况进行管理和分析。

图 4-8-22　智能控制器

3. 控制执行方案

为实现井口阀门的自动控制，选用气动薄膜阀作为柱塞排水采气工艺生产流程的截断阀。气动薄膜阀可使用低压气控制阀实现截断和导通。气动薄膜阀工作压力为 10~30psi。为简化井口装置，使用套管气作为气源。套管气压力一般为 10~30MPa，因此还需要使用调压阀对套管气减压到气动薄膜阀工作压力范围(图 4-8-23)。

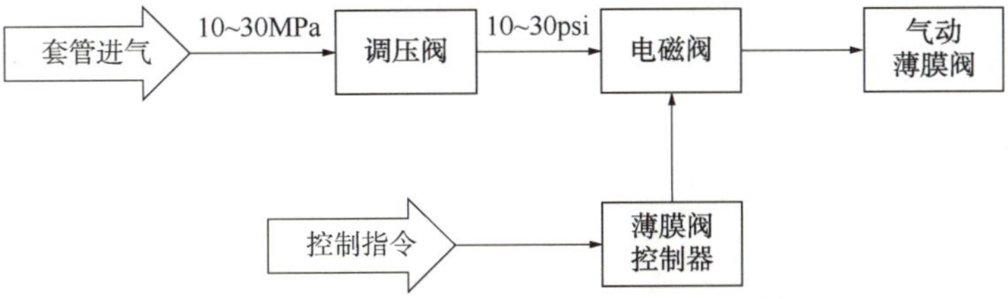

图 4-8-23　气动薄膜阀控制执行系统

4. 数据监测方案

智能控制器能接入多种传感器，对气井生产数据进行实时监控，帮助管理人员了解柱塞排水采气工艺的运行情况。

（1）油压和套压传感器可在开井和关井状态下，不间断地采集压力数据，并发送给智能控制器。智能控制器可根据采集到的压力值优化柱塞循环，生成日常报表，并对异常压力数据发出警告，保证气井生产安全进行。

（2）柱塞到达传感器用于监测柱塞运行情况，判断柱塞是否到达井口，并计算柱塞上行时间和上行速度，针对上行过快或到达异常等情况发出警告，通知管理人员及时进行维护。

第五章　采气管理技术

涪陵页岩气田是我国第一个实现商业开发的页岩气田，在此之前，国内尚没有成功的岩页气田采气工程经验，通过开展相关的技术研究和试验，并在实施中不断摸索、补充和完善页岩气采气工艺技术，形成一整套适应涪陵页岩气田开发的配套工程技术，不仅为涪陵页岩气田科学、合理、安全、高效开发提供了技术支撑，还为我国开发页岩气田积累了宝贵的实践经验。

第一节　动态监测技术

动态监测技术是气藏开发科学管理的重要技术，它通过对气井在生产过程中的产量、压力、流体物性的变化，以及井下、地面工程的变化等进行监测和分析，为气井制定合理生产制度、完善开发方案等提供了重要依据。涪陵页岩气田的所有气井均经过大型水力分段压裂改造，产层裂缝发育、气水关系复杂、各段簇产气能力不均衡，生产中存在压力递减速度较快、出水等问题，因此跟踪气田动态，深化气藏动态分析就显得十分有必要。为满足气田动态分析要求，须通过动态监测实践应用，建立涪陵页岩气田的监测体系，取全、取准各项动态资料，满足气田动态分析和生产管理的需要。

一、动态监测体系与任务

为规范气田动态监测和分析管理，加强气田开发过程监控，提高气田开发管理水平，依据气藏工程和采气生产管理规定，以气藏地质研究为基础，以气藏工程理论为指导，根据气藏地质特征和类型、气井生产特征，坚持“以点带面、分区分块、各类型兼顾”的原则，选取具有代表性、能够反映气田整体生产特征的不同类型的气井开展监测工作。

目前，涪陵页岩气田开展的动态监测主要有五大方面，包括生产动态监测、试井、产出流体监测、生产测井监测和专项监测。

（一）生产动态监测

1. 井下或井口压力监测

1）井口油压、套压资料录取

采用压力变送器实时监测气井生产油压、套压。在生产井关井期间，记录每日最高关井油压、套压，最低关井油压、套压。因其他原因长期停产的气井，在停产期间，每月观察、记录一次油压、套压。

2）井底流压录取

对生产气井，可根据生产动态分析和研究需要，在试采期间每个月测一次流压，试采期后每季度测一次流压，将一定累产节点作为当月或当季度监测井底流压和温度点，同时获取井温梯度、压力梯度、液面资料；计划关井及实施各项增产措施前、后各测一次流压；因某种特殊要求可另行加密。

3）井底静压录取

新井投产前，应开展静压测试；重点井试采结束后，应开展关井压力恢复，录取井底静压；对正常生产井，原则上选取代表井每两年开展一次压力恢复试井，录取井底静压；因计划关井的井，开井前测井底静压；因其他原因长期停产的气井，停产期间每两年测一次井底静压。

2. 温度监测

井口温度的监测为温度变送器连续记录温度值。

在测量井底流压和井底静压时，录取井底温度及温度梯度。

（二）试井

对气井的试井，按测试时工作制度的稳定条件来划分，分别为稳定试井和不稳定试井。稳定试井主要用于评价气井产能；不稳定试井主要用于获取地层物性参数、评价措施效果、分析井间连通性等。目前，涪陵页岩气田主要开展的稳定试井为产能试井，不稳定试井包括压力恢复试井、干扰试井、微注入压降测试。

1. 产能试井

在试采阶段，对试采井进行试井；在试采期后生产阶段，根据生产情况和研究需要选择生产井进行试井。在开发评价阶段，对重点气井每生产 1～2 年应安排产能试井。当气井生产过程中出现产量或压力突变、出水明显变化等异常情况时，应及时安排产能试井。

2. 压力恢复试井

对探井，原则上应进行压力恢复试井；对重点试采井，应进行压力恢复试井；根据生产情况和研究需要选择生产井进行试井。开发早期，对重点气井每生产 1～2 年应安排压力恢复试井。当气井生产过程中出现产量或压力突变、出水明显变化等异常情况时，应及时安排压力恢复试井，在修井及实施增产措施前、后，应安排压力恢复试井。

3. 干扰试井

根据需要，开展井间或层间干扰试井，原则上选取重点平台开展 1~2 次干扰试井。

4. 微注入压降测试

选取区域代表井，进行微注入压降测试，原则上分区域进行，根据新区块评价需要开展，且不限次数。

（三）产出流体监测

1. 气分析

生产井投产时，开展一次气分析。一年试采期内，按季度开展气分析；试采期后生产阶段，每半年开展一次气分析。当气样性质稳定后，可不再开展取样分析；当气样性质发生异常变化时，需要加密分析。对各级套管头气样，每月开展一次气分析，当气样物性无变化时，则按照生产井规范执行。

2. 水样全分析

生产井投产时，开展一次水样全分析。一年试采期内，按季度开展水样全分析；正常生产后，每半年开展一次水样全分析。当异常出水或大量出水时，需要加密监测。对各级套管头水样，每月开展一次全分析，当水样物性无变化时，则按照生产井规范执行。

3. 产出流体特殊分析

1）PVT 分析

选取区块代表井或流体组分发生较大变化的井开展一次 PVT 高压物性取样分析。

2）碳同位素分析

选取区块代表井开展碳同位素分析，了解吸附气变化特征；选取井底流压低于解吸附压力的代表井连续开展碳同位素取样监测；选择代表井开展全生产周期连续监测和分析；在低于解吸附压力 1MPa 前的初期，每月取样一次，根据监测结果逐步加密和延长取样周期。

（四）生产测井监测

涪陵页岩气田生产测井主要包括产出剖面测试和温压剖面测试。主要选取特殊地质条件和工艺评价井有针对性地开展产出剖面测试，解决需要验证的单个问题，确定压裂方案调整的可行性，并在地质上进行优化调整。温压剖面测试通常是针对开展产气剖面测试的井下入仪器测试，不单独选井。

（五）专项监测

涪陵页岩气田专项监测主要有微地震监测和示踪剂监测。

1. 微地震监测

一是选取地应力可能发生变化的区域代表井开展微地震监测，确定不同地应力区裂缝延伸方向；二是开展地面微地震监测，以及在水平井的直井段开展井下微地震监测，对比二者差异，指导后期方案编制。

2. 示踪剂监测

主要根据邻井井距和部署方案，针对井距小、天然裂缝发育的井，在压裂施工时，选择性地开展示踪剂监测。

二、生产动态监测

气井采气动态资料主要包括压力资料、温度资料。生产动态监测主要包括井下或井口压力监测、井下或井口温度监测。

气井井口压力监测使用精度不低于 1.5%的压力表或者压力变送器，记录生产油压压、套压。气井井口温度监测使用温度变送器或分度值为 1℃的温度计，记录井口温度。

气井井下压力监测主要采用电缆钢丝测试工艺，将高精度存储式压力计下入井下

60°井斜角处，录取温度、压力数据，计算气井压力梯度、温度梯度，推算气层中部深度处的压力和温度。

气井井下压力长期监测主要采用井下压力无线监测技术，可以实时、准确地获取页岩气井生产全过程中井下温度、压力数据。

（一）压力变送器传输技术

压力变送器主要作用是把压力信号传给电子设备，进而在计算机上显示压力。其原理大致是：将水压这种压力的力学信号转变成电流（4～20mA）这样的电子信号，压力和电压或电流大小呈线性关系，一般是正比关系。所以，压力变送器输出的电压或电流随压力增大而增大，由此得出一个压力和电压或电流的关系式，将压力变送器的被测介质的两种压力通入高、低两个压力室（低压室压力采用大气压或真空压），作用在 δ 元件（即敏感元件）的两侧隔离膜片上，通过隔离膜片和元件内的填充液传送到测量膜片两侧。

压力变送器是石化行业自动控制中使用最多的测量装置。目前，该技术已广泛应用于涪陵页岩气田，几乎涵盖了所有压力传感器的应用：差压、绝压、表压、高压、微差压、高温、低温，保证了数据传输的可靠性、稳定性和高精度。

（二）钢丝输送工艺

弄清气井压力是气藏分析和管理的基础，目前涪陵页岩气田获得井底流压、静液柱压力的方法主要为采用钢丝输送工艺下入井下高精度压力计，实测井底流压或采用井口压力推算井底流压。

钢丝输送工艺是利用钢丝操作井下存储式工具，对井底流压、温度、流量等进行监测、录取，进而分析开发动态的一种工艺。目前，钢丝输送工艺主要应用于气井流压测试、静压测试、产能试井、压力恢复试井、干扰试井、微注入测试等动态监测工作中，具有成本低、质量小和易于下井等特点。

同时，考虑到气井压力高的特点，施工时，须配置加重杆；加重杆配重不够会造成压力计无法正常下入，加重杆配重过大会增加入井管串长度，不利于测试工作的开展。因此，施工前，须认真计算加重杆的配置重量。在 KQ78/65-105MPa 型采气树上，使用 36mm 的工具串时，采用式（5-1-1）计算最大允许长度。

$$L_{\max}=2\sqrt{(D+R_c)^2-(R_c+d)^2} \tag{5-1-1}$$

式中 $L_{\max}$——入井的试井工具串最大允许长度，m；

D——油管内径，m；

R_c——斜井轨迹最大曲率半径，m；

d——工具串外径，m。

试井工具上、下端的压差与横截面积的乘积即流动天然气产生的上顶力。工具串上、下端压力根据天然气环空流动公式(5-1-2)计算：

$$p_{\mathrm{wf}}=\sqrt{p_{\mathrm{wh}}^{2}\times e^{\frac{0.06969r_{\mathrm{g}}L}{\bar{Z}\,\bar{T}}}+\frac{1.2893\times10^{-8}fq_{\mathrm{g}}^{2}\,\bar{Z}^{2}\,\bar{T}^{2}p_{\mathrm{sc}}^{2}\left(e^{\frac{0.06969r_{\mathrm{g}}L}{\bar{Z}\,\bar{T}}}-1\right)}{(D-d)(D^{2}-d^{2})^{2}}} \tag{5-1-2}$$

式中　L——工具串上(下)端在井筒中的深度，m；

p_{wf}——井筒内深度 L 处的流动压力，MPa；

p_{wh}——流动条件下的井口压力，MPa；

f——摩阻系数；

q_{g}——气井日产气量，$10^4\mathrm{m}^3$；

$\bar{T}$——井筒天然气平均温度，K；

$\bar{Z}$——井筒天然气平均偏差系数；

r_{g}——天然气相对密度；

p_{sc}——标准条件压力，0.101325MPa。

（三）井下压力无线长期监测系统

井下压力无线长期监测系统主要包括井下无线测压装置、地面信号接收系统、数据远传系统三大部分，如图 5-1-1 所示。其原理是，将预置在井下的无线测压装置采集的数据信号，利用电磁波无线上传方式实时传输至地面，由地面无线信号接收系统进行数据信号接收、解码，并还原井下压力、温度数据。本技术解决了常规电缆测井无法获取水平井段生产动态数据的技术难题，能长期监测井下生产动态变化情况，不影响正常生产和后续作业，为获取完整的试井数据及产能动态评估提供了一种便捷、可靠的测试手段。

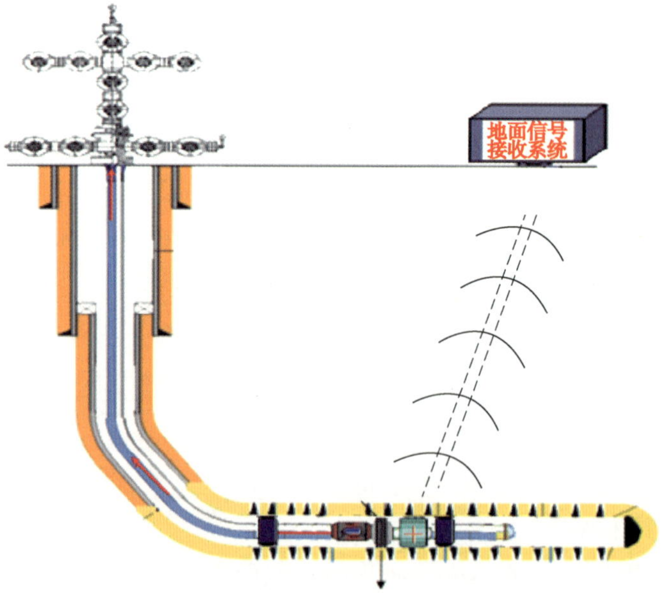

图 5-1-1　井下压力无线长期监测系统配接及工作示意图

焦石坝区块地层电阻率较高，无线信号传输距离可达3000m以上。以焦页16-2HF井为例，开展此项工艺现场应用情况分析。焦页16-2HF井采用带压作业施工方式，于2015年6月8日完成井下无线发射装置入井施工，管柱下入目的深度2470m。据统计，井下压力无线长期监测系统共正常工作338天，上传井下温度及压力数据1961组。

三、常用试井方法

试井是油藏工程的组成部分，涉及油层物理、地层性质、流体性质、渗流理论、计算机技术、测试工艺和仪器仪表、设备等领域，它随着这些技术的发展而发展。现代试井起步于20世纪80年代初。发展到现阶段的现代试井，已不同于40年前的试井，随着计算机科学技术的不断发展，现代试井工作已不单是油藏工程师手中的几个公式和简单的运算，而是一个系统工程。这个系统工程包括的内容较多：①试井设计；②现场压力、产量资料的录取；③运用试井分析软件解释压力资料，并综合地质和工程因素进行储层参数评价；④结合气井采气压力、产量史资料，进行气井和气藏的动态描述；⑤结合储层特征，研究新的试井模型。

在气田整个勘探开发过程中，试井发挥着不可替代的作用。从一个新区块的发现开始，直到气田开发生产的整个过程，确定气井产能、了解储层参数、设计开发方案和分析开发动态等都离不开试井。基于不同的分类原则，试井类型有多种划分方式。比如，按照开展方式进行分类，可按参与井数分为多井试井和单井试井，也可按开井生产还是关井压力恢复进行划分，还可按生产井还是注入井进行划分。涪陵页岩气田的试井工作在吸收了常规气藏试井宝贵经验的基础上，不断探索和创新，形成涪陵页岩气田现有的试井方法。

（一）产能试井

1. 工艺原理

产能试井又称稳定试井。该方法是在油气井生产状态下，通过人为地改变油气井工作制度，测量在各个不同工作制度下的稳定产量及与之相对应的井底压力，从而确定测试井的产能方程、无阻流量、井底流入动态曲线，进一步认识油气井或求取产能。目前，涪陵页岩气田气井主要是通过调整针阀或者改变气嘴大小来改变工作制度，安全、准确地录取气井压力、温度、产量随时间变化的数据。

涪陵页岩气田产能试井主要采用钢丝输送工艺录取井下数据。目前，涪陵页岩气田产能试井是针对不同区域、不同产能的气井，通过三个以上不同的气嘴工作制度连续生产，记录气井稳定生产时的井底流压和产量，从而评价气井产能，研究气井产能变化规律，为气井的合理配产提供有力的依据，从而指导生产。

2. 现场应用

1）利用产能试井计算气井无阻流量

涪陵页岩气田焦石坝区块志留系龙马溪组最先在焦页1HF井钻探获得工业气流，焦页1HF井是在焦页1井基础上完钻的龙马溪组页岩气水平井，于2012年11月28日钻完塞后开始放喷测试，求得6个稳定产量，为(10.77~17.22)×10^4m^3/d(表5-1-1、图5-1-2)。采用Φ4mm油嘴Φ18mm孔板临界速度流量计放喷求产，稳定压力25.1MPa，稳定产量11.20×10^4m^3/d，累计返排液750.3m^3，待排液19222m^3。

表5-1-1　焦页1HF井测试稳定产量数据

序　号	井口压力/MPa	稳定产量/(10^4m^3/d)	测试制度
1	10.51	11.29	Φ8mm油嘴
2	8.15	14.08	Φ11mm油嘴
3	21.37	10.77	Φ4mm油嘴
4	16.59	14.18	Φ6mm油嘴
5	9.87	17.22	Φ9mm油嘴
6	25.10	11.20	Φ4mm油嘴

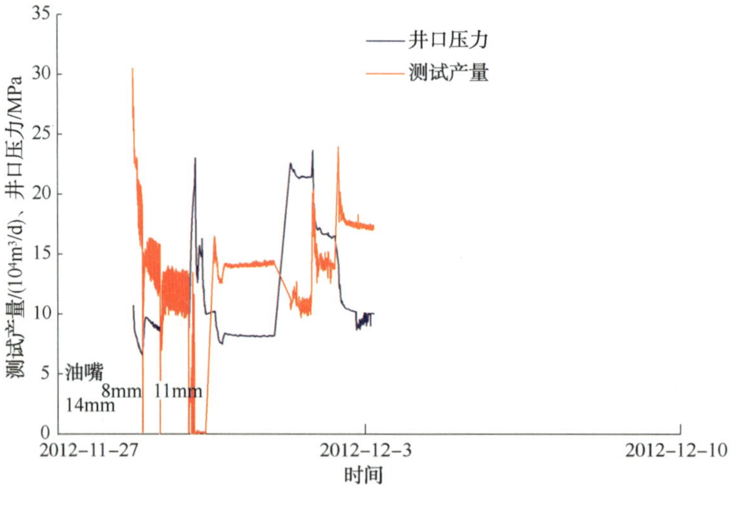

图5-1-2　焦页1HF井测试曲线

气井的绝对无阻流量是反映气井潜在产能的重要指标。利用多个稳定试气测试数据，采用一点法和产能方程法计算无阻流量。依据焦页1HF井试气测试资料，综合分析后认为，该井初期无阻流量在(18~38)×10^4m^3/d之间。

利用放喷测试数据并未获得一个确切的无阻流量，为了能够更加准确地判断气井产能，采用回压法产能试井，按照产量递增顺序，根据完井放喷测试产量，按照《天然气井试井技术规范》(SY/T 5440—2009)，将产能试井测试产量控制在(6~12)×$10^4m^3/d$之间。根据现场情况，通过调节油嘴大小实现产量调整，开展Φ(5~9)mm油嘴制度的产能试井，产能试井开始前，将电子压力计下入井下60°井斜角处，直至试井结束后取出。2012年12月31日—2013年1月8日，开展了焦页1HF井的产能试井，连续录取了井下与井口压力计的温度、压力数据，测试曲线平滑(表5-1-2、图5-1-3)。

表5-1-2 测试工作制度一览

序号	测试时间/h	产量/($10^4m^3/d$)	井口油压/MPa	2330m气层压力/MPa	气层中部压力/MPa
1	41.63	9.63	22.64	30.68	31.10
2	28.97	9.79	20.88	28.24	28.62
3	43.50	10.24	18.60	24.31	24.61
4	23.28	11.75	16.19	21.33	21.60
5	24.50	12.89	14.76	18.57	18.77
6	24.53	13.52	13.38	16.77	16.95

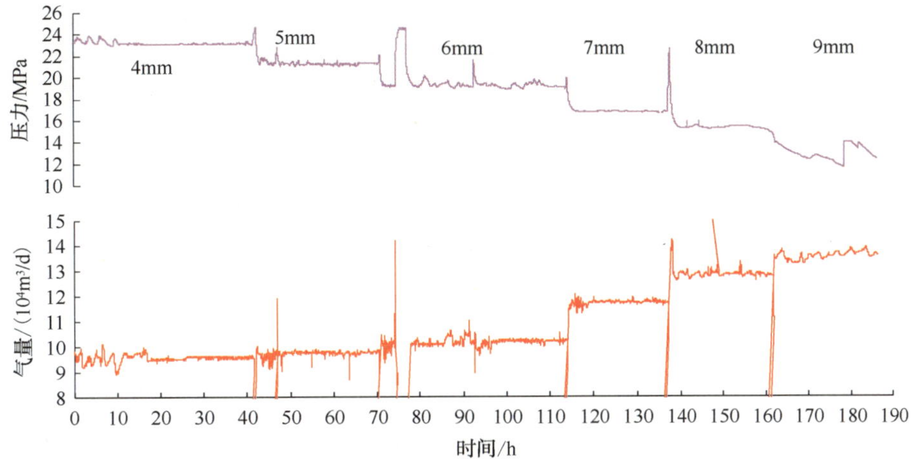

图5-1-3 焦页1HF井产能测试压力、产量实测曲线

根据实际生产数据，利用产量和压力下降匹配较好的Φ6mm、Φ7mm、Φ8mm、Φ9mm油嘴生产数据进行解释。

由于该井无原始地层压力，为了准确计算气井无阻流量，采用无地层压力推算无阻流量，再反算地层压力。首先整理$(p_{wfi}{}^2-p_{wf(i+1)}{}^2)/(q_{g(i+1)}-q_{gi})$与$(q_{gi}+q_{g(i+1)})$实际测试数据，然后绘出曲线并进行回归，直线的截距就是二项式层流系数A，斜率为二项式湍流系数B。如表5-1-3、图5-1-4所示。

表 5-1-3　无地层静压的系统试井分析结果

序号	q_{gi}	$q_{gi}+q_{g(i+1)}$	p_{wfi}	$(p_{wfi}^2-p_{wf(i+1)}^2)/(q_{g(i+1)}-q_{gi})$	p_e/MPa	A	B	无阻流量/($10^4m^3/d$)
1	9.63	19.42	31.10	923.94	34.93	31.91	2.75	16.05
2	9.79	20.03	28.62	475.02				
3	10.24	21.99	24.61	92.09				
4	11.75	24.64	21.60	100.17				
5	12.89	26.41	18.77	104.10				
6	13.52		16.95					

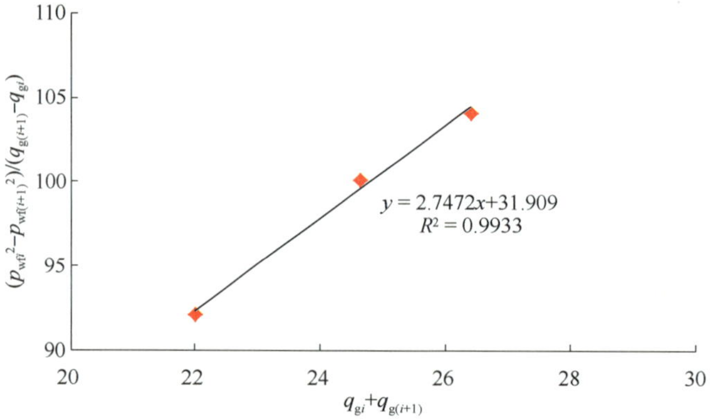

图 5-1-4　无地层静压的系统试井产能曲线

产能方程为：

$$p_R^2-p_{wf}^2=31.909q+2.7472q^2$$

所以，该井采用无地层静压的系统试井资料分析方法进行解释，得到无阻流量为 $16.05\times10^4m^3/d$。

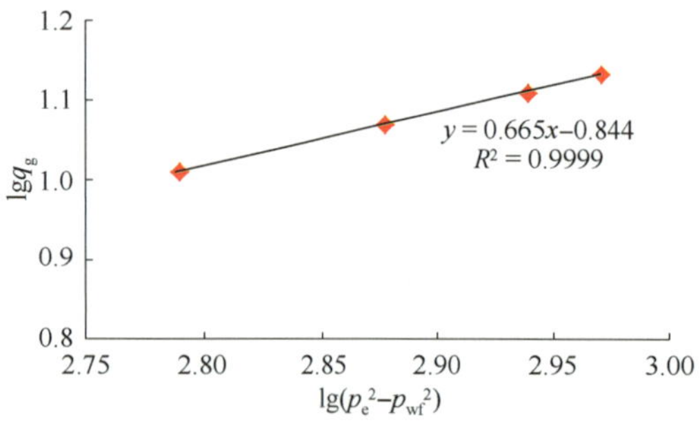

图 5-1-5　指数式分析结果

采用无地层静压的系统试井资料分析方法取得地层静压，并运用指数式分析方法对该井进行分析，得到该井无阻流量为 $16.16\times10^4m^3/d$，如图 5-1-5 所示。

产能方程为：

$$q=0.1432\times(p_R^2-p_{wf}^2)^{0.665}$$

根据本次产能试井结果，从无地层静压的系统试井资料分析、二项式分析和指数式分析曲线看，4 个产能测试点线性关系好、相关系数均在 0.97 以上，运用这 2 种解释方法求得的无阻流量分别为 $16.05\times10^4m^3/d$、$16.16\times10^4m^3/d$，认为解释结果可靠。

2）利用产能试井核实气井产能

根据涪陵页岩气田已开展的 44 井次产能试井资料，试气产能普遍高于生产阶段产能，存在部分井试气产能和生产效果相差较大的问题。

针对此类气井，通过开展产能试井，明确气井产能，指导气井合理配产。其中，焦页 7-X3HF 井初期产能评价明显偏低。

焦页 7-X3HF 井采用了 Φ12mm、Φ10mm、Φ8mm、Φ6mm 油嘴放喷测试，取得 3 个稳定点，求得无阻流量为 27.06×10^4 m^3/d，由放喷测试曲线(图 5-1-6)可看出，Φ6mm、Φ4mm 油嘴测试时产量稳定，井口压力上升趋势明显，该井放喷测试期间平均产水量 136m^3/d，分析认为初期产能评价因受井筒积液影响评价结果偏低。但该井于 2014 年 5 月 8 日—6 月 4 日开展产能试井，利用实测数据进行分析较为可靠，求得无阻流量 57.51×$10^4$$m^3$/d，两次无阻流量结果相差较大，表明初期产能受到井筒积液影响，采用井口压力推算井底流压偏小，导致初期无阻流量偏低。利用产能试井实测井底流压、产量数据，求得气井的无阻流量更为可靠，能更好地反映气井的产能(图 5-1-7)。

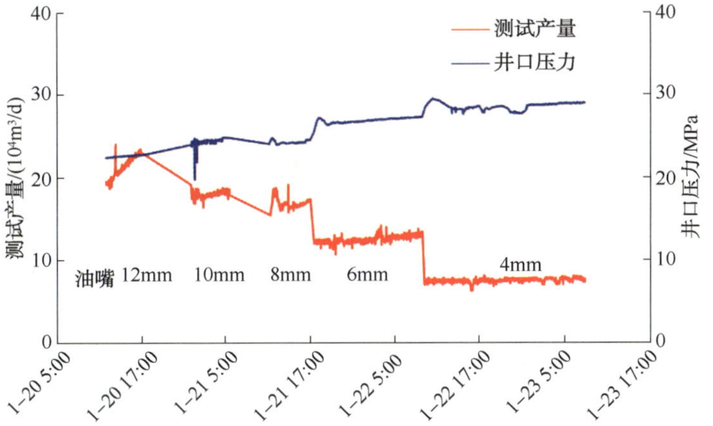

图 5-1-6 焦页 7-X3HF 井放喷测试数据曲线

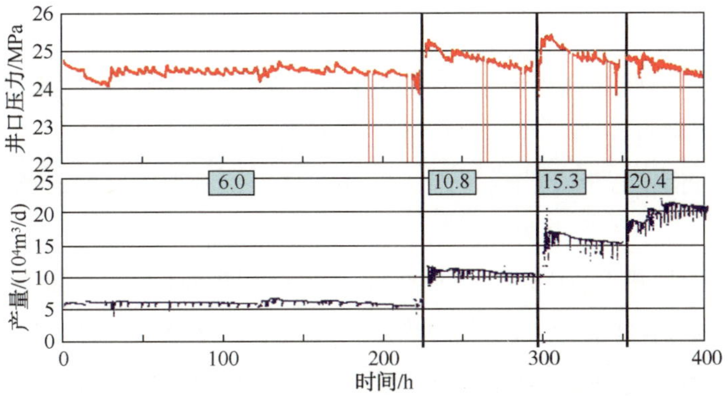

图 5-1-7 焦页 7-X3HF 井产能试井井口压力、产量数据曲线

通过对气井开展产能试井，求得气井相应的产能方程。由焦页 7-XHF 井、焦页 12-XHF 井在不同累产阶段的 IPR 曲线(流入动态曲线)可以看出，在页岩气解吸附压力以前，随着气井的生产，IPR 曲线向下移动，地层压力不断下降，地层能量不断衰减，这时就会得到新的产量上限值，不论采取定井口压力还是定生产压差，都不能维持原有的产气量，生产中需要适当地调整气井的合理配产(图 5-1-8)。

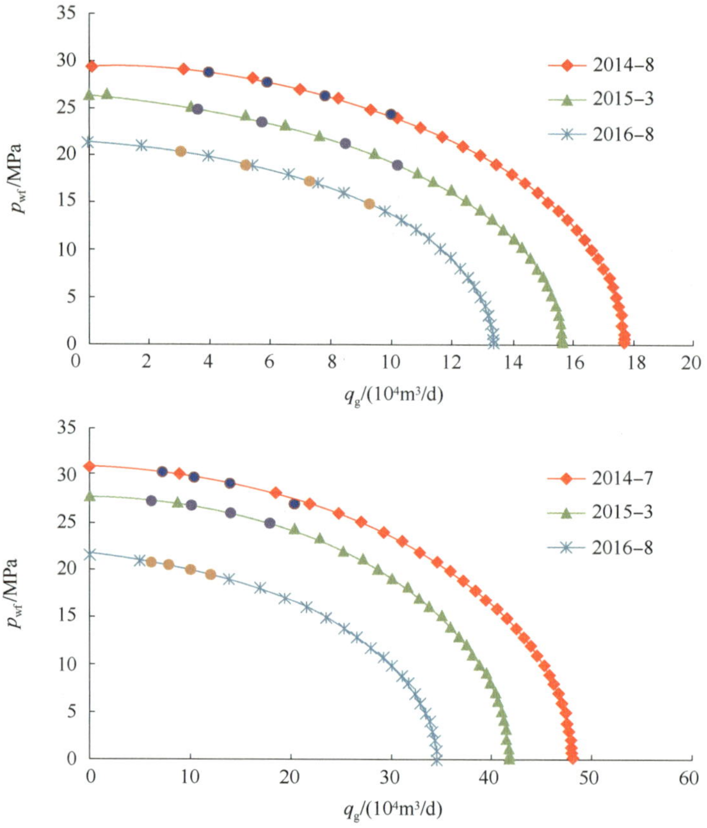

图 5-1-8　焦页 7-XHF 井、焦页 12-XHF 井不同时期 IPR 曲线对比

（二）压力恢复试井

压力恢复试井是认识气藏和评价气藏的有效手段。由于我国页岩油气藏地质条件和美国页岩油气藏条件有差别，美国页岩油气井通常不开展关井压力恢复试井，涪陵页岩气田开发初期无可借鉴经验。当时，对于试井在页岩气开发中是否有必要，很多人曾表示过质疑。同时，有一种观点为，页岩气井投入试采后不能关井，必须保持连续生产。但是，随着焦页 1HF 井于 2012 年 12 月通过产能试井明确了气井产能，指导了页岩气井合理配产，逐渐坚定了人们开展试井的决心。随着焦页 9-XHF 井于 2014 年 2 月水淹关井，放喷后复活，逐渐明确了页岩气井关井不会造成水淹停产，并探索性地开展了焦页 9-XHF 井压力恢复试井，取得了宝贵的储层参数，自此焦石坝区块页岩气井压力恢复

试井正式拉开帷幕。

基于页岩气线性非稳态流动和储层改造特点，运用试井解释软件的页岩气模型对气井进行试井分析，得到页岩气压裂改造效果、地层压力和地层物性参数等。目前，针对涪陵页岩气田焦石坝区块不同地质区域、不同试验工艺、不同初期产能的页岩气井在不同的累产阶段开展了压力恢复试井，并结合页岩气井地质和工程因素，对压力恢复试井曲线特征进行了对比分析，为页岩气高效开发提供了有利依据。

1. 页岩气井压力恢复试井分析理论基础

由于页岩气分段压裂水平井渗流机理极为复杂。目前，国内外关于页岩气分段压裂水平井渗流机理的研究基本上是建立在理论模型的基础上的，对生产实例的研究较少，那么为了研究页岩气井渗流特征，首先从理论入手，研究页岩气井的渗流模型。

由于页岩气井基质渗透率较低，要想获得完整的双对数曲线往往需要几个月甚至几年，因此需要结合已知地层参数，研究双对数曲线的特征。综合地质参数及不稳定试井解释结果发现，经过水力压裂改造后的地层渗透率为 $10^{-4} \sim 10^{-2}$mD，假设：有效渗透率 $K=0.005$mD，地层有效厚度 $h=38$m，半缝长 $X_f=156$m，水平井段长 $L=1500$m，压裂施工段数 $n=15$，井储系数 $C=1.20m^3/MPa$，地层压力 $p_i=35$MPa，窜流系数 $\lambda=10^{-6}$，储容比 $\omega=0.2$，采用定井储系数+压裂水平井+双重介质地层+无限大边界模型，压裂水平井流动示意图如图 5-1-9 所示。

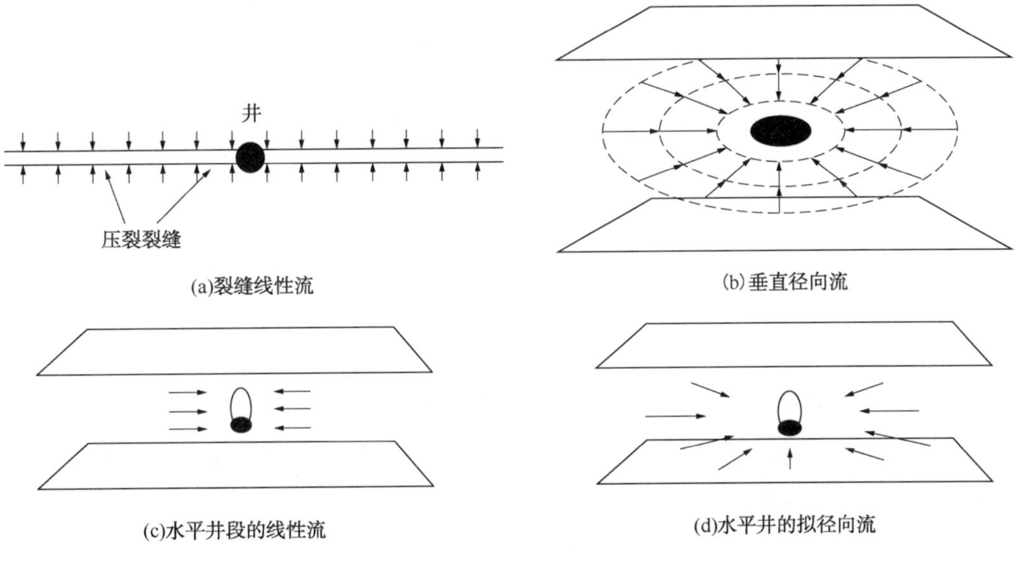

(a)裂缝线性流　(b)垂直径向流　(c)水平井段的线性流　(d)水平井的拟径向流

图 5-1-9　压裂水平井流动示意图

将水平井压裂分为 3 个区域，分别是压裂井水平段、SRV 改造区和未压裂改造区。那么，压裂水平井的渗流模型也分为 3 个流动阶段，如图 5-1-10 所示，其中①为由主裂缝向水平井筒的流动；②为由 SRV 改造区向主裂缝的流动；③为由未压裂改造区向 SRV 改造区的流动。其对应压力恢复曲线如图 5-1-11 所示，分析该曲线可得出以下认识。

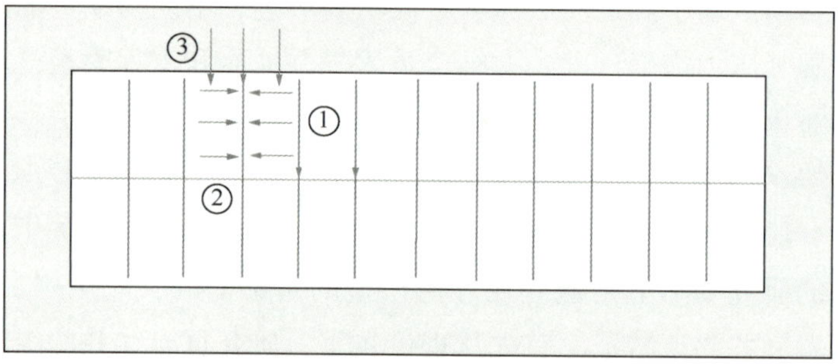

图 5-1-10　页岩气井物理模型简化示意图

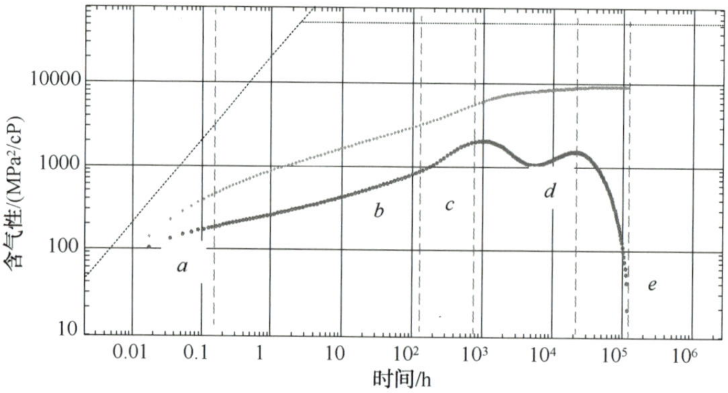

图 5-1-11　试井设计双对数曲线

考虑到该井为大型水力压裂水平气井，认为 *a*—*b* 阶段为由主裂缝流向水平井井筒的线性流，*b*—*c* 阶段为由 SRV 改造区到主裂缝的线性流，*c*—*d* 阶段表现为裂缝间和基质的流动特征，*d*—*e* 阶段为由未改造区向 SRV 改造区的流动，也有可能是天然裂缝和改造裂缝间的相互干扰。

由于页岩储层的特低渗透性，获得完整双对数曲线的关井时间长达 105h。目前，焦石坝区块实际关井时长为 25d 左右，即曲线仅能反映水平井筒附近改造范围内的储层特性（*a*—*c* 阶段），无法获得未改造区域的基质特征。

2. 焦石坝区块典型压力恢复双对数曲线分类

立足于理论分析基础，利用页岩气井开展压力恢复试井分析，目前针对不同时机开展试井得到的曲线特征存在一定的差别。借鉴单井分析方法，本着求同存异的原则，对 19 口井的试井曲线特征进行分析，主要分为三类曲线，投产后开展压力恢复试井的压力恢复曲线均为Ⅱ类、Ⅲ类曲线，其特征有相似之处，区别在于Ⅲ类曲线无水平直线段，如图 5-1-12 所示。

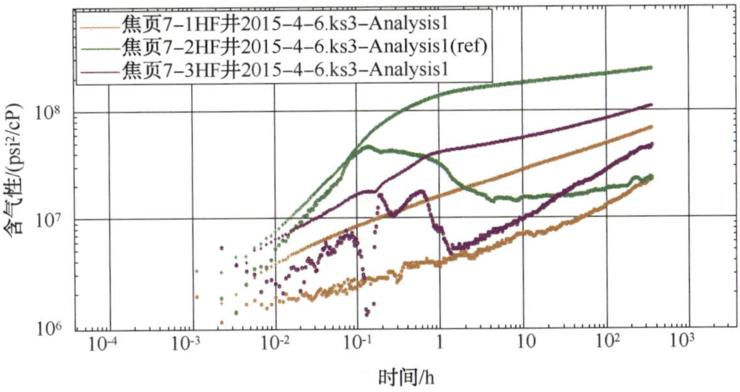

图 5-1-12 三类典型试井曲线对比

Ⅰ类曲线：续流段时间长，中期为早期拟径向流特征，后期为封闭边界或定压边界特征。投产前进行的压力恢复试井得到的曲线均为Ⅰ类曲线，以焦页 20-XHF 井为例，此类气井放喷时间短，压降范围有限，为有界 SRV 物理模型。

Ⅱ类曲线：续流段时间较短，中期为早期径向流特征，后期为 1/4 的直线段和裂缝干扰过渡段特征。以焦页 7-X2HF 井为例，此类气井早期径向流、后期裂缝线性流特征明显。

Ⅲ类曲线：续流段时间短，中期和后期是斜率为 1/2 或者 1/4 的直线段，无早期径向流段。以焦页 7-X1HF 井为例，此类气井无早期径向流，水平井段和大裂缝为主要流通通道。

为了方便分析，将试井曲线分为续流段、中期段、后期段。从不同曲线类型的试井双对数曲线(图 5-1-12)可以看出：Ⅰ类曲线早期压降范围小，压力波及范围有限，后期受井筒积液影响，压力急剧下降，体现为有界 SRV 物理模型，无明显裂缝线性流特征。Ⅱ类曲线、Ⅲ类曲线受近井裂缝复杂程度影响，试井曲线中期渗流特征存在差异，Ⅱ类曲线中期出现水平段垂直径向流，表现为近井地带缝网复杂程度高，后期均为裂缝线性流。

结合曲线归类分析，初步总结了适用于三类曲线的解释模型。可以看出，Ⅱ类曲线、Ⅲ类曲线走势和渗流模型基本相似，区别在于近井改造程度和裂缝的形态存在差异。

（三）干扰试井

1. 工艺原理

干扰试井一般以一口井作为激动井，另一口或数口井作为观测井。对激动井改变工作制度，造成地层压力变化(干扰信号)，在观测井中下入高灵敏度的测压仪表，记录由于激动井改变工作制度所造成的压力变化。干扰试井主要包括激动井一开一关、激动井两开一关。从观测井能否接收到“干扰”压力变化，便可由此判断观测井与激动井之间是否连通；由接收到压力变化的时间和规律可以计算井间的流动参数。

2. 现场应用

焦页 7 号平台是针对上奥陶统五峰组—下志留统龙马溪组下部页岩气层部署的开发水平井，现有焦页 7-X1HF 井、焦页 7-X2HF 井、焦页 7-X3HF 井三口。焦页 7-X1HF 井与焦页 7-X2HF 井最近距离为 311m，焦页 7-X3HF 井与焦页 2HF 井最近距离为 736m。

对焦页 7 号平台开展干扰试井，干扰试井的压力监测是在 3 口井上进行的，其中对每一口井都进行井下压力监测，3 口井同时关井，焦页 7-X2HF 井两开一关，记录焦页 7-X1HF 井、焦页 7-X3HF 井的压力变化。焦页 7-X2HF 井为激动井，焦页 7-X1HF 井、焦页 7-X3HF 井为观测井，具体方案设计见表 5-1-4。

表 5-1-4　焦页 7 号平台干扰试井方案设计

井　号	前期准备	压力恢复	干扰试井			
			第一阶段	第二阶段	第三阶段	结束
焦页 7-X2HF	开井 15d，配产 $6\times10^4m^3/d$	关井 20d	开井 3d，配产 $12\times10^4m^3/d$	关井 3d	开井 5d，配产 $6\times10^4m^3/d$	起出压力计
焦页 7-X1HF	开井 15d，配产 $6\times10^4m^3/d$	关井 20d	关井			起出压力计
焦页 7-X3HF	开井 15d，配产 $6\times10^4m^3/d$	关井 20d	关井			起出压力计

焦页 7-X1HF 井、焦页 7-X2HF 井和焦页 7-X3HF 井于 2015 年 4 月 6 日—4 月 21 日开展关井压力恢复试井，于 2015 年 4 月 21 日—5 月 18 日开展该平台的干扰试井。

1）干扰试井曲线分析

由图 5-1-13 可以看出，激动井焦页 7-X2HF 井开井生产时，焦页 7-X1HF 井压力逐渐下降，当焦页 7-X2HF 井关井后，焦页 7-X1HF 井压力上升。当焦页 7-X2HF 井再次开井生产时，焦页 7-X1HF 井压力又下降。

由图 5-1-14 可以看出，激动井焦页 7-X2HF 井开井生产时，焦页 7-X3HF 井压力逐渐下降，当焦页 7-X2HF 井关井后，焦页 7-X3HF 井压力上升。当焦页 7-X2HF 井再次开井生产时，焦页 7-X3HF 井压力仍然上升，但上升速率明显变小。

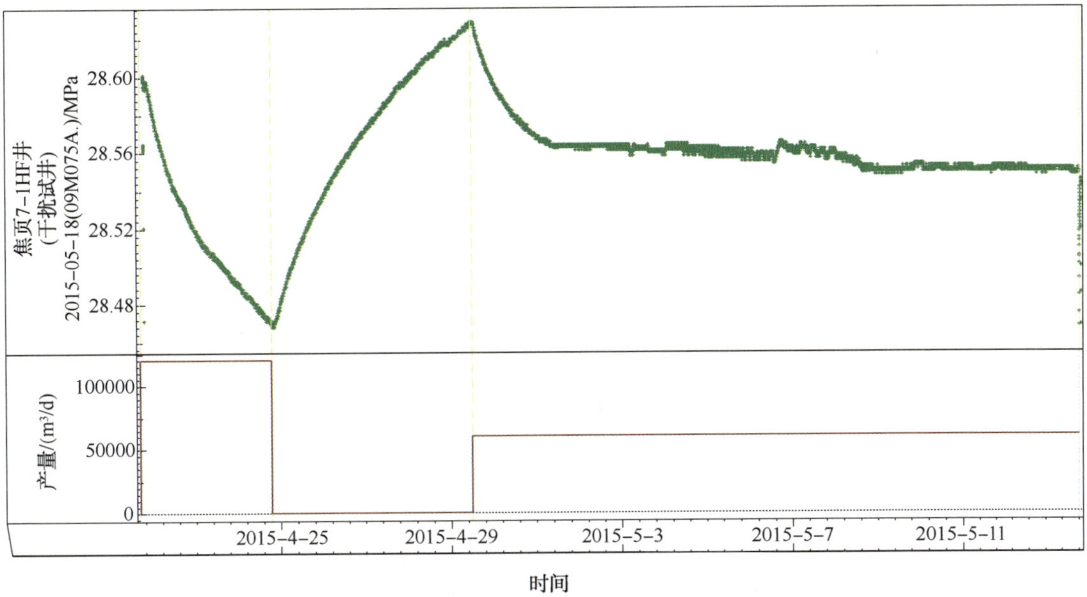

图 5-1-13 焦页 7-X1HF 井实测压力和焦页 7-X2HF 井产量历史对比

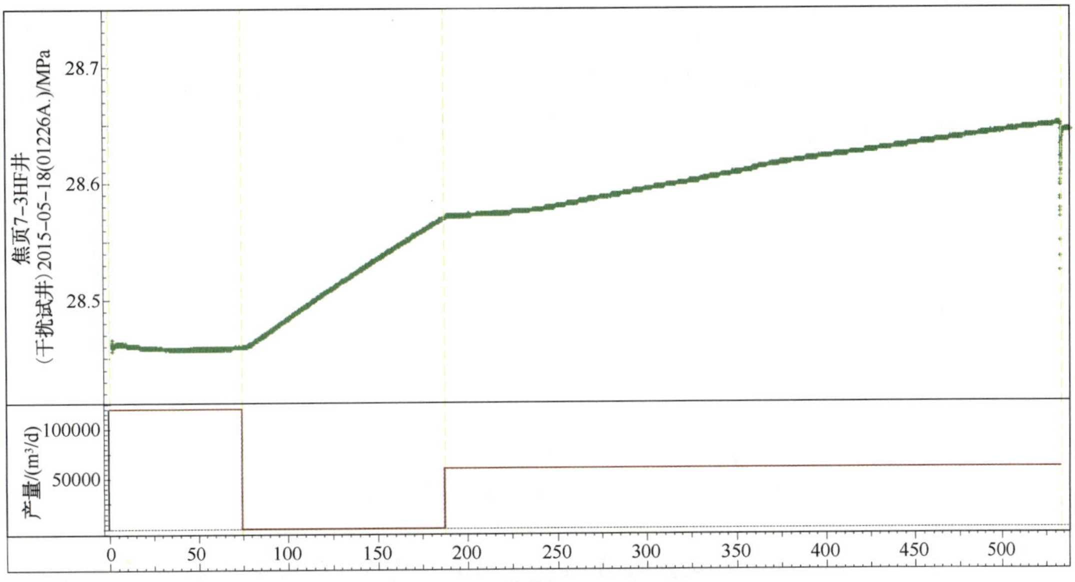

图 5-1-14 焦页 7-X3HF 井实测压力和焦页 7-X2HF 井产量历史对比

2）极值点分析

当地层中有一口观测井、一口激动井时，距离为 R(m)；激动井自 $t=0$ 时刻开始以产量 q(m^3/d)稳定生产，生产 t_p(h)后关井。在激动井开井生产前，整个地层具有均一原始压力 p_i。井间干扰压力曲线如图 5-1-15 所示。

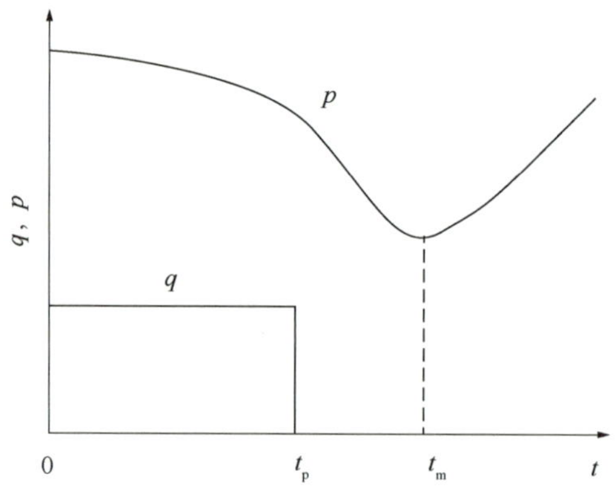

图 5-1-15　井间干扰压力曲线

t_p—生产的某一时刻值；t_m—最低压力对应的极值时刻值

在$(0,\ t_p)$内，观测井中压力为：

$$p(t)=p_i+\frac{0.9210q\mu B}{Kh}Ei\left(-\frac{R^2}{14.4\times10^3\eta t}\right) \tag{5-1-3}$$

式中　$p(t)$——激动井生产 t 时所对应的观测井井底流压；

p_i——原始压力，MPa；

μ——天然气黏度，mPa·s；

B——体积系数；

q——气井产量，$10^4m^3/d$；

K——地层渗透率，mD；

h——气层有效厚度，m；

η——井间导压系数；

t——某一时刻值，h。

当 $t>t_p$ 时，由叠加原理可知，观测井中压力为：

$$p(t)=p_i+\frac{0.9210q\mu B}{Kh}\left\{Ei\left(-\frac{R^2}{14.4\times10^3\eta t}\right)-Ei\left[-\frac{R^2}{14.4\times10^3\eta(t-t_p)}\right]\right\} \tag{5-1-4}$$

可知，式(5-1-3)曲线为单调递减曲线，而式(5-1-4)在$\left\{\max\left(t_p,\ \frac{R^2}{14.4\times10^3\eta}\right),\ t_p+\frac{R^2}{14.4\times10^3\eta}\right\}$区间某一值 t_m 上取得极小值。由函数极值的必要条件可知：

$$\left.\frac{dp}{dt}\right|_{t=t_m}=\frac{0.9210q\mu B}{Kh}\left[\frac{e^{-\frac{R^2}{14.4\times10^3\eta t}}}{t_m}+\frac{e^{-\frac{R^2}{14.4\times10^3\eta(t_m-t_p)}}}{t_m-t_p}\right]=0 \tag{5-1-5}$$

可得：

$$\eta=\frac{R^2t_p}{14.4\times10^{-3}t_m(t_m-t_p)\ln\frac{t_m}{t_m-t_p}} \tag{5-1-6}$$

式中 R^2——气体常数，取 $8.3143\times10^{-3}(\text{kmol}\cdot\text{K})^{-1}$；

t_p——生产的某一时刻值，h；

t_m——最低压力对应的极值时刻值，h。

因此，如果井间存在干扰，画出如图5-1-16所示的井间干扰试井曲线，读出极值点 t_m 的值，即可利用式(5-1-6)计算激动井和干扰井间的导压系数。

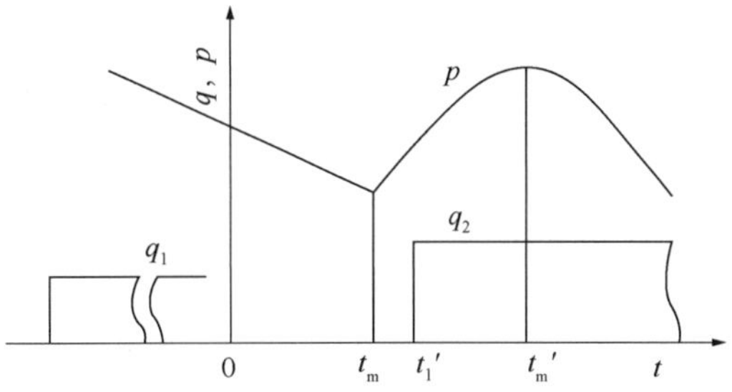

图5-1-16 井间干扰试井曲线

当激动井在生产，产量为 q_1(m^3/d)，生产 t_p(h)后，关激动井，关井 t_1(h)后，再次开井，产量为 q_2(m^3/d)。

由叠加原理可知：再次开井后观测井的压力为：

$$p(t)=p_i+\frac{0.9210q\mu B}{Kh}\left\{Ei\left[-\frac{R^2}{14.4\times10^3\eta(\Delta t+t_p)}\right]-Ei\left[-\frac{R^2}{14.4\times10^3\eta(t-t_p)}\right]+\frac{q_2}{q_1}\left[-\frac{R^2}{14.4\times10^3\eta(\Delta t-t_1)}\right]\right\} \tag{5-1-7}$$

式(5-1-7)将在某一点 t'_m 取得极大值。假设关井前生产时间 $t_p\gg t'_m$，则可得到该情况下的极值点公式：

$$\eta'=\frac{R^2t_p}{14.4\times10^{-3}\eta t'_m(t'_m-t_1)\ln\left(\frac{q_2}{q_1}\frac{t'_m}{t'_m-t_1}\right)} \tag{5-1-8}$$

式中 η'——井间导压系数。

根据以上分析，只需要读出激动井干扰开始时间和观测井极值点时间即可利用式(5-1-6)和式(5-1-8)计算导压系数。需要指出的是，式(5-1-8)利用了 $t_p\gg t'_m$ 的假设条件，而在本次测试中，该条件不满足，因此只利用式(5-1-6)计算气井导压系数。

利用图5-1-16，读出焦页7-X1HF井和焦页7-X2HF井各相应时间，采用式(5-1-6)计算导压系数，计算结果见表5-1-5。

利用基础参数将导压系数换算为渗透率可得：焦页7-X1HF井和焦页7-X2HF井井间连通渗透率为15.34mD。

针对焦页7-X1HF井和焦页7-X2HF井的干扰测试，分别采用曲线定性分析、极值点分析和双对数分析方法进行干扰解释。从干扰测试曲线定性角度分析，明确了焦页7-X2HF井和焦页7-X1HF井之间存在干扰，利用极值点分析方法分析得到的井间连通渗透率为15.34mD；采用双对数分析和全历史拟合方法，利用数值试井技术计算得到的储层渗透率为18.5mD。需要指出的是，虽然建立的地质模型是整个储层的，但观测井的压力只受激动井和观测井之间的导压系数影响，因此采用数值试井模型解释出的渗透率依然是井间连通渗透率，不能将该渗透率理解为整个储层的渗透率。

表5-1-5　焦页7-X1HF井和焦页7-X2HF井井间干扰时间

焦页7-X2HF井开井时刻	焦页7-X2HF井关井时刻	焦页7-X1HF井极值点时刻	t_p	t_m	井间距离/m	导压系数/[(mD·MPa)/(mPa·s)]
2015-4-21 18：30	2015-4-24 18：32	2015-4-24 20：25	72.03	73.92	311	9.470×10^5

（四）微注入压降测试

1. 工艺原理

微注入压降测试遵循不稳定试井的基本原理：当储层中流体的流动处于平衡状态时，若改变井的工作制度即改变压力，则将在井底造成一个压力扰动，此扰动将随着时间的推移不断向井壁四周地层径向扩展，最后达到一个新的平衡状态。这种压力扰动的不稳定过程与地层、流体的性质有关。因此，用测试仪器将井底压力随时间的变化规律记录下来，通过分析，可以判断和确定地层的性质。微注入压降测试主要包括微破裂测试阶段、注入阶段、关井测压降阶段。通过微注入测试，获取区块原始地层压力、微裂缝参数、地层物性等资料，为压裂试气工艺优化、产能评价提供可靠的支撑。

2. 现场应用

焦页74-XHF井位于重庆市涪陵区白涛街道柏林村1组，位于川东高陡褶皱带万县复向斜石门向斜东翼，水平井方位基本为南北向，水平段钻进过程中未见漏失。焦页74-XHF井水平段长1423m，①~③小层的穿行比例为98%，A、B靶的高程差为314m，为了落实该井区的原始地层压力，对该井开展了微注入压降测试（DFIT），为了取全、取准数据，在井口和井下实施了压力监测，录取了完整的施工曲线（图5-1-17）。本次微注入压降测试总时间为280h，注入总液量为28.4m^3，注入

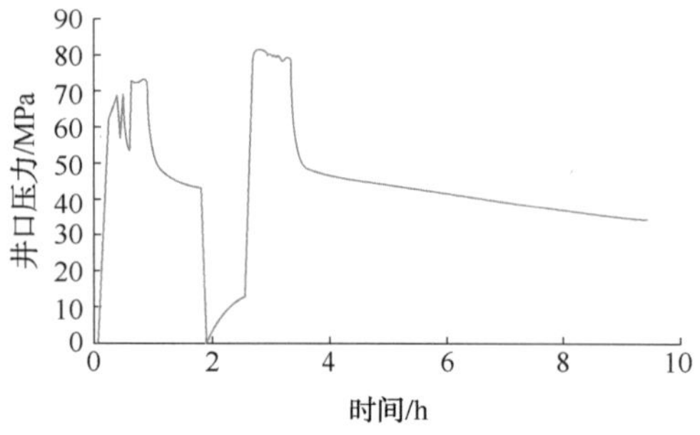

图5-1-17　焦页74-XHF井微注入实测压力数据与施工泵注程序曲线

介质为清水，排量为150~370L/min。根据现场井口电子压力计录取的数据，可以看出，完整记录了施工全过程的压力、温度数据，测试全过程密封情况良好，曲线光滑，无出现异常情况。

采用SAPHIR4.30微压裂模块进行裂缝闭合前分析，采用G函数分析闭合压力(图5-1-18)，两种方法闭合前分析结果基本相近。而采用闭合后分析，求得气层原始地层压力为50.13MPa，压力系数为1.26。两种方法解释的压力基本相近。

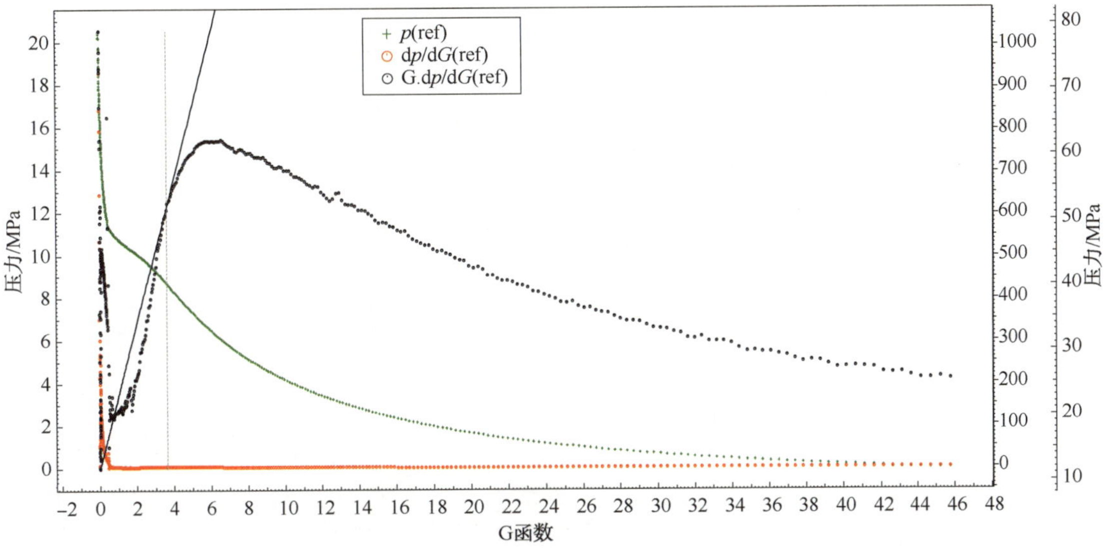

图5-1-18　焦页74-XHF井G函数闭合前分析图

同时，根据ACA分析结果(图5-1-19、表5-1-6)，裂缝闭合后形成斜率为1/2的局部线性流，径向流段特征不太明显，但存在一定的趋势，因此计算地层流度为0.0636mD/cP，平均有效渗透率为0.0150mD。采用SAPHIR4.30对关井压降数据进行双对数分析，结果表明(图5-1-20)，该井本次微压裂的井储系数较小，表皮系数为负值，平均有效渗透率为0.0186mD，裂缝半长为25.9m。运用两种不同的方法计算地层渗透率，可以看出，其解释结果基本相近，见表5-1-6、表5-1-7。

表5-1-6　焦页74-XHF井裂缝闭合前、后分析结果表

项　目	SAPHIR4.30	项　目	SAPHIR4.30
裂缝闭合时间/h	3.4076	径向流开始时间/h	223.24
瞬时关井压力/MPa	52.69	关井最终井口压力/MPa	11.85
裂缝闭合压力/MPa	39.73	拟合油藏初始压力/MPa	10.37
G函数闭合值	3.8252	折算气层中部原始地层压力/MPa	50.13
G函数斜率/MPa	3.389	压力系数	1.26

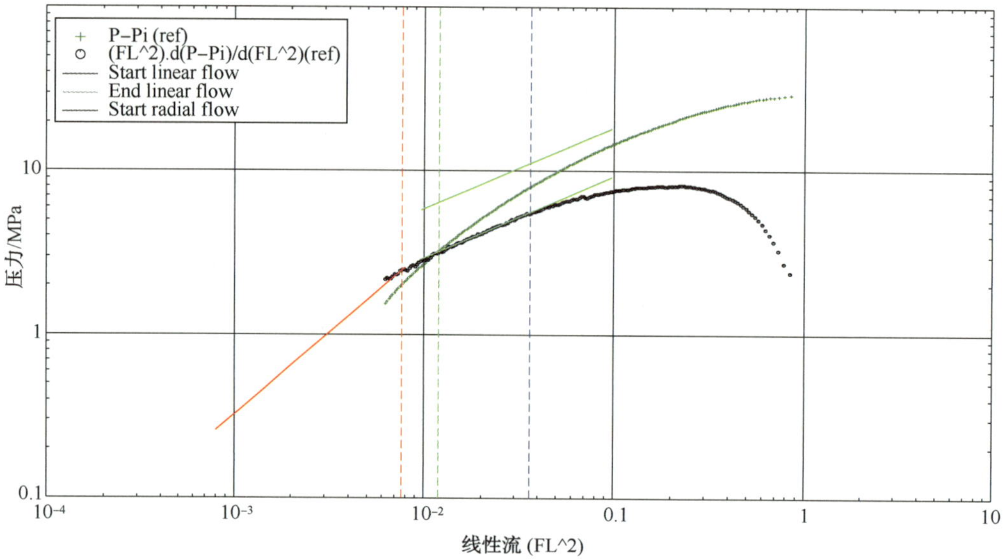

图 5-1-19　焦页 74-XHF 井裂缝闭合后 ACA 分析图

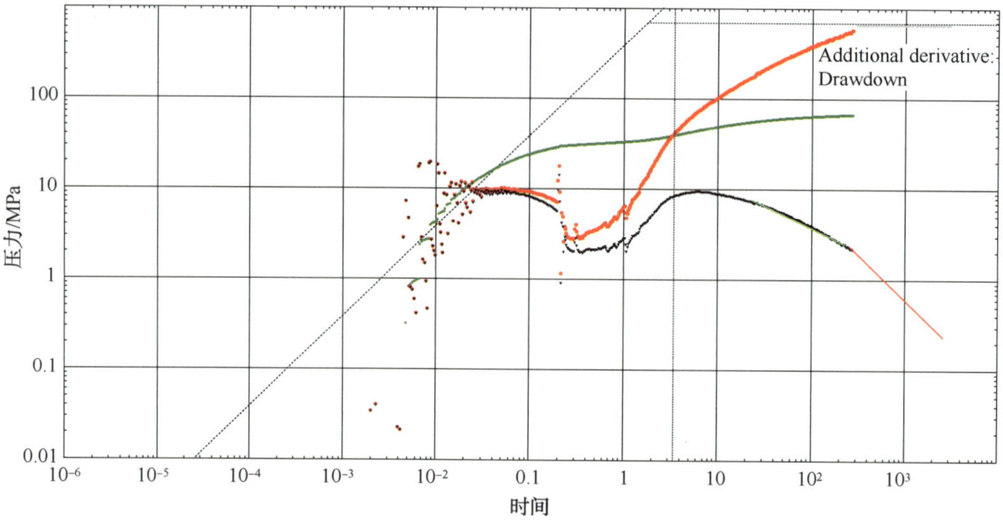

图 5-1-20　焦页 74-XHF 井双对数分析图

表 5-1-7　焦页 74-XHF 井地层物性参数结果对比

项　目	双对数分析	ACA 分析
井筒储集系数/(m^3/MPa)	0.0934	—
表皮系数	−0.299	—
地层系数/mD·m	0.373	0.301
有效渗透率/mD	0.0186	0.0150
裂缝半长/m	25.9	—

四、产出流体监测

（一）天然气常规分析

1. 工艺原理

涪陵页岩气田天然气分析主要采用气相色谱法。具有代表性的气样和已知组分的标准混合气，在同样的操作条件下，用气相色谱法进行分离。样品中许多重尾组分可以在某个时间通过改变流过柱子载气的方向，获得一组不规则的峰，这组重尾组分可以是 C_5 和更重的组分，或 C_6 和更重的组分。由标准气的组成值，通过对比峰高、峰面积或者两者均对比，计算得到样品的相应组成。

2. 现场应用

焦石坝区块五峰组—龙马溪组天然气组分分析表明，天然气中以甲烷为主，摩尔百分含量为 90.02%～98.81%，除了异常点，甲烷含量稳定在 98%左右，乙烷含量为 0.4%～0.8%。二氧化碳含量为 0～0.4%，相对密度为 0.56。随着生产时间的延长和累计产气量的增加，各组分含量稳定，天然气类型均为干气页岩气藏。

涪陵页岩气田焦石坝区块焦页 1 井、焦页 2 井、焦页 3 井、焦页 4 井和产建二期的白涛、白马、平桥、江东区块探井、评价井在五峰组—龙马溪组钻井、测试过程中，均未见硫化氢，根据气样分析结果及钻井情况，判断涪陵工区五峰组—龙马溪组下部目的层段天然气中不含硫化氢等有毒有害气体。

（二）水常规分析

涪陵页岩气田水分析主要采用离子色谱法。当按常规操作时，过滤后的水样被注入用碳酸盐-重碳酸盐作为洗脱液的一系列低容量、强碱性的阴离子交换色谱柱中。水中的阴离子根据它们和交换柱的亲和力不同而被分离，分离出的阴离子被转换成相应的酸，并进入电导检测池进行检测。每种阴离子都根据其相对于标准的保留时间而被鉴别，并根据对峰高或峰面积的测量定量化。

焦石坝区块页岩气井产出水中钙、镁离子和 pH 值随时间无变化，基本平稳，总矿化度和水型主要与生产时间、地层可溶矿物、压裂措施液成分有关。对于采用乌江清水作为压裂措施液的气井，总矿化度在初期增长较快，主要是气井目的层的可溶矿物溶解于压裂液中，导致氯离子和钠、钾离子浓度增长，在达到溶解平衡后，总矿化度保持平稳，总矿化度平均为 26000mg/L 左右，采出水水型由初期的压裂入井液的地表水型硫酸钠或碳酸氢钠水型转变为氯化钙水型。

因此，综合判断目前焦石坝区块页岩气井采出水为压裂措施液，地层不出水。

（三）PVT 分析

PVT 分析即油气藏流体高压物性分析，油气藏流体高压物性分析为研究和确定模拟开采条件下油气藏流体的相态和性质。目前，对涪陵页岩气田江东区块焦页 70-XHF 井、白涛区块焦页 74-XHF 井进行了 PVT 测试分析(表 5-1-8)。从测试结果看，江东、白涛区块的天然气性质、组分、组成、相图差异较小。

表 5-1-8　焦页 70-XHF 井、焦页 74-XHF 井流体物性分析数据

井　号	区　块	相对密度	相对分子质量	临界温度/℃	临界压力/MPa
焦页 70-XHF	江东	0.5656	16.39	190.87	4.597
焦页 74-XHF	白涛	0.5690	16.49	191.58	4.618

相图主要用于判断油气藏类型，对气藏衰竭式开发过程进行动态分析。不同区块相态与温度、压力关系趋势相当，结合衰竭压力设计、目前测试地层温度分析，焦石坝区块气井整个开采周期均为气相(图 5-1-21、图 5-1-22)。

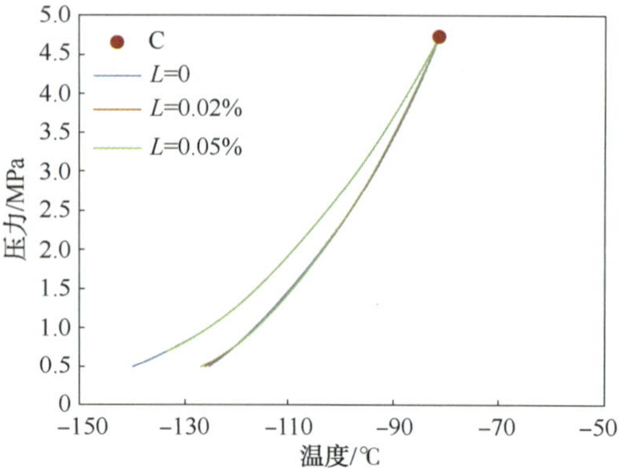

图 5-1-21　焦页 70-XHF 井拟合相图

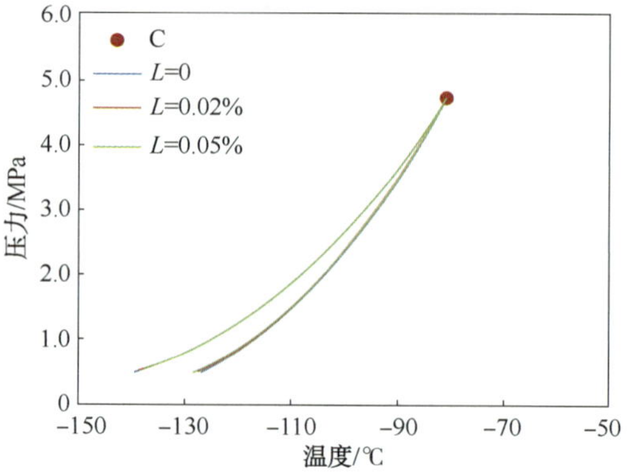

图 5-1-22　焦页 74-XHF 井拟合相图

五、生产测井监测

利用水平井产出剖面可直观了解水平段各簇、各段产出状况，为分段压裂参数优化提供依据。水平井产出剖面测试的难点主要集中在以下几个方面：①常规测试工艺无法将仪器送至目的层段；②水平井的完井方式、井眼轨迹、井径变化等因素的综合作用导致井筒中流体分布不对称、重质相回流，使地层水多分布于井筒的低凹处或水平井段下部，存在流体相态重力分异及气体滑脱效应，常规测试仪器无法分辨流体成分(持水率、持气率)；③常规解释模型已不适用于对水平段流体流动进行分析。

(一) FSI 生产测井工艺

页岩气水平井产剖测试仪器多为多传感器阵列式分布仪器，主要对水平段井筒内纵

剖面相态分布及流体速度进行有效测量，但由于井身轨迹和井筒原因，复杂的测试仪器所测结果常伴随较高的测试风险。目前，国际上采用的主要测试仪器有 Sandex 公司的全井眼流量测试仪器和 SLB 公司的 FSI 流体扫描测试仪器，江汉油田工程院自主研究了存储式温度压力测试仪器，从测试工艺上取得了一定的突破，但在定量解释模型上仍存在较大困难，须进一步研究完善。

FSI 流体扫描仪是专门为大斜度井、水平井和近水平井而开发的。测量时，仪器主体位于井筒的底端，测量臂可展开，最大可到井筒的内直径，像井径仪一样，实现计算流动速率所需要的井筒内全范围测量，具有较小的外径，仅为 1 11/16 in(42.86mm)，测量的井眼范围为 2⅞～9in(73.03～228.60mm)，可用连续油管、电缆或 Max-TRAC 爬行器传输。该仪器长度较短，为 16ft(4.88m)，对狗腿度严重的井应用非常理想。仪器可在温度 302℉(150℃)和压力 15000psi(103425kPa)下工作。

FSI 流体扫描仪采用阵列式分布，测试仪器上共有 5 个 mini 转子，从下到上序号依次为 0 到 4，有 6 个电子探针和 6 个光学探针，电子探针和光学探针序号从下到上分别为 0 到 5。电子 E 探针用于区分烃类和水，以及计算出的持水率。光学 O 探针用于区分气、液流体组分和计算出的持气率(图 5-1-23)。

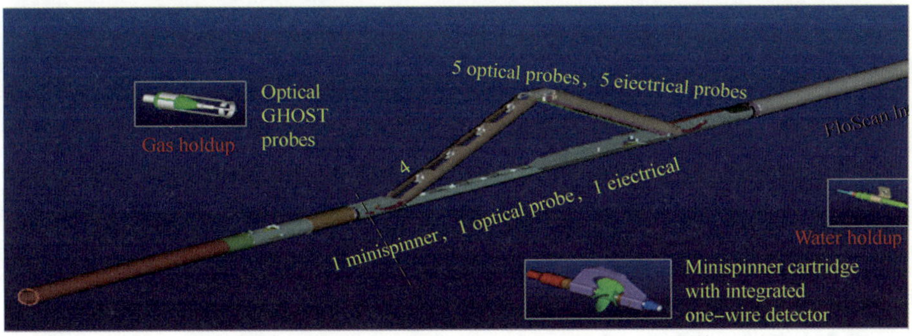

图 5-1-23 FSI 流体扫描测试仪器结构示意图

阵列式全井眼流量测试仪测试参数包括自然伽马、磁定位、密度、温度、压力、流量、持水率 7 个参数，仪器结构如图 5-1-24 所示。

其中，全井眼流量计主要技术指标为：外径 43mm；耐温 177℃；耐压 104MPa；精度±0.05RPS；分辨率 0.01RS；适用管柱 4½～9⅝in。

存储式温度压力计由江汉油田采油院自主研发，内置高精度的温度压力计，能高灵敏度地测量井筒内流体产生的温压变化。测试仪器为存储式，由井下电池组供电，前段可连接打捞工具。它通过对水平井段磁定位、温度、压力的匀速拖动测试，获取井下产出层段的温压变化剖面资料，结合水平井温压解释模型，定性确定水平井分段、分簇产出情况。仪器结构如图 5-1-25 所示。

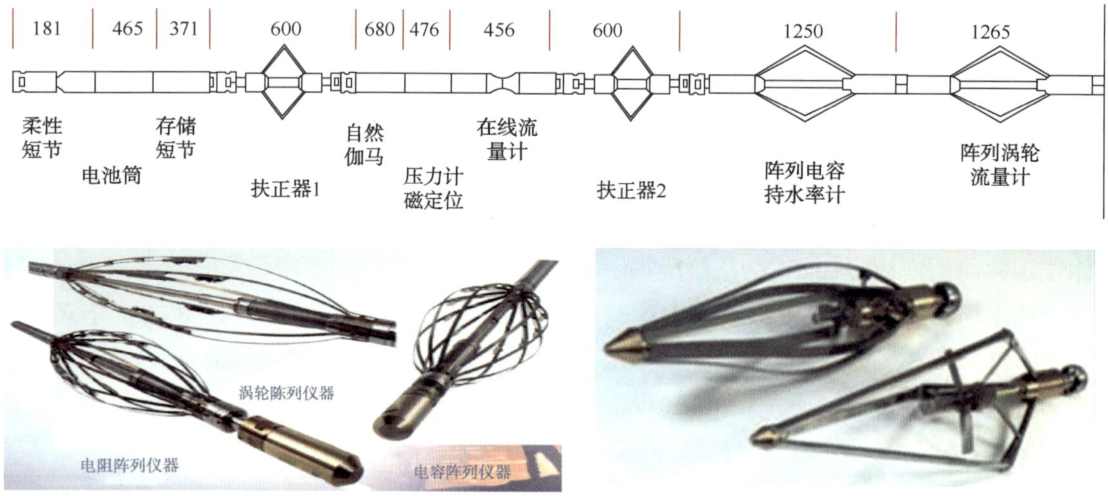

图 5-1-24 阵列式全井眼流量测试仪

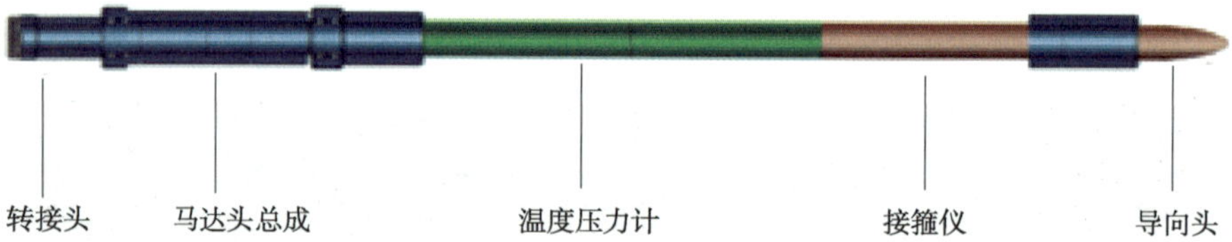

图 5-1-25 存储式温度压力计示意图

存储式温度压力计技术指标为：温度测量范围 0～125℃（±0.5%F.S），分辨率 0.01℃；压力测量范围：0～70MPa（±0.05%F.S），分辨率：0.002MPa；数据存储容量：50 万组；连续测试时间：48h。

（二）温压剖面测试工艺

FSI 生产测井工艺测试成本相对较高，江汉油田经过不断探索，自主研发出一套成本较低的温压剖面测试工艺，该工艺符合区块特点，便于大规模推广应用。采用连续油管起下工艺将仪器下入水平井段，在气井开井生产状态下，测试温度压力剖面曲线，分析各产层产出贡献，为后续井的分段压裂参数优化、射孔层段优选及连续油管产出剖面测试提供依据和经验。

1. 测试原理

地层温度主要来自地球内部的热能，它是一个稳定的温度场，当气体从储层的高压状态进入井筒较低压力状态时，气体会因体积膨胀而吸热，在出气口附近发生局部低温异常情况。温压剖面测试工艺的原理是通过测量井下某一深度处的井温或沿井径温度剖面，辅以压力、接箍、伽马曲线，大致可以定性分析温度变化的原因，从而分析、判断水平井各层段的流态变化规律。

2. 测试工艺

温压剖面测试工艺如图 5-1-26 所示。连续油管口径为 Φ44.5mm 或 Φ50.8mm，水平段推送距离保证大于 1000m。仪器下井前，预设延时时间，仅采集测试段数据。测试时，缓慢上提或下放油管进行连续测试，在有效高速采集时间内可多次重复测试过程，确保数据有效。

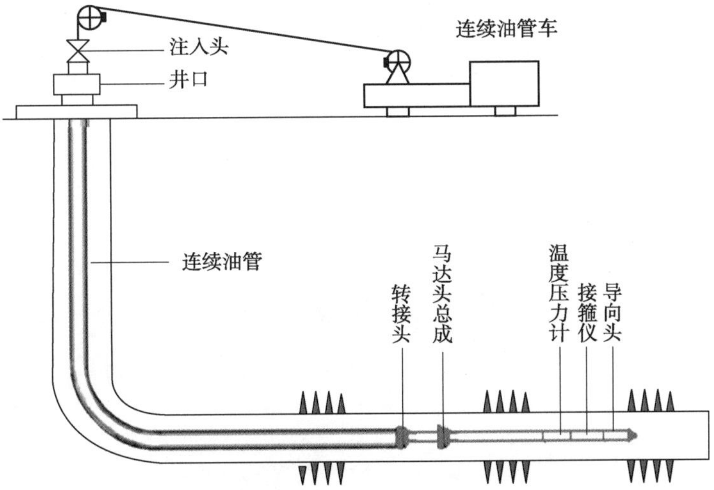

图 5-1-26　温压剖面测试工艺

下入测试：仪器随连续油管下至测试起点深度，按预定时间和间隔记录水平段流体温度、压力等信息并存储起来，直至到达水平段末端。

起出测试：仪器随连续油管下至水平段末端，上提测试仪器串，按预定时间和间隔记录水平段流体温度、压力等信息并存储起来，直至到达测试结束深度。

测试完毕后，读取测试仪器中存储的温度、压力、接箍数据，进行综合分析解释，定性确定各井段的产出情况。

（三）现场应用情况

1. 产剖资料能判断不同小层出力状况，为层位穿行提供依据

焦页 108-XHF 井是针对上奥陶统五峰组—下志留统龙马溪组下部页岩气层部署的一口页岩气开发水平井，水平段长 1523.00m，水平段页岩段测井解释 TOC 值 1.9%～5.3%，加权平均值为 4.52%；孔隙度 0.1%～5.2%，加权平均值为 4.87%；密度 2.5～2.79g/cm^3，加权平均值为 2.54g/cm^3，水平段①～④小层和涧草沟组（距五峰组底最大垂厚 4.2m）穿行，为了判断各小层产气贡献率，由该井产气剖面测试结果可以看出，③小层产气量和贡献率与①小层相当，焦页 188-XHF 井也出现类似现象，如图 5-1-27、

图 5-1-28 所示，与主体区①小层最优不同，综合考虑压裂施工难度，平桥区块下步目的层可以以③小层为主、以①小层为辅。

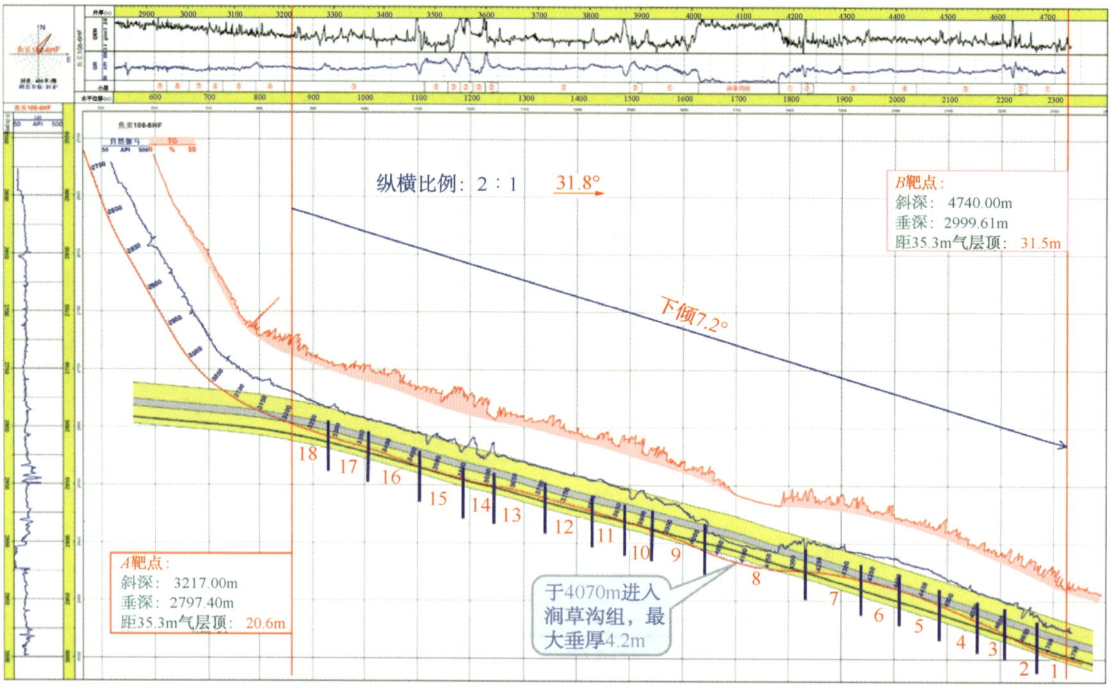

图 5-1-27　焦页 108-XHF 井穿行层位示意图

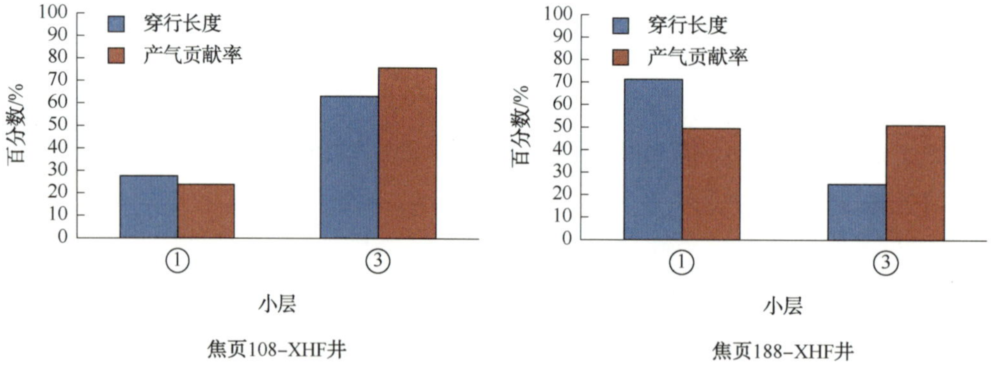

图 5-1-28　焦页 108-XHF 井、焦页 188-XHF 井水平段各小层产气贡献率对比

2. 产剖资料能判断水平段持率状况，为方案部署提供依据

焦页 81-XHF 井 *A*、*B* 靶点垂差 893m，焦页 60-XHF 井 *A*、*B* 靶点垂差 584m，由两口井产气剖面测试结果图(图 5-1-29、图 5-1-30)可以看出，气井井底存在明显

积液，且产气贡献率低。也就是说，*A*、*B* 靶点垂差较大的气井，*B* 段受积液影响，产气贡献率低，气井开发效益较差。江东区块构造较一期更陡，如果按照一期方案部署，*A*、*B* 靶点垂差较大，结合产剖资料对方案进行优化调整，减小 *A*、*B* 靶点垂差。

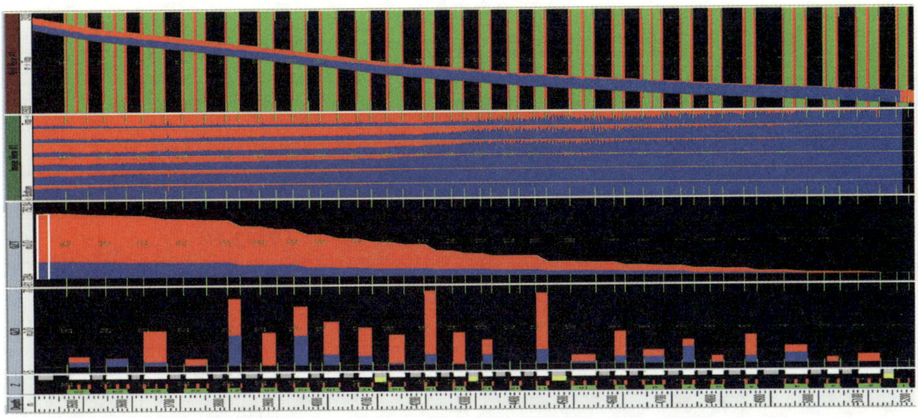

图 5-1-29　焦页 60-XHF 井产气剖面测试结果

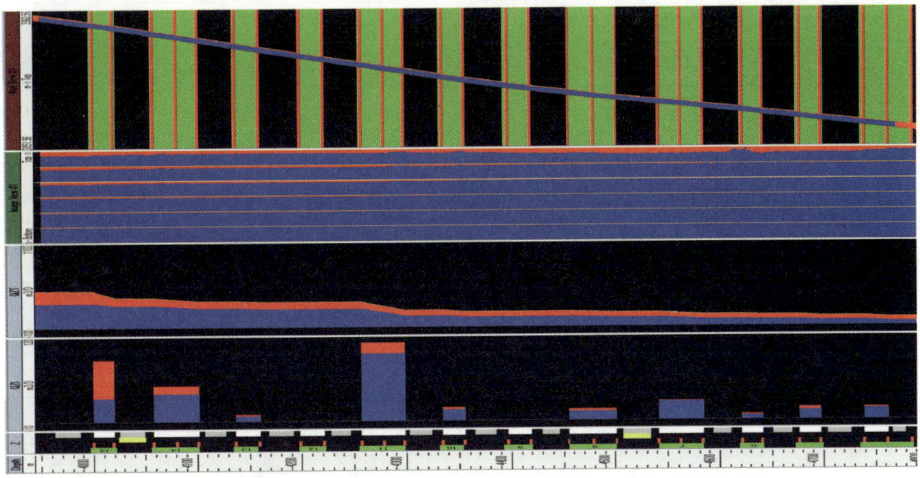

图 5-1-30　焦页 81-XHF 井产气剖面测试结果

3. 分段分簇优化与应用

根据产气剖面测试中分段分簇产气贡献率的认识，将压裂设计中原来的均匀分段、并选取段中物性最优位置射孔的理念优化为非均匀分段，以及充分利用物性参数、地化参数、可压性参数、井筒工程参数，选取段内各簇各参数物性相当的位置射孔，避免出现段内的非均质性，影响压裂和各族的产气贡献率。

早期分段原则是按测井曲线物性显示相对较好的深度，即高伽马、高 TOC、低 DEN，段间距 35m，簇间距 25~30m 均匀分段，但由于受段内物性差异影响，段簇之间产气贡献率差异较大(表 5-1-9、图 5-1-31)。

优化后分段分簇原则是物性差异小，方案优化后，后期开发井产气剖面测试结果证明各段和各簇的产气贡献率更均匀(表 5-1-10、图 5-1-32)。

表 5-1-9　焦页 7-1HF 井两种工作制度下测试产气量对比

段　号	段长/m	每段产气量 $(10\times10^4m^3/d)/(m^3/d)$	产气贡献率/%	每段产气量 $(15\times10^4m^3/d)/(m^3/d)$	产气贡献率/%
17	85	19342. 20	19. 4	25916. 40	26. 0
16	89	8389. 48	8. 4	9542. 89	6. 3
15	90	15448. 90	15. 5	25545. 70	25. 6
14	90	11623. 90	11. 7	11442. 00	11. 5
13	90	1858. 47	1. 9	10138. 70	10. 2
12	90	574. 83	0. 6	1045. 12	1. 0
11	90	0	0	0	0
10	89	3562. 71	3. 6	9401. 09	9. 4
9	89	6200. 76	6. 2	6103. 39	6. 1
8	90	7356. 30	7. 4	7314. 82	7. 3
7	91. 3	4466. 54	4. 5	9524. 88	9. 6
6	85. 7	4351. 71	4. 4	7509. 94	7. 5
5	87	6255. 41	6. 3	8119. 12	8. 1
4	96	0	0	0	0
3	88	8295. 44	8. 3	8060. 62	8. 1
2	95. 7	910. 90	0. 9	4865. 84	4. 9
1	61. 3	1030. 42	1. 0	5752. 76	5. 8

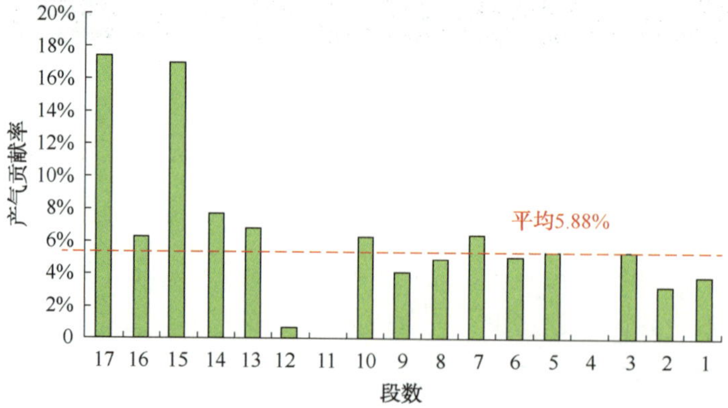

图 5-1-31　焦页 7-1HF 井单段贡献率直方图

表 5-1-10　焦页 54-6HF 井单段产气量对比

段　号	段长/m	每段产气量/[(10×10⁴m³/d)/(m³/d)]	产气贡献率/%
20	77	3215.1	4.8
19	75	3872.9	5.8
18	67	3176.0	4.8
17	70	3681.9	5.5
16	66	7255.2	10.9
15	74	3035.2	4.6
14	63	4577.2	6.9
13	85	6650.4	10.0
12	65	4982.9	7.5
11	70	3301.8	5.0
10	74	4125.1	6.2
9	73	2692.4	4.0
8	87	5251.5	7.9
7	71	1285.9	1.9
6	89	1157.7	1.7
5	86	8267.0	12.4
4	84		
3	76		
2	80		
1	68		

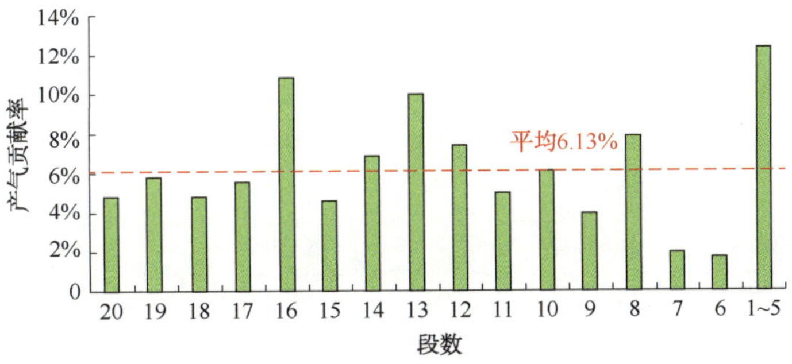

图 5-1-32　焦页 54-6HF 井单段贡献率直方图

4. 压裂试气工艺优化与应用

随着开发区块向南移，对压裂试气工艺做了相应优化和调整。南部探井焦页 8HF

井，在前6段用4种工艺施工，整体上施工压力平稳，排量、砂比高，砂量全部达到设计要求；中砂阶段通过胶液加粉陶、胶液加中砂等工艺有效提升了单段加砂量，但压裂曲线没有明显复杂缝网造缝特征。

在中途开展产气剖面测试分析后，第7~22段按照优化的模式“提升排量、快提砂比、控制缝长、暂堵转向”完成施工，压裂施工曲线出现明显的破裂特征(压力上升后突然下降)，压力变化幅度增大，后期试气取得了明显的效果，在12mm油嘴全井段测试、稳定井口压力17.0MPa下，获得20.9×10^4m^3/d的高产工业气流。

FSI产气剖面测试结果见表5-1-11。

表5-1-11　焦页8号平台无阻流量统计

段号	簇号	簇深度/m		簇产水量/(m^3/d)	段产水量/(m^3/d)	测试制度1 ($20×10^4m^3$/d)/m^3		测试制度1 (产气贡献率)/%		穿行层位
22	60	3017	3018.5	2.357	5.56	16120	27737	14.42	8.34	5
	59	3039.5	3041	3.198		11618			6.01	
21	58	3071	3072	2.461	9.79	2204.2	10972	5.703	1.14	3、4
	57	3089	3090	3.695		2933.7			1.52	
	56	3114	3115	3.631		5834.2			3.02	
20	55	3150	3150.8	2.194	36.4	924.64	5088	2.644	0.48	3
	54	3172	3172.8	3.825		1639.2			0.85	
	53	3192	3192.8	26.47		1722.6			0.89	
	52	3213	3213.8	3.92		801.49			0.41	
19	51	3245	3246	0.184	7.36	7069.1	15776	8.2	3.66	3
	50	3269.5	3270.5	7.016		7702.5			3.99	
	49	3292	3293	0.164		1004.1			0.52	
18	48	3326	3327	19.15	26.9	12115	19596	10.19	6.27	3
	47	3345	3346	7.802		5865.5			3.03	
	46	3367	3368	0		1616			0.84	
17	45	3398.5	3400	23.31	32.2	15369	26391	13.72	7.95	3
	44	3421.5	3423	8.843		11022			5.7	
16	43	3458	3459	0	0.15	810.24	1551.5	0.806	0.42	3
	42	3479	3480	0.148		741.23			0.38	
	41	3501	3502	0		0			0	

续表

<table>
<tr><th>段　号</th><th>簇　号</th><th colspan="2">簇深度/m</th><th>簇产水量/(m³/d)</th><th>段产水量/(m³/d)</th><th colspan="2">测试制度 1 (20×10⁴m³/d)/m³</th><th colspan="2">测试制度 1 (产气贡献率)/%</th><th>穿行层位</th></tr>
<tr><td rowspan="3">15</td><td>40</td><td>3540</td><td>3541</td><td>14. 67</td><td rowspan="3">23. 8</td><td>6770. 7</td><td rowspan="3">10393</td><td rowspan="3">5. 402</td><td>3. 5</td><td rowspan="3">3</td></tr>
<tr><td>39</td><td>3564</td><td>3565</td><td>9. 101</td><td>3622. 7</td><td>1. 87</td></tr>
<tr><td>38</td><td>3584</td><td>3585</td><td>0</td><td>0</td><td>0</td></tr>
<tr><td rowspan="2">14</td><td>37</td><td>3617. 5</td><td>3619</td><td>0. 842</td><td rowspan="2">0. 84</td><td>18198</td><td rowspan="2">22770</td><td rowspan="2">11. 84</td><td>9. 42</td><td rowspan="2">3</td></tr>
<tr><td>36</td><td>3641</td><td>3642. 5</td><td>0</td><td>4571. 5</td><td>2. 37</td></tr>
<tr><td rowspan="3">13</td><td>35</td><td>3676</td><td>3677</td><td>11. 56</td><td rowspan="3">92. 6</td><td>502. 46</td><td rowspan="3">2437. 6</td><td rowspan="3">1. 267</td><td>0. 26</td><td rowspan="3">3</td></tr>
<tr><td>34</td><td>3697</td><td>3698</td><td>8. 847</td><td>1196. 8</td><td>0. 62</td></tr>
<tr><td>33</td><td>3718</td><td>3719</td><td>72. 2</td><td>738. 4</td><td>0. 38</td></tr>
<tr><td rowspan="4">12</td><td>32</td><td>3748. 5</td><td>3749. 3</td><td>0</td><td rowspan="4">0. 23</td><td>1152. 3</td><td rowspan="4">2344. 1</td><td rowspan="4">1. 218</td><td>0. 6</td><td rowspan="4">3</td></tr>
<tr><td>31</td><td>3766. 2</td><td>3767</td><td>0</td><td>219. 67</td><td>0. 11</td></tr>
<tr><td>30</td><td>3788</td><td>3788. 8</td><td>0. 228</td><td>604. 42</td><td>0. 31</td></tr>
<tr><td>29</td><td>3809</td><td>3809. 8</td><td>0</td><td>367. 64</td><td>0. 19</td></tr>
<tr><td rowspan="3">11</td><td>28</td><td>3847. 5</td><td>3848. 5</td><td>0</td><td rowspan="3">3. 85</td><td>4691. 1</td><td rowspan="3">14990</td><td rowspan="3">7. 79</td><td>2. 43</td><td rowspan="3">3</td></tr>
<tr><td>27</td><td>3869</td><td>3870</td><td>0</td><td>5070. 7</td><td>2. 62</td></tr>
<tr><td>26</td><td>3891</td><td>3892</td><td>3. 846</td><td>5228. 2</td><td>2. 7</td></tr>
<tr><td rowspan="2">10</td><td>25</td><td>3921</td><td>3922. 5</td><td>7. 951</td><td rowspan="2">19. 2</td><td>10421</td><td rowspan="2">14441</td><td rowspan="2">7. 506</td><td>5. 39</td><td rowspan="2">3</td></tr>
<tr><td>24</td><td>3940. 5</td><td>3942</td><td>11. 25</td><td>4019. 8</td><td>2. 08</td></tr>
<tr><td rowspan="2">9</td><td>23</td><td>3985</td><td>3986. 5</td><td>0</td><td rowspan="2">6. 12</td><td>0</td><td rowspan="2">89. 073</td><td rowspan="2">0. 046</td><td>0</td><td rowspan="2">3</td></tr>
<tr><td>22</td><td>4006. 5</td><td>4008</td><td>6. 115</td><td>89. 073</td><td>0. 05</td></tr>
<tr><td rowspan="3">8</td><td>21</td><td>4038</td><td>4039</td><td>2. 517</td><td rowspan="3">23</td><td>3308. 4</td><td rowspan="3">7528. 9</td><td rowspan="3">3. 913</td><td>1. 71</td><td rowspan="3">3</td></tr>
<tr><td>20</td><td>4061</td><td>4062</td><td>3. 585</td><td>4018. 8</td><td>2. 08</td></tr>
<tr><td>19</td><td>4085</td><td>4086</td><td>16. 87</td><td>201. 69</td><td>0. 1</td></tr>
<tr><td rowspan="2">7</td><td>18</td><td>4125</td><td>4126. 5</td><td>0. 958</td><td rowspan="2">2. 45</td><td>1934. 7</td><td rowspan="2">2859. 2</td><td rowspan="2">1. 486</td><td>1</td><td rowspan="2">3</td></tr>
<tr><td>17</td><td>4146</td><td>4147. 5</td><td>1. 488</td><td>924. 58</td><td>0. 48</td></tr>
<tr><td rowspan="2">6</td><td>16</td><td>4178. 5</td><td>4180</td><td>4. 529</td><td rowspan="2">6. 59</td><td>399. 37</td><td rowspan="2">1974. 5</td><td rowspan="2">1. 026</td><td>0. 21</td><td rowspan="2">3</td></tr>
<tr><td>15</td><td>4202. 5</td><td>4204</td><td>2. 056</td><td>1575. 1</td><td>0. 81</td></tr>
<tr><td rowspan="3">5</td><td>14</td><td>4237</td><td>4238</td><td>3. 219</td><td rowspan="3">5. 44</td><td>109. 46</td><td rowspan="3">1735. 6</td><td rowspan="3">0. 902</td><td>0. 06</td><td rowspan="3">3</td></tr>
<tr><td>13</td><td>4258</td><td>4259</td><td>0</td><td>1244. 7</td><td>0. 64</td></tr>
<tr><td>12</td><td>4282</td><td>4283</td><td>2. 221</td><td>381. 49</td><td>0. 2</td></tr>
</table>

续表

段号	簇号	簇深度/m		簇产水量/(m^3/d)	段产水量/(m^3/d)	测试制度1 ($20\times10^4m^3$/d)/m^3		测试制度1 (产气贡献率)/%		穿行层位
4	11	4321	4322	0	0	1622.7	2042.1	1.061	0.84	3
	10	4343	4344	0		419.38			0.22	
	9	4366	4367	0		0			0	
3	8	4398	4399.5	0	5.01	127.65	2216.8	1.152	0.07	3
	7	4419.5	4421	5.009		2089.2			1.08	
2	6	4456	4457	1.064	6.26	0	352.05	0.183	0	3
	5	4474	4475	3.257		0			0	
	4	4496	4497	1.936		352.05			0.18	
1	3	4532	4533	4.218	6.6	0	0	0	0	3
	2	4553	4554	0		0			0	
	1	4577	4578	2.378		0			0	

六、专项监测

涪陵页岩气田专项监测主要有微地震监测和示踪剂监测。

（一）微地震监测

1. 微地震监测指导气井压裂设计

水力压裂导致地下应力和孔隙压力改变，引起岩石破裂，沿着已有的弱面(如天然裂缝、断层、节理等)发生滑移剪切或者拉张变形，并且释放能量，形成地震波，用检波器接收，即微地震事件。接收到的信号包括纵波(P波)和横波(S波)，根据接收到的纵横波初至时差，结合地质资料正确标定的纵横波速度模型，就可以计算出微地震事件的空间位置及能量大小。

在页岩气井压裂过程中，通常要使用裂缝监测技术分析裂缝走向和展布规律，进而验证和优化压裂方案、优选压裂液、优化液量、支撑剂量和泵注程序，有效指导其他气井的压裂优化设计等。常用的裂缝监测方法有微地震监测及井下测斜仪监测，见表5-1-12。

目前，已利用裂缝层析成像(TFITM)对部分压裂井进行了微地震监测。该技术直接将储层中的人工和天然裂缝流动通道成像为复杂的表面，用来计算评估储层改造体积，见表5-1-13。

表 5-1-12　微地震监测方法

观测方式	主要优势	主要难点	最佳适用条件
微地震监测	不占用井资源，采集方便、快捷，有效解决水平展布	①由于地层吸收、传播路径复杂化等原因，由地面监测所得到的资料存在信噪比低、定位可靠性差等缺点；②工程量大	环境噪声较小的地区
井下测斜仪监测	精确度高，可以实现实时反馈压裂信息	监测井与压裂井的距离最好不要超过600m，能有效监测的范围小	对压裂效果要求比较高的井

表 5-1-13　储层改造体积

压裂段	平均半缝长/m	缝高/m	改造体积/m^3
1	32	8	0
2	104	64	1.24×10^7
3	64	32	8.85×10^6
4	72	40	5.43×10^6
5	56	16	5.00×10^4
6	80	32	3.88×10^6
7	120	32	7.38×10^6
8	180	136	2.27×10^7
9	128	56	1.76×10^7
10	190	40	1.32×10^7
11	40	16	1.05×10^6
12	160	80	2.70×10^7
13	120	56	9.65×10^6
全井段	—	—	8.15×10^7

从焦页 1-XHF 井的裂缝层析成像平面图来看，近井 TFI 显示大部分近井能量，代表受压裂改造影响大的人工裂缝和天然裂缝，颜色表示累计的地震活跃度(红色表示高，蓝色表示低)，如图 5-1-33 所示。测量的近井 TFI 的半缝长和缝高及估算出的改造体积如表 5-1-10 所示。

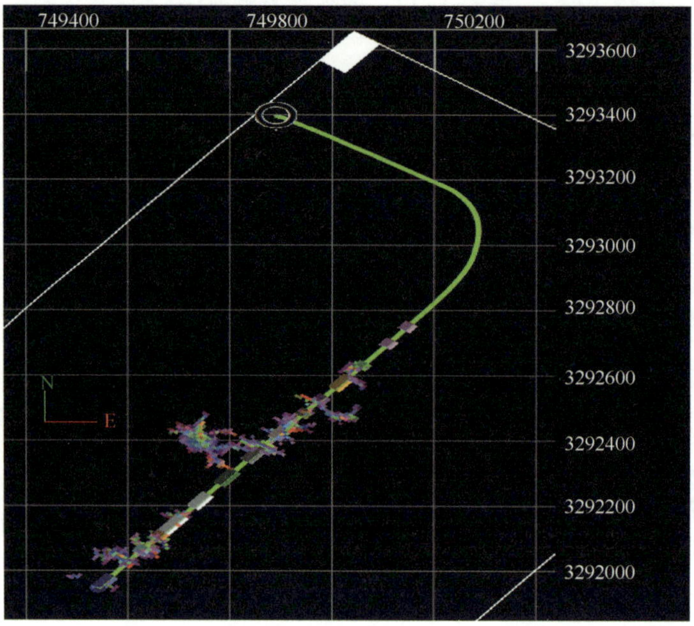

图 5-1-33　焦页 1-XHF 井全井段近井 TFI 平面图

2. 结合地震资料及压裂施工曲线综合评价压裂改造效果

高曲率显示区事件点的响应主要存在两种情况：①曲率区微地震事件点大量响应，但人工裂缝并未与该区沟通；②曲率区微地震事件点大量响应，人工裂缝与该区沟通。可结合压裂施工曲线判断是否与天然裂缝沟通。

第一种情况：焦页 59 号平台微地震监测施工。当焦页 59-X1HF 井压裂到第 9 段开始出现大量的疑似天然裂缝事件点响应，事件显示横穿焦页 59-X2HF 井，从地震解释曲率属性图来看，该区域正好有一条北东—南西走向高曲率条带横穿焦页 59-X2HF 井，如图 5-1-34 所示。

从目的层曲率平面反射图来看，异常点出现的方位和区域与曲率条带有着明显的对应关系(图 5-1-35)，存在与天然裂缝沟通的可能性，但从事件定位的深度及压裂施工曲线(图 5-1-36)来看，施工压力呈持续爬升形态，这表明与天然裂缝沟通可能性较小。后期通过核对该区域钻井井漏资料、地震剖面资料，表明该区域在宝塔组灰岩下 50m 显示破碎带特征，受其影响在五峰组底部曲率平面反射图显示曲率较密集。因此，微地震事件点显示只是该破碎带区域的应力响应，压裂施工不会沟通该宝塔组灰岩破碎带。

第二种情况：焦页 51 号平台微地震监测施工。从焦页 51-X3HF 井、焦页 51-X5HF 井曲率属性平面图，以及水平段周围 200m 区域内曲率值拾取来看，焦页 51-X5HF 井水平段穿行区域曲率较焦页 51-X3HF 井高(图 5-1-37)。

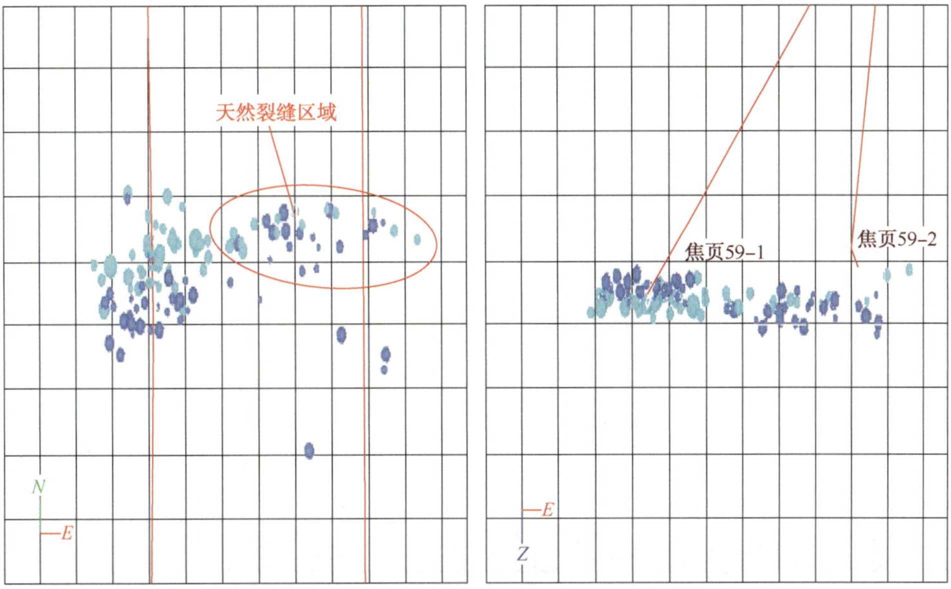

图 5-1-34　焦页 59-X1HF 井第 9~10 段微地震监测结果

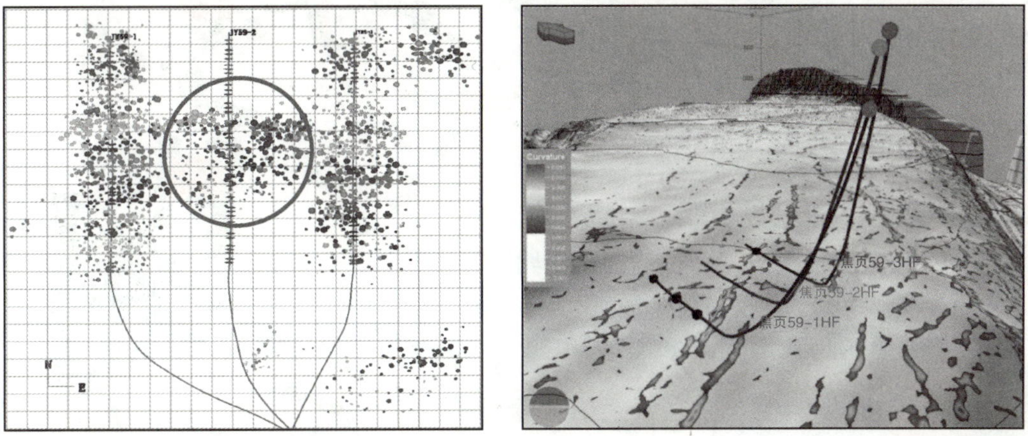

图 5-1-35　焦页 59-X1HF 井及焦页 59-X3HF 井微地震事件展布与区域曲率属性对比

在穿越高曲率条带的焦页 51-X5HF 井第 11 段、第 18~19 段和焦页 51-X3HF 井第 13 段高曲率段附近储层发生剪切、滑移、错断的可能性更高。并且，焦页 51-X5HF 井的第 11 段施工中、后期压力突然急剧变化，液体大量滤失，导致出现砂堵迹象，同时触发大量的事件点，从地震属性剖面上也证实了该区确实存在一小断层（图 5-1-38）。

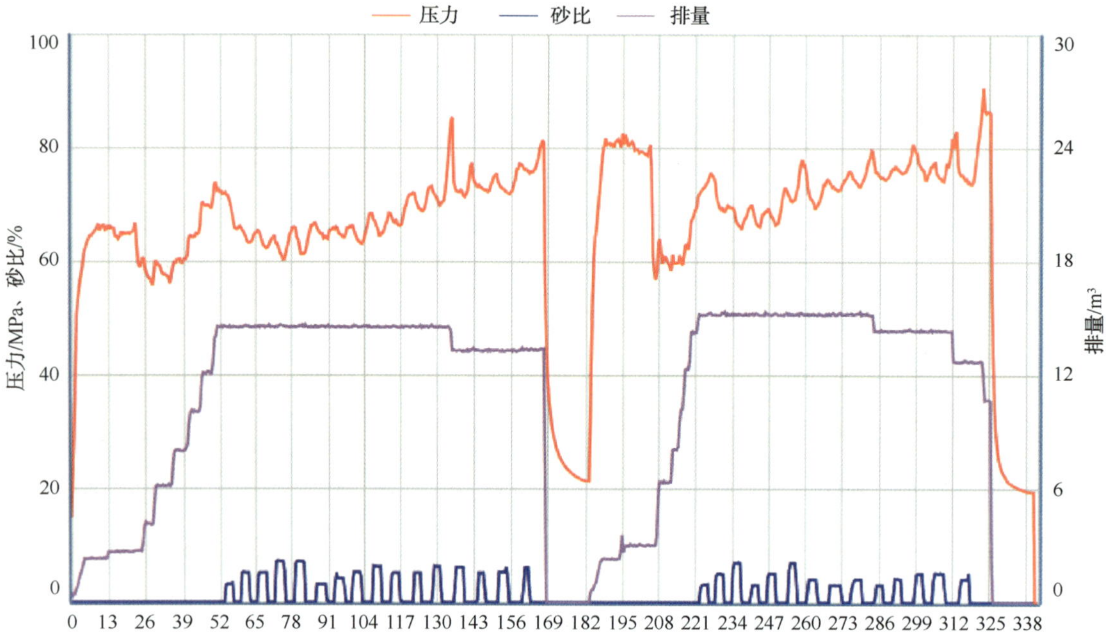

图 5-1-36　焦页 59-X1HF 井第 9~10 段压裂施工曲线

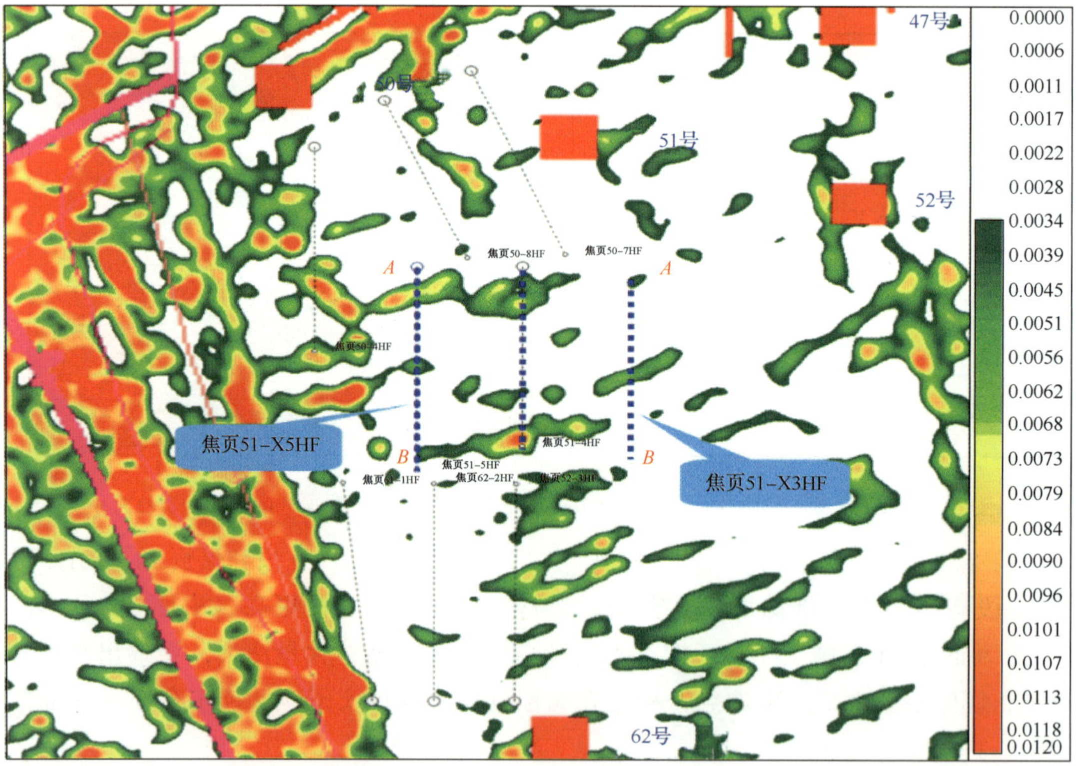

图 5-1-37　焦页 51-X3HF 井、焦页 51-X5HF 井曲率属性平面图

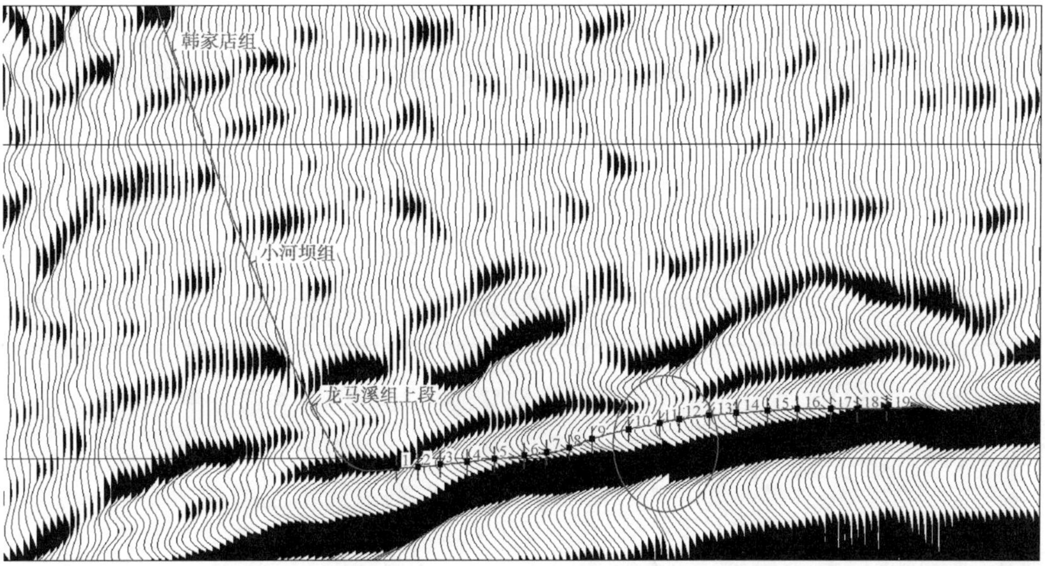

图 5-1-38 焦页 51-X5HF 井第 11 段穿行图

在地质资源基础条件相当的情况下，受高曲率条带的影响，该区天然微裂缝往往更加发育，在压裂改造过程中更容易发生剪切、滑移、错断等复杂力学行为。从微地震监测结果对比来看，焦页 51-X5HF 井事件多、改造体积大，与最终测试产量高有着直接对应关系。

（二）示踪剂监测

1. 测试原理

在页岩气井压裂过程中，示踪剂监测技术是结合监测时间及示踪剂检测精度，在压裂井中注入一种水溶性示踪剂，在周围监测井中连续取水样，检测所取水样中示踪剂的浓度，并绘制出时间和产出水中示踪剂浓度关系曲线，从而为判断井间连通性提供依据。

2. 测试工艺

根据焦页 7-X2HF 井与焦页 7-X1HF 井空间位置对应关系，焦页 7-X2HF 井第 1~13 段压裂施工井段对应焦页 7-X1HF 井第 1~11 段，井距 300m。

通过在焦页 7-X1HF 井压裂施工中注入示踪剂，对焦页 7-X2HF 井产出水取样，进行监测，分析焦页 7-X2HF 井产水量增加的原因。示踪剂无放射性、无污染，安全稳定性好，用量少；微量元素示踪剂之间的相互干扰很小，与地层水配伍性好，地层吸附极微；减阻水之间配伍性好；种类多，并能做到多种微量元素示踪剂同步应用，以有大批量同步快捷测样等。

焦页 7-X1HF 井压裂第 6 段时，为验证焦页 7-X2HF 井与焦页 7-X1HF 井之间的连通情况，同时避免段与段之间示踪剂相互干扰，选择第 8 段、第 10 段、第 12 段开展示踪剂监测试验。现准备 3 种微量物质示踪剂，3 种醇类示踪剂，对焦页 7-X1HF 井第 8 段、第 10 段和第 12 段注示踪剂。根据压裂层段设计注入方式，见表 5-1-14。

表 5-1-14　焦页 7-X1HF 井示踪剂注入方式设计

段号	射孔簇数	压裂液总量/m^3	微量元素示踪剂	用量/kg	醇类示踪剂	用量/t
8	3	1500	WS-H	5	ZBC	2
10	3	1500	WS-Y	5	YBC	2
12	3	1690	WS-D	5	YDC	2

在焦页 7-X1HF 井泵注程序中，泵注前置液（减阻水）时与前置液一起注入。按照设计原则选择第 8 段、第 10 段和第 12 段泵注。

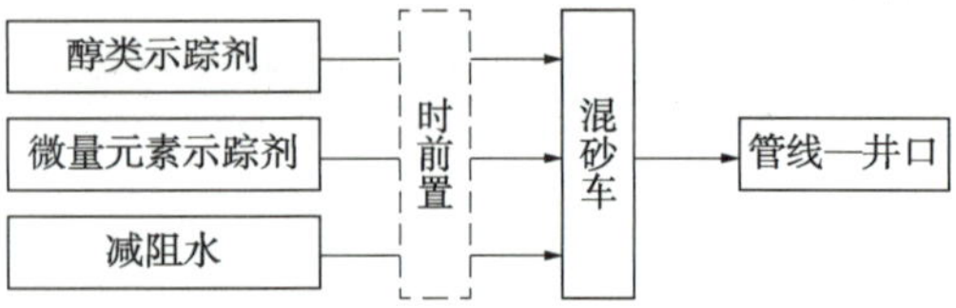

图 5-1-39　示踪剂泵注示意图

示踪剂泵注示意图如图 5-1-39 所示，具体操作步骤为：

（1）提前 1~2 天配制好示踪剂溶液，保证充分溶解，溶液均匀分散。

（2）提前计算前置液减阻水时间，计算泵注浓度和泵注排量，保证在该段时间内两种示踪剂同时混合均匀并被匀速注入。

（3）压裂施工开始后，在泵注完酸液后，注入前置液减阻水时，对醇类示踪剂采用混砂车液添泵按计算排量匀速泵入，对微量元素示踪剂溶液采用单独抽液泵按计算排量匀速泵入。

焦页 7-X1HF 井压裂完成后，放喷返排过程中每天取样 4 次，取样时间间隔 4h；该井投产后若持续出水，取样时长 3 个月，每天取样 1 次。焦页 7-X2HF 井在焦页 7-X1HF 井压裂第 8 段施工过程中开始取样。压裂施工期间，每天取样 8 次，取样时间间隔 2~3h；压裂施工后第一个月内每天取样 4 次，取样时间间隔 4h；后续 2 个月每天取样 1 次，总取样时长约 3 个月，以见到示踪剂为准。

第二节　合理配产技术

研究气井真实产能，并进行合理配产是保证气田高效开发的基础。气井的合理配产应满足气田稳产期的需要，且使气藏获得较高的采收率和较好的经济效益。涪陵页岩气田地质条件复杂，产能主控因素多且各因素相互影响，改造体积和裂缝复杂程度决定气井产能和可采储量，页岩气井产能递减较快、单井开发成本较高，为保证气田科学、高效开发，在常规气田通用配产方法的基础上，采用采气指示曲线法和不稳定产量分析法确定气井相对于初期无阻流量的合理配产系数，并结合气井产能递减规律和生产特征的分区性，建立气井全生命周期的动态合理配产技术。

一、合理配产原则

影响页岩气井合理配产的因素众多，主要包括气井产能、流体性质、井筒条件、地面集输系统、稳产时间、开发方式、销售能力、经济效益等。

涪陵页岩气田气藏特征和气井生产实践表明，本区气井的合理配产就是在气井产能、井筒和地面集输系统条件、销售能力相协调的前提下，提高气藏的采收率和经济效益。

涪陵页岩气田合理配产考虑和兼顾以下目的，以及遵循以下原则：

一是地质目的：①不产生应力敏感，不伤害储层，充分利用地层能量，实现技术可采储量最大化。

二是工程目的：①配产与井筒和地面系统条件相匹配；②配产达到携液要求，大于临界携液流量；③不造成井下管柱冲蚀损害；④不造成储层支撑剂的流动。

三是气藏管理目的：生产具备可持续性，满足一定时间内的稳定供气需求，达到在开发方案确定产建规模下的稳产期。

四是气藏经营目的：实现效益最大化。按照气藏分区块、气井分阶段、生产分目的、全生命周期动态调整开展合理配产工作。

二、合理生产方式

通过开展室内实验、吸取国外经验、开展气田试采实践等方式确定涪陵页岩气田合理生产方式。

1. 室内实验

利用页岩储层应力敏感实验确定页岩气藏合理生产方式，采用变孔压实验方法，如图 5-2-1 所示，即实验中先将流体压力和围压同步加到地层实际压力值，然后保持围压和岩心两端驱替压差不变，同时逐步降低岩心两端流动压力至废弃压力，再同时逐步升高岩心两端流动压力至原始地层压力，测试储层参数随有效应力的变化。该实验出口端增加了回压装置，是通过改变流体压力来模拟净上覆压力变化和基质膨胀对渗透率的影响，这种实验方法可较好地模拟气藏开发过程中流体压力从原始地层压力降到废弃压力再恢复至原始地层压力阶段储层的应力敏感情况。

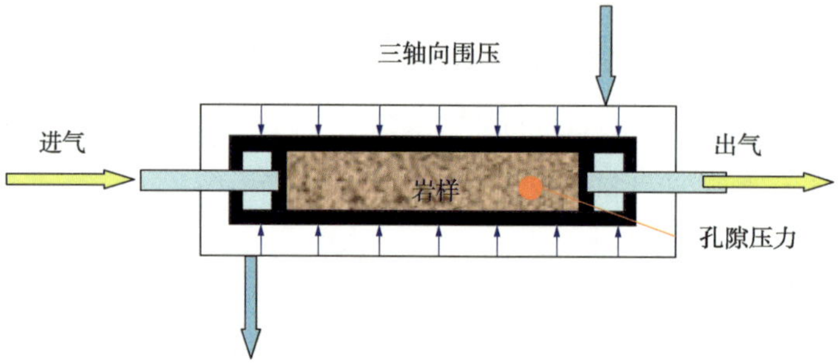

图 5-2-1　变孔压实验示意图

实验结果如表 5-2-1 和图 5-2-2 所示，有效应力增大的初期渗透率降低幅度较大，后期渗透率降低缓慢，而当有效应力降到初始值时，渗透率损失很大。造缝岩心 FY1-26($K=13.89\times10^{-3}\mu m^2$)，在孔压降低过程中渗透率损失 36.17%，升高孔压后，渗透率恢复到初始渗透率的 75.41%，不可逆渗透率损失约 24.59%。天然裂缝岩心焦页 1-11 水平钻 1 钻($K=0.651\times10^{-3}\mu m^2$)，在孔压降低过程中渗透率损失 77.09%，升高孔压后，渗透率恢复到初始渗透率的 27.90%，不可逆渗透率损失约 72.10%。上述结果表明，在有效应力往复变化过程中渗透率的损失具有不可逆性。

表 5-2-1　涪陵区块页岩储层岩样渗透率应力敏感程度表

样品号	井　号	初始渗透率/$10^{-3}\mu m^2$	损害率/%	应力敏感程度	备　注
FY1-26	涪页 1	0.000112	28.86	弱	平行层理钻取，灰黑色含灰质页岩
FY1-26(造缝)	涪页 1	1.06	36.17	中等偏弱	平行层理钻取，灰黑色含灰质页岩
JY1-11 水平钻 1 钻	焦页 1	0.378	77.09	强	平行层理钻取，灰黑色碳质页岩

2. 国外经验

北美页岩气主要集中于密歇根盆地(Antrim 页岩)、阿帕拉契亚盆地(Ohio 页岩)、伊里诺斯盆地(New Albany 页岩)、沃斯堡盆地(Barnett 页岩)和圣胡安盆地(Lewis 页岩)，配产方式主要有两种，2000 年之前和目前的小规模公司为了快速收回成本，主要根据气井初期测试产量定油嘴敞放生产，表现为产量先上升再递减的变化规律。2000 年之后的大型油公司，发现采用小油嘴控压定产生产有利于提高单井可采储量，逐步转成控压定产生产。根据海恩斯维尔页岩气田 0.22~0.47in(5.59~11.94mm)油嘴下产气量曲线，采用小油嘴生产时，气井初始产量低，但是后期稳产时间较长，产量递减慢，气井累计产气相对较高；反之，采用大油嘴生产时，气井初始产量高，但是后期稳产时间较短，产量递减快，气井累计产气相对较低；采用过大的油嘴生产对储层造成伤害，影响最终采收率，因此采取合理的制度控压定产生产有利于提高采收率，如图 5-2-3 所示。

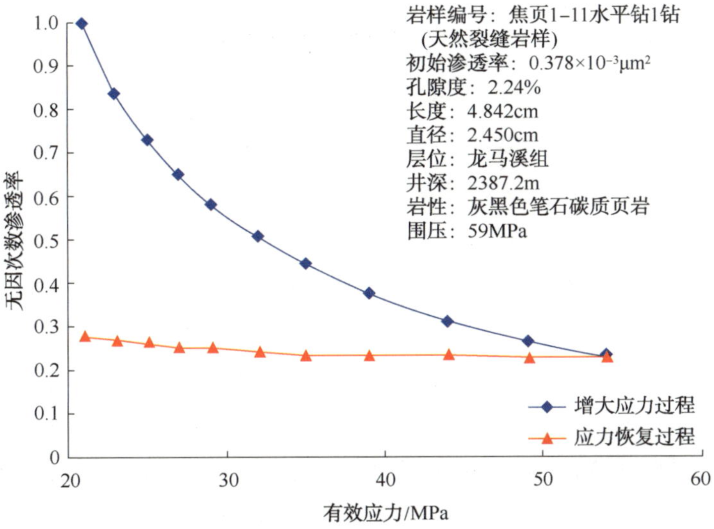

图 5-2-2　岩心降孔压和升孔压情况下无因次渗透率与有效应力关系曲线

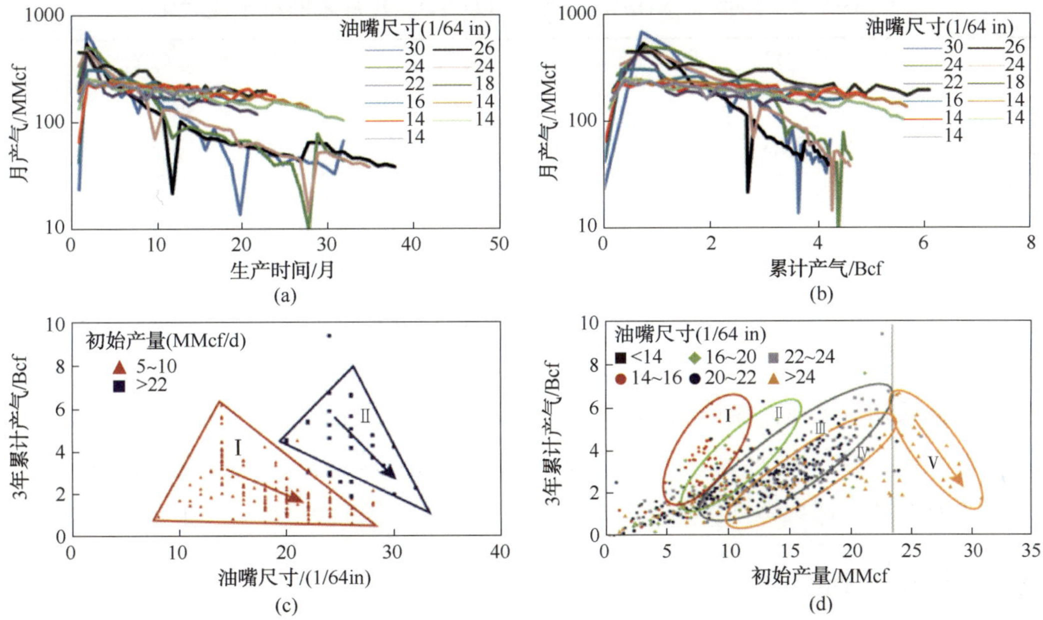

图 5-2-3　海恩斯维尔页岩气田不同油嘴下产气曲线

3. 气田试采实践

气田试采实践表明，采用控压定产生产和大压差生产方式递减规律均表现为初期递减快、后期递减逐步趋缓的特征，但递减率具有差异性，采用大压差生产初期，充分释放产能且递减较快，采用控压定产生产方式，递减速度较缓（以时间换取累计产气），相同产能气井采取控压定产生产和大压差生产方式气井最终技术可采储量相当，且控压定产生产方式更便于现场管理。

为探索控产定压、控压定产两种生产方式在涪陵页岩气田生产的适用性，选取了无阻流量为 $80\times10^4m^3/d$ 的焦页 6-XHF 井采取大压差生产方式，快速降压到输压附近，定压生产，对相同无阻流量焦页 12-XHF 井、焦页 15-XHF 井、焦页 28-XHF 井、焦页 42-XHF 井按照合理配产 $12\times10^4m^3/d$ 定产生产，对比采用两种生产方式的递减规律和对累计产气的影响。从目前生产来看，采用控压定产生产和大压差生产方式，在相同累计产气下，压力保持水平、单位压降产量差异不明显；采用大压差生产初期，充分释放产能，采气速度较快，有利于投资的快速回收，但是递减较快；采用控压定产生产方式，递减速度较缓，以时间换取累计产气，稳产期较长，便于气田规模化管理，目前单位压降产量和可采储量证实，大压差生产方式效果略优，但从后期的稳产能力看，预计二者相当。焦页 6-XHF 井目前累计产气 $2.07\times10^8m^3$，压力 6.2MPa，焦页 12-XHF 井目前累计产气 $0.87\times10^8m^3$、压力 17.2MPa，预计 20 年后，焦页 6-XHF 井目前累计产气 $3.46\times10^8m^3$，焦页 12-XHF 井目前累计产气 $3.35\times10^8m^3$，见表 5-2-2。

表 5-2-2　焦页 6-XHF 井与焦页 12-XHF 井可采储量预测对比

井　名	措施段长/m	目前累计产气/10^8m^3	目前配产/(10^8m^3/d)	目前配产稳产时间/a	稳产期累计产气/10^8m^3	10 年累计产气/10^8m^3	20 年累计产气/10^8m^3	30 年累计产气/10^8m^3	无阻流量/(10^8m^3/d)
焦页 6-XHF	1406	2.066	12	0	0	3.34	3.46	3.46	81.9
焦页 12-XHF	1511	0.866	6	1.8	1.31	2.47	3.35	3.83	82.6

分析气田超过合理配产的气井提产前、后单位压降产量的变化，当气井超过最高配产后，阶段的单位压降产量有降低的趋势，且超过最高配产值越高，单位压降产量下降越快，因此采用过大压差生产不利于增大气井最终可采储量。

综合室内实验、国外经验、气田试采实践，适宜采用控压定产生产方式，有利于提高气藏采收率和方便现场管理。

三、合理生产制度

（一）配产上限

页岩气井配产应避免对管柱造成冲蚀，利用管柱冲蚀模型进行约束。为避免地层支撑剂返吐，采用携砂模型和实际生产约束。

1. 临界冲蚀流量模型

对于冲蚀流速的计算，目前主要采用 API RP14E 推荐的计算公式：

$$v_e = C/\sqrt{\rho_g} \tag{5-2-1}$$

式中　v_e——临界冲蚀流速，m/s；

C——经验常数；

ρ_g——气体密度，kg/m^3。

式(5-2-1)中的 C 为经验值，没有严格的取值方法，与材料、硬度、弹性模量、冲击角度等有关。目前，塔里木油田 C 值取 120 或 150，金忠臣等 C 值取 121，谭羽非、林涛等 C 值取 121.7。

综合考虑，此处 C 值取 122。临界冲蚀流速表示为：

$$v_e = 122/\sqrt{\rho_g} \tag{5-2-2}$$

相应的临界冲蚀流量模型为：

$$Q_{e-sc} = 2.5\times10^4\times\frac{pA}{TZ}\times\frac{122}{\sqrt{\rho_g}} \tag{5-2-3}$$

式中　Q_{e-sc}——临界冲蚀流量，m^3/d。

利用临界冲蚀流量模型，计算不同类型管柱在不同井口压力下对应的临界冲蚀流量，见表 5-2-3。

表 5-2-3　不同类型管柱在不同井口压力下对应的临界冲蚀流量

压力/MPa	临界冲蚀流量/($10^4m^3/d$)				
	1.5in	2in	2.375in	2.875in	5.5in
5	6.18	12.35	16.59	25.20	92.23
10	9.09	18.16	24.40	37.07	135.66
15	11.35	22.68	30.47	46.29	169.41
20	13.04	26.06	35.00	53.18	194.62
25	14.26	28.50	38.28	58.15	212.83
30	15.15	30.28	40.67	61.79	226.14

2. 临界携砂模型

针对临界携砂模型，李天才、郭建春、赵金洲、李耀、Weissenburger K. W. 等国内外学者均进行了大量的研究，但是目前并未形成统一的认识。此处，以李天才、郭建春、赵金洲发表的论文《压裂气井支撑剂回流及出砂控制研究及其应用》中的临界携砂模型为基础，结合现场实际出砂情况加入修正系数，作为推荐临界携砂模型，具体模型如下：

$$Q_{gc}=1.516\times10^5kw_fh\sqrt{\rho_cr_dg/\rho_g}/B_g\times C \tag{5-2-4}$$

式中　Q_{gc}——临界携砂流量，m^3/d；

k——砂粒的面孔率；

w_f——压裂裂缝的宽度，m；

h——压裂裂缝的缝高，m；

ρ_c——支撑剂密度，kg/m^3；

r_d——砂粒半径，m；

g——重力加速度，m/s^2；

ρ_g——天然气密度，kg/m^3；

B_g——体积系数；

C——修正系数，取值3.8。

（二）配产下限

页岩气井配产下限应可实现携液生产，采用携液模型约束，同时避免井筒积液降低生产压差。

1. 临界携液流速模型

基于气流中液滴总表面自由能与气体紊流动能的相等关系，充分考虑页岩气井气体中携液量、最大液滴直径及井斜角的影响，建立页岩气井临界携液流速模型：

$$v_{cr}=4.667\times\left[\frac{\sigma(\rho_l-\rho_g)Q_{sl}}{\mu_g^{0.2}D^{1.8}\rho_g^{1.8}}\right]^{\frac{1}{4.8}}\times\frac{[\sin(1.7\theta)]^{0.38}}{0.74} \tag{5-2-5}$$

式中　v_{cr}——页岩气井临界携液流速，m/s；

σ——表面张力，N/m；

ρ_l——液体密度，kg/m^3；

ρ_g——气体密度，kg/m^3；

Q_{sl}——产水量，m^3/d；

μ_g——天然气黏度，mPa·s；

D——液滴直径，m。

2. 临界携液流量模型

相应的页岩气井临界携液流量模型为：

$$Q_{cr-sc}=11.67\times10^4\times\left[\frac{\sigma(\rho_l-\rho_g)Q_{sl}}{\mu_g^{0.2}D^{1.8}\rho_g^{1.8}}\right]^{\frac{1}{4.8}}\times\frac{[\sin(1.7\theta)]^{0.38}}{0.74}\times\frac{pA}{TZ} \tag{5-2-6}$$

式中　Q_{cr-sc}——页岩气井临界携液流量，m^3/d；

p——压力，MPa；

A——管的截面积，m^3；

T——温度，K；

Z——偏差因子。

利用连续携液流量模型，计算不同类型管柱相应的连续携液流量，见表5-2-4。

表5-2-4 不同类型管柱相应的连续携液流量

压力/MPa	连续携液流量/(10^4m^3/d)				
	1.5in	2in	2.375in	2.875in	5.5in
3	0.92	1.63	2.26	3.42	11.76
6	1.32	2.35	3.24	4.91	16.85
9	1.63	2.90	3.99	6.07	20.80
12	1.89	3.36	4.60	7.02	24.04
15	2.10	3.73	5.10	7.81	26.71
18	2.27	4.04	5.51	8.47	28.92
21	2.42	4.30	5.85	9.01	30.75
24	2.54	4.52	6.14	9.46	32.28
27	2.64	4.70	6.38	9.84	33.58
30	2.73	4.86	6.60	10.17	34.71

（三）合理配产系数

对于合理配产系数的确定，在涪陵页岩气田，初期产能高于临界携液流量的气井在处于稳产期，在借鉴常规气藏无阻流量经验配产系数法、节点分析法、数值模拟法、类比法的基础上，根据页岩气田气井实际生产特征，具体操作如下：首先用临界携液模型、冲蚀模型、携砂模型推荐做法约束配产下限和上限。其次结合采气指示曲线法、不稳定产量分析法和稳定线性流法。当满足稳产期的配产高于采气指示曲线配产时，取采气指示曲线配产系数；当满足稳产期的配产低于采气指示曲线配产时，取满足稳产期的配产系数。利用综合确定的合理配产值确定的相对于气井无阻流量的合理配产系数，既符合气井产能的大小，又满足稳产年限的要求。最后采取节点分析法，将配产修正在节点分析法确定的生产协调点之内，再经过气井配产试验后不断修正，综合确定不同产能井的合理配产系数。

1. 采气指示曲线法

采气指示曲线法原理：根据气井产能试井结果，评价出气井当前真实产能，绘制生产压差和产量关系曲线，选取气井渗流中不产生非线性流效应所引起的附加压降而损失地层能量的最大产量为合理配产。在页岩气主要以游离气做贡献阶段，气井的二项式产能方程仍然适用，二项式产能分析方法是一种相对成熟、准确和经典的计算方法。考虑有界圆形地层的稳态流动，由气井产能试井理论可知：

拟压力关系式为：

$$m(p_e)-m(p_{wf})=Aq_{sc}+Bq_{sc}^2 \tag{5-2-7}$$

$$A=\frac{2.3026p_{sc}T}{\pi KhT_{sc}}\left(\lg\frac{0.472r_e}{r_w}+\frac{S}{2.3026}\right),\ B=\frac{p_{sc}TD}{\pi KhT_{sc}} \tag{5-2-8}$$

压力平方关系式为：

$$p_e^2-p_{wf}^2=Aq_{sc}+Bq_{sc}^2 \tag{5-2-9}$$

$$A=\frac{2.3026p_{sc}T\bar{\mu}\bar{Z}}{\pi KhT_{sc}}\left(\lg\frac{0.472r_e}{r_w}+\frac{S}{2.3026}\right),\ B=\frac{p_{sc}TD\bar{\mu}\bar{Z}}{\pi KhT_{sc}} \tag{5-2-10}$$

式中 $m(p)$——拟压力，MPa^2/mPa·s；

p_e、p_{sc}、p_{wf}——平均地层压力、标态压力和井底流压，MPa；

K——地层渗透率，D；

h——地层有效厚度，m；

μ——地层气体黏度，mPa·s；

Z——地层气体压缩因子；

q_{sc}——气井产量，10^4m^3/d；

A、B——回归系数；

D——惯性-湍流表皮系数；

S——表皮因子；

T_{sc}、T——标态温度和地层温度，K；

r_e、r_w——泄流半径和井筒半径，m。

在确定系数 A 和系数 B 的情况下，气井的产能方程为：

$$\text{拟压力：}q_{sc}=\frac{\sqrt{A^2+4B[m(p_e)-m(p_{wf})]}-A}{2B} \tag{5-2-11}$$

$$\text{压力平方：}q_{sc}=\frac{\sqrt{A^2+4B(p_e^2-p_{wf}^2)}-A}{2B} \tag{5-2-12}$$

如式(5-2-11)、式(5-2-12)所示，气井产量 q_{sc} 和生产压差$(p_e^2-p_{wf}^2)$呈现二项式函数关系，大量的计算表明，在气井产量较低时，生产压差和气井产量呈直线关系，随着产量增大，生产压差不再沿直线增大，而是呈现曲线变化，这时气井表现出明显的非达西效应。随产量增大，气井生产压差和产量呈曲线关系且向压差轴下凹，即惯性造成的附加阻力增大，造成地层能量损失，通常情况下，气井的合理配产应该保证气体在渗流过程中不出现湍流。

根据涪陵页岩气田气井回压法产能试井确定的二项式产能方程，绘制出二项式产能曲线，在二项式产能曲线上沿早期达西渗流直线段向外延伸，直线与二项式产能曲线切点所对应的产量即气井的合理配产，如图5-2-4、图5-2-5所示。焦页1-2HF井本次产能试井无阻流量46.30×10^{4}m^3/d，采气指示曲线确定的合理配产为11.80×10^{4}m^3/d，相对于无阻流量的系数为0.25。

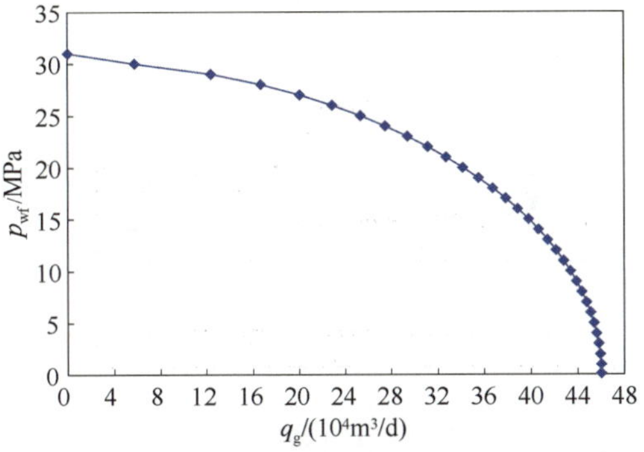

图5-2-4 焦页1-2HF井二项式产能曲线

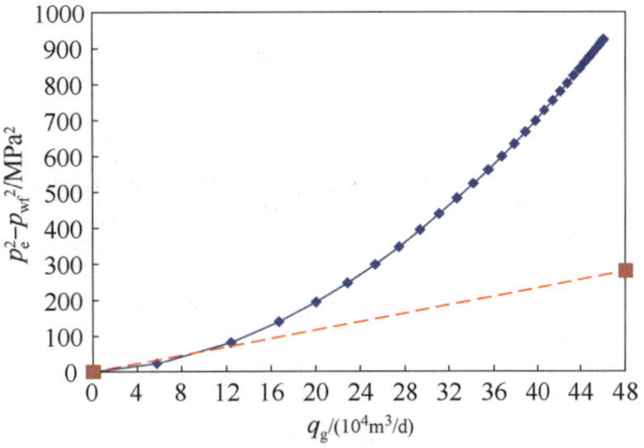

图5-2-5 焦页1-2HF井采气指示曲线配产示意图

2. 不稳定产量分析法

不稳定产量分析法配产原理：根据气井产量递减规律，在拟合后准确评价气井在当前配产制度下的技术可采储量和稳产期累计产气，根据稳产期累计产气和追求的稳产年限，反算稳产年限内的产量为合理配产。

应用"RTA软件非常规模块"对焦页1HF井进行单井解析模拟拟合和预测。利用变流压条件下规整化压力-$\sqrt{t}$曲线判断目前仍处于线性流阶段，通过特征曲线可计算基质渗透率、裂缝半长、SRV面积、导流能力，并结合流动物质平衡曲线初步确定目前井控储量。

建立等效双翼裂缝解析模型，通过井底流压历史拟合，校正改造区K、X_f、FCD，最终确定井控储量、稳产期累计产气，给定预期的稳产期，即可反算合理配产，如图5-2-6～图5-2-8所示（注：图5-2-6～图5-2-8为计算机软件截图，为与软件保持一致，此处不重新绘制）。

焦页1HF井初期无阻流量20.3×10^{4}m^3/d，用不稳定产量分析法预测20年累计产气2.04×10^{8}m^3，如果按照6×10^{4}m^3/d定产生产，稳产期4.3年，稳产期内累计产气0.94×10^{8}m^3，如果要求该井有3～4年的稳产期，合理配产为（6.4～8.5）×10^{4}m^3/d，相对于初期无阻流量的系数是0.32～0.42。

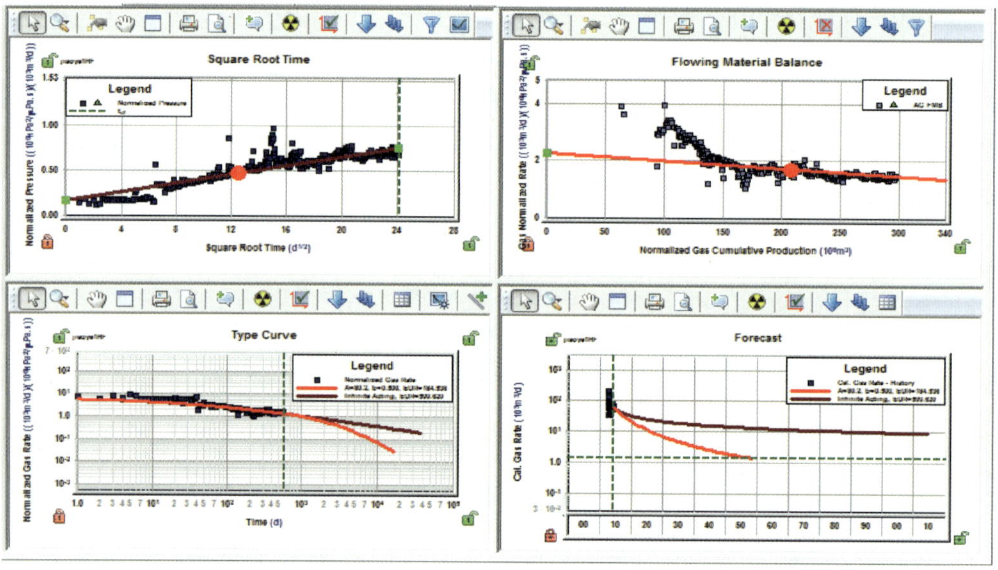

图 5-2-6　焦页 1HF 井变流压特征曲线(软件截图，无修改)

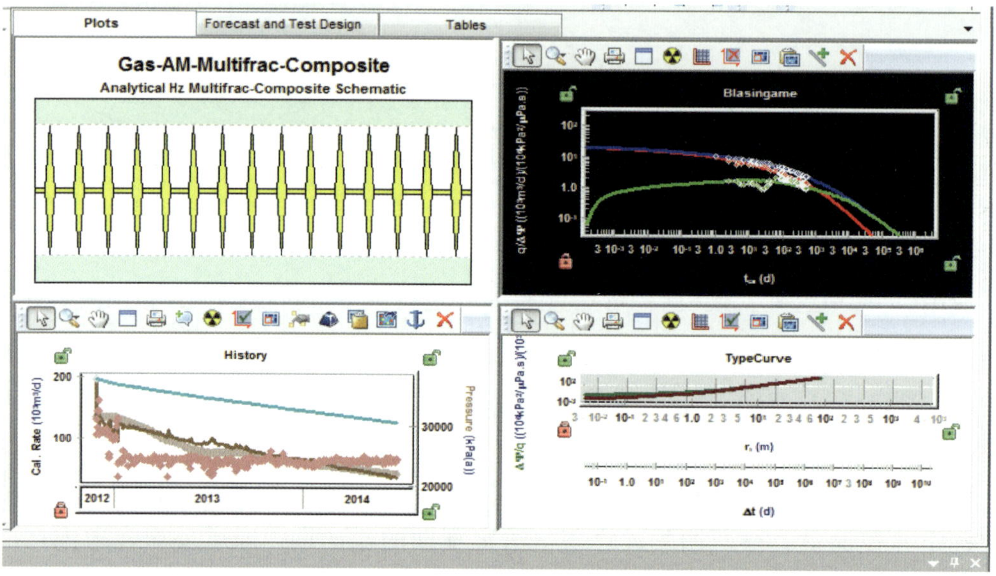

图 5-2-7　焦页 1HF 井解析等效模型历史拟合(软件截图，无修改)

3. 节点分析法

节点分析法也叫生产系统分析法，该方法是运用系统工程渗流力学、流体力学理论，将地层流体的渗流、举升管垂直流动和地面集输系统视为一个完整的采气工程系统，进行整个系统优化分析，使整个气井生产系统不仅在局部上合理，而且在整体上处于最优状态。通过对动态曲线及影响因素进行分析，可以对气井生产系统各部分进行优

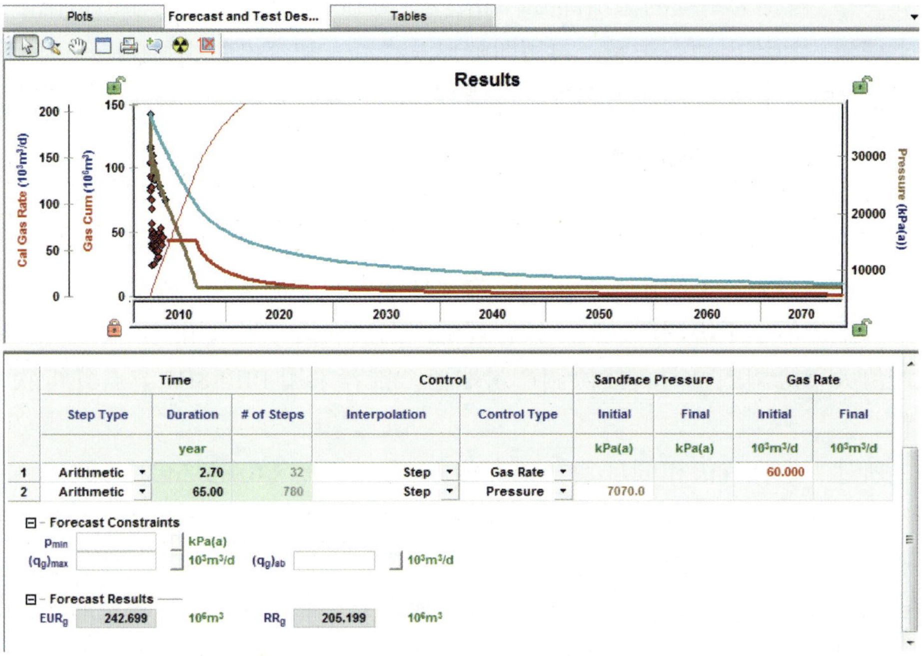

图 5-2-8　焦页 1HF 井 RTA 预测结果(软件截图，无修改)

化，制定相对合理的生产制度。气井系统生产过程包括：气体克服储集层阻力在气藏中的渗滤流动；气体克服管线摩阻和滑脱损失沿垂管从井底向井口的流动；气体克服地面设备和管线的阻力沿集输气管线的流动。通过在生产系统内设置节点，可将系统划分为几个相对独立且相互联系的部分。对于气井生产系统，通常可划分为：p_r—p_{wf} 流入段；p_{wf}—p_{wh} 垂管段；p_{wh}—p_{ysj} 地面流出段，如图 5-2-9所示，在实际应用时，通常选择一个解节点，将气井生产系统划分为流入和流出两大部分。

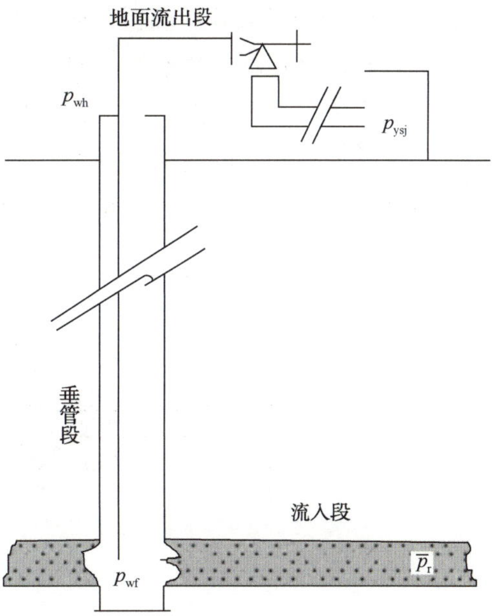

图 5-2-9　气井节点分析示意图

解节点的选择要满足以下两个条件：①解节点处只有一个压力；②解节点处只有一个与该压力相对应的流量。分析一口气井生产系统时，通过节点设置和解节点的选择，将生产系统划分为两大部分。一般选择 p_{wf} 作为解节点，将 p_r—p_{wf} 段称为系统的流入部分(流入段)，反映节点前系统的产气情况；将 p_{wh}—p_{ysj}段称为系统的流出部分(流出段)，反映节点后系统的输出情况。运用数学模型求得流入和流出动态关系，再用图解形式将流入和流出曲线画在同一张坐标图上进行进一步分析。根据地层压力和气井产能方程，计算井底流压，该压力就是流入节点压力。应用气体垂直管流计算软件，参考井口压力和单相气体垂直管流计算方法，计算井底流压，该压力就是流出节点压力。两条曲线交于一点，交点即该井的产量协调点。选取井底为节点，根据井口压力计算气井流入和不同管柱条件下的流出动态曲线绘制数据，得到不同压力条件下的协调产量。作为合理配产的修正条件，当采用气田合理配产系数确定的配产值小于协调产量时，按合理配产系数取值，当采用气田合理配产系数确定的配产值大于协调产量时，按协调产量取值。推荐采用 PIPESIM 节点分析软件实现以上操作。

综上所述，选择气田相同区块初期产能在(10~100)×$10^4m^3/d$ 之间的 37 口气井，开展回压法产能试井，获取采气指示曲线的合理配产和合理配产相对于产能的配产系数，开展定产试采，在获取生产数据后再开展不稳定产量分析，预测气井在此配产下的稳产期内的累计产气，再依据 3 年稳产期的预期要求，重新修正采气指示曲线得到的配产系数，当满足稳产期的配产高于采气指示曲线配产时，取采气指示曲线配产系数，当满足稳产期的配产低于采气指示曲线配产时，取满足稳产期的配产系数，最后采取节点分析法，修正配产至节点分析法确定的生产协调点之内，再经过气井配产试验不断修正，综合确定涪陵页岩气田气井相对于无阻流量的合理配产系数，进而指导全气田的配产，对于完成试气的井准确评价产能后，均可参照合理配产系数配产试采，在试采过程中，通过研究气井产能递减规律，实现动态合理配产，如图 5-2-10、图 5-2-11 和表 5-2-5所示。

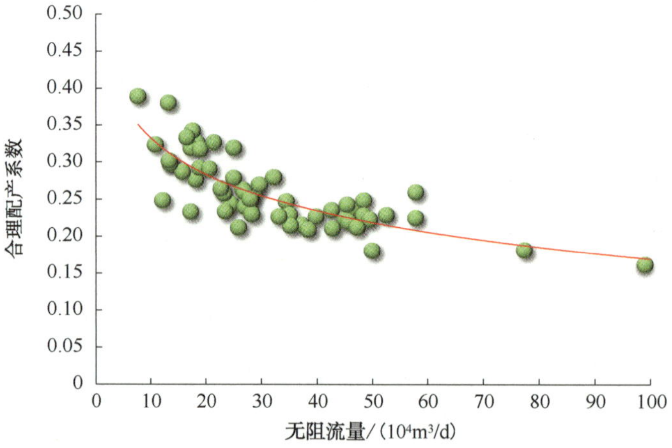

图 5-2-10　采气指示曲线配产法应用(37 口井)

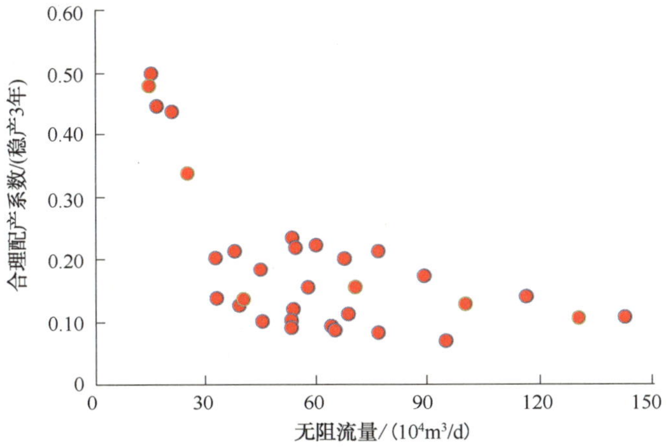

图 5-2-11 不稳定产量分析配产法应用(37 口井)

表 5-2-5 气田无阻流量与合理产量系数关系

序 号	无阻流量/($10^4m^3/d$)	配产系数(R)	配产/($10^4m^3/d$)
1	$q_{AOF}<10$	1/2	<5
2	$10\leqslant q_{AOF}<20$	1/3~1/2	5~6
3	$20\leqslant q_{AOF}<30$	1/4~1/3	6~8
4	$30\leqslant q_{AOF}<50$	1/5~1/4	8~10
5	$50\leqslant q_{AOF}<80$	1/6~1/5	10~12
6	$80\leqslant q_{AOF}<120$	1/8~1/7	12~15
7	$q_{AOF}>120$	1/8	>15

(四) 分阶段合理配产制度优化

1. 裂缝线性流阶段

页岩气多段压裂水平井生产具有 4 个阶段特征：①压裂裂缝线性流(斜率-1/2)；②裂缝-基质双线性流(斜率-1/4)；③基质线性流(细分外区基质、内区-外区基质、外区基质)(斜率-1/2)；④拟稳态流(斜率-1)。早期裂缝线性流和裂缝线性流未达到 SRV 边界之前，产量递减较快，经统计实际生产数据，此阶段根据产能不同，在小于 200d 内，对应累计产气在 $1500\times10^4m^3$ 内；按照 $3\times10^4m^3$ 压裂液算，直接置换体积约 $1000\times10^4m^3$，如图 5-2-12、图 5-2-13 所示。

页岩气井呈现多阶段的生产特征，初期快速递减(裂缝线性流)阶段，不同产能气井裂缝线性流对应在累计产气$(300\sim1500)\times10^4m^3$ 之间，其中高产井裂缝线性流阶段累计产气较多，低产井裂缝线性流阶段累计产气较少。初期无阻流量小于 $20\times10^4m^3/d$ 气井裂缝线性流对应累计产气 $500\times10^4m^3$ 左右。无阻流量在$(20\sim40)\times10^4m^3/d$ 气井裂缝线性流对应累计产气 $800\times10^4m^3$ 左右。无阻流量在 $(50\sim80)\times10^4m^3/d$ 气井裂缝线性流对应累计产气 $1000\times10^4m^3$。无阻流量大于 $80\times10^4m^3/d$ 气井裂缝线性流对应累计产气 $2000\times10^4m^3$。

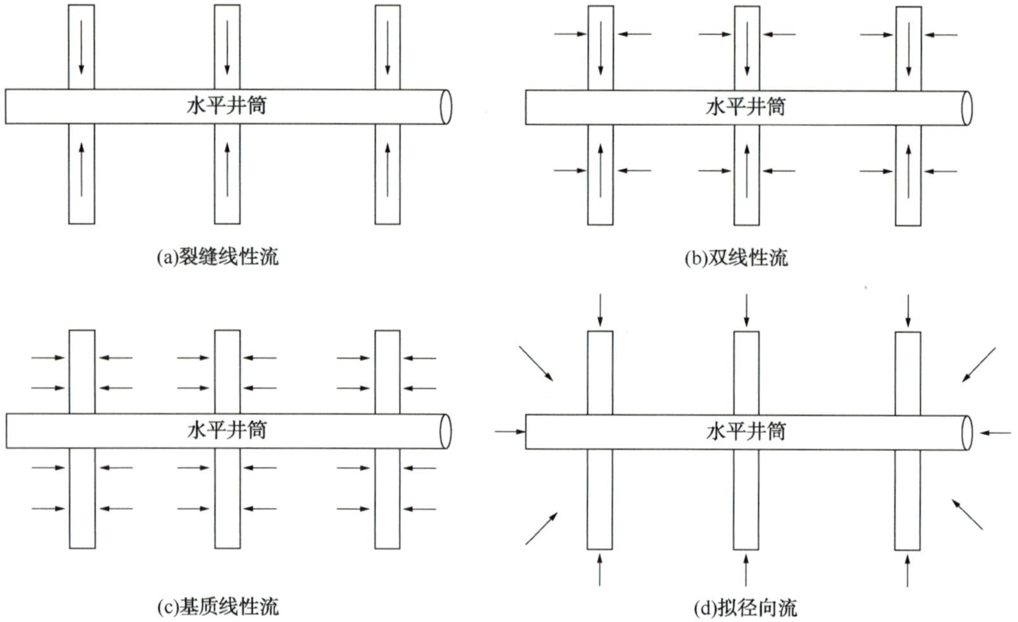

图 5-2-12　页岩气井生产时可能的流动阶段

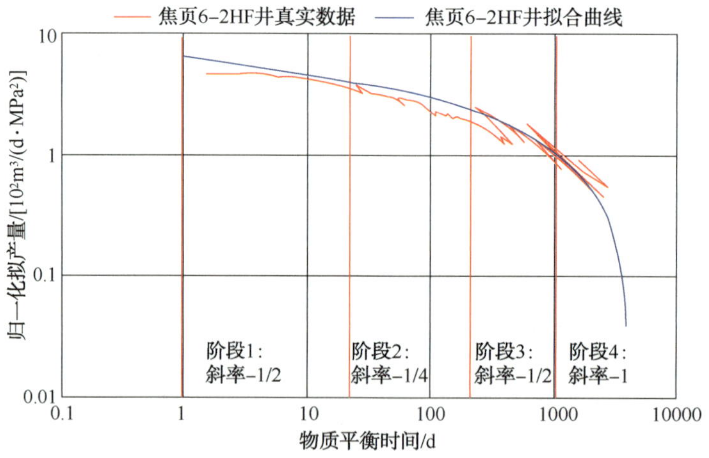

图 5-2-13　焦页 6-2HF 井流动阶段划分图版

裂缝线性流阶段具有如下特征：一是裂缝线性流阶段由改造的近井地带裂缝做主要贡献，具有压力递减快的特点，且配产的高、低对递减趋势影响较小；二是气井初期产能越高，近井地带改造越充分，裂缝体积越大，对应裂缝线性流阶段的累计产气越多；

三是在裂缝线性流阶段，在合理配产系数上提高一档配产。无阻流量小于$20\times10^4m^3/d$，提档配产阶段为$500\times10^4m^3$；无阻流量$(20\sim50)\times10^4m^3/d$提档配产阶段为$800\times10^4m^3$；无阻流量$(50\sim80)\times10^4m^3/d$提档配产阶段为$1000\times10^4m^3$；无阻流量大于$80\times10^4m^3/d$提档配产阶段为$2000\times10^4m^3$。

2. 稳产期内(定产压力递减阶段)

气井产能随累计产气增多不断递减，递减幅度与气井初始产能和累计产气阶段相关。随着气井的生产，IPR曲线向下方移动，地层压力不断下降，地层能量不断衰减，气井产能不断递减，因此根据不同井产能随累计产气的变化规律，进行动态合理配产。

选取相同产能区间的气井以累计产气$2000\times10^4m^3$为间隔连续开展产能试井，获取产能随累计产气的递减规律。因此，产能大于临界携液流量气井总体按照合理配产系数确定生产制度，根据页岩气井多阶段生产特征，追求阶段最大单位压降产量和与气井产能变化相匹配的合理配产，优化页岩气井全生产周期合理配产如下：

(1) 无阻流量小于$20\times10^4m^3/d$气井。完井测试时产能相对准确，多阶段产能试井资料证实随累计产气增多，气井产能变化小，在稳产期可不考虑递减，参照合理系数配产，在裂缝线性流阶段即累计产气$500\times10^4m^3$内，配产系数提高一档，如图5-2-14所示。

(2) 无阻流量$(20\sim50)\times10^4m^3/d$气井。在累计产气$800\times10^4m^3$内提高一档配产系数；在累计产气$(800\sim2000)\times10^4m^3$内按合理配产系数配产；累计产气$2000\times10^4m^3$参照80%初期产能的合理系数配产；累计产气$4000\times10^4m^3$参照60%初期产能的合理系数配产；累计产气大于$7000\times10^4m^3$参照40%初期产能的合理系数配产，转为$6\times10^4m^3/d$定产生产至定压生产阶段，如图5-2-15所示。

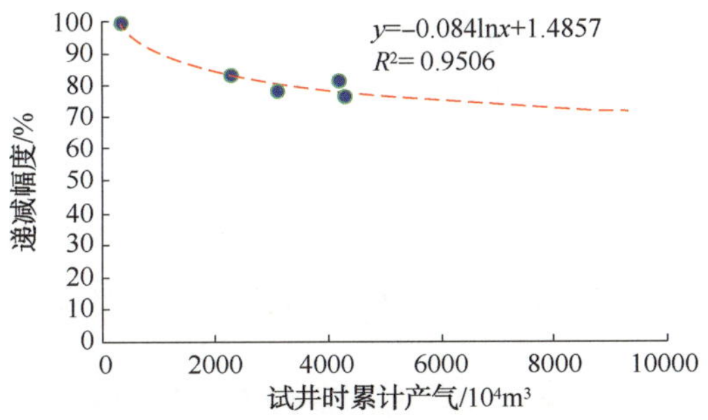

图5-2-14 初期无阻流量<$20\times10^4m^3/d$气井产能与累计产气关系

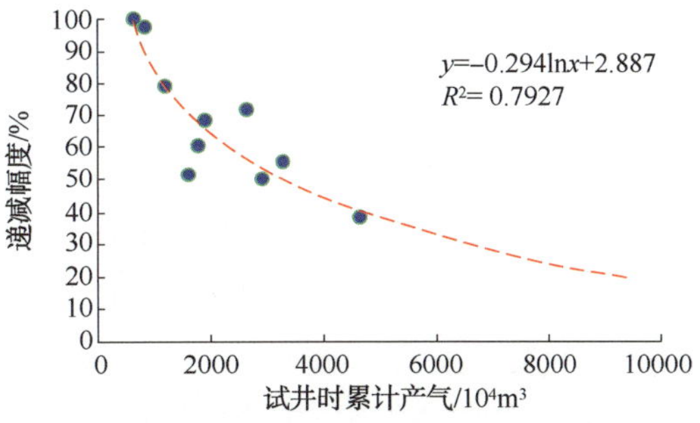

图5-2-15 初期无阻流量$(20\sim50)\times10^4m^3/d$气井产能与累计产气关系

(3) 无阻流量$(50\sim80)\times10^4m^3/d$气井。在累计产气$1000\times10^4m^3$内提高一档配产系数；在累计产气$(1000\sim3000)\times10^4m^3$内按合理配产系数配产；累计产气$3000\times10^4m^3$参照60%初期产能的合理系数配产；累计产气$6000\times10^4m^3$参照40%初期产能的合理系数配产；累计产气大于 $9000\times10^4m^3$ 参照 30%初期产能的合理系数配产，转为 $6\times10^4m^3/d$ 定产生产至定压生产阶段，如图 5-2-16 所示。

（4）无阻流量大于 $80\times10^4m^3/d$ 气井。在累计产气 $2000\times10^4m^3$ 内提高一档配产系数；在累计产气 $(2000\sim5000)\times10^4m^3$ 内按合理配产系数配产；累计产气 $5000\times10^4m^3$ 参照 50%初期产能的合理系数配产；累计产气 $1.0\times10^8m^3$ 参照 40%初期产能的合理系数配产；累计产气大于 $2.0\times10^8m^3$ 参照 30%初期产能的合理系数配产，转为 $6\times10^4m^3/d$ 定产生产至定压生产阶段，如图 5-2-17 所示。

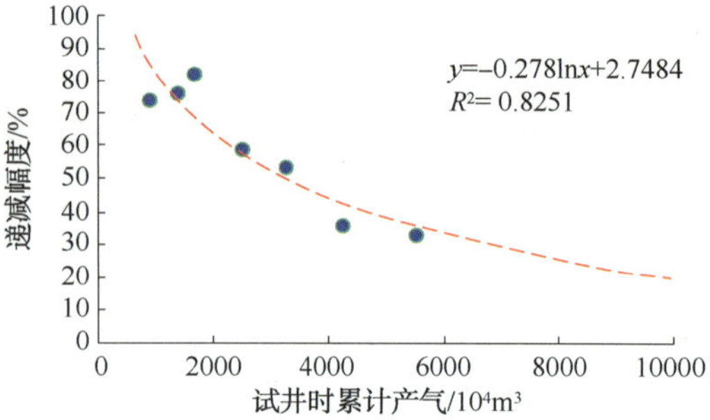

图 5-2-16　初期无阻流量 $(50\sim80)\times10^4m^3/d$ 气井产能与累计产气关系

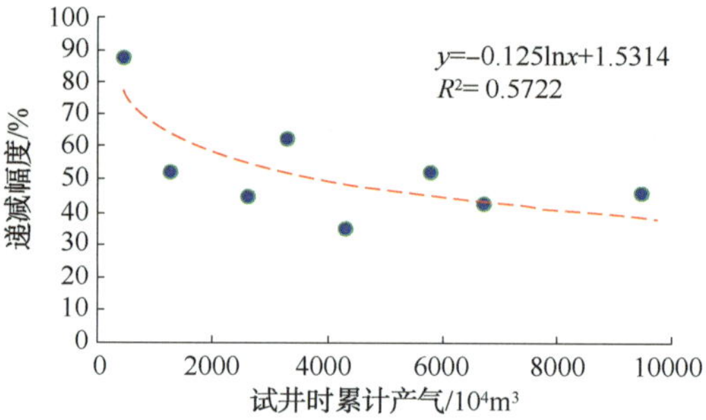

图 5-2-17　初期无阻流量大于 $80\times10^4m^3/d$ 气井产能与累计产气关系

3. 定压产量递减阶段

稳产期结束至连续携液流量前转为定压生产，合理定压值为高于本平台输压值 0.5~1.0MPa，有利于气井平稳生产；在连续携液至临界携液流量之间采取间歇开采，充分利用天然能量，延长自喷期；产能递减至临界携液流量后，介入排水采气工艺或增压开采工艺；在低产阶段，解决井筒积液是延长低产阶段的关键。

从焦页 6-XHF 井生产实例来看，在定压生产阶段，如果定压值为输压，维持的生产压差（输压和井口压力之间的差值）很低，当气井产水、输压波动时，易造成水淹停产，须控制定压值为高于本平台输压值 0.5~1.0MPa，留足站内提产带液的空间，有利于气井平稳生产，但是后期在气井产量递减至临界携液流量以下后，解决井筒积液是延长低产阶段的关键，如图 5-2-18 所示。

（五）分区合理配产制度优化

上述分阶段合理配产制度优化的依据主要是源自焦石坝区块中、北部气井产能试井结果，但是对于同一个区块，受地质和压裂因素的影响，相同产能区间的气井产能递减规律存在差异。考虑分区优化配产的因素，相同产能气井在地质条件和改造条件好的区域取配产上限，在地质条件和改造条件较好的区域取配产中值，在地质条件和改造条件较差的区域取配产下限。

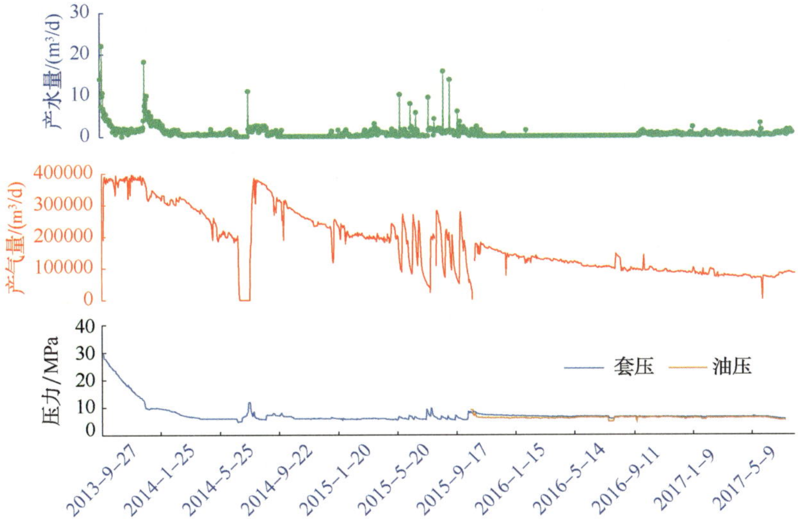

图 5-2-18 焦页 6-XHF 生产曲线(定压生产)

(六)低于临界携液流量的高产水井

建立初期提产加快排液，尽快达到返排率拐点，以稳定水气比生产为配产目标，保持气、液平衡，低产连续、稳定的生产制度。

第六章　采气井场工艺

井口天然气通过采气管线输送到集气站，经加热、节流、分离、计量后，又经集气支线进入集气干线，然后输送至脱水站进行集中分离、加热、TEG脱水处理，干气计量后进天然气分公司涪陵输配站外输；集气站内污水进高架水罐后车运至二级供水泵站回用，集输管网中设置注醇设施和清管设施。本章主要针对页岩气田常用的几个重要井场工艺流程、气液分离、气体流量计量做简要介绍，同时介绍天然气水合物的形成条件和防治措施。

第一节 地面集输工艺

涪陵页岩气田依据《气田集输设计规范》(GB 50349—2015)，结合页岩气田开发特点，形成标准化、模块化的设计方法，采用“采气丛式井场—集气站—脱水站”的两级布站模式。集气站设加热、节流、计量、分离等设施；集输管网采用“辐射+环形”方式，中压集输；脱水站脱水工艺采用三甘醇脱水工艺。

一、设计思路

1. 设计依据

(1) 按照批准的气田开发方案要求进行。

(2) 气田集输工程设计应与气藏工程、钻井工程、采气工程紧密结合，根据气田开发分阶段的具体要求，统一论证、综合优化、总体规划、分期实施。

(3) 气田集输工程总体布局应考虑气藏构造形态、生产井分布、天然气处理要求、产品流向及自然条件等，并应统筹气田水处理、给排水及消防、供配电、通信、道路等，经技术、经济对比后确定。

(4) 气田集输工程分期建设的规模应根据开发方案提供的20年以上的开发指标预测资料确定。

(5) 对实施滚动勘探开发的气田，工程分期和设备配置应实现近期和远期相互衔接，应简化工艺流程，宜采用撬装设备。

(6) 集输系统的建设规模应根据气田开发方案和设计委托书或设计合同规定的年最大集气量确定。每口气井年生产天数应按330d计算。采气管道的设计能力应根据气井的最大日产量确定。集气管道的设计能力应按其所辖来气管道日采气量的总和乘以系数1.2确定。

2. 输送介质物性

以焦页1HF井天然气组分为例，页岩气组分以甲烷为主，其摩尔百分含量为98.097%，乙烷摩尔百分含量为0.585%，丙烷及以上重烃组分摩尔百分含量为0.269%，CO_2摩尔百分含量为0.190%~0.196%。天然气相对密度为0.5656，临界温度为191.4K，临界压力为4.598MPa。不含硫化氢等有毒、有害气体。

3. 设计参数

1) 井口天然气物性

井口压力：15~35MPa；井口温度：30~35℃；日均单井配产：$6\times10^4m^3/d$；高位发热值：36.1MJ/m^3。

2）气田外输气要求

一期工程总体达到 $41.8\times10^8 m^3/a$；压力：4.0～4.2MPa；产品气温度：15～25℃。气质满足《天然气》(GB 17820—2018)中一类气的标准。

3）外输商品气要求

脱水站处理后的天然气满足《天然气》(GB 18720—2018)中一类气技术指标，考虑到所产天然气远期进入川气东送管道，其水露点应满足川气东送水露点要求(10MPa时，为-10℃)，即本工程脱水后水露点为-20℃(4.5MPa)。

二、井场流程

以单井为例，井场主要由采气树、节流阀、水套炉、安全阀、分离器、流量计等组成，如图 6-1-1 所示。

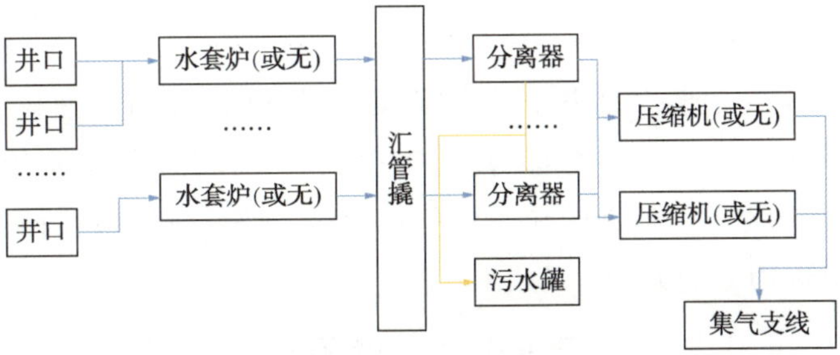

图 6-1-1　气井井场流程

1. 采气井口选择

根据焦页 1 井气样分析解释结果，天然气中不含硫化氢(H_2S)，CO_2 浓度为 0.05%～0.19%(表 6-1-1)，在地层压力为 37.69MPa 条件下，计算 CO_2 分压为 0.02～0.07MPa。

表 6-1-1　焦石坝区块五峰组—龙马溪组天然气组分分析

组分/%	焦页 1HF 井							焦页 1-3 井		
	1	2	3	4	5	6	7	1	2	3
甲烷	98.26	98.10	97.22	98.34	98.34	98.41	98.58	98.31	98.24	98.90
乙烷	0.57	0.59	0.55	0.68	0.66	0.68	0.70	0.73	0.72	0.84
丙烷	0.03	0.23	0.01	0.02	0.02	0.02	0.02	0.02	0.03	0.02
正丁烷	0.00	0.01	0.00	0.00	0.00	0.00	0.00	0.00	0.00	0.00
异丁烷	0.00	0.02	0.00	0.00	0.00	0.00	0.00	0.00	0.01	0.00
正戊烷	0.00	0.00	0.00	0.00	0.00	0.00	0.00	0.00	0.00	0.00
异戊烷	0.00	0.00	0.00	0.00	0.00	0.00	0.00	0.00	0.01	0.00

续表

组分/%	焦页 1HF 井							焦页 1-3 井		
	1	2	3	4	5	6	7	1	2	3
C_6	0.00	0.00	0.00	0.00	0.00	0.00	0.00	0.00	0.00	0.00
C_7	0.00	0.00	0.00	0.00	0.00	0.00	0.00	0.00	0.00	0.00
C_8	0.00	0.00	0.00	0.00	0.00	0.00	0.00	0.00	0.00	0.00
二氧化碳	0.19	0.20	0.00	0.10	0.12	0.05	0.22	0.07	0.13	0.24
氦气	0.05	0.04	0.00	0.00	0.00	0.00	0.00	0.00	0.03	0.00
氮气	0.87	0.82	2.19	0.84	0.81	0.80	0.48	0.84	0.83	0.00
硫化氢	0.00	0.00	0.00	0.00	0.00	0.00	0.00	0.00	0.00	0.00
氢气	0.00	0.00	0.00	0.00	0.00	0.00	0.00	0.00	0.00	0.00
合计	99.97	100.00	99.96	99.97	99.96	99.96	100.00	99.97	99.99	100.00

根据《石油天然气工业　钻井和采油设备　井口装置和采油树》(GB/T 22513—2013)，参照 API 6A—2010 设备规范(表 6-1-2)和 CO_2 分压所指明的封存流体相关腐蚀(表 6-1-3)规定，结合焦石坝区块天然气中 CO_2 分压资料，判断属于可能发生轻度腐蚀的阶段，材料选用级别为 DD 级或 EE 级。

表 6-1-2　材料要求

材料级别		材料最低要求	
		本体、阀盖、端部和出口连接	控压件、阀杆和芯轴悬挂器
AA	一般使用	碳钢或低合金钢	碳钢或低合金钢
BB	一般使用	碳钢或低合金钢	不锈钢②
CC	一般使用	不锈钢	不锈钢
DD	酸性环境①	碳钢或低合金钢②	碳钢或低合金钢②
EE	酸性环境①	碳钢或低合金钢②	不锈钢②
FF	酸性环境①	不锈钢②	不锈钢②
HH	酸性环境①	耐蚀合金钢②③④	耐蚀合金钢②③④

注：①指按 ISO 15156(所有部分)(NACE MR0175：见第 2 章)定义。

②和 ISO 15156(所有部分)(NACE MR0175：见第 2 章)相一致。

③仅可接触的流体湿润表面要求是 CRA，含有低合金钢或不锈钢覆层的 CRA 也可以(见 6.5.1.2.20)。

④按照第 3 章对 CRA 的定义，而不使用 ISO 15156(所有部分)(NACE MR0175：见第 2 章)中的定义。

表 6-1-3 CO_2 分压所指明的封存流体相关腐蚀

封存流体	相关腐蚀性	CO_2 分压	
		MPa	%
一般使用	无腐蚀	<0.05	<7
一般使用	轻度腐蚀	0.05~0.21	7~30
一般使用	中度至高度腐蚀	>0.21	>30
酸性环境	无腐蚀	<0.05	<7
酸性环境	轻度腐蚀	0.05~0.21	7~30
酸性环境	中度至高度腐蚀	>0.21	>30

目前，现场最高井口压力大于 35MPa、小于 40MPa，选择井口压力级别为 70MPa。推荐采气生产井口型号为 KQ78/65-70 DD 级，井口设备均采用 70MPa×DD 级，性能满足开发需要。

根据《石油天然气工程设计防火规范》(GB 50183—2015)，应为采气井口装置配置紧急切断系统。采气井口装置宜选 7 号阀为自动关断阀的十一阀双翼采气井口装置，预测关井最高压力为 40MPa，采气生产井口型号为 KQ78/65-70DD 级。油管头下法兰直接加工成与二级套管头相配法兰，套管挂脖颈采用橡胶密封，如图 6-1-2 所示。

2. 水合物形成与防治

由于气井压力较高，从气井出来的气体，一般都需要经过多级节流(图 6-1-3)才能进入采气管线。为防止形成水合物，在节流阀间设有加热炉使气体升温，或在采气树节流阀后注入水合物抑制剂。

计算了不同压力下天然气水合物的形成温度，见表 6-1-4。

表 6-1-4 不同压力下天然气水合物的形成温度

压力/MPa	4.0	4.5	5.0	5.5	6.0	10.0	15.0
水合物温度/℃	7.18	8.21	9.17	10.11	10.96	15.69	19.10
压力/MPa	20.0	25.0	30.0	35.0	40.0	45.0	50.0
水合物温度/℃	21.37	23.07	24.46	25.64	26.67	27.60	28.44

在集气站内采用水套炉加热，防止形成水合物。通过模拟计算，集气站天然气出站温度应控制在 30℃以上，可以保证天然气进脱水站温度在 13℃以上，不形成水合物。

从各平台井口采出的高压气由采气管线输至集气站，单井井口设紧急切断阀，井口压力、温度实现远传。必要时，在井口配备移动式除砂装置。

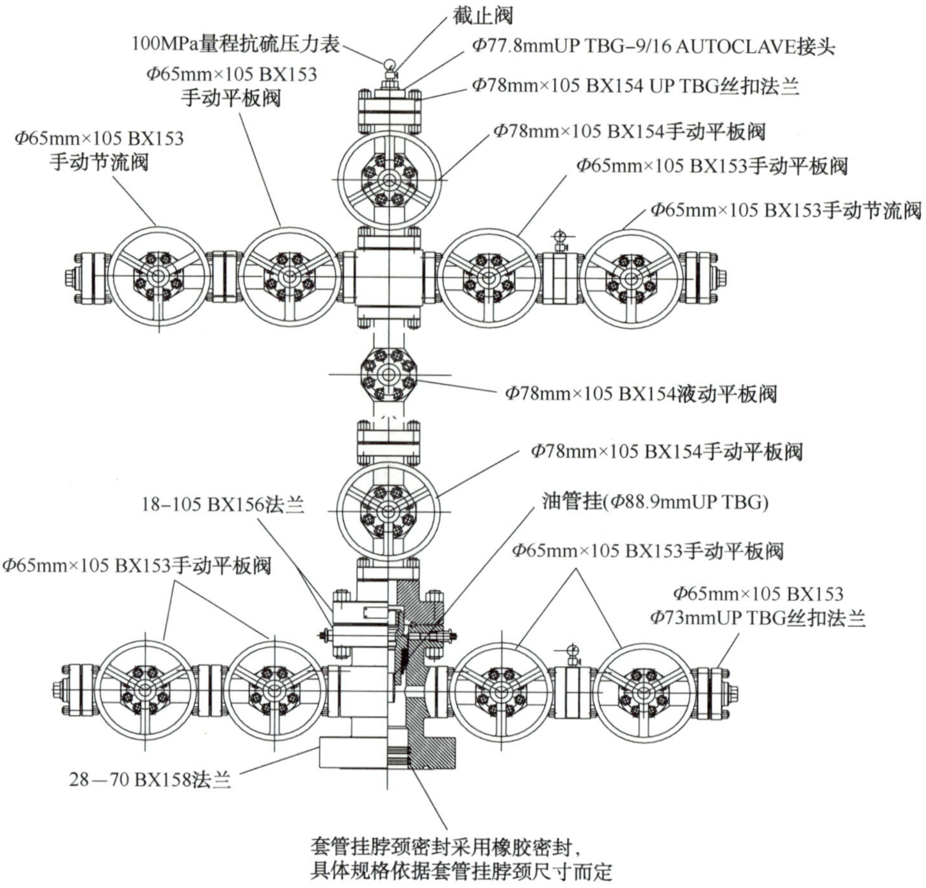

图 6-1-2　采气井口装置示意图

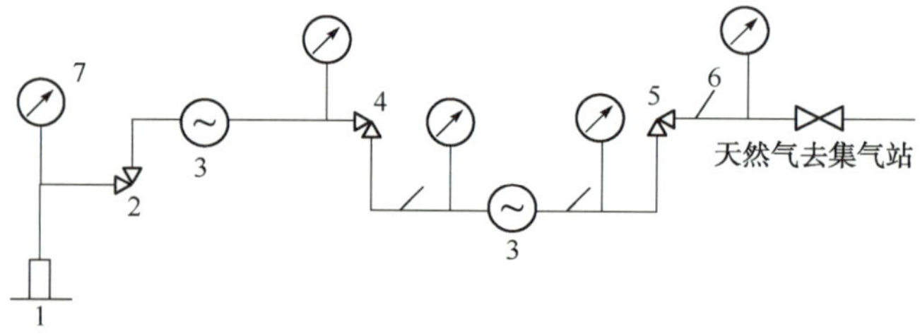

图 6-1-3　气井井场多级节流简单流程

1—气井；2—采气树针阀；3—加热炉；4——级节流阀；5—二级节流阀；6—温度计；7—压力表

三、集气站工艺

1. 天然气集输工艺

常用的天然气集输工艺分为干气输送和湿气输送两种。干气输送是指原料气先经脱水处理后再集输；湿气输送一般是指原料气仅在井口或集气站降压分离掉液相水后即进入集气管线。在集输过程中，由于操作压力和温度不断下降，原料气的露点也不断下降而析出冷凝水。干气输送一般用于酸性气田，以减轻管线腐蚀。

根据涪陵页岩气田特点，其生产井分布较密，各集气站之间管线输送距离较短，脱水站离最远的集气站距离约 25km。由于气田所产天然气不含 H_2S，CO_2 含量为 0.196%，集输管道最高操作压力为 6.3MPa，经计算，天然气中 CO_2 分压为 0.0133MPa。根据《天然气脱水设计规范》，该分压为 CO_2 腐蚀的三个界限分压范围(应采用防腐措施：大于 0.20MPa；宜采用腐蚀控制：0.021～0.20MPa；不需要控制腐蚀：小于 0.020MPa)中的"不需要控制腐蚀"，湿气输送不会对管线造成腐蚀，因此不采用干气输送工艺，而采用湿气输送工艺，即采用集中脱水的湿气输送工艺。

参考焦页 1HF 井和焦页 1-3HF 井的生产数据，见表 6-1-5。

表 6-1-5　焦页 1HF 井、焦页 1-3HF 井生产数据

井　　号	井口温度/℃	井口压力/MPa	产气量/($10^4m^3/d$)
焦页 1HF	32.58	17.706	5.2
焦页 1-3HF	37.58	31.217	2.85

根据以上生产数据对采气管线进行模拟计算，地温取 8℃，采气管线采用 40mm 厚聚氨酯黄夹克保温管，单井产气输送距离见表 6-1-6。

表 6-1-6　单井产气输送距离

井　　号	水合物生成温度/℃	管线保温	输送距离/km	
			大于水合物生成温度 5℃	等于水合物生成温度
焦页 1HF	20	保温	1	2
		不保温	0.3	1.1
焦页 1-3HF	25	保温	0.95	1.65
		不保温	0.20	0.55

结合试验井组已有生产数据，经过工艺模拟计算，得出以下结论：

(1) 单井采气管线长度在 0.5km 范围内，进站无须保温。

(2) 单井采气管线长度在 1.5km 范围内，进站温度接近水合物生成温度。

(3) 单井采气管线长度超过 1.5km，考虑采取注醇防冻措施。

2. 集气站部署

集气站有多井台建站及单井台建站两种方案。

多井台建站：结合井位部署和集输半径(最大集输半径为 1.5km)，相距 1.5km 范围内的平台就近接入附近平台集中建站。单井台建站：每个井台建 1 座集气站。

以 4 井式和 6 井式为例，单井台建站优点是单井采气管线少，但设备较多，管理较分散；多井台建站优点是设备少，便于管理，但单井管线较长。以上两个方案的对比见表 6-1-7。

表 6-1-7　多井台建站和单井台建站对比

内　容	方案一		方案二	
采气方式	多井台建站		单井台建站	
	两井台(4 井式)合建站	两井台(6 井式)合建站	两井台(4 井式)分别建站	两井台(6 井式)分别建站
主要工作量	加热炉 4 台	加热炉 6 台	加热炉 4 台	加热炉 6 台
	计量分离器 2 台	计量分离器 2 台	计量分离器 2 台	计量分离器 2 台
	生产分离器 1 台	生产分离器 1 台	生产分离器 2 台	生产分离器 2 台
	污水罐 1 具	污水罐 1 具	污水罐 2 具	污水罐 2 具
	分液包 1 具	分液包 1 具	分液包 2 具	分液包 2 具
	采气管线 8km	采气管线 12km	集气管线 2km	集气管线 2km
	值班房 1 间	值班房 1 间	值班房 2 间	值班房 2 间
	PLC1 套	PLC1 套	PLC2 套	PLC2 套
工程投资	622 万元	761 万元	635 万元	755 万元
运行费用	8 万元/年	9 万元/年	9 万元/年	10 万元/年
优点	集气站管辖多个井台，管辖范围经济、合理，运行成本较低		井口气全部就近进计量站，高压采气管线距离最短	
	体现标准化设计原则，建设标准化集气站		体现标准化设计原则，建设标准化集气站	
缺点	高压采气管线相对较长，山区地形敷设不便		站点过多，天然气分散计量，不便于管理	

经过对 4 井式和 6 井式多井台建站与单井台建站的投资、运行费用进行比较，可知 4 井式以下的井台合建投资最省，6 井式以上的井台由于采气管线过长，单井台建站最省，为了节省投资和方便管理，采用多井台建站与单井台建站相结合的方式。

相距 1km 范围内的平台就近接入附近平台集中建站，相距 1.5km 左右的 2~4 井式平台就近接入附近平台集中建站，相距 1.5km 左右的 6~12 井式平台就地单独建站，相距 2km 以上的平台就地单独建站。

3. 集气站工艺流程

1）计量方式

涪陵页岩气田在不同时期，分别采用了连续计量、轮换计量两种计量方式，其优缺点见表 6-1-8。

表 6-1-8　计量模式优缺点

计量模式	连续计量	轮换计量
优点	1. 能够连续监测页岩气井井口气量、压力和温度等数据。 2. 由于取消了汇管撬，降低了冲蚀风险。 3. 减少现场轮换计量汇管操作工作量，有利于实现无人值守	1. 集气站设备占地较少，8 井式及以上平台有优势。 2. 设备数量较少，压力容器年检量较小。 3. 由于采用 D1200 分离器，处理量 $240m^3/h$，对单股段塞流处理能力较强
缺点	1. 集气站设备占地较多，8 井式分离器占地 8m×32m。 2. D800 分离器产出水处理量 $120m^3/h$，对水量较大的单股段塞流处理能力较弱	1. 不能连续监测页岩气井井口气量、压力和温度等。 2. 汇管撬具有冲蚀风险。 3. 现场轮换计量汇管操作工作量大

连续计量：如图 6-1-4 所示，单井来气进加热炉，经加热节流后进计量分离器，一口井对应一台计量分离器，所有计量分离器出口汇集在一起连接外输管道，污水进入站内污水罐。集气站出站管道设有紧急切断阀，采用安全阀放空及手动放空到井场放喷池。试验井组采用“连续计量”的单井生产流程，目的是为了更好地监测页岩气田开发初期井口气量、压力和温度等。

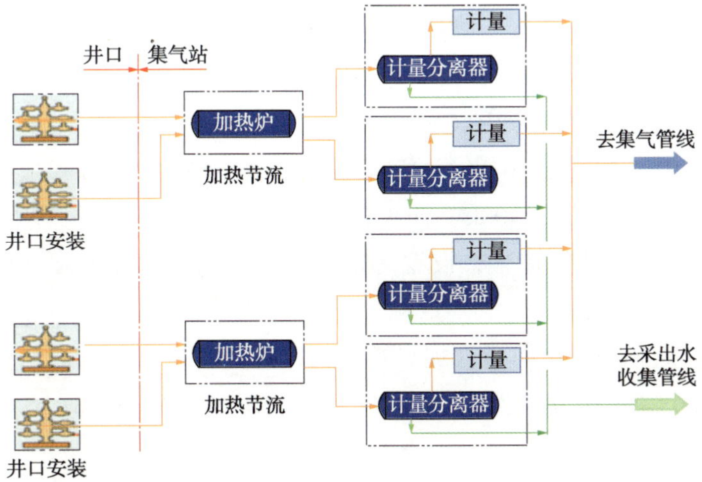

图 6-1-4　连续计量流程

轮换计量：如图 6-1-5 所示，单井来气进计量汇管，去计量分离器进行单井产气计量，其他井口来气进生产汇管，去生产分离器进行气、液分离计量，计量分离器和生产分离器天然气汇集在一起进入外输管道，污水进入站内污水罐。集气站出站管道设有紧急切断阀，采用安全阀放空及手动放空到井场放喷池。涪陵页岩气田北、中、南区集气站采取了轮换计量方式。

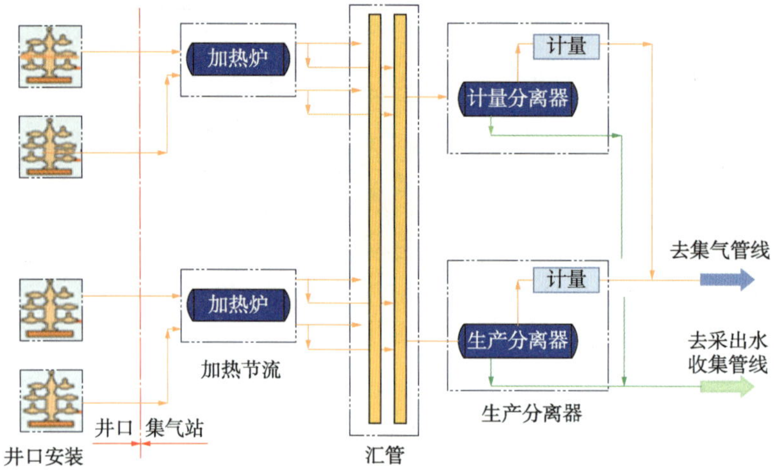

图 6-1-5 轮换计量流程

对比连续计量与轮换计量模式优缺点，二期产建为减少冲蚀风险，以及减小现场工作量，采取连续计量方式。

2）站内部署

针对各平台井位部署情况，设置 2 井式、4 井式、6 井式、8 井式、10 井式和 12 井式标准化集气站。2~12 井式加热炉撬均采用四盘管，即一个加热炉负责 2 口井。

2 井式：2 井式集气站设备按单列配置，即井口来气→加热→分离→计量。站内加热炉为四盘管，加热负荷 400kW；设 2 具 DN800 计量分离器用于气、液分离和计量。2 井式井口及集气站标准化流程如图 6-1-6 所示。

4 井式、6 井式：4 井式、6 井式井口流程相似，不同的是 4 井式采用 2 台 400kW 四盘管加热炉，6 井式采用 3 台 400kW 四盘管加热炉。4 井式和 6 井式均设置一套计量分离器（DN800），负责单井的计量；设置一套生产分离器（DN1200），用于其他井的气、液分离，如图 6-1-7 所示。

8 井式：8 井式采用 4 台四盘管加热炉，均设置两套计量分离器（DN800），负责单井的计量；设置一套生产分离器（DN1200），用于其他井的气、液分离，如图 6-1-8 所示。

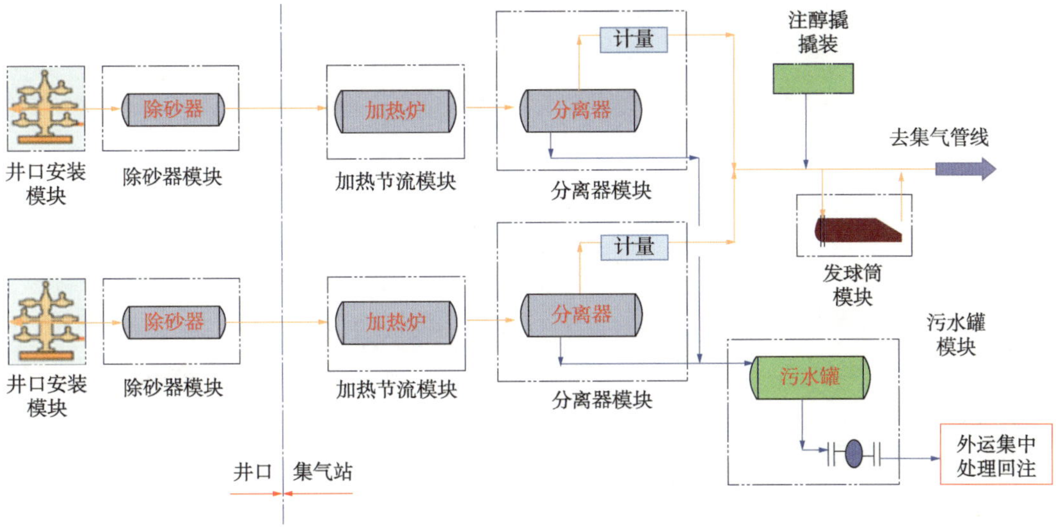

图 6-1-6　2 井式井口及集气站标准化流程

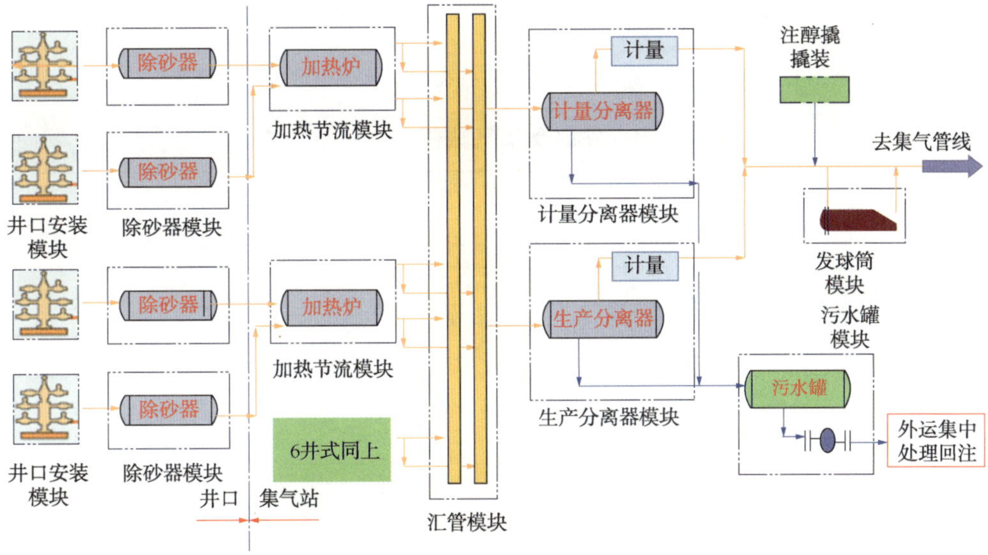

图 6-1-7　4 井式、6 井式井口及集气站标准化流程

根据井口及集气站标准化流程，将井口、集气站中相同的部分划分为模块，划分的模块具有通用性。对井口及集气站共划分为井口安装、加热炉、计量分离器、生产分离器、燃气调压、污水罐、汇管、火炬 8 个模块，其中加热炉、分离器、污水罐、火炬均采用撬装方式。井口及集气站模块名称及规格见表 6-1-9。

根据《油气集输设计规范》(GB 50350—2015)，集气站单井采用轮换计量方式，单井计量持续时间不少于24h，计量周期为5~10d。结合现场管理模式，一个计量分离器最多管辖6口井，8井及以上井式采用2台计量分离器。

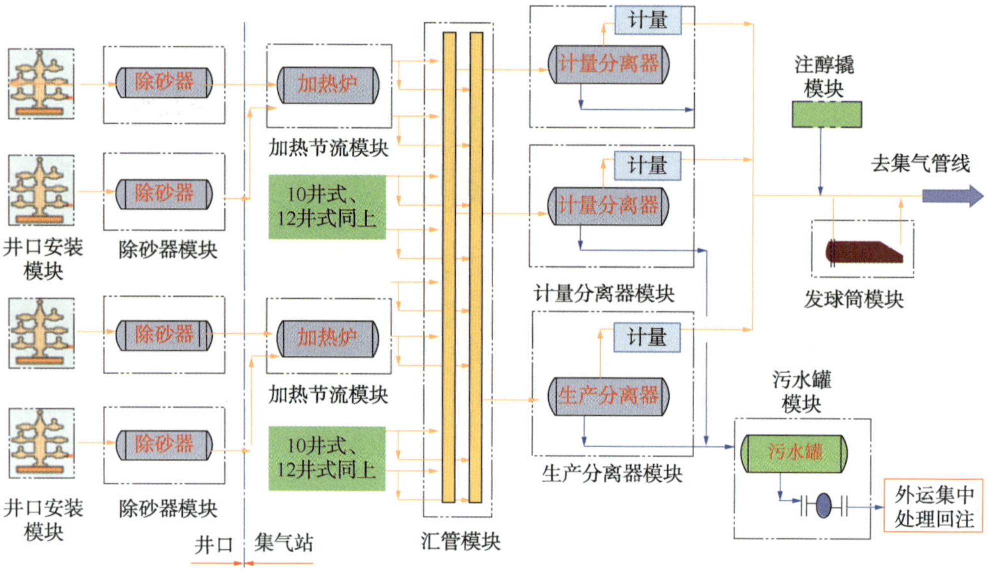

图 6-1-8　8 井式、10 井式、12 井式井口及集气站标准化流程

表 6-1-9　井口及集气站模块名称及规格

序号	模块名称	模块功能	集气站设备规格			备注
			2 井式	4 井式、6 井式	8 井式、10 井式、12 井式	
1	井口安装模块	井口紧急关断，压力及温度远传				
2	加热炉模块	井口来气加热节流	400kW	400kW	400kW	撬装
			1 台	（2 台、3 台）	（4 台、5 台、6 台）	
3	计量分离器模块	井口来气气、液分离和计量	DN800	DN800	DN800	撬装
			1 具	1 具	2 具	
4	生产分离器模块	气、液分离	无	DN1200	DN1200	撬装
5	燃气调压模块	燃气分离调压				撬装
6	污水罐模块	污水储存	$10m^3$	$10m^3$	$10m^3$	撬装
7	汇管模块	计量及生产汇管	无	DN100、DN200	DN100、DN150、DN250	
8	火炬模块	集气站放空	DN150	DN150	DN150	撬装

4. 主要设备选型

标准化集气站主要工艺设备有加热炉橇、分离器橇、火炬橇等，主要设备选型如下：

1）加热炉橇

加热炉热负荷可根据下列计算公式计算：

$$Q=G_mC_p(T_2-T_1)/3.6 \tag{6-1-1}$$

式中 Q——被加热介质所需热负荷，kW；

G_m——被加热介质质量流量，t/h；

C_p——被加热介质定压比热容，kJ/(kg·℃)；

T_1、T_2——温度,℃。

经过计算，单井天然气(单井配产 $6\times10^4m^3/d$)从20℃加热到50℃所需的加热负荷为170kW，按每台加热炉负责2口井，同时考虑加热炉效率，选取400kW水套加热炉。

2）分离器橇

气田常用的分离器有立式和卧式两种重力式分离器，相同压力、相同直径的卧式分离器的处理能力较立式分离器大4倍，因此选用卧式分离器。

按GB 50350—2015相关规定，分离器内直径计算公式如下：

$$D=350\times10^{-3}\sqrt{\frac{K_3q_vTZ}{pW_0K_2K_4}} \tag{6-1-2}$$

式中 D——分离器内直径，m；

q_v——标准参比条件下的气体流量，m^3/h；

T——操作温度，K；

p——操作压力，MPa；

Z——气体压缩系数；

W_0——液滴沉降速度，m/s；

K_2——气体空间占有的空间面积积分率，取0.424；

K_3——气体空间占有的高度分率；取0.44；

K_4——长径比，取5.0。

经计算，计量分离器直径为DN800，设计压力为6.3MPa，对应最大处理气量 $10\times10^4m^3/d$；生产分离器直径为DN1200，设计压力为6.3MPa，对应最大处理气量 $120\times10^4m^3/d$。

在现场应用时发现生产分离器运行噪声大，造成周边农户的居住环境噪声超过国家标准规定值，见表6-1-10。

表 6-1-10　现场分离器运行噪声实测情况

测试位置	分离器周边	场地东	场地南	场地西	场地北	农户家院内	农户家一楼	农户家二楼
噪声音量/dB	92.2	68.2	70.8	73.5	76.5	61.1	53.9	53.2
国家限定值/dB	—	—	—	—	—	1 类区域：昼间 55，夜间 45		

注：1. 噪声测试于白天进行。

2. 场地东、南、西、北四角测量点位于集气站围栏外 1m 处。

产生噪声的主要因素是未分离的砂杂质对折流板的碰撞，以及气体相互摩擦。采用 Fluent 数值模拟软件，对入口构件、整流构件和聚结构件的流场进行三维数值模拟计算，折流板角度由 0°调整为 12°~15°时，噪声降到最低，如图 6-1-9 所示。优化调整后，分离器 1m 处噪声音量由原来的 92.2dB 降低到 65.3dB，有效减少了噪声。

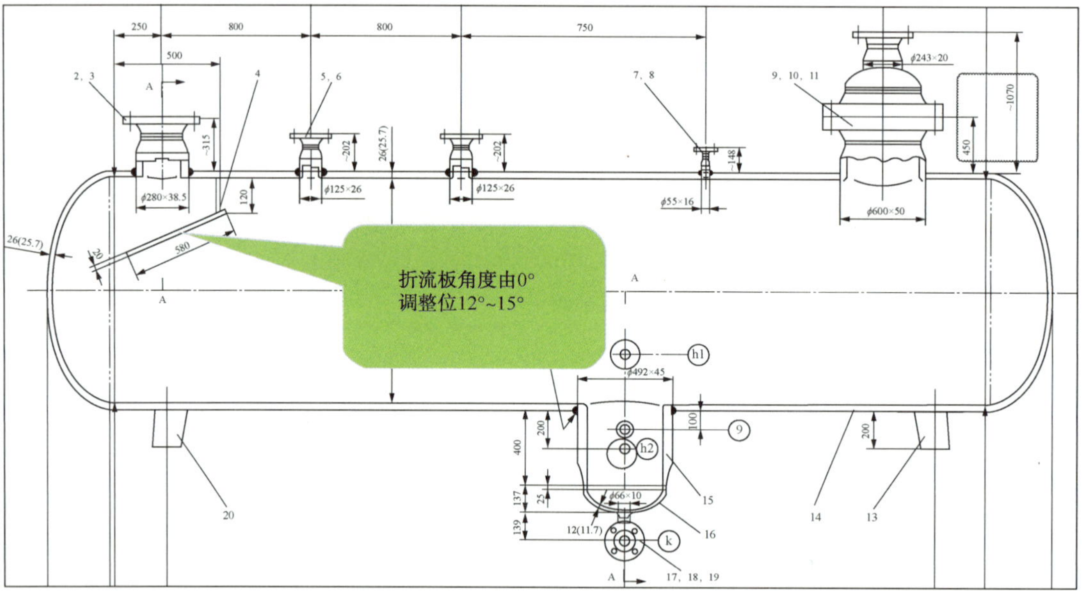

图 6-1-9　折流板安装示意图

3）火炬撬

集气站放空火炬撬采用自动点火系统，主要包括放空管及点火控制盘等。采用 PLC 元件作为火炬点火控制单元。集气站放空火炬撬规格为 DN150，高度 15m。

5. 井口、集气站平面布置

考虑到山区地形征地困难，且气田所产天然气中不含 H_2S 等有毒气体，气田新增集气站在钻井平台上建设。

根据《石油天然气工程设计防火规范》(GB 50183—2004) 规定，气田集气站场属于五级站场，所以在平面布置时，工艺装置防火间距按五级站场设计。

针对井场井位平面图设计，根据钻井、试气运行要求，同时在满足规范要求下，分别提出了井场+集气站合建区域布置图(L形和矩形)、无集气站井场平面布置图(L形和矩形)。井场与集气站合建可以有效减少占地面积，降低井场和集气站的管理难度。

针对站场总平面布置，根据生产工艺特点、火灾危险性等级、功能要求，结合地形、风向等条件确定。标准化集气站平面布局如图 6-1-10、图 6-1-11 所示。

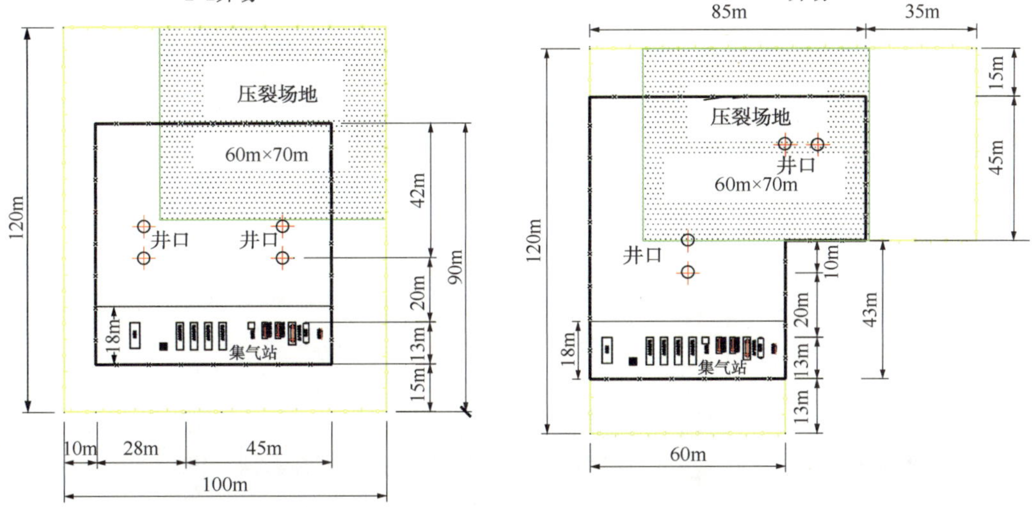

图 6-1-10　2×2、2+2 井场及集气站平面布局

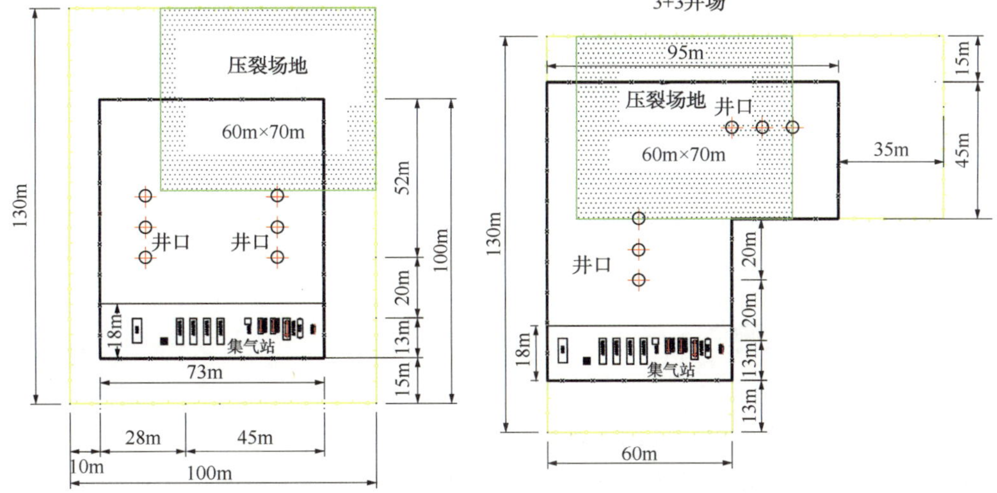

图 6-1-11　2×3、3+3 井场及集气站平面布局

四、脱水工艺

涪陵页岩气田建有4座脱水站。1#、2#脱水站位于乌江以北白涛化工园区，其中1#脱水站处理规模 $15\times10^8m^3/a$、2#脱水站处理规模 $40\times10^8m^3/a$；3#脱水站位于乌江以南，处理规模 $10\times10^8m^3/a$；4#脱水站位于平桥，处理规模 $10\times10^8m^3/a$。

1. 工艺流程

集气站来气通过集输管线管输至脱水站后进行净化处理，脱水采用TEG脱水装置。天然气首先进入过滤分离装置，尽可能除去可能携带的游离液体和机械杂质，然后进入加热炉加热到20℃，再进入脱水装置，经脱水装置脱水后的干净化气经调压计量之后输送到用户。

1#脱水站脱水装置成列设置，主要设备全部撬装化，采用 $5\times10^8m^3/a$ 和 $10\times10^8m^3/a$ 两个系列进行标准化设计，如图6-1-12所示。

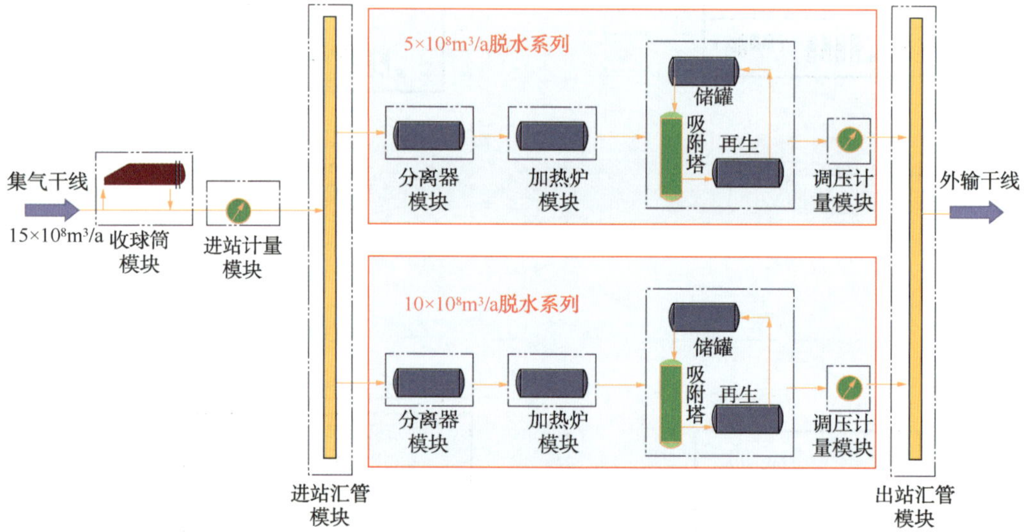

图6-1-12　1#脱水站标准化流程

2#脱水站采用4列 $10\times10^8m^3/a$ 的脱水装置进行组合，其中预留1列 $10\times10^8m^3/a$ 的脱水装置，如图6-1-13所示。

2. 工艺装置

根据设备的结构及功能，将脱水站流程中的各类处理设备划分为11个模块，其中对进站计量模块、进站分离模块、加热模块、脱水模块、再生模块、三甘醇储罐模块、放空模块、仪表风模块进行撬装化设计，模块划分如图6-1-14所示。

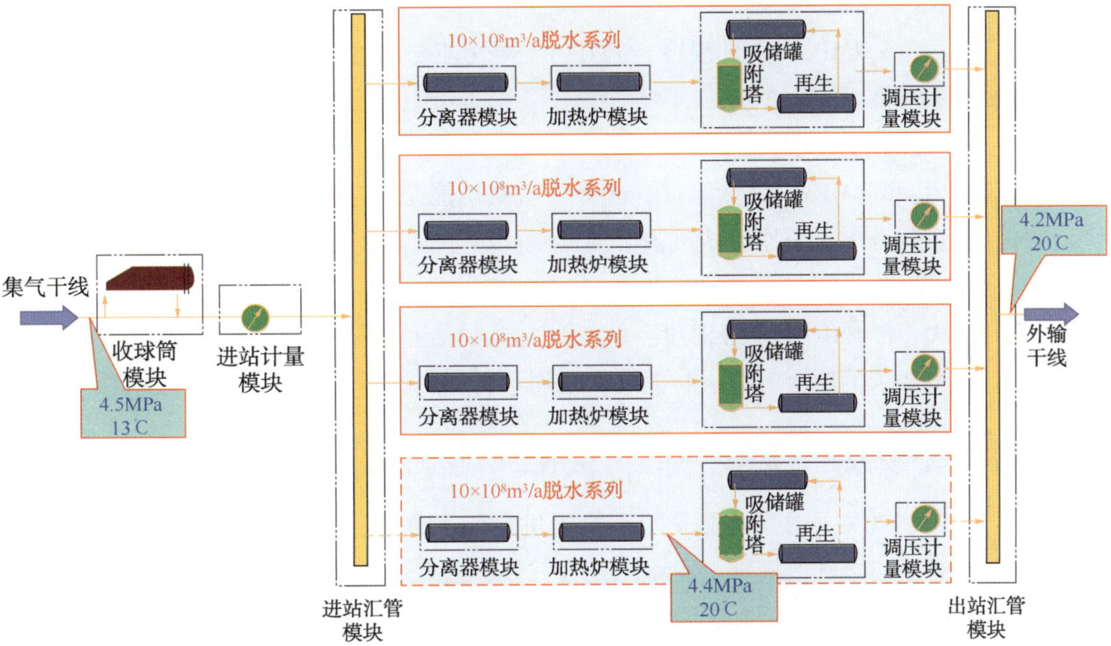

图 6-1-13 2[#]脱水站标准化流程

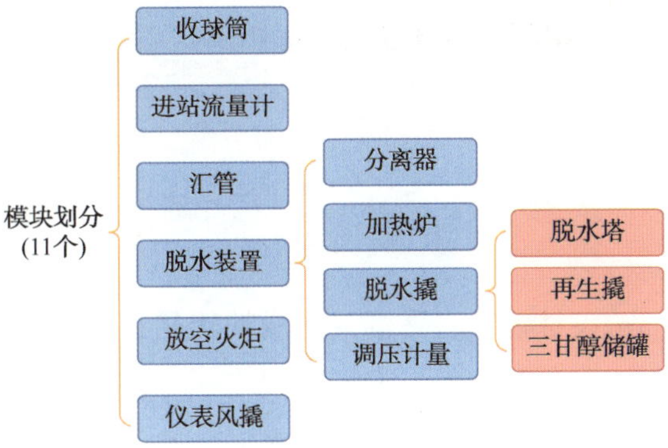

图 6-1-14 脱水站标准化模块划分

1）收球筒模块

设计压力：6.4MPa；设计温度：60℃。目的是对进脱水站的集气干线清管工作进行收球作业，根据集气干线的管径，1[#]脱水站收球筒规格为 DN300，2[#]脱水站收球筒规格为 DN550。

2）进站计量模块

设计压力：6.4MPa；设计温度：60℃。主要功能是对集气干线来气进行计量。采用孔板节流装置(高级孔板阀)，配置多块孔板，适应气量变化。

3）进站汇管模块

设计压力：6.4MPa；设计温度：60℃。主要功能是对进站天然气进行汇集和调配。汇管材质为L360N。

4）进站分离模块

设计压力：6.4MPa；设计温度：60℃。主要功能是对进站天然气中所含游离液体和机械杂质进行分离，采用卧式气液分离器撬。

5）加热模块

设计压力：6.4MPa；设计温度：60℃。主要功能是对进站天然气进行加热，使其温度达到规范要求的脱水装置进料温度，采用水套加热炉撬。

6）脱水模块

进气温度：20℃；操作压力：4.0~4.5MPa；干气水露点：≤-20℃（4.5MPa）；操作弹性：15%~120%。主要功能是对天然气进行脱水处理，使气质达到《天然气》（GB 17820—2018）中二类气的标准，脱水工艺为三甘醇脱水工艺。根据流程和设备尺寸，脱水模块分为吸附撬、再生撬和三甘醇储罐撬。

7）出站调压计量模块

设计压力：6.4MPa；设计温度：60℃。主要功能是对出站天然气进行调压和计量。调压设备为气动调节阀，采用超声波流量计。

8）出站汇管模块

设计压力：6.4MPa；设计温度：60℃。主要功能是对出站天然气进行汇集。汇管材质为L360N。

9）放空模块

设计压力：1.6MPa；设计温度：常温。主要功能是在站场事故情况和检修情况下，对站内的天然气进行放空。采用PLC元件作为火炬点火控制单元。火炬界区内所有设备的数据采集和控制均由PLC元件完成，将报警信号送入站控系统。

脱水系列标准化流程主要模块配置见表6-1-11。

表6-1-11　脱水系列标准化流程主要模块配置

序号	模块名称	规格		备注
		$5\times10^8m^3/a$ 系列	$10\times10^8m^3/a$ 系列	
1	收球模块	DN300（$15\times10^8m^3/a$）、DN550（$40\times10^8m^3/a$）		—
2	汇管模块	DN350（$15\times10^8m^3/a$）、DN600（$40\times10^8m^3/a$）		—
3	分离器模块	DN1400	DN2000	撬装
4	加热炉模块	800kW	1600kW	撬装

续表

序号	模块名称	规格		备注
		$5\times10^8m^3/a$ 系列	$10\times10^8m^3/a$ 系列	
5	脱水装置模块	—	—	—
5.1	吸附装置	$\Phi1200$	$\Phi1800$	撬装
5.2	再生装置	$\Phi1000$	$\Phi1400$	撬装
5.3	三甘醇循环装置	$\Phi1400$	$\Phi1800$	撬装
6	计量调压模块	$150\times10^4m^3/d$	$300\times10^4m^3/d$	撬装
7	火炬模块	DN350($15\times10^8m^3/a$)、DN600($40\times10^8m^3/a$)		撬装
8	仪表风模块	$5m^3/min$(标准)		撬装

3. 脱水站平面布置

脱水站平面布置严格按照《石油天然气工程设计防火规范》(GB 50183—2004)的相关规定执行，分为站房区、生产区、辅助生产区、计量调压区，各功能区块用道路隔开。

1#脱水站平面布置如图 6-1-15 所示。

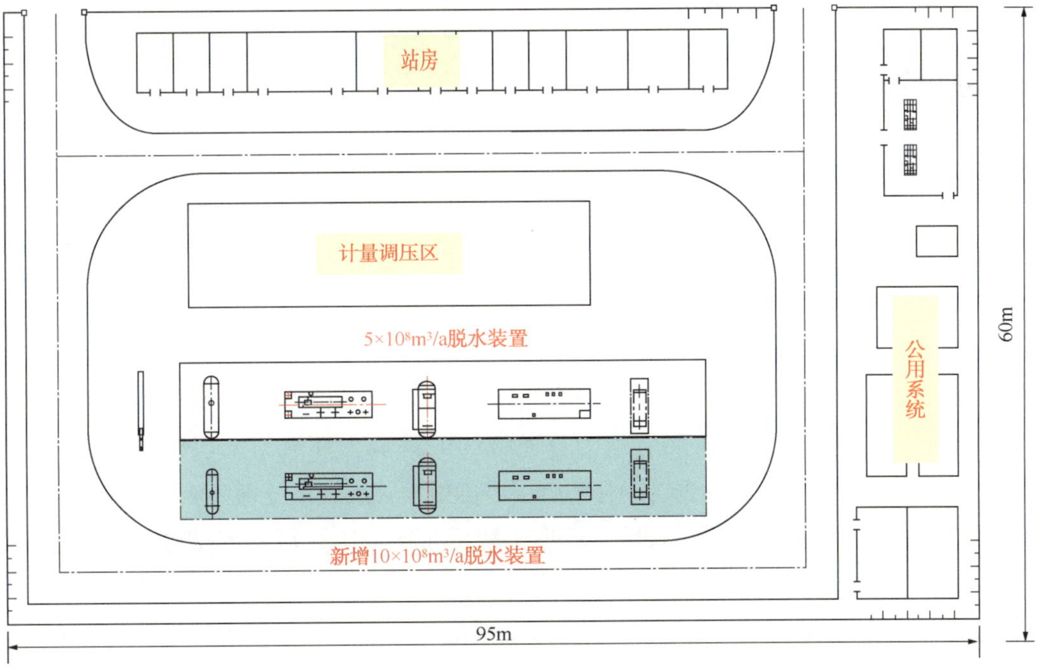

图 6-1-15 1#脱水站平面布置示意图

2#脱水站平面布置如图 6-1-16 所示。

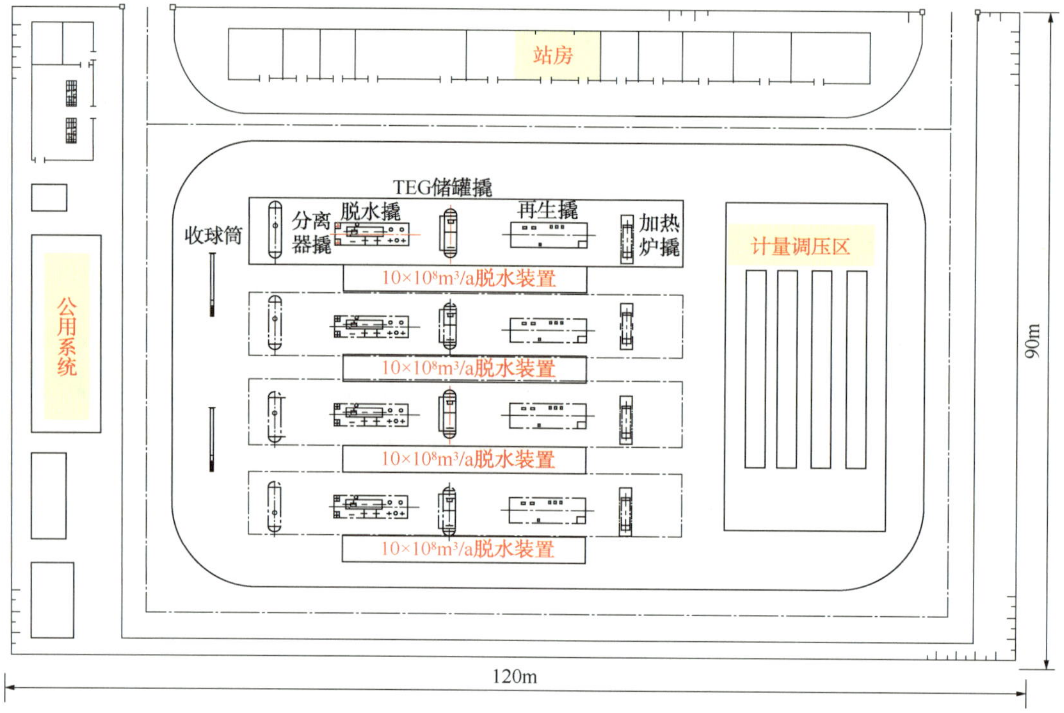

图 6-1-16　2#脱水站平面布置示意图

五、集气管网

1. 规模

涪陵页岩气田地面集气管网按照不同压力等级、不同输量有多种规格，井口至站内高压管线规格为 Φ76mm×10mm，总长 92.8km；集气支线规格有 DN150 及 DN200 两种，总长 165km；集气干线有 DN300、DN350、DN550、DN450 四条，总长 78.2km。

结合工艺条件和环境条件，综合考虑管材规格精简、统一和可焊性，涪陵页岩气田 DN550 集气干线采用 L415N 直缝埋弧焊钢管，DN150 及 DN200 集气支线采用 L360N 无缝钢管。集气支线和集气干线防腐层均为普通级 3PE 防腐，环氧粉末层要求厚度不小于 120μm，胶黏剂层厚度为 170~250μm，防腐层厚度根据管线规格分别为 2.0mm 和 2.2mm。

集气干线采用"辐射+环形"管网，环形干线沿工区西南区域集气站敷设，从已建试验井组集气干线的预留阀室出发，沿西南侧敷设，接入 2#脱水站。在 2#脱水站与 1#脱水站的进口，管线连通，从而实现区块集气干线的环形设置，集气干线全长约 28km。

环形干线设有 3 个主干线 RTU 阀室，以及 14 个普通阀室，集气支线为止回阀+球阀接入集气干线，避免集气支线泄漏时，集气干线中的天然气回流到泄漏的集气支线中。

2. 设计方法

1）天然气外输压力

天然气出脱水站与用户的交接压力为 4.0～4.2MPa，天然气进脱水站的压力为 4.5MPa，因此集气管线设计压力为 6.3MPa。

2）管道外侧环境设计温度取值

管道管顶埋深 1.3m，埋深处平均地温计算值取 8℃。

3）管线选型及计算

集气管线工艺计算软件为英国 ESI 公司推出的 PIPELINE STUDIO FOR GAS 软件，并进行模拟计算，水力计算采用 BRWS 数学模型。该软件是一套世界公认的用于气体管道设计、能力分析、正常操作决策的高精度软件。

BRWS 数学模型：

$$q_v = 1051\left\{\frac{[p_1^2 - p_2^2(1+\alpha\Delta h)]d^5}{\lambda Z\Delta TL\left[1+\frac{\alpha}{2L}\sum_{i=1}^{n}(h_i + h_{i-1})L_i\right]}\right\} \tag{6-1-3}$$

式中　q_v——气体(p_0=0.101325MPa，T_0=293K)的流量，m^3/d；

p_1、p_2——输气管道计算管段起点压力和终点压力(绝压)，MPa；

d——输气管道内直径，cm；

Z——气体压缩因子；

Δ——气体的相对密度；

T——输气管道内气体的平均温度，K；

L——输气管道计算段长度，km；

λ——水力摩阻系数；

α——系数，$\alpha=2g\Delta/(RaZT)$，m^{-1}；

Ra——空气的气体常数，在标准状况下，$Ra=287.1m^2/(s^2\cdot K)$；

Δh——输气管道计算段的终点对计算段的起点的标高差，m；

n——输气管道沿线计算管段数，计算管段是沿输气管道走向从起点开始，当其相对高差≤200m 时为一个计算管段；

h_i、h_{i-1}——各计算管段终点和对该段起点的标高差，m；

L_i——各计算管段长度，km。

其中，水力摩阻系数采用 Colebrook 公式计算：

$$\frac{1}{\sqrt{\lambda}} = -2.0\lg\left(\frac{k}{3.71d}+\frac{2.51}{Re\sqrt{\lambda}}\right) \tag{6-1-4}$$

式中 λ——水力摩阻系数；

k——管内壁绝对粗糙度，m；

d——管内径，m；

Re——雷诺数。

根据不同集气站的气量，经过计算，确定集气管网管径。

3. 管材选择

根据《油气集输设计规范》（GB 50350—2005）规定，钢管壁厚与设计压力、钢管外径、钢管屈服强度、强度设计系数及温度折减系数有关，钢管直管段壁厚按式（6-1-5）计算：

$$\delta=\frac{pD}{2\sigma_s\phi Ft}+c \tag{6-1-5}$$

式中 δ——钢管计算壁厚，mm；

p——设计压力，MPa；

D——钢管外径，mm；

ϕ——焊缝系数，取1；

F——强度设计系数；

t——温度折减系数，取1。

c——腐蚀裕量，mm。

集气管线和采气管线钢管的制造标准采用《石油天然气工业　管线输送系统用钢管》（GB/T 9711—2017），钢管等级为PSL2。在考虑管道材质应具有良好的韧性和可焊性的情况下，钢级从L290N、L360N、L415N及L450N中选取，4种管材对应不同管径比较见表6-1-12。

表6-1-12　4种管材对应不同管径

管子外径/mm	钢管材料	设计压力/MPa	计算壁厚/mm 地区等级 三级地区	选择壁厚/mm 地区等级 三级地区	管道质量/t	钢管单价（含税）/（元/吨）	主材费/万元
559	L360N	6.3	9.78	11.0	4703.301	7600	3574.509
	L415N		8.48	10.0	4283.531	7800	3341.154
	L450N		7.82	9.0	4283.531	8100	3469.660
219	L290N	6.3	6.35	7.5	1105.053	7500	828.790
	L360N		5.83	7.0	1033.821	7600	785.704
	L415N		5.32	7.0	1033.821	7800	806.381

续表

管子外径/mm	钢管材料	设计压力/MPa	计算壁厚/mm 地区等级 三级地区	选择壁厚/mm 地区等级 三级地区	管道质量/t	钢管单价（含税）/（元/吨）	主材费/万元
168	L290N	6.3	5.95	7.0	816.524	7500	612.393
	L360N		5.24	6.5	760.555	7600	578.022
	L415N		4.85	6.5	760.555	7800	593.233
76	L290N	42	10.86	11.5	2335.649	7500	1751.736
	L360N		8.97	10.0	2078.231	7600	1579.456
	L415N		8.19	10.0	2078.231	7800	1621.020

综合考虑耗钢量、投资等因素，集气干线采用 L415N 直缝埋弧焊钢管，集气支线及采气管线采用 L360N 无缝钢管。

根据计算公式、管径和设计压力，集气干线、集气支线和采气管线的壁厚计算结果见表 6-1-13。

表 6-1-13　集气管线、采气管线用管壁厚计算结果

序　号	公称直径/mm	管线外径/mm	钢种等级	壁厚/mm	备　注
1	DN550	Φ559	L415N 直缝埋弧焊钢管	10.0	PSL2
2	DN300	Φ323.9	L360N 无缝钢管	8.0	PSL2
3	DN200	Φ219	L360N 无缝钢管	7.0	PSL2
4	DN150	Φ168	L360N 无缝钢管	6.5	PSL2
5	DN65	Φ76	L360N 无缝钢管	10.0	PSL2

第二节　井筒和地面系统腐蚀机理及防治技术

一、涪陵页岩气田腐蚀情况

1. 地面系统腐蚀情况

从 2016 年第一次穿孔到 2019 年 8 月，气田累计发生穿孔 308 次(图 6-2-1)，穿孔部位主要集中在加热炉出口和汇管撬、汇管撬和分离器之间的连接管线及弯头处。其中：水平管穿孔 164 次，占比 53.2%；弯管穿孔 75 次，占比 24.4%；其他焊缝、立管等占比 22.4%(图 6-2-2)。

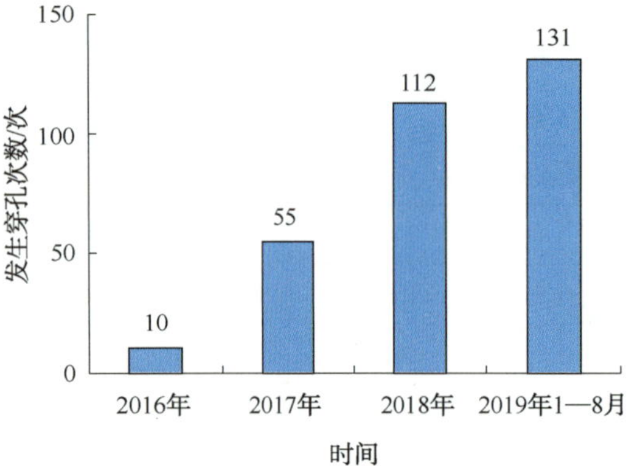

图 6-2-1　集气站气管线穿孔次数统计

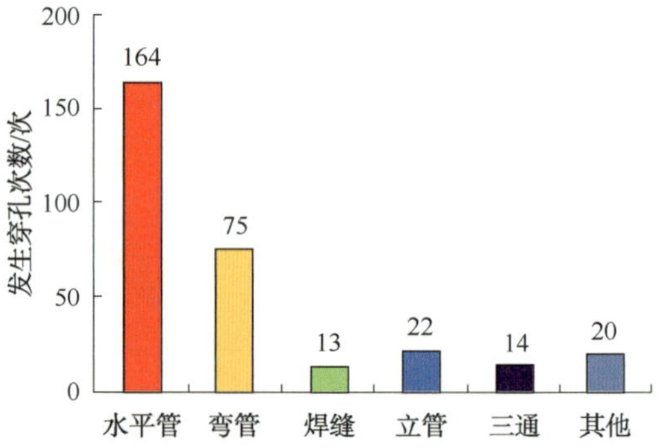

图 6-2-2　集气站管线穿孔部位分布

2. 井筒腐蚀情况

井下管柱腐蚀穿孔 9 次，油管平均服役时间是 2.7 年，最短的井服役时间仅为 0.62 年。

二、页岩气井腐蚀因素及机理分析

1. 涪陵页岩气井腐蚀因素分析

1）气组分分析

涪陵页岩气井产出气体组分以 CH_4 为主，其含量一般大于 98%，存在少量的 CO_2，其浓度在 0.183%~0.689%之间，但不存在 H_2S，见表 6-2-1。根据目标气井井筒压力变化范围：从井底 11.57MPa 到井中部 9.91MPa，再到井口 7.64MPa，按 CO_2 浓度为 0.183%计算，对应井底条件下的 CO_2 分压为 0.0212MPa。当按 CO_2 浓度为 0.689%计算时，对应井底条件下的 CO_2 分压为 0.080MPa，井筒中部的 CO_2 分压为 0.068MPa，井口处的 CO_2 分压为 0.053MPa，均超过了 0.021MPa 的临界条件，说明 CO_2 腐蚀可能是井筒的腐蚀性因素之一。

表 6-2-1　不同井产出气部分摩尔组分表

井　号	取样日期	CO_2/%	H_2S/%	CH_4/%
焦页 1HF	2012-11-30	0.196	0	98.097
	2017-01-02	0.218	0	98.330
焦页 15-1HF	2015-03-17	0.183	0	98.419
焦页 30-1HF	2015-01-10	0.438	0	98.060
焦页 52-6HF	2015-08-06	0.689	0	97.702

2）水质分析

页岩气井采出水主要来自气井压裂液，不同集气站采出水的 pH 值主要分布在 6~7 之间，见表 6-2-2，水型主要为 $CaCl_2$ 型，总矿化度主要分布在 20000~60000mg/L 之间，存在一定量的 HCO_3^-，几乎不存在 CO_3^{2-}，含少量亚铁和溶解氧，见表 6-2-2。页岩气井采出水具有一定的弱酸性，水样中的 HCO_3^- 表明，水样中存在溶解态的 CO_2。同时，气井产出水中存在一定量的细菌，且部分井细菌含量较高。因此，页岩气井存在矿化度腐蚀、CO_2 腐蚀和细菌腐蚀三种因素。

表 6-2-2　涪陵页岩气井水质离子和细菌含量分析

井　号	阳离子/(mg/L)		阴离子/(mg/L)			总矿化度/(mg/L)	SRB/(个/毫升)	TGB/(个/毫升)
	Ca^{2+}	Mg^{2+}	Cl^-	SO_4^{2-}	HCO_3^-			
焦页 60-1HF	405.14	49.20	13610.6	18.05	886.62	24060.34	6000	250
焦页 37-4HF	415.48	61.94	18513.9	2.27	487.24	36225.81	13000	1300
焦页 52-6HF	401.99	44.01	16184.7	12.52	606.23	27880.11	6000	250
焦页 40-1HF	503.81	81.91	18971.4	14.56	708.44	35004.79	130000	6000
焦页 44-5HF	415.81	45.58	18252.8	13.68	763.06	26893.85	25000	250

2. 不同因素腐蚀机理

管线腐蚀是油气田生产过程中常出现的问题，与产出流体和注入流体中的腐蚀介质、腐蚀环境及所使用金属材料的性质和结构等因素有关。大多数情况下，各因素间存在交互作用，造成同一口井的不同部位、同一口井的不同开采时间的腐蚀严重程度存在差异或差异较大。

1）矿化度腐蚀

金属在盐水中的腐蚀属于氧去极化腐蚀，随着水中矿化度的不断增大，导电性也在增强，腐蚀速率升高，然而此时氧的溶解度却在减小，当矿化度增大到一定值后，氧的含量变得很小，腐蚀速率降低。在含碱性盐的溶液中，碱性盐水解产生的 OH^- 使 pH 值升高，腐蚀速率降低。Cl^- 对金属的破坏表现为使金属表面由钝化状态转化为活化状态，Cl^- 极性很强，具有很强的被金属吸附的能力，易吸附在铁的表面，既阻止了钝化膜的形成，又对已经形成的钝化膜产生破坏，造成局部腐蚀加剧。

2）溶解氧腐蚀

溶解氧是油气田中造成腐蚀的重要因素之一。氧是一种去极化剂，能加速金属的腐蚀过程。当采出水中溶解氧含量高时，腐蚀电流也将变得很大，当增大到致钝电流时，金属将会钝化，在其表面形成氧化膜，进而减缓金属的腐蚀。当采出水中溶解氧含量较低时，不容易形成保护性氧化膜。

3）CO_2 腐蚀

CO_2 腐蚀对管壁有很高的腐蚀穿透率，主要表现在管材内壁基体局部发生点蚀和呈沟壑状腐蚀坑的台地腐蚀。其中，点蚀是管材发生 CO_2 腐蚀最严重的腐蚀特征，腐蚀速率每年可以达到数毫米。

CO_2 分压是对 CO_2 腐蚀速率影响的一个重要因素，很多学者认为 CO_2 分压是衡量 CO_2 腐蚀的重要参数。Corn 和 Marsh 对此做了估计，结果为：当 CO_2 分压低于 0.02MPa 时，腐蚀可以忽略；当 CO_2 分压为 0.02～0.21MPa 时，腐蚀有可能发生；当 CO_2 分压大于 0.21MPa 时，通常会发生严重腐蚀。

金属的腐蚀速率随 CO_2 分压增大而增大，这是由于随着 CO_2 分压增大，溶解于水溶液中的 CO_2 量增多，水溶液的 pH 值降低，酸性增加，从而增大了金属的腐蚀速率。但当金属表面有产物膜时，随着 CO_2 分压的增大，金属管材的腐蚀速率反而减小，这是因为 CO_2 分压的增大加快了 $FeCO_3$ 的沉积速度，使得金属表面更容易形成致密的有很强的附着力的 $FeCO_3$ 膜。

关于 CO_2 腐蚀与控制的标准有很多，按介质和温度不同的腐蚀分类法被业界广泛认可，见表 6-2-3。

表 6-2-3　CO_2 腐蚀程度的规定

分　类	均匀腐蚀速率/(mm/a)	点蚀速率/(mm/a)
轻度腐蚀	<0.025	<0.127
重度腐蚀	0.025～0.125	0.127～0.201
严重腐蚀	0.126～0.254	0.202～0.381
极严重腐蚀	>0.254	>0.381

4）细菌腐蚀

细菌广泛存在于自然界的土壤和水体中，在生物链中的碳循环、硫循环、氮循环等物质循环中发挥着重要作用，是生物链中最重要的环节。细菌的生命活动主要靠分解有机物或者在无机物的氧化还原过程中获得能量，金属材料的氧化过程往往为细菌的生长过程提供能量，这就发生金属材料的细菌腐蚀。细菌腐蚀过程中的动力学受表面吸附微生物的影响，须在满足能源、碳源、电子供体、电子受体、水这几个条件下才会对金属材料造成腐蚀。

细菌腐蚀过程中存在各类微生物，以构成复杂生态体系，硫酸盐还原菌(SRB)、铁细菌(IB)、可以产生黏液的腐生菌(TGB)及其他菌群，如酵母菌、硫细菌、霉菌等是引起钢铁细菌腐蚀的主要微生物菌群，这其中 SRB 是最主要的电子受体细菌，因此 SRB 腐蚀是油气田环境腐蚀最大的危害因素。对于油田集输系统，天然气中的 H^+、采出水中的有机质及管道金属材料均可以成为 SRB 的能量来源。SRB 腐蚀导致的局部腐蚀速率能达到 30mm/a，管道内部环境一旦适宜 SRB 生长，将会发生严重的腐蚀失效事故。

除了 SRB 单一生长环境，多种细菌的共生也对微生物相互之间的生长有促进作用。其中，腐生菌(TGB)、铁细菌(IB)和 SRB 的共生对腐蚀的影响最为显著。腐生菌的存在将大幅增加 SRB 的还原活性，同时产生醋酸和 H^+，酸性环境加剧了金属腐蚀，同时释放出氢气，而这部分氢气又能更有效地被 SRB 利用并作为生命活动的能量。随着腐蚀的进行，微生物代谢产物在金属表面形成生物膜，并逐渐转化成胞状腐蚀产物，膜的内部将逐步形成 SRB 的生长微环境，通过膜与外界进行物质和能量交换，内部由于腐蚀而酸化加剧，局部腐蚀快速发展。大量的腐蚀产物形成后，SRB 能够在腐蚀产物上附着生长，从而形成垢下腐蚀。腐生菌(TGB)是耗氧菌，其分解有机物形成的 H^+，以及有机酸被 SRB 利用，促进 SRB 将硫酸根转化为 S^{2-}，转化过程中将进一步产生 H^+，使局部环境酸化，加速金属材料的腐蚀。

3. 腐蚀失效分析

1）水平管失效分析

对长度 310mm、外径 120mm、内径 110mm、点蚀直径 6.27mm 的现场直管进行失效分析。如图 6-2-3 所示，直管段的底部由于生产过程中一直存在少量水，沿流动方向可见黑色和黄色的腐蚀产物，且可观察到腐蚀产物具有明显的流动冲刷痕迹，腐蚀产物表面较粗糙，穿孔部位位于水层中；而在管道气层区域，仅形成黑色腐蚀产物，表面较光滑。

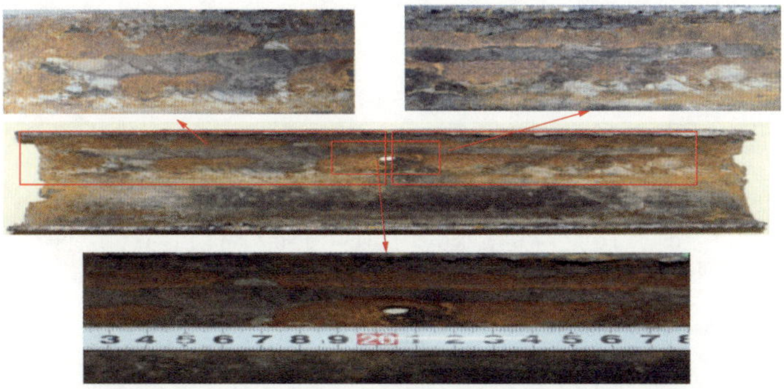

图 6-2-3　直管段宏观腐蚀形貌图

不同位置的腐蚀形貌较相近，表面均可见大量颗粒状腐蚀产物；对腐蚀产物进行 EDS 分析，水层黑色腐蚀产物和水层黄色腐蚀产物元素种类和含量相差较大，水层黑色腐蚀产物元素主要为 Fe、C、O、Ca、Si、S、Ba；水层黄色腐蚀产物元素主要为 Fe、C、O、Ca、S；气层腐蚀产物元素主要为 Fe、C、O、Ca、Si、S、Al、K，如图 6-2-4 所示。

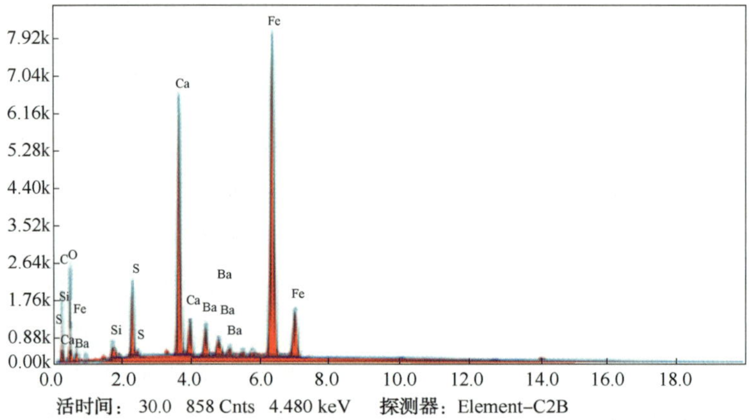

元素	重量百分比	原子百分比	净强度	错误/%	Kratio	Z	A	F
CK	24.12	39.93	297.32	9.04	0.0829	1.0923	0.3149	1.0000
OK	34.99	43.49	522.85	9.99	0.0581	1.0559	0.1574	1.0000
SiK	1.27	0.90	121.09	10.44	0.0036	0.9786	0.2919	1.0049
SK	3.62	2.24	584.47	6.63	0.0182	0.9628	0.5176	1.0109
CaK	10.67	5.29	2478.14	2.46	0.0913	0.9356	0.8872	1.0301
BaK	4.09	0.59	324.25	6.80	0.0391	0.7030	1.3431	1.0140
FeK	21.24	7.56	3884.58	1.71	0.1739	0.8450	0.9538	1.0156

(a)水层黑色腐蚀产物形貌及EDS分析

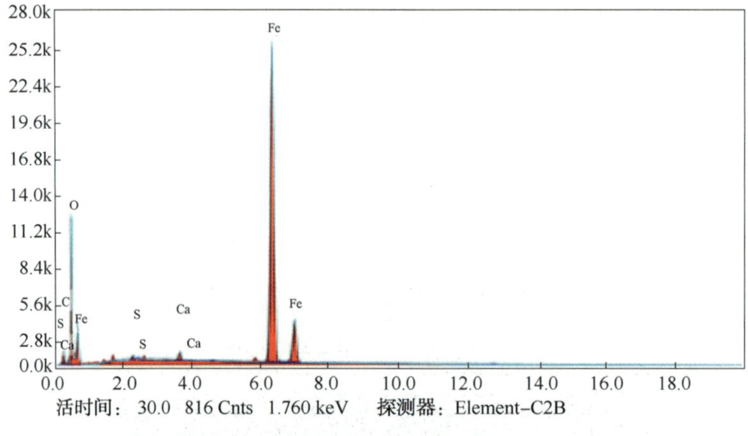

元素	重量百分比	原子百分比	净强度	错误/%	Kratio	Z	A	F
CK	16.80	27.02	427.87	8.89	0.0628	1.0867	0.3439	1.0000
OK	51.11	61.71	2639.43	8.11	0.1543	1.0499	0.2877	1.0000
SK	0.37	0.22	109.45	9.71	0.0018	0.9560	0.5013	1.0095
CaK	0.53	0.26	248.72	7.38	0.0048	0.9287	0.9302	1.0443
FeK	31.19	10.79	12162.98	1.85	0.2863	0.8382	1.0811	1.0129

(b)水层黄色腐蚀产物形貌及EDS分析

图 6-2-4 直管段腐蚀产物形貌及 EDS 分析

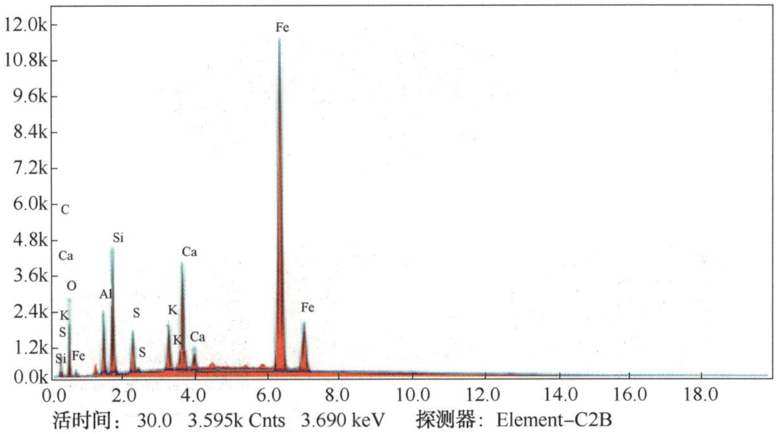

元素	重量百分比	原子百分比	净强度	错误/%	Kratio	Z	A	F
CK	13.78	25.71	121.59	24.14	0.0301	1.1085	0.1973	1.0000
OK	29.15	40.83	545.55	9.80	0.0539	1.0716	0.1726	1.0000
AlK	7.88	6.54	577.12	9.42	0.0176	0.9694	0.2300	1.0030
SiK	12.03	9.59	1197.70	8.62	0.0320	0.9932	0.2667	1.0032
SK	3.31	2.31	429.45	8.49	0.0119	0.9771	0.3652	1.0076
KK	2.53	1.45	550.66	5.85	0.0161	0.9306	0.6677	1.0243
CaK	6.23	3.49	1344.98	4.27	0.0440	0.9494	0.7262	1.0242
FeK	25.09	10.07	5369.04	1.41	0.2135	0.8572	0.9772	1.0160

(c)气层腐蚀产物形貌及EDS分析

图 6-2-4 直管段腐蚀产物形貌及 EDS 分析（续）

对不同位置的腐蚀产物进行 XRD 分析，水层黑色腐蚀产物主要为 $CaCO_3$、Fe_3O_4 和 SiO_2，水层黄色腐蚀产物为 $CaCO_3$、$FeCO_3$ 和 Fe_3O_4，气层腐蚀产物为 $CaCO_3$、Fe_3O_4 和 SiO_2。

对管内腐蚀产物进行细菌测试，直管内腐蚀产物有 SRB，无 TGB。

2）生产分离器进口失效分析

对外径 220mm、内径 200mm、曲率半径 216mm 的 16#井生产分离器进口弯头进行失效分析。

如图 6-2-5 所示，弯头内部以均匀腐蚀为主，并且弯头内侧壁的腐蚀产物比外侧壁的腐蚀产物厚，与基体结合较紧密，但在焊缝附近较易形成点蚀，并未穿孔。

在高倍扫描电镜下观察到坑内腐蚀产物呈颗粒状，而弯头内的内侧壁和外侧壁上有颗粒状腐蚀产物及针状腐蚀产物。对腐蚀产物进行 EDS 分析，弯头内的坑内含有 Fe、C、O 三种元素，而弯头的内侧壁、外侧壁上除存在大量 Fe、C、O 元素，还包含少量的 S、Cl、Ca。通过 XRD 分析确定腐蚀产物的主要成分，坑内的腐蚀产物以 Fe_3O_4 和 SiO_2 为主，而弯头内的内侧壁和外侧壁上的腐蚀产物则以 Fe_3O_4 和 $FeCO_3$ 为主，但外侧

图 6-2-5　16#井生产分离器进口弯头宏观腐蚀形貌图

壁上还含有少量的 SiO_2。

图 6-2-6 所示为 16#井生产分离器进口弯头腐蚀产物截面图，弯头内的内侧壁上腐蚀产物较厚，发生均匀腐蚀，而弯头内的外侧壁上由于流体的冲刷，腐蚀产物层较薄，并形成较大的点蚀坑。

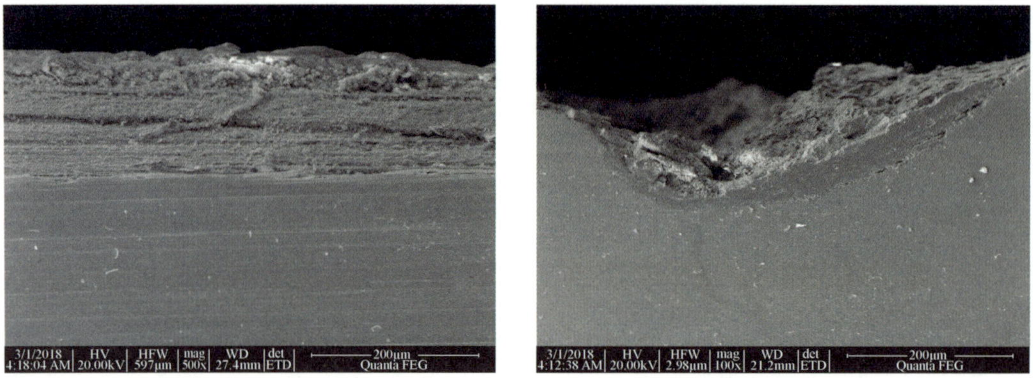

(a) 弯头内内侧壁腐蚀产物　　(b) 弯头内外侧壁腐蚀产物

图 6-2-6　16#井生产分离器进口弯头腐蚀产物截面图

对管内腐蚀产物进行细菌测试，直管内腐蚀产物有 SRB 和 TGB。

3）S 形弯管段失效分析

对已穿孔 S 形弯管进行失效分析，如图 6-2-7 所示，弯管壁厚 12.34mm，弯管的外侧有严重的冲刷痕迹，而弯管内侧没有冲刷痕迹；直管段有少量残留的冲刷腐蚀痕迹。

由弯管内侧壁微观形貌及腐蚀产物能谱分析可知，弯管内腐蚀产物致密、不平整，腐蚀产物主要元素为 Fe、C、O，并含有少量 S、Si 等。由弯管外侧壁微观形貌及腐蚀

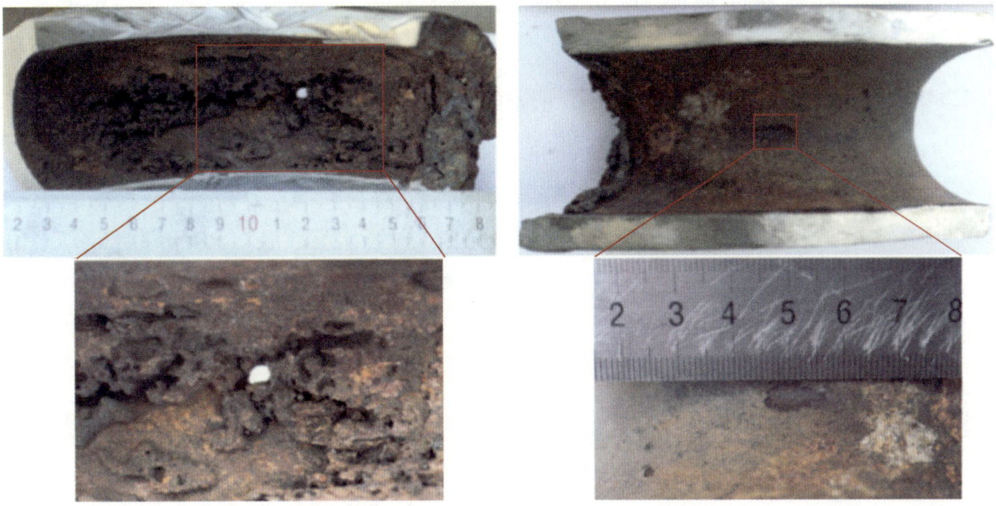

图 6-2-7　S 形弯管穿孔段管内形貌

产物能谱分析可知，弯管外壁腐蚀产物致密、有裂纹、高低起伏大，腐蚀产物主要元素为 Fe、C、O，并含有微量 S、Si、Cl 等。对腐蚀产物中微生物进行测试，管道中不含硫酸盐还原菌、腐生菌、铁细菌。

从宏观形貌可以看出，弯管外侧有明显的冲刷痕迹，而且冲刷非常严重，认为管道穿孔是由于冲刷所造成的。

通过对现场不同位置管段进行失效分析，腐蚀穿孔管件宏观外形腐蚀显示细菌腐蚀、CO_2 腐蚀及冲蚀三种。

4. 室内实验分析

1）CO_2 分压对腐蚀的影响

实验条件：L245 钢，流速为 0.5m/s 及 2m/s，现场水样，$p_{CO_2}=0.03$MPa，$T=30$℃，实验周期 7d。实验结果：在不同流速下，均匀腐蚀速率均小于 0.06mm/a，点蚀速率分别为 0.89mm/a 和 0.93mm/a。

2）矿化度对腐蚀的影响

（1）现场水样。实验条件：L245 钢，不同流速，$p_{CO_2}=0.03$MPa，$T=30$℃，实验周期 7d。实验结果如图 6-2-8 所示：随着流速的增大，均匀腐蚀速率增大，但均在 0.4mm/a 以下；点蚀速率较大，在静态无流速时，点蚀速率达 0.9mm/a，当

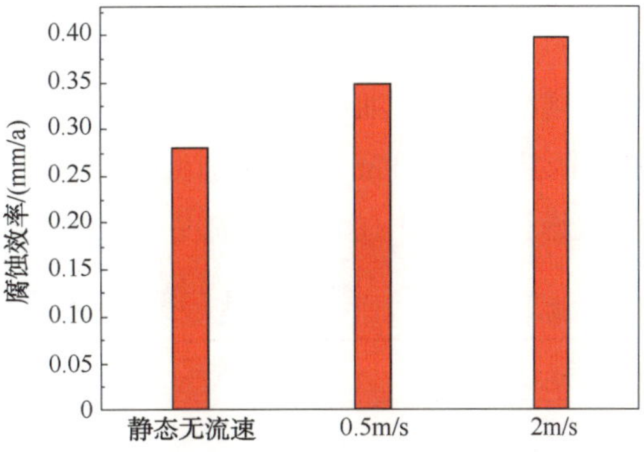

图 6-2-8　在不同流速情况下 60# 集气站水样均匀腐蚀速率

流速为 0.5m/s 时，点蚀速率达 1.49mm/a。但当流速达 2m/s 时，点蚀速率仍为 1.49mm/a。

（2）配制水样。实验条件：L245 钢，实验室配制现场水样，$v=0.4$m/s，$p_{CO_2}=0.03$MPa，$T=30$℃，实验周期 7d。实验结果：均匀腐蚀速率 0.90mm/a，无点蚀。

3）细菌对腐蚀的影响

实验条件：L245 钢，周期 12h、36h 和 160h，现场水样，$p_{CO_2}=0.03$MPa，$T=30$℃，利用聚焦离子束扫描电镜分别在周期 12h、36h 和 160h 未杀菌及杀菌两种情况下的试样进行分析，未杀菌点蚀速率分别为 5.4mm/a、4.0mm/a 和 1.6mm/a；杀菌后点蚀速率分别为 0.18mm/a、0.23mm/a 和 0.26mm/a。

室内实验：细菌造成严重点蚀，在室内实验环境中，由于水中的养分及细菌不断减少，点蚀速率不断减小，但在现场环境中，由于采出水不断产出。细菌不断补充进来，增大了点蚀速率，造成管件短时间内穿孔。

三、页岩气井细菌腐蚀影响因素

1. 细菌的来源

对采出水中的微生物种群进行分析，气井产出水与压裂用清水微生物种群存在较大差异，如图 6-2-9 所示，表明产出水中的细菌大部分来自地层。不同集气站产出水中，微生物种群也存在一定差异，与地层所处的环境、地质情况、压裂用水等相关。

根据气井温度压力测试数据，在 2000m 深度以上的地层温度在 80℃以上，在高温环境中，常规细菌难以生存。但随着产出水返排出井筒，温度降低，细菌活跃程度增加。

2. 减阻剂对细菌的影响

页岩气井的开发方式与常规气井不同，其采用大规模水力压裂，其中减阻水体系用量较大，平均单井用量在$(4\sim5)\times10^4$m^3。减阻水主要成分为减阻剂，它是一种高分子聚合物。

开展减阻剂与细菌增长的实验，取平台现场清水，均分成 3 份，将其中 2 份加入 0.15%的减阻剂，12h 后检测细菌含量。如表 6-2-4 所示，加了减阻剂后，细菌含量均有较大增长，其中 TGB 增长幅度达 100 倍以上。

表 6-2-4　清水室内添加减阻剂后细菌分析结果

样品名称	取样时间	SRB/(个/毫升)	TGB/(个/毫升)	FB/(个/毫升)
74#平台清水	2017-7-6	0	110	45
74#平台减阻水 1	2017-7-6	1.5	14000	140
74#平台减阻水 2	2017-7-6	2.5	11000	140

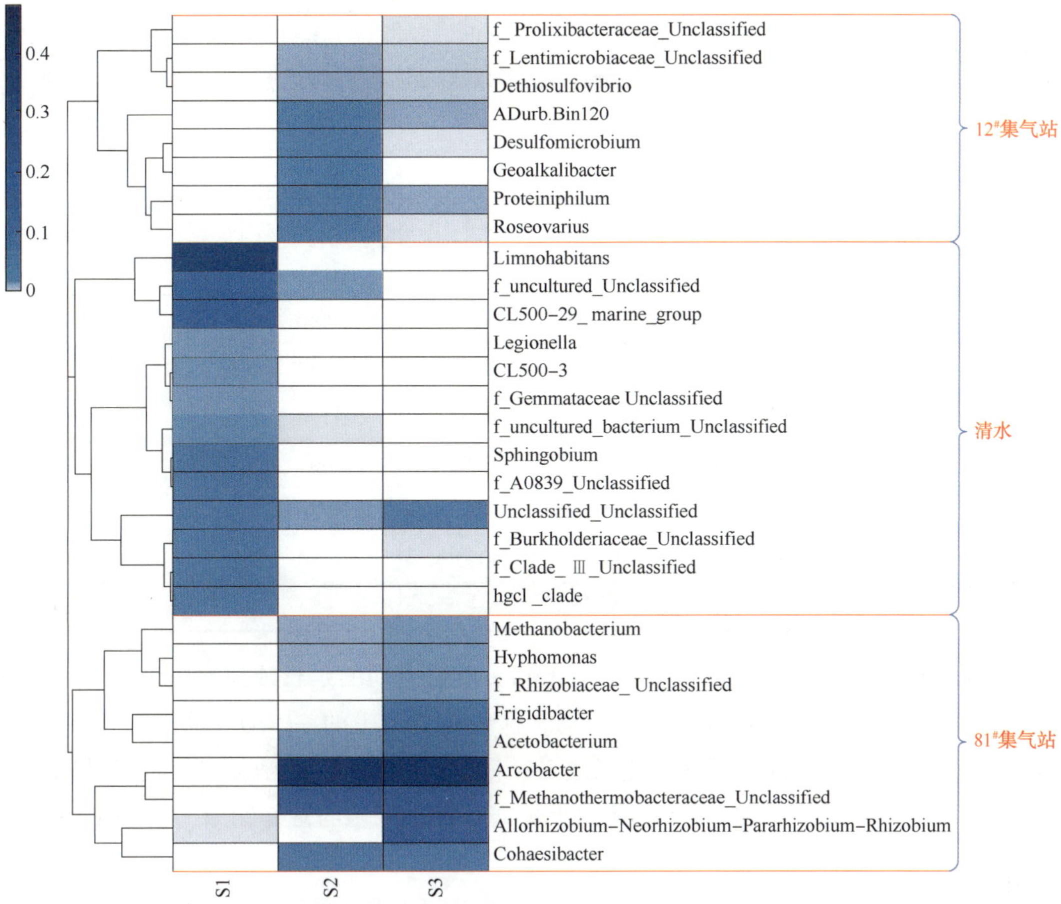

图 6-2-9　产出水与压裂液用清水微生物种群对比

同样，利用气井采出水开展减阻剂与细菌增长的实验，见表 6-2-5，细菌增长的倍数差距较大，8 组实验，SRB 平均增长 38 倍，TGB 平均增长 20 倍。

表 6-2-5　气井采出水室内添加减阻剂后细菌分析结果

序号	原水样	类　型	SRB/（个/毫升）	TGB/（个/毫升）	FB/（个/毫升）	SRB 增长倍数	TGB 增长倍数
1	水样 1	原水样	110	2.5	4.5	1	10
		0.15%减阻水	110	25	4.5		
2	水样 2	原水样	110	4500	3	4	0
		0.15%减阻水	450	75	4500		
3	水样 3	原水样	7.5	4.5	25	60	24
		0.15%减阻水	450	110	11.5		

续表

序号	原水样	类　型	SRB/（个/毫升）	TGB/（个/毫升）	FB/（个/毫升）	SRB 增长倍数	TGB 增长倍数
4	水样 4	原水样	110	45	2.5	127	3
		0.15%减阻水	14000	140	9.5		
5	水样 2	原水样	0.4	2.5	2.5	2	56
		0.15%减阻水	0.9	140	15		
6	水样 6	原水样	250	300	900	18	32
		0.15%减阻水	4500	9500	9000		
7	水样 7	原水样	110	600	4500	68	16
		0.15%减阻水	7500	9500	4000		
8	水样 8	原水样	450	250	250	21	16
		0.15%减阻水	9500	4000	9500		
平均	—	—	—	—	—	38	20

减阻剂的化学名称为聚丙烯酰胺（HPAM），随着时间的延长或在水中 Fe^{2+} 等还原性物质作用下，HPAM 会降解成小分子产物。这些小分子中的—COO—可作电子供给体，SRB 用硫酸盐作末端电子接受体而生长繁殖。同时，—COO—的消耗又会促进减阻剂的进一步降解，降解的结果是又为 SRB 的生长繁殖提供更多的营养物质，使 SRB 在其中的代谢旺盛。

为研究细菌在减阻水中的生长情况及细菌对减阻水性能的影响，实验中在对两个平台水样去除悬浮物后，配制减阻水，放置 12h、24h、48h 和 72h 后，对比不同时间细菌含量和表观黏度的变化情况。

如表 6-2-6 所示，随着放置时间的延长，三种细菌含量呈上升趋势，表观黏度呈下降趋势，细菌对减阻水有降解作用，减阻水对细菌有促进生长的作用。

表 6-2-6　采出水细菌生长对减阻水性能的影响

水样来源	时间/h	SRB/（个/毫升）	TGB/（个/毫升）	FB/（个/毫升）	表观黏度/mPa·s
平台 1	0	250	300	900	6.84
	12	4500	9500	9000	4.83
	24	9500	35000	14000	3.56
	48	6000	25000	30000	2.54
	72	4500	2.5×10^5	2.5×10^5	2.40

续表

水样来源	时间/h	SRB/(个/毫升)	TGB/(个/毫升)	FB/(个/毫升)	表观黏度/mPa·s
平台 2	0	450	250	250	6.49
	12	9500	4000	9500	3.59
	24	14000	15000	16000	3.27
	48	9500	20000	30000	2.61
	72	6500	45000	2.5×10^5	2.02

3. 细菌在高温环境下的存活性

查阅相关资料，可知SRB可以在-5~75℃的条件下生存，具有芽孢的可以耐100℃以上的高温。选取两个生产井段在4000m以上的井，井1气层中部温度111℃，井2气层中部深度3415.23m，但垂深在2942m温度就达100℃。这两口井的生产井段温度都在100℃以上，但气井采出水细菌含量依然很高，见表6-2-7，说明细菌在地层中并没有被杀死。

表6-2-7　部分深井采出水细菌检测结果

井号	生产井段/m	气层中部深度/m	气层中部温度/℃	SRB/(个/毫升)	TGB/(个/毫升)	FB/(个/毫升)
井1	4104~5641	3759.96	111	≥250000	250	25
井2	3071~4958	3415.23	垂深2942m达100	25000	2500	70000

4. 细菌在地面环境下的增长速度

将气井采出水在实验室存放24h后，见表6-2-8，SRB的平均增长达89倍，TGB的平均增长近400倍。因此，细菌生长阶段最为迅速的是在气井产出水到达地面后，分析原因是细菌在从地层到井筒后，环境温度逐渐下降，从地层温度80℃到40℃后，大量细菌被激活。激活的细菌利用采出水的硫酸盐与减阻水破解后的营养物质大量繁殖。

表6-2-8　气井采出水在室内存放24h后细菌增长倍数检测结果

序号	原水样	类　型	SRB/(个/毫升)	TGB/(个/毫升)	FB/(个/毫升)	SRB增长倍数	TGB增长倍数
1	水样1	2017-7-4	250	300	900	38	117
2	水样1(24h)	2017-7-5	9500	35000	14000		
3	水样2	2017-7-4	450	250	250	31	60
4	水样2(24h)	2017-7-5	14000	15000	16000		

续表

序号	原水样	类　型	SRB/(个/毫升)	TGB/(个/毫升)	FB/(个/毫升)	SRB 增长倍数	TGB 增长倍数
5	水样 3	2018-9-4	130	25	0.6	46	1000
6	水样 3(24h)	2018-9-5	6000	25000	2.5		
7	水样 4	2018-9-4	25	60	2.5	240	417
8	水样 4(24h)	2018-9-5	6000	25000	25		
平均		—	—	—	—	89	399

5. 细菌在地面流程中的腐蚀部位规律

穿孔部位存在明显的差异化，细菌腐蚀与管线内的流态有一定的相关性。集气站内气管线主要分为三个部分：水平管、弯管、立管，其中弯管可分为四个状态：水平向上、水平向下、向上水平、向下水平，立管可分为两个状态：垂直向上、垂直向下。不同部位所处位置不同，流态不同，且不同的产气量、产水量也会产生不同的流态。

1）涪陵页岩气田集气站气管线参数确定

涪陵页岩气田气管线规格有两类：一类是对间歇计量，加热炉前单井管线规格为 Φ76mm×10mm，加热炉出口至汇管撬 Φ114mm×4.5mm，汇管撬至计量分离器 Φ114mm×4.5mm，汇管撬至生产分离器 Φ219mm×7mm(表 6-2-9)。另一类是对连续计量，加热炉前单井管线规格为 Φ76mm×10mm，加热炉出口至分离器 Φ114mm×4.5mm，部分区块使用 Φ76mm、Φ89mm 管。

表 6-2-9　涪陵页岩气田集气站管线流态分析基础参数

管线类别	外径/mm	内径/mm	压力/MPa	管线状态
单井管线	76	56	10	水平向上、垂直向上、垂直向下
加热炉出口至汇管撬	114	105	5	水平向上、垂直向上、垂直向下
汇管撬至生产分离器	219	205	5	水平向上、垂直向上、垂直向下

统计涪陵页岩气田 372 口气井生产数据，日均产气量在(5~8)×10^4m^3 区间的气井最多，日产水量在 $25m^3$ 以下的气井最多，因此根据气井的生产情况选取基本参数分析地面集气站管线内流态。

2）水平管线流态分析

如图 6-2-10 所示，日产气量低于 5×10^4m^3，同时日产水量低于 $25m^3$；或日产气量低于 10×10^4m^3，同时日产水量低于 $5m^3$；或日产气量低于 20×10^4m^3，同时日产水量低于 $1m^3$，Φ76mm 单井管线水平管气、液两相处于分层流状态。

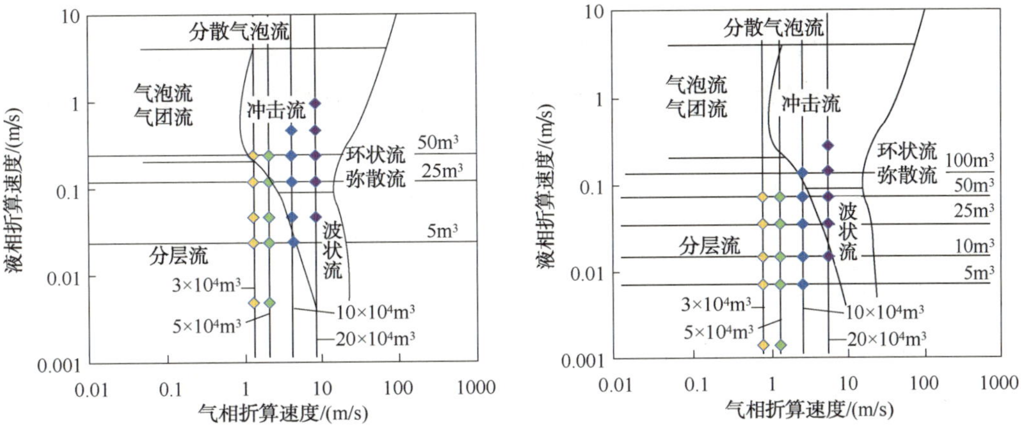

(a)Φ76mm　　(b)Φ114mm

图 6-2-10　水平管流态分布

日产气量低于 $10\times10^4m^3$，同时日产水量低于 $50m^3$；或日产气量低于 $20\times10^4m^3$，同时日产水量低于 $10m^3$，Φ114mm 站内水平管气、液两相处于分层流状态。

如图 6-2-11 所示，日进生产分离器气量低于 $40\times10^4m^3$，同时日产水量低于 $200m^3$；或日进生产分离器气量低于 $80\times10^4m^3$，同时日产水量低于 $40m^3$，水平管气、液两相处于分层流状态。

分层流容易使管线发生腐蚀，初步认为流态稳定为细菌在管线上的附着、生长创造了条件。

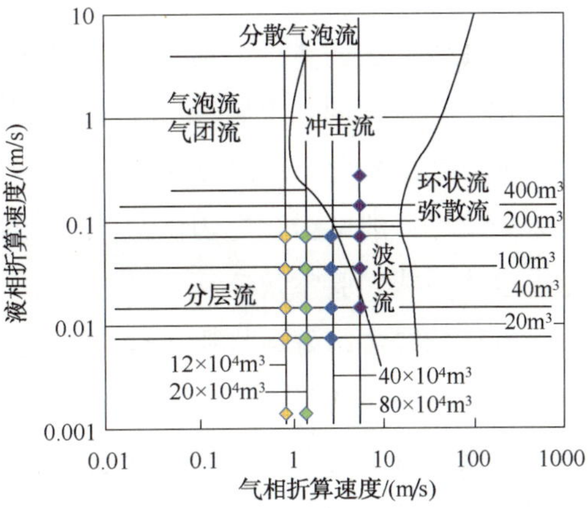

图 6-2-11　Φ219mm 站内水平管流态分布

四、涪陵页岩气田腐蚀监测技术

1. 常见腐蚀监测技术

目前，常用的腐蚀监测方法有挂片法、电阻探针法、电化学法、电感探针法等。

1）挂片法

挂片法也叫挂片失重法，是腐蚀监测最基本的方法，具有操作简单、数据可靠性高等特点，可为设备和管道选材提供重要依据。该方法可以同时对几种材料进行试验，定量地测量出材料在工业介质环境中的腐蚀速度。

2）电阻探针法

电阻探针法是利用金属材料电阻在其长度不变的情况下，利用其电阻值的增大与材料截面积的关系测出腐蚀速率。以金属棒状圆丝为例，在腐蚀介质中，作为测量元件的金属丝被腐蚀后，金属丝长度不变、直径减小、电阻增大，通过测试电阻的变化来换算出金属丝的腐蚀减薄量。当所用金属丝的材质与所测量的设备的材质相同时，可用金属丝的腐蚀速率近似代表设备的腐蚀速率。在电阻探针法测量中，电阻测量是否准确，对最终测量结果的影响极大。

3）电化学法

电化学法是基于电化学学科的一种技术，它利用材料腐蚀过程中其表面的电化学特性与腐蚀瞬时的腐蚀速率的关系，进行瞬时腐蚀速率的测量，该技术包括弱极化法、线性极化法、交流阻抗法和动电位扫描法等，反应灵敏，测量响应时间短，广泛适于电解质介质环境的金属腐蚀体系，可以实现在线腐蚀监测。

在线性极化法测量中，塔菲尔常数 B 值的测量是测量的关键。由于 B 值随体系不同而变化，即使在同一个腐蚀体系中，在腐蚀发展的不同阶段，随着金属表面状态和腐蚀介质随时间的变化，B 值也在不断地变化，得出的腐蚀电流最大误差可高达±200%及以上。因此，一般的极化电阻法只能极粗略地估算腐蚀速率，大多应用于介质成分比较稳定的水体系或实验室快速评价缓蚀剂中。

动电位扫描法很好地规避了线性极化法中溶液电阻和塔菲尔常数 B 值测试所带来的问题，动电位扫描法只需要采用 Tafel 直线外推法得到阴、阳极切线相交处所对应的电流密度，该电流密度即系统的腐蚀电流密度，可准确地计算出系统腐蚀速率。其唯一的缺点是对电极破坏较大，不宜进行高频率测量。

4）电感探针法

电感探针法是通过检测电磁场强度的变化来测试金属试样腐蚀速率，该技术是瓜片法技术的延伸和发展，其特点是测试敏感度高，适用于各种介质，寿命较短，可以实现在线腐蚀监测。在电感探针法测量中，主要应用了磁感原理，硫化物对测量结果误差的影响很小，几乎可以忽略。

5）各腐蚀监测方法的特点比较

对比各种腐蚀监测方法，如表 6-2-10 所示，电感探针法是目前比较流行的在线腐蚀监测方法，由于其测量信号为交流信号，所以其抗干扰能力强，测量精度较高。

综合考虑各种腐蚀监测方法的优缺点，涪陵页岩气田选择挂片法及电感探针法相结合的方法作为腐蚀监测手段。

表 6-2-10　腐蚀监测技术的特点

探针类型	使用条件	使用温度与压力	优　点	缺　点
挂片	气、液、固等电解质或非电解质环境	任意温度	简单、直观	累计腐蚀速率，测量周期长(一般一个月左右)，不能用于实时控制
电化学探针	电解质溶液环境(常用于循环冷却水系统、污水处理系统)	<260℃	几乎瞬间完成腐蚀速率的测量，得到瞬时的腐蚀速率	只能用于电解质溶液环境
pH 探针	电解质溶液环境	<95℃，2MPa		
电感探针	气、液、固等电解质或非电解质环境(常用于油、油水系统)	<260℃，<20MPa	测量时间比电阻探针法短(几分钟至几小时)，测量精度比其高，反应迅速，可以实现连续、实时在线测量与控制	本质上讲，二者也必须积累到一定的腐蚀量才能检测到信号输出，只是其腐蚀量的积累时间远远少于挂片法所需时间，因此也可以用于在线实时测量与控制
电阻探针	气、液、固等电解质或非电解质环境(常用于油、油水系统，特别是高温油系统)	<450℃，<20MPa	测量时间为几小时，反应迅速，可以实现连续、实时在线测量与控制	
氢探针	紧贴设备外壁		电化学氢探针比压力型氢探针灵敏 2~3 个数量级	

2. 在役设备腐蚀动态监测

1）超声波探伤技术

超声波探伤技术主要是利用声波的反射，检测设备或管件的缺陷。该技术简单，但对缺陷的显示不直观，探伤技术难度大，容易受到主、客观因素影响，探伤结果不便于保存。由于超声波在异质界面上会发生反射、折射等，尤其是不能通过气体、固体界面，无法用于页岩气管道的探伤。

2）射线照相技术

射线照相技术是指用 X 射线或 γ 射线来检测材料和工件，并以射线照相胶片作为记录介质和显示方法的一种无损检测方法。通过观察、记录(感光)射线照相胶片(底片)来判定被检材料和工件的内部是否存在缺陷，然而射线对人体有伤害，需要采取防护措施。对裂纹类缺陷的检出率受透照角度的影响较大，且不能检出垂直照射方向的薄层缺陷。该技术原理如图 6-2-12 所示。

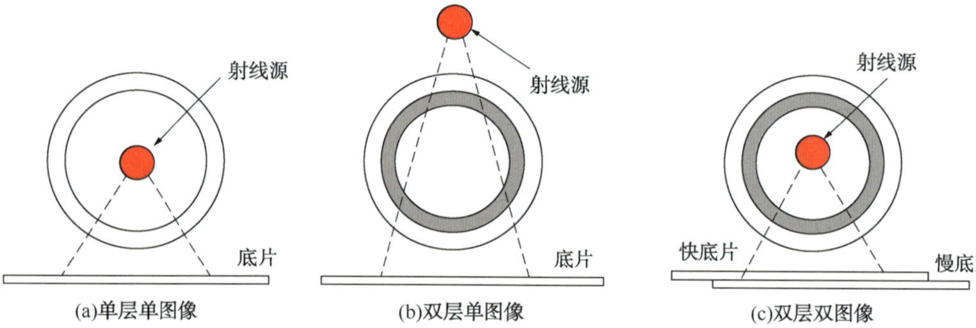

图 6-2-12　射线照相技术检测原理示意图

3）磁粉检测技术

磁粉检测技术是利用磁粉在工件表面上形成聚集磁痕，显示出缺陷。磁粉检测技术应用比较广泛，主要用于探测磁性材料表面或近表面的缺陷。工程上多用于检测焊缝、铸件或锻件，如阀门、泵、压缩机部件、法兰、喷嘴及类似设备等。

4）漏磁检测技术

漏磁检测技术是利用磁敏传感器沿被磁化的铁磁性材料表面扫查，拾取缺陷漏磁场，形成缺陷电信号，得到缺陷位置及参数。其原理如图 6-2-13 所示。漏磁检测技术的优势在于可使用永磁体激励产生漏磁场，节省电能；选用适当的传感器，可以获得较高的检测灵敏度；在使用过程中，不需要清洗被检测的物体，检测环境要求低，不受介质影响。

5）渗透探伤技术

渗透探伤与检测对象的材质无关，能够对几乎任何产品及材料进行表面检查。渗透探伤技术利用毛细现象将液体渗入狭窄的缺陷部分，再将渗入的液体吸回表面，采用简单的原理进行探伤。其原理如图 6-2-14 所示。

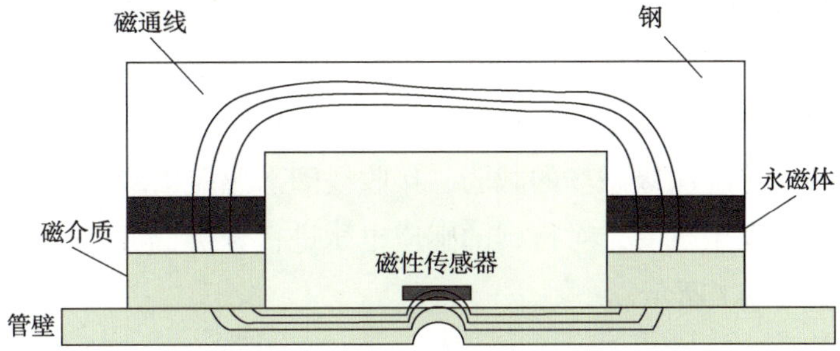

图 6-2-13　漏磁检测技术原理示意图

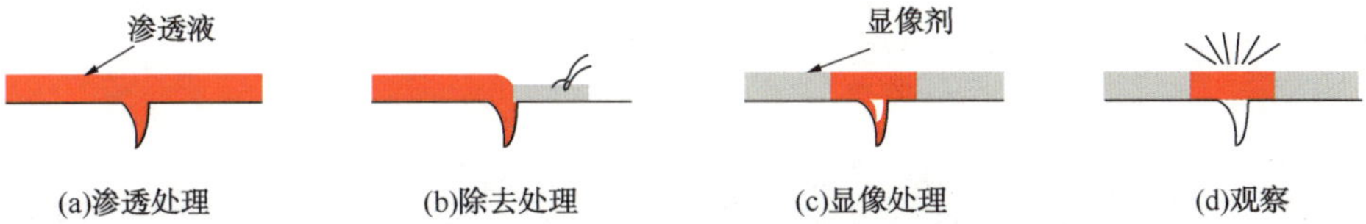

图 6-2-14　渗透探伤技术原理示意图

渗透探伤技术的局限性在于检测程序烦琐、速度慢、试剂成本较高、着色剂使用后需要清洗，无法测出埋藏缺陷或闭合性表面缺陷，以及无法直接检查管道。

6）红外热成像技术

红外热成像技术是通过使用红外成像测量仪“查看”或“测量”物体辐射热能的技术。由于缺陷的存在，会影响物体表面温度分布，通过测量物体表面的温度场分布，以肉眼可见的彩色反映试件表面温度差，检测出缺陷的位置与形状。其原理如图 6-2-15 所示。

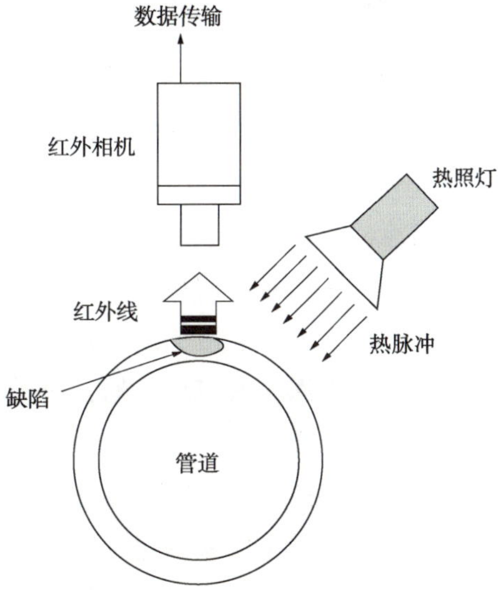

图 6-2-15　红外热成像技术原理示意图

7）涡流检测技术

涡流检测技术是近年来发展起来的一种新的无损检测技术，是为亚表面缺陷检测专门设计和开发的，在现代无损检测技术的研究和发展中备受关注。传统的单频涡流检测技术一般采用正弦激励，采用阻抗分析检测结果，而脉冲涡流新型检测技术激励源则采用具有一定占空比的激励方波，采用由工件上脉冲涡流信号引起检测线圈上的感应电压变化作为检测分析结果。与其他无损检测技术相比，采用涡流检测技术在检测时不必要求线圈与被检测材料紧密接触，从而容易实现自动化检测。由于涡流是交变电流，具有集肤效应，所检测到的信息仅能反映试件表面或近表面的情况。其原理如图 6-2-16 所示。

8）磁涡流检测技术

磁涡流检测技术的基本原理是以周期宽带脉冲电流为激励电流，激励电流会产生一个快速衰变的激励磁场，该变化的磁场在导体中感应出瞬态涡流，该涡流又产生一个快速衰变的次级磁场，伴随次级磁场的减弱，接收线圈上感应出瞬态电压。当试件存在缺陷时，感应电压也会发生改变，对得到的感应电压进行分析，可以获取管道上缺陷的情况。其原理如图 6-2-17 所示。

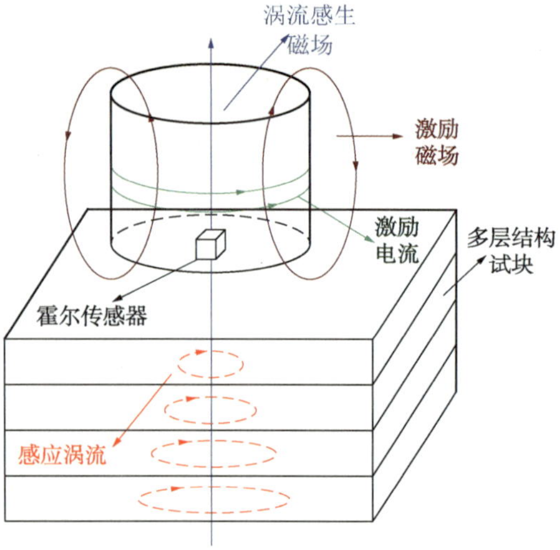

图 6-2-16　脉冲涡流检测技术原理示意图

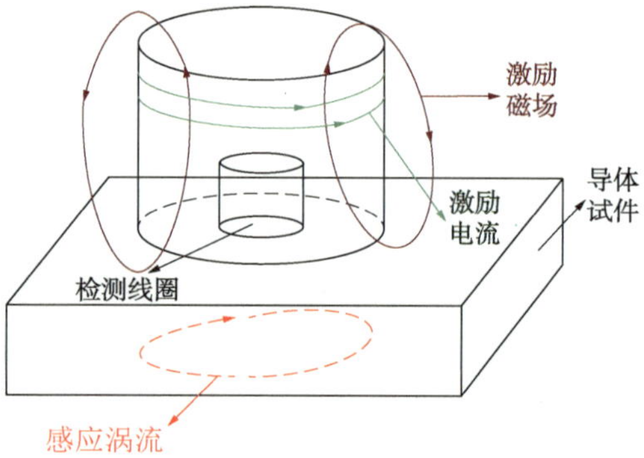

图 6-2-17　磁涡流检测技术原理示意图

在检测过程中，检测器内部的永磁体磁化被测管道，管道内部产生均匀的磁场，在缺陷处会有部分磁感线泄漏到空气中，被传感器接收转换为电压。同时，检测器的移动对缺陷处磁场进行扰动，产生涡流，涡流产生的磁场作用于传感器转换为电压。

磁涡流检测器内部采用多传感器多阶差分的优化设计，有效地去除了检测信号中的趋势项，提高了信号的信噪比。此外，根据法拉第电磁感应原理，在变化磁场作用下，导体试件中自由电子会形成漩涡状电流，该感应电流即涡流，该现象即涡流效应。涡流检测技术是基于涡流效应理论的，而磁涡流检测技术又是从传统涡流检测技术中改进得到的新型检测技术。

9）在役设备腐蚀检测技术优选

涪陵页岩气田主要采用超声波测试管件壁厚方法进行在役设备壁厚检测，检测周期为每季度测 1 次，测试位置主要是水套炉和分离器弯头、水平管底部及集输设备本体，因微生物腐蚀主要为局部腐蚀，检测到腐蚀变薄的管件较少，仅占总检测数量的 35%。

对比在役设备腐蚀检测技术的优缺点，见表 6-2-11，在原超声波壁厚检测技术的基础上，涪陵页岩气田开展了脉冲磁涡流检测技术试验。

表 6-2-11　在役设备腐蚀检测技术的优缺点

序　号	检测技术	优　点	缺　点
1	超声波探伤	技术简单	显示不直观，只用于单点测试。测试数据受接触面影响，准确度不高
2	射线照相	技术简单	射线对人体有伤害，受透照角度的影响
3	磁粉检测	应用比较广泛	不能用于检测试样内部情况
4	漏磁检测	检测灵敏度高，不受介质影响	检测前需要清管作业，投资费用高
5	渗透探伤	能够对几乎任何产品及材料进行表面检查	检测程序烦琐，速度慢，无法检测管件内表面
6	红外热成像	技术简单	无法用于管件内部检测
7	涡流检测	容易实现自动化检测，检测速度和效率高	检测到的信息仅能反映试件表面或近表面处的情况
8	磁涡流检测	能够实现管道缺陷的智能诊断	易受空间磁场的干扰

3. 腐蚀监测技术现场试验

1）腐蚀挂片

常用的挂片器为垂直挂法，难以使挂片有效接触底部水层，并且挂片位置单一、挂片数量少。针对这些问题，涪陵页岩气田设计了一种新型多相位挂片器，通过多方位、多层次可对比分析、准确掌握不同位置、不同材质的腐蚀速率，如图 6-2-18 所示。在现场安装了 4 套该类型挂片器，不同站点的最大腐蚀方位均不同，且均匀腐蚀速率均大于垂直部位挂片腐蚀速率，但均低于 0. 1mm/a。该新型挂片器实现了不同部位的腐蚀速率检测，为及时进行不同钢级的管件腐蚀速率测试、缓蚀杀菌剂评价和抗菌钢现场试验评价提供了资料。

2）CM-2000 电感探针腐蚀在线监测系统

CM-2000 电感探针腐蚀在线监测系统可在不影响正常生产的情况下，实时监测由腐蚀环境引起的管道腐蚀损耗，自动记录腐蚀速率的变化情况。该腐蚀监测装置(仪器)所在监测点安装通常如图 6-2-19 所示。

CM-2000 电感探针腐蚀在线监测系统安装如图 6-2-20 所示，探针在管线中使用 40d 后取出，探针直径由 8mm 变成 7. 56mm，腐蚀速率为 2. 00mm/a。在线检测系统显示，腐蚀速率为 2. 37mm/a，两者仅相差 0. 37mm/a，表明该系统监测准确度较高。

(a)新型多相位挂片器内筒　　(b)新型多相位挂片器内置图

图 6-2-18　新型多相位挂片器结构

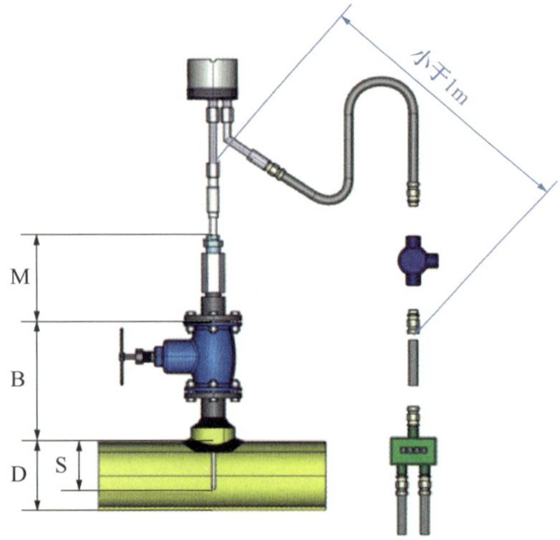

图 6-2-19　CM-2000 电感探针安装结构示意图

图 6-2-20　70$^{\#}$集气站分离器入口水平管段探针现场安装图

3）脉冲磁涡流检测现场试验

利用脉冲磁涡流检测技术对 81$^{\#}$集气站、脱水站的部分管道、罐体等开展了缺陷检测，其中对 81$^{\#}$集气站测试 107m，共测出腐蚀变薄位置 32 处，其中有 26 处腐蚀严重，如图 6-2-21 所示，检测曲线波动较大。对 2$^{\#}$脱水站管件检测 124m，未见明显腐蚀特征信号，如图 6-2-22 所示，检测曲线无波动。

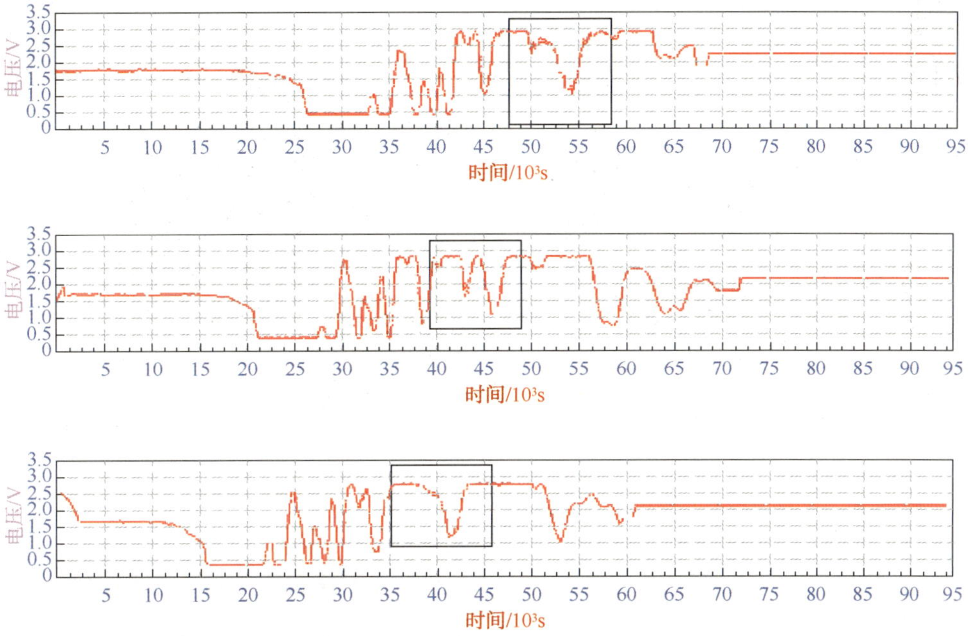

图 6-2-21　81[#]集气站某处检测信号

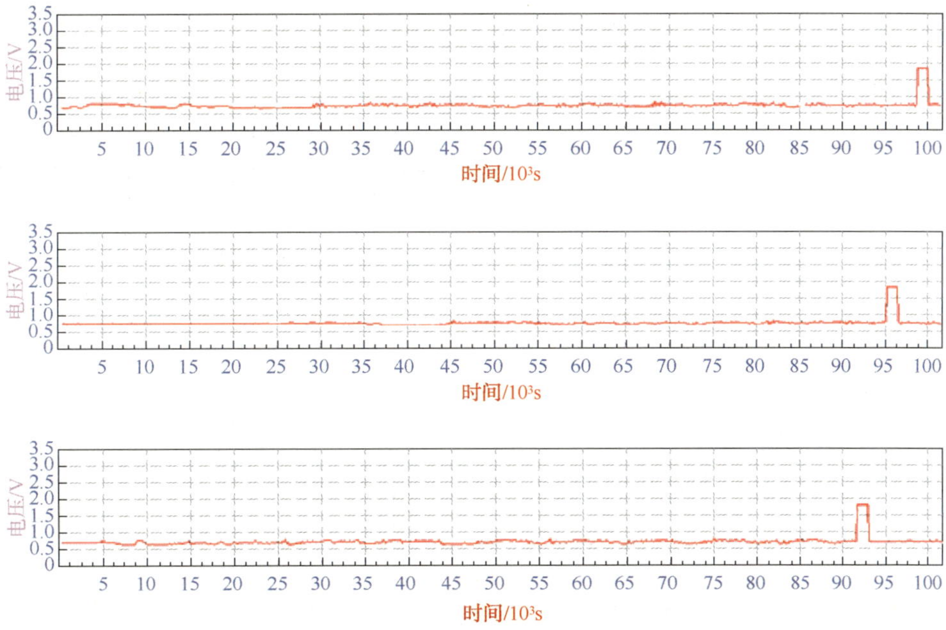

图 6-2-22　2[#]脱水站进口信号

五、涪陵页岩气田腐蚀预测技术

1. 温度对微生物腐蚀点蚀速率的影响

温度是影响微生物存活和生长的重要因素之一，其影响主要体现在两个方面：在一定温度范围内，随着温度的上升，微生物的生物反应活性和生理代谢活动增强，微生物生长速率加快；微生物内部对温度敏感的部分，如蛋白质、核酸等会随着温度的升高遭受不可逆的破坏，结果如图 6-2-23所示。

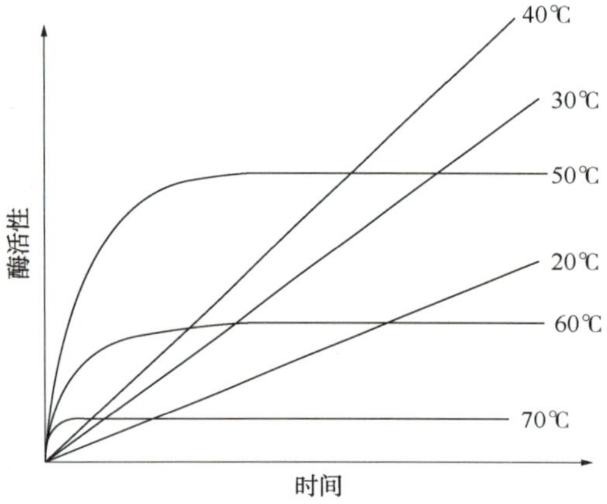

图 6-2-23 不同温度对微生物内酶的活性影响

微生物对低温的抵抗能力较强，低温一般只能抑制微生物的生长和繁殖，很难起到致死的作用，在低温条件下，微生物能够进入“休眠”状态，变成所谓的芽孢，细菌的芽孢能够在-190℃下存活半年。不同种属的微生物有着自身的最适温度，而且最适温度也最接近微生物生长的最高温度，结果如图 6-2-24 所示。

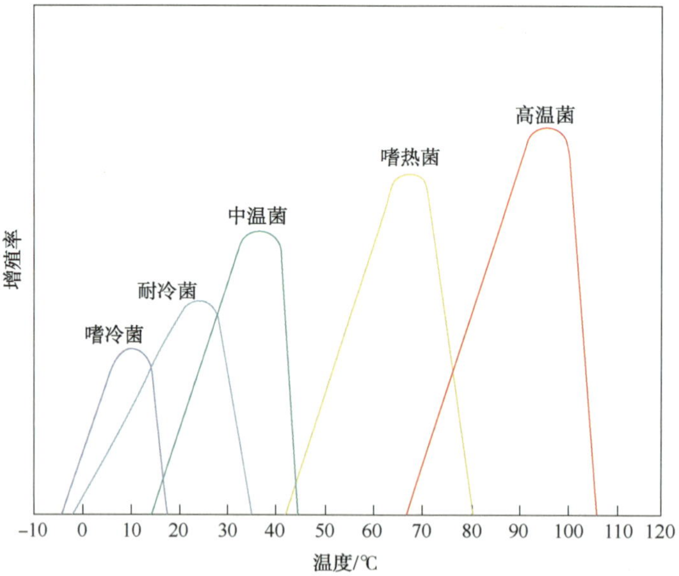

图 6-2-24 温度对微生物分布的影响

涪陵地区地处重庆市中部、三峡库区中部，位于长江、乌江交汇处，属于中亚热带湿润季风气候，常年平均气温 18.1℃，年均降水量 1072mm。涪陵页岩气田地面集输系

统常年处于微量 CO_2、高含水、高 SRB 和 Cl^- 含量的环境中，多发腐蚀穿孔。通过对腐蚀产物和穿孔区分析发现大量微生物，因此通过模拟现场环境，探求不同温度下的微生物腐蚀情况，并进行讨论分析。

1）均匀腐蚀

如图 6-2-25 所示，在不同流体流速条件下，通过改变温度，此环境下的微生物种群的最适温度在 30℃附近，40℃之后，温度上升导致的均匀腐蚀速率上升应当归因于温度上升加大了金属溶解的速率。40℃时，两种流体流速下的均匀腐蚀速率都为最小值，微生物内的生理代谢活动受到影响，生理化学反应速率减慢。40℃之后，微生物内部遭到了不可逆的影响，微生物贡献的均匀腐蚀速率持续降低。

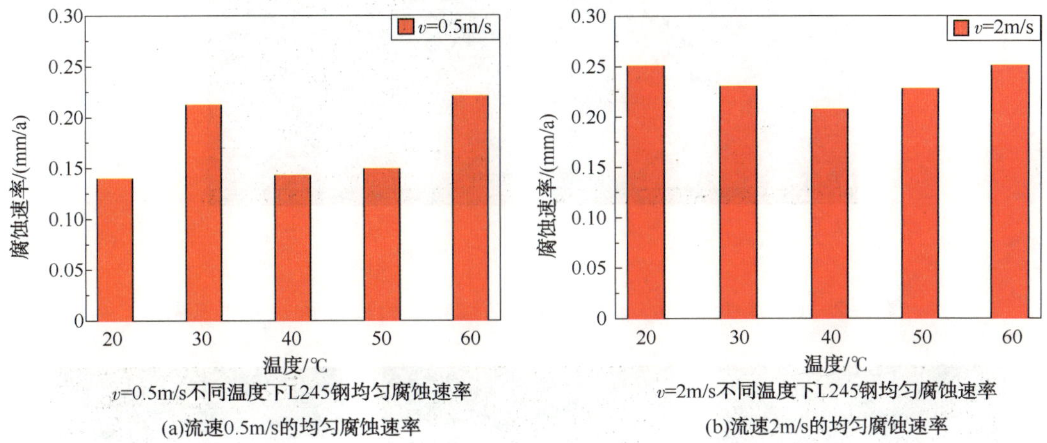

图 6-2-25 不同流体流速条件下温度对均匀腐蚀速率的影响

2）微观腐蚀形貌

温度的升高会使微生物的均匀腐蚀速率先降低后升高，微生物在材料表面形成的生物膜能够在一定程度上反映微生物的生理活性，同时完整、致密的微生物膜能够为膜下的微生物提供有利的生存环境，促进了微生物腐蚀的进行。金属表面微生物膜的含量会随着温度的升高而减少，材料表面的微生物浓度也在减小，结果如图 6-2-26 和图 6-2-27 所示。

30℃时生物膜在金属表面的含量最高。同时，随着温度的升高，生物膜在金属表面的含量逐渐降低，从完全铺展在金属表面变为以团簇的形式分散在金属表面。并且，随着温度的升高，团簇逐渐变小，金属表面裸露的金属基体面积逐渐增大。

3）点蚀深度

针对不同流速环境下的试样进行点蚀分析，流速 0.5m/s 时，L245 钢不同温度条件下的点蚀深度分别为 23.245μm、26.232μm、20.721μm、15.009μm 和 14.841μm，点蚀速率分别为 1.21mm/a、1.37mm/a、1.08mm/a、0.78mm/a 和 0.77mm/a，随着温度

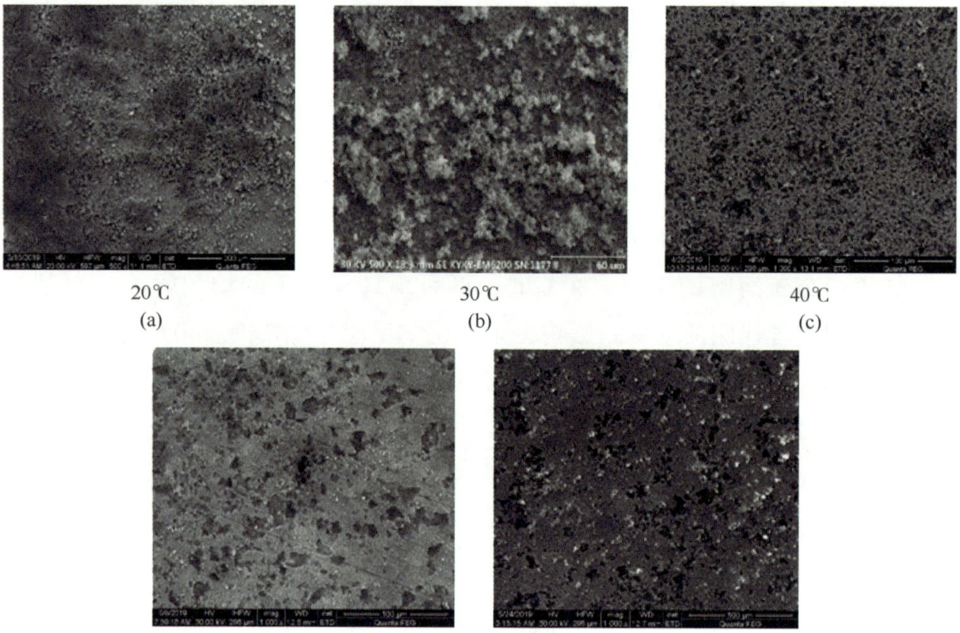

20℃ (a)　30℃ (b)　40℃ (c)　50℃ (d)　60℃ (e)

图 6-2-26　速度 0.5m/s 时不同温度下 L245 钢的微观形貌(低倍照片)

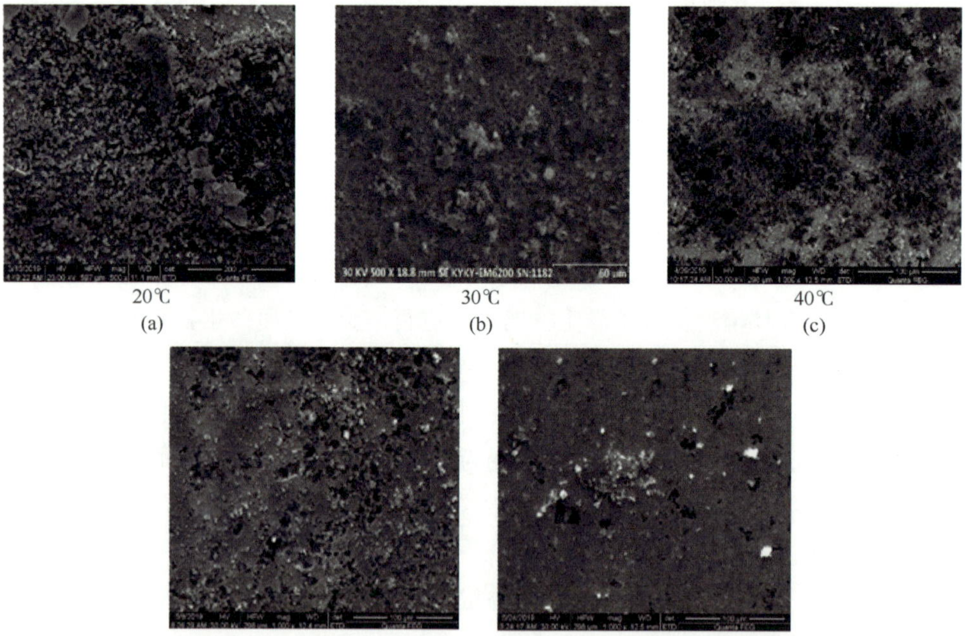

20℃ (a)　30℃ (b)　40℃ (c)　50℃ (d)　60℃ (e)

图 6-2-27　速度 2m/s 时不同温度下 L245 钢的微观形貌(低倍照片)

的升高，最深点蚀坑深度呈先增加后降低的趋势。而流速 2m/s 时，金属表面的点蚀深度与流速 0.5m/s 时的点蚀深度相近，分别为 22.487μm、25.646μm、18.415μm、14.918μm 和 16.363μm，点蚀速率分别为 1.17mm/a、1.34mm/a、0.96mm/a、0.78mm/a 和 0.85mm/a，这一趋势与微生物的均匀腐蚀速率和微生物腐蚀宏观、微观形貌的变化是一致的。微生物最深点蚀的形成与微生物生理活性密不可分，微生物的生理活性增强，造成的最深点蚀深度便会上升，一旦环境温度超过了微生物生存的最适温度，承担微生物生命活动的部分便会遭受不可逆的影响，造成微生物活性下降，最深点蚀深度下降。图 6-2-28 表明微生物造成的最深点蚀深度随温度的升高先上升后下降。

2. 不同温度环境下的微生物腐蚀模型

温度是影响微生物腐蚀的最主要因素，微生物腐蚀最严重时的温度为 30℃，点蚀速率最高为 5.37mm/a，而随着腐蚀温度的升高和降低，材料的点蚀速率均呈降低趋势。当温度降至 20℃时，碳钢的点蚀速率为 4.74mm/a。当温度升高至 60℃时，碳钢的点蚀速率降低至 3.04mm/a(图 6-2-29)。因此，通过拟合，获得了微生物点蚀速率的计算公式：

$$点蚀速率=-3.7\times10^{-4}T^2+0.016T+1.02 \quad (6-2-1)$$

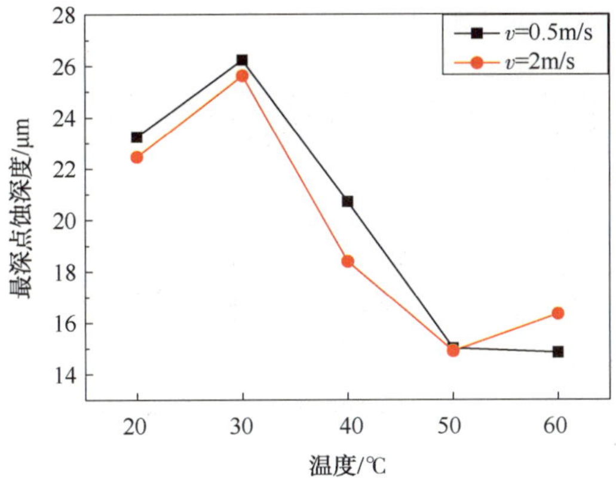

图 6-2-28 最深点蚀深度随温度的变化

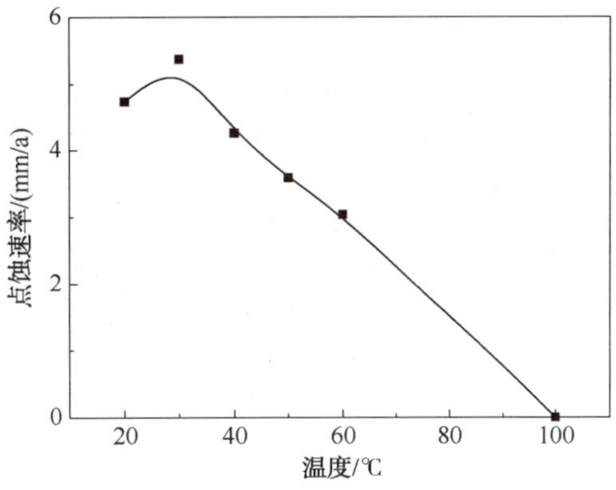

图 6-2-29 微生物点蚀速率随温度的变化

3. 内腐蚀预测软件

涪陵页岩气田基于 CO_2 腐蚀预测模型和微生物腐蚀预测模型形成了集输管道内腐蚀预测软件。软件可以对 CO_2 和 SRB 工况下碳钢和低合金钢的均匀腐蚀速率和点腐蚀速率进行预测。软件的输入参数包括材料、位置、腐蚀性细菌、介质参数、缓蚀剂 5 个部分。其中，介质参数包括温度、总压、CO_2 分压、液体流速、pH 值、矿化度。

根据涪陵页岩气田的腐蚀环境，在相应参数内输入数值，对腐蚀速率进行预测，结果如图 6-2-30 所示。

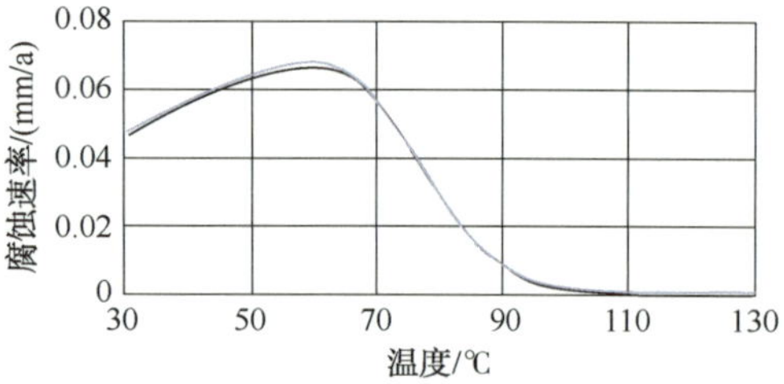

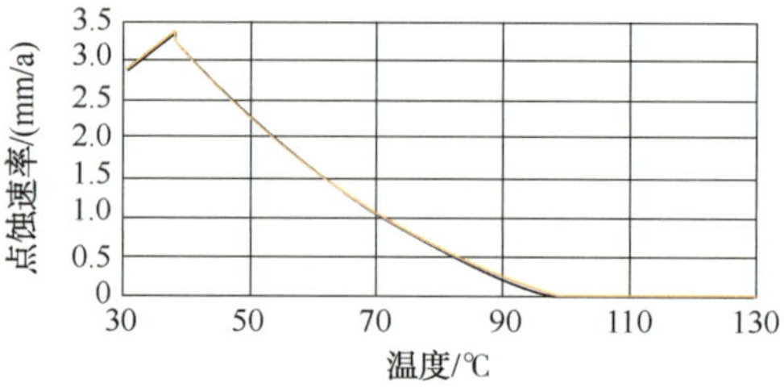

图 6-2-30　内腐蚀预测软件模拟结果

六、涪陵页岩气田腐蚀防治技术

1. 推广应用压裂液杀菌剂

页岩气井产出水经过处理后会再次用于配制压裂液，为防止水中的细菌在压裂液中大量繁殖，在返排后对油管及地面管线造成腐蚀，在减阻水中加入杀菌剂，防止大量细菌进入地层，从源头上控制细菌含量尤为重要。

2. 集气站加注缓蚀杀菌剂

通过向井口油套环空加注缓蚀杀菌剂，既可缓解 CO_2 导致的腐蚀，又可通过杀菌延缓微生物导致的腐蚀。常见的药剂加注工艺有滴注和泵注两种。

1）滴注工艺

天然气集输系统广泛采用滴注工艺，其工艺流程如图 6-2-31 所示。

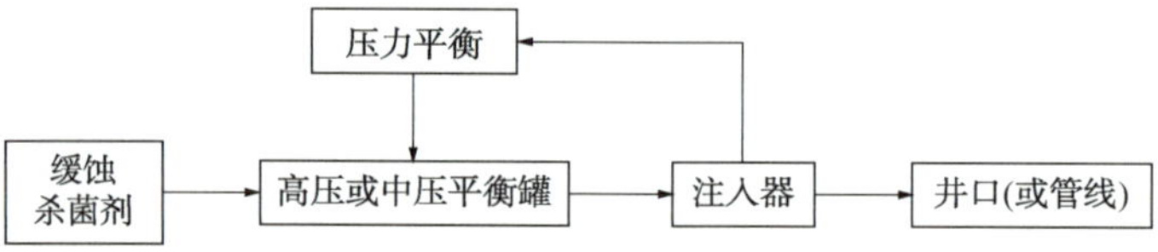

图 6-2-31　平衡罐滴注工艺流程图

该工艺是在井口安装高压平衡罐，依靠其高差产生的重力，滴注到井口油套环空中（或管道内）。滴注工艺流程简单，只需要滴到井下（或管道内）就可以。其缺点是高差有限，加注动力不足，很容易产生气阻及中断现象，导致药剂滴不下去。

2）泵注工艺

泵注工艺简单，可操作性强，可准确控制加注量，通过喷雾器还可提高药剂雾化效果，其泵注工艺如图 6-2-32 所示。

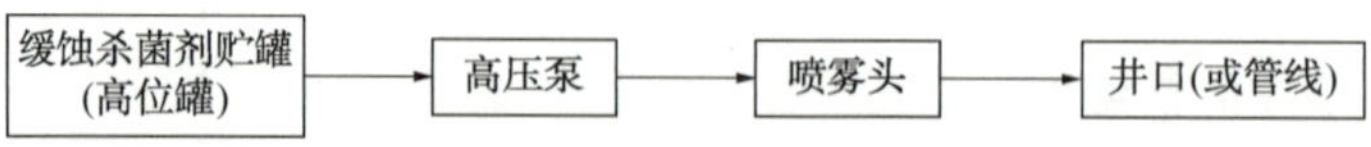

图 6-2-32　泵注工艺流程图

涪陵页岩气田在泵注工艺的基础上进行优化，采用气动泵，并实施一泵两注，不仅避免了用电设备带来的管理问题，同时大幅降低了现场设备投资。目前，现场已大规模推广使用该工艺。

3. 应用抗菌防腐管材技术

1）应用抗菌碳钢

通过在金属材料中加入 Ni、Cu、Ag 等重金属离子，可有效提高金属防腐能力，主要作用有以下几点：

（1）通过电场吸附作用杀菌。几乎所有细菌的细胞壁和细胞膜都带有负电荷，而重金属离子带有正电荷，异性电荷相吸，约束了细菌的活动，使细菌的生存微环境紊乱失调，抑制其呼吸，最终导致细菌发生“接触死亡”。

（2）与细菌接触的金属离子会穿透细胞壁进入细胞，并与巯基（—SH）反应，使蛋白质凝固，破坏细胞合成酶的活性，使细胞丧失分裂增殖能力而死亡。金属离子还能破坏微生物电子传输系统、呼吸系统和物质传输系统。

（3）金属离子破坏细菌胞内的酶系统，造成微生物固有成分被破坏或产生功能障碍，影响细菌正常的新陈代谢，从而使细菌死亡。

（4）通过催化作用杀菌。某些金属如 Ag 和 Ti 的离子能起催化活性中心的作用。在光的作用下，金属离子激活空气或水中的氧，产生羟基自由基及活性氧离子。它们具有很强的氧化还原作用，从而破坏了细菌体内脱氢酶的巯基，使细菌无法进行能量代谢而处于被抑制状态，破坏了微生物细胞的增殖能力，抑制其繁殖，随后死亡。

所以，在铁基合金中加入耐 SRB 腐蚀的元素来提高材料的耐 SRB 腐蚀性能是一种有效的方法。目前，含有 Ag 和 Cu 的抗菌不锈钢已经较为广泛地应用于食品和医疗行业。但是，由于 Ag 为贵金属，如果将其添加至管线钢中将大幅提高材料的价格，增加油气田的投资成本。因此，通过向管线钢中添加 Cu 来提升集输管线抵御微生物腐蚀的性能。

抗菌管线钢在涪陵页岩气田现场服役 4 个月后取出，管道内部整体发生腐蚀程度较轻的全面腐蚀，水线区域局部腐蚀深度最大为 0.11mm，腐蚀速率为 0.33mm/a。而现场普通钢平均腐蚀速率为 3.36mm/a，最高腐蚀速率为 7.37mm/a，抗菌钢腐蚀速率分别为普通钢平均腐蚀速率的 4.4%和 9.82%，在管线底部腐蚀产物中发现黏附的 SRB，但并未在金属表面形成生物膜，管线表面也未出现点蚀。

2）气田污水管线防腐

涪陵页岩气田污水主要为气井返排的压裂液，污水管线主要为分离器至污水罐、分离器至污水池，集气站至污水收集站，污水收集管件通常承压在 4MPa 以内，用柔性复合管可满足要求。柔性复合管主要由聚合物内衬层、增强层、外护套构成。聚合物内衬层：温度为-40~65℃，采用聚乙烯 HDPE。增强层：温度为 65~110℃，采用耐热聚乙烯（PE-RT）涤纶工业长丝。外护套：采用聚乙烯树脂。柔性复合管结构如图 6-2-33 所示。

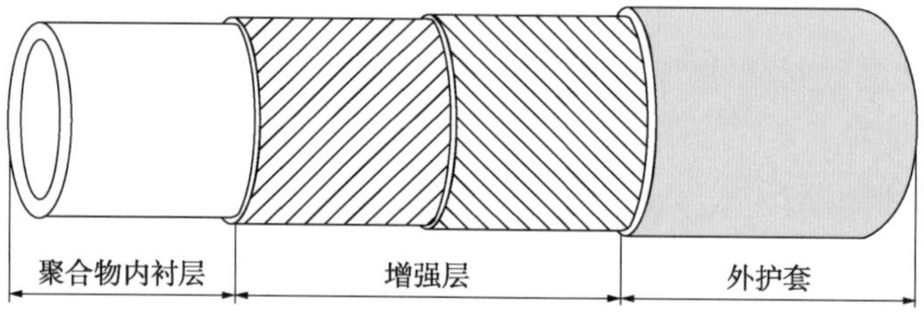

图 6-2-33 柔性复合管结构

柔性复合管连接形式与普通管不同，采用内胀外扣或者内芯加厚外锁方式连接，如图 6-2-34所示。复合管接头由外丝芯管、平头芯管、螺母和套筒构成。芯管材质为 316L 或 45#钢内衬防腐层，螺母为 45#钢，套筒为 20#钢，对螺母与套筒表面做防腐处理。

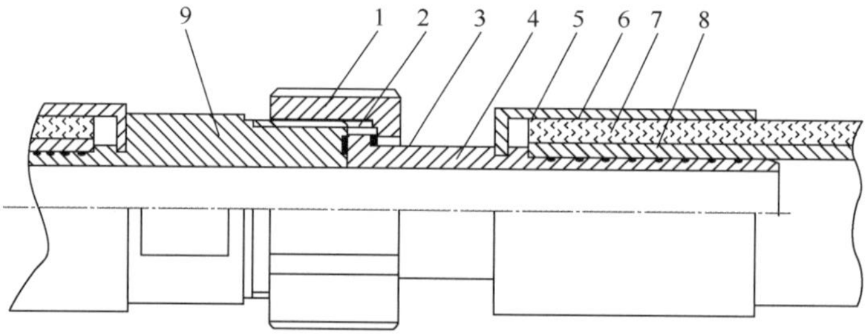

图 6-2-34 柔性复合管连接图

1—连接螺母；2—聚四氟密封垫；3—防腐层；4—扣压接头(1)；5—扣押套筒；6—外保护层；7—缠绕层；8—管内芯层；9—扣压接头(2)

从 2018 年 3 月开始，涪陵页岩气田将污水管线全部更换成柔性复合管，已基本解决污水管线腐蚀穿孔问题。

4. 定期对集气支、干线实施清管

为避免集气支、干线内积液造成腐蚀，涪陵页岩气田制定了不同管线的清管制度及周期。

1）清管工艺选择

涪陵页岩气田采用泡沫清管器、单向皮碗清管器、双向直板清管器组合方式实施清管，清管器选择方法如图 6-2-35 所示。

（1）泡沫清管器特点。采用聚氨酯涂层的泡沫清管器进行管道内部通过能力的检查，特点有：变形量大、轻软、密封性好，通过能力强；适用于生产中不允许塞管停输时的清管作业和输气管线定期除水；适用于管道投产前清管扫线，清除管道内残留物，使管道畅通无阻；适用于在管道内部情况不明时用于试验性通球；当聚氨酯泡沫清管器

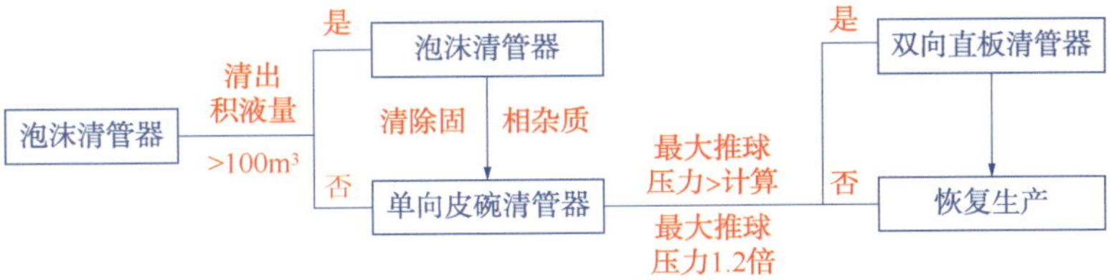

图 6-2-35 涪陵页岩气田集气支、干线清管工艺流程图

遇卡堵时，可以依靠聚氨酯泡沫清管器的高变形性能通过，或加大压力使本体破裂，自行解除管堵；聚氨酯泡沫清管器泡沫碎屑对管道内壁无任何损伤。如果管道通过能力良好，可以使用密封效果较好的单向皮碗清管器通球，以达到除水的目的，然后按照内检测清管前的流程进行清管作业。

(2) 单向皮碗清管器。由两个支撑板、四个碟型皮碗、隔垫及骨架组成。特点：密封性能好，通过能力强，能有效地清除管道内积液、粉尘等污物。还可根据清管需要，装配管道测径板，以更好地了解管道内部情况。

(3) 双向直板清管器。由导向盘、直板密封皮碗、隔垫及骨架组成。特点：结构轻便，通过能力强，隔离部件采用的是直板，具有可双向运行的特点，一旦发生堵塞，可以通过反吹进行解堵。直板清管器与碟形清管器相比，具有更好的清污能力，能清除管道内的积液、粉尘等污物，但在运行中直型密封板磨损更快，运行距离较短。

2) 集气支、干线清管周期

将涪陵页岩气田集气支、干线根据高程、距离细化分段、具体分析，以压差、实际输气量为自变量，定义管输效率=管段实际输气量/管道输气能力，经过修正，制定涪陵页岩气田集气支、干线清管时机查询图版，如图 6-2-36 所示，当所属管段管输效率<0.6 时，应考虑进行清管作业。依据图版，完成《涪陵页岩气田集气干线清管技术规范》及《涪陵页岩气田集气干线清管作业规程》两项标准。

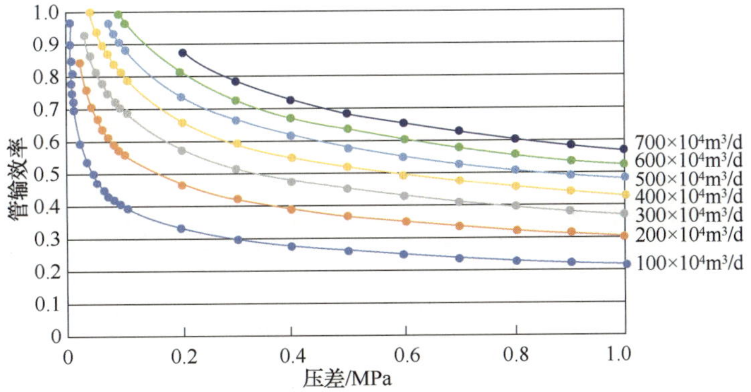

图 6-2-36 DN550 1#RTU-清管站压差-管输效率曲线

第七章 采气安全环保技术

在涪陵页岩气田采气及集输过程中，涉及原料天然气，不含H_2S气体，天然气质量符合《天然气》(GB 17820—2012)二类气要求，主要成分是甲烷、二氧化碳等。甲烷属于《常用危险化学品的分类及标志》(GB 13690—2009)中的气相爆炸物质，其爆炸极限范围为5%~15%。输配过程涉及的主要危险、有害物质包括天然气(甲烷)、二氧化碳(CO_2)、甲醇。

一、天然气安全生产隐患

1. 天然气主要成分特性

1）天然气

天然气中各主要烃组分基本性质见表 7-1-1。

表 7-1-1 天然气中各主要烃组分基本性质

分析项目	摩尔百分含量/%
氢气	0
氦气	0.037
氮气	0.816
甲烷	98.097
乙烷	0.585
丙烷	0.232
异丁烷	0.012
正丁烷	0.016
异戊烷	0.003
正戊烷	0.003
C_{6^+}	0.003
二氧化碳	0.196
硫化氢	—
合计	100

（1）天然气的燃烧性：天然气在火源作用下，在空气中能够产生剧烈燃烧，并出现火焰。天然气燃烧无物态变化，燃烧速度快，放出热量多，火焰温度高、辐射热强，因而危害性大。

（2）天然气的爆炸性：天然气泄漏在大气中，形成爆炸性混合物时，遇火源即发生燃烧或爆炸。若容器或管道中已经形成爆炸混合物气体，那么此时遇火源发生的燃烧或爆炸危险性更大。

（3）天然气的扩散性：天然气能以任何比例与空气混合。比空气轻的天然气组分逸散在空气中，易形成爆炸性混合物，顺风漂移，遇火源即燃烧或爆炸。

（4）天然气的加热自燃性：天然气被加热到一定温度，能发生自燃。天然气的主要特性及危害因素识别见表 7-1-2。

表 7-1-2 天然气的主要特性及危险因素识别

标识	中文名	天然气；沼气
	英文名	Natural gas
	UN 编号	1971
	危险货物编号	21007
理化性质	外观与性状	无色、无臭气体
	主要用途	是重要的有机化工原料，可用作制造炭黑、合成氨、甲醇及其他有机化合物，亦是优良的燃料
	沸点/℃	-160
	相对密度(水=1g/cm^3)	约 0.45(液化)
	溶解性	溶于水
燃烧爆炸危险性	燃烧性	易燃
	建规火险分级	甲
	闪点/℃	无资料
	自燃温度/℃	引燃温度：482~632
	爆炸下限/%	5
	爆炸上限/%	14
	危险特性	与空气混合能形成爆炸性混合物，遇明火、高热极易燃烧爆炸。与氟、氯等能发生剧烈化学反应。其蒸气遇明火会回燃。若遇高热，容器内压增大，有开裂和爆炸的危险
	燃烧(分解)产物	一氧化碳、二氧化碳
	稳定性	稳定
	聚合危害	不能出现
	禁忌物	强氧化剂、卤素
	灭火方法	切断气源。若不能立即切断气源，则不允许熄灭正在燃烧的气体，喷水冷却容器，如可能，将容器从火场移至空旷处
包装与储运	危险性类别	第 2.1 类，易燃气体
	危险货物包装标志	4
	包装类别	Ⅱ
	储运注意事项	易燃气体。应与氧气、压缩空气、卤素(氟、氯、溴)、氧化剂等分开存放。罐区域要有禁火标志和防火防爆技术措施。禁止使用易产生火花的机械设备和工具
毒性危害	接触限值	中国 MAC：未制定标准；苏联 MAC：未制定标准； 美国 TLV—TWA：未制定标准；美国 TLV—STEL：未制定标准
	侵入途径	吸入
	健康危害	急性中毒时，会头昏、头痛、呕吐、乏力甚至昏迷。病程中出现精神不佳、步态不稳、昏迷过程久者，醒后会有运动性失语及偏瘫。长期接触天然气者，可出现神经衰弱综合征

续表

急救	吸入	脱离有毒环境，至空气新鲜处，给氧，对症治疗。注意防治脑水肿
防护措施	工程控制	密闭操作。提供良好的自然通风条件
	呼吸系统防护	高浓度环境中，佩戴供气式呼吸器
	眼睛防护	一般不需要特殊防护，高浓度接触时，可戴化学安全防护眼镜
	防护服	穿防静电工作服
	手防护	必要时戴防护手套
	其他	工作现场严禁吸烟。避免高浓度吸入。进入罐或其他高浓度区作业，须有人监护
泄漏处置		切断火源。戴自给式呼吸器，穿一般消防防护服。合理通风，禁止泄漏物进入受限制的空间(如下水道等)，以避免发生爆炸。切断气源，喷洒雾状水稀释，抽排(室内)或强力通风(室外)。漏气容器不能再用，且要经过技术处理，以清除可能剩下的气体

注：1. ICSC(International Chemical Safety Card)：国际化学品安全卡顺序号；

2. CAS(Chemical Abstract Service)：美国化学文摘对化学物质登录检索服务号；

3. UN(United Nation)：联合国《关于危险货物运输建议书》对危险货物制定的编号；

4. EC(European Community)：欧共同体《欧洲现有商业化学物质名录》中对物质的登录号；

5. IMDG(International Marritime Dangerous Goods)：国际海事组织编制的《国际海上危险货物运输规则》的危险货物信息页码；

6. RTECS(Registtery of Toxic Effects of Chemical Substances)：美国毒物登记系统注册登记号。

2）二氧化碳

二氧化碳是非含硫天然气对设备的主要腐蚀介质，当有游离水存在时，将有如下腐蚀反应发生：

$$CO_2+H_2O \longrightarrow H_2CO_3$$

$$Fe+H_2CO_3 \longrightarrow FeCO_3+H_2(g)$$

二氧化碳在天然气–凝析液中引起的腐蚀类型主要有以下几种：

(1) 深坑型腐蚀：由酸气溶于凝结在输气管壁上的水滴引起的(处于冷凝温度以下的管道)深坑型腐蚀。这种腐蚀在短时间内就能完全穿透管壁。

(2) 轮藓状腐蚀：发生在距管端几英寸的环状内，呈均匀腐蚀或严重坑蚀。主要原因是管道砧粗过程中的热处理端和其他部分具有不同的晶粒结构，而在过渡区对腐蚀敏感。

(3) 冲蚀：管道截面变化部位和收缩节流部位的流速增高，腐蚀加重。如果气流速度增加 3.7 倍，则腐蚀速度增加 5 倍，主要发生在井口设备及油管内。

对原料天然气来说，其中的二氧化碳含量为 0~0.2%，但不含游离水，且硫化氢含量极少，因此二氧化碳造成的管道内腐蚀程度较轻。

本工程集气管道设计压力 6.3MPa，二氧化碳分压 0.0133MPa，按照规范不需要考虑内防腐。采气管道设计压力 42MPa，二氧化碳分压 0.082MPa，按照规范为轻微腐蚀，采用增大管道壁厚的措施。二氧化碳理化特性及危险因素识别见表 7-1-3。

表 7-1-3　二氧化碳理化特性及危险因素识别

标识	中文名	二氧化碳；碳酸酐	英文名	Carbon dioside
	分子式	CO_2	CAS	124-38-9
理化特性	沸点/℃	-78.5(升华)	熔点/℃	-56.6
	相对密度(水=1g/cm³)	1.56	相对空气密度(空气=1g/cm³)	1.53
	外观形态	无色、无臭气体		
	溶解性	溶于水、烃类等多数有机溶剂		
	稳定性	稳定		
毒性及健康危害	危险性类别	第 2.2 类	爆炸危险	不燃
	危险特性	若遇高温，容器内压力增大，有开裂爆炸危险		
	灭火方法	本品不燃。尽可能将容器移至空旷处。喷水使火场容器冷却，直至灭火结束		
	健康危害	低温时，对呼吸中枢有兴奋作用；高浓度时，产生抑制麻痹作用。兼有缺氧作用。急性中毒：人进入高浓度 CO_2 环境，几秒钟内迅速昏迷倒下甚至死亡		
	皮肤接触	接触 CO_2，可引起严重冻伤，导致组织损伤。尽早就医		
	眼睛接触	引起眼睛严重冻伤，脱离现场就医		
	吸入	迅速脱离现场至空气新鲜处，保持呼吸道畅通。如停止呼吸，立即进行人工呼吸，就医		
泄漏处理	污染区人员迅速撤离至污染区上风处，并进行隔离，严格限制进入，切断火源。建议应急处理人员戴自给正压呼吸器，穿一般工作服。避免与可燃物或易燃物接触。允许安全扩散至大气中			

2. 页岩气安全隐患

鉴于页岩气的特性和生产特点，在采气工程中往往存在如下安全隐患。

1) 采气井口故障

采气井口，特别是高压井口，工作条件很恶劣，易发生阀门泄漏、阀门开关失灵等故障，对安全生产构成很大威胁。

2) 管线憋飞

管线憋飞主要存在 3 种情况：放喷管线、排污管线、集输管线。

(1) 放喷管线：高压大产量气井在放喷口形成高速气流，产生很大震动和反作用力，特别是气流不均匀时破坏隐患更大。若放喷管线安装不当或管线固定不牢，管线可能失去控制，往往伴随失火，造成重大事故。

(2) 排污管线：排污管线若安装不当或固定不牢、操作过猛也可能憋飞。

(3) 集输管线：输气管线，特别是明管，若发生爆炸、断脱，由于管线压力高，天然气短时间内释放大量压能，瞬时流量又很大，管线一般未固定，极易憋飞。

3) 管线及设备爆破

天然气黏度低、流速快，管道设备被脏污或水合物堵塞，或阀门操作错误，极易发生憋压，造成管线、分离器、换热器等设备损坏。

(1) 管线爆破：管线压力超过其允许强度发生爆破；管线因内腐蚀、管壁减薄，导致爆破。

(2) 分离器爆破：分离器是矿场的重要受压容器之一。分离器内压力升高，由于容器直径大，其钢材的应力迅速增加，是井场设备的薄弱环节。

(3) 换热器的爆破：采气工艺上使用的水套炉是按常压设计的，若发生放空阀堵塞或操作失误，可造成水套炉产生蒸汽而带压工作，极易发生爆破。

(4) 其他设备爆破：采气中常使用锅炉，若水质不合格，排污不当，锅炉产生水垢和内腐蚀、缺水烧干锅、超压等，均可产生锅炉爆破。油罐、氧气瓶、乙炔气瓶使用不当都会发生爆炸。

4) 天然气火灾、爆炸

燃烧必须具备三个条件：一是要有可燃物；二是要有助燃剂(氧化剂)；三是要有足够高的温度。

天然气是碳氢化合物的混合物，其主要成分是甲烷、乙烷，都是易燃物，又极易与空气混合，点燃温度也很低，是一种易燃烧气体。

在常温常压下，气体正常燃烧，燃烧波传播速度为 0.3~2.4m/s。可燃气体与空气混合达到一定浓度时，遇火源就迅速燃烧。此时，燃烧波的传播速度可高达 900~3000m/s，产生局部高压，放出大量热量而产生爆炸。

可燃气体与空气混合发生爆炸的浓度范围称为爆炸极限。最低的爆炸浓度为爆炸下限，低于这个浓度混合气体不燃烧也不爆炸；最高爆炸浓度称为爆炸上限，高于这个浓度气体只燃烧不爆炸。气体与空气混合浓度在爆炸上、下限之内就有爆炸危险。爆炸下限越低，爆炸上、下限范围越大，就越危险，且爆炸往往引起火灾。

5) 中毒

在天然气生产过程中，人会接触到甲醇、硫化氢、汞、铅等有毒物质，处理不好易中毒。

(1) 甲醇中毒：采气过程中使用的防冻剂甲醇具有中等程度的毒性，可通过呼吸道、食道及皮肤侵入人体。误食时，其中毒量为 5~10mL，致死量为 30mL。空气中甲醇含量达到 39~65mg/m^3 时，人在 30~60min 内就会出现中毒反应。甲醇很容易透过含脂肪组织，中毒后可引起严重精神系统及视觉方面的症状。

（2）H_2S 中毒：H_2S 是剧毒气体，当在空气中的体积浓度为 $1.0\times10^{-6}mg/L$ 时，即可被人嗅到，工作环境中允许的 H_2S 在空气中的浓度不大于 $1.0\times10^{-6}mg/L$。空气中 H_2S 含量为 $7.0\sim140.0mg/m^3$ 就能引起慢性中毒，含量为 $1500mg/m^3$ 就能引起重度中毒。轻度中毒主要症状是畏光、流泪、眼刺痛、流涕、咽干、咳嗽、轻度头痛、头晕、乏力、恶心。中度中毒症状是明显头痛、头昏、全身乏力、恶心、呕吐、短暂的意识障碍等中枢神经系统症状，以及明显的眼、呼吸道黏膜刺激，表现为畏光、流泪、眼刺痛、视物模糊、咳嗽、胸闷。重度中毒症状为心悸、呕吐、呼吸困难、紫绀、倒地、失去知觉，剧烈抽搐，瞬间呼吸停止，数分钟后可因心跳停止而死亡。

6）触电

（1）雷击：厂房和生产设施，以及防雷装置不合格和防雷接地电阻过大或失效都可能引发雷击，造成人员伤亡和火灾。

（2）触电：机电设备漏电，接地保护失灵；电话线、广播线与供电裸线接触，使电话线、广播线带电；供电线绝缘老化、磨损，使之与其他导电体接触而带电；供电线断脱掉地；高压线与电话线、广播线、地面距离不够等都可能引发触电事故，造成人员触电伤亡。

（3）电器火灾：电器或电路绝缘老化、短路、过载均能引起设备线路过热而发生火灾。

（4）静电事故：化纤在干燥环境中摩擦会产生静电，汽油、柴油、苯等易燃液体具有较大电阻，互相摩擦或流动时都会产生静电。静电聚集到一定高的电压时，就可能放电，产生电火花而引起火灾。

二、气井投产管理

气井投产是天然气生产中的一项极为重要的工作，特别是高压、大气量气井投产，环节多、涉及面广，存在许多不安全因素，必须高度重视、严密组织，严格按规章、标准操作。

1. 气井投产准备

鉴于天然气投产的特殊性，必须做好充分准备工作。

1）做好站场及集输管线竣工验收

（1）按设计要求进行吹扫试压：吹扫（清管）试压是施工方和使用方竣工验收的一个重要环节，采气队长、工程师、维修班和采气班班长要亲自参加。吹扫（清管）、强度试压和气密封性试压按规定执行。

（2）做好竣工资料交接：为了加强生产管理，做到心中有数，确保平稳供气，要重视站场管线竣工资料交接，包括设计和施工资料、受压容器资料、计量仪器仪表资料、吹扫(清管)试压资料。

2）认真对设备、仪表进行检查、保养

竣工后，在投产前还必须对设备、仪表仔细检查、保养。

(1) 对设备、仪表检查、保养，其重点为：对井口装置、阀件清洗，加润滑油、密封填料，使其开关灵活；调准各级安全阀开启压力。

(2) 仪表工对压力表、流量计进行调校。

(3) 工程师、班长对整个流程做全面检查，发现问题，认真整改，确保无遗漏、无隐患。

(4) 锅炉、水套炉的试运行。

(5) 各类机泵试运转。

(6) 安装好各级计量仪表，检查量程、精度等级、校核时间等。

(7) 准备相关资料。

(8) 检查放空管和排污管有无堵塞，固定是否牢固。

(9) 其他准备：通信、消防、急救。

3）准备足够的易损件

新井投产初期会发生一些意想不到的问题，必须准备足够的易损件：

(1) 仪表：高压大产量井要多次节流，引起设备震动，会使压力表失灵。气量的波动也可能刺坏孔板，冲坏差压计等。

(2) 阀件：气井投产初期可能出砂，返出钻井液，这些东西会刺坏井口闸阀和针阀，以及各级节流阀。

4）辅助设施齐全完好

新井投产前，辅助设施如供水、供电、通信等要齐全完好。特别是通信必须保证24h 通畅。

2. 投产程序

(1) 编制投产方案。

(2) 投产方案交底。投产前对值班人员进行方案交底，特别要把该井地质情况、井身结构、站场试压情况、井口及各级控制压力、产量、安全措施要交代清楚，并要求工人记牢。

(3) 人员上岗。各岗位人员要明确自己的岗位职责。要安排有经验的工人控制井口、各级节流阀和仪表等关键部位。同时，安排一定机动人员协助处理紧急情况。

(4) 再次检查流程。投产前要再一次检查流程，除井口节流阀处于关闭状态，打开2~3 级针阀和气流通路上的所有阀门，确保设备完好、气路畅通，各级安全阀开启压力合适，灵敏可靠。

(5) 检查仪表。各级压力表量程合适，表阀处于开启状态；差压计上、下游阀处于关闭状态，平衡阀处于开启状态。

(6) 加热炉点火升温。高压气井为防水合物堵塞，须进行加热。新井投产前，加热炉要按操作规程先点火升温，若用锅炉则要达到规定的蒸汽压力。

(7) 与调度室和用户联系。及时与调度室联系，告知投产时间及产量，若为直供用户或对某些用户影响较大，还要与其取得联系，做好记录。

(8) 测油压、套压。按要求测油压、套压，并做好记录。

(9) 开井：

① 缓缓打开井口角式节流阀，要先小后大，平稳操作。

② 调节、控制各级压力。逐渐调节各级角式节流阀，直到各级压力升至投产方案规定的压力。

③ 启动流量计，计算气井产气量。各级压力平稳后，启动流量计，先开上流阀，再开下流阀，最后开平衡阀，初算天然气瞬时流量。

④ 及时计量、排放分离器分出的油和水。

3. 气井投产注意事项

气井投产前，必须做好防憋压、防火防爆、防水合物及防中毒等工作，编制好 HSE 安全预案。

三、页岩气安全生产技术

采气工程中有些安全技术，如机电设备安全、受压容器安全与其他行业相同。这里主要针对采气中的特殊事故隐患，总结经验教训，介绍经长期实践形成的一些安全技术。

1. 防止管线憋飞

防止管线憋飞要按规定设计、选材、安装及操作。

1) 放喷管安装要求

(1) 放喷管安装要平，尽量避免上坡下坎等大的起伏。

(2) 放喷管安装要直，尽量少拐弯，禁止 90°转弯。

(3) 放喷管线按一定间隔用地脚螺栓固定牢，放喷口要加大地脚螺栓水泥基墩，确保管线震动不会把地脚螺栓拔起。

(4) 放喷管线不得焊接。

2) 放喷排污操作要求

(1) 放喷排污操作要求平稳，操作不平稳会产生很大震动。

(2) 排污时不得把大量天然气排入大气。

（3）人员远离放喷和排污口。

（4）放喷天然气要烧掉，含 H_2S 的天然气一定要烧掉，以免污染大气。

2. 预防设备爆破

1）设计

锅炉、分离器、站场管线等设备，要由有资质的单位按设计规范设计。材料和强度要保证满足使用要求。

2）安装

要由有资质的专业队伍安装，对焊口要进行探伤和照相并取样做金相分析。完工后要经过试压验收，合格后方能投入使用。

3）操作管理

（1）操作人员要持证上岗，做到三懂四会，即懂设备原理、懂设备性能、懂设备结构；一会操作、二会检查、三会维护保养、四会排除故障。

（2）按规定时间和内容对设备进行维护保养。做好清洁、润滑、调整、扭紧、防腐"十字作业"，做到无脏、松、漏、缺和无跑、冒、漏。

（3）对分离器、锅炉要严格执行《压力容器安全技术监察规程》。

（4）严禁压力容器、管线超压，以及设备超负荷运行。

3. 防火防爆

1）易发生天然气火灾和爆炸的情况

（1）先开气后点燃：在生产和生活用气时，由于无知或疏忽，先打开控制阀供气，然后点火，若控制不好，天然气与空气混合浓度达到爆炸极限，就会引起爆炸。

（2）停气后火灭而未关控制阀：民用和生产用气因故停气，火自然灭掉，操作管理人员未关闭控制阀，恢复供气后天然气漏入大气。当天然气与空气混合达到爆炸极限时，操作人员开灯、开电扇或盲目点火，都会引起爆炸。

（3）炉膛内有余火：炉灶熄灭后，由于控制阀内漏，炉膛内聚集天然气，若不通风置换余气就点火，极易发生天然气爆炸。

（4）人走未灭火：民用气烤火，人离开未灭火，后因压力升高，火苗增大或软管被冲掉而发生火灾。

（5）管线阀件泄漏：有些埋地管线微漏，往往不易被发现，天然气经地下通道渗流到生产和生活场所，一遇火源就发生火灾或爆炸。

（6）烘烤无人看管：烘烤无人看管，衣物干后飘落到火上引起火灾。

（7）置换空气太快：管道用天然气吹扫，置换空气速度太快，易引起爆炸。

（8）硫化物自燃：输送含 H_2S 天然气，管内有硫化物，检修后，管道内有空气，恢复供气，操作不当，可由硫化物自燃引起爆炸。

某配气站检修后恢复供气，天然气与管内余留空气混合，由于硫化物自燃引燃，使管线、分离器、站场设施被烧红，由于值班人员无经验，采取措施不当而引起分离器爆炸，造成重大损失。

2）防火防爆措施

（1）气田建设严格执行防火规定：气田建设的设计、施工要严格执行防火规定，认真开展竣工验收，合格后方可投入使用。

（2）加强上岗前培训：安全技术既有知识管理，也有技术管理，对职工进行这两方面的培训至关重要。务必使职工对本岗位的事故隐患有深刻的认识，经严格理论和操作考察，合格者持证上岗。

（3）加强防火防爆安全教育：采气工程工作对象是易燃易爆的天然气和其他易燃液体。井口装置、集配气站、低温站、增压站、输气管道都是易燃易爆场所。因此，采气工程安全技术的重点是防火防爆。要对职工进行这方面的系统教育，对防火防爆高度重视，认真执行防火防爆规章制度。

（4）搞好“三标班组”建设：生产的基础是班组，班组安全生产搞好了，安全生产就有了保证，我国安全部门推行的“标准岗位、标准现场、标准班组建设”是工矿企业安全工作的宝贵财富，应大力推广。

（5）加强设备管理，杜绝气、液泄漏：采气生产中使用的设备，有很多是通用机电设备。这些设备都有其使用管理制度，只要认真贯彻执行，就能大幅减少火灾和爆炸的危险。

（6）易燃易爆场所不准带火种：易燃易爆场所不准带火种（火柴、打火机等）是防火防爆的硬措施，必须坚决执行。到油库罐区不得穿钉子鞋和化纤衣服。

（7）易燃易爆场所不得有明火：易燃易爆场所应无明火，若因生产需要明火，则必须有足够的防火间距，配备足够的灭火设施。

（8）易燃易爆场所必须使用防爆电器：易燃易爆场所的照明、机电设备，必须为防爆电器，以免因电火花引起火灾或爆炸。

（9）易燃易爆场所防静电：易燃易爆场所电器、机电设备、分离器、油罐等金属容器必须接地，接地电阻小于10Ω，以防静电造成火灾或爆炸。

（10）配备甲烷监测仪：易燃易爆场所配备甲烷监测仪，随时监测大气中甲烷浓度，若有危险，立即采取措施，这是防火防爆的一项重要措施。

（11）易燃易爆场所严格执行动火管理：易燃易爆场所维修动焊要由技安部门发动火证，要专人监测用火场所甲烷浓度。维修油罐等装过易燃易爆气体或液体的容器，要洗净并用空气或惰性气体置换干净，经仪器监测合格后方能动焊。现场阀件挂开关牌，未经现场技安人员许可，不得进行动火操作。

3）防中毒

（1）防甲醇中毒：采气工程中使用甲醇虽然不多，但还是要留意尽量不直接接触甲醇，作业场所要通风良好，操作人员位于上风侧，以免吸入甲醇蒸气。此外，要戴防毒面具进行操作。

（2）防铅中毒：我们日常生活接触的物质中，很多是含铅的，采气工程中常与含铅汽油、油漆、小炼厂的四乙基铅、铅印、蓄电池接触，尤其是四乙基铅有剧毒。作业时要做好劳动保护，避免与它们直接接触。有铅车间要通风良好。车间铅烟浓度小于 $0.03mg/m^3$，铅尘浓度小于 $0.05mg/m^3$，四乙基铅在空气中的浓度小于 $0.005mg/m^3$。

（3）防 H_2S 中毒：在有 H_2S 危险场所中作业，要做到：

① 操作人员位于上风侧；

② 佩戴安全面罩或自给式正压空气呼吸器；

③ 用专用仪器检测硫化氢浓度；

④ 排空硫化氢的油和气要烧掉；

⑤ 勤对设备检验，防止硫化氢油气泄漏；

⑥ 救护车和医务人员现场值班；

⑦ 含 H_2S 天然气放空，必须点燃。

四、采气工程环境保护技术

防止污染，保护环境，是我国可持续发展的基本国策之一。“三废排放”是环境污染的根源，采气工程中也存在“三废排放”问题。随着国家对环境保护措施的加强，我们也应积极治理“三废”，保护环境，保证职工健康。

1. 采气工程中环境污染因素

1）大气污染

（1）采气过程中放空、排污物质主要有水套炉燃烧废气、放空废气或直接放散天然气、清管作业的废气、火炬放空系统燃烧产生的烟气。

（2）设备泄漏，油气进入大气。

（3）设备和输气管道爆破，大量天然气进入大气。

（4）加热炉、锅炉、尾气处理装置内的蒸气排入大气。

2）水污染

在天然气生产过程中，有的地层会产出水、原油或凝析油，这些液体排入周围环境就可能造成水污染。

地层水是一种废水，它含有多种无机盐，特别是 Na^+、Ca^{2+}、Ba^{2+}、Cl^-、CO_3^{2-}、HCO_3^-、SO_4^{2-} 等，都会对水源造成污染。

有些地层水中含有 H_2S，未经处理排入水域会对水域造成严重污染。

有些地层水含有砷等有害重金属离子。

COD 是化学耗氧量的英文缩写，它是气田水中易受强氧化剂氧化的还原物质。氧化时需要氧气，气田水中还原物质主要是有机物、亚铁盐和硫化物。

涪陵页岩气田产气分离废水主要污染物为 COD(2356mg/L)、氨氮(86.27mg/L)、Cl^-(14000mg/L)，处理后外排水水质满足《污水综合排放标准》(GB 8978—1996)“其他排污单位一级排放标准”，氯化物浓度满足《四川省水污染物排放标准》(DB 51/190—1993)C 类水域二级标准。

3）噪声污染

我国环保规定，新厂噪声要小于 85dB，老厂噪声要小于 90dB。

采气生产一般都在野外。噪声不会影响城市居民，但会影响生产现场附近住户和生产职工的正常生活，要高度重视，积极治理。

（1）分离器啸叫：高压大产量气井生产时，气体流经阀门、调压器、引射器、喷嘴、分离器时压力降低，流速增大，气流扰动，会发出刺耳的啸叫。在 10~15m 内噪声可达 100dB 以上。

（2）压缩机噪声：天然气压缩机，特别是大排量、高压缩比多级天然气压缩机，工作时可产生很强的噪声，在 10~15m 内噪声可达 100dB 以上。

（3）天然气发动机噪声：在天然气生产过程中，常使用大马力天然气发动机，其不但噪声大，而且是低频噪声，使人特别难受。

（4）高压大排量多缸柱塞泵噪声：高压大排量多缸柱塞泵也会产生很大的噪声。

涪陵页岩气田运营期噪声主要来自集气站和脱水站。各集气站、脱水站的噪声源有阀门、水套炉、节流阀、分离器等，正常情况下，水套炉、分离器等设备噪声源均低于 50dB(A)。项目站场内的节流阀的噪声大约在 70dB(A)左右。安全放空阀、放空管的放空噪声可达 80dB(A)左右，持续时间在 2~5min。泵站提升泵的设备噪声约为 70dB(A)。

4）固体废物

营运期的固体废物有清管废物和站场产生的生活垃圾。其中，项目清管作业的频次为每年 1~3 次，清管作业将产生少量的固体废物，主要成分为硫化亚铁和硫化铁，属一般工业固体废物，年产生量预计为 30kg，在一般固废处理场进行处置。

5）电磁辐射

在电能输送或电压转换过程中，高压输电线、主变压器和高压配电设备与周围环境存在电位差，形成工频(50Hz)电场；输变电设备还有很强的电流通过，在其附近形成工频磁场。两者均可能影响周围环境。

（1）变电站部分。

变电站内高压设备的上层有互相交叉的带电导线，下层有各种高压电气设备及连接导线，电极形状复杂、数量多，在其周围形成一个比较复杂的高交变工频电磁场，对周围产生静电感应。并且，电场、磁场对附近环境产生一定的影响。

此外，变电站内各种电气设备、导线，以及绝缘子串都可产生局部电晕放电，从而产生电晕无线电干扰源。这些干扰源顺着导线方向或通过空间垂直方向朝着变电站外传播干扰波。产生的无线电干扰对邻近无线电装置有一定影响。

在变电站内，不同位置的场强是不同的，变电站内电磁环境源主要集中在主变压器及配电装置处，外部环境的电磁感应强度随着与之距离的增大而衰减。

（2）送电部分。

在电能输送过程中，高压输电线周围产生工频（50Hz）电场、磁场，会对周围环境产生影响。高压输电线表面对周围空气放电产生脉冲电磁噪声，绝缘子污秽或损坏引起电磁噪声，这些可能影响周围环境中无线通信等设备的正常工作。因此，送电工程对电磁环境的影响主要是工频电场强度（E）、磁感应强度（B）和无线电干扰（RI）。

2. 采气过程中环境污染防治

采气过程中可能产生大气污染、水污染和噪声污染。而水污染和大气污染是主要的污染。天然气生产企业要重视环保工作，做到预防和治理并重，尽量减少环境污染。

1）大气污染防治

（1）减少天然气放空：在天然气生产过程中，有时迫不得已要放空，但要搞好站场管线设计，在大管线沿线合理设计截断阀，使每次放空量少；放空前，把管线余气输往低压系统或低压用户，把管线压力降低，以减少放空气量。

（2）减少排污跑气：站场排污、管线防水器放水和通球清管作业应操作平稳，尽量减少排污过程中天然气放入大气。

（3）减少设备管线泄漏：搞好设备维护保养，加强输气干线监控，发现泄漏及时处理，减少设备管线泄漏。

（4）放空的天然气要烧掉。

2）水污染防治

气田产出水处置不当会造成采气工程中的污染。气、水井点多，高度分散，生产条件差，每个点的产水量不同。不同构造、不同层位地层水的有害物成分和浓度也不相同。因此，应区分不同情况，因地制宜地建立产出水处理方案，力求处理方法合理，处理设备简单可靠，耗能低，操作方便，效率高，成本低。

涪陵页岩气田各区块分离水前期在压裂水池中暂存，采用罐车运至工区内需要压裂的井场，用于配制压裂液，后期经采出水管网输送至区块污水处理设施，处理达标后排放。一期产建区、江东区块、白涛区块、梓里场区块采出水输送至位于白涛街道的一期产建区采出水处理设施，平桥区块、白马区块采出水输送至位于水江镇的平桥采出水处理设施。处理后外排水水质满足《污水综合排放标准》(GB 8978—1996)“其他排污单位一级排放标准”，氯化物浓度满足《四川省水污染物排放标准》(DB 51/190—1993)C 类水域二级标准。

为实现采出水达标排放，采用“物化预处理+双膜+MVR”处理工艺，浓水经处理后水质满足工区附近卤盐化工企业原料要求，淡水达标排放，系统产水率 87.5%。主要工艺流程如图 7-1-1 所示。

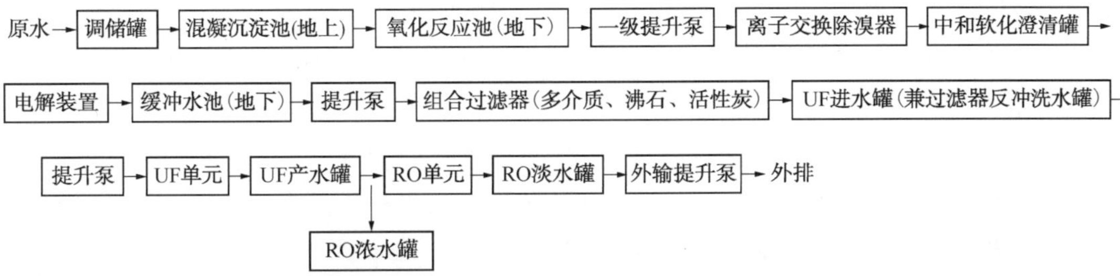

图 7-1-1　采气分离废水处理工艺流程

原水首先经过调储罐均质均量调节后，进入混凝沉淀池，通过投加混凝剂、絮凝剂去除水中的悬浮物；出水进入氧化反应池，通过 fenton 反应与 NaCl 协同氧化作用去除水中的 COD；再进入离子交换除溴器；出水进入中和软化澄清罐，通过投加烧碱，将氧化反应产物通过沉淀除去，继续投加烧碱与纯碱，去除水中的成垢离子，以保护后续吸附与膜系统的稳定运行；出水进入电解装置，去除水中的氨氮，辅以去除水中部分 COD，通过投加 HCl，调节污水至中性，辅以投加 NaCl，增强电解氧化效果；出水进入组合过滤器，通过设置多介质过滤、沸石过滤、活性炭过滤三级过滤，去除水中的 SS、氨氮、COD，达到双膜系统稳定进水水质条件；出水进入双膜系统，双膜系统产水率 50%，产出淡水达到外排水质要求后外排，浓水进入回用处理流程。

浓水回用工艺流程如图 7-1-2 所示。

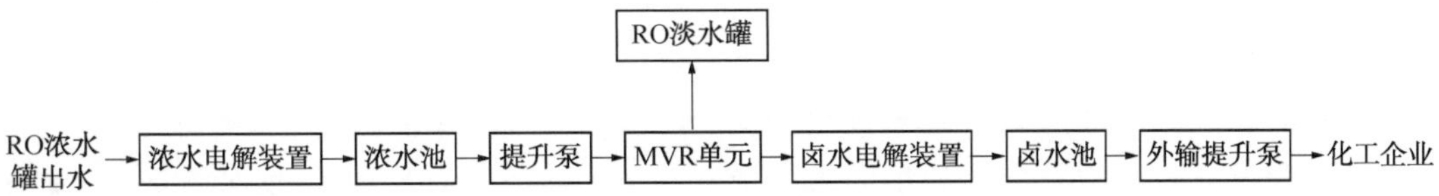

图 7-1-2　浓水回用工艺流程图

双膜浓水首先进入浓水电解装置进一步降解水中的氨氮和 TOC，出水进入 MVR 工艺流程对浓水进一步浓缩，产水率 75%(占原水的 37.5%)，蒸馏水达到外排水质要求，与双膜产出淡水混合外排，卤水通过电解工艺进一步处理 TOC 和氨氮，达到化工原料要求，输送至化工企业。

3）噪声污染防治

（1）设计采输系统时，充分考虑噪声影响：调压器、分离器、压缩机等产生噪声的设备应尽量远离民房和工人住宅区，并采用减震、隔声等降噪措施，如建隔声墙，以及用吸音性好的矿渣空心砖砌围墙，或使用用吸音性好的材料制成的隔离罩或隔声套，能大幅降低环境噪声。

（2）控制天然气流速：噪声随天然气流速增大而增大。用管径和压降来控制采输系统流速。一般情况下，低压管线流速不大于5m/s，配气管网流速不大于15m/s，中压管线流速不大于20m/s。

（3）管线连接：管道采用柔性连接并埋地，土壤能吸收噪声，环境噪声会大幅下降。

4）固体废物防治

生活垃圾收集后定期由环卫部门统一清运处置。站场产生的少量清管废渣主要成分为硫化亚铁及硫化铁，可交由一般工业固废渣场处置。

5）电磁辐射防治

由于变电站运行阶段除工频电场强度和工频磁感应强度，基本无其他污染物产生。本着以预防为主，在工程建设的同时保护好环境的原则，采取的环保措施主要针对工程设计和施工阶段，即在变电所选址和输电线路选线时结合当地区域总体规划，尽量避开有关环境敏感区域，以保持当地良好的生态环境。对于不可避开的一般林区、公路及建筑物等则采取适当提高塔位、增大架空线路对地高度的措施，减少树木的砍伐和工频电场、工频磁场对环境的影响。对通信线路采取保护设计措施，在塔杆设计中，对不同的地形采用不同的降基处理措施，以减少对原生土的破坏，且做全方位高低腿和主柱加高基础设计，以适应各个塔位的自然地形。对各塔基处因地制宜地设计护坡、护面、挡土墙、绿化等，以防止水土流失甚至塌方事故产生。

在设备选型上，为限制跳线串风偏和减少电晕放电干扰，给跳线串加装重锤，避免产生松动噪声；下垂式悬垂线夹选用船体型防晕线夹；给悬垂串、耐张串加均压屏蔽环，防止无线电干扰；在设备订货时，要求对导线、均压环、金具等提高加工工艺，防止尖端放电和起晕，降低无线电干扰水平。

遇突发事件时，应有环境保护的紧急预案，以防止重大环境污染事故的发生。切不能以牺牲环境为代价来处置突发事件。

结　语

中国页岩气具有巨大的开发潜力，且页岩气排水采气工艺在整个开发过程中显得尤为重要。

（1）利用节点分析软件进行井筒流态分析，可以预测水平井全井段的压力和温度及流体状态分布，更适合水平井积液分析；压力梯度测试是真实反映井筒积液状态的一种有效方法。

（2）排水采气的新技术发展成果主要有同心毛细管排水采气、超声雾化排水采气、涡流排水采气、井间互联排水采气、井下排水采气、天然气连续循环排水采气和微波加热排水采气等，在页岩气生产过程中，建议根据现场情况不断优化排水采气参数，并根据对地质、工程的深入认识，进一步优化排水采气技术。

（3）页岩气排水采气一般经历三个阶段：快速排液，动液面和井底流压快速下降阶段；稳降动液面，缓慢降压阶段；自喷生产阶段。但并不意味着每口井都要依次经历这三个生产阶段，建议根据每口井的产气量及时调整；当气井产量大于临界携液流量时，可直接进行第三阶段，采取自喷生产。

（4）建议根据现场返排制度特点，选择合理的返排方式。例如：在裂缝闭合前控制压裂液的返排速率，限制裂缝中的压裂液返排速度，避免缝口大量的支撑剂回流到井筒；在确定裂缝闭合后，逐级加大油嘴尺寸，适当加大返排速率，减少压裂液在裂缝内的滞留时间。

（5）由于国内开采页岩气的时间较短，对于页岩气的返排机理和合适的返排方式判断仍缺乏科学依据，建议开展页岩气井返排方式对不同类型气井产能影响的研究。

参 考 文 献

[1] 党晓峰，吕玉海，陈虎，等．产水井柱塞气举生产制度优化[J]．天然气勘探与开发，2016(12)：40-43.

[2] 韩强辉，慕立俊，付钢旦，等．一种油气井柱塞气举排液生产的自动控制方法：中国，201510682884.8[P].2016-01-13.

[3] 于娇娇，李又武，李乐忠，等．同心双管射流泵排采工艺参数设计与应用[J]．石油机械，2020.48(1)：95-101.

[4] 熊杰，王学强，孙新云，等．深井电潜泵排水采气工艺技术研究与应用[J]．钻采工艺，2012(7)：60-61.

[5] 汪海，鲍志强，栾艳春，等．气井气举阀气举排液采气工艺参数设计研究[J]．天然气勘探与开发：开发试采，2005.28(2)：35-38.

[6] 金重臣，杨川东，张守良，等．采气工程[M]．北京：石油工业出版社，2004.

[7] 田宝．柱塞气举排水采气工艺关键技术研究[D]．南充：西南石油大学，2005.

[8] 李士轮．天然气工程[M]．北京：石油工业出版社，2008.

[9] 常彦荣，冯朋鑫，徐文龙，等．水平气井排水采气新技术[M]．北京：石油工业出版社，2017.

[10] 常进，胡志明，刘华勋，等．页岩气耦合流动试验研究[C].2016年全国天然气学术年会论文集.

[11] 李晓强，周志宇，冯光，等．页岩气基质扩散流动对页岩气井产能的影响[J]．油气藏评价与开发，2011，1(5)：67-70.

[12] 沈金才，董长新，常振，等．涪陵页岩气田气井生产阶段划分及动态特征描述[J]．天然气勘探与开发，2021，44(1)：111-117.